CB050212

PROJETO DA PRAÇA

CONVÍVIO E EXCLUSÃO
NO ESPAÇO PÚBLICO

Sun Alex

PROJETO DA PRAÇA

CONVÍVIO E EXCLUSÃO NO ESPAÇO PÚBLICO

2ª edição

Editora Senac São Paulo – São Paulo – 2011

OBRA ATUALIZADA CONFORME
O **NOVO ACORDO ORTOGRÁFICO**
DA LÍNGUA PORTUGUESA.

Administração Regional do Senac no Estado de São Paulo
Presidente do Conselho Regional: Abram Szajman
Diretor do Departamento Regional: Luiz Francisco de A. Salgado
Superintendente Universitário e de Desenvolvimento: Luiz Carlos Dourado

Editora Senac São Paulo
Conselho Editorial: Luiz Francisco de A. Salgado
Luiz Carlos Dourado
Darcio Sayad Maia
Lucila Mara Sbrana Sciotti
Jeane Passos de Souza

Gerente/Publisher: Jeane Passos de Souza (jpassos@sp.senac.br)
Coordenação Editorial/Prospecção: Luís Américo Tousi Botelho (luis.tbotelho@sp.senac.br)
Márcia Cavalheiro Rodrigues de Almeida (mcavalhe@sp.senac.br)
Administrativo: João Almeida Santos (joao.santos@sp.senac.br)
Comercial: Marcos Telmo da Costa (mtcosta@sp.senac.br)

Edição de Texto: Luiz Guasco e Pedro Barros
Preparação de Texto: José Teixeira Neto
Revisão de Texto: Ivone P. B. Groenitz (coord.), Luiza Elena Luchini
Projeto Gráfico, Editoração Eletrônica e Capa: Antonio Carlos De Angelis
Impressão e Acabamento: Gráfica Rettec

Proibida a reprodução sem autorização expressa.
Todos os direitos desta edição reservados à
Editora Senac São Paulo
Rua 24 de Maio, 208 – 3º andar – Centro – CEP 01041-000
Caixa Postal 1120 – CEP 01032-970 – São Paulo – SP
Tel. (11) 2187-4450 – Fax (11) 2187-4486
E-mail: editora@sp.senac.br
Home page: http://www.editorasenacsp.com.br

© Sun Alex, 2008

Dados Internacionais de Catalogação na Publicação (CIP)
(Câmara Brasileira do Livro, SP, Brasil)

Alex, Sun
    Projeto da praça : convívio e exclusão no espaço público / Sun Alex.
2ª ed. – São Paulo: Editora Senac São Paulo, 2011.

    Bibliografia.
    ISBN 978-85-7359-674-8

    1. Espaços públicos urbanos 2. Paisagens 3. Paisagismo 4. Praças
5. Praças – São Paulo (SP) I. Título.

08-01234   CDD-711.55

Índice para catálogo sistemático:

1. Praças : Espaços públicos : Urbanismo   711.55

1ª edição: 2008; 2ª edição: 2011; reimpressões: 2013, 2015, 2017

Sumário

Nota do editor, 7

Prefácio – *Heliana Comin Vargas*, 9

Agradecimentos, 15

Introdução, 17

Piazza, plaza, place, square
    Piazza del Campo, Siena (século XIV), 31
    Piazza Ducale, Vigevano (1492-1498), 38
    Plaza Mayor, Madri (1617-1620), 41
    Place des Vosges (Royale), Paris (1605-1612), 46
    Covent Garden (1631) e Bedford Square (1775), Londres, 54
    Praças homólogas e análogas, 59

Parques sem cidade
    Paisagens e paisagismo, 61
    Parques na cidade, 65
    Parques sem cidade, 86
    O espírito anticidade do paisagismo, 87

Cidades sem praça
    Da cidade para o subúrbio, 91
    O *look* californiano, 101
    Do subúrbio para a cidade – a revitalização urbana, 107
    Uma relação ambígua com a cidade, 123

Praças: projeto, convívio e exclusão
    Praça Dom José Gaspar e praça Roosevelt, 134
    Praça da Liberdade e praça Santa Cecília, 191
    Largo do Arouche e praça Júlio Prestes, 231

Considerações finais, 275

Bibliografia, 281

Créditos iconográficos, 287

Nota do editor

Nos grandes centros urbanos brasileiros, avultam os problemas relacionados à ocupação do espaço. Do déficit habitacional à poluição sonora e visual, das deficiências viárias às de saneamento, são muitos os desafios a serem enfrentados.

Envolvidos por essas questões, porém, talvez estejamos perdendo de vista a dimensão da cidade como espaço de convivência e a vocação das praças públicas como local privilegiado em que se concretiza esse rito social.

Em *Projeto da praça: convívio e exclusão no espaço público*, Sun Alex se detém exatamente sobre este ponto: escolhendo seis praças paulistanas, examina como seu projeto, ou as alterações sofridas após sua implantação, induzem ao não uso desses logradouros mediante diversos expedientes, inclusive a colocação de barreiras físicas, como desníveis em relação à rua.

Com a publicação deste livro, o Senac São Paulo aborda uma importante faceta da questão urbana, com o fito de estimular o estudo sobre o uso do espaço público, âmbito em que, afinal, se fundaram as noções de política e de cidadania, essenciais à organização de populações sob entidades civis, como o próprio Estado.

Prefácio

Heliana Comin Vargas[1]

O livro *Projeto da praça: convívio e exclusão no espaço público* é, antes de tudo, uma aula sobre o processo de projeto, permitindo avançar muito além da discussão sobre o projeto dos espaços livres nas cidades.

Analisando a influência do paisagismo moderno norte-americano no projeto de nossos espaços livres de uso público, Sun Alex discute, de modo competente e corajoso, a importância de uma clara definição das premissas para o projeto; e traz, como contribuição adicional, uma metodologia de pesquisa em projeto que tem no desenho seu principal meio de investigação. Formula, ainda, uma crítica consistente aos projetos de praças executados nos últimos sessenta anos na cidade de São Paulo, seja pela constatação do equívoco em sua concepção teórico-ideológica, seja pela inadequação do projeto ao uso pretendido, localmente identificada com o auxílio das técnicas de pesquisa em pós-ocupação. Vai, ainda, além da crítica, quando propõe alternativas de projeto para as seis praças paulistanas que toma como referência para dar conta da tese a que se propõe.

---

[1] Heliana Comin Vargas é arquiteta urbanista e economista. É professora titular da Faculdade de Arquitetura e Urbanismo da Universidade de São Paulo.

Seu trabalho inicia com a discussão das premissas para o projeto da praça, reclamando da falta de clareza: "Afinal, que praça é esta de que estamos falando, e que estamos projetando?" Questionamento, este, altamente necessário e pertinente, quando o conceito de praça aplicado para o contexto brasileiro tem suas bases ideológicas concebidas em outra cultura – no caso, na cultura norte-americana.

Para demonstrar esse equívoco conceitual, o autor se utiliza dos três primeiros capítulos, nos quais destacamos duas discussões fundamentais para as quais o trabalho nos remete: o conceito de praça e a noção de espaço público, inerente a ela, de caráter essencialmente urbano; e a influência da ecologia, que passa a assumir a ênfase no projeto das praças em detrimento das aspirações de seus usuários, ao que o autor denomina, ironicamente, de "verdismo".

A praça, em sua origem latina, caracteriza-se como espaço de encontro e convívio, urbano por natureza. Espaço este que se conforma por várias aberturas no tecido urbano que direcionam naturalmente os mais diversos fluxos em busca dos, também, mais diversos usos, que imprimem a esse espaço o caráter de lugar e ponto central de manifestação da vida pública. É, em sentido amplo, o espaço para a troca.

Nesse sentido, a praça em nossa cultura vincula-se ao conceito de espaço público, acessível a todos os indivíduos, moradores ou visitantes capazes de interagir livremente na mesma base, independentemente de sua condição social. A localização da praça na cidade, sua permeabilidade como acesso, a impressão que irradia e a atmosfera de seu interior, que convidam a adentrá-la, amplificam sua condição de espaço público. Outras características desse espaço público referem-se à multiplicidade de usos urbanos que ele admite: o comércio, os serviços, o encontro, o lazer, o descanso ou, simplesmente, o estar que imprime ao indivíduo a condição de *flâneur*, como definido por Walter Benjamin.[2]

---

[2] Walter Benjamin, *Charles Baudelaire: a Lyric Poet in an Era of High Capitalism*, apud Stuart Durant, "Arcades: the History of a Building Type", em *Book Review: Architectural Design*, v. 53, nºs 9/10, 1983.

Para ele, o *flâneur* sente-se em casa entre as fachadas das cidades tanto quanto um cidadão entre quatro paredes.

Para Sun, a partir da literatura analisada e da sua própria vivência projetual e de observador atento, esse não é o conceito de espaço público para a cultura norte-americana, cuja ideologia influenciou, de forma dominante, o paisagismo moderno brasileiro e os projetos dos espaços livres a partir da década de 1950, contribuindo assim para um equívoco conceitual no projeto de nossas praças. A perda do caráter público por excelência e o reforço do processo de exclusão, que a ditadura do projeto, de caráter técnico, encarregar-se-á de patrocinar, são decorrência dessa influência.

É no transcorrer do capítulo 1 que a evolução do conceito e significado do espaço das praças nos é apresentada. A partir de exemplos paradigmáticos, o autor demonstra a mudança de conceito da *piazza* italiana e da *plaza* espanhola, do final da Idade Média, para a *place* francesa no início do século XVII, como inspiração para o *square* residencial londrino. Deste, por sua vez, a praça francesa receberá a ênfase da arborização no final do século XVIII, ênfase essa que não estará presente na praça italiana ou espanhola.

Da análise dessas diversas praças selecionadas, apontando o que considera bons ou maus exemplos, Sun retira os elementos fundamentais para o projeto de praças, que devem ser observados no sentido de dar respostas de projeto adequadas à função para a qual se destinam, tendo como referência o contexto socioeconômico e cultural no qual se inserem.

A segunda grande dificuldade de caráter ideológico apontada no projeto de praças, a que a influência norte-americana também se encarregou de dar forma, refere-se à introdução da ênfase no uso da vegetação para criar refúgios antiurbanos, diretamente transferida do conceito de parque nacional, parque urbano e jardins privativos, que não dialogam com o espaço urbano. Pleno de detalhes sobre essa transferência, o capítulo 2, "Parques sem cidades", ao introduzir o significado dos parques urbanos e o histórico do seu desenvolvimento nos Estados Unidos discute, também, conceitos, definições, origens etimológicas e ideias sobre paisagem, paisagismo e arquitetura paisagística e a relação homem-natureza. Os parques urbanos são apresentados a partir de uma vasta literatura, devidamente analisada, nos reportando a um tema cada vez mais presente do conflito homem-natureza.

É interessante remarcar que este conflito esteve sempre presente na história da humanidade. Seja através de denúncias sobre a insuficiência dos recursos naturais para alimentar uma população que crescia em progressão geométrica;[3] seja na visão dos escritores românticos, que entendiam a natureza como lugar da descoberta da alma humana, do imaginário, do Paraíso perdido e da beleza; ou, ainda, pelo fato de que o ambiente natural constituía elemento importante na recuperação física e psicológica dos seres humanos diante de um forte processo de deterioração das condições de vida no ambiente urbano, embora sempre elitizado e seletivo. Essa dicotomia, diante do processo atual de degradação ambiental do planeta, que tem provocado discussões mundiais[4] sobre o conflito homem-natureza, assume dimensões desmesuradas no que se refere ao projeto das praças, contribuindo para um processo de exclusão do homem, ao priorizar a vegetação em detrimento da utilização social dos espaços livres urbanos, ditos públicos.

O histórico revelado no capítulo 2 marca essa dicotomia ao descrever a influência do projeto do Central Park e da atuação profissional de Frederick Olmsted na formação do pensamento paisagístico e mesmo urbanístico do século XX no Ocidente. O verde passará a ser priorizado, no contexto urbano, nos projetos de praças, muitas vezes em detrimento do social, como temos a oportunidade de verificar não só entre os projetos analisados no livro, mas pela simples observação das praças na cidade de São Paulo.

Outra discussão presente no paisagismo atual – associada de certa forma ao "verdismo", também questionado pelo autor – refere-se à ênfase dada ao recreacionismo – em detrimento da combinação do uso múltiplo, acesso público e articulação com o tecido urbano – como critério básico para o projeto de praças públicas. O conceito de praça como encontro e convergência de fluxos urbanos cede lugar aos projetos de praça, com equipamentos de recreação e repositório do verde, assumindo, ao mesmo tempo que se desenvolve o urbanismo moderno, o viés técnico em detrimento do político, desconsiderando completamente as especificidades e as demandas locais.

Parte desse excesso talvez possa responder pela afluência dos *shopping centers* como espaço dessa nova urbanidade, que, embora fortemente apontados como sendo o *não lugar*, merecem ser melhor avaliados diante da cultura urbana atual, com demandas diferenciadas, recusadas de serem melhor entendidas e aceitas pelos profissionais e estudiosos do urbano.

Para Sun, praças, ruas, jardins e parques constituem o conjunto de espaços abertos na cidade, que, nem sempre verdes (farta vegetação), respondem ao ideal de vida urbana em determinado momento histórico, não podendo ser tratados apenas como uma questão de diferença de escala. Esses espaços, com funções, usos e inserção urbana diversos, exigem, consequentemente, projetos de naturezas diferentes. A praça moderna norte-americana, em sua origem, é uma derivação do parque *picturesque* do século XIX: utilitário e antiurbano, e não uma evolução da praça tradicional que se funde com a própria noção de cidade. Segundo o autor, a inauguração da praça Roosevelt formaliza, entre nós, a influência do paisagismo norte-americano no projeto do espaço público.

---

[3] Conforme apresentado por Robert Malthus no trabalho "Essay on the Principle of Population as it Affects the Future Improvement of Society", em 1798, disponível em: http://www.socserv.mcmaster.ca/econ/ugem/3ll3/malthus/popu.txt.

[4] Os encontros mundiais retomados na Suíça, em 1946, onde foi criada a União Internacional para a Conservação da Natureza e dos Recursos Naturais (IUCN, sigla em inglês), seguiram ocorrendo. Na verdade, os anos 1970 foram, particularmente, pródigos com relação à revalorização mítica da natureza. É desse período o polêmico Relatório do Clube de Roma, também conhecido como Limites do Crescimento; assim como a Conferência de Estocolmo, em 1972, sobre o meio ambiente humano.

Para dar conta da tarefa de demonstrar o impacto dessa influência e preparar o terreno para a crítica aos projetos de praças desenvolvidos em São Paulo nos últimos sessenta anos do século XX, o autor faz uma análise contextualizada de seis praças paulistanas: largo do Arouche, início do século XX; praça Dom José Gaspar, 1944; praça Roosevelt, 1970; praça da Liberdade, 1975; praça Santa Cecília, 1983; e praça Júlio Prestes, 1999. Por meio de um diagnóstico devidamente retratado por desenhos, oferece uma brilhante lição sobre metodologia para elaboração de projeto, que inclui: pesquisa histórica; análise de contexto; inserção urbana; levantamento da situação existente; observação de usos, identificação de conflitos entre projeto e uso, tendo como orientação os procedimentos das pesquisas de pós-ocupação. Nesse processo, presenteia-nos com cada vez mais raros e preciosos traços e riscos do tradicional desenho de arquitetura e urbanismo. É o resgate do desenho como instrumento de investigação e comunicação que a informática não tem conseguido substituir à altura, embora esteja se inserindo de forma arrasadora.

Mas não é só na análise e na crítica aos projetos selecionados que a sua contribuição se faz presente. Para cada crítica, uma nova proposta de projeto.

Finalmente, permeando todo este trabalho, é importante destacar o extenso conhecimento do autor no campo do paisagismo e das disciplinas correlatas e o rigor científico ao expressar suas ideias. Na análise realizada valoriza o estudo da história como elemento fundamental no entendimento dos processos urbanos, reforçando a importância de considerar os diferentes contextos socioeconômicos e culturais no ato de projetar. Essa erudição, no entanto, não o distancia dos leitores menos envolvidos com o tema, pois oferece uma linguagem fluída, bem estruturada e rica em ilustrações e desenhos.

Preparado e apresentado de modo denso e reflexivo, o livro convida os leitores a formar seu próprio julgamento, ao mesmo tempo que remete aos arquitetos e paisagistas o desafio de repensar suas atuações, no sentido de devolver ao espaço público o seu verdadeiro sentido. A ideia é permitir que a vida pública encontre a possibilidade de se manifestar em toda a sua plenitude, resgatando a praça como espaço para o convívio e para a inclusão!

A Bob Latham

Dois homens em banco de praça. São Paulo, c. 1910. Cartão-postal.

Agradecimentos

Este livro é uma adaptação da minha tese de doutorado, defendida em 2004 na Faculdade de Arquitetura e Urbanismo da USP. Para sua realização, sou profundamente grato:

À banca examinadora, presidida pela minha orientadora Miranda Martinelli Magnoli, composta por Élide Monzeglio, Heliana Comin Vargas, Emmanuel dos Santos e Paulo Chiesa, pelas leituras positivas, contribuições críticas e incentivos calorosos para a publicação da tese. Especialmente a Miranda pela minha pesquisa, orientação precisa e generosidade em compartilhar comigo suas reflexões sobre o paisagismo moderno em São Paulo.

Ao pessoal da Editora Senac São Paulo pela confiança e paciência em viabilizar a publicação: Isabel Alexandre, Luiz Guasco, Pedro Barros, Tuca De Angelis, Ivone Groenitz, Zeca Teixeira e Silvia Sansoni.

A Heliana Comin Vargas e Rubens Naves pelos textos de apresentação.

A Liane Schevs e Ricardo Kleiner pelos mapas da Sara Brasil, e a Suzel Maciel e Monica Leme pelas fotos de praças europeias.

À minha família pelo suporte e carinho incondicionais em todas as minhas empreitadas profissionais e acadêmicas.

Sobretudo ao meu companheiro Bob Latham, falecido no dia 15 de fevereiro de 2007, pelo afeto, coragem e inspiração, dividindo sua luta contra a esclerose lateral amiotrófica com os vaivéns deste livro. Por um pouco mais, Bob o teria visto pronto, teria gostado e teria ficado *very proud*.

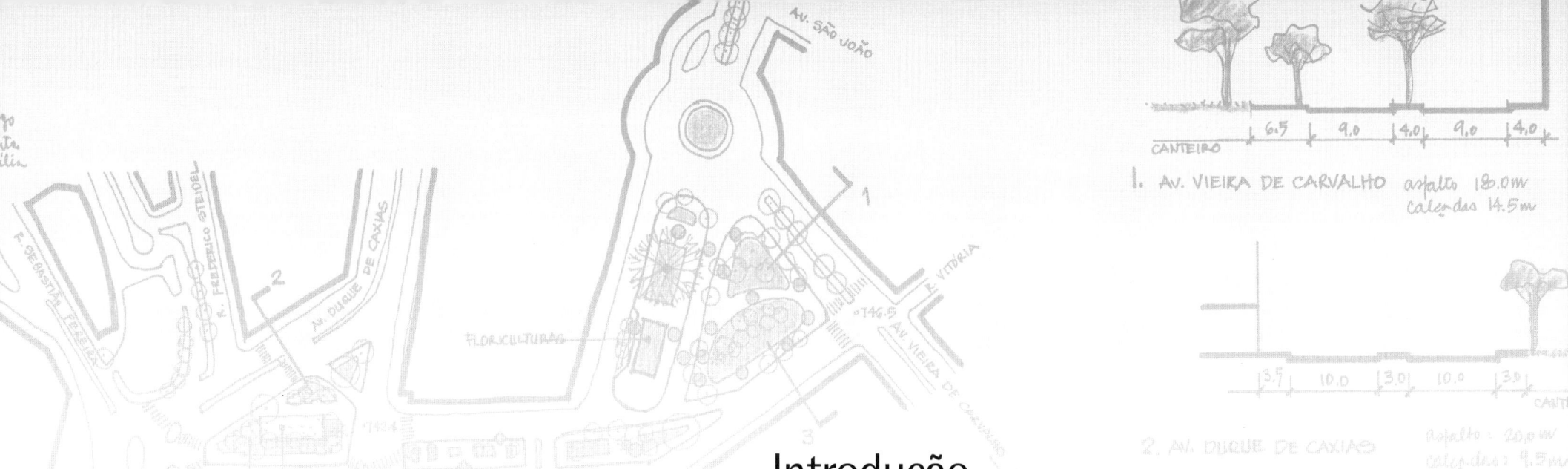

Introdução

Este livro analisa seis praças da área central de São Paulo construídas nas últimas seis décadas do século XX. Procura-se mostrar aqui que, a partir dos anos 1960, o projeto das praças incorporou influências estéticas e funcionais do paisagismo moderno norte-americano e, mais recentemente, adotou exacerbadas preocupações "ecológicas"; e que, apesar de considerar frequentemente o uso coletivo um de seus objetivos principais, as inovações trazidas por ele nem sempre resultaram em espaços mais convidativos ou adaptáveis à presença da população. Ao contrário dos discursos bem-intencionados, as praças recém-inauguradas têm-se revelado fechadas para o entorno e bastante hostis ao público, negando, portanto, o encontro e o convívio pretendidos.

As novas praças produziram, é verdade, uma ruptura estética com os traçados padronizados dos jardins públicos franceses da metade do século XIX. Mas, tratadas ora como equipamentos de recreação, ora como repositório de vegetação, elas assumiram sobretudo atitudes de indiferença e até de desprezo em relação aos padrões urbanísticos tradicionais, que preconizavam calçadas largas e contínuas e esquinas abertas e acessíveis. Ecoando essa nova tendência, em São Paulo surgem várias praças que, apesar dessa denominação e do tratamento paisagístico que recebem, acentuam a fragmentação do espaço urbano e tornam-se uma barreira para as travessias ou um local ameaçador, evitado pela população.

O uso seletivo ou o desuso intencional das praças em decorrência de projetos inadequados, apropriações indevidas por ocupações informais de camelôs ou acampamentos de moradores de rua e estratégias de manutenção que impedem o acesso público são manifestações do mesmo processo de desaparecimento dos territórios comuns e de diversas formas de sociabilidade entre os diferentes segmentos sociais. "O encolhimento do espaço público", como observa Paulo César da Costa Gomes em *A condição urbana,* "corresponde a um recuo da cidadania".[1]

A perda do significado urbanístico da praça, até mesmo entre os arquitetos, pode ser ilustrada por dois pequenos textos, escritos com quase vinte anos de intervalo. O primeiro, de Benedito Lima de Toledo, descreve o projeto da ladeira da Memória, elaborado por Victor Dubugras na década de 1920:

> Com isso, o Largo da Memória integrava-se no Parque Anhangabaú. A Ladeira da Memória passou a ser uma rua exclusiva para pedestres, uma das primeiras do gênero na cidade. A praça mantém suas características de ponto de intensa circulação, e as escadas são enfatizadas, adquirindo inegável sentido escultural, de caráter *art-nouveau*. O seu sentido escultural, a sua hábil articulação com o espaço urbano, entre outros fatores, colocam o largo da Memória como a praça mais bem projetada de São Paulo. Na época de sua construção, o largo era envolvido por residências térreas, com uma volumetria compatível com as dimensões da praça. Posteriormente, a Prefeitura permitiu a construção de edifícios de grande altura à volta do largo, o que veio a prejudicar a sua organização espacial.[2]

Lima de Toledo aponta para o fato de que, além de enfatizar a circulação de pedestres no largo, a transformação do "antigo incômodo barranco" criou ainda, "junto às escadas, pequenas êxedras curvas para a comodidade dos pedestres", e nos azulejos aparecia "o brasão da cidade, pela primeira vez em obra pública".[3] A descrição de Lima de Toledo incorpora e transmite com naturalidade expressões como "integração no entorno", "acesso público", "circulação e comodidade dos pedestres" e "articulação com o espaço urbano".

O segundo texto, de Valentina Figuerola, refere-se à inauguração da praça Júlio Prestes (analisada no capítulo 4), em julho daquele ano. A descrição de Figuerola enfatiza aspectos técnicos, como vegetação e drenagem, em detrimento das demandas de circulação de pedestres, fundamentais em uma praça localizada na frente de uma estação terminal de trens metropolitanos:

> Cenário da vida coletiva da população que se desloca entre estações de trem e de metrô, a praça Júlio Prestes é um elemento de fundamental importância para a revitalização da região compreendida pelos bairros da Luz e Santa Ifigênia. A configuração desse espaço urbano, constituído basicamente por um jardim público e uma esplanada, privilegiou a existência de três aspectos essenciais para o local: o patrimônio histórico, a vegetação existente e as drenagens pluviais.
>
> A praça apresenta uma configuração "fechada" para a maioria do entorno, o que resulta no estabelecimento de dois acessos localizados na área da esplanada. Os acessos, situados na área próxima ao prédio, facilitam o controle do espaço e melhoram a segurança –, explica Kliass,[4] autora do projeto.[5]

---

[1] Paulo César da Costa Gomes, *A condição urbana: ensaios de geopolítica da cidade* (Rio de Janeiro: Bertrand Brasil, 2002), p. 188.
[2] Benedito Lima de Toledo, *São Paulo: três cidades em um século* (São Paulo: Duas Cidades, 1983), p. 133.
[3] *Ibid.*, p. 136.
[4] Rosa Grena Kliass, arquiteta e paisagista brasileira.
[5] Valentina Figuerola, "Outros sons, outros trens", em *AU, Arquitetura e Urbanismo*, nº 86, São Paulo, Pini, outubro/novembro de 1999, pp. 78-85.

A descrição da praça pública do fim do século XX feita por Figuerola indica a substituição de expressões que evocam participação, como "circulação de pedestres", "comodidade", "integração com o entorno" e "articulação do espaço urbano", por expressões semanticamente oportunistas, como "jardim", "esplanada", "patrimônio histórico", "fechada para o entorno", "controle do espaço" (?) e "melhoria da segurança" (?). Além da desvinculação da praça do seu entorno, ressaltam, nessa nova visão da Júlio Prestes, a recusa de possibilidades de encontro e convívio social e a perda de seu caráter público.

Neste livro, a preocupação central é com o projeto da praça, cuja configuração e transformação afetam diretamente o convívio social e, portanto, o exercício da cidadania, assim como a construção da democracia. A investigação do acesso e do uso das praças apoia-se em metodologia de avaliação pós-ocupação, cuja sistematização de observações do comportamento do usuário e de sua relação com as situações construídas constitui um dos instrumentos mais eficazes, difundidos e utilizados em análise, diagnóstico e na proposição de intervenções pontuais.

A análise da integração da praça com o entorno e de sua articulação com o tecido urbano recorre tanto a mudanças de escalas, inerentes à natureza da praça, que se deve integrar à rua e à arquitetura, quanto à prática do paisagismo, incorporando a arquitetura e o terreno ao conjunto da paisagem. O enfoque do trabalho vê na praça uma entidade "urbanística" articulada ao entorno e ao sistema de fluxos de pedestres. Contrastando com essa visão, a perda, aparentemente corriqueira, da simultaneidade escalar da praça como uma entidade "arquitetônica" ou "paisagística" detentora de formas, funções e estilos tem empobrecido o projeto e o ensino de paisagismo, acarretando uma tendência à homogeneização dos espaços livres e prejudicado não apenas a consolidação de uma identidade autêntica na paisagem urbana, mas, especialmente, a preservação do caráter público dos espaços públicos.

Não se buscam aqui novas definições arquitetônicas ou paisagísticas da praça, nem classificações de estilos ou tendências estéticas de projetos. Procura-se, isto sim, resgatar seu significado urbanístico "original" e demonstrar que a intervenção formal não prescinde do encaminhamento urbanístico, e que os traçados podem ser reconhecidos como italianos, franceses ou americanos, mas são resultado de atitudes culturais em relação à cidade brasileira e ao modo de viver coletivamente nessa realidade.

ESPAÇO PÚBLICO: FORMAS E PRÁTICAS SOCIAIS

O espaço público na cidade assume inúmeras formas e tamanhos, compreendendo desde uma calçada até a paisagem vista da janela. Ele também abrange lugares designados ou projetados para o uso cotidiano, cujas formas mais conhecidas são as ruas, as praças e os parques. A palavra "público" indica que os locais que concretizam esse espaço são abertos e acessíveis, sem exceção, a todas as pessoas. Mas essa determinação geral, embora diminuída ou prejudicada em muitos casos, é insuficiente: atualmente, o espaço público plurifuncional – praças, cafés, pontos de encontro – constitui uma opção em uma vasta rede de possibilidades de lugares, tornando-se difícil prever com exatidão seu uso urbano. Espaços adaptáveis redesenham-se dentro da própria transformação da cidade.

Paulo César da Costa Gomes ressalta que uma concepção do espaço público que, além da ideia de liberdade e igualdade, tenha como base a separação do privado ou a delimitação jurídica, ou mesmo a garantia do acesso livre, é insuficiente para definir o caráter fundamentalmente político de seu significado. Para Gomes, "os atributos de um espaço público são aqueles que têm relação com a vida pública [...] E, para que esse 'lugar' opere uma atividade pública, é necessário que se estabeleça, em primeiro lugar, uma copresença de indivíduos".[6]

---

[6] Paulo César da Costa Gomes, *A condição urbana: ensaios de geopolítica da cidade*, cit., p. 160.

Segundo seu raciocínio, "o espaço público é, antes de tudo, o lugar, praça, rua, *shopping*, praia, qualquer tipo de espaço onde não haja obstáculos à possibilidade de acesso e participação de qualquer tipo de pessoa", dentro de regras de convívio e debate. Assim, paradoxalmente, embora o espaço público possa ser também o lugar das indiferenças, ele caracteriza-se, na verdade, pela submissão às regras da civilidade.

> Trata-se, portanto, essencialmente de uma área em que se processa a mistura social. Diferentes segmentos, com diferentes expectativas e interesses, nutrem-se da copresença, ultrapassando suas diversidades concretas e transcendendo o particularismo, em uma prática recorrente da civilidade e do diálogo.[7]

Gomes defende o espaço público como o lugar da sociabilidade, a *mise-en-scène* da vida pública em que se exercita a arte da convivência. Para ele, "o lugar físico orienta as práticas, guia os comportamentos, e estes, por sua vez, reafirmam o estatuto público deste espaço". O espaço público, portanto, deve ser visto como um conjunto indissociável das formas assumidas pelas práticas sociais.

As inquietudes causadas pela transformação dos espaços públicos, especialmente daqueles de seus aspectos relacionados aos modos de vida pública, na sociedade contemporânea provocaram, a partir da segunda metade da década de 1980, o surgimento de numerosos estudos e debates a respeito do chamado "espaço público" dentro da disciplina de paisagismo nos Estados Unidos. Essas discussões foram impulsionadas em parte pela reação contra a homogeneização e a desolação das *plazas* construídas em função de edifícios de escritórios nas áreas centrais das cidades. Isso se deu também pela popularidade atingida por alguns livros que assumiam posturas críticas às formas da vida e do espaço urbanos, como *A morte e a vida das grandes cidades americanas* (lançado em 1961), de Jane Jacobs, e à "tirania da domesticidade sobre a vida pública", como *O declínio do homem público* (original em inglês publicado em 1974), de Richard Sennett.

Entre os debates sobre as questões do espaço público, destacam-se aqueles que produziram e que foram gerados pela publicação de *Public Places and Spaces*,[8] coletânea de artigos com ênfase no campo do ambiente e do comportamento, e o número especial de *Places* dedicado ao simpósio "The Future of Urban Open Space", promovido pelo Departamento de Paisagismo da Universidade da Califórnia, em Berkeley, em 1988.

Dois artigos de *Public Places and Spaces* enfatizam a indissolubilidade das relações entre formas físicas e práticas sociais: Michael Brill[9] chama a atenção para a incompatibilidade entre os "modelos" europeus e americanos do espaço público e da vida pública, e Mark Francis[10] enfoca os direitos de acesso e o uso do espaço público.

Em seu artigo, Michael Brill aponta a atitude "nostálgica" de uma vida pública, na verdade, ilusória, presente nos projetos urbanos contemporâneos feitos nos Estados Unidos, e que se desenvolveu a partir de uma visão idealizada das praças centrais multifuncionais. Para Brill, essa nostalgia tornou-se uma ideologia de projeto, para a qual o espaço público "tradicional" traria automaticamente de volta aquela "antiga vida pública perdida", que provavelmente nunca existiu dessa forma nos Estados Unidos. O autor afirma que, no contexto americano, pautado pela segmentação, pluralismo e estratificação da sociedade, não há lugar para uma vida pública diversificada, democrática e sem distinção de classes. Para ele, deve-se, no entanto, reconhecer

---

[7] *Ibid.*, p. 163.
[8] Irwin Altman & Ervin H. Zube. *Public Places and Spaces* (Nova York: Plenum, 1989).
[9] Michael Brill, "Transformation, Nostalgia and Illusion in Public Life and Public Place", em Irwin Altman & Ervin H. Zube, *Public Places and Spaces*, cit., pp. 7-29.
[10] Mark Francis, "Control as a Dimension of Public-Space Quality", em Irwin Altman & Ervin H. Zube, *Public Places and Spaces*, cit., pp. 147-172.

que a transformação da vida pública – não necessariamente o declínio – não é um fenômeno recente, e sim um processo contínuo que tem pelo menos trezentos anos. Brill defende, então, uma ampla discussão da vida pública antes da realização de cada projeto de espaço público, isto é, deve-se promover, em todas as novas oportunidades trazidas pelos projetos, a vida pública por meio de novas estéticas e de novos lugares públicos.

Mark Francis, por sua vez, considera o "direito das pessoas de controlar seu uso e o deleite dos lugares públicos" um dos ingredientes essenciais do sucesso dos espaços urbanos. Para ele, os espaços públicos são paisagens participativas, e o controle do usuário pode ser compreendido com base nas cinco dimensões propostas por Kevin Lynch para construir "bons" ambientes: presença, uso e ação, apropriação, modificação e disposição.[11] A *presença* é o direito de acesso a um lugar, e sem ela o uso e a ação não são possíveis. *Uso e ação* referem-se às habilidades das pessoas de utilizar um espaço. Com a *apropriação*, os usuários tomam posse de um lugar, simbolicamente ou de fato. *Modificação* é o direito de alterar um espaço para facilitar o seu uso, e *disposição* é a possibilidade de desfazer-se de um espaço público. Para Francis, apesar da crescente procura por espaços que possam ser ocupados com a realização de atividades públicas, a maioria dos americanos não sabe usar um espaço público, pois em geral eles sentem-se desconfortáveis ao passar horas numa praça assistindo à "dança do lugar". Francis defende a provisão de espaços públicos variados para acomodar os habitantes dos diversos nichos e as diferentes necessidades da população, a ampla participação do usuário na elaboração dos projetos e na manutenção dos lugares e a garantia do acesso como pré-requisito para o uso e a apropriação de um espaço público.

Em *Places*, Lyn H. Lofland,[12] Michael Brill[13] e Mark Chidister[14] questionam o modo de vida americano e a falta de experiência da vida pública nele embutida. Lofland argumenta que na sociedade americana são favorecidos os domínios privados e paroquiais como base para o desenvolvimento da sociabilidade pública. Lembra também que, enquanto no século XIX os reformadores sociais consideravam "deplorável" pessoas vagando pelas ruas, as paisagens urbanas contemporâneas, configuradas por edificações dispersas, caracteristicamente suburbanas, apresentam um mínimo – se é que não são totalmente desprovidos deles – de espaços de uso público. Para estimular a experiência da vida pública, Lofland defende a propagação de lugares abertos à população no domínio público e a contenção das esferas domésticas e comunitárias.

Brill, a exemplo do que fez em seu artigo de *Public Places and Spaces*, afirma nesse outro escrito que a transformação da vida e do espaço público nos Estados Unidos não tem nenhuma relação com o estilo europeu, muito mais vibrante. Para Brill, a nova "vida pública" está nas mídias, como os meios de comunicação interativa, e em lugares como "*shopping malls*, mercados de pulgas, festivais, praias e eventos esportivos".

Chidister faz críticas às *plazas* urbanas contemporâneas que vêm sendo feitas nos Estados Unidos, especialmente as que pertencem a prédios onde funcionam sedes de empresas ou de escritórios. Estas são usadas como *foyers* para a arquitetura e, secundariamente, para receber, na hora do almoço, os funcionários que trabalham nas proximidades. Para ele, as *plazas*, concebidas isoladamente, ao contrário da imagem que procuram transmitir, não são centrais nem essenciais à vida

---

[11] Kevin Lynch, *Good City Form* (Cambridge: The MIT Press, 1987).

[12] Lyn H. Lofland, "The Morality of Public Life: the Emergence and Continuation of a Debate", em *Places*, 6 (1), Nova York, Design History Foundation, 1989, pp. 18-23.

[13] Michael Brill, "An Ontology for Exploring Urban Public Life Today", em *Places*, 6 (1), Nova York, Design History Foundation, 1989, pp. 24-31.

[14] Mark Chidister, "Public Places, Private Lives: Plazas and the Broader Public", em *Places*, 6 (1), Nova York: Design History Foundation, 1989, pp. 32-37.

pública ou à unificação de espaços diversos e dispersos. Chidister defende o reconhecimento de uma ampla e complexa rede interconectada de espaços públicos, em que as *plazas* devem ser projetadas de forma que se integrem ao conjunto.

A discussão contemporânea da "public-idade", ou do caráter público dos projetos do espaço público, impõe à disciplina de paisagismo revisões teóricas urgentes e a abertura para novas experiências práticas. Alan Balfour observa que, "essencialmente, três paisagens públicas e políticas têm evoluído e persistido na cultura americana: o gramado do jardim da frente unindo as paisagens domésticas, os parques urbanos sobreviventes do século XIX e os parques estaduais e nacionais".[15] Para Balfour, a influência de Olmsted e o sucesso dos parques urbanos como modelos da vida e da arte cívica têm empobrecido a prática do paisagismo público por causa de sua desvinculação dos domínios públicos mais amplos. Em outras palavras, trazer a natureza para a cidade não assegurou, *per se,* o caráter público do ambiente urbano e a promoção de práticas sociais que reforçassem a democracia.

Adotar, para o desenho urbano contemporâneo, o modelo dos parques monumentais idealizado no século XIX, com suas formas pastorais e tendo por característica a separação em relação às cidades, é também algo criticado por Michael Laurie,[16] que propõe a integração de três princípios interdependentes – expressionismo ecológico, economia e satisfação social – como método para gerar, com "alguma racionalidade", uma nova estética do espaço livre na cidade e de caráter público. Para ele, além de contemplar as atividades recreativas de uma sociedade pluralista, os grandes parques devem desempenhar funções ambientais, como reciclagem de dejetos, reflorestamento urbano e controle de microclima, sendo também jardins comunitários. Laurie sugere que se reduza a área de grandes parques subutilizados que vêm do século XIX, como o Golden Gate de São Francisco e o Franklin Park de Boston (projeto de Olmsted, analisado no capítulo 2), e que se faça a inserção de habitações em seu perímetro, sem prejuízo das atividades recreativas e da representação da natureza. Na proposta de Laurie, subentende-se a redistribuição criteriosa de espaços livres públicos por toda a cidade, tendo como "joia da coroa" o sistema de parques, que não seriam mais os parques pastorais do século XIX, e sim a profusão de praças, jardins e ruas arborizadas integradas e próximas da população. A reconceituação do *neighborhood park* recomendada por Laurie é minimalista, "de espaço indiferenciado com uma variedade de superfícies com uma borda rica de símbolos e atividades, sombra e sol – incompleto, flexível e dinâmico". Inserido no contexto da cidade e integrado ao entorno, o *neighborhood park* de Laurie aproxima-se da ideia da praça "tradicional", comum nas cidades brasileiras, porém rara nas americanas e praticamente inexistente na experiência do paisagismo moderno americano.

O questionamento da transferência de modelos "europeus" de praça, amálgama de espaços públicos e lugar de vida pública, para as cidades americanas contemporâneas evidencia não apenas diferenças culturais no convívio social com o diverso, mas, especialmente, a amplitude e a polêmica relativas ao entendimento do que é "público" e de suas implicações no direito da população à cidade, à cidadania e à democracia.

A preferência americana por uma "vida pública" seletiva e desenvolvida nas esferas "comunitárias" ou do consumo, tal como se dá em escolas, *campi* acadêmicos e empresariais, centros recreativos e esportivos, *shopping centers* e parques urbanos ou de vizinhança, torna patente seu desdém pelo viver urbano, denso, variado e imprevisível. A controvérsia americana a respeito da incompatibilidade do "eurourbanismo" com seu modo de vida serve de excelente alerta para reavaliarmos nossas tradições urbanas de co-habitação e convívio social e, especialmente, para o perigo de encamparmos indiscriminadamente a

---

[15] James Corner (org.), *Recovering Landscape: Essays in Contemporary Landscape Architecture* (Nova York: Princeton Architectural Press, 1999), p. 276.

[16] Michael Laurie, "Ecology and Aesthetics", em *Places,* 6 (1), Nova York, Design History Foundations, outono de 1989, pp. 48-51.

"questão ambiental" a partir de perspectivas reducionistas que diminuem o caráter público do ambiente e a diversidade das relações humanas.

Estudar praças como espaços públicos da vida pública representa, portanto, um duplo desafio: a adoção de conceitos de cidadania e democracia desenvolvidos por outros campos de estudos sociais e a ruptura de paradigmas consagrados da disciplina de paisagismo, derivados da experiência de parques "rurais" e atitudes antiurbanas, assim como da prática pautada por espaços privados e semipúblicos. Estudar as praças modernas de São Paulo acrescenta à consideração ampla do tema mais dois aspectos: a responsabilidade do projeto pela ampliação dos direitos de acesso e uso do espaço público pela população e, especialmente, o cuidado com a preservação da praça como elemento singular na formação da paisagem de nossa cidade e de nossa cultura urbana.

A PRAÇA: EXPRESSÃO CULTURAL URBANA

Simultaneamente uma construção e um vazio, a praça não é apenas um espaço físico aberto, mas também um centro social integrado ao tecido urbano. Sua importância refere-se a seu valor histórico, bem como a sua participação contínua na vida da cidade. Kevin Lynch apresenta com clareza a definição de que a praça é um lugar de convívio social inserido na cidade e relacionado a ruas, arquitetura e pessoas:

> *The square* ou *plaza*. Este é um modelo diferente de espaço aberto urbano, tomado fundamentalmente das cidades históricas europeias. A *plaza* pretende ser um foco de atividades no coração de alguma área "intensamente" urbana. Tipicamente, ela será pavimentada e definida por edificações de alta densidade e circundada por ruas ou em contato com elas. Ela contém elementos que atraem grupos de pessoas e facilitam encontros: fontes, bancos, abrigos e coisas parecidas. A vegetação pode ou não ser proeminente. A *piazza* italiana é o tipo mais comum. Em algumas cidades americanas em que a densidade das pessoas nas ruas é alta o suficiente, essa forma tem-se sucedido elegantemente. Em outros lugares, essas *plazas* emprestadas podem ser melancólicas e vazias.[17]

Em *On the Plaza*, Setha Low evoca uma eloquente citação de Fernando Guillén Martínez para exprimir a profunda vinculação da praça ao desenho e à vida social, política e cultural das cidades da América hispânica:

> A *plaza* em si, considerada limitada no espaço por seus quatro lados, é a mais bela expressão da vida social jamais alcançada pelo planejamento urbano e pelo gênio arquitetônico do homem. Em comparação, os monumentos gigantescos das culturas antigas são imperfeições grotescas e amorfas [...] Em contraste, a *plaza* consolida e resolve todas as coisas que são incompatíveis com a razão pura, preserva-as e lhes dá uma voz e um futuro. A simplicidade de seus espaços é claramente um convite para a liberdade social e moral das pessoas, porém suas linhas, parecidas com as de uma fortaleza, são uma lembrança definitiva de que vida e liberdade podem ser vividas somente em um local concreto e limitado, com um propósito bem definido. Se aqueles limites desaparecessem, não restaria nada senão um campo desnudo, no qual a natureza absorveria e destruiria a liberdade essencial da arte e inventividade humanas.[18]

A ausência da praça na cidade e no modo de vida americano é ressaltada por Robert Jensen. A palavra equivalente em inglês – *place*, da mesma derivação do latim *platea*, que significa "espaço amplo" ou "rua larga" – tem sentidos amplos e variados, como o de lugar ou posição, além de ser também um verbo, "colocar". Segundo Jensen, a falência da

---

[17] Kevin Lynch, *Good City Form* (1981) (Cambridge: The MIT Press, 1987), pp. 442-443; tradução informal.
[18] Fernando Guillén Martínez, em Setha M. Low, *On the Plaza: the Politics of Public Space and Culture* (Austin: The University of Texas Press, 2000), p. 31; tradução informal.

praça americana não resulta da falta de entendimento dos componentes físicos da praça, e sim da formação cultural e do modo de vida, mais reservado à esfera do privado:

> Nosso problema com a *plaza* é cultural, tecnológico e endêmico, enraizado em nosso modo de vida, difícil de resolver. Construímos nossas *plazas* esperando que alguma mágica aconteça, e geralmente não acontece. Dissimulado na maneira pela qual vivemos, e implicado nas justificativas de não usarmos as *plazas* urbanas, está um senso de alienação da experiência pública.[19]

Clare Cooper-Marcus e Carolyn Francis, assumindo uma abordagem pragmática de projeto, oferecem, talvez por isso mesmo, uma definição pobre de *plaza*, ignorando não apenas os sentidos social, cultural e político imbuídos na palavra espanhola, mas também suas relações intrínsecas com o desenho da cidade. A *plaza* de Marcus e Francis refere-se apenas a componentes físicos, enquadrados em uma visão particular do paisagismo que tem como referencial o parque:

> Para o propósito do livro [diretrizes de projeto para espaços livres urbanos], *plaza* é definida como uma área mais pavimentada do espaço externo de onde os carros são excluídos. Sua função é ser um lugar para passear, sentar-se, comer e ver o mundo passar. Embora possa haver árvores ou gramados, a superfície predominante é a pavimentada [*hard surface*] e, se a área plantada exceder a superfície pavimentada, deve-se defini-la como *park*.[20]

Evitar confundir praça com jardim é também uma das preocupações de Murillo Marx ao explicitar o significado e a origem das praças brasileiras. Marx destaca o caráter público e multifuncional de nossas praças, que seria equivalente ao das *piazzas* e *plazas*, e ressalta, em nosso caso, a origem religiosa, que, como praça de igreja grande e cuidada, "transcenderia o papel de adro para tornar-se um fórum brasileiro":

> Logradouro público por excelência, a praça deve sua existência sobretudo aos adros de nossas igrejas. Se tradicionalmente essa dívida é válida, mais recentemente a praça tem sido confundida com jardim. A praça como tal, para reunião de gente e para exercício de um sem-número de atividades diferentes, surgiu entre nós, de maneira marcante e típica, diante de capelas ou igrejas, de conventos ou irmandades religiosas. Destacava, aqui e ali, na paisagem urbana estes estabelecimentos de prestígio social. Realçava os edifícios; acolhia os seus frequentadores.[21]

Marx acentua o desenho irregular ("como tudo o mais") da maioria de nossos espaços públicos, configurados como uma sucessão de largos, pátios, terreiros articulados a uma "trama viária modesta", especialmente contrastante com o traçado regular das cidades da América espanhola, em que se instalavam ao redor da praça não apenas a matriz ou catedral, mas também os principais edifícios públicos, numa "ordenada e monótona rede ortogonal de vias públicas". Além da diferença de traçado, Marx enfatiza a ausência do poder civil demarcando nosso "chão público":

> As praças cívicas, diante de edifícios públicos importantes, são raras entre nós. São exceções [...] E, quando o esforço comum erguia uma construção para este fim, era pouco provável que se situasse num

---

[19] Robert Jensen, "Dreaming of Urban Plaza", em Lisa Taylor (org.), *Urban Open Spaces* (Nova York: Cooper-Hewitt Museum/Rizzoli, 1981), pp. 52-53.

[20] Clare Cooper-Marcus & Carolyn Francis (orgs.), *People Places: Design Guidelines for Urban Open Spaces* (Nova York: Van Nostrand Reinhold, 1990), p. 10. O termo *park*, corriqueiro em inglês, é empregado na composição das expressões *mini park*, *pocket park* e *small park*, equivalentes, em português do Brasil, a "praça", "pracinha"

[21] Murillo Marx, *Cidade brasileira* (São Paulo: Edusp, 1980), p. 50.

ponto condigno como uma praça que acolhesse os cidadãos, valorizasse o significado do prédio ou tirasse partido de seu projeto arquitetônico mais elaborado [...] Uma desordem, enfim, que esconde o poder público, que não revela a sua efetiva existência, que não clarifica sua responsabilidade social, que não dignifica o viver republicano.[22]

Mesmo sem o rigor urbanístico das *plazas* ou a herança arquitetônica das *piazzas*, a praça brasileira é igualmente enraizada nos hábitos de uso e da linguagem de seu povo. Fazem-se declarações à praça para tornar público um comunicado ou um aviso de perda de documentos. Preserva-se o bom nome na praça. Identifica-se praça com mercado para difundir produtos ou delimitar a aceitação de cheques. E, apesar das raras "plazas de armas" em nossas cidades, nossos soldados são treinados como "praças".

ACESSIBILIDADE: CONDIÇÃO PRIMORDIAL PARA O USO

O acesso é fundamental para a apropriação e o uso de um espaço. Entrar em um lugar é condição inicial para poder usá-lo. Stephen Carr[23] classificam os três tipos de acesso ao espaço público como físico, visual e simbólico ou social.

Acesso físico refere-se à ausência de barreiras espaciais ou arquitetônicas (construções, plantas, água, etc.) para entrar e sair de um lugar. No caso do espaço público, devem-se considerar também a localização das aberturas, as condições de travessia das ruas e a qualidade ambiental dos trajetos.

Acesso visual, ou visibilidade, define a qualidade do primeiro contato, mesmo a distância, do usuário com o lugar. Perceber e identificar ameaças potenciais é um procedimento instintivo antes de alguém adentrar qualquer espaço. Uma praça no nível da rua, visível de todas as calçadas, informa aos usuários sobre o local e, portanto, é mais propícia ao uso.

Acesso simbólico ou social refere-se à presença de sinais, sutis ou ostensivos, que sugerem quem é e quem não é bem-vindo ao lugar. Porteiros e guardas na entrada podem representar ordem e segurança para muitos e intimidação e impedimento para outros. Construções e atividades também exercem o controle social de acesso, principalmente aos espaços fechados, em que decoração, tipos de comércio e política de preços são frequentemente conjugados para atrair ou inibir determinados públicos.

Os três tipos de acesso podem ser combinados para tornar um espaço mais ou menos convidativo ao uso. Nos espaços públicos do Centro de São Paulo podemos encontrar vários casos da aplicação dos três tipos de controle de acesso decorrentes do projeto ou da gestão.

A praça Roosevelt, por exemplo, é repleta de barreiras físicas e visuais que dificultam o acesso e a apreensão do lugar. O sistema de vias criou buracos em três das quatro esquinas, impedindo o acesso natural à praça, e o intenso tráfego de veículos dificulta a travessia de pedestres. As poucas entradas da praça localizam-se no meio do quarteirão e são pouco visíveis das calçadas. Em toda a sua extensão, a praça situa-se acima ou abaixo do nível da rua, e a diferença de cota frequentemente ultrapassa a altura do usuário médio. As escadarias e rampas íngremes que dão acesso à praça são barreiras para pessoas com reduzida mobilidade física. Muretas de concreto aumentam ainda mais as barreiras físicas e visuais.

A praça da Sé expandida ilustra o dilema entre a privacidade e a segurança percebida. Embora visíveis das calçadas, os recantos da praça são sombrios e afastados das rotas de circulação, situando-se fora do alcance visual da maioria dos pedestres. Tanto o caminho como os recantos acabam inibindo seu uso.

No largo São Bento, a ambiguidade do espaço público-privado como controle simbólico é sutil, porém não menos efetiva e, nesse caso, até

---
[22] *Ibid.*, p. 51.
[23] Stephen Carr *et al.*, *Public Space* (Nova York: Cambridge University Press, 1995).

Figura 1. Largo São Bento, São Paulo.
Parceria BankBoston e Prefeitura: exposição do gosto privado no espaço público e dissimulação da demarcação público-privado. Doados pelo BankBoston, gradil e escultura sugerem domínio privado e inibem o acesso público.

Figura 2. Chase Manhattan Bank, Nova York.
Projeto de Isamu Noguchi, 1964. Referencial americano do oposto: espaço privado acessível para uso público.

perversa (figura 1). Em vez de adotar o modelo nova-iorquino de colaboração prefeitura-empresa, cedendo ao uso público o espaço privado, como fez o Chase Manhattan Bank (figura 2), a "parceria" firmada em 1998 entre o BankBoston e a Prefeitura (Procentro e Subprefeitura da Sé) consistiu na delimitação de um canto do largo São Bento com um gradil baixo e a instalação de uma escultura de Caciporé Torres no centro do espaço aberto, impedindo outros usos. Junto do edifício do BankBoston e ocasionalmente vigiada por um guarda uniformizado do banco, a pracinha (pública) cercada sugere propriedade particular e raramente é usada pelo público. Sob o pretexto de "embelezamento" da cidade, o BankBoston não apenas impôs seu gosto estético à população como, especialmente, apossou-se do espaço público.

Atividades comerciais podem estimular o uso do espaço público e aumentar a percepção do caráter aberto dos lugares. Ambulantes que tumultuam várias ruas do Centro também animam praças da cidade. Atualmente, em São Paulo, frequentar feiras de design, artesanato e antiguidades, comidas regionais e étnicas realizadas nos espaços públicos tornou-se uma atividade de lazer no fim de semana.

AVALIAÇÃO PÓS-OCUPAÇÃO COMO SUPORTE DO PROJETO

Com critérios racionais de projeto, podem-se conferir as qualidades necessárias ao espaço do convívio social. O uso fornece elementos de articulação entre espaços públicos, promovendo e ampliando a diversidade dos usuários. Verificar o uso do espaço é fundamental para revelar as necessidades dos frequentadores e assinalar os pontos positivos e negativos dos lugares.

A avaliação pós-ocupação é um processo que "compara sistemática e rigorosamente o desempenho real da construção com os critérios de desempenho estabelecidos explicitamente", segundo Sheila Ornstein e Marcelo Romero.[24]

John Zeisel sistematiza métodos de observação do uso do espaço livre para melhor prever e controlar os efeitos dos resultados construídos. Segundo Zeisel, design e pesquisa podem cooperar em três instâncias: pesquisa de programa de necessidades dos usuários, revisão do projeto para avaliar a utilização do conhecimento existente do ambiente-comportamento *(environment-behavior)* e avaliação dos projetos existentes em uso.[25]

William Whyte[26] produz um referencial de observação do uso do espaço livre público como suporte de projeto e para demonstração de que "projetar espaços bons não é mais difícil que projetar espaços ruins". A pesquisa de Whyte, focada nas *plazas* do *midtown* de Nova York, em sua maioria cedidas ao uso público em troca de aumento da área construída de acordo com o zoneamento de 1961, teve como objetivo descobrir por que algumas praças funcionam e outras não e, a partir daí, formular diretrizes para orientar a implantação de novos espaços na cidade. Utilizando várias técnicas de observação, o estudo de Whyte transformou as recomendações em critérios para a provisão de bancos, vegetação e amenidades e de integração com a rua, adotados pelos códigos de zoneamento. A nova legislação de implantação e projeto de "praças de troca" *(bonus plaza)* foi adotada pela cidade em maio de 1975.

Ao contrário da maioria dos dogmas de "bom desenho" defendidos por arquitetos e políticos, Whyte constatou que, mais do que forma, tamanho ou design, o sucesso do espaço público era determinado pelo acesso e pelas opções de lugares para sentar. Para Whyte, a maior atração das *plazas* eram as pessoas, e elas tendem a agrupar-se o mais próximo possível onde há atividades.

---

[24] Sheila Ornstein & Marcelo Romero (colab.), *Avaliação pós-ocupação do ambiente construído* (São Paulo: Studio Nobel/Edusp, 1992), p. 4.

[25] John Zeisel, *Inquiry by Design: Tools for Environment-Behavior Research* (Cambridge: Cambridge University Press, 1987).

[26] William H. Whyte, *The Social Life of Small Urban Spaces* (Washington: The Conservation Foundation, 1980).

O trabalho de Whyte serviu de inspiração para que Fred Kent fundasse em 1975 o Project for Public Spaces (PPS), uma organização sem fins lucrativos dedicada a "criar e manter lugares públicos que constroem comunidades" por meio de assistência técnica, pesquisa, educação, planejamento e projeto. A ênfase do PPS está no envolvimento de usuários na vida pública e na integração da praça com seu entorno.[27] O redesenho do Bryant Park de Nova York, realizado no fim da década de 1980 para aumentar seu uso, adotou recomendações específicas de Whyte, como a redução de barreiras visuais e o aumento de acessos à praça.

Em 1999, todas as 320 praças de uso público criadas em Nova York em troca do aumento da área construída foram reavaliadas de acordo com qualidades físicas, amenidades exigidas e padrões de operação. A compilação dos projetos constituiu um banco de dados disponibilizado para a população, e a avaliação resultou no livro *Privately Owned Public Space: the New York Experience*. A pesquisa revelou que a legislação mais rigorosa adotada a partir de 1975 permitira criar espaços mais usáveis, porém não necessariamente bem-sucedidos. Para Joseph Rose, diretor do Departamento de *City Planning* de Nova York, "os espaços bem-sucedidos contribuem positivamente para a vida da cidade e incorporam valores de boa implantação, contexto urbano, acessibilidade pública e uso em seu projeto e gestão".[28]

Clare Cooper-Marcus e Carolyn Francis avaliaram o desempenho de vários projetos de espaços de uso público em cidades da região de São Francisco, classificando-os em sete categorias de espaços livres: *plazas* urbanas, praças (parques) de vizinhança, minipraças, espaços livres de *campus*, habitações para a terceira idade, creches e hospitais.[29] No caso das *plazas* urbanas, foram arrolados oito estudos de caso – sete na área central de São Francisco e um em Berkeley – que representavam situações distintas de tamanho, implantação e propriedade. Sem acentuar as diferenças entre o caráter público ou privado das praças e sua interação com o entorno, a análise das autoras considerou apenas a relação do design "interno" com o uso em termos de "sucesso" ou "fracasso", avaliados pontualmente com base em critérios genéricos.

Carr, Francis, Rivlin e Stone[30] defendem o projeto do espaço livre público com ênfase na participação do usuário, em um processo aberto e democrático, e propõem como ponto de partida as qualidades "humanas" do ambiente: necessidades, direitos, significados e conexões do espaço público. Para eles, o direito de uso é um requisito básico para que as pessoas usufruam das experiências desejadas no espaço público. Esse direito espacial depende de fatores como normas de comportamento e projeto e gerenciamento do lugar. Os autores lembram ainda que o modelo de projeto ensinado nas escolas de arquitetura é geralmente o de processo fechado e exclusivo, que desconsidera questões como manutenção e gestão, e o envolvimento do usuário é descartado por falta de tempo e recursos. O uso do espaço exige manutenção e ajustes constantes, que raramente são atendidos. Essa situação agrava-se porque geralmente quem projeta não faz a manutenção.

Realizada entre 1991 e 1992, a renovação do Bryant Park, a praça da Biblioteca Municipal de Nova York, adotou a remoção de barreiras físicas e visuais e o aumento de acessibilidade como critérios prioritários no projeto (figuras 3a e 3b).

A nova praça teve como resultado imediato o crescimento do número de usuários, revelando entre eles uma "extraordinária" diversidade, segundo os responsáveis pelo projeto. As cadeiras removíveis aumentaram de 1.100, na inauguração, para 2 mil um ano depois. Em um dia de semana de 1993 foi registrada a presença de 1.400 pessoas às 12h40 e

---

[27] Project for Public Spaces, *How to Turn a Place Around: a Handbook for Successful Public Spaces* (Nova York: Project for Public Spaces, 2000).

[28] Jerold Kayden, The New York City Department of City Planning & The Municipal Art Society of New York, *Privately Owned Public Space: the New York City Experience* (Nova York: John Wiley & Sons, 2000), p. viii.

[29] Clare Cooper-Marcus & Carolyn Francis (orgs.), *People Places: Design Guidelines for Urban Open Spaces* (Nova York: Wyley, 1997).

[30] Stephen Carr *et al.*, *Public Space*, cit.

3a. Antes: acesso dissimulado e espaço visualmente inacessível. Entrada escura e estreita, não convidativa.

3b. Depois: praça visível da rua. A mesma entrada redesenhada: aberta e convidativa. Quiosques de café.

Figuras 3a e 3b. Bryant Park, Nova York, antes e depois.

2 mil às 13h40. A proporção média de mulheres visitando o local é de 43%, o dobro da década anterior. A praça também é considerada a segunda meca do xadrez na cidade, embora o aluguel do equipamento ali mesmo seja bastante criticado. A avaliação pós-ocupação realizada entre março e agosto de 1993 constatou que:

1. A percepção da segurança foi considerada a primeira razão da nova popularidade do local.
2. O melhoramento no acesso visual e físico foi responsável pelo aumento de uso.
3. A presença da polícia, de guardas e pessoal da manutenção contribuía para o aumento da percepção de segurança.

Em 1996, a equipe de manutenção do Bryant Park contava com um quadro permanente de 35 funcionários, e o custo operacional anual era de 2 milhões de dólares, valor elevado mesmo para os padrões nova-iorquinos, que certamente seria suficiente para cobrir despesas de projeto e manutenção de vários espaços públicos da cidade. Como uma custosa ilha de excelência, utópica no resto de Nova York, o Bryant Park, muitas vezes referido como modelo de colaboração público-privada no projeto e na manutenção, destaca-se de outros espaços públicos pelo refinamento dos detalhes construtivos e pelo alto padrão de conservação e segurança.

A intervenção física bem-sucedida na praça apoiou-se nas recomendações de análise de uso, seguiu exigências de preservação histórica, acomodou a necessidade de expansão da biblioteca, eliminou barreiras e facilitou o acesso, tirando a praça do isolamento e iniciando a recuperação do convívio entre as pessoas naquela área. A gestão de seu espaço pode, entretanto, acentuar a fragmentação social da cidade e servir apenas às estratégias de valorização imobiliária e de reforço da imagem desejável de cidade global.

Para Carr, o sucesso da renovação do Bryant Park levanta duas questões importantes. A primeira refere-se aos direitos espaciais, considerando que as novas atividades na praça poderiam impedir usos mais tranquilos e reservados. A segunda questão diz respeito ao controle sobre o espaço público, pois a administração, atribuída a uma entidade privada por meio de parceria com o Departamento de Parques da cidade, representa sempre uma ameaça à garantia dos direitos plenos do cidadão e à capacidade do próprio poder público de criar soluções de caráter abrangente.[31]

O temor da privatização do espaço público também gerou críticas de Sharon Zukin, socióloga e estudiosa das cidades. Para ela, "as estratégias culturais que têm sido escolhidas para revitalizar o Bryant Park carregam em si a implicação de controle da diversidade, ao mesmo tempo que recriam uma visão de civilidade consumista".[32]

Embora essencial para realimentar o processo do projeto, a avaliação pós-ocupação não deve ser confundida com este, pois nele estão envolvidas múltiplas escalas de intervenção e saltos criativos. No projeto, é imprescindível reconhecer a especificidade e a dinâmica do espaço livre em relação ao entorno e aos processos naturais e às diferenças de gênero, de idade e hábitos da população no uso do tempo livre e do espaço público. A profusão de espaços públicos ou semipúblicos para o desenvolvimento de atividades recreativas, enfatizada por Carr, revela sobretudo a falta de vida pública espontânea na cultura americana. Comparativamente, o cotidiano em São Paulo, apesar da pouca variedade de espaços públicos, é repleto de vida pública nas esquinas, nas ruas, nas feiras livres semanais e nas festas populares e religiosas.

Deve-se reconhecer, especialmente, que praças na cultura latina, ao contrário do que ocorre nas cidades americanas, não são áreas exclusivas de recreação. Elas são espaços públicos articulados ao tecido urbano, desempenhando a função de ordenação urbana, e uma estratégia de projeto baseada somente nas necessidades do usuário corre perigo, por ignorar a relação dos espaços com a vizinhança, a cidade e a sociedade como um todo.

---

[31] *Ibid.*, p. 148.
[32] Sharon Zukin, *apud* Heitor Frúgoli Jr., *Centralidade em São Paulo: trajetórias, conflitos e negociações na metrópole* (São Paulo: Cortez/Edusp, 2000), p. 25.

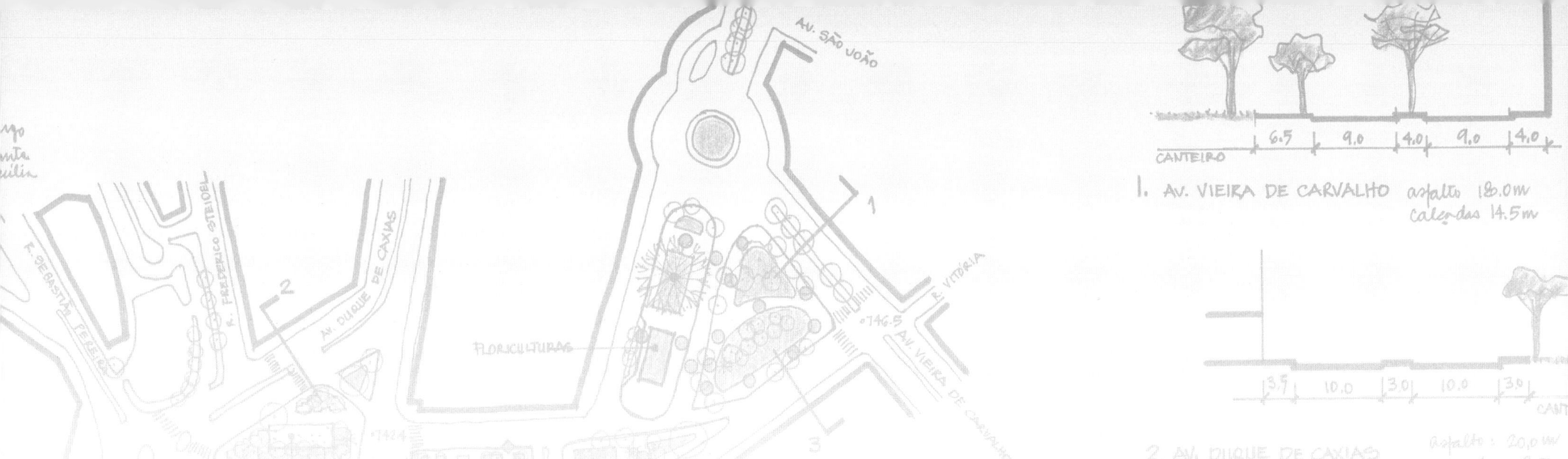

Piazza, plaza, place, square

PIAZZA DEL CAMPO, SIENA (SÉCULO XIV)

A Piazza del Campo de Siena, reconfigurada por ocasião da construção do Palazzo Pubblico (prefeitura) no final do século XIII, é a praça emblemática da passagem da Idade Média para o Renascimento, período marcado pelo fortalecimento do poder civil, separado da Igreja, pelo ressurgimento do comércio e pela preocupação com a beleza do ambiente construído.

Siena era uma cidade murada, com edificações aglomeradas e vazios preciosos, que incluíam ruas, jardins e pátios abrigados de olhares externos, além de pomares e jardins dos mosteiros e residências (figura 4). Fora de seus muros havia áreas reservadas para cultivos, jogos e competições. Como na maioria das cidades do fim do período medieval, os dois centros de Siena eram a catedral, com sua praça, ou *parvis*, representando o poder institucional, e a praça-mercado, um local de trocas, serviços e atividades sociais. Havia ainda um mercado junto a uma das portas da cidade e pequenas vendas espalhadas pelos trechos alargados de certas vias, na frente de oficinas.

Estrategicamente localizada no centro geométrico da área povoada e na confluência de ruas que eram prolongamentos das três principais

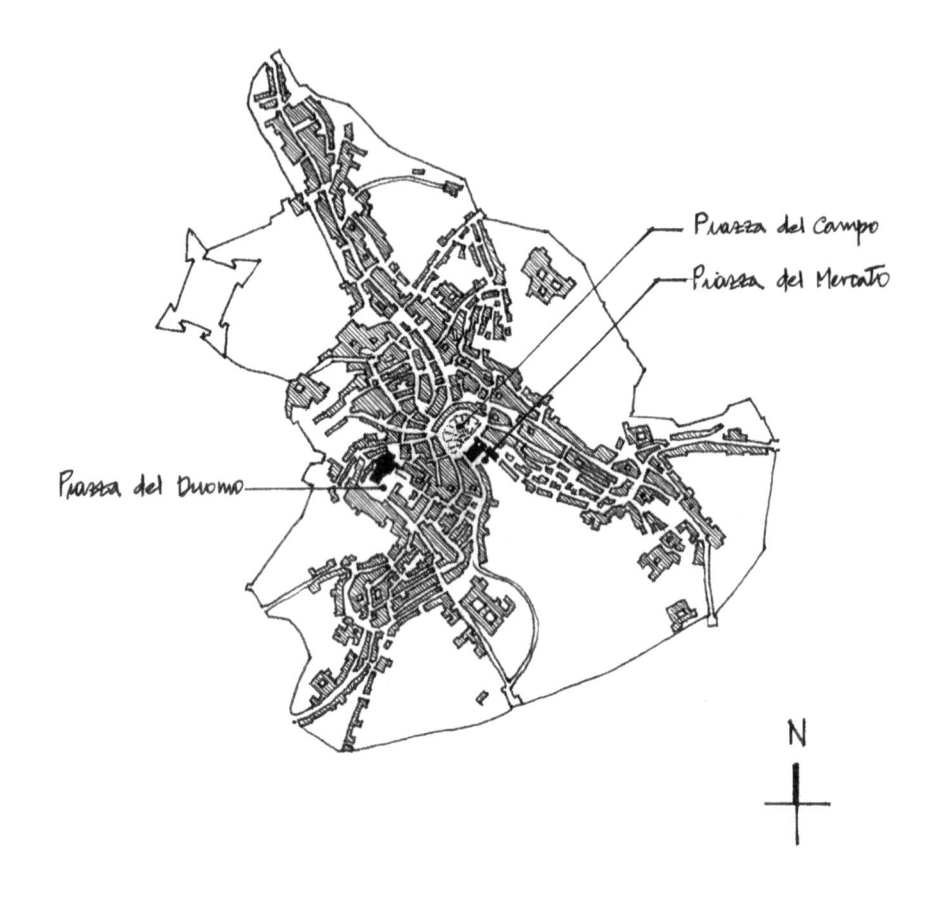

Figura 4. Siena: planta geral (século XIV?).

Siena: cidade murada. Vazios incluíam ruas, praças, jardins, pomares e pátios dos mosteiros e de particulares. Fora dos muros havia áreas reservadas para cultivos, jogos e competições.
Piazza del Campo: central, mercado e lugar de encontros, na junção de ruas principais. Havia ainda mercados junto aos portões da cidade e espalhados nos alargamentos de vias.
Observar as três praças centrais: Piazza del Campo, a cívica, no centro; a religiosa à esquerda e o mercado atrás do Palazzo Pubblico.

vias de acesso à cidade, a Piazza del Campo ocupava o sítio de um antigo fórum romano e era o principal mercado medieval de Siena (figura 5). Começou a ganhar sua forma atual em 1293, quando o conselho da cidade decidiu formar uma grande *piazza* cívica e foi adquirindo as terras em volta. Entre 1288 e 1309, construiu-se o Palazzo Pubblico, voltado para a *piazza*, e as atividades do mercado passaram a realizar-se atrás da nova edificação. Com isso, Siena contou desse momento em diante com três praças centrais próximas: a religiosa Piazza del Duomo, de desenho regular e ortogonal; a cívica e central Piazza del Campo, um polígono em forma de leque; e a Piazza del Mercato, um espaço aberto trapezoidal.

Adaptada à topografia e ao giro de carroças e com áreas destinadas a carga e descarga de mercadorias, a aparentemente confusa rede de caminhos e ruas produzia grande variedade de largos e praças. Segundo Mumford, "as ruas sinuosas da Siena medieval respeitavam os contornos, tendo, porém, a intervalos, interseções, para abrir um panorama, com a inclusão de lanços de degraus que serviam de atalhos para os pedestres"[1]. A arquitetura era mínima, e a rua funcionava como extensão da casa, da oficina, do mercado e da praça. O contato direto e permanente de casas ou oficinas com o público e com o espaço público fez com que se desenvolvesse na rua um novo tipo de comunidade, com regras de conduta que estabeleciam desde o gabarito das construções e o desenho das fachadas até soluções para questões referentes a impostos, saúde e segurança.

Concluída sua pavimentação com tijolos em 1349, a Piazza del Campo tinha proporções amplas não apenas para poder incluir o mercado, mas também para abrigar reuniões e cerimônias públicas (figura 6). A praça tinha forma de um trapézio de cantos arredondados e media aproximadamente 85 m e 150 m nas bases e 100 m na altura. O terreno, suavemente inclinado, transformava a praça em um grande anfiteatro.

---
[1] Lewis Mumford, *A cidade na história: suas origens, transformações e perspectivas* (1961) (São Paulo/Brasília: Martins Fontes/UnB, 1982), p. 458.

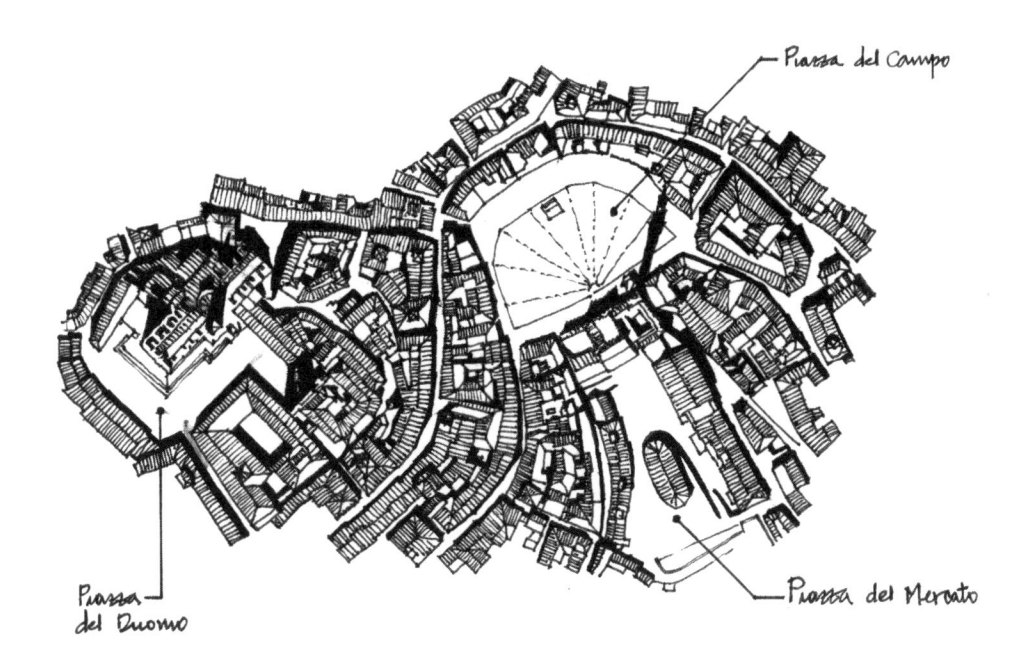

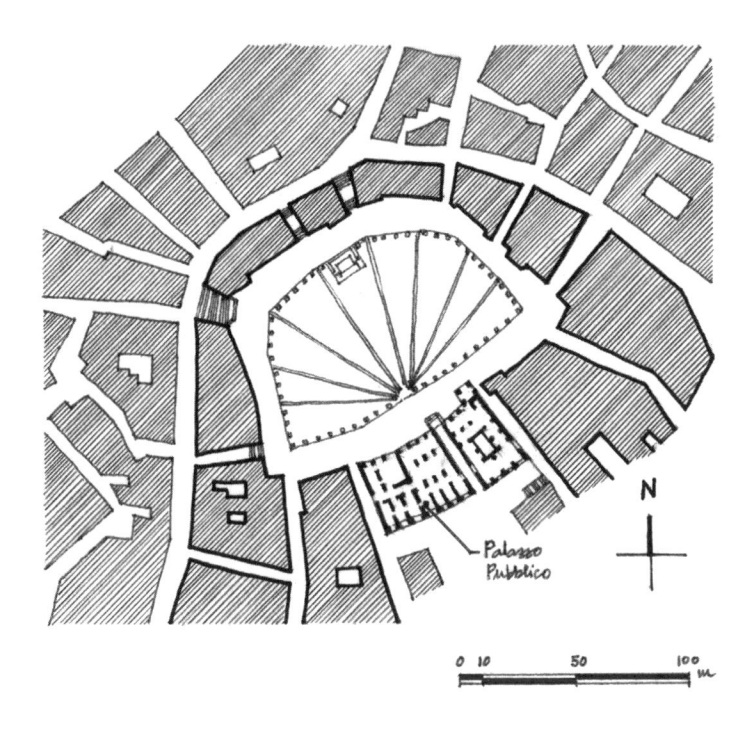

Figura 5. Piazza del Campo: implantação.

Distinção de três *piazzas*: a religiosa, Del Duomo, à esquerda, com desenho regular e ortogonal; a cívica, Del Campo, no centro, um polígono irregular na forma de leque aberto; e o mercado, Del Mercato, atrás da Del Campo.
Palazzo Pubblico: a prefeitura era o ponto focal da *piazza,* marcado pela torre e pela convergência do desenho do piso.
Vias de circulação criavam aberturas e alargamentos que, ao se ajustarem à topografia, resultavam em uma grande variedade de largos e praças.
Observar: formas "organicamente" ajustadas ao local e às necessidades, desenvolvidas ao longo do tempo, e o contraste entre o construído e os espaços abertos variados.

Figura 6. Piazza del Campo: *layout.*

Além do fechamento arquitetônico, deve-se observar a quantidade de acessos à *piazza:* ao todo, são onze, cinco sob a arquitetura e seis a céu aberto. Acessos estreitos, quase invisíveis. Sistema hierarquizado de vias perimetrais para veículos e múltiplas vielas para pedestres.
Palazzo Pubblico no lado sul, ligeiramente flexionado para conformar-se à praça e à topografia. Torre/campanário de 86 m de altura é o marco referencial da praça e da cidade.
A pavimentação de tijolo, implementada no século XIV, é um grande piso contínuo, suavemente inclinado como em um grande auditório. O piso, delimitado por balizas, humaniza a escala, direciona o olhar e conduz a drenagem superficial. As balizas organizam o tráfego de veículos, reforçando o desenho do "piso-praça", e não o da rua.

No lado de baixo da *piazza*, o Palazzo Pubblico, de tijolos e pedras, tinha o formato ligeiramente flexionado para adaptar-se à praça e à topografia. Nas laterais, construções praticamente contínuas de cinco pavimentos definiam o espaço. No centro, um grande piso de tijolos em forma de leque aberto definia uma "praça" dentro da *piazza*. Linhas radiais de pedras, começando defronte ao Palazzo Pubblico, dividiam o grande piso em nove segmentos, simbolizando o Conselho dos Nove, a oligarquia de mercadores e líderes dos nove distritos da cidade. Uma série de balizas de pedra demarcava o centro da praça e reforçava a delimitação do piso de tijolo. Ponto focal da *piazza*, a Torre della Mangia, um campanário de 86 m de altura do Palazzo Pubblico, foi erguida entre 1338 e 1349, tendo sido acrescentada, em 1352, uma capela ao conjunto. Na parte superior da praça, a Fonte Gaia, esculpida por Jacopo della Quercia, atualmente exposta no museu da cidade, foi instalada em 1419, e sua réplica, em 1868.

Havia onze acessos à praça: cinco camuflados pelos prédios e seis a céu aberto. As aberturas entre as edificações eram estreitas e não interferiam na sensação de fechamento espacial proporcionada pela arquitetura. A passagem dos caminhos para a praça, especialmente sob as edificações, aumentava o contraste entre os espaços congestionados das ruas e casas e a amplidão e claridade da praça. As construções, mesmo sem um alinhamento geométrico comum nem fachadas uniformes, demonstravam uma grande unidade visual, baseada em alturas próximas e janelas variadas, porém de tamanhos e posições compatíveis (figura 7).

A conspícua integração entre a arquitetura, a forma da praça e a configuração do chão na Piazza del Campo é ressaltada por Hedman e Jaszewski:

> A curva envolvente do muro em aclive e a vasilha rasa esculpida no chão são as fontes principais da poderosa definição espacial desta praça. É uma demonstração marcante de como a forma da praça e a

Figura 7. Piazza del Campo: vista.

Unidade com diversidade: gabarito de altura, janelas variadas, uso do térreo, sem imposição de alinhamentos geométricos. A arquitetura delimita o espaço. Fachada voltada para a praça, sempre ensolarada devido à orientação norte-sul.
Fonte Gaia: um dos pontos de convergência na borda superior da praça.
Os acessos sob a arquitetura aumentam a dramaticidade do contraste claro-escuro, estreito-aberto, privado-público e até mesmo do simbólico inferno-paraíso.

configuração do chão podem ampliar a limitada capacidade definidora espacial das edificações.²

A Piazza del Campo refletia, nas cidades da Idade Média, a "beleza artística urbana" e o "orgulho urbano sonhado por seus habitantes".³ Essa preocupação, que hoje chamamos estética, foi registrada por diversos autores, entre eles, Mumford: "[...] quando o paço municipal de Siena foi construído, no século XIV, o governo municipal ordenou que os novos edifícios levantados na Piazza del Campo tivessem janelas do mesmo tipo".⁴ Ou, como referido por Newton: "[...] desde 1262, havia registros de legislação regulamentando a altura e o caráter das construções novas de frente para a praça".⁵ E também Setha Low: "[...] por volta de 1346 houve uma mudança de atitude em relação à importância arquitetônica da praça, com a construção da famosa *piazza* de Siena, que foi projetada como um espaço público por motivos puramente estéticos ou relacionados ao prestígio".⁶

A orientação norte-sul da Piazza del Campo mantinha as casas ensolaradas e possibilitava que a torre projetasse sombra ao longo do dia, como o ponteiro de um enorme relógio solar. A drenagem superficial do grande piso de tijolos acompanhava a declividade do terreno, seguindo a direção das faixas claras de pedra até uma elaborada "boca de lobo" (figuras 8a e 8b).

Duas vezes por ano, em 2 de julho e 16 de agosto, a Piazza del Campo é tomada pelo festival Palio, evento competitivo com origem na Idade Média realizado ininterruptamente desde 1656. O ponto alto do Palio são as corridas a cavalo ao redor da praça, precedidas do colorido

---

² Richard Hedman & Andrew Jaszewski, *Fundamentals of Urban Design* (Washington, D.C.: American Planning Association, 1984), p. 89; tradução informal.
³ Jacques le Goff, *Por amor às cidades* (São Paulo: Unesp, 1998).
⁴ Lewis Mumford, *A cidade na história: suas origens, transformações e perspectivas*, cit., p. 338.
⁵ Norman T. Newton, *Design on the Land: the Development of Landscape Architecture* (Cambridge: Belknap, 1971), p. 138.
⁶ Setha M. Low, *On the Plaza: the Politics of Public Space and Culture* (Austin: The University of Texas Press, 2000), p. 89.

8a. Orientação norte-sul: sol, luz e sombra.

8b. Detalhe de drenagem superficial: a "boca de lobo" de onde irradia o desenho do piso.

Figuras 8a e 8b. Piazza del Campo: natureza.
A natureza, na Piazza del Campo, marca o ritmo do dia e mantém a praça "seca".

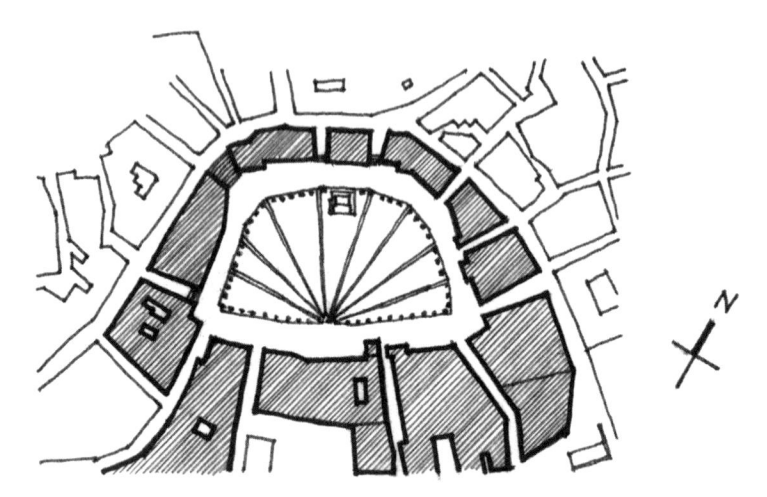

9a. *Piazza* delimitada e definida por arquitetura e ruas. Forma moldada pelo terreno e pela arquitetura. Onze acessos e inúmeros fluxos multidirecionais.

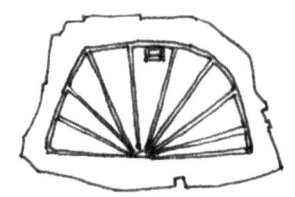

9b. *Piazza* delimitada e sem definição espacial, é apenas um polígono inclinado na forma de "leque aberto" ou concha.

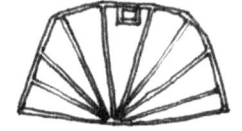

9c. Piso central é um elemento de composição que não pode ser confundido com a praça.

Figuras 9a, 9b e 9c. Piazza del Campo: delimitação e definição espacial.

desfile de bandeiras carregadas pelos representantes dos dezessete *contrada*, os distritos de Siena, vestidos com trajes medievais. Nesses dias, as janelas dos edifícios da praça são enfeitadas com bandeiras dos distritos, e as multidões aglomeram-se no centro da *piazza*.

As balizas de pedra ao redor do centro da *piazza* criavam, paralela à arquitetura, uma segunda borda da praça, dobrando assim seu perímetro visível e usável. Altas e marcantes, as balizas serviam de pontos de referência e encostos para permanência. A Piazza del Campo correspondia ao modelo preferido da praça italiana: um centro social e um espaço aberto integrado ao tecido urbano, "localizada centralmente, entre edifícios públicos e na confluência de ruas. Pessoas visitam-na com propósitos específicos e, de algum modo, sem nenhum propósito específico".[7] Todas as noites, após o jantar, entre oito e dez horas, a cidade vinha espontaneamente participar da *passeggiata*, o passeio na praça.

A Piazza del Campo é um amálgama de funções sociais e formas físicas atribuídas por topografia, sistema de ruas e caminhos e arquitetura, em que a delimitação e a definição espacial se fundem (figuras 9a, 9b e 9c). O chão diferenciado, apesar de suas qualidades intrínsecas como material, assentamento, declividade suave, forma de leque aberto ou manto da Virgem, detalhes de drenagem e simbolismo do nove, não constituía um desenho autônomo que se sustentasse como "praça". A ideia da praça, entretanto, como um plano inclinado convergindo para o edifício público propagar-se-ia como um dos arquétipos mais admirados de praça cívica e é imitada até hoje.

A City Hall Plaza de Boston (figura 10) e o Centro Georges Pompidou de Paris (figura 11) são dois exemplos de projetos inspirados na Piazza del Campo, porém com resultados bem diversos. Segundo Carr, a City Hall Plaza de Boston é "gigantesca, vazia e sem vitalidade", e o Centro

---

[7] Akinori Kato, "The Plaza in Italian Culture", em *Process*, nº 16, "Plazas of Southern Europe" (Tóquio: Process Architecture, 1980), p. 5.

Georges Pompidou de Paris, "uma entrada grandiosa para o museu e uma arena para atividades públicas variadas".[8] Em Boston, as ideias emprestadas de Siena incluíam a praça suavemente inclinada, o edifício da prefeitura como foco principal na parte baixa e a pavimentação de tijolos com detalhes contrastantes de pedra. O projeto, elaborado dentro do espírito moderno de arquitetura e urbanismo, com recomendações baseadas em separação de funções e grandes espaçamentos entre as edificações, foi escolhido em um concurso nacional realizado em 1961, vencido pelos arquitetos Kallmann, McKinnell e Knowles, e a obra foi concluída em 1968. Para formar o novo Government Center, as construções históricas existentes foram demolidas, os quarteirões mais que dobraram de tamanho e, das 22 ruas, sobraram apenas seis. A praça resultante formava uma série de grandes espaços abertos, sem definição e circundados por edifícios exclusivamente administrativos dos governos federal, estadual e municipal.

Hedman e Jaszewski mostram que no espaço livre do City Hall cabem duas vezes as praças Del Campo de Siena e São Marcos de Veneza juntas. Além disso, "mesmo a forma robusta do City Hall não era suficiente para a vastidão do espaço",[9] constantemente varrido pelo vento. Webb considera o gigantismo do City Hall "uma doença contagiosa".[10] Carr *et al.*, ao comparar essa praça com o Centre Georges Pompidou, apontam a ausência de contexto para o uso, criado pela combinação de centralidade do lugar, rede de caminhos de pedestres, entorno diversificado e atração trazida pela arquitetura. Jensen acrescenta, como dado problemático, o fator cultural americano de conduzir relações sociais de modo mais reservado, pois "o passeio noturno, a *passeggiata* – uma experiência essencialmente comunitária e sensorial –, não é parte de nossas vidas".[11]

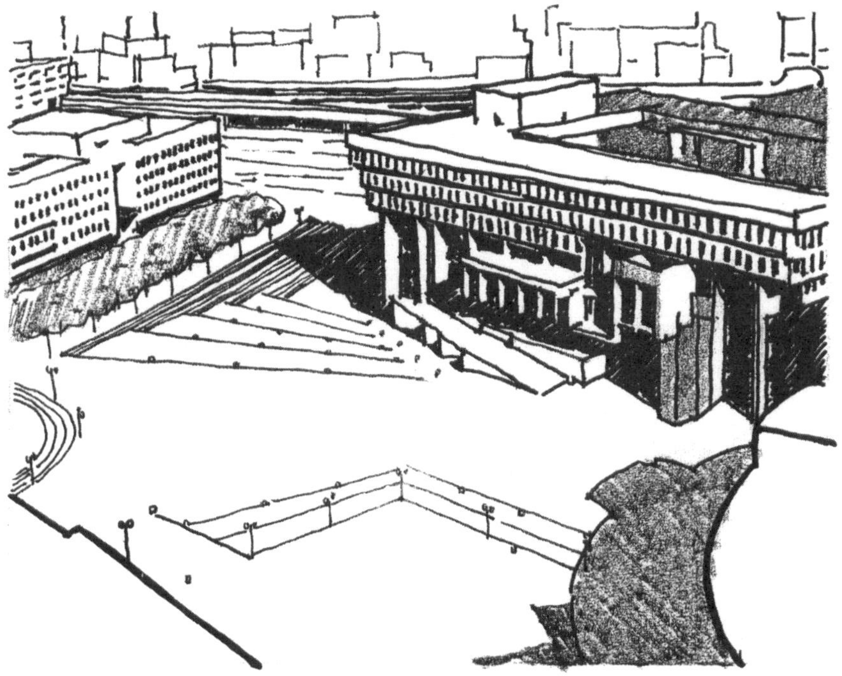

---

[8] Stephen Carr *et al.*, *Public Space*, cit., pp. 112-113.
[9] Richard Hedman & Andrew Jaszewski, *Fundamentals of Urban Design*, cit., p. 73.
[10] Michael Webb, *The City Square: a Historical Evolution* (Nova York: Whitney Library of Design, 1990), p. 182.
[11] Robert Jensen, "Dreaming of Urban Plaza", em Lisa Taylor (org.), *Urban Open Spaces*, cit., p. 53.

Figura 10. City Hall Plaza de Boston.
Amplo espaço aberto e inclinado, mas sem clara definição espacial. Entorno não diversificado. Piso de tijolo acentuando a circulação e desviando do edifício. Referências formais de Siena.

O Centro Georges Pompidou, ou Beaubourg, projeto de Renzo Piano e Richard Rogers concluído em 1976, está localizado no centro histórico de Paris, próximo ao Marais e Les Halles. O Beaubourg, museu dedicado à arte moderna, tem aparência industrial, com estruturas metálicas e tubulações coloridas expostas. É uma provocação ao entorno. Ocupando metade da área do quarteirão, recuado da rua, o centro conta com um grande espaço livre, definido pelo museu e pelas edificações ao redor, os tradicionais blocos parisienses de seis a oito pavimentos. A nova praça, em declive até a entrada do museu, funciona não apenas como um grandioso vestíbulo da arquitetura, mas também como espaço para exposições e *performances*. A pavimentação, de concreto simples, resultou em um anfiteatro, palco de eventos espontâneos que atraem boa audiência. Para Carr, o Beaubourg é uma combinação de mercado e arena de circo, oferecendo um contraste interessante entre a fachada *high-tech* do Centro Pompidou e as exibições de saltimbancos na praça. O Beaubourg recria a atmosfera e a vitalidade da Piazza del Campo. Além do contexto físico favorável ao uso, Carr atribui o sucesso do Beaubourg ao gerenciamento flexível e, especialmente, a "uma cultura de rua de pessoas que vendem seus objetos ou seus talentos".[12]

PIAZZA DUCALE, VIGEVANO (1492-1498)

Vigevano era uma típica aglomeração urbana medieval formada ao redor do Castelo Sforzesco, para onde convergiam várias estradas e caminhos da região da Lombardia. Projetada sob as ordens de Ludovico Sforza, o Mouro, com a finalidade de ser um grande vestíbulo para o castelo, a Piazza Ducale foi construída de 1492 a 1498 pelo arquiteto Ambrogio di Curtis, com a colaboração de Bramante e Leonardo da Vinci (figura 12).

Figura 11. Centro Georges Pompidou de Paris.
Praça multifuncional em declive, definida pela arquitetura do museu e do entorno diversificado. Local de exposições, eventos públicos e *performances*. Referências funcionais de Siena.

---
[12] Stephen Carr *et al.*, *Public Space*, cit., p. 112.

A nova *piazza*, um retângulo de aproximadamente 40 m por 124 m sobreposto à malha urbana medieval, passou a ocupar o local do mercado e de oficinas. Várias edificações foram demolidas para dar lugar a um grande espaço aberto e a um conjunto de prédios de mesma altura e fachadas coordenadas. A arquitetura uniforme, de três pavimentos erguidos sobre arcadas contínuas, circunscrevia três lados do retângulo: norte, sul e oeste, e o leste (lado menor) era atravessado por uma rua. Nesse lado, o *Duomo*, a igreja principal, completava o fechamento arquitetônico da praça. Cinco acessos existentes no corpo principal da praça ficaram dissimulados na arcada, e, para reforçar a definição espacial da *piazza*, o acesso do lado da igreja foi cuidadosamente reduzido e camuflado pela edificação do outro lado (figura 13).

A forma retangular da praça e seu chão nivelado enfatizavam o plano horizontal e os efeitos cenográficos da perspectiva. No extremo leste, o *Duomo* ocupava um ponto focal, e, a oeste, a torre do castelo também fazia convergir o olhar para lá. Ressaltado por linhas axiais longitudinais no centro, o desenho do piso, além de reforçar as linhas visuais da perspectiva, organizava a drenagem superficial, com a inserção de uma série de pequenas grelhas coletoras de água (figura 14).

Kato ressalta o fato de que, com exceção das praças de cidades novas, teórica e geometricamente idealizadas, a inovação renascentista da praça medieval era fundamentalmente espacial, isto é, não atendia a necessidades funcionais explícitas. Remodelações como a da Piazza Ducale não teriam a intenção de expressar o poder ou reestruturar toda a cidade, e sim de propagar a estética do pensamento humanista em vigor. As intervenções seriam sobretudo reformas artísticas pontuais impostas ao espaço existente como pequenas incisões, cujo impacto foi gradualmente absorvido pelo tecido urbano (figuras 15a e 15b).

Iniciadas com a melhoria da arquitetura, as mesmas preocupações estéticas e as regras do "bom desenho" arquitetônico, zelando pela proporção e perspectiva, passaram a ser rigorosamente aplicadas na remodelação das praças. Elas seriam redesenhadas não apenas como exten-

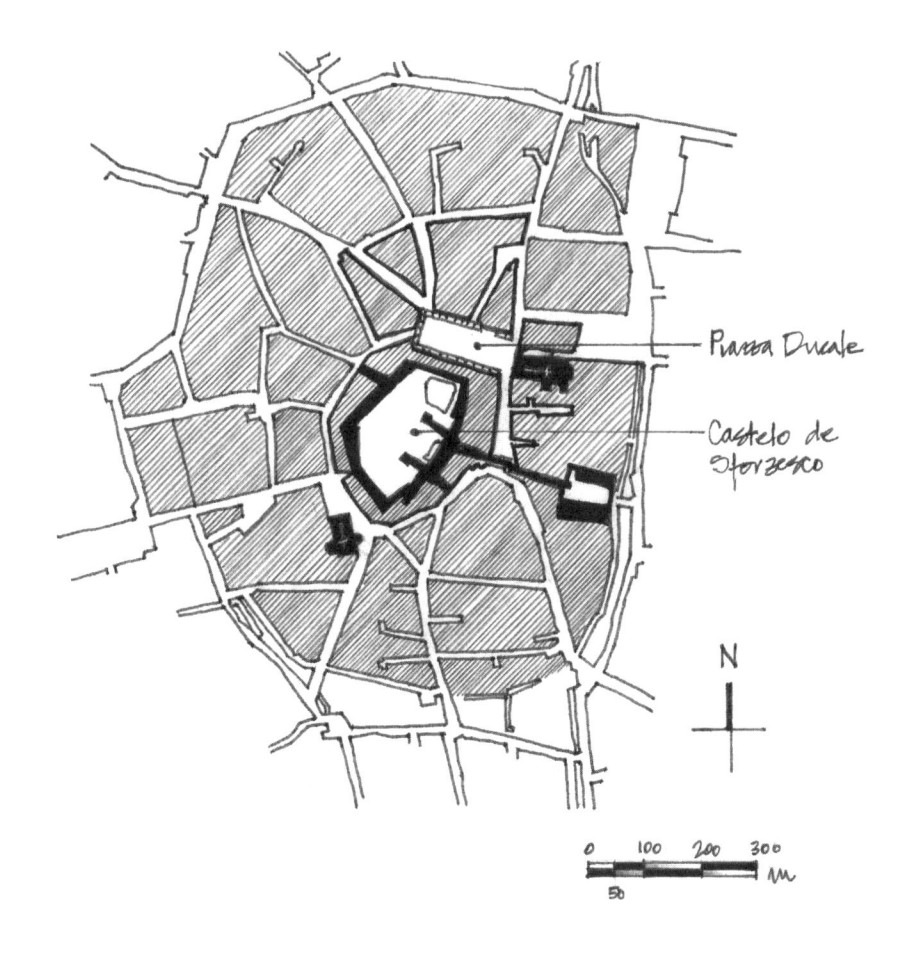

Figura 12. Piazza Ducale, Vigevano: localização.

A Piazza Ducale, projetada para ser o vestíbulo formal do Castelo Sforzesco, é um retângulo regular sobreposto à malha urbana medieval. Local usado como mercado e centro social da cidade.
Observar: rede de ruas e caminhos convergindo para a *piazza*.

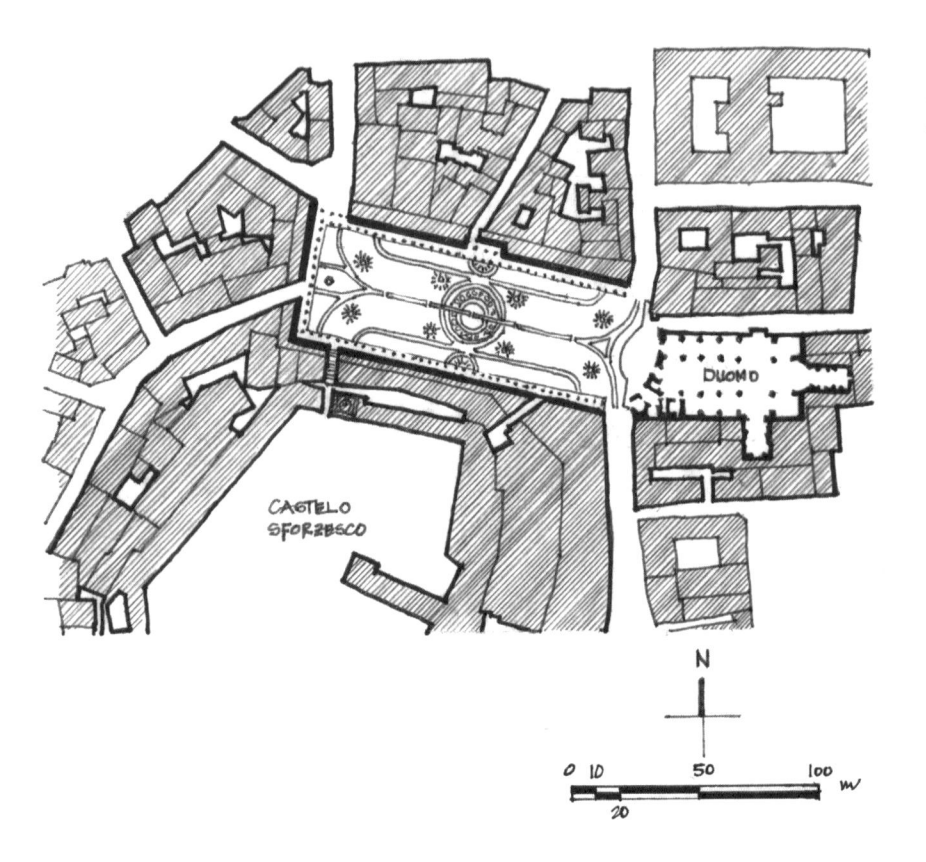

Figura 13. Piazza Ducale, Vigevano: *layout*.

Um retângulo de aproximadamente 40 m por 120 m. Arquitetura uniforme sobre arcadas contínuas em três lados da praça. Uma rua atravessa um dos lados (leste). O *Duomo* define o lado leste da praça.

Chão nivelado: desenho de piso axial e simétrico com drenagem camuflada entre as listas. O fechamento arquitetônico é reforçado pela forma retangular da *piazza* e pela uniformidade das edificações.

Observar: cinco vias chegam à arcada no corpo principal da *piazza*. Uma rua atravessa a praça no lado leste, e a rua ao lado do *Duomo* é camuflada pela edificação para parecer uma das entradas da igreja.

Figura 14. Piazza Ducale, Vigevano: vista.

A torre do castelo atrás da fachada uniforme da *piazza:* ponto focal e contraste. Um grande senso cenográfico. Detalhe de drenagem entre as faixas do desenho de piso.

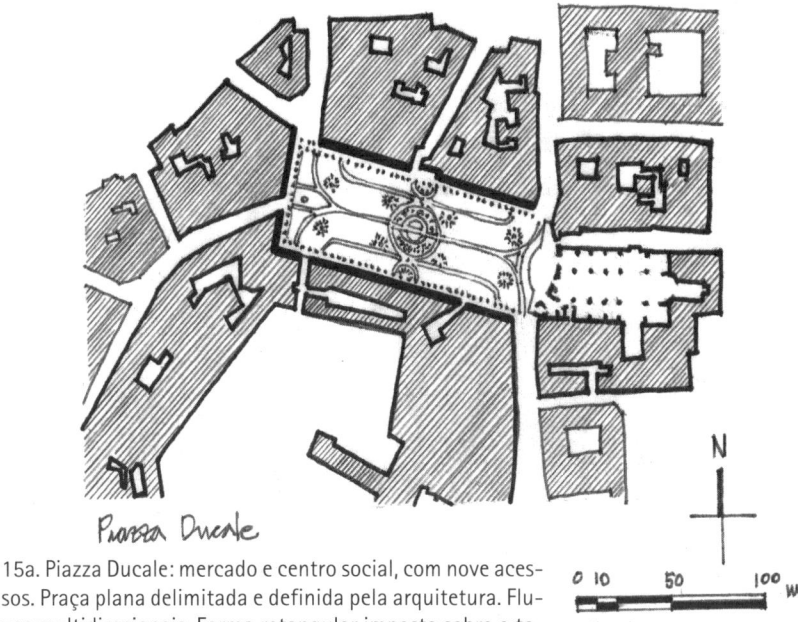

15a. Piazza Ducale: mercado e centro social, com nove acessos. Praça plana delimitada e definida pela arquitetura. Fluxos multidirecionais. Forma retangular imposta sobre o tecido medieval. Arquitetura regular sobre arcadas contínuas, simétrica ao eixo central.

15b. Piazza del Campo: mercado e centro social com onze acessos. Praça inclinada delimitada e definida pela arquitetura. Fluxos multidirecionais. Forma irregular desenvolvida ao longo do tempo.

Figuras 15a e 15b. Comparação: Piazza Ducale e Piazza del Campo.
Piazza Ducale e Piazza del Campo são análogas.

são da arquitetura, mas como uma arquitetura. Kato sugere que esse processo seja denominado "espacialização do edifício", isto é, o espaço, em vez de uma função discreta e objetivamente atendida, era a preocupação central, e a intenção de fortalecer a imagem de um edifício equivaleria à de harmonizar o espaço da praça com os edifícios em sua volta.[13]

Lamas reitera a ideia da praça renascentista como cenário, espaço embelezado e elemento essencial do "desenho urbano e da arquitetura", mas destaca seu aspecto político. Para ele, as *piazzas* renascentistas refletiam a dominação exercida pelo *signori* sobre a comuna, manifestando vontade política e prestígio.[14]

PLAZA MAYOR, MADRI (1617-1620)

A Plaza Mayor de Madri, ocupando um terreno onde se realizavam feiras medievais, começou a ser construída sob a direção do arquiteto Juan Herrera, no reinado de Filipe II, em 1581, e concluída pelo arquiteto Juan Gómez de Mora, já no reinado de Filipe III, em 1619.

Na convergência de ruas e rotas próximas à Puerta del Sol, uma das entradas de Madri, a Plaza Mayor era conhecida desde 1520 como Plazuela del Arrabal, local popular de mercados, pousadas e estalagens (figura 16). Graças a concessões reais, o mercado funcionava duas vezes por semana e era frequentado por moradores da cidade. Em 1530, o lugar já começava a ser identificado como Plaza Mayor, e, em 1532, celebravam-se ali corridas de touros. Por falar nisso, havia açougues no local.

Embora tenha sido escolhida para capital em 1561, a transferência da corte de Valladolid para Madri ocorreria somente vinte anos depois. Coube ao rei Filipe III a criação da nova imagem da cidade, iniciada com a construção da Plaza Mayor, por sua vez inspirada na Plaza Mayor de Valladolid, a

---
[13] Akinori Kato, "The Plaza in Italian Culture", cit., pp. 16-18.
[14] José M. Lamas, *Morfologia urbana e desenho da cidade* (Lisboa: Calouste Gulbenkian/Junta Nacional de Investigação Científica e Tecnológica, 1993), p. 176.

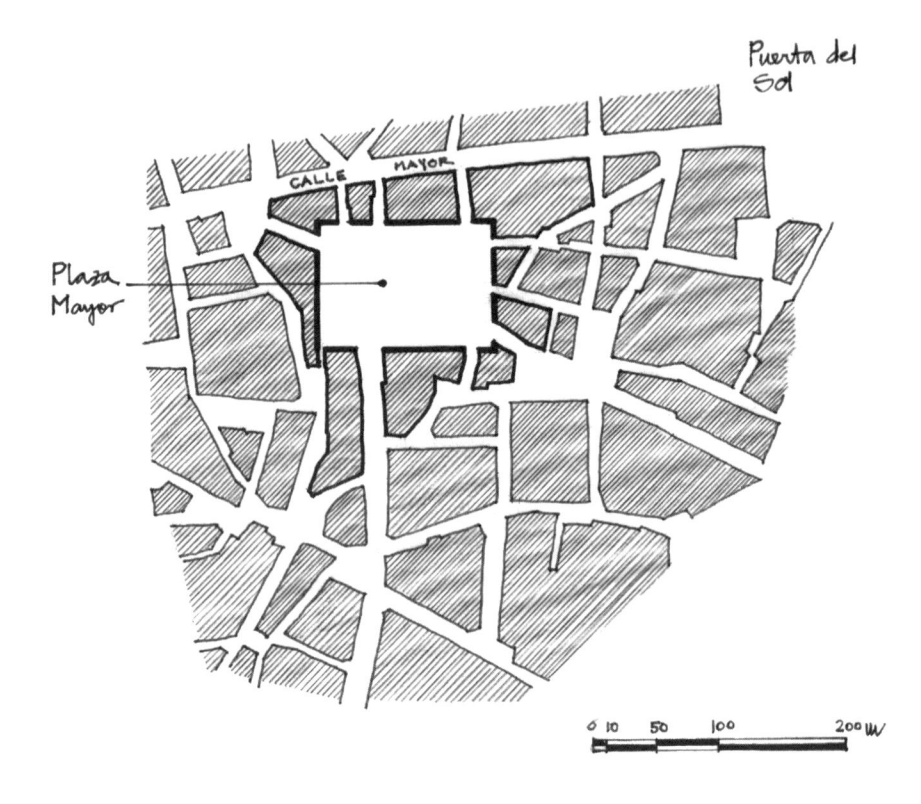

Figura 16. Plaza Mayor de Madri: localização.

A primeira Plaza Mayor de Madri. Construída no terreno de feiras medievais, fora dos muros da cidade, junto a uma das entradas, Puerta del Sol. Local de mercados, pousadas e estalagens, conhecido desde 1520 como Plazuela del Arrabal.
Observar a convergência de ruas e rotas e a imposição de um retângulo sobre o tecido urbano medieval.

primeira *plaza* geométrica regular e símbolo da autoridade real, construída em 1561. Foi a colheita dos frutos que resultaram do governo precedente: o reinado de Filipe II (1556-1598) correspondeu ao período de maior expansão do Império espanhol, quando vicejou o comércio marítimo e consolidaram-se as colonizações nas Américas e na Ásia.

A Plaza Mayor era um espaço aberto retangular e plano de aproximadamente 120 m por 150 m, delimitado e definido por uma arquitetura uniforme de cinco pavimentos e sobreposto a um "labirinto" medieval de ruas tortuosas e quadras compactas (figura 17). A implantação da Plaza Mayor trouxe uma clara distinção em relação ao resto do tecido urbano, fazendo lembrar a Piazza Ducale de Vigevano e algumas praças francesas da mesma época, como a Place des Vosges. Nela não havia, porém, o caráter de reclusão das outras, por causa do grande número de ruas (nove) que chegavam diretamente à *plaza*. A convergência de ruas e a ausência da igreja seriam sinais do uso original definido pela presença do mercado, como na Piazza del Campo de Siena.

Com exceção dos palácios reais, que sobressaíam da fachada única e contínua, a Plaza Mayor apresentava unidade, tanto em planta quanto em elevações. A regularidade formal incluía também um elaborado nivelamento horizontal, resolvido por meio da arquitetura e de escadarias. O fechamento arquitetônico era reforçado com a dissimulação dos acessos sob a arcada que circundava a *plaza* (figura 18).

As atividades cotidianas na Plaza Mayor eram intensas, promovidas não apenas pelo comércio, mas também pelas 3.500 pessoas que habitavam os pavimentos superiores das lojas e oficinas. Nos festejos populares de grande envergadura, a *plaza* acomodava até 50 mil espectadores (figura 19). A austeridade e a regularidade da arquitetura, o caráter teatral e a multiplicidade de usos da Plaza Mayor são retratados com precisão por Bonet Correa:

> [...] a necessidade de um cenário digno para festas e cerimônias controladas e ritualizadas – própria para uma sociedade contrarreformis-

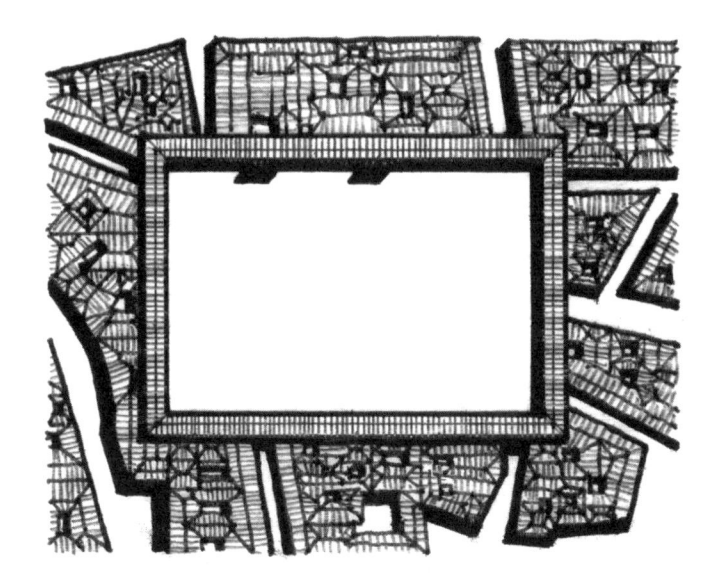

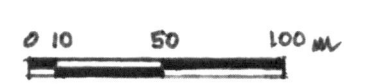

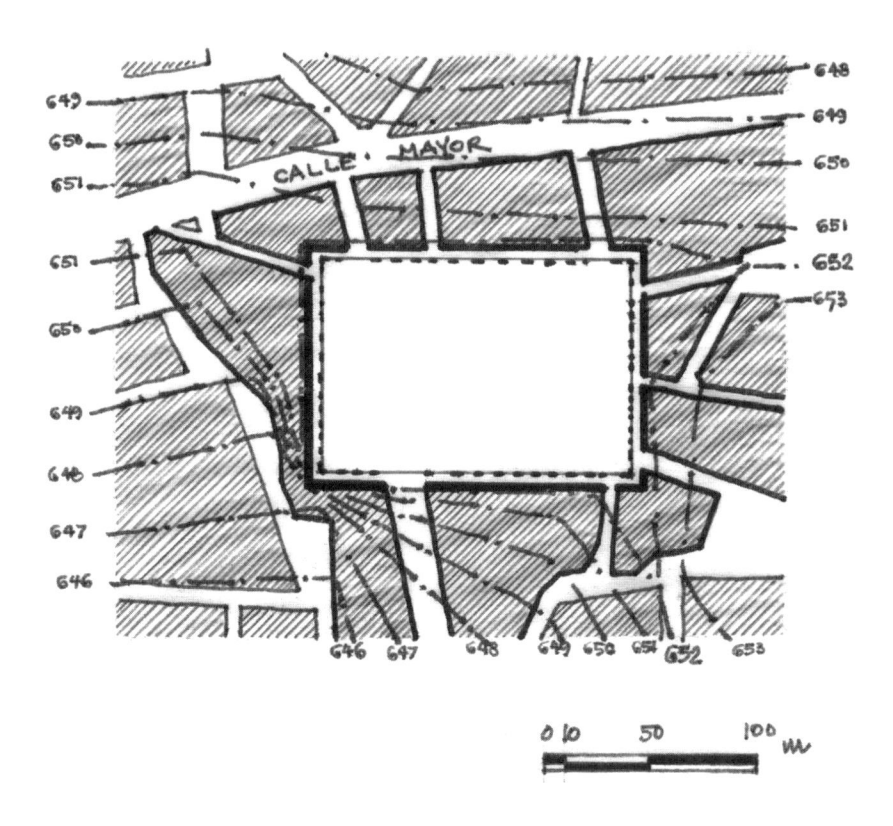

Figura 17. Plaza Mayor de Madri: implantação.
Um retângulo regular delimitado e definido pela arquitetura. Forma derivada de ideais renascentistas e de domínio do poder civil.
Local de atividades cotidianas e extraordinárias, como o comércio e as festas grandiosas. Destacada do tecido urbano em volta, mas com grande número de ruas (dez) chegando diretamente à *plaza* – indício do uso original de mercado.

Figura 18. Plaza Mayor: *layout.*
Plaza Mayor: unidade em planta e elevações por meio de fachada única e contínua. Os elementos arquitetônicos dominantes são os Palácios *(Pavillions)* Reais, de onde a nobreza assistia aos espetáculos e festas.
A regularidade formal da Plaza Mayor inclui também um elaborado nivelamento horizontal, resolvido por meio da arquitetura e de escadarias.

ta – levou a converter a *plaza mayor* medieval, centrífuga e aberta para um lugar centrípeto, e mais que para um espaço de ligação, em um espaço reduzido à maneira de um grande teatro ou "curral", em um ambiente provido de solenidade na qual se unifica a multiplicidade de vias circundantes e na qual, de acordo com as horas e os dias, encontram as distintas funções como o mercado, festas reais, proclamações, certames poéticos, canonizações, jogos de *cañas*, corrida de touros, autos de fé, execuções de delitos políticos etc. Sua unidade deve ser total, manifestando-se não só em sua planta, como também nas fachadas, na regularidade de sua área e na uniformidade de seus elementos, portas, janelas balcões executados com igual modelo.[15]

Na introdução de *Plazas y plazuelas de Madrid*, Pancracio Gomariz associa o significado de *plaza* ao de "recinto amplo e plano", salientando a longevidade do uso do termo e especialmente seu significado cultural. Para Gomariz, *plaza* e *piazza* se aproximam:

> O termo *plaza* é latino, originado de *platea*, que por sua vez vem do grego, no qual significava "recinto amplo e plano". É um termo usado em castelhano desde os começos do idioma, pois foi utilizado pelo anônimo autor do *Cantar de Mio Cid*, a obra literária mais antiga conservada em castelhano.
> Sebastián de Covarrubias, em *Tesoro de la lengua* (1610), escrevia sobre o vocábulo: "Lugar amplo e espaçoso dentro do povoado, lugar público onde se vendem mantimentos e se tem o comércio entre os vizinhos e comarcas. Antigamente, nas entradas das cidades havia *plazas*, para onde concorriam os forasteiros com seus negócios e ajustes, sem dar lugar a quem pudesse entrar e dar voltas no lugar, pelos inconvenientes que se podiam seguir; e assim naquelas *plazas* surgiam

Figura 19. Plaza Mayor: usos.
Usos múltiplos: um cenário digno para o cotidiano, festas e cerimônias.

[15] Bonet Correa, *apud* Hugo Segawa, *Ao amor do público: jardins no Brasil* (São Paulo: Fapesp/Studio Nobel, 1996), pp. 37-38.

casas de pousadas e estalagens. Os juízes tinham seus tribunais às portas da cidade e estavam nestas *plazas* para fazer justiça e *emplazar*, como era chamado o tribunal da *plaza*.

[...] Sua invenção é tão antiga quanto a das cidades, e conceitualmente nossa (*plaza*) é herdada da ágora grega e do foro dos romanos, que a conceberam para o intercâmbio não apenas de bolos e comidas, além de mantimentos em geral, mas também de ideias. A *plaza* era um lugar fértil de acontecimentos felizes, de pensamentos que mudaram o mundo. Os latinos não concebiam a vida social fora desse recinto público, assim não existia socialmente quem não fosse à *plaza*, como indicado na expressão: "decedere foro".

[...] Uma coisa é a *plaza* e outra, a rua. A rua é feita para passar com decisão: a *plaza* não; a *plaza* é para ficar ou passear, sem pretender ir a parte alguma, apenas saborear o tempo.[16]

Apesar de sua localização descentralizada em relação à cidade, a Plaza Mayor de Madri era um mercado de uso múltiplo de grande acessibilidade e longa permanência. A quantidade de ruas convergindo para a Plaza Mayor é comparável à da Piazza del Campo de Siena, e sua transformação geométrica renascentista lembra a Piazza Ducale de Vigevano (figuras 20a, 20b e 20c).

O traçado da Plaza Mayor também sugeria, em sua origem, referências às *bastides* – cidades fortificadas dos séculos XIII e XIV no sudoeste da França e em Navarra, que depois se integrou à Espanha – ou a Santa Fé, em Granada, vila militar construída pelos reis católicos durante a fase final da reconquista da Andaluzia, em 1491.[17] Low leva em conta a influência da cultura árabe, que dominou a Espanha de 852 a 1083, com a permanência dos invasores em algumas cidades por bem mais tempo, como Sevilha, retomada em 1248, e Granada, reconquistada só

---

[16] Pancracio C. Gomariz, *Plazas y plazuelas de Madrid* (Madri: Al y Mar, 1999), pp. 8-9; tradução informal.
[17] Setha M. Low, *On the Plaza: the Politics of Public Space and Culture*, cit., p. 95.

20a. Plaza Mayor de Madri: centro multifuncional, dez acessos.

20b. Piazza Ducale de Vigevano: centro multifuncional, oito acessos.

20c. Piazza del Campo de Siena: centro multifuncional, onze acessos.

Figuras 20a, 20b e 20c. Comparação: Plaza Mayor, Piazza Ducale e Piazza del Campo.

Mercados delimitados e definidos por arquitetura e ruas, a Plaza Mayor, a Piazza Ducale de Vigevano e a Piazza del Campo de Siena são análogas. A Plaza Mayor está descentralizada em relação à cidade.

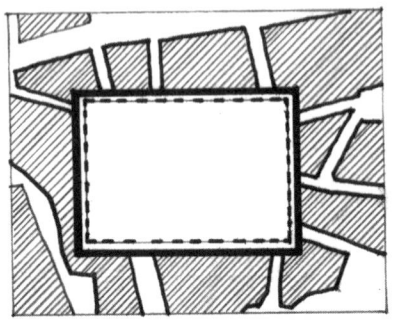

21a. Plaza Mayor de Madri: mercado e centro multifuncional.

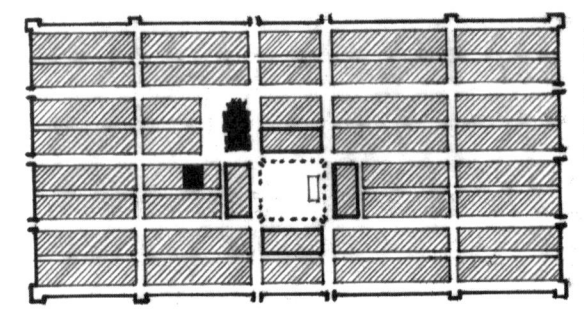

21b. Praça de Montpazier, Dordogene: mercado e centro multifuncional, centro geométrico do sistema de ruas.

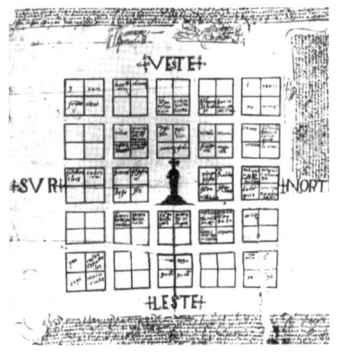

21c. Lei das Índias (Mendonza, México, 1562): mercado e centro multifuncional, ponto inicial do sistema de ruas.

Figuras 21a, 21b e 21c. Comparação: Plaza Mayor, Montpazier e Lei das Índias.
De funções similares, porém com formas diferentes e relações distintas com o tecido urbano, a Plaza Mayor, a praça central de Montpazier e a praça codificada pela Lei das Índias são análogas.

em 1492. Para Low, a marca da *plaza mayor* no desenho das praças das cidades colonizadas da América Latina também deve ser considerada: Santo Domingo (de 1496) e a Cidade do México, desenvolvidas ao redor de praças centrais, foram fundadas antes da construção das *plazas mayores* renascentistas de Valladolid e Madri. Low argumenta que o plano de Santo Domingo tem semelhanças com o da cidade fortificada de Santa Fé, em Granada, e que a praça central da cidade lembrava o pátio lateral da mesquita-catedral de Córdoba, para não falar nas possíveis influências da cultura indígena local (figuras 21a, 21b e 21c).

PLACE DES VOSGES (ROYALE), PARIS (1605-1612)

No início do século XVII, Paris era uma cidadela murada, com dificuldade para expandir-se e onde uma população de 500 mil habitantes vivia apinhada em vielas estreitas e tortuosas. As duas únicas praças da cidade nessa época eram a Place de Grève, posteriormente Place de l'Hôtel de Ville, um espaço cívico na margem oeste do rio Sena, e a Le Parvis, espaço religioso em frente à igreja de Notre Dame, na ilha de la Cité.

No reinado de Henrique IV (1553-1610), Paris passou por uma série de mudanças urbanas e comportamentais baseadas na experiência italiana, introduzida na corte francesa pela rainha Maria de Médici, vinda de Florença. Foram criados novos espaços e hábitos urbanos como as *piazzas*, o *Palmail* (do jogo *pallamaglio*) e o *Cours-la-Reine* (de *corso*, rua, avenida). Entre os projetos arquitetônicos patrocinados por Henrique IV destacavam-se a Pont Neuf (Ponte Nova, a segunda da cidade) e as Place Dauphine, Place des Vosges e Place de France. Dessas, somente a Place de France, projetada em 1610 para ser uma monumental porta da cidade, não foi levada adiante.

A Place Dauphine, iniciada em 1606, fazia parte de um conjunto de obras de urbanização da ponta da ilha de la Cité, que incluía a construção da Pont Neuf e a instalação de uma estátua equestre. Ajustada às condições do terreno, a praça configurava um triângulo isósceles apontado para o Sena e era definida por uma arquitetura regular, composta de unidades de fachadas idênticas e simétricas a um eixo central perpendicular à Pont Neuf. Ao longo do eixo estavam alinhadas as duas aberturas, uma voltada para a praça e outra para a estátua, instalada no centro de um *belvedere* construído na ponte como um avanço sobre o rio. Um largo passeio circundava o lado "externo" das edificações. Projetada para uso comercial, a Place Dauphine tinha forma fechada, porém com acessos articulados às vias de circulação. A integração da Place Dauphine e da Pont Neuf à cidade é ressaltada por Paulo Gomes:

> Podemos, pois, constatar que esse pequeno conjunto foi concebido como uma forma de composição espacial, um espaço público que ultrapassava as dimensões simplesmente utilitárias da ponte, um verdadeiro espaço público moderno, onde era previsto que as pessoas iriam transitar, passear e admirar a unidade física e institucional, simbolicamente representada pelo espaço.[18]

Considerada a primeira praça "renascentista" monumental de Paris, a Place des Vosges, originalmente Place Royale, inaugurada em 1612, tinha forma geométrica definida por uma arquitetura regular e uniforme, sobreposta ao tecido urbano medieval (figura 22). A ideia do espaço público "arquitetônico", inaugurado com a Place Dauphine, foi desenvolvida na Place des Vosges, com aumento de tamanho e monumentalidade. A Place des Vosges foi, entretanto, convertida em um recinto exclusivamente residencial e em um símbolo da nobreza. Encomendado em 1605 a Clément Métezeau, o projeto visava a criar um lugar grandioso para festividades reais e produção e comercialização de sedas e veludos no centro do Marais, um *faubourg* aristocrático estabelecido próximo à Porte de St. Antoine. Praticamente como *terminus* oposto ao palácio real do Louvre no eixo leste-oeste da cidade, a

---

[18] Paulo César da Costa Gomes, *A condição urbana: ensaios de geopolítica da cidade*, cit., p. 55.

Figura 22. Place des Vosges: implantação.
Plan "Turgot" de Bretez, 1734-1739.
Place des Vosges ou *Place Royale:* espaço aberto quadrado definido por uma arquitetura regular e uniforme, sobreposta ao tecido urbano medieval de construções compactas.
Observar: uma única rua de acesso que ainda não atravessava a praça. Três acessos camuflados sob a arquitetura. Palácios do rei e da rainha, no eixo central, sobre os acessos camuflados. Arquitetura como um cenário na frente das construções variadas.
A estátua do rei Luís XIII (instalada em 1639) no centro da praça com um jardim cercado, reforçando a ideia de uso residencial privativo.
À esquerda do desenho, os primeiros bulevares da cidade: passeios arborizados no lugar das muralhas demolidas, à maneira de Antuérpia.

Place des Vosges foi construída em uma área onde existia um mercado de cavalos e o Hôtel des Tournelles, local de torneios frequentado pela nobreza desde a Idade Média.

Mumford relata que o projeto da Place des Vosges, patrocinado pelo poder real, foi iniciado em 1604 com a construção de uma fábrica de tapetes, que em 1605 seria ampliada para abrigar moradias edificadas no mesmo estilo da fábrica para alojar os trabalhadores, conforme as novas tendências da produção industrial. Mas, no mesmo ano, decidiu-se que o uso comercial seria substituído, e implantou-se uma nova proposta urbana de praça reservada exclusivamente a residências da classe superior.[19]

O contorno da Place des Vosges descrevia um quadrado (mais imponente do que um triângulo) de aproximadamente 140 m por 140 m, definido, como na Place Dauphine, por uma arquitetura regular, composta de unidades individuais de fachadas uniformes e simétricas (figura 23). Ao contrário da Place Dauphine – isolada da cidade pelo rio, mas articulada a vias de circulação –, a Place des Vosges, sobreposta a um tecido urbano de ruas estreitas e construções compactas, era separada do fluxo das vias mais movimentadas. Configurava um recinto fechado, solene e teatral, como um pátio interno palaciano separado do resto da cidade, já que, das quatro entradas, apenas uma era de acesso direto. As outras eram camufladas na arquitetura.

As fachadas uniformes de três pavimentos sobre arcadas, constituídas de tijolo e pedra, e as coberturas inclinadas de ardósia eram discretamente interrompidas pelos *pavillons* do rei (fachada sul) e da rainha (fachada norte) – mais altos do que o resto e localizados no eixo central norte-sul. Além da rua, havia três acessos dissimulados: dois centrais sob os *pavillons* reais e o terceiro no canto nordeste, oposto à rua. Somente em 1765 a rua atravessaria a praça e se integraria ao sistema de circulação viária da cidade.

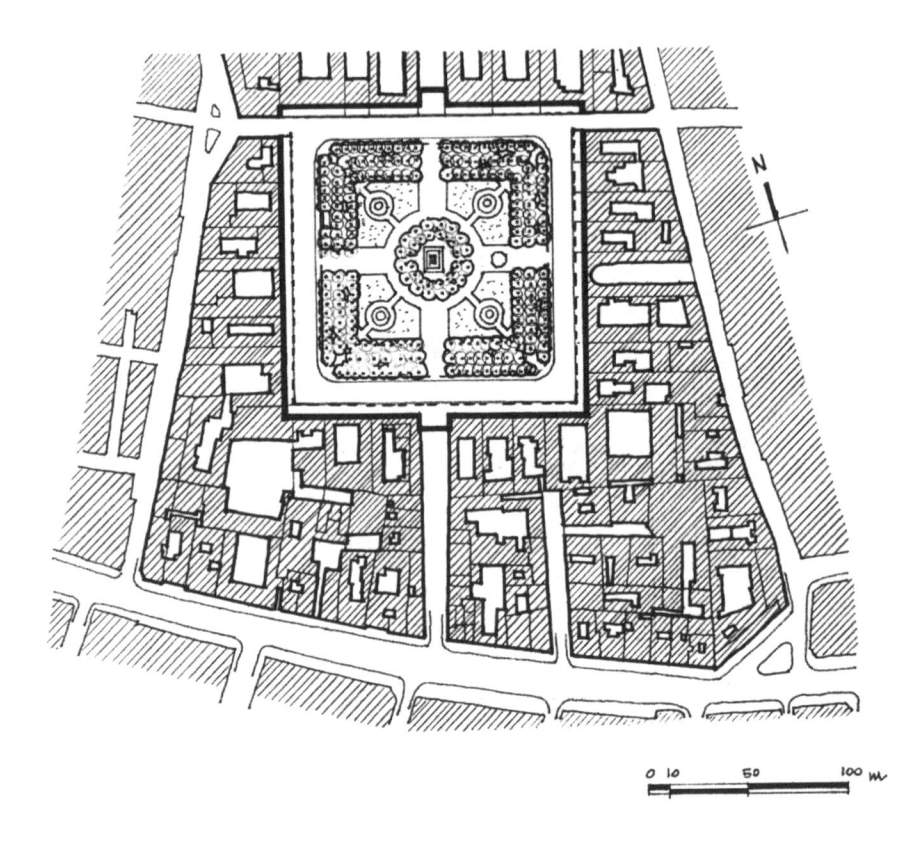

Figura 23. Place des Vosges: *layout*.
Planta "atual".
Um quadrado inspirado em *piazzas* renascentistas como a Piazza Ducale de Vigevano e em cidade-fortificação como a Place Ducale em Vitry le François (1545)
Acessos: uma rua (aberta em 1765) atravessando a praça e duas ruas centrais no eixo norte-sul, sob a arquitetura. Praça contornada por arcadas contínuas, interrompidas pelas ruas.
Observar árvores localizadas nos caminhos e no centro para valorizar o passeio e os canteiros gramados. Jardim-praça gradeada com oito entradas: quatro nos centros dos lados e quatro nas esquinas.

---
[19] Lewis Mumford, *A cidade na história: suas origens, transformações e perspectivas*, cit., 1982, p. 428.

Inicialmente a praça era "vazia" e pavimentada com pedriscos. Em 1639, uma estátua do rei Luís XIII foi instalada em seu centro. O jardim "clássico", com caminhos axiais e diagonais e quadros gramados, foi implantado em 1663. As árvores foram introduzidas somente em 1792.

Inaugurada em 1612 com a comemoração do casamento real de Luís XIII com a infanta (nascida na Espanha) Ana da Áustria, a Place des Vosges logo se tornou o local ideal para a realização de grandes espetáculos públicos, graças a suas características: acesso controlado, solenes e dramáticas entradas centrais sob os palácios reais, circulação distribuída pelas arcadas e espectadores acomodados nas janelas (figuras 24 e 25).

A denominação *royale*, indicando sanção do poder real, imprimia ao empreendimento *status* e nobreza, ingredientes adicionais que contribuíam decisivamente para seu sucesso comercial. Entre os primeiros residentes da Place des Vosges encontravam-se personalidades ilustres como o cardeal Richelieu, Molière e Corneille. Em pouco tempo ela se tornou o foco social da cidade: local de passeio de cavaleiros e a que se chegava em elegantes carruagens, além de parada obrigatória para visitantes (figura 26), representando um estímulo para o desenvolvimento das áreas próximas. Para Dennis,

> [...] este equilíbrio entre público e privado, entre expressão individual e identidade coletiva, reflete um momento raro, porém provocativo, da história formal e social. [...] Até sua transformação em uma praça de estátua em 1639, com a adição da estátua equestre de Luís XIII, a Place Royale (des Vosges) servia a suas funções originais de *promenoir*, reunião pública e campos de torneio. Como um grande salão ao ar livre, ela era a sala de estar do Marais.[20]

---

[20] Michael Dennis, *Court & Garden: from the French Hôtel to the City of Modern Architecture* (Cambridge: The MIT Press, 1988), p. 47.

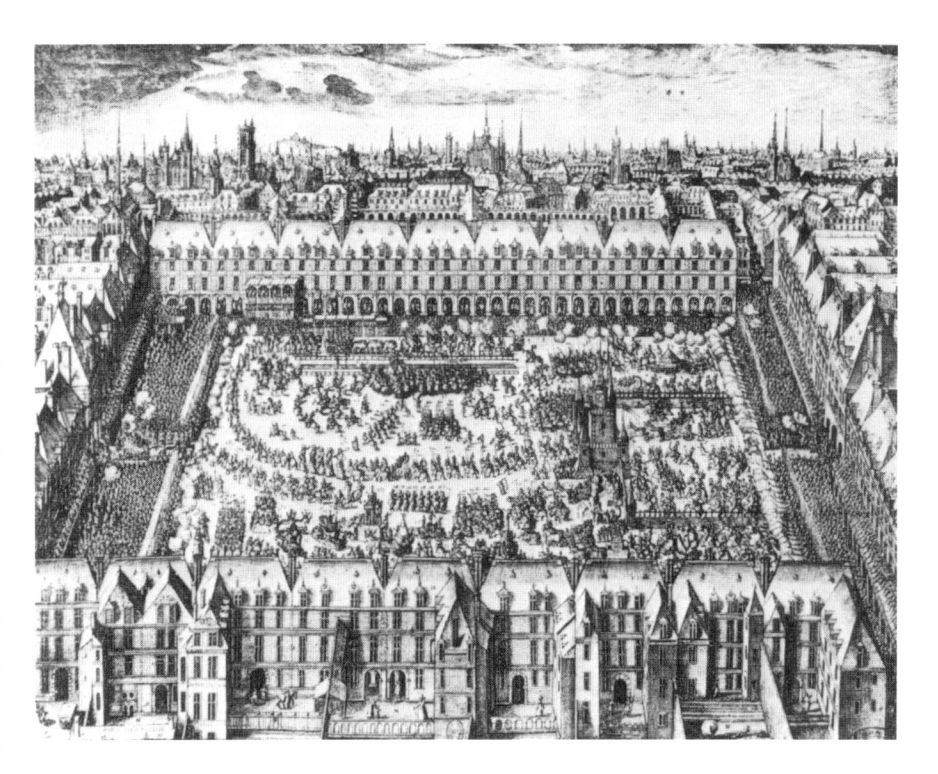

Figura 24. Place des Vosges: gravura de C. Chastillon, 1641.

Clássica gravura mostrando a comemoração do casamento real de Luís XIII com Ana da Áustria. Os palácios do rei e da rainha, mais altos do que a arquitetura em volta. Atrás da fachada uniforme da praça, construções irregulares.
Espaço teatral: acessos controlados. Entradas solenes nos eixos centrais sob os palácios reais, circulação nas arcadas e janelas para espectadores.

Figura 25. Place des Vosges: gravura de Perelle, 1679.

Estátua de Luís XIII sobre cavalo no centro da *place*, orientada para o palácio do rei. Praça com um piso contínuo.

Praça usada por uma população diversificada: homens, mulheres, crianças, cachorros, cavaleiros, cavalos e carruagens. A gravura sugere a presença de vendedores ambulantes.

Observar cerca baixa e vazada para organizar a circulação e balizas para impedir o acesso de carruagens. A cerca delimita uma praça dentro da *place*.

Com a instalação da estátua do rei no centro da praça, além da especulação imobiliária, inaugurou-se o culto aos soberanos em espaço público na era moderna, uma prática que seria amplamente difundida pelo mundo. Embora semelhantes na glorificação dos Luíses, as *places royales* parisienses posteriores – como a Place Vendôme, ou Place Louis-Le Grand-XIV (1699-1702), medindo 213 m por 224 m e com 47.700 m^2 de área, ou seja, 2,4 vezes o tamanho da Des Vosges, e a Place de La Concorde, concluída em 1772 para homenagear Luís XV, medindo 200 m por 340 m, perfazendo uma área de 68.000 m^2, três vezes e meia superior à da Des Vosges – produziram formas totalmente diferentes. Ao longo do processo, elas ganhariam não apenas tamanho e monumentalidade, mas também inserções radicalmente distintas no tecido urbano e, consequentemente, perderiam o caráter de reclusão e de definição espacial criado pela arquitetura, incorporando novas funções articuladas à rede de vias de tráfego.

A construção do jardim "formal" ao redor da estátua do rei, na metade do século XVII, colaborou para a consolidação da Place des Vosges como modelo de praça residencial, aristocrática, exclusiva, inspirando especialmente a criação dos *squares* residenciais londrinos. A arborização, introduzida na Place des Vosges no fim do século XVIII, era, por sua vez, inspirada no *square* inglês, que iniciava, na metade desse século, um intenso processo de ajardinamento baseado no pensamento romântico e no estilo "jardim paisagístico". Na Place des Vosges, porém, as árvores localizavam-se nos caminhos e ao redor da estátua, valorizando não apenas o traçado geométrico, mas também os trajetos e os contrastes com os vazios, representados pelos gramados (figura 26). Apesar de gradeado, como nos *squares,* nos quais somente os moradores do local possuíam as chaves dos portões, o jardim da Place des Vosges era mantido aberto, respeitando a tradição francesa que vê a praça como lugar público, de acesso livre e fácil.

Através dos vazios, mesmo com as árvores cheias de folhas, podiam-se ver as edificações. O centro da praça fora ampliado para formar um grande círculo, e, no meio de cada quadrante gramado, havia uma fonte d'água com desenho circular. A Place des Vosges é um dos exemplos emblemáticos da "praça" francesa formal, que organiza elementos simples por meio da repetição, da sucessão de eixos e focos e do contraste de formas geométricas, de claros e escuros, luz e sombra, vazios e cheios. Isolado das ruas de tráfego e resguardado pela arquitetura, o jardim da Place des Vosges transmitia tranquilidade, elegância e sofisticação e, ironicamente, seria adotado como um dos modelos frequentemente usados no projeto de praças do século XIX até a metade do século XX (figura 27).

São visíveis as semelhanças de configuração arquitetônica, inserção no tecido urbano e dissimulação dos acessos entre a Place des Vosges e a Piazza Ducale de Vigevano. Para Lamas, a Place des Vosges representa "uma das mais interessantes propostas de desenho urbano renascentista e clássico de integração urbana e arquitetura, ao definir a regularidade e a uniformidade das fachadas, que aceitam por detrás edifícios com programas diferentes".[21] Dennis reforça a aproximação formal e acentua a diferença funcional entre a des Vosges e a Ducale:

> A Place Royale, atualmente des Vosges, foi o primeiro exemplo do espaço urbano renascentista de Paris e descendente direto da Piazza Ducale de Vigevano e da Place Ducale em Vitry le François. Diferentemente de suas predecessoras, porém, a Place Royale não tinha um edifício público monumental como seu foco, e, originalmente, nenhum monumento ocupava o centro de seu espaço. Pelo contrário, era um espaço puro, unificado, sem foco conspícuo: formalmente, ela era específica e finita; funcionalmente, era genérica e flexível. Um melhoramento espacial monumental para a cidade, contudo, ela antecedia as grandes praças inglesas e espanholas e ainda é um modelo atraente de praça residencial separada do tráfego.[22]

[21] José M. Lamas, *Morfologia urbana e desenho da cidade*, cit., p. 528, nota 28.
[22] Michael Dennis, *Court & Garden: from the French Hôtel to the City of Modern Architecture*, cit., p. 44; tradução informal.

Figura 26. Place des Vosges: vista aérea.
A estátua de Luís XIII é reinstalada no centro da praça depois da Restauração, em 1818. Fontes nos centros dos quadrantes gramados, arborização nos caminhos e no centro da praça.
A Place des Vosges é um dos modelos inspiradores dos *squares* residenciais londrinos e de projetos de jardins públicos dos séculos XVIII e XIX.

Figura 27. Place des Vosges: detalhes.
Layout formal: simetria, eixo, ponto focal e repetição. Eixos ortogonais e diagonais produzem várias alternativas de trajeto.
Caminhos largos sombreados com bancos. Entorno visível. Gramado mantém a abertura espacial.

Uma distinção evidente entre *layout* e implantação pode ser observada na comparação entre a Place des Vosges e sua contemporânea espanhola, a Plaza Mayor de Madri. Cenográficas e austeras, ambas eram quadriláteros rigorosamente definidos por uma arquitetura contínua sobre arcadas, e usadas para atividades cotidianas e festividades. Separadas do sistema de circulação da cidade, a Place des Vosges, de uso exclusivamente residencial, possuía quatro entradas, e a Plaza Mayor, de uso múltiplo, tinha dez. A inserção urbana da Des Vosges era de reclusão, e a Mayor, de encontro (figuras 28a, 28b e 28c).

Kostof afirma que uma série de praças-mercado medievais circundadas por arcadas poderia ter influenciado o desenho da Place des Vosges, especialmente a francesa Champ à Serille, em Metz, visitada por Henrique IV em 1602.[23] Low confirma a existência de referências a "praças centrais geométricas" nas *bastides,* cidades planejadas para comércio e defesa fundadas no período das Cruzadas, predominantemente entre 1200 e 1250, no sudoeste da França, na Espanha e na Inglaterra.

Como o piso "diferenciado" no centro da Piazza del Campo, o jardim da Place des Vosges passou a ser identificado com a praça, porém o desenho francês pode ser considerado independente de seu entorno. Na gravura de Perelle é possível notar a delimitação da "praça" por uma cerca baixa e vazada, usada para organizar o tráfego e controlar o acesso de carruagens. O jardim do século XVIII era gradeado, com acessos nos centros de cada lado, e o *layout* atual contempla oito entradas, quatro axiais e quatro diagonais. Pode-se dizer que, como praça, o jardim da Place des Vosges é mais visível e acessível do que a *place* definida pela arquitetura, que, mesmo "vazia" e pavimentada com um piso contínuo, era escondida das ruas (figuras 29a, 29b e 29c).

A popularidade da Place des Vosges fez do jardim de caminhos axiais e diagonais, com canteiros regulares e simétricos, um dos arquétipos de

---
[23] Spiro Kostof, *The City Assembled: the Elements of Urban Form through History* (1992) (Boston: Bulfinch, 1999), p. 161.

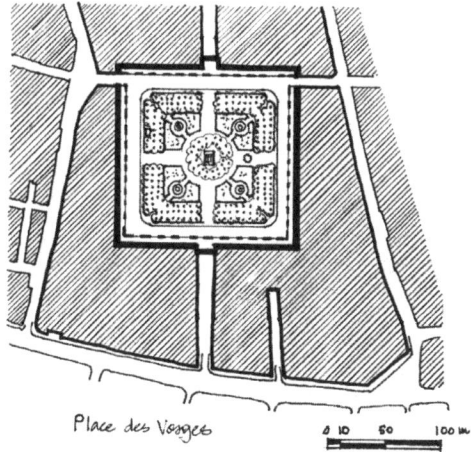

28a. Place des Vosges: exclusivamente residencial, acesso limitado e camuflado.

28b. Plaza Mayor de Madri: mercado multifuncional, dez acessos.

28c. Piazza Ducale de Vigevano: mercado multifuncional, oito acessos.

Figuras 28a, 28b e 28c. Comparação: Place des Vosges, Plaza Mayor de Madri e Piazza Ducale de Vigevano.

Formas semelhantes, mas funções distintas.

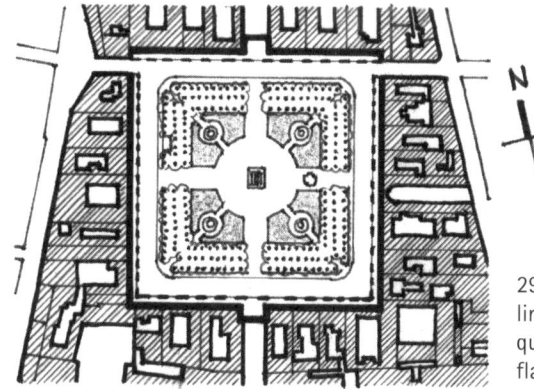

29a. Place des Vosges: delimitada e definida pela arquitetura. Acessos camuflados.

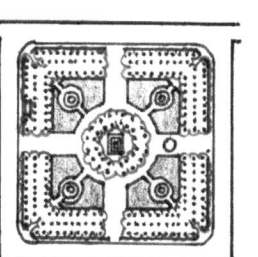

29b. *Place* delimitada sem definição espacial, é apenas um quadrado desenhado.

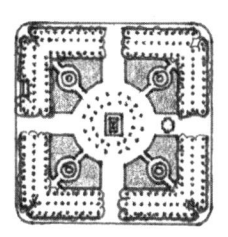

29c. Jardim como praça: desenho formal de caminhos ortogonais e diagonais e canteiros simétricos. Oito acessos articulados às esquinas e ruas centrais. O jardim é mais acessível do que a *place*.

Figuras 29a, 29b e 29c. Place des Vosges: delimitação e definição, praça e jardim.

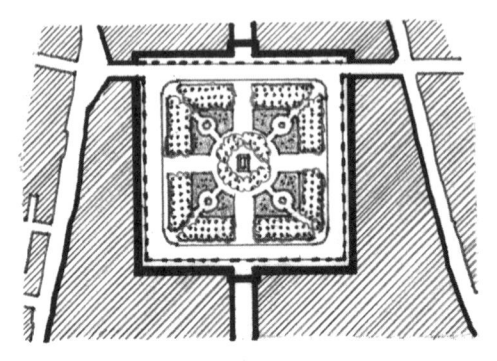

praça pública "moderna" do século XIX, reproduzido entre nós tanto em cidades grandes como São Paulo (caso da praça Princesa Isabel, que herdou do modelo somente os caminhos diagonais, já demolidos), como em pacatas cidades do interior, a exemplo de São Luís do Paraitinga (praça Central). Diferentemente da Place des Vosges, que é separada do tecido urbano, as praças de São Paulo e de São Luís do Paraitinga são "quarteirões" delimitados por ruas que se estendem em duas ou ambas as direções na malha viária da cidade (figuras 30a, 30b e 30c).

COVENT GARDEN (1631) E BEDFORD SQUARE (1775), LONDRES

A primeira *piazza* renascentista da Inglaterra, Covent Garden, foi construída em Londres em 1631 (figura 31a). Projeto do arquiteto Inigo Jones, essa *piazza* é formada por um conjunto de edificações relativamente pequenas, que, combinadas, criavam uma presença arquitetônica equivalente à de uma praça palaciana. Por meio de eixos e vistas, o *square* se tornaria o contraponto burguês representando, para os setores enriquecidos mais recentemente, um análogo do poder e do prestígio social aristocráticos. A Piazza Grande de Livorno foi uma das inspirações do projeto do Covent Garden, que reproduziu em seu *layout* uma igreja como elemento dominante, como a matriz italiana (figura 31b).

Em 1661, para gerar renda e salvar o empreendimento da falência, foi introduzido um mercado no centro da praça (figura 32). Com o desenvolvimento do comércio, a área superou a crise financeira, popularizou-se e tornou-se um endereço desejável para a elite e os artistas. No final do século XVII, já havia dois teatros na praça.

Em pouco tempo, o *square* estabeleceu-se como alternativa de habitação elegante e exclusiva, porém sem o uso comercial da praça. Inspirados na Place des Vosges (um quadrado) de Paris, os *squares*, definidos por uma arquitetura regular e uniforme, eram separados do sistema viário e do tecido urbano existente. O acesso formal às residências era feito pelas ruas em volta do *square*, e a circulação de carruagens, cava-

30a. Jardim formal na Place des Vosges; caminhos diagonais e axiais.

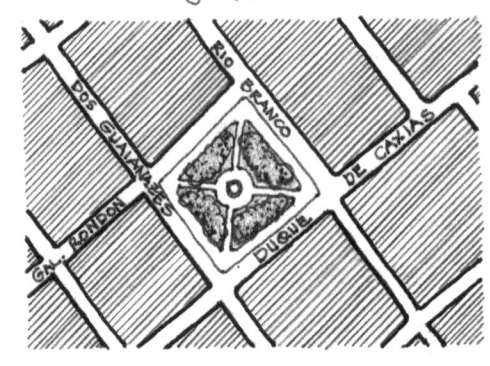

Place des Vosges, Paris

30b. Praça Princesa Isabel, São Paulo, em 1930: eixos diagonais articulados às esquinas.

Praça Princesa Isabel, São Paulo

30c. Praça Central de São Luís do Paraitinga: eixos ortogonais e diagonais articulados às ruas e arquitetura.

Praça, São Luís de Paraitinga

Figuras 30a, 30b e 30c. Comparação: Place des Vosges, praça Princesa Isabel e praça Central de São Luís do Paraitinga.
Layout do jardim tornou-se um arquétipo de praças.

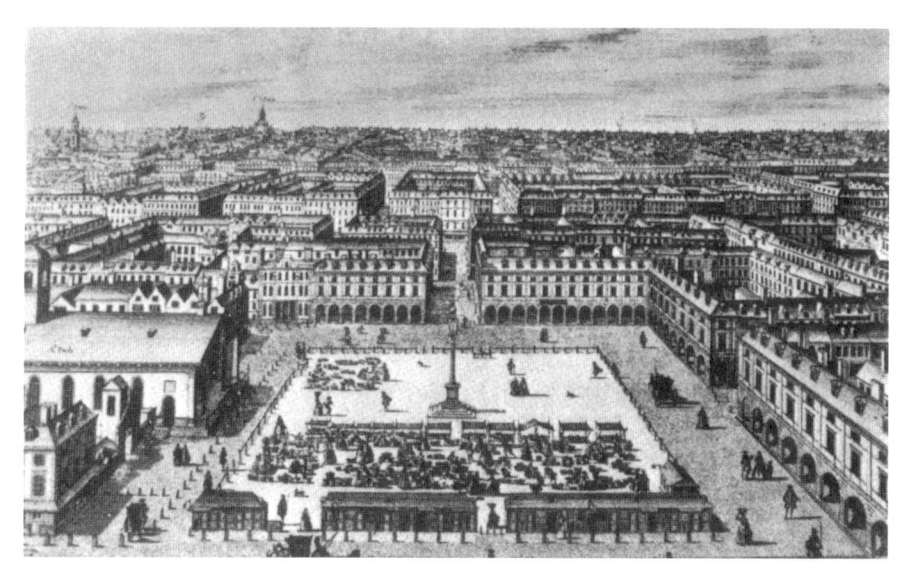

31a. Covent Garden: a primeira *piazza* renascentista da Inglaterra, projetada pelo arquiteto Inigo Jones em 1631. Uma "praça" arquitetônica palaciana criada por um agrupamento de construções relativamente pequenas. A igreja dominando a praça, como uma réplica da Piazza Grande de Livorno (c. 1600).

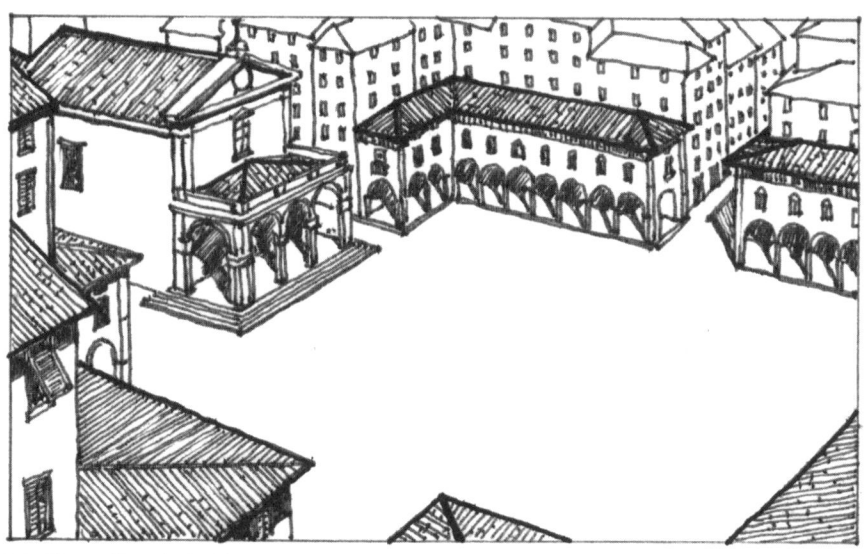

31b. Piazza Grande de Livorno: modelo renascentista que serviu de inspiração para o Covent Garden. Desenho de Elbert Peets.

Figuras 31a e 31b. Covent Garden, Londres, e Piazza Grande, de Livorno.

Figura 32. Covent Garden, gravura de Thomas Bowles, 1751.

Múltiplos usos: habitação, mercado e ateliês. Havia dois teatros na praça. Acessos articulados ao sistema de circulação viária da cidade. Cinco ruas chegam à praça.
Mercado introduzido em 1661. O uso comercial seria banido de *squares* residenciais subsequentes inspirados na Place des Vosges de Paris.

los, mercadorias e serviçais dava-se por meio de vielas particulares nos fundos. A partir de 1660, com a construção de St. James Square e Bloomsbury Square, os *squares* residenciais proliferam em Londres, e esse termo passa a ser amplamente utilizado. O centro do *square*, pavimentado ou ajardinado no estilo clássico, geralmente era cercado e destinado ao uso exclusivo dos moradores que possuíam chaves. O primeiro *square* com jardim central fechado e privativo foi o Kings Square (o atual Soho Square), implantado em 1681.

No final do século XVIII, os jardins centrais no estilo "paisagístico", em voga naquele momento, tornaram-se requisitos essenciais ao sucesso dos *squares*. Decretos do Parlamento de 1766 e 1774 permitiam que os administradores primeiramente de Berkeley Square e depois de Grosnover Square aumentassem as contribuições para custear os cuidados com a grama e as árvores. O Bedford Square, de arquitetura uniforme e jardim central privativo com enormes plátanos, foi implantado entre 1775 e 1784 (figura 33). Para Laurie, os jardins dos *squares* eram "símbolos do campo, cuidadosamente emoldurados, representando a aceitação cautelosa da natureza na cidade". A porção desejável de natureza dos pequenos *squares* se ampliaria para paisagens mais extensas, delimitadas por novas formas de arquitetura, como *crescents* e *terrace houses*. Com a expansão, os *squares* residenciais romperiam os limites da arquitetura e se transformariam em parques públicos.[24]

Em meados do século XIX, a moda do *square* residencial ajardinado estava estabelecida, e as qualidades salutares do verde urbano eram exaltadas pela "química moderna".[25] Já era item importante no urbanismo anglo-saxão, como na Paris de Haussmann, propiciando conforto ambiental e redução da densidade excessiva de edificações, mas também populacional.

---

[24] Michael Laurie, *An Introduction to Landscape Architecture* (2ª ed., Nova York: Elsevier, 1986), pp. 88-90.
[25] Spiro Kostof, *The City Assembled: the Elements of Urban Form through History*, cit., p. 165.

Jardins no centro dos *squares*.

Rua

Viela

Figura 33. Bedford Square, 1775.

Árvores foram introduzidas nos *squares* residenciais a partir do terceiro quartel do século XVIII, estabelecendo a moda dos jardins "paisagísticos" no centro dos *squares*.
Squares não são praças propriamente ditas. São jardins ou pequenos parques cercados e delimitados por arquitetura nos quatro lados. Desse modelo surgiram *crescents* e *circus*, recintos espaciais de forma geométrica semicircular ou circular, voltados para um jardim central.

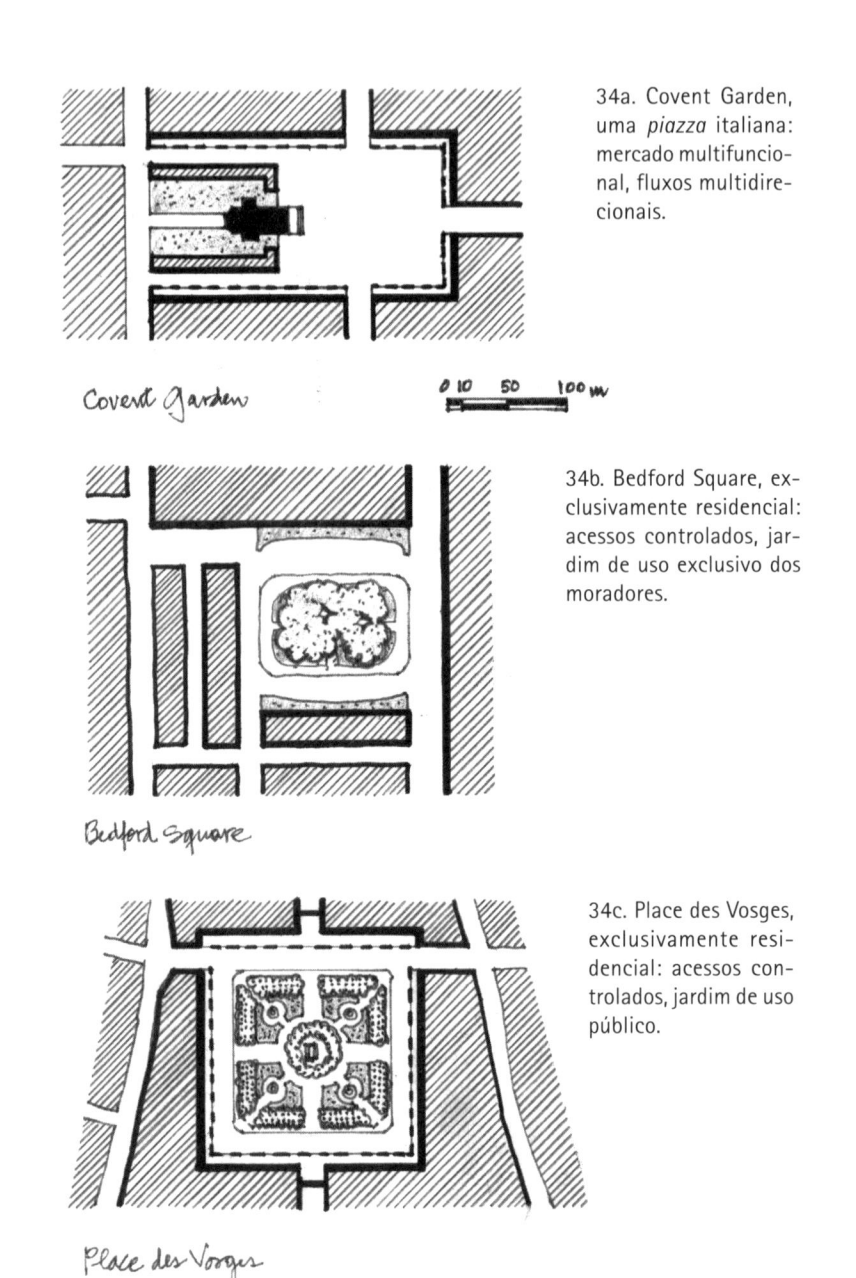

34a. Covent Garden, uma *piazza* italiana: mercado multifuncional, fluxos multidirecionais.

34b. Bedford Square, exclusivamente residencial: acessos controlados, jardim de uso exclusivo dos moradores.

34c. Place des Vosges, exclusivamente residencial: acessos controlados, jardim de uso público.

Figuras 34a, 34b e 34c. Comparação: Covent Garden, Bedford Square e Place des Vosges.
Formas semelhantes, mas funções distintas.

Lamas enfatiza o fato de que o *square*, uma invenção do século XVIII, "não é uma praça propriamente dita, mas um jardim ou pequeno parque delimitado por construções nos quatro lados".[26]

Peter Burke, historiador inglês contemporâneo, em artigo no qual exalta o uso e a necessidade de praças em São Paulo, destaca as diferenças culturais entre ingleses e latinos:

> Completamente diferentes da *piazza* italiana, os *squares* londrinos são ilhas verdes cercadas de residências particulares. [...] Não é uma instituição pública, como é o caso da Itália, nem é um lugar para passear, tomar café, encontrar amigos ou apresentar-se em público. [...] A chuva e o vento tornam tudo isso virtualmente impossível – com alguma ajuda do amor inglês à privacidade, tão diferente da concepção italiana da vida como teatro. Clima e cultura, o contraste entre Inglaterra e Itália é por si só evidente.[27]

Delimitado e definido pela arquitetura uniforme e simétrica sobre arcadas, o Covent Garden constitui a única praça "italiana" multifuncional de Londres. Além de ter levado à instalação de um mercado no espaço da praça, sua implantação é articulada ao sistema viário da cidade. Os *squares* residenciais subsequentes, embora adotassem a arquitetura uniforme para delimitar e definir a praça, não apenas excluíram seu uso comercial como também procuraram desenvolver uma implantação separada do tráfego das ruas, em evidente aproximação ao *layout* da Place des Vosges. O jardim no centro da praça, acessível apenas aos moradores em volta, enfatizou o caráter residencial e exclusivo do *square*. Com a valorização do espaço aberto e do verde nas cidades do século XIX, os jardins da *place* e do *square* ganhariam destaque e autonomia, confundindo-se com a própria praça e tornando-se uma entidade independente de ruas e da arquitetura (figuras 34a, 34b e 34c).

---

[26] José M. Lamas, *Morfologia urbana e desenho da cidade*, cit., p. 198.
[27] Peter Burke, "A falta que uma praça faz. São Paulo precisa de um oásis de sociabilidade", em *Folha de S.Paulo*, Caderno Mais, São Paulo, 27-4-1997.

PRAÇAS HOMÓLOGAS E ANÁLOGAS

A partir do Renascimento, a praça inscreve-se definitivamente na estrutura urbana das principais cidades europeias, tornando-se referência de lugar, estilo de vida, boa "arquitetura" ou bom desenho urbano. A *piazza* italiana, a *plaza mayor* espanhola e a *place royale* francesa estabeleceram-se como importantes modelos de praça do século XVII. Delas derivou, com características funcionais bem diferentes, o *square* inglês. Em relação a isso, os estudos paisagísticos de praças têm privilegiado os aspectos morfológicos de *piazza*, *plaza*, *place* e *square*, frequentemente tratados como equivalentes, ressaltando apenas as suas qualidades "intrínsecas", entendidas como um fator do qual estava isolado o resto da cidade. Esse isolamento, assim compreendido, segundo Lewis Mumford, gera uma "constante corrente de falsa especulação e interpretação". Mumford chama a atenção para a importância de distinguir formas "homólogas e análogas", porque "uma forma semelhante não tem, necessariamente, um significado semelhante em uma cultura diferente; além disso, funções semelhantes podem produzir formas inteiramente diferentes".[28]

Compatíveis com o tecido urbano em volta, as praças históricas revisitadas possuem dimensões próximas e certa familiaridade física, mas ostentam personalidades distintas e confirmam a observação de Mumford a respeito de formas homólogas e análogas. Essas praças receberam influências variadas e sofreram transformações de forma, função e cultura. Sua longa permanência na cidade ajudou a moldar não apenas a paisagem urbana local, mas, especialmente, modos de viver no coletivo. Agregaram-se a suas formas tanto ideais de convívio social e democracia, como na Piazza del Campo de Siena, de beleza geométrica e teatralidade, como na Piazza Ducale de Vigevano e na Plaza Mayor de Madri, quanto de enobrecimento e exclusividade, como na Place des Vosges de Paris e nos *squares* residenciais de Londres.

Consagradas como emblemas urbanos e constantemente reverenciadas nos projetos contemporâneos, os exemplos das praças analisadas demonstram que, além das funções, suas formas seguem outras formas, em um processo contínuo de reprodução, uso, adaptação e, em especial, de inclusão ou exclusão, pois, além da localização e da arquitetura, o desenho dos acessos constitui um dos elementos definidores mais evidentes do uso social e de seu caráter público. Torna-se possível identificar nas praças estudadas duas categorias principais de espaços livres urbanos públicos: 1) centros sociais multifuncionais, caracterizados por "vazios" delimitados e definidos pela arquitetura e por múltiplos acessos, como a Piazza del Campo de Siena, a Piazza Ducale de Vigevano, a Plaza Mayor de Madri e o Covent Garden de Londres; e 2) recintos residenciais com centros ajardinados e acessos controlados e limitados, como a Place des Vosges de Paris e os *squares* londrinos. Embora ambos fossem gradeados, o jardim francês era aberto ao uso público e o inglês, de uso exclusivo dos moradores, que possuíam chaves dos portões (figura 35).

---

[28] Lewis Mumford, *A cidade na história: suas origens, transformações e perspectivas*, cit., p. 328.

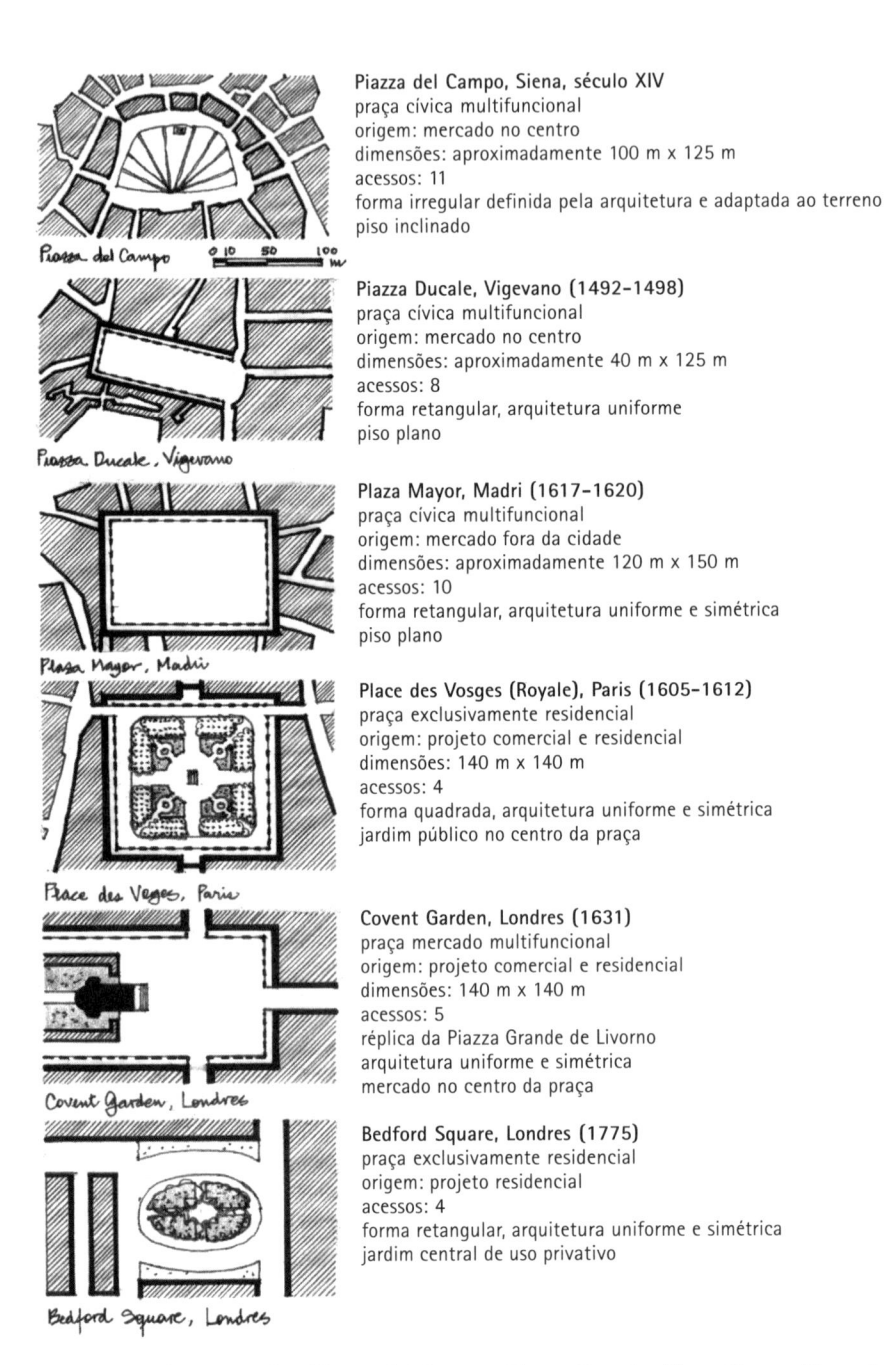

Piazza del Campo, Siena, século XIV
praça cívica multifuncional
origem: mercado no centro
dimensões: aproximadamente 100 m x 125 m
acessos: 11
forma irregular definida pela arquitetura e adaptada ao terreno
piso inclinado

Piazza Ducale, Vigevano (1492-1498)
praça cívica multifuncional
origem: mercado no centro
dimensões: aproximadamente 40 m x 125 m
acessos: 8
forma retangular, arquitetura uniforme
piso plano

Plaza Mayor, Madri (1617-1620)
praça cívica multifuncional
origem: mercado fora da cidade
dimensões: aproximadamente 120 m x 150 m
acessos: 10
forma retangular, arquitetura uniforme e simétrica
piso plano

Place des Vosges (Royale), Paris (1605-1612)
praça exclusivamente residencial
origem: projeto comercial e residencial
dimensões: 140 m x 140 m
acessos: 4
forma quadrada, arquitetura uniforme e simétrica
jardim público no centro da praça

Covent Garden, Londres (1631)
praça mercado multifuncional
origem: projeto comercial e residencial
dimensões: 140 m x 140 m
acessos: 5
réplica da Piazza Grande de Livorno
arquitetura uniforme e simétrica
mercado no centro da praça

Bedford Square, Londres (1775)
praça exclusivamente residencial
origem: projeto residencial
acessos: 4
forma retangular, arquitetura uniforme e simétrica
jardim central de uso privativo

Figura 35. Comparação: Piazza del Campo, Piazza Ducale, Plaza Mayor, Place des Vosges, Covent Garden e Bedford Square.

Parques sem cidade

PAISAGENS E PAISAGISMO
Praças e parques: naturezas distintas

Praças, ruas, jardins e parques constituem o cerne do sistema de espaços abertos na cidade. Nem sempre verdes, os espaços livres são o reflexo de um ideal da vida urbana em determinado momento histórico. Os espaços livres acompanham a evolução das cidades, e suas delimitações, funções e aparência são muitas vezes indefinidas ou sobrepostas; os arquétipos tradicionais de suas configurações, como adros religiosos, praças-mercados e praças cívicas, não mais articulam a arquitetura à vida pública urbana nem atendem às novas necessidades de uso. A socialização do espaço público tem sido relegada a um plano secundário, ofuscada pela questão de como deve ser a vegetação no ambiente urbano, tema que tem dominado as discussões sobre as praças e as cidades.

Uma abordagem frequentemente adotada pelo paisagismo é a vinculação com o desenvolvimento e a evolução dos jardins e parques, desde os relatos do Éden bíblico, passando por países distantes, períodos históricos e paisagistas consagrados, como Le Nôtre (1613-1700), Kent (1684-1748), Brown (1715-1783), Repton (1752-1818) e Olmsted

(1822-1903). Na história dos jardins, o desenho da cidade geralmente não aparece, nem o das praças medievais e renascentistas ou dos primeiros "verdes" públicos, como os *boulevards* nas muralhas (século XVII) e os *pallamaglios* medievais (século XVI).

Uma associação sem mediações de jardim, praça e parque sugere passagens apenas de escala, priorizando somente a semelhança formal, e não a diferença funcional. Jardins, praças e parques, como instituições independentes, existem desde os primórdios das cidades ocidentais.

A perspectiva paisagística é bastante popular na história "oficial" do paisagismo, que tem o Éden, jardim e paraíso, como referencial básico para preservar a paisagem (concreto) e a natureza (abstrato) dos males causados pelo homem. É em relação a esse "jardim" de perfeita harmonia que todo o resto construído pelo homem deveria ser medido; e o retorno ao "jardim" seria a redenção da humanidade. Nessa perspectiva, os jardins medievais dos castelos e das abadias seriam vistos como enclaves de perfeição, cercados de caos e desordem. Entre as muralhas que separavam o território vasto e hostil da sobrevivência e do trabalho e os muros que guardavam os santuários plantados, existiam ruas, casas, igrejas, terrenos vagos, jardins e, principalmente, praças: vazios entre edificações ou no encontro dos caminhos. Nas praças maiores eram realizadas feiras, comemorações, teatros e ritos religiosos; nas aberturas intersticiais, cultivava-se uma intensa vida cotidiana feita de movimentos e atividades. Os espaços livres eram extensões da casa, da loja e da oficina.

A origem inglesa da história "oficial" do paisagismo

A palavra *landscape* apareceu na língua inglesa somente no século XVII, bem depois do ressurgimento das cidades pós-Idade Média. De acordo com o *Oxford English Dictionary*, o termo *landscape* surgiu em 1603 como derivação do holandês *landskip* (1598), expressão associada a um estilo de pintura, para designar "uma representação do cenário natural terrestre".[1] A paisagem se tornaria um conceito essencialmente estético.

O paisagismo *(landscape architecture)* teria surgido na Inglaterra no começo do século XVIII a partir dos "jardins paisagens" *(landscape gardens)*, que, como reação contra a formalidade desenhada e a autoridade representada dos jardins franceses e holandeses, procuravam reproduzir cenários naturais e românticos de campos ondulados e florestas, adaptados a terrenos rugosos e ao clima úmido inglês (figuras 36 e 37). O período de seu maior desenvolvimento estilístico, de 1730 a 1770, caracterizado por paisagens pastoris de amplas extensões, coincidiu com o de maior desenvolvimento da indústria do lanifício, com a substituição de pequenos cultivos por grandes criações de ovelhas. Os "jardins paisagens", nascidos da combinação de poesia, pintura e jardinagem, eram também associados aos ideais de beleza, cultura superior e poder.

A apreciação da paisagem *picturesque* no século XVIII estava condicionada ao conhecimento prévio da pintura – a paisagem não existia antes de ser "pintada", e a aquisição do "bom gosto" para apreciar a paisagem dependia não apenas da educação, mas também da posição social e da ocupação. Consequentemente, o desenvolvimento da paisagem europeia no século XVIII equiparava as imagens da paisagem com riqueza, cultura superior e poder, em uma equação na qual estariam codificadas não só a arte do jardim, mas também a pintura, a literatura e a poesia.

As paisagens recriadas eram expressões das teorias estéticas que sublinhavam o "belo", o "sublime" e o "*picturesque*".

Dentro desse contexto inglês de desenvolvimento dos fundamentos estéticos do paisagismo, os termos "belo" e "sublime" seriam definidos por Edmund Burke em *A Philosophical Enquiry into the Origin of our*

---

[1] Leo Marx, "The American Ideology of Space", em S. Wrede & W. Adams (orgs.), *Denatured Visions: Landscape and Culture in the Twentieth Century* (Nova York: The Museum of Modern Art, 1991), p. 77.

Parterres

Avenidas radiais no bosque

Acesso central retilíneo

Continuidade visual do gramado ao pasto

Remoção do jardim formal

Acesso principal curvilíneo

Junção dos lagos e construção da ponte

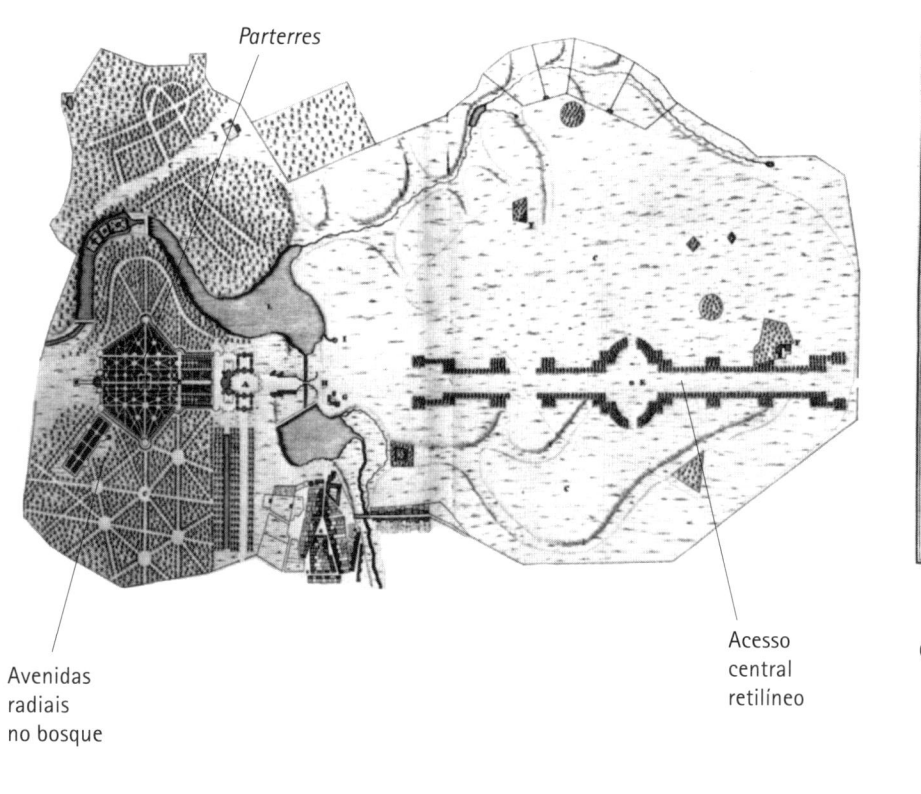

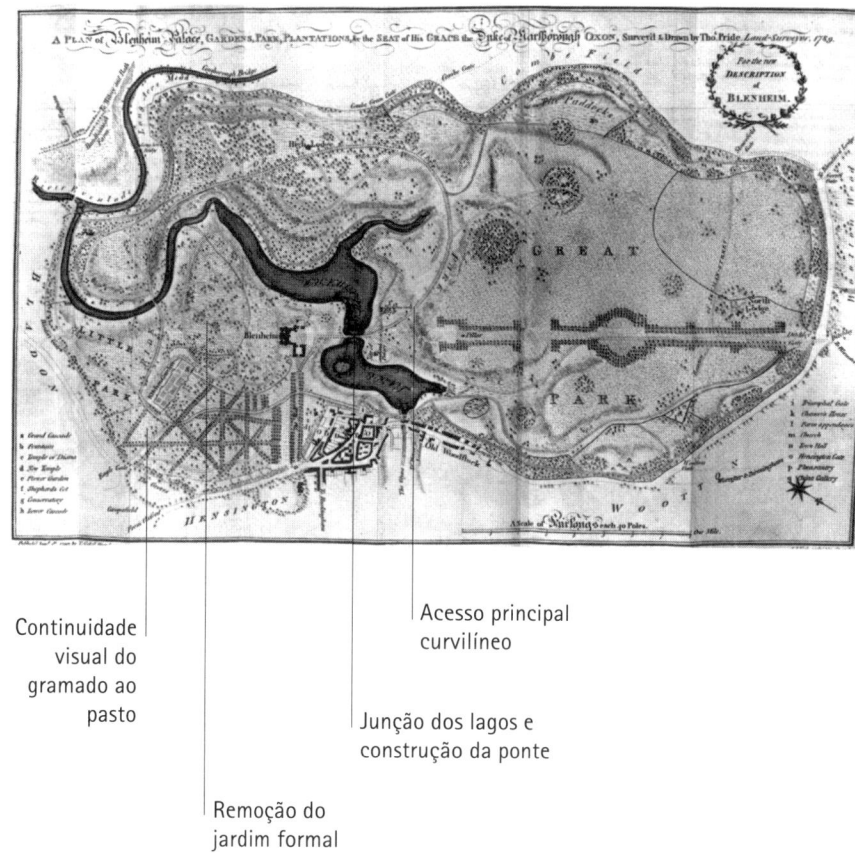

Figura 36. Blenheim, Inglaterra: primeiro momento, 1705.
Projeto original de Henry Wise e *sir* John Vanbrugh.
Observar: acesso central retilíneo, *parterres* próximos à arquitetura e avenidas radiais no bosque.

Figura 37. Blenheim, Inglaterra: segundo momento, 1758-1764.
Projeto de Capability Brown.
Observar:
1. Acesso principal curvilíneo.
2. Junção dos lagos e construção da ponte.
3. Remoção dos jardins formais.
4. Continuidade visual do gramado ao pasto, uso de *"ha-has"*.
5. Campos "fluidos" e agrupamentos informais de vegetação.

Ideas of the Sublime and Beautiful, publicado em 1757. De acordo com Burke,

> [...] o *sublime* era caracterizado por vastidão, solitude e obscuridade; objetos ou cenas que o continham geralmente produziriam medo e domínio no observador. A beleza, por outro lado, era associada com delicadeza, suavidade, variação gradual e linhas fluidas.[2]

O termo *picturesque* teria sido definido por *sir* Uvedale Price em *Essay on the Picturesque*, publicado em 1794. Acrescentadas às categorias do sublime e do belo, "as paisagens *picturesques*, representadas na pintura, apresentariam variedade, confusão, irregularidade, contraste e surpresa, assim como, ocasionalmente, as qualidades mais negativas, como rusticidade e acidente". Para Price, "criar o sublime estaria acima de nossos poderes".[3] O termo *picturesque* sugere "imagem cênica" e é geralmente traduzido como "pitoresco", embora a palavra "pictórico", usada ocasionalmente neste texto, possa sugerir maior ênfase no seu caráter gráfico.

Antes da publicação do ensaio de Price, o termo *picturesque* era usado geralmente para descrever o conjunto do *landscape gardening* irregular e naturalista desenvolvido na Inglaterra no século XVIII. O movimento *picturesque* poderia ser dividido em três períodos. O primeiro, de 1710 a 1730, seria dominado por filósofos e escritores como Alexander Pope, e não por jardineiros ou paisagistas; os jardins desse período, descritos como rococós, combinavam eixos formais barrocos com caminhos e cursos d'água sinuosos. O segundo período, de 1730 a 1770, seria dominado por obras dos paisagistas William Kent e Capability Brown, que traduziam as qualidades do belo – suavidade e perfeição, em gramados bem aparados, riachos de bordas limpas, árvores plantadas em grupos e em um cinturão denso, que circundava a propriedade. O terceiro período, aproximadamente de 1770 a 1818, seria dominado pelas escritas de Price, Gilpin e Richard Payne Knight, e pela obra de Humphrey Repton, que, afastando-se gradualmente dos ideais paisagísticos de Brown, transferiria a ênfase de parques para jardins, do rústico para o refinado, da escala grande para uma escala menor e dos espaços unificados para os compartimentados.

Repton usava um *red book*, "livro vermelho", para apresentar o projeto a seus clientes. Juntamente com um detalhado relatório, o projeto incluía o desenho da situação existente – "antes" – e, virando-se a página, o da modificada – "depois". No projeto de Bayham Abbey, a prancha do "depois" ilustrava uma paisagem bem elaborada para exprimir a "natureza" idealizada e "pictórica": no centro, um pasto contínuo, delimitado por bosques com bordas irregulares, formado por campos suavemente ondulados, salpicados de árvores ora agrupadas, ora isoladas; o lago teria as margens desbastadas para ampliar os limites visuais e, no primeiro plano, substituindo o cultivo geometrizado, um campo adornado por animais "selvagens" protegidos de predadores (figura 38).

Landscape architecture: paisagismo ou arquitetura paisagística?

Diferentemente das ideias de belo ou sublime imbuídas na palavra *landscape*, o termo "paisagem", em português, é mais antigo e tem um sentido territorial bem mais amplo, o que faz com que a explicação (em aula) do significado de "paisagismo" como derivação de *landscape* seja sempre um desafio. A palavra "paisagem", como seu correspondente francês *paysage*, possui "um sentido de nação e identidade cultural, uma imagem que é também refletida no uso do termo inglês *country* para indicar tanto a *nação* como *aquilo* que não é a cidade".[4]

---

[2] Cynthia Zaitzevsky, *Frederick Law Olmsted and the Boston Park System* (Cambridge: Belknap/Harvard University Press, 1992), p. 25.

[3] *Ibidem*.

[4] James Corner (org.), *Recovering Landscape: Essays in Contemporary Landscape Architecture*, cit., p. 7.

A expressão "arquitetura paisagística" é, portanto, um anglicismo que, em vez de ampliar, reduz o escopo tanto da arquitetura como da paisagem e obscurece a discussão sobre o desenvolvimento da *landscape architecture* no desenho e na paisagem das cidades.

PARQUES NA CIDADE
FREDERICK L. OLMSTED, CENTRAL PARK, NOVA YORK (1857), E PROSPECT PARK, BROOKLYN, NY (1865)

Landscape architect, como palavra e categoria profissional, foi uma expressão cunhada por Frederick L. Olmsted (1822-1903) na ocasião da criação do Central Park (1857-1858) em Nova York. Olmsted teria "inventado" a expressão e o seu desígnio para, ao mesmo tempo, dissimular sua falta de formação acadêmica específica e valorizar sua formação humanística, consolidada em experiências diversificadas de agricultura (fracassada) e navegação (inapta), em viagens à Ásia e à Europa e no trabalho de escritor. Como articulista e correspondente, Olmsted exercia sua "tendência natural de análise, reflexão e formulação de soluções para problemas sociais" e expunha ideias antiescravagistas de modo "consistentemente compassivo, independente, analítico e prático".[5]

A desenvoltura de Olmsted como escritor e pensador e sua familiaridade com o movimento *Picturesque* e com os parques ingleses e europeus, principalmente o de Birkenhead (figura 39), cidade próxima a Liverpool, impressionaram Charles W. Elliott, influente membro da comissão de projeto do Central Park. Elliott sugeriu que Olmsted concorresse ao disputadíssimo posto de superintendente, que administraria a construção do futuro parque. Olmsted venceu os concorrentes e ocupou o cargo, com algumas interrupções, até 1878.

Figura 38. Bayham Abbey, Kent, Inglaterra.

Antes e depois, de acordo com o *"red book"* de Humphrey Repton, no final do século XVIII. Humphrey Repton (1752-1818) procurou perpetuar os princípios "paisagísticos" de Capability Brown, em *Sketches and Hints on Landscape Gardening*, publicado em 1795.
De acordo com Jellicoe, no projeto de Bayham Abbey, o *red book* continha uma cuidadosa análise do lugar antes de serem propostas as alterações, que incluíam a implantação e o estilo arquitetônico do futuro convento (canto direito do desenho). Para Repton, na paisagem de Bayham Abbey, "o caráter deveria ser de grandeza e durabilidade, o parque deveria ser uma floresta, a propriedade, um domínio, e a casa, um palácio".[6]

---

[5] Lee Hall, *Olmsted's America: an "Unpractical" Man and his Vision of Civilization* (Nova York: Bulfinch, 1995), p. 43.

[6] Geoffrey Jellicoe & Susan Jellicoe, *The Landscape of Man: Shaping the Environments from Prehistory to the Present Day* (ed. rev. Nova York: Thames and Hudson, 1987), p. 246.

Em 1857 foi aberto um concurso para a escolha do projeto do Central Park (figura 40). Após alguma relutância, por causa de seu cargo de administrador do parque, Olmsted aceitou o convite do arquiteto inglês Calvert Vaux e, juntos, desenvolveram o plano vencedor, *Greenward*. Vaux chegara da Inglaterra em 1850 para trabalhar em Nova York com Andrew Jackson Downing (1815-1852), renomado paisagista da escola inglesa nascido nos Estados Unidos e um dos primeiros defensores dos parques públicos nas cidades americanas. Com a morte de Downing, em 1852, Vaux assumiu o escritório, dando continuidade a seu trabalho profissional de paisagismo e a sua luta pelos parques públicos.

Se Olmsted era considerado o "pai" dos parques urbanos norte-americanos, Downing seria o mentor da *landscape architecture* na América. Ele acreditava que o *landscape gardening* poderia ajudar na formação de uma sociedade forte, vinculada à permanência no lugar, e a deter a tendência destrutiva dos contínuos avanços e ocupações de novos territórios. Sua ideia de que um grande parque público, nos moldes do Birkenhead Park da Inglaterra, poderia, além de trazer benefícios econômicos, contribuir para "civilizar e refinar o caráter nacional, fomentar o amor pela beleza rural e aumentar o conhecimento e o gosto por árvores e plantas raras e belas", exerceu grande influência não apenas sobre Olmsted e Vaux, mas também na decisão da cidade de Nova York de construir o Central Park.[7]

A Nova York de 1850, a exemplo das grandes cidades industriais da época, como Manchester, Londres ou mesmo Paris, era suja, barulhenta e congestionada; crescia rapidamente apesar das péssimas condições de moradia e trabalho e era constantemente ameaçada pelo fogo e por doenças. Desprezível e assustadora, Nova York era como Thomas Jefferson (um dos *founding fathers* da nação e de seu "ideal arquitetônico") descrevia as cidades em 1800 – "pestilenta à moral, à saúde e às liberdades do homem" – e sobre ela pairava ainda outra ameaça: a dos imi-

---

[7] Michael Laurie, *An Introduction to Landscape Architecture*, cit., p. 79.

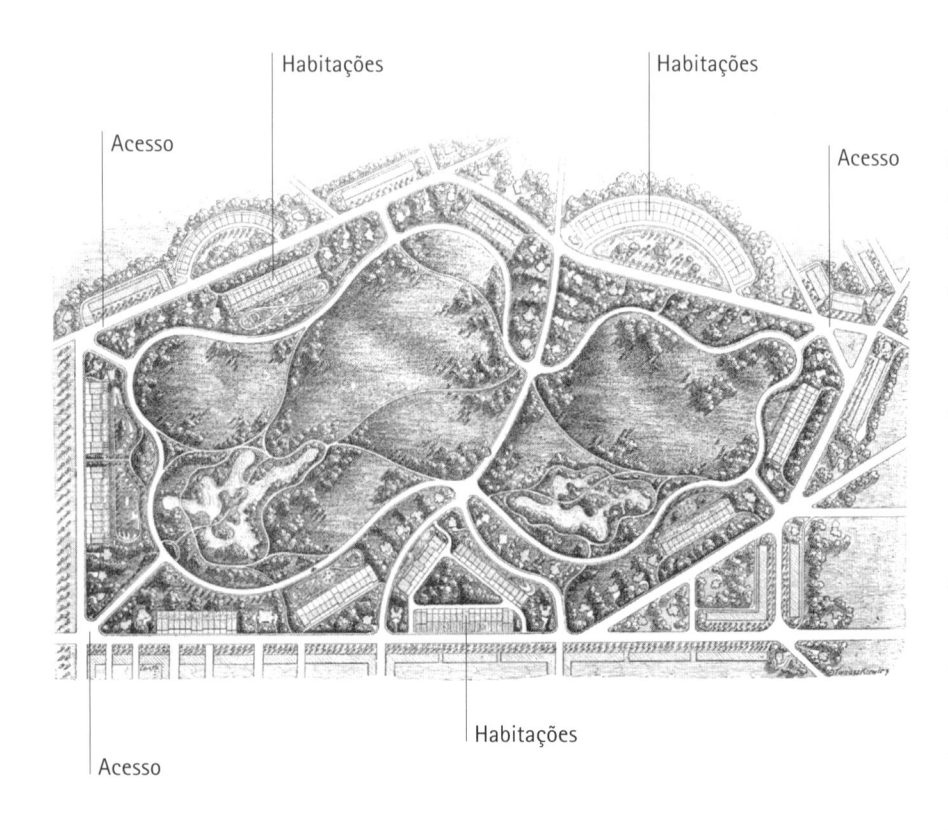

Figura 39. Birkenhead Park (Birkenhead), Inglaterra, 1843.
Projeto de Joseph Paxton.
Projeto combinando loteamento e parque público.
Sem mansões nem palácios como referência: desenho sem pontos focais nem eixos dominantes. Perspectivas multidirecionais. *Layout* geral segue o tradicional *landscape garden design*. O caminhamento periférico, característica também do jardim chinês, valoriza o ato de passear e as mudanças visuais. A água, num destaque menor em relação aos *landscape gardens*, é contida por bordas elaboradas, como nos jardins chineses e japoneses.
Observar:
1. Parque delimitado por ruas retilíneas articuladas com o sistema de vias da cidade, e construções variadas, como habitações isoladas, agrupadas ou em blocos.
2. Ruas internas curvilíneas conectadas com o exterior. O parque é atravessado por uma rua contínua.
3. Hierarquia de vias para tráfego em geral e exclusivas para o uso do pedestre.
4. Acesso às habitações pelas ruas perimetrais.
5. Visibilidade pública limitada pela arquitetura.
6. Acesso ao parque por ruas de penetração e caminhos intermediários.

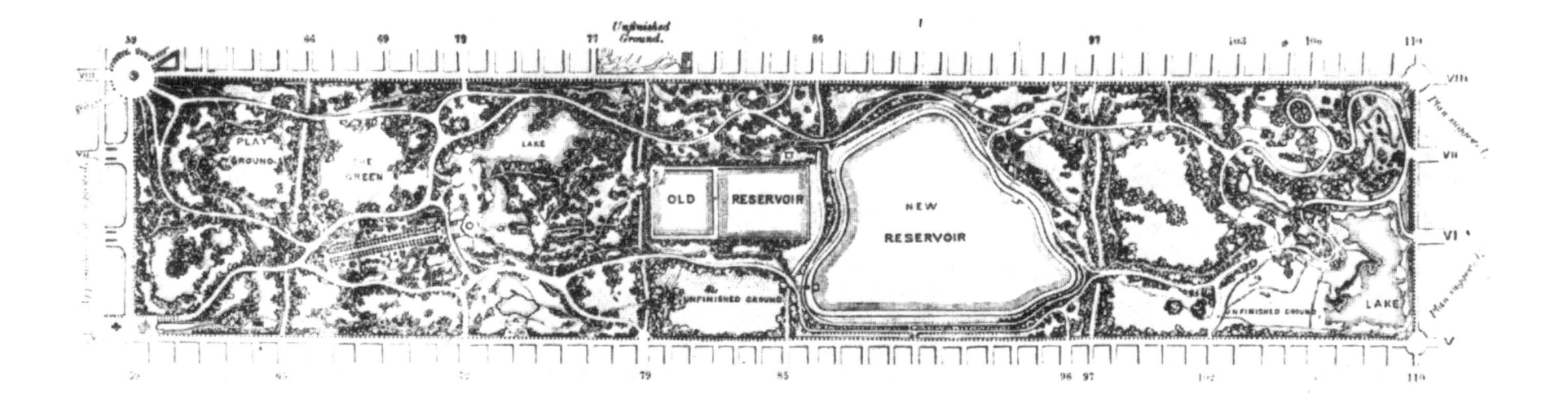

Figura 40. Central Park (Nova York), 1858.

Projeto de Frederick L. Olmsted e Calvert Vaux.
Central Park, um grande retângulo inserido na malha quadriculada da cidade.
Dividido em dois setores por um grande reservatório de água. Quatro ruas rebaixadas cruzam o parque. Separação de vias de tráfego e criação de caminhos contínuos de passeio por meio de viadutos e passarelas. Hierarquia de vias internas: ruas perimetrais para veículos e carruagens, pistas mais reservadas para andar a cavalo e caminhos para pedestres. Acesso pelas esquinas e por ruas laterais, com entradas espaçadas. Grande visibilidade da cidade: além do grande perímetro delimitado por avenidas e ruas, o parque é foco visual de 51 ruas de cada lado, e de quatro avenidas ao redor do parque.
Reservatórios e lagos dominam o centro do parque. Limitações da forma do parque: há poucos verdes abertos ou campos gramados para converter a ideia do jardim-parque romântico inglês e do espírito rural isolado da cidade.

grantes, vistos como "corruptores da pureza e da harmonia racial da América".⁸ De 1830 a 1850, Nova York passou por dois grandes incêndios e duas epidemias de cólera, e, a partir de 1840, sua situação social seria agravada pela presença maciça de imigrantes famintos (e católicos) da Irlanda. A questão da saúde pública, exacerbada por essas epidemias de cólera, foi decisiva para a aquisição de uma grande área a fim de construir um parque e descongestionar a cidade. Quanto à integração do imigrante, a "americanização" lhe seria instruída através do contato direto com a natureza e com seus *social superiors* pelos recantos bucólicos do parque.

Laurie argumenta que o tamanho dos parques públicos urbanos da época não tinha relação direta com a gravidade dos problemas urbanos, e sim com o estilo do *landscape garden*, expansivo e cenográfico, pensado e elaborado para grandes propriedades particulares. No entanto, sua configuração informal, natural, romântica e pictórica, elaborada seguindo as teorias estéticas do século XVIII, passaria a representar o ideal desejado do século XIX.⁹ O grande parque público urbano passou a ser a resposta lógica às condições ambientais degradantes das cidades industriais bem como um componente do planejamento das cidades do século XIX, destacando-se tanto no plano de Haussmann para Paris (1850-1870) como na "Declaração Ministerial de 1873 para que Tóquio e todas as cidades japonesas designassem áreas adequadas para parques".¹⁰

De acordo com Hall, Vaux e Olmsted criaram *landscape architecture* combinando a arte do projeto do primeiro e a arte da gestão do segundo. No projeto do Central Park, Vaux, com sua formação de arquiteto e experiência em projetos paisagísticos, teria feito os desenhos e defendido os princípios estéticos e artísticos, enquanto Olmsted, com sua visão humanista e os "rudimentos da agricultura científica", teria respondido às questões de engenharia e administração. Guardadas as diferenças de formação, a profícua colaboração entre Olmsted e Vaux (sociedade desfeita em 1872) produziu inúmeros projetos de parques, *parkways*, *campi* acadêmicos e loteamentos residenciais.

Em 1865, Vaux convidaria novamente Olmsted para projetarem juntos o Prospect Park do Brooklyn (Nova York). Esse parque abrangia aproximadamente 2 milhões de metros quadrados e tinha forma de pentágono, contrapondo-se ao retângulo estreito do Central Park. O terreno possibilitou aos autores criar grandes lagos, extensos prados e variados agrupamentos de árvores, demonstrando técnicas aprimoradas e a ideia íntegra de um grande parque rural na cidade. Como parque "pictórico", o Prospect Park (figura 41) é considerado "academicamente um clássico".¹¹

O Prospect Park marcou de fato o início dos anos mais produtivos e sólidos de Olmsted como *landscape architect*, que se estenderiam até 1895 (Olmsted faleceria em 1903). No interregno entre Central Park (1857) e o Prospect Park (1865-1866), três experiências destacaram-se em sua formação.

Em 1859, durante a construção do Central Park, Olmsted viajou à Europa. Em Paris, ele se encontrou com Jean C. A. Alphand,¹² engenheiro e paisagista, responsável pelos projetos de parques e praças e pela arborização das avenidas do plano traçado pelo barão Haussmann. Com Alphand, Olmsted teria estudado os projetos do Bois de Boulogne e do Bois de Vincennes, o plantio dos parques e dos bulevares da cidade e

---

⁸ Peter Hall, *Cities of Tomorrow: an Intellectual History of Urban Planning and Design in the Twentieth Century* (1988) (Oxford: Blackwell, 1993), p. 35 (tradução nossa).
⁹ Michael Laurie, *An Introduction to Landscape Architecture*, cit., p. 79.
¹⁰ Spiro Kostof, *The City Assembled: the Elements of Urban Form Through History* (1992), cit., p. 170.
¹¹ Geoffrey Jellicoe & Susan Jellicoe, *The Landscape of Man: Shaping the Environments from Prehistory to the Present Day*, cit., p. 281.
¹² Jean Charles Adolphe Alphand nasceu em Grenoble em 1817 e faleceu em Paris em 1891. Era engenheiro de *"Ponts et Chausées"* formado pela École Polytechnique. Em dezembro de 1854, a convite de Haussmann, prefeito de Sena, iniciou o trabalho de "Services des Promenades et Plantations de la Ville de Paris", tornando-se, mais tarde, engenheiro-chefe e diretor. Em 1871, assumiu o posto de "directeur des Travaux de Paris"; em 1878 assumiria também o serviço de "Eaux e Egouts". Permaneceu no cargo de diretor de Obras da cidade de Paris até 1891, ano de sua morte.

ainda observado o *layout* dos cinturões verdes de Paris e discutido a manutenção dos espaços públicos.

Além de áreas de recreação, os parques eram componentes do sistema de infraestrutura de Paris, como vias de circulação e reservatórios de água. Juntamente com Boulogne, Monceau, Buttes-Chaummont e Montsouris, integravam o plano de Haussmann 24 "parques menores" ou praças no estilo "inglês", chamadas de *squares* ou *jardins anglais*.

A importância de Paris e de Alphand na carreira de Olmsted é enfatizada por Norman Newton em *Design on the Land*. Para Newton, Alphand e o Bois de Boulogne, assim como Paxton e o Birkenhead Park, foram fundamentais para a formação da opinião pública e do pensamento de Olmsted no projeto do Central Park. Antes de instituir-se o concurso de 1857, Paxton e Alphand foram cogitados por um *board of commissioners* para realizar o trabalho. Newton pondera que, diante da reconhecida superioridade artística do Central Park, é incerta a influência do Bois de Boulogne. Como parque urbano público, porém, "mesmo em sua nova forma, o Bois de Boulogne surgiu primeiro, e, neste aspecto, deve-se atribuir a precedência histórica".[13]

Em Londres, Olmsted teria consultado *sir* Richard Mayne, chefe da polícia local, sobre recrutamento, treinamento e administração de guardas especiais para o Central Park. Olmsted reconhecia a necessidade de um "policiamento" que educasse a população para usar e apreciar o "verde" sem destruí-lo. Nos primeiros anos do Central Park, até andar na grama era motivo para ser repreendido. Como pretendia Olmsted, o Central Park era frequentado por pessoas de todas as classes sociais, porém o aprendizado da civilidade e do refinamento pelos menos "favorecidos" e trabalhadores (imigrantes) não acontecia espontaneamente. Transplantado dos jardins aristocráticos particulares, o parque público "pictórico" era sobretudo um cenário recriado para "parecer" natureza

---

[13] Norman T. Newton, *Design on the Land: the Development of Landscape Architecture*, cit., pp. 244-245.

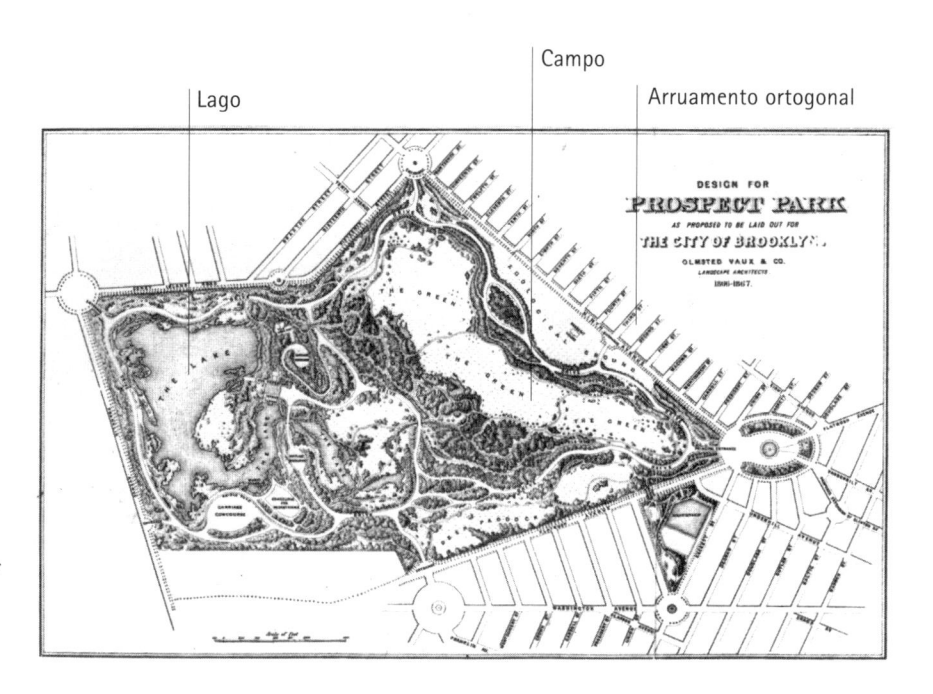

Figura 41. Prospect Park, Brooklyn (Nova York), 1865.
Projeto de Frederick L. Olmsted e Calvert Vaux.
Parque com o formato de um polígono de grandes dimensões, para criar a ilusão do campo separado da cidade. Estruturação do parque em torno de um grande lago, com um grande campo aberto – *the green*, "parque" central – e uma série de bosques e prados. Periferia do parque arborizada para bloquear a visão da cidade.
Estrutura viária interna composta de ruas curvilíneas formando um grande circuito periférico similar ao de Birkenhead. A avenida central abre-se para contornar um "parque" dentro do parque.
Parque delimitado por ruas retilíneas. Acessos principais nas esquinas, formalmente articulados com a cidade e caminhos intermediários discretos. Não há travessia de ruas pelo parque.

e ser apreciado com respeito e conduta adequada; portanto, era um lugar onde a prática da disciplina social prevaleceria sobre a da sociabilidade.

Olmsted voltou a Nova York em 1860, estimulado, como sugere Hall, com novas ideias de projeto e administração de parques e espaços públicos articulados a um sistema moderno de circulação. De 1861 a 1863, em plena Guerra Civil (1861-1865), Olmsted assumiu o posto de chefe executivo da Comissão Sanitária, a maior associação civil voluntária federal da época, criada no governo de Abraham Lincoln com o objetivo de cuidar dos feridos e difundir práticas de higiene para melhorar a saúde das tropas da União. Sob o comando de Olmsted, uma frota de navios-hospital foi organizada para transportar e cuidar de feridos. Devido às condições precárias, encontravam-se nos *fronts* mais "doentes" do que feridos. Além do Sul, Olmsted percorreu nesse período várias cidades do Centro-Oeste, como Cincinnati, Chicago, Saint Louis e vilarejos ao longo do rio Mississippi. Segundo Hall, "em seus dois anos com a Comissão Sanitária, apesar dos conflitos amargos com seus superiores, Olmsted mais tarde reconheceu que tinha desempenhado seu melhor trabalho para o país".[14]

De 1863 a 1865, alegando mudança de carreira e busca de fortuna, Olmsted transferiu-se para a Califórnia a fim de administrar um campo de mineração em Mariposa, próximo do Yosemite Valley e das sequoias-gigantes. Inspirado pela beleza do Yosemite e das sequoias, ele escreveu vários artigos em defesa da preservação dos cenários naturais para uso público, endossando as ideias conservacionistas do senador californiano John Conness. Em 1864, o Yosemite Valley e o Mariposa Big Tree Grove foram declarados de domínio público do estado da Califórnia e surgiu o primeiro parque "estadual" dos Estados Unidos. Olmsted, membro ativo da Yosemite Comission, preparou o relatório preliminar de 1865, que seria reconhecido como um dos documentos históricos mais significativos do movimento dos "parques estaduais", antecedendo em sete anos a criação do primeiro parque nacional, o de Yellowstone. Em 1890, devido ao alto custo de manutenção, o Yosemite Valley deixou de ser responsabilidade estadual e passou a integrar o sistema de parques nacionais.

Na Califórnia, além de administrar um campo de mineração e defender a preservação da beleza natural, Olmsted desenvolveu projetos para o cemitério de Oakland, o *layout* preliminar do *campus* da Universidade da Califórnia em Berkeley e deu consultoria para o Golden Gate Park de São Francisco.

Consolidação da carreira de Olmsted e o desenho da cidade: os projetos de Riverside, do Sistema de Parques de Boston e da World's Columbian Exposition de Chicago

Além dos parques e *parkways,* Olmsted também provocou grande impacto no urbanismo com o Riverside Estate de Chicago, em 1869, o sistema de parques de Boston, de 1878 a 1890, e a World's Columbian Exposition de Chicago, em 1893.

Localizado a 15 quilômetros de Chicago e acessível por ferrovia, o Riverside Estate (figura 42) foi um dos primeiros "subúrbios-jardins pictóricos" americanos desenhados com ruas "graciosamente curvas", sem "esquinas fechadas", e espaços generosos que sugeriam "lazer, contemplação e tranquilidade".[15] Como alternativa ao rígido tabuleiro de xadrez, o novo desenho não apenas criou interesses estéticos em uma região baixa e plana, mas também relacionou a curvatura da rua com a redução da velocidade de circulação (de veículos) e à melhoria de condições de drenagem superficial. Os lotes, menores que as propriedades campestres *(country estates),* eram suficientemente grandes para iso-

---

[14] Lee Hall, *Olmsted's America: an "Unpractical" Man and his Vision of Civilization*, cit., p. 105.

[15] Norman T. Newton, *Design on the Land: the Development of Landscape Architecture*, cit., p. 466.

lar cada casa da de seus vizinhos. Visando a abrigar as classes "mais inteligentes e afortunadas", Riverside, como os loteamentos-jardim de sua época, era reservada aos bem-sucedidos Wasps,[16] com normas contratuais explícitas de compra e venda que excluíam negros, italianos, judeus e outros grupos étnicos. Riverside transferia a linguagem do parque público para um mundo privativo, exclusivo e seletivo, de baixa densidade e casas unifamiliares isoladas.

No Riverside Estate, Olmsted e Vaux retornaram às influências de Birkenhead Park (1844), essencialmente um projeto de habitações "suburbanas" integradas a um parque *picturesque*, e aplicaram experiências recentes de "vilas suburbanas", como o Llewellyn Park de New Jersey (1852). Atribui-se ao Riverside Estate um dos modelos que serviram de inspiração à teoria de cidade-jardim elaborada por Ebenezer Howard entre 1880 e 1898. Howard (1850-1928), que viveu em Chicago entre 1871 e 1874, teria visitado o Riverside e emprestado de Chicago o título *Garden City*. Riverside Estate é considerado o primeiro registro de aplicação de paisagismo em um projeto imobiliário de loteamento *(real-estate land subdivision)*.

A partir do fim do século XIX, o processo de suburbanização se intensificaria, com a combinação do impulso de escape da cidade "desordenada" tomada por "imigrantes" e da modernização dos meios de transporte, que passavam da ferrovia ao bonde e ao automóvel; o *layout* de Riverside serviria de referência para o traçado dos loteamentos do Jardim América e do Jardim Europa em São Paulo na década de 1930.

As ruas curvilíneas, imbuídas de qualidades intrínsecas como adaptação à topografia, redução de velocidade de tráfego e variação visual, passariam a simbolizar o modelo desejável do morar bem, enquanto as ruas retilíneas seriam mais indicadas ao uso comercial e industrial. A dicotomia entre a curva e a reta se estenderia para a distinção entre

---

[16] Sigla em inglês, tornada substantivo comum, para denominar aqueles que são, simultaneamente brancos, anglo-saxões e protestantes.

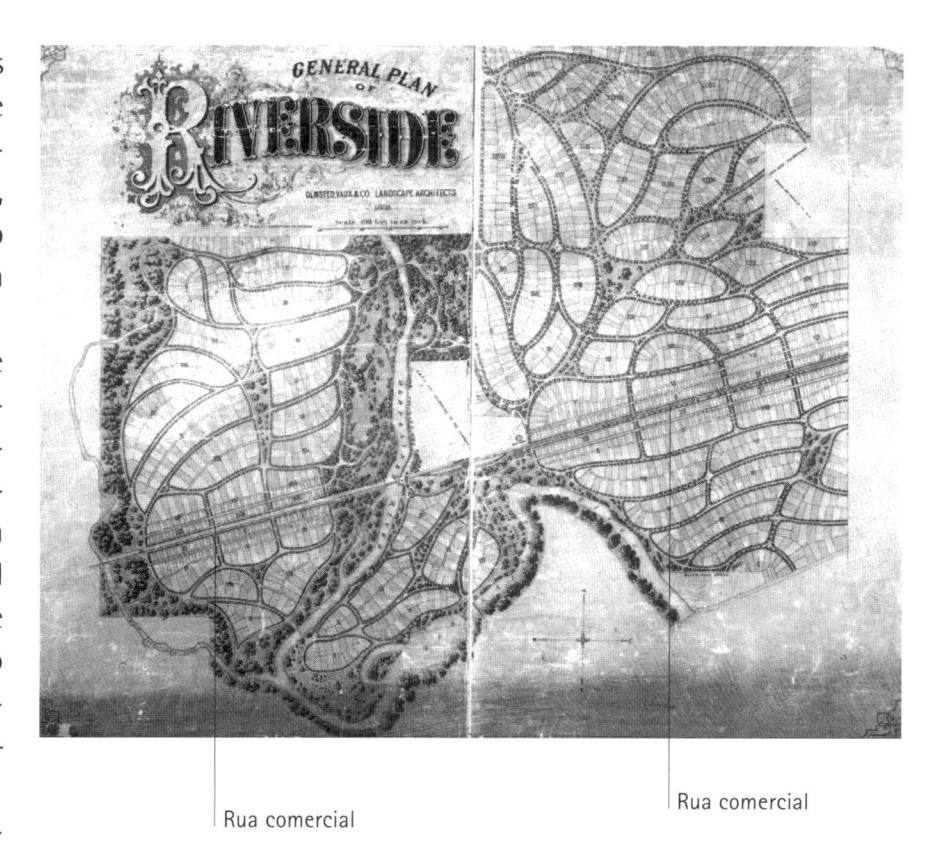

Figura 42. Riverside Estate (Chicago), 1869.
Projeto de F. L. Olmsted e Calvert Vaux.
Um dos primeiros subúrbios-jardins da América. Conceito de parque *picturesque* aplicado ao desenho residencial fora da cidade: uma alternativa voltada exclusivamente para as "classes mais inteligentes e afortunadas".
O *layout* de ruas curvilíneas seria adotado como modelo preferencial de "loteamento" pela Federal Housing Administration (FHA), na década de 1930.
Observar:
1. Ruas "graciosamente curvas", espaços generosos e ausência de "esquinas fechadas", mais a ideia de "lazer, contemplação e tranquilidade".
2. Lotes suficientemente grandes para isolar cada casa de seus vizinhos.
3. Duas ruas comerciais paralelas à linha de trem com lotes retangulares.

"informal" e "formal", "natural" e artificial", "suavidade" e "rigidez", reforçando a polarização entre parque e cidade, antídoto e veneno, bem e mal, e priorizaria a adoção de dimensões simbólicas sobre critérios racionais de projeto.

Kostof aponta essa distorção, observando que o tecido orgânico que, na Antiguidade e na Idade Média, integrava ricos e pobres passaria a ser excludente no subúrbio moderno, "perversamente insistente na mensagem antiurbana enraizada nos méritos da baixa densidade e da preeminência social da casa unifamiliar isolada".[18] O subúrbio *picturesque* seria considerado superior à cidade. Para Kunstler, com base na

> [...] superioridade das paisagens compostas 'ruralescas' e na 'incurabilidade' do urbanismo adequado, a América embarcou no projeto de suburbanização por atacado, um processo que ainda continua formando realmente a base da nossa economia do milênio.[19]

O Sistema de Parques de Boston, desenvolvido gradualmente a partir de 1876 até 1890, compreendia mais de 8 milhões de metros quadrados de área "verde" pública (figura 43). Em 1876, contando com a assistência de Olmsted, a Prefeitura de Boston apresentou uma proposta de parques e *parkways* como instrumentos de planejamento urbano para "orientar a expansão da cidade e a densidade, influenciar a economia, melhorar a saúde e o saneamento, e embelezar o ambiente urbano".[20] A ideia concebida por Olmsted era uma linha contínua de parques e vias de ligação partindo do centro da cidade. O plano, denominado Olmsted's Parkway, teve a execução iniciada em 1878. O conjunto, conhecido como Emerald Necklace (colar de esmeraldas), consistia em

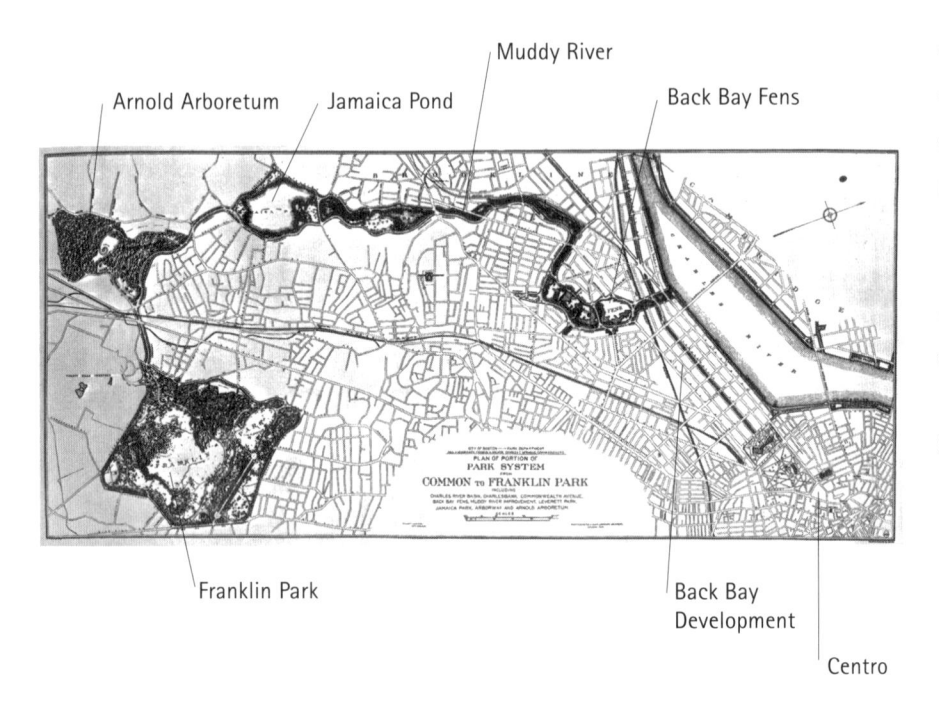

Figura 43. Sistema de Parques de Boston, de 1876 a 1890.

Projeto de F. L. Olmsted com a colaboração de John Olmsted e Charles Eliot.
Parques e *parkways* desenvolvidos gradualmente de 1878 a 1890 para "orientar a expansão da cidade e a densidade, influenciar a economia, melhorar a saúde e o saneamento, e embelezar o ambiente urbano".[17]
Um *continuum* de parques e vias de ligação partindo do centro da cidade e do rio Charles, seguindo o rio Muddy em direção à sua nascente, no sentido anti-horário. Os parques: Back Bay Fens, Muddy River Improvement, Jamaica Pond, Arnold Arboretum e Franklin Park. Entre eles, os *parkways:* Fenway, Riverway, Jamaicaway e Arborway.
Back Bay Fens: controle de inundação, melhoramento sanitário e parque com águas salgadas.
Muddy River Improvement, em duas partes: controle de inundação, melhoramento sanitário e parque por meio de uma sequência de lagos de água doce, vegetação nativa e clareiras.
Jamaica Pond: o grande lago de água doce da cidade, com pequenas intervenções para preservar o seu caráter natural e melhorar os acessos públicos.
Arnold Arboretum (1879): jardim botânico *picturesque*.
Franklin Park: grande parque rural, destinação final da sequência de parques.

---

[17] Alex Krieger & Lisa Green, *Past Future. Two Centuries of Imagining Boston* (Cambridge: Harvard University Graduate School of Design, 1985), p. 35.

[18] Spiro Kostof, *The City Shaped: urban Patterns and Meaning Through History* (Boston: Bulfinch, 1991), p. 75.

[19] James H. Kunstler, *The City in Mind: notes on the Urban Conditions* (Nova York: The Free Press, 2001), p. 247.

[20] Alex Krieger & Lisa Green, *Past Future: Two Centuries of Imagining Boston*, cit., p. 35.

cinco parques interligados por quatro *parkways,* numa sequência que se iniciaria junto ao rio Charles e acompanharia o rio Muddy em direção à sua nascente. Os parques receberam os nomes de Back Bay Fens, Muddy River Improvement, Jamaica Pond, Arnold Arboretum e Franklin Park; e, entre eles, os *parkways,* chamados de Fenway, Riverway, Jamaicaway e Arborway. Do Back Bay Fens em diante seguia a Commonwealth Avenue, um amplo bulevar no estilo parisiense, até o Common e o Public Garden, as principais áreas verdes do centro da cidade.

Os parques e *parkways* formavam um grande arco que ligava o centro da cidade ao "distante" Franklin Park, parque rural de grandes proporções. A sequência, iniciada com o Back Bay Fens, o Muddy River Improvement e o Jamaica Pond, como os nomes *fens, river* e *pond* (brejo, rio e lago) sugeriam, seria dominada pela água e, a seguir, com o Arnold Arboretum e o Franklin Park, por grandes superfícies de terra e massas de vegetação.

O Back Bay Fens pertencia originalmente ao imenso estuário formado pelos rios Stoney Brook, Muddy e Charles, que ali desaguavam, já próximo do porto de Boston. Com os sucessivos aterros e a implantação do elegante bairro de Back Bay Development, o estuário foi gradualmente se reduzindo e transformando-se em uma área de despejo. Além de receber toda espécie de dejetos da cidade, o Back Bay era inundado pelas marés altas e, nas marés baixas, os entulhos ficavam expostos e um forte fedor empestava o local. Com a diminuição da área do mangue, na época das chuvas o rio Muddy transbordava e as enchentes alastravam-se até as proximidades do Jamaica Pond. A questão do Back Bay, apresentada a Olmsted em 1878, era fundamentalmente de saneamento e de controle de inundação. Um de seus principais objetivos era a preservação e a valorização dos projetos imobiliários implantados.

Para o controle das águas, Olmsted propôs uma série de comportas a jusante, para regularizar as marés, e desvios do rio Muddy a montante, na altura do Jamaica Pond, para o rio Charles. Os parques, desenhados de acordo com a estética *picturesque,* teriam sinuosos cursos d'água como elementos centrais e *parkways* como contornos externos e funcionariam como áreas de retenção de águas pluviais. O Back Bay Fens seria "recuperado" como estuário, replantado com vegetação adaptada tanto para a flutuação da água do mar, mantendo a oxigenação dos lagos, como da água das chuvas. Nos temporais, a superfície coberta pela água aumentaria para quase 70% da área, passando de 120 mil metros quadrados para 200 mil metros quadrados. O Muddy River Improvement, assim como o Back Bay, era também um projeto de melhoramento sanitário. Controlando a vazão do rio Muddy, Olmsted propôs recuperar o curso natural do rio por meio de uma sequência de lagos de água doce, vegetação nativa e clareiras. No Jamaica Pond, o único grande lago de água doce da cidade, usado para produção de gelo e recreação, foram introduzidas pequenas intervenções a fim de preservar seu caráter natural e melhorar os acessos públicos.

O Arnold Arboretum (1879) e o Franklin Park (1885) seriam agregados ao Emerald Necklace. O Arboretum abrigaria coleções de árvores da região temperada do nordeste americano para finalidades científicas e *picturesques,* sem a rigidez nem a formalidade dos jardins botânicos convencionais. O Franklin Park, destinação final do roteiro dos parques, cuja localização fora recomendada por Olmsted em 1876, seria um grande parque rural (figura 44). De tamanho e formato similares aos do Prospect Park, o projeto trazia inovações formais para acomodar atividades esportivas que se popularizavam e demandavam mais espaços. Pela primeira vez, Olmsted dividiu o parque em dois setores distintos: uma parte menor, de aproximadamente um terço da área, chamada de Ante-Park, seria dividida em várias subáreas para acomodar atividades esportivas e recreacionais, e uma parte maior, o Country Park, seria mantida sem divisões, para possibilitar a contemplação do cenário natural.

Os elementos centrais do Ante-Park eram o Greeting, uma grande alameda formal – como o Mall no Central Park –, destinada a passeios e encontros, e o Playstead, extensa área nivelada e gramada, reservada para jogos e esportes. Articulados aos elementos centrais, haveria um anfiteatro para concertos, um parque para cervos, um bosque reservado para zoológico, um *playground* para crianças pequenas e um campo esportivo. O Country Park seria o parque "correto", usado somente para contemplação. O elemento central era um extenso vale gramado (1,2 quilômetros por 1,6 quilômetros), contornado por bosques e pequenas elevações, e uma via de circulação curvilínea contínua. No grande campo, não haveria construções nem atividades esportivas; nas bordas, a vegetação utilizada seria nativa, e o gramado, suavemente ondulado, conforme a topografia natural, seria aparado preferencialmente por carneiros. Embora comparável à do Prospect Park em tamanho e forma, a estruturação viária do Country Park estaria mais próxima do Birkenhead, e a "naturalidade" dos espaços tomaria como modelo os "jardins" pastoris de Capability Brown e as paisagens rurais inglesas, principal fonte de inspiração de Olmsted.

Em 1891, a partir do sistema de parques iniciado por Olmsted e com o esforço de Charles Eliot, discípulo e colaborador, foi criada a Metropolitan Park Commission de Boston e o primeiro sistema metropolitano de parques da América. Em 1894, Olmsted, Olmsted Jr. e Eliot prepararam o Plano Esquemático de Reservas Públicas nas Margens do Rio Charles, imprimindo pela primeira vez uma perspectiva regional a um parque contínuo ao longo do rio, com áreas marginais a montante e nas bordas na cidade.

O estuário recuperado de Back Bay Fens foi concluído em 1895, porém funcionou por apenas quinze anos. Em 1910, o rio Charles foi represado a jusante, impedindo o refluxo da água do mar aos lagos propostos, o que invalidava todo o projeto. O escritório de Olmsted (John Olmsted, Olmsted Jr. e Arthur Shurtleff) tentou convencer a cidade a refazer o parque, mas não obteve sucesso. Desde então o Fens ficou abandonado. Do projeto de Olmsted, pouco restou além dos contornos gerais, duas pontes, uma edificação e algumas árvores. Sem grandes alterações no projeto original, os maiores problemas encontrados no

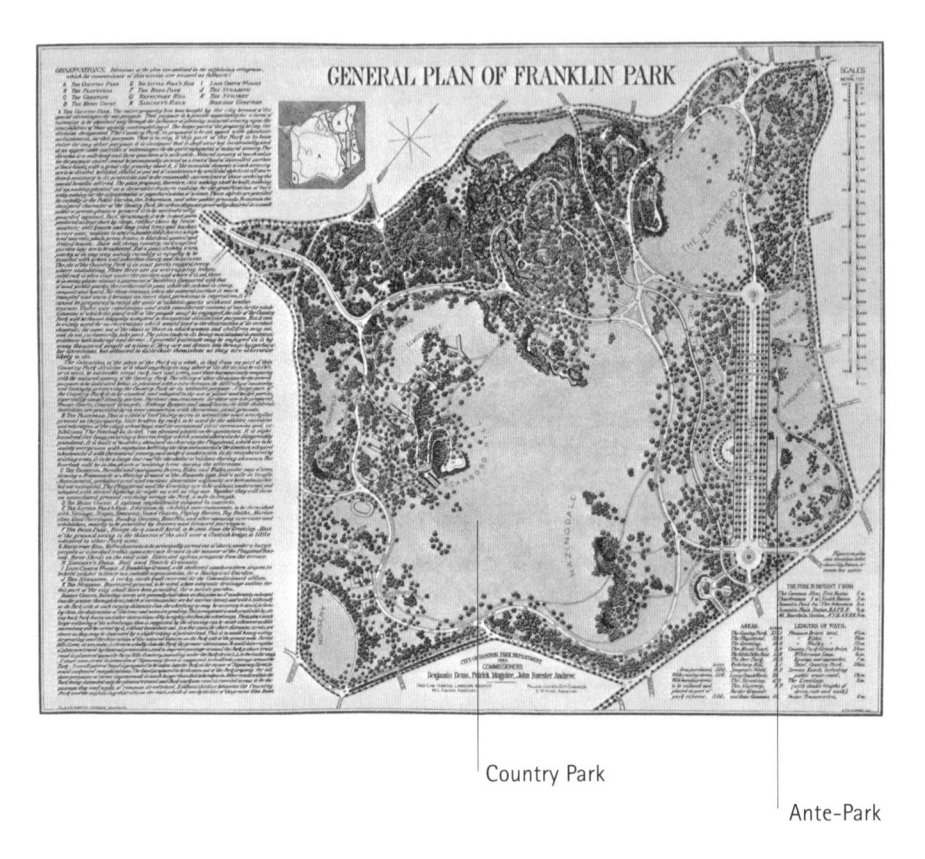

Figura 44. Franklin Park, Boston, 1890.
Projeto de F. L. Olmsted com a colaboração de John Olmsted.
Maior e mais importante parque do sistema. Parque "de fato", na definição de Olmsted. Caracterizado por maturidade técnica e aproximação da paisagem "simples e pastoril" inglesa. Introdução de atividades.
Dois setores distintos: o Ante-Park, menor, do lado da cidade, dividido em várias subáreas para atividades esportivas e recreacionais.
O Country Park, maior, sem divisões, para a contemplação do cenário natural. Vegetação nativa, gramado suavemente ondulado. Bosques para impedir a visão da cidade.
Sistema viário: grande circuito periférico lembrando Birkenhead. Contraste com o Central Park, que está inserido no centro da cidade. Contraste com o Prospect Park, que é mais *picturesque*, ou recortado, com subáreas mais definidas.

Muddy River Improvement têm sido a sedimentação, a contaminação da água e a falta de manutenção. O Jamaica Pond, que passou a ser chamado de Olmsted Park em 1900, sofreu poucas modificações e continua sendo bastante usado para canoagem, pesca e *jogging*.

O Arnold Arboretum, desempenhando a dupla função de museu e parque, tem preservado a integridade do projeto de Olmsted e conservado o sistema viário e a vegetação. Do Emerald Necklace, o Franklin Park, maior e mais "importante" parque do sistema, é o mais problemático. O conflito de interesses e o uso excessivo têm sido as principais causas dos desvios do projeto original. Desde o início, o Playstead se desgastava pelo uso, o zoológico demandava mais espaço e os golfistas praticavam no gramado central. Os problemas trazidos pelo século XX incluíram a construção de um estádio, o aumento do tráfego de automóveis e a manutenção geral precária, agravados pela localização distante do centro e de bairros residenciais densos (figura 45). O Franklin Park era superusado com propósitos para os quais não fora projetado e subutilizado para a recreação passiva e a contemplação da paisagem pretendidas por Olmsted. Zaitzevsky destaca o fato de que, em vez de criar um significado simbólico para Boston, como o Common, o Franklin Park desenvolveu uma imagem negativa: era percebido como lugar remoto e perigoso, pertencente mais à comunidade "negra" do que à cidade como um todo.[21]

O sistema de parques de Boston, considerado um dos trabalhos mais importantes de paisagismo, planejamento urbano e regional do século XX, exemplo da maturidade profissional de Olmsted, aproximou o parque da cidade. Inovações de projeto introduzidas por Olmsted – como a integração das engenharias sanitária, hidráulica e civil com o desenho de parques, a transformação de córregos e fundos de vale em corredores verdes e azuis, a ligação do centro da cidade ao parque rural através de *parkways*, o verde circundando a cidade, a utilização de marés e

[21] Cynthia Zaitzevsky, *Frederick Law Olmsted and the Boston Park System*, cit., p. 58.

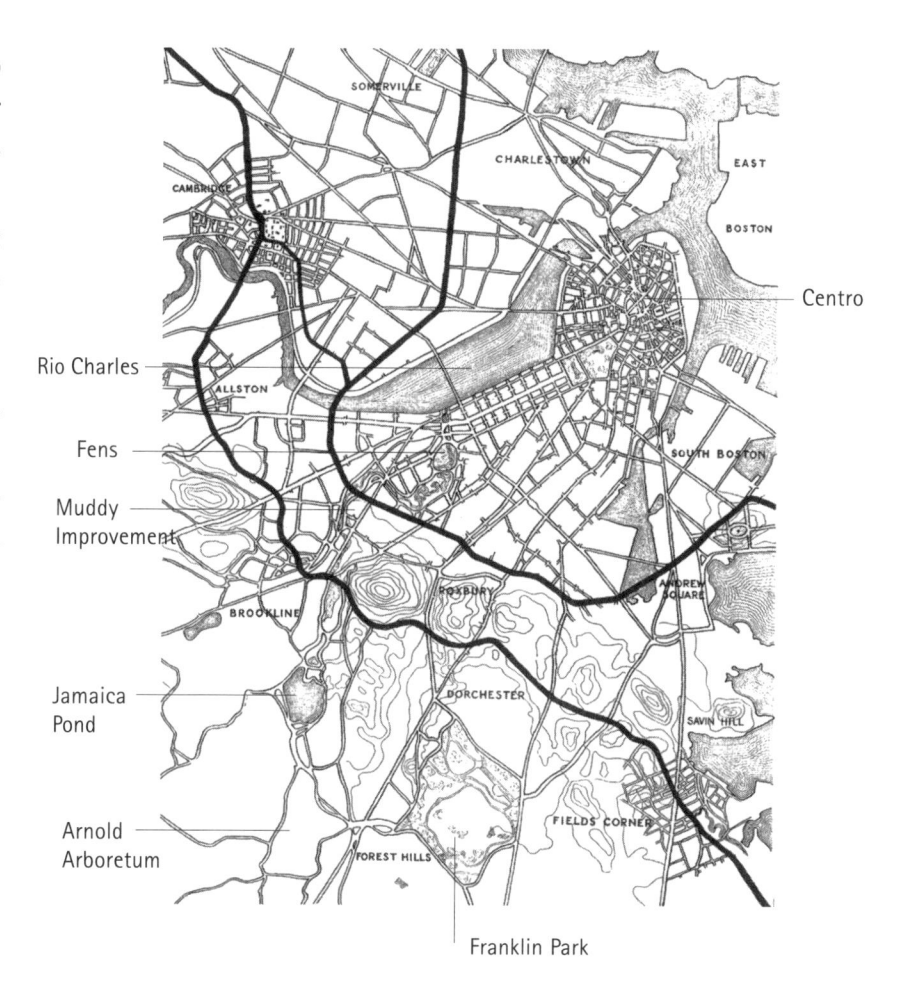

Figura 45. Franklin Park: localização.

Proposta de *Inner and Outer Boulevards* de Boston, 1907, preparada pela Boston Society of Architects.
Observar:
1. "Anéis concêntricos" de bulevares no planejamento urbano do início do século XX.
2. Brookline, Roxbury, e Forest Hills: administrações regionais que compõem o primeiro sistema de parques de Boston. O Franklin Park está localizado em Roxbury, bairro de população predominantemente "negra" na segunda metade do século XX.
3. A distância e a barreira topográfica entre o Franklin Park e o centro de Boston. Situação radicalmente oposta à do Central Park, que está inserido no centro da malha urbana de Manhattan.
4. A tendência de desenvolvimento em direção a Cambridge, ao longo do rio Charles, o condutor do futuro Plano Metropolitano de Parques.

enchentes como critérios de desenho de lagos e cursos d'água, e a restituição de mangues e de cursos de rio – continuam válidas após um século e são frequentemente adotadas como paradigmas na criação de ambientes ecologicamente mais sensíveis à integração dos processos naturais e culturais. A transformação de rios e vales em corredores e parques possibilitou romper os limites político-administrativos do município e integrar a região ao sistema de áreas verdes. Entretanto, a aproximação dos parques à cidade não se concretizou, pela ausência de integração com o tecido urbano, e os avanços técnicos revelaram-se insuficientes para enfrentar a complexidade dos problemas urbanos "modernos", como "escalas" dos processos naturais e interesses socioeconômicos e políticos. Os desajustes atuais no sistema de parques de Boston mostram, além da questão multiescalar do planejamento, a arraigada atitude anticidade que originou o movimento dos parques, como, por exemplo:

1. O sistema de parques de Boston era um *parkway*, como Olmsted designara, e não uma "rede" articulada de parques de tamanhos variados em localizações diversas, que o termo "sistema" implicaria. Dentro da concepção olmstediana, o Franklin Park seria o único parque do sistema, isto é, um espaço público usado exclusivamente para a apreciação do cenário natural; o Arnold Arboretum seria um "museu" de árvores; e o restante, uma série de lagos e meandros ladeados por paisagens e vias *picturesques* para controlar as enchentes. Sem múltiplos acessos nem articulações entre o parque e a cidade, o sistema de "parques" de Boston enfatizou apenas o percurso cidade-campo, isto é, a experiência do escape.

2. O Back Bay Fens e a primeira metade a jusante do Muddy River Improvement, formando o segmento mais estreito do sistema e aquele situado mais próximo da cidade, ocupavam apenas uma porção ínfima do grande estuário. Foram transformados em parque essencialmente para melhorar as condições sanitárias e promover a valorização das áreas aterradas. Além da integração da engenharia com o paisagismo, o contorno *picturesque* do conjunto revela também a ocupação gananciosa do grande estuário. O restauro "ecológico" do estuário de Fens, engenhoso e criativo, teria apenas dimensões simbólicas e passageiras diante do "necessário e inevitável" represamento do rio Charles, que eliminou o refluxo das marés.[22] O Muddy River Improvement seria um curso d'água doce criado artificialmente sobre o mangue salgado para reter as águas pluviais e conectar o *parkway* ao Back Bay Fens. A "ecologia" recriada de Back Bay Fens e do Muddy River Improvement não resistiu às intervenções realizadas no hierarquicamente dominante rio Charles, e o design das águas aproximou-se mais da construção de uma unidade visual pictórica do que da restituição da natureza.

3. Apesar da introdução de atividades esportivas e recreacionais, o Franklin Park era predominantemente um parque "rural" destinado à contemplação cênica, como Olmsted idealizou. Geralmente reconhecido como o terceiro, depois do Central Park e do Prospect Park, do trio de grandes parques de Olmsted, o Franklin representaria, além da maturidade técnica de Olmsted, uma aproximação maior da paisagem "simples" e inglesa. Seu filho John Charles teria declarado em 1905 que o Franklin Park era "provavelmente o melhor trabalho de Olmsted", onde "a topografia, os contornos e as árvores não apenas permitiram projetar paisagens *picturesques*, mas também possibilitaram, com moderada terraplenagem, a criação de campos excelentes para praticar os esportes permitidos em um *landscape park*".[23] No entanto, a separação do Franklin Park em dois parques, um "passivo" e outro "ativo",

---

[22] Cynthia Zaitzevsky, *Frederick Law Olmsted and the Boston Park System*, cit., p. 58.
[23] Norman T. Newton, *Design on the Land: the Development of Landscape Architecture*, cit., p. 295; tradução informal.

não impediu que o grande "gramado" do Country Park se transformasse em um campo de golfe, onde o esporte era praticado desde 1905.

Além da questão dos conflitos de uso e da adaptabilidade do *design* do século XIX às demandas do século XX, o Franklin Park enfrentaria ainda questões de imagem negativa e manutenção precária, derivadas em parte da localização distante da cidade e da falta de articulação com o tecido urbano (figura 46). Ao contrário do Central Park, que, envolvido por uma Nova York populosa, densa e diversificada, desempenhou o papel de integração de todas as classes sociais preconizada por Olmsted, o Franklin Park permaneceria isolado e afastado de Boston, circundado por bairros residenciais caracterizados por "dois lados predominantemente 'negros' de classe média e média baixa, e um lado de 'brancos' de classe média".[24] Aqui a questão racial, relevante para a sociedade norte-americana e para o tecido urbano de Boston, refere-se apenas à "imagem percebida" do Franklin Park, embora na década de 1960 as reações contra a integração racial nas escolas tenham provocado violentos distúrbios na cidade, e, em 1985, os eleitores "negros" tenham chegado a propor um *referendum* (derrotado) para separar Roxbury, a região administrativa em que o parque se localiza, de Boston, rebatizando-a como "Mandela". O Franklin Park e a segregação social e étnica seguiram a mesma lógica do terreno barato. Como comparação, desde o início, o Central Park de Nova York estava na "cidade" e o Franklin Park, fora dela.

A prescrição do saneamento e da proteção dos recursos hídricos, a ser contemplada já no desenho de parques e sistemas de áreas verdes, inaugurada no *parkway* de Boston, seria adotada na ocupação das várzeas do rio Tietê em São Paulo. E isso se deu desde os primeiros planos integrados da cidade, o Plano de Avenidas, na década de 1930, e o

---

[24] Jeff Hayward, "Urban Parks Research, Planning and Social Change", em Irwin Altman & Erwin H. Zube, *Public Places and Spaces* (Nova York: Prenum Press, 1989), p. 202.

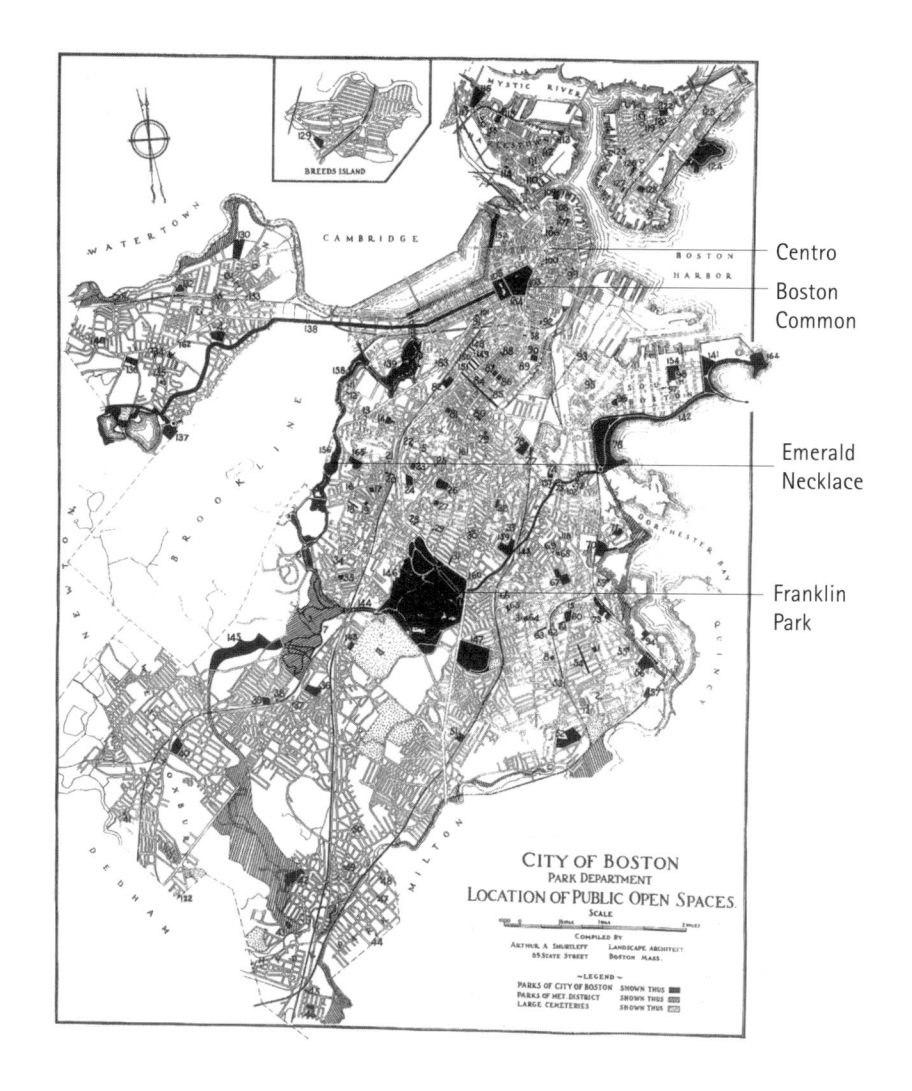

Figura 46. Espaços Abertos Públicos de Boston, 1925.
Elaborado por Arthur Shurtleff e Cidade de Boston.
Preparado por Arthur Shurtleff (mais tarde, Shurcliff) para o Park Department da Prefeitura de Boston. Mudança do "sistema de parques" para o sistema de "espaços abertos", considerando a cidade e a distribuição de "parques" de tamanhos e funções variados.
No desenho, estão indicados 164 logradouros.
Observar o Franklin Park, distante do centro da cidade (ao norte). Ao sul do parque, uma área vazia e dois grandes cemitérios.

Plano Urbanístico Básico (PUB), em 1968. Coincidentemente, esses dois planos, como em Boston, enfrentariam questões de "escala" e conflitos de interesses socioeconômicos e políticos. Dois parques associados ao controle de inundações (um a montante e outro a jusante da cidade), chamados de parques ecológicos, foram criados na década de 1980. Não obstante, as enchentes entre os parques continuariam a ocorrer anualmente até hoje, e a poluição do rio Tietê invadiria com frequência Santana do Parnaíba, cidade a jusante da região metropolitana. O primeiro parque "romântico" urbano de São Paulo, o parque Dom Pedro II, projetado pelo paisagista francês E. F. Cochet em 1911 e construído entre 1914 e 1919, integrou "a salubrificação e o aformoseamento" da grande várzea do Carmo do rio Tamanduateí à valorização imobiliária da área central da cidade.

A valorização imobiliária motivaria também a criação do mais recente parque público municipal da cidade, inaugurado na segunda metade da década de 1990: o parque Burle Marx, no bairro do Morumbi, às margens do rio Pinheiros, a 15 quilômetros do Centro. Enquanto o parque Dom Pedro II padece da deterioração iniciada pelas intervenções viárias promovidas pelo poder público e da desvalorização gradativa da área central, o parque Burle Marx é mantido por uma fundação privada que, por meio de policiamento rigoroso e de regras de uso como proibição de entrada de "bolas, bicicletas e cachorros", preserva seu caráter contemplativo, como em um parque *picturesque* do século XIX. A inserção no tecido urbano, a "publicidade" (caráter de algo público) e o destino dos emblemáticos parques Dom Pedro II, o pioneiro, e Burle Marx, o mais recente, remetem às questões de renovação e preservação enfrentadas pelo Franklin Park desde o início do século XX. Ao priorizar a preservação do caráter contemplativo, os códigos de conduta praticados no parque Burle Marx, inspirados nos parques públicos da metade do século XIX, omitem o principal e mais essencial conceito olmstediano de parque público, que é o de ser um lugar de integração de pessoas de todas as classes sociais. Criado cem anos depois do Franklin Park de Boston, o parque Burle Marx de São Paulo demonstra que a inacessibilidade e a disciplina social formam um eficaz instrumento de exclusão.

De agosto de 1890 até sua inauguração, em maio de 1893, Olmsted e seu sócio Henry Sargent Codman colaboraram com os arquitetos Daniel Burnham e John Root no planejamento e na construção da World's Columbian Exposition (Feira Mundial) de Chicago. Olmsted e Codman transformaram a área – um "mangue" de 2.400.000 m² junto ao lago Michigan, local do Jackson Park (figura 47), projetado por Olmsted e Vaux em 1871, que não tinha saído do papel – em um conjunto monumental de edificações clássicas emolduradas por jardins, canais, lagos e *parkways*. As edificações eram imponentes, mas o que mais deslumbrou o público foi sua implantação ordenada, baseada em eixos e simetrias e no controle de tamanho, fachadas e alturas (figura 48). Mesmo sem muita simpatia pela arquitetura clássica e por cidades grandes, Olmsted e Codman imprimiram ao Court of Honor – foco central da "feira", formado por um comprido lago geometricamente definido e ladeado por colunatas, edificações e esculturas – um rigor arquitetônico barroco inexistente nas cidades americanas (figura 49). Contrastando radicalmente com a cidade real a seu redor, a bela, espetacular e, sobretudo, ordenada Columbian Exposition exibia à nação um caráter cívico exemplar e uma ansiada "herança cultural instantânea".[25]

Newton atribui à contribuição da Columbian Exposition dois aspectos positivos e um negativo. Os avanços seriam "o estímulo extraordinário à colaboração interprofissional e o despertar sem precedentes do interesse público pelo design cívico". O ponto negativo seria a "lamentável dedicação a um 'ideal clássico'". Enquanto nas outras exposições mundiais "modernas" eram apresentados avanços da indústria e da construção, como o Palácio de Cristal de Joseph Paxton na feira de Londres,

---

[25] Jonathan Barnett, *The Elusive City: Five Centuries of Design, Ambition and Miscalculation* (Nova York: Harper & Row, 1986), p. 28.

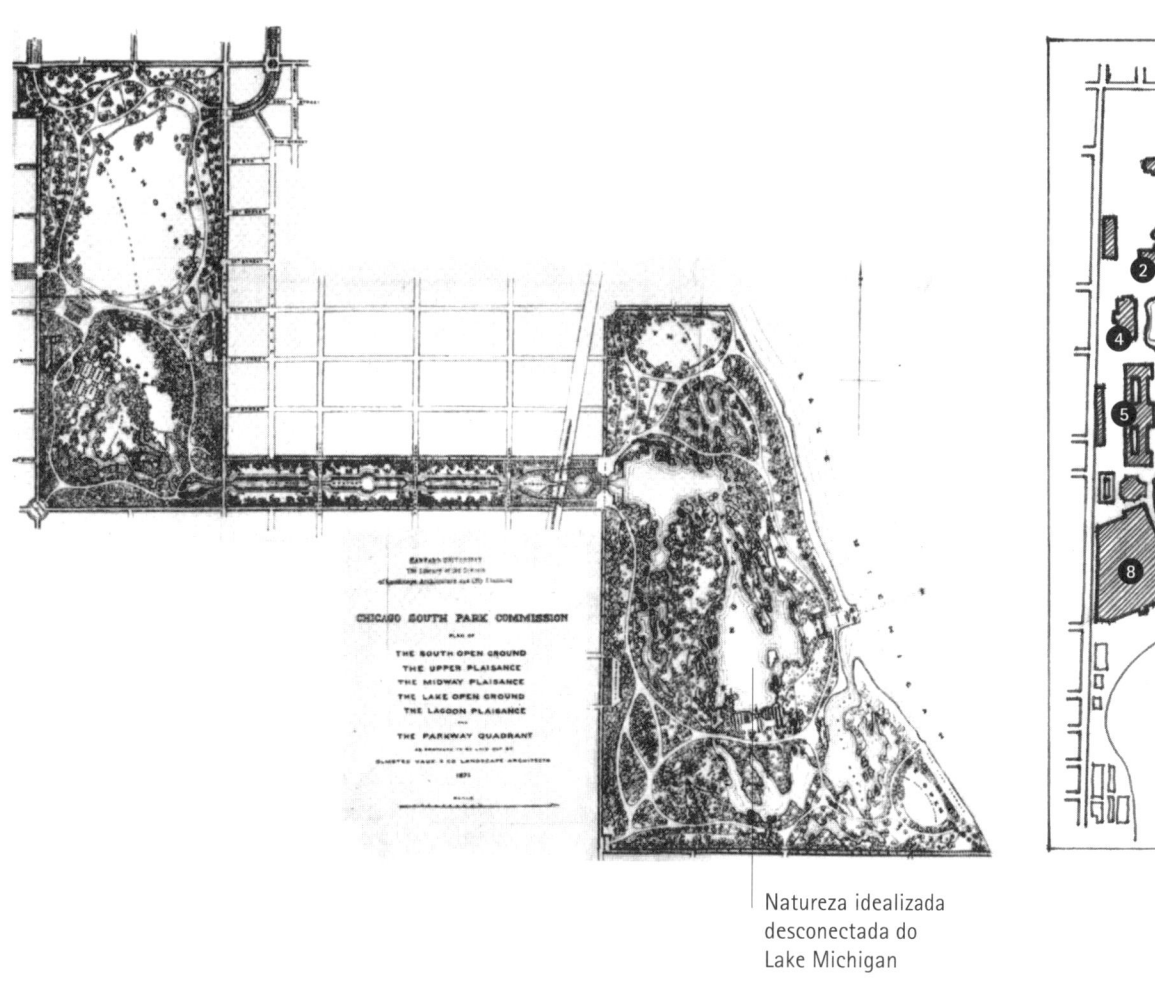

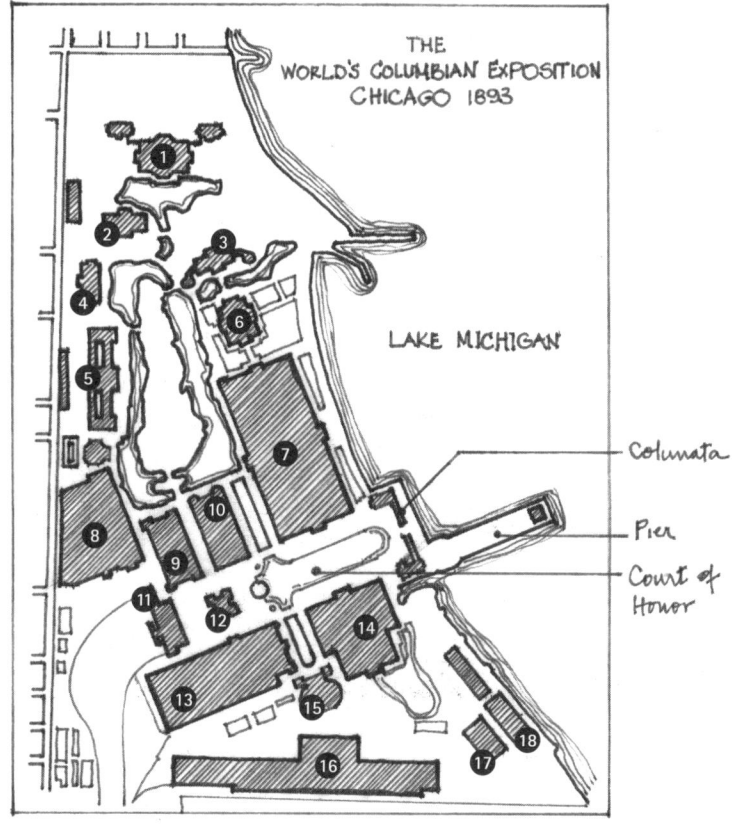

Figura 47. South Park System, Chicago, 1871.

Projeto de F. L. Olmsted e Calvert Vaux.

Parques parcialmente executados. Sistema Sul de Parques: dois parques interligados, inseridos no sistema de ruas e quadras ortogonais, mas desconectados do resto dos parques da cidade.

Observar o "estilo" *picturesque* dos projetos: bosques contornam os parques e *parkways*, isolando-os da cidade.

O Jackson Park, a leste, às margens do lago Michigan, seria utilizado para a Exposição Mundial de Chicago de 1893. Apesar do píer, o reconhecimento do lago Michigan é menos evidente do que o do estilo *picturesque* de organização espacial.

No *parkway*-bulevar entre os parques, a água no eixo central é contida por formas geometrizadas sugerindo referências clássicas e o reconhecimento de uma "ordem" urbana maior.

Figura 48. The World's Columbian Exposition, Chicago, 1893.

Paisagismo de F. L. Olmsted e Henry S. Codman, arquitetura coordenada por Daniel Burnham e John W. Root.

Croquis de implantação de um conjunto monumental de edificações clássicas emolduradas por jardins, canais, lagos e *parkways*.

Destaque ao Court of Honor ao longo do eixo cidade-lago, delimitado pelos edifícios de números 14, 13, 11, 9, 10 e 7; e pela "colunata" emoldurando o lago Michigan. Uma estação ferroviária e um grande píer com elemento arquitetônico na ponta. A presença do lago Michigan é bem mais evidente do que no projeto *picturesque* de 1871.

Figura 49. The World's Columbian Exposition, Chicago, 1893.
The Court of Honor: foco central da Exposição Mundial.
Vista da colunata para oeste: escultura majestosa, amplo e comprido espelho d'água conduzindo o olhar para o edifício da administração com a grande cúpula. Uma das imagens mais conhecidas da Feira e das mais emblemáticas do City Beautiful Movement.
Uma *extravaganza* adotada como "modelo" de centro cívico das cidades americanas no início do século XX: caráter cívico exemplar e "herança cultural instantânea" a serviço da invenção sobre o passado.

em 1851, e a Torre Eiffel, na Exposition Universelle de Paris, em 1889, com exceção do edifício projetado por Louis Sullivan, a jovem e rica nação americana revelou um extravagante "retorno" ao clássico feito de painéis e massas. Contra esse retrocesso na arquitetura moderna que naquele momento despontava em Chicago, Sullivan teria blasfemado: "O estrago causado pela World's Fair se prolongará por meio século a partir desta data, se não for por mais tempo!".[26] Sullivan errou por pouco: a retomada da arquitetura moderna nos Estados Unidos se daria somente no final dos anos 1930, com a vinda de "mestres" europeus, entre os quais Gropius e Mies van der Rohe.

Além de projetar Daniel Burnham (1846-1912) como um dos mais notáveis arquitetos do país, a Exposição Mundial impulsionou o desenvolvimento do City Beautiful Movement, que, com base nos grandes bulevares centrais, nas avenidas radiais haussmannianas e na arquitetura neoclássica da Escola de Belas-Artes de Paris, em breve estabeleceria a direção da nova cidade americana do século XX. Procurava-se impor uma ordem urbana que estruturasse ruas, praças, parques, edifícios e símbolos cívicos e introduzisse equipamentos públicos de saúde, educação, recreação e assistência social. A cidade, como o parque público introduzido há cinquenta anos, "poderia gerar lealdade cívica, portanto, garantir uma ordem moral harmoniosa, e sua aparência poderia simbolizar pureza moral".[27] Liderado por Burnham e com a participação de arquitetos, paisagistas e artistas, o movimento de "embelezamento" das cidades se iniciaria em 1901, com a recuperação e a complementação do Plano de Washington, D.C., a capital federal, e teria como ápice o "monumental" Plano de Chicago, a segunda maior cidade do país, em 1909, desenvolvido por Burnham e Edward Bennett.

---

[26] Norman T. Newton, *Design on the Land: the Development of Landscape Architecture*, cit., pp. 353-370.
[27] Peter Hall, *Cities of Tomorrow: an Intellectual History of Urban Planning and Design in the Twentieth Century*, cit., p. 44.

O Plano de Washington, D.C., também conhecido como McMillan Commission's Plan, tinha como objetivo revisar e atualizar o *layout* barroco elaborado por L'Enfant em 1791 e "finalizado" em 1792, que incorporava novas edificações e áreas aterradas do rio Potomac. Com exceção de Olmsted, que se aposentara, a equipe, coordenada por Daniel Burnham, seria a mesma da Feira Mundial de Chicago, formada pelo arquiteto McKim, pelo escultor Saint-Gaudens e, no lugar de Olmsted, por seu filho, o paisagista Olmsted Jr. O plano de Washington, além de estender e reforçar os grandes eixos da composição inicial, incorporou novos parques e *parkways* ao longo do rio, resgatando o ideal da grande capital nacional imaginado por L'Enfant um século antes e conferindo à cidade maior magnificência. Entre as melhorias, incluía-se a sugestão de Olmsted Jr. de enfatizar a definição espacial do *mall* (o eixo monumental) por meio do plantio de duas fileiras duplas de árvores *(elms)* em cada lado. Entre as vítimas dessa "versaillesação" estava a remoção do jardim *picturesque* inglês projetado por Jackson Downing para o edifício do Museu Smithsonian. O Plano de Washington, D.C. representaria simultaneamente, portanto, a continuação do movimento dos parques em direção ao design da cidade e a ruptura entre os desenhos clássico e romântico, formal e informal, que já polarizavam as ideias de cidade e campo.

O título de *city beautiful* teria sido retirado do livro *Modern Civic Art, or the City Made Beautiful,* ou de uma série de artigos intitulada *The City Beautiful* e escrita por Charles Mulford Robinson em 1903. Na última década do século XIX, Robinson, jornalista de Rochester, estado de Nova York, impressionado com a Feira Mundial de Chicago e entusiasmado com a forma e o funcionamento das cidades, escrevia profusamente sobre o melhoramento das cidades, enfatizando constantemente sua aparência. Em uma época em que o planejamento urbano apenas despontava como atividade profissional, as ideias de Robinson eram bastante difundidas e bem recebidas, levando-o a proferir palestras e fazer consultorias de planejamento urbano, o que aumentava ainda mais a propagação de suas convicções. O "embelezamento" da cidade criou novas oportunidades de trabalho para paisagistas e formalizou o ensino de planejamento urbano a partir do Departamento de Paisagismo da Universidade Harvard. Devemos lembrar, porém, que nas primeiras décadas do século XX, com exceção das universidades Harvard e Michigan, os cursos de paisagismo, como o da Universidade da Califórnia em Berkeley (o primeiro a ser fundado na Costa Oeste, em 1913, e o quinto do país), estavam alocados nas faculdades de agricultura. Contrastando com os conceitos gerais e teóricos de Robinson, as intervenções de Burnham eram específicas e concretas.

O Plano de Chicago, elaborado por Daniel Burnham e Edward Bennett, foi publicado em 1909. Representava, de um lado, a realização pessoal de Burnham depois do sucesso do Plano de Washington e dos planos de Cleveland (1902), São Francisco (1905) e Manila e Baguio (1906), nas Filipinas; e, de outro, a oportunidade de transformar Chicago na grande "metrópole do Centro-Oeste", à imagem e semelhança da Paris de Haussmann. O plano era ambicioso: incluía toda a região metropolitana de Chicago, numa extensão de 96 quilômetros a partir do *loop* (área central) da cidade, e previa a reestruturação da rede de rodovias e ferrovias, a ampliação de reservas naturais e cinturões verdes, e a implantação de novos *parkways* e parques urbanos, aí incluídos parques às margens do lago Michigan. Sobre a grelha quadriculada existente, seria acrescida uma série de avenidas diagonais, criando novos trajetos, perspectivas e pontos de convergência, além de um grande "circuito verde" de 48 quilômetros que interligaria os principais parques da cidade. O ponto focal do Plano de Chicago, também seu centro geométrico, seria o novo centro cívico e administrativo, terminando o eixo monumental de 90 metros de largura e 1,3 quilômetros de comprimento, perpendicular ao lago Michigan.

No "coração" do centro cívico estaria o novo edifício da prefeitura, de onde, além dos eixos cardeais, irradiariam seis avenidas diagonais. A nova arquitetura, de estilo neoclássico, lembrava o edifício administrativo projetado por R. M. Hunt na Feira Mundial e seria também adornada com uma grande cúpula. À sua frente, uma imensa praça se formaria entre os edifícios públicos estaduais e federais implantados ao longo do eixo monumental. Para dominar o grande espaço aberto e se destacar das construções em volta, o edifício da prefeitura prolongaria as proporções clássicas até uma altura equivalente à de um prédio de catorze andares. Os desenhos, sem os arranha-céus existentes, foram cuidadosamente elaborados no estilo *École des Beaux Arts* por Jules Guerin, pintor, ilustrador e cenógrafo de Nova York, e Jules Janin, desenhista trazido de Paris especialmente para essa finalidade.

Desde sua publicação, o Plano de Chicago gerou muita controvérsia. Apesar da reorganização dos sistemas viários, de transporte, de parques e de serviços sociais e da reprodução de imagens "parisienses" da segunda metade do século XIX, Burnham jamais teve poder equivalente ao de Haussmann que lhe permitisse implementar em maior profundidade as propostas previstas para a Chicago do século XX. Financiado por associações comerciais e mercantis, Burnham adotou a renovação de Paris como modelo para demonstrar que a "imagem" da cidade, ordenada e bela, impulsionaria negócios e atrairia visitantes. A admiração dos empresários pelo "bom design cívico", porém, não os impediria de interferir, em nome da liberdade individual, nas ordenações propostas, por exemplo, as exigências de unificação de fachada, volume e altura das edificações. O plano de Burnham não previa também como controlar o adensamento das construções e a concentração de atividades, imprescindíveis para o comércio e a especulação imobiliária, que, naquele momento, já eram favorecidos pelas inovações tecnológicas, como a estrutura metálica leve e os elevadores, que romperiam as limitações de altura, e pela popularização do automóvel, que estabelecia novos padrões de convergência e dispersão. Embora os projetos de prédios altos fizessem parte do trabalho de seu escritório de arquitetura, Burnham os desconsiderou em seu plano urbanístico, acentuando a visão utópica e nostálgica de uma cidade "do passado que a América nunca conhecera, uma cidade aristocrática para príncipes mercantilistas".[28] Contrapondo-se a essa utopia, os arranha-céus ganhariam ainda mais altura e *status*, e se transformariam em símbolos urbanos.

Embora fosse bastante criticado por seu caráter "exclusivamente" estético e pela ausência de preocupações sociais, o plano de Burnham propunha uma estrutura urbana que englobava questões de transporte, circulação e recreação. Em Chicago, a valorização visual preconizada pelo City Beautiful não se limitou à criação de centros cívicos neoclássicos e estruturas viárias barrocas; ela promoveu a preservação da paisagem do lago Michigan e a implantação de "parques menores" próximos das moradias. Evoluindo do modelo de sistema de parques iniciado em Boston 25 anos antes por Olmsted, o sistema de Chicago, articulado aos bulevares e avenidas diagonais, estaria integrado simultaneamente ao sítio natural e ao tecido urbano e incorporaria os parques *picturesques* existentes – a sequência de parques e *parkways* criados às margens recuperadas do lago Michigan – e os "parques de vizinhança" fomentados pelo Social Reform nos bairros carentes de espaços públicos abertos.

O Plano de Avenidas de São Paulo, elaborado pelo engenheiro Prestes Maia em 1930, trazia influências de urbanistas europeus e norte-americanos. Embora tecnicamente mais influenciado pelo Comprehensive City Planning (1923), definido por Nelson Lewis – linha mais pragmática e administrativa de planejamento urbano que sucedeu ao City Beautiful –, o Plano de São Paulo apresentava várias referências ao Plano de Chicago, de Burnham e Bennett, como a ampla estruturação do sistema viário, que incluía a construção de uma nova estação ferroviária central (um dos símbolos cívicos do City Beautiful) ao norte do rio Tietê e de uma série de avenidas radiais convergindo para a área central, como as "diagonais" de Chicago. O Plano de Avenidas também apresentou propostas para a implantação de um sistema de parques

---

[28] Peter Hall, *Cities of Tomorrow: an Intellectual History of Urban Planning and Design in the Twentieth Century* (1988), cit., p. 183.

composto de "grandes parques", "jardins interiores e *playgrounds*", e embelezamento das margens do rio Tietê por meio de parques esportivos e *parkways*.

A divulgação do Plano de Avenidas de São Paulo também se utilizaria de intensa publicidade, acompanhada de desenhos dramáticos e espetaculares, como a perspectiva do "novo" Caetano de Campos e da "nova" praça da República. O conjunto parecia um *civic center* norte-americano imaginado por Burnham: no lugar da "escola normal" surgiria um edifício neoclássico grandioso com uma alta cúpula no centro, lembrando o City Hall de São Francisco; à sua frente, no lugar da ajardinada praça da República, haveria uma grande praça cívica, delimitada por edifícios "parisienses" de oito andares, simetricamente implantados. No primeiro plano do desenho aparecia uma fonte clássica e, mais adiante, no centro da praça, um obelisco, como no centro cívico proposto para Chicago. A remoção do *jardin anglais* da praça da República, gesto eloquente que lembrava a eliminação do jardim romântico de Downing no *mall* de Washington, sugeria a supremacia de uma ordem "urbana" comandada pelo sistema viário e o resgate de uma coerência estética baseada na arquitetura clássica, que já compunha a paisagem da área central. A visão do futuro seria essencialmente uma invenção do passado.

MOVIMENTO DOS PARQUES, *LANDSCAPE ARCHITECTURE*, *CITY PLANNING* E ESPÍRITO ANTIURBANO

A partir do Prospect Park (1866-1867) e ao longo dos trinta anos seguintes, Olmsted liderou o "Movimento dos Parques" nos Estados Unidos, estabelecendo as diretrizes para projetos de parques, *campi* universitários, loteamentos residenciais e de preservação de belezas naturais. Sua ideia de uma cidade saudável permeada de muito verde exerceu grande influência no planejamento urbano do século XX em todo o mundo. Concebido como um antídoto contra a estressante vida urbana e reverenciado mais do que a própria cidade, o "verde" de Olmsted significava "harmonia, saúde, felicidade e moralidade", capaz de "alterar dramaticamente os valores sociais – e estilo de vida – da cidade em transformação".[29]

Em 1899, visando a sistematizar o ensino, a prática e a ampliação do quadro de profissionais de *landscape architecture*, foi fundada a American Society of Landscape Architecture (Asla) a partir de uma organização chamada American Park and Outdoor Art Association, criada em 1897. Em 1901, formou-se a primeira turma de *landscape architects* pós-graduados da Harvard School of Landscape Architecture. Impulsionados pelo City Beautiful Movement, os *landscape architects* passaram a incluir questões urbanas em seu trabalho, "embora geralmente com maior ênfase na topografia e nas necessidades utilitárias de pessoas do que na estruturação arquitetônica". Em 1909 foi organizada a primeira National Conference of City Planning and Congestion, tendo como presidente Olmsted Jr. No mesmo ano, os primeiros cursos de planejamento urbano foram ministrados na Harvard School of Landscape Architecture, que, em 1923, ofereceu o primeiro mestrado em planejamento urbano. Em 1929, sob a direção de Henry Hubbard, um *landscape architect*, uma Harvard School of City Planning independente foi constituída.

No início do século XX, movida pela reação contra o "caos" urbano e pela busca de identidade, a cidade norte-americana passou a ser objeto de muito interesse teórico e prático, principalmente por propostas como as de *city beautiful, garden city* e planejamento regional. As propostas urbanas e a formação de seus técnicos, paradoxalmente, eram inspiradas em parques, *parkways* e bairros-jardins, projetos reconhecidos por suas motivações antiurbanas, atitude profundamente arraigada na cultura norte-americana e incorporada na ocupação de seu território. Galen Cranz observa:

---

[29] Albert Fein, "The American City: the Ideal and the Real", em Edgar Kauffmann Jr. (org.), *The Rise of an American Architecture* (Nova York: The Metropolitan Museum of Art/Praeger, 1970), p. 51.

Os parques que os americanos construíram para melhorar suas cidades derivaram não de modelos urbanos europeus, mas de um ideal antiurbano que seguia um receituário tradicional para aliviar os males da cidade – escapar para o campo.[30]

O campo almejado, porém, não era o do cultivo, e sim o romantizado das pinturas; não era o das paisagens opressoras e nostálgicas do Velho Mundo ou selvagens e agressivas do Novo Mundo dos primeiros colonizadores, e sim o de vistas panorâmicas luminosas e, sobretudo, "virtuosas", como as retratadas por Thomas Cole (1801-1848) e seu discípulo Frederick Church (1826-1900), principais responsáveis pela transformação da paisagem norte-americana do século XIX em um "símbolo religioso nacional".

> Incrédulo do progresso, Cole pintou a paisagem como Arcádia, que serviria para espiritualizar o passado em uma terra sem monumentos antigos [...] As colunas da América eram as árvores, seus fóruns eram os bosques e seus bárbaros invasores eram o tipo errado do americano, o *developer*, o Homem com o Machado.[31]

As paisagens de Church, principalmente as do vale do rio Hudson, referenciais fundamentais da Hudson Valley School de pintura e da estética dos parques americanos, eram ao mesmo tempo "ícones religiosos e triunfos da observação que mesclavam devoção e ciências".[32]

O romantismo norte-americano, sem os componentes europeus de alienação e medo, perpetuaria uma visão da natureza "sublime" representada por campos, bosques e lagos; não mais ameaçadora, mas ameaçada pela intervenção humana. Proteger a natureza tornara-se uma missão tão sagrada quanto a de explorá-la, e o eterno conflito entre preservação e utilização dos recursos naturais seria atestado pela justaposição de uma ampla rede de parques nacionais à ocupação desenfreada de seu território.

Robert Mugerauer reconhece motivações religiosas profundas e busca de identidade no romantismo dos parques urbanos americanos, que, sem negar a influência inglesa na concepção e na aparência, assumiriam uma "noção legitimada – e inerentemente religiosa – da paisagem (lugar, território nacional)",[33] enobrecida pela pintura do século XIX, e também uma luta para superar convenções europeias e pretensões históricas. A natureza dos parques representaria a mudança de interpretação da paisagem americana, inicialmente vista como um paraíso na terra abençoado pelo Criador, passando a lugar do progresso e do trabalho e, finalmente, a local de "refinamento e civilidade" e de revigoração física e moral.[34]

Além dos motivos civilizadores, os critérios econômicos e políticos, como o baixo custo inicial do terreno e as possibilidades de valorização do entorno após o melhoramento, foram decisivos para a localização dos parques. A má qualidade do "solo", associada ao terreno barato, representava apenas mais um desafio ao nobre e engrandecedor trabalho de transformar pedra (Central Park, Nova York), brejo (South Park, Chicago) ou areia (Golden Gate Park, São Francisco) em jardins e impor à cidade uma imagem compatível com os ideais de higiene, saúde, bom gosto e redenção. A paisagem "naturalista" dos parques urbanos do século XIX era a criação artificial de uma "natureza" idealizada.

Fosse pela disponibilidade de terra, fosse pela mania de grandeza, fosse pela precaução contra a cidade, os parques urbanos americanos

---

[30] Galen Cranz, *The Politics of Park Design: a History of Urban Park in America* (Cambridge: The MIT Press, 1982), pp. 3-5.
[31] Robert Hughes, "American Visions", em *Time Magazine*, ed. esp., Nova York: Time, primavera de 1997, p. 10.
[32] *Ibidem*.
[33] Robert Mugerauer, *Interpreting Environments: Tradition, Deconstruction, Hermeneutics* (Austin: University of Texas Press, 1995), p. 91.
[34] *Ibidem*.

eram "imensos", se comparados a seus modelos europeus. Birkenhead, por exemplo, tinha 500 mil metros quadrados; o Central Park, 3.400.000 m^2; o Prospect Park, 2 milhões de metros quadrados; o Franklin Park, de Boston, 2 milhões de metros quadrados; o Jackson Park, de Chicago, 2.400.000 m^2; e o Golden Gate Park, de São Francisco, 4 milhões de metros quadrados. Os grandes parques antecediam ao desenho e ao crescimento das cidades e, paradoxalmente, representavam suas primeiras experiências de um urbanismo ordenado e uma direção a seguir. Em Nova York, o *layout* da grelha foi elaborado em 1811, o Central Park em 1857 e o Zoneamento em 1916; em Chicago, o *layout* da grelha surgiu em 1830, o sistema de parques em 1870 e o Plano de Burnham em 1906; em São Francisco, o *layout* do núcleo central foi criado em 1847, o Golden Gate Park em 1870 e o Plano de Burnham em 1905.

Do Central Park à Feira Mundial de Chicago, a trajetória profissional de Olmsted acompanhou a aproximação gradativa e inevitável dos parques à cidade e a transição do Movimento dos Parques do século XIX para o do planejamento urbano do século XX. Olmsted teve uma participação fundamental na criação dos extensos sistemas de parques nacionais e estaduais americanos. Seus projetos de caráter urbanístico, como o Riverside Estate, o Sistema de Parques de Boston e a Feira Mundial de Chicago, se tornariam ícones do desenho urbano e do planejamento paisagístico.

Apesar de fundamental para o urbanismo do século XX, o legado teórico e prático de Olmsted, estabelecido a partir de parques, *parkways* e sistemas de parques, apenas se aproximava da questão da cidade no início daquele século. A adoção do sistema natural, formado por vales e beira-rios como condutores do sistema metropolitano de parques, iniciado no Plano de Reserva de áreas públicas ao longo do rio Charles, em Boston, tornar-se-ia um dos mais duradouros paradigmas de planejamento da paisagem urbana e regional. Somente com o desenho e o crescimento das cidades, porém, os parques urbanos *picturesques* olmstedianos adquiririam a dimensão urbana contemporânea. Foi o que aconteceu em Chicago, onde a associação entre o City Beautiful e o Social Reform possibilitou preservar a paisagem do lago Michigan e a articulação entre o sistema viário e um sistema hierarquizado de parques que incluía "beira do lago", parques *picturesques, parkways,* parques da vizinhança e *playgrounds*. Por meio do desenho da cidade, a natureza restauradora dos parques assumiria objetivos de formação do caráter cívico. O que inicialmente era considerado oposição ou antídoto se transformaria em um instrumento da cidade.

O parque urbano norte-americano desenvolveu um modelo próprio baseado na aparência *picturesque,* com grandes dimensões, localização nem sempre integrada ao tecido urbano, forte significado civilizador, mesclando religião e trabalho, e principalmente uma atitude preventiva contra a cidade, símbolo de "caos", congestionamento, concentração e diversidade de atividades e pessoas. É a mesma atitude anticidade que impulsionou a criação dos parques e os elegeu como modelo para desenvolver os subúrbios-jardins "saudáveis" e excludentes na segunda metade do século XIX e, mais tarde, para promover a intensa e extensa suburbanização responsável pelo nocivo *sprawl*,[35] pelo avanço do paisagismo moderno e pelas propostas de renovação urbana no século XX.

A contradição do parque anticidade que serve de modelo e referencial da cidade norte-americana pode ser confirmada na atribuição a Olmsted dos epítetos de "Pai do Central Park" e "Haussmann da América do Norte".[36] Pode-se dizer que, mesmo sem grandes cidades, os Estados Unidos entraram no século XX como uma nação de grandes parques. Os parques estavam à espera da cidade que nem sempre aconteceu, ou para que não acontecesse. Eram parques sem cidades.

---

[35] *Sprawl,* ou esparramação, é promovido por casas, *shopping centers, office parks,* instituições públicas e rede de estradas.

[36] Mike Davis, *City of Quartz: Excavating the Future in Los Angeles* (1990) (Nova York: Vintage, 1992), p. 227.

PARQUES SEM CIDADE
Pastoralismo e pragmatismo norte-americano

Aliado ao espírito empreendedor, o pragmatismo, nos Estados Unidos, produziu ideias e construções, imagens e objetos de consumo, enfim um estilo de vida pautado pela expansão territorial e pelo desperdício de recursos naturais. Ao longo do século XX, o paisagismo, que nascera para "enfrentar" a urbanização, mostrou admirável capacidade de criar lugares e repertórios de projeto para adaptar às demandas da sociedade. As paisagens urbanas norte-americanas produzidas constituem-se, em sua maioria, de centros esvaziados ao entardecer, autopistas congestionadas na hora do *rush* e subúrbios amorfos aglutinados em volta de ruas vazias. Entre os críticos dessa "urbanidade" destacam-se Jane Jacobs, pioneira e ardente defensora da vida urbana centrada nas ruas de cidades como Nova York, e Mike Davis, que aponta os processos políticos e econômicos como os responsáveis pelos "detritos geológicos e sociais" desolados e segregados de Los Angeles.

A gênese desse contrastante fenômeno de apreço pelos "jardins e parques" e desprezo pela cidade pode ser encontrada na ideologia americana que trata o espaço como valor utilitário e de mercado e na aparente contradição entre os ideais de progressivismo e pastoralismo: ambos compartilham o mesmo impulso centrífugo de escape e de conquista. Desde os primeiros séculos de colonização, a América foi tratada como um território infindável onde a civilização deveria prevalecer sobre a natureza – como faziam os puritanos da Nova Inglaterra no século XVII, que, com devoção e trabalho, tinham o dever bíblico de transformar o hábitat selvagem no jardim do Senhor. O caráter social antiurbano anglo-americano, aliado à ideologia do progresso em harmonia com a natureza, lançou o país em constantes movimentos em busca de novos horizontes e de isolamento.

O pastoralismo, responsável pela criação de parques, *parkways* e acessos à natureza e ao espaço aberto, também serviu de modelo para o desenvolvimento desenfreado dos subúrbios movidos a transporte individual, pautados pela segregação social e racial, pela separação entre trabalho e moradia, preferencialmente em habitações unifamiliares isoladas. Nesse modelo prevalecem o indivíduo e a paisagem recriada no isolamento, em que a conscientização ecológica não se aplica à cidade e à região nem à utilização dos recursos naturais locais e mundiais. Para Leo Marx, o auge da "suburbanização" deu-se entre os anos 1950 e 1970. Atualmente proliferam novas formas de aglomeração humana sem cidades, como a que recebeu o nome de *ruburbia*, comunidade descentralizada extremamente dispersa localizada além dos subúrbios, em áreas rurais não produtivas e próximas de indústrias de alta tecnologia. Marx considera desconcertantes os primeiros indícios do impacto cultural, político e ambiental desse novo tipo de assentamento, que, fundamentado na mesma ideologia utilitarista dos impulsos centrífugos do início da colonização, é dependente do automóvel individual e de longos percursos, defende o privatismo, com atitudes anticidade, antiliberais e anticontrole governamental, e promove a degradação ambiental e o desperdício de terra e recursos.[37]

Da criação do Central Park até a Segunda Guerra Mundial, o modelo norte-americano de parques públicos e sistemas de parques urbanos dominou a disciplina de paisagismo. No pós-guerra, o jardim moderno agregado ao *American way of life* de casas unifamiliares "suburbanas", com *front* e *backyards* e pelo menos dois carros na garagem, imporia uma nova ordem estética sustentada por intermináveis vias expressas pontuadas de *malls* e *shopping strips*.

O legado teórico e prático, agrário e pastoril do paisagismo desenvolvido a partir de *landscape gardens* tem-se adaptado muito "bem" à paisagem dos subúrbios e *campi* norte-americanos e se adaptado muito "mal" a seus centros urbanos e à utilização dos recursos naturais locais e mundiais.

---
[37] Leo Marx, "The American Ideology of Space", cit.

O ESPÍRITO ANTICIDADE NO DESENHO DA PAISAGEM E NO DISCURSO DOS PARQUES

Setha Low afirma que as relações de poder das formas projetadas não se limitam à produção espacial e arquitetônica apenas, incluem também a hegemonia das "academias" e a história escrita. Para Low,

> [...] a palavra publicada tem tido mais influência que o exame ordinário da paisagem. Portanto, as relações de poder são incorporadas na linguagem assim como no projeto físico, e a "história" escrita, mais que o exame das histórias multiculturais, tem o maior poder de todos.[38]

A ausência das cidades nas paisagens pode ser observada das seguintes maneiras:

1. No início de cada capítulo, há um resumo do período histórico correspondente, como Idade Média, Renascimento, etc. Em cada período são analisados seis aspectos: meio ambiente, história social, filosofia, expressão, arquitetura e paisagem. A paisagem restringe-se ao jardim: estilos e principais elementos componentes.
2. Jellicoe considera que os "parques românticos" seriam um antídoto contra a "regularidade das ruas" e que, "na Paris da metade do século XIX, um sistema de parques românticos foi desenvolvido por J. C. A. Alphand para contrabalançar a severidade dos planos do barão Haussmann para a segurança militar".[39] No livro, esta passagem é a única nota sobre o plano de avenidas de Haussmann, que, mesmo que não fosse essencial para a transformação de Paris na aclamada capital do século XIX e na principal referência da paisagem urbana moderna, permitiu que a população circulasse democraticamente, até mesmo para chegar aos parques e campos, dentro e fora de Paris.

O verde de Paris planejado por Haussmann formava um sistema articulado de avenidas e bulevares arborizados, praças e parques distribuídos pela cidade (figura 50). O verde seria não um "colar de esmeraldas", mas uma rede de "joias" de tamanhos variados, submetida a uma ordem urbana maior (figura 51).

A arborização de Paris pode ter efeitos mais positivos e extensivos para a qualidade ambiental da cidade do que o grande parque de Nova York. O Central Park é um retângulo de 850 m de largura por 4 mil metros de comprimento, num total de 3.400.000 m², implantado no centro de uma malha contínua de ruas ortogonais e quadras regulares (figura 52). A área do Central Park corresponde a 160 quilômetros de ruas, com calçadas de 10 m de largura em cada lado. Nessa conta, a superfície arborizada dos 165 quilômetros de avenidas e bulevares acrescidos por Haussmann ao tecido urbano de Paris equivaleria ao verde rural do Central Park, além da contribuição daquelas vias à configuração da paisagem urbana parisiense, à circulação de pessoas e mercadorias e à *flânerie* social (figura 53).

O ESPÍRITO ANTICIDADE DO PAISAGISMO

A história do paisagismo tem privilegiado a criação de parques como solução para os problemas de aglomeração, tanto de edifícios como de pessoas, de degradações ambientais e restrição de atividades de lazer e recreação. Paradigmas de cidade saudável e desejável baseados em espaços abertos e verdes urbanos, os grandes parques foram a coqueluche das cidades na segunda metade do século XIX. Depois, difundiu-se o "subúrbio-jardim" (*garden-suburb*) como modelo de loteamentos e de bairros residenciais. Espaços abertos verdejantes persistiram como alicerces da arquitetura e do urbanismo do século XX, em que a ideia "original" do verde como refúgio dominaria o desenho da cidade, prevalecendo sobre o espaço do convívio social cotidiano.

A atitude antiurbana norte-americana, que adotou o parque público como modelo de "urbanização" do século XIX e "suburbanização" do

---
[38] Setha M. Low, *On the Plaza: the Politics of Public Space and Culture*, cit., p. 57.
[39] Geoffrey Jellicoe & Susan Jellicoe, *The Landscape of Man: Shaping the Environments from Prehistory to the Present Day*, cit., p. 257.

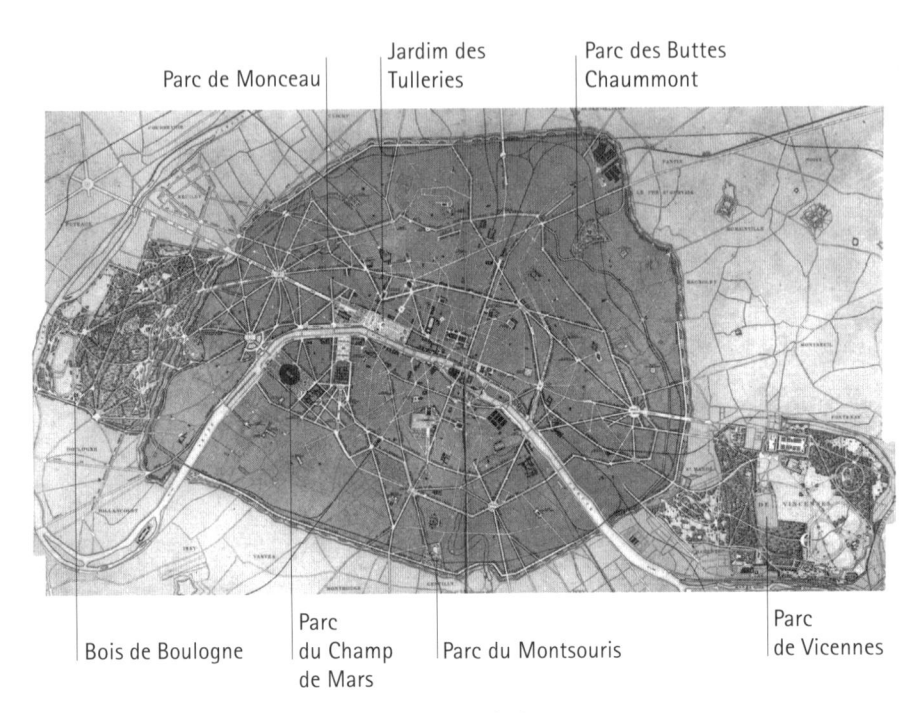

Figura 50. *Les promenades* de Paris, Plan Général.

Plano urbanístico do barão Haussmann e *Les promenades, jardins et parcs*, de J. C. A. Alphand, entre 1853 e 1870.

A renovação urbana de Paris, conhecida como *Grands Travaaux* (1853-1870) do barão Haussmann, transformou a cidade na capital imperial sob o regime de Napoleão III. Eleito presidente em 1848, e proclamado imperador de 1852 a 1871, Napoleão III, era sobrinho de Napoleão Bonaparte, o Napoleão I.

A planta geral mostra o sistema de bulevares e articulações no tecido urbano. Podem-se identificar dois "grandes" parques *picturesques:* o de Vincennes (a leste) e o Bois de Boulogne (a oeste), fora do muro, nas laterais extremas do desenho. No interior do muro, pode-se identificar no quadrante nordeste, o Parc des Buttes Chaumont, conectado por meio de avenidas e bulevares ao Parc de Monceau, um parque *"à l'anglaise"*, de 1778, a oeste. Nota-se, no centro, o conjunto de espaços abertos articulados formado pelos Jardins des Tulleries, a Avenue des Champs-Elysées, o Hôtel des Invalides, o Parc du Champ de Mars e o Palais de Chaillot; e, no sul, o Parc de Montsouris.

Entre 1854 e 1870, J. C. A. Alphand também projetou e construiu 24 *squares*, praças no estilo inglês, integradas ao sistema de avenidas; na maioria das vezes para rearticular as áreas residuais produzidas pelas intervenções viárias no tecido urbano. Sob a direção de Alphand, o mobiliário urbano de Paris foi redesenhado e as principais praças e avenidas, arborizadas. Havia cerca de 80 mil árvores nas ruas de Paris em 1870, o dobro de 1852.[40]

Em 1899, o sistema metropolitano de espaços abertos de Paris, amplo e regional, foi usado como referência para a expansão do sistema de Boston.[41]

[40] Spiro Kostof, *The City Assembled: the Elements of Urban Form Through History*, cit., p. 229.
[41] Alex Krieger & Lisa Green, *Past Future: Two Centuries of Imagining Boston*, cit., p. 37.

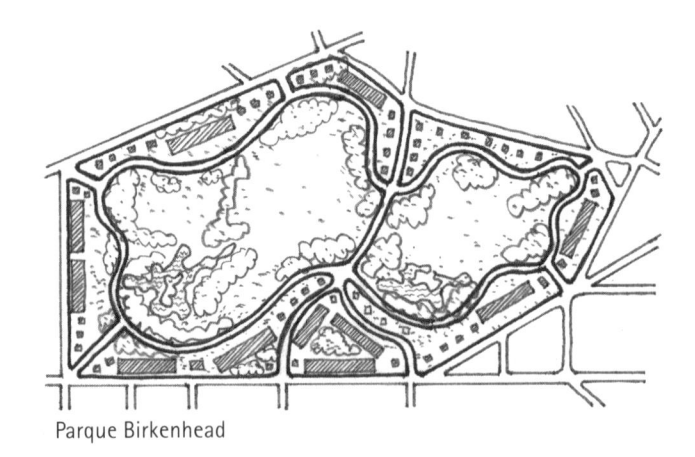

Figura 51. Place *anglais* des Batignolles.

Projeto de J. C. A. Alphand, entre 1854 e 1870.
Praça integrada à renovação viária de Paris.
Observar: calçadas largas com tratamentos diferenciados e hierarquizados, integradas ao sistema de ruas e avenidas. Parque inglês como referência para o traçado de caminhos curvilíneos e a disposição da vegetação, estrutura viária similar à do Parque Birkenhead.

século XX, é cultural e arraigada, como mostra a observação de Bernard Rudofsky:

> Em seu todo, a mania anglo-saxã da América do Norte teve efeitos devastadores em seus anos de formação. Certamente, os ingleses não são um modelo desejável de uma sociedade urbana. Nenhuma outra nação desenvolveu tamanha devoção para com a vida no campo como eles. E com boa razão: suas ruas – o principal parâmetro da urbanidade – não se destacam entre seus afetos. Por preferência, eles procuram refúgio em *pubs*.[42]

O enfoque "paisagístico" que reduz a paisagem a santuários murados, simbólicos e artísticos desvinculados da cidade e enfatiza a qualidade dos parques com expressões como "antídoto", "contraposição à rigidez das ruas" ou "escape da urbanização", além de ser superficial, reforça o que Jane Jacobs atribui de "hostilidade dissimulada" à cidade e a suas obras.

A hostilidade contra a cidade, entretanto, não impediu que, no início do século XX, Nova York se tornasse a segunda maior cidade do mundo (depois de Londres), com a extensão territorial resultante da união de quatro condados e uma população de mais de 3 milhões de habitantes. Ao longo do século, o Central Park, principal parque da cidade, criado como um refúgio rural, se tornaria o "coração" da cidade e o símbolo de integração entre o construído e o espaço aberto, e Nova York viraria um centro de convergência e convívio de múltiplas diversidades humanas.

São indiscutíveis os valores do belo e do sublime, e os benefícios à saúde e à virtude que os grandes parques *picturesques* proporcionam. No entanto, sem um planejamento justo da cidade e de sua riqueza, o

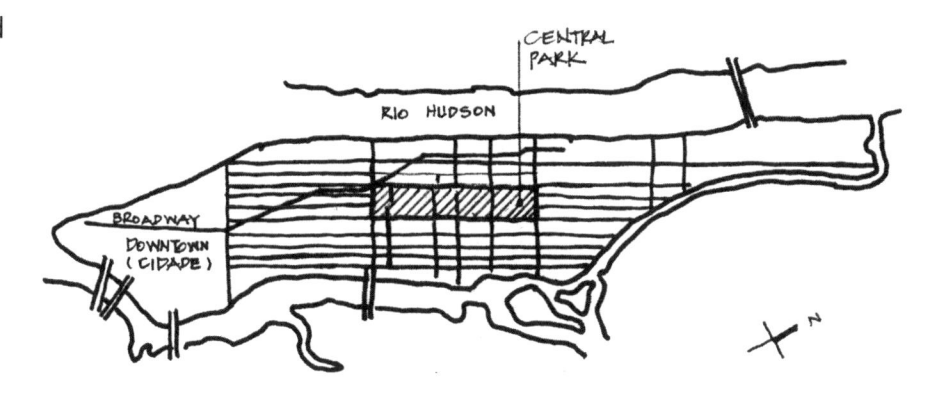

Figura 52. Central Park em Nova York, croqui.
Central Park, inserido na malha retangular centrífuga da cidade, porém afastado do centro, é integrante da estratégia de valorização imobiliária, junto com a criação de um parque rural.

1811 - Plano de expansão: malha retangular desempedida.
1849 - Aquisição do terreno para o parque.
1858 - Olmsted e Vaux ganham o concurso e iniciam o projeto.

---
[42] Bernard Rudofsky, *Street for People: a Primer for Americans* (1969) (Nova York: Van Nostrand Reinhold, 1982), p. 19; tradução informal.

verde "tratado" passa a se fundir com o próprio muro: imponente e impenetrável.

A pracinha de São Luís do Paraitinga, como tantas outras de cidades brasileiras, surgiu não para ser anticidade, nem uma substituta idealizada da "natureza", e sim para ser cidade: vital, viva e "imperfeita", como a natureza.

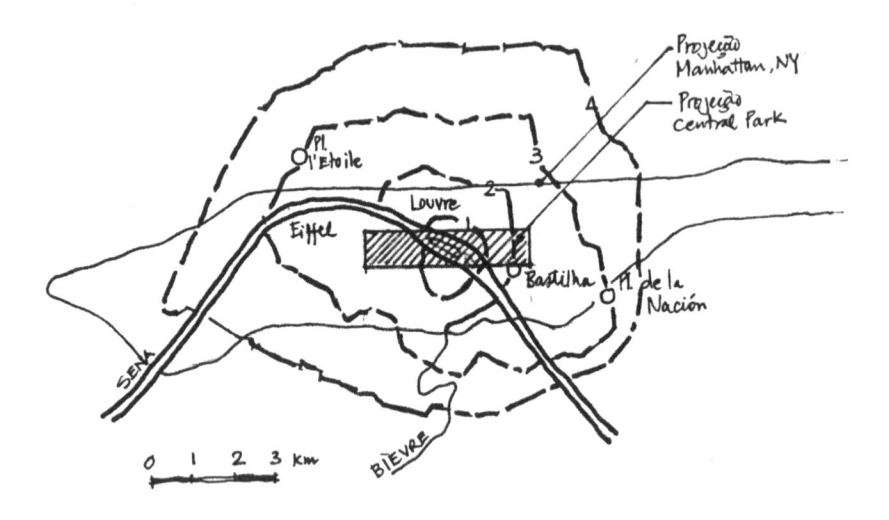

Expansões sucessivas:
1. Muro de Felipe Augusto - século 13
2. Muro na era Luís XIV - século 17
3. Muro de 1840

Figura 53. Central Park em Paris, croqui.

Comparando dimensões: Central Park sobreposto ao centro tradicional de Paris. Gigantismo americano, e "grande parque rural" como um novo paradigma de desenho da cidade moderna do final do século XIX e início do século XX: "saudável" e verde.

Cidades sem praça

DA CIDADE PARA O SUBÚRBIO
O JARDIM NO CONTEXTO DA SUBURBANIZAÇÃO

O desenvolvimento do paisagismo moderno norte-americano estava vinculado à intensa e extensa "suburbanização" desencadeada depois da Segunda Guerra Mundial, que em curto período de tempo provocaria a ocupação territorial dispersa e a propagação de um estilo de vida baseado no desperdício de recursos naturais e energéticos e, principalmente, na exacerbação da segregação social. A ideia bem aceita do jardim "funcional" moderno, que forma com a casa uma unidade harmoniosa, estendia-se para vizinhanças exclusivas e protegidas, separadas entre si e distantes da cidade. O subúrbio moderno, ao deixar os centros, seria a solução para os problemas da cidade e, ao mesmo tempo, contemplaria os cânones do urbanismo moderno, como "luz, ar e verde", "separação de funções" e "morte à rua".

Nos Estados Unidos, a vida em bairros-jardins longe dos centros ganharia, na década de 1930, novos impulsos graças à popularização do automóvel, aos incentivos ao planejamento regional e à construção civil do New Deal e à Federal Housing Administration (FHA), organiza-

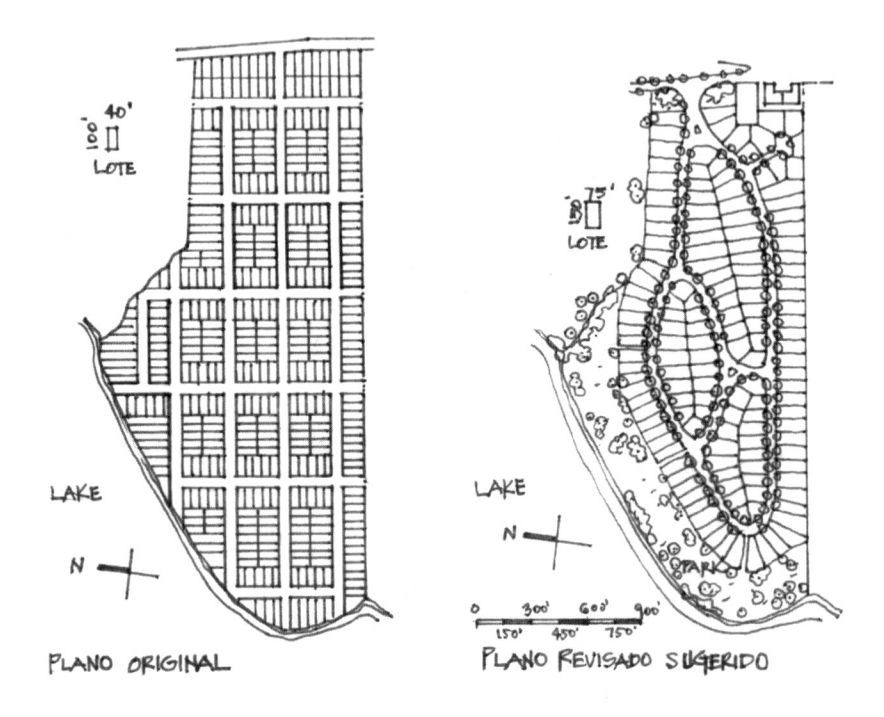

Figura 54. *Successful Subdivisions*, FHA, 1933.

Loteamentos bem-sucedidos sugeridos pela Federal Housing Administration, inspirados no Riverside Estate, bairro-jardim projetado por Olmsted e Vaux em 1869.

Lotes grandes e arruamento *picturesque* se tornariam um estéreotipo do "bom desenho" de loteamento residencial, seletivo e excludente.

Observar:

1. Tamanho do lote do plano original de 40 pol. × 100 pol., ou 12,0 m × 30,0 m = 360 m² passaria para o recomendado de 75 pol. × 150 pol., ou 22,5 m × 45,0 m = 1.012,5 m²; quase o triplo. Como referência: o lote urbano padrão de Nova York é de 40 pol. × 100 pol., ou 12,0 m × 30,0 m; e o quarteirão, de 200 pol. × 600 a 800 pol., ou 60,0 m × 80,0 a 240,0 m. O loteamento sugerido tem menos lotes e menos ruas.
2. Ruas suavemente curvilíneas, espaços generosos e ausência de esquinas fechadas.
3. Um único acesso do loteamento à via pública, antecipando os modelos de superquadra ou *gated community*, condomínio fechado.

ção criada para financiar a aquisição e a melhoria de habitações. Em 1933, a FHA instituiu a Land Planning Division para orientar os empreendedores a elevar o padrão dos loteamentos. Publicou-se uma série de *Land Planning Bulletins*, que recomendavam um "bom desenho", baseado em lotes grandes, áreas verdes e arruamento *picturesque*, nitidamente inspirado no Riverside Estate.

O *Successful Subdivisions*, o primeiro dos *Land Planning Bulletins*, apresentava duas situações de projeto (figura 54). A primeira, original, mostrava uma ocupação densa, da ordem de 360 lotes retangulares pequenos, de 360 m² (12 m × 30 m), distribuídos pelas ruas ortogonais, com múltiplos acessos ou possibilidades de continuação com o entorno. A segunda situação, sugerida, mostrava áreas reservadas para parques e uma ocupação da ordem de 150 lotes grandes, com 1.012,5 m² (22,5 m × 45 m), distribuídos praticamente ao longo de uma única e contínua rua, com apenas um acesso para o exterior. Para a FHA, a segunda situação era desejável, e o empreendimento, embora com menos unidades, traria um retorno financeiro mais rápido e representaria um melhor investimento para o comprador.

Mesmo apresentadas apenas em caráter de sugestão, as influências do Riverside Estate eram evidentes nas ruas suavemente curvilíneas, nos espaços generosos e na ausência de esquinas fechadas. Os lotes sugeridos representavam uma ampliação das dimensões frontais, o que permitiria uma implantação mais paisagística e imponente da casa, destacada dos vizinhos por meio de recuos laterais. Com menos casas e ruas mais longas, o loteamento seria mais exclusivo. A ideia do terreno de frente ampla e quarteirões compridos seria adotada como pré-requisito para acomodar uma garagem com entrada independente para dois carros e reduzir o número de cruzamentos de ruas nos loteamentos do pós-guerra.

Para Tunnard e Reed, o grande responsável pela nova expansão das bordas urbanas teria sido o sistema de financiamento habitacional mais fácil e barato. "Por volta de 1939, esse instrumento do New Deal estava criando o subúrbio popular em uma escala nunca vista antes na América".[1]

O padrão patrocinado pela FHA, porém, estimulava a distinção entre as classes sociais, econômicas e raciais, pois os bancos recusavam-se a dar financiamento aos negros. Esse deslocamento da parcela econômica e politicamente dominante da população, a maioria de raça branca, que, embora tivesse origens variadas, aceitava a hegemonia dos *wasps*, desencadeou um processo de esvaziamento da cidade que ficou conhecido como *white flight*, o voo branco.

No final dos anos 1940, dois projetos de peso ajudaram a moldar o *sprawl*, a ocupação esparramada do território: o Federal-Aid Highway Act, que previa a construção de rodovias para promover a descentralização urbana e incentivar o uso do automóvel, e o Veterans Housing Act (VHA), que, entre seus vários serviços de reintegração de ex-combatentes no cotidiano e na vida familiar, incluía uma linha especial de crédito para a aquisição de uma casa nova.

O período entre o final da década de 1940 e a primeira metade da de 1950 teria sido o de maior inovação técnica e tecnológica para a construção residencial. As novas construções obedeciam aos padrões de iluminação, insolação e ventilação estabelecidos pelas agências de saúde pública do governo. Os lotes deveriam ter no mínimo 15 m de largura; 18 m era considerado razoável; e 22,5 m, desejável. Na implantação da arquitetura, além dos recuos laterais e frontais, exigia-se a reserva de uma área livre ensolarada de no mínimo 54 m² (6 m × 9 m).

Segundo a City Planning Commission da cidade de Los Angeles, em 1947 o loteamento típico mostrava uma combinação dos sistemas retilíneo e curvilíneo de ruas, e no centro da unidade de vizinhança haveria um *park* com *playground;* o número de entradas ao conjunto seria reduzido e as ruas internas, longas e curvas, formariam *loops* ou bolsões em U, de tamanhos variados (figura 55). Haveria ainda um pequeno

---

[1] Christopher Tunnard & Henry Hope Reed, *American Skyline: the Growth and Form of our Cities and Towns* (Nova York: The New American Library, 1956), p. 178.

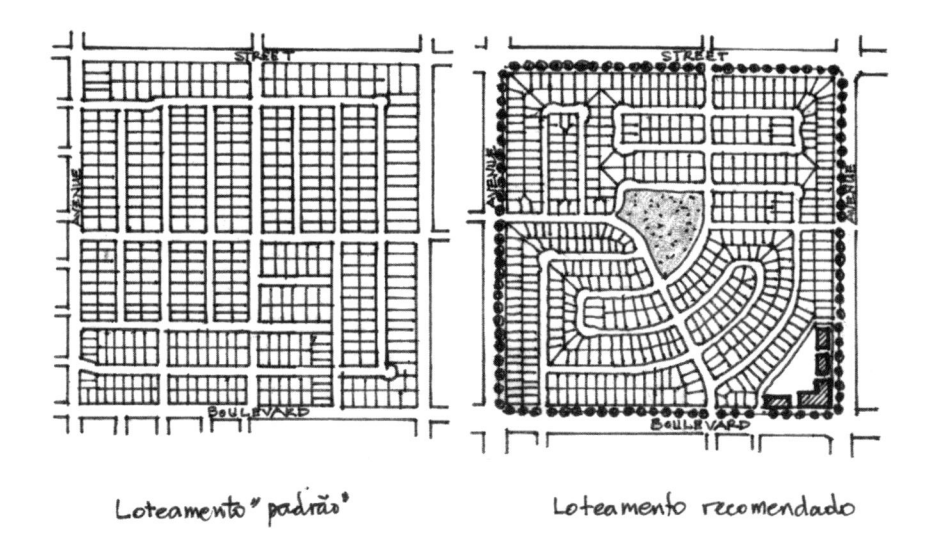

Figura 55. Loteamento recomendado pela cidade de Los Angeles, 1947.

Para reduzir o número de cruzamentos e de tráfego em áreas residenciais, a FHA recomendava "quarteirões" grandes, de 300 m a 360 m de extensão, principalmente ao longo de vias movimentadas.

Observar:
1. A ideia de uma superquadra com poucos acessos.
2. Combinação de ruas retas e curvas em *loops* ou U, dificultando a travessia pela quadra.
3. Um parque com *playground* no centro do loteamento.
4. Um centro comercial na esquina das ruas principais.
5. Quarteirão grande com poucos acessos e grandes distâncias para andar: inevitável dependência do automóvel.

Figura 56. Ruas de um loteamento suburbano, Levittown, Pensilvânia, 1950.
Poderia estar no Texas, ou em Nova Jersey, ou na Califórnia.
Observar a alternância de alguns modelos básicos de casas isoladas com grandes recuos frontais. A maior parte do espaço livre estaria na rua e nos gramados na frente das casas.

centro comercial na esquina das vias principais, conforme as novas diretrizes da FHA, que recomendavam a provisão de comércio varejista ao longo das avenidas. O *layout* geral ilustrava o conceito de grandes quarteirões fechados em relação ao entorno, com um mínimo de acessos pelas vias públicas. Para facilitar o tráfego de automóveis, as ruas ganharam mais largura, resultando no aumento do tempo de travessia para os pedestres e, ao mesmo tempo, na indução à maior velocidade dos veículos.

Contornos políticos sublinhavam o estímulo à descentralização, pois a concentração urbana seria um alvo mais provável de bombardeios atômicos em caso de guerra. De acordo com Duany, a Guerra Fria e o carro dos bombeiros seriam dois outros fatores responsáveis pelo alargamento das ruas norte-americanas. Na década de 1950, os critérios estabelecidos pela Comissão de Defesa Civil da Associação Americana de Rodovias Estaduais para o projeto de ruas eram baseados na rápida evacuação no caso de um grande "evento nuclear". O fogo era, e continua sendo, uma das maiores ameaças às casas americanas, construídas preponderantemente de madeira e revestidas de materiais de fácil combustão, como forro, isolante térmico e carpete. O dimensionamento da rua seria baseado nas manobras do carro de bombeiros, que deveriam entrar e sair sem ter de dar marcha à ré, o que determinaria, por exemplo, o dimensionamento da curvatura das esquinas (figura 56).

Cuidar da casa, especialmente do gramado da frente e do jardim dos fundos, ganharia relevância ainda maior não apenas por motivações funcionais, mas também pela necessidade de individualização. Em seguida à suburbanização, proliferam, junto com livros e revistas de "como fazer" praticamente tudo na casa, um arsenal de *kits* e ferramentas para pintores, marceneiros e tapeceiros de fim de semana. O jardim, com acesso facilitado por portas de vidro, era uma extensão visual, física e funcional da casa pequena e padronizada e poderia ter estilos variados, que iam do tropical ao desértico e do oriental ao mexicano, sendo mobiliado com mesas e cadeiras, churrasqueira, tanque de areia, brinquedos, piscinas de plástico, etc. (figura 57). O jardim da casa suburbana moderna norte-americana representava, além da oportunidade de uso e individualização dentro de um universo homogêneo e conformador, especialmente a possibilidade de um trabalho digno e sublimável, profundamente imbuído dos valores protestantes norte-americanos.

Mais do que uma expressão da individualidade, a casa suburbana era uma extensão do coletivo. Além da personalização da moradia, da utilização funcional e da manutenção simplificada, o desenho do jardim procurava enriquecer visualmente o espaço exterior com mudanças de materiais, de pisos e pequenas construções. Em comparação, no lote urbano paulistano, em geral, a individualidade se projetaria da casa para a fachada e a rua, sem evidenciar a preocupação com a ordem do coletivo. Na habitação da classe média de São Paulo, a ideia do trabalho realizado pelo proprietário também não seria aparente, pois mesmo um lote de 10 m x 25 m conteria dependências designadas à empregada.

À crítica à monotonia e conformidade do subúrbio poderia se contrapor o seu "igualitarismo e a democratização do conforto".[2] Aos poucos, escolas, clubes sociais, igrejas e centros de compras, antes concentrados nas cidades, começaram a chegar ao subúrbio, e novas formas de comunicação e diversão, como rádio, cinema e televisão, dispensavam a necessidade de presença ou contato com outras pessoas. Assistia-se, portanto, a uma mudança de caráter não apenas dos espaços e equipamentos públicos, mas também das relações sociais entre o público. No plano doméstico, Rowe observa que a distância entre casa, trabalho, escola, compras e outros equipamentos de suporte ao cotidiano e a falta de transporte público fizeram das atividades mais corriqueiras eventos agendados.

Entre 1940 e 1950, a população das cidades centrais cresceu 13%, e sua população suburbana, 35%; vários centros urbanos começaram a

[2] Peter Rowe, *Making a Middle Landscape* (Cambridge: MIT Press, 2000), p. 54.

Figura 57. *Outdoor living,* Eichler Homes, Califórnia, 1947.

O ideal de um *suburban way of life:* fotografia de uma propaganda de Eichler Homes, uma grande empresa de construção de casas na Califórnia. O jardim, pequeno, cuidado e protegido, é usado como uma "sala" externa. Observar os homens sentados e as mulheres em pé, providenciando bebida e comida.

perder habitantes para o subúrbio, onde a posse da casa era generalizada. Pela primeira vez no século, mais da metade das famílias americanas morava em casas próprias, produzidas em escala industrial com incentivos governamentais.[3] A posse da casa suburbana, por sua vez, assumiria também, consciente e explicitamente, a conquista de um tipo de cidadania impregnada de valores tradicionais americanos.

Agências governamentais como a Federal Housing Administration e a Veteran Administration ajudaram a posse da casa a se tornar o estilo dominante de habitação na vida americana. Instituições de financiamento, como as de *savings & loans* (poupanças e empréstimos), com o incentivo e a orientação dos governos estaduais e federal, concentravam seus recursos, que eram substanciais, na mesma direção. Pode-se dizer que a sociedade olha com aprovação moral para a casa unifamiliar ocupada pelo proprietário.[4]

Consolidava-se um estilo de vida caracterizado pelo isolamento, pela homogeneidade e pela dependência do automóvel. Gradativamente, disseminar-se-ia um pensamento urbanístico sem cidades e uma estética de conformidade no espaço coletivo. Casas, lojas, escritórios, instituições públicas e vias de circulação, isto é, os mesmos ingredientes de uma vizinhança ou cidade, seriam construídos e espalhados aleatoriamente no território como sistemas eficientes fechados, propensos mais à similaridade e previsibilidade do que à variedade e diversidade. Em 1953, Tunnard já apontava os custos aterrorizantes da construção nos subúrbios, que não se limitava apenas à perda de campos para estender *super highways* e espalhar o *development*, e o movimento constante de explorar novos territórios.[5]

Praças sem cidade: *shopping centers*

Duany e outros (2000) consideram o "esparramamento" suburbano não uma evolução inevitável ou um acidente histórico, mas o resultado direto de um conjunto de políticas que "conspiraram poderosamente para encorajar a dispersão urbana". Os programas mais significativos foram os financiamentos promovidos pela Federal Housing Administration e pela Veterans Administration exclusivamente para a aquisição de casas unifamiliares isoladas. Simultaneamente, programas de rodovias interestaduais combinados com subsídios federais e locais para a melhoria das estradas e seu baixo custo tornaram o automóvel um meio de transporte acessível ao cidadão comum. Nesse contexto, possuir uma casa suburbana era a escolha financeira racional. A habitação gradualmente foi abandonando a cidade para se instalar em periferias cada vez mais distantes.

Essa migração gerou novos modelos de centros comerciais, os *shopping centers* regionais, que passaram a criar pólos de atração e desenvolver comunidades habitacionais junto a vias expressas de fácil acesso. No início dos anos 1970, as corporações começaram a transferir seus escritórios da cidade para perto dos trabalhadores ou, mais precisamente, de seus executivos. As cidades tornaram-se dispensáveis com a intensificação de novos padrões de percursos entre os subúrbios, que

> [...] não se parecem com um lugar, não agem como um lugar e, talvez especialmente, não se sentem como um lugar; ao contrário, são aglomerações descoordenadas de zonas padronizadas de uso único, com pouca vida de pedestres e menos ainda de identificação cívica, conectadas somente por um dispendioso sistema de vias.[6]

A expansão comercial, associada à mobilidade dos consumidores, fez eclodir dois fenômenos relacionados à padronização e à homogeneiza-

---

[3] Christopher Tunnard & Henry Hope Reed, *American Skyline: the Growth and Form of Our Cities and Towns*, cit., p. 183.
[4] Wallace Smith, *apud* Sam Davis (org.), *The Form of Housing* (Nova York: Van Nostrand Reinhold, 1977), p. 1; tradução informal.
[5] Christopher Tunnard & Henry Hope Reed, *American Skyline: the Growth and Form of Our Cities and Towns*, cit., pp. 184-185.

[6] Andres Duany *et al.*, *Suburban Nation: the Rise and the Decline of the American Dream* (Nova York: North Point, 2000), pp. 7-12; tradução informal.

ção: franquias e *shopping centers*. Nascida da necessidade de oferecer consistência e garantia dos produtos ou serviços, a padronização do produto desenvolve um vínculo de fidelidade à marca. Se, de um lado, enfatizavam-se a economia e a eficiência, de outro, reforçavam-se a tendência à homogeneização da paisagem suburbana, a supressão do caráter regional local e, sobretudo, a reprodução de símbolos tradicionais de amplo apelo popular. A rede de lanchonetes McDonald's, desenvolvida para a padronização regional do tipo "beira de estrada", é hoje um dos ícones urbanos mais reconhecidos internacionalmente.

Na paisagem suburbana americana, os centros comerciais acessíveis por automóveis tornaram-se inseparáveis das habitações unifamiliares. Geralmente localizados ao lado de entroncamentos de autoestradas na periferia das regiões metropolitanas, os *shopping centers* regionais surgiram no início dos anos 1950 como conjuntos de lojas implantadas em volta de um pátio ou jardim a céu aberto. A partir de 1955, ao incorporar novas demandas de conveniência, tornaram-se recintos fechados e climatizados e, eventualmente, complexos de usos múltiplos de grande escala. De 1950 a 1960 o número de *shopping centers* saltou de cem para mais de 3.000 e atingiria 18.500 em 1975. Os *shoppings* regionais ampliariam o atendimento a mercados além das comunidades locais e anteciparam o desenvolvimento de novas áreas residenciais.

A rápida e extensa suburbanização representou também uma expansão profissional para o paisagismo, que, ao se concentrar no "bom desenho" do ambiente construído, minimizava os impactos negativos daquela forma destrutiva de ocupação do território. Norman Newton observa:

> Essa explosiva descentralização tem multiplicado as oportunidades profissionais particularmente em duas áreas: *shopping centers* regionais, para servir comunidades suburbanas novas ou expandidas, e instalações industriais de todo tipo junto a novas rotas arteriais para caminhões. O *shopping center*, que geralmente representa um problema de implantação para acomodar grandes volumes de espaços internos interconectados e vastas áreas de estacionamento em um terreno, exige antes de tudo habilidades de um *landscape architect* [...] Ao combinar elementos tão diversos, como a intensa circulação motorizada e o detalhe íntimo de áreas ajardinadas, os *shopping centers* estão entre os trabalhos mais desafiadores para um designer.[7]

Isolado na paisagem, o complexo comercial era tratado como uma "unidade" coordenada, inexistente na cidade real. Além de amenidades, como jardins, espelhos d'água e coberturas, a preocupação com a qualidade do ambiente de compras incluía projetos de sinalização, mobiliário urbano e iluminação. Reyner Banham chegou a afirmar que "alguns dos melhores designs cívicos – bancos, canteiros, fontes, pavimentação elegante – na área de Los Angeles encontravam-se nos primeiros centros comerciais".[8] Apesar de reproduzir elementos e formas de articulação dos espaços públicos tradicionais, o espaço do *shopping center* era como o da rua suburbana, isto é, próximo do universo doméstico e distante do universo público. Com a repetição de lojas e mercadorias, a padronização de produtos e serviços, a reprodução de modelos de implantação e o aumento de tamanho, os *shopping centers* regionais gradativamente perderiam o caráter local e o vínculo com o entorno próximo, a exemplo da rede de lanchonetes.

Segundo Rowe, "dentro do contexto suburbano, os *shopping centers* preenchiam os papéis de vender mercadorias e, paradoxalmente talvez, de tentar melhorar a vida social e cívica". Nas décadas de 1920 e 1930, os principais planejadores e reformadores sociais igualavam o papel dos *shopping centers* ao de escolas e *playgrounds* em qualquer tentativa de criar um senso de comunidade suburbana. Na década de

---

[7] Norman T. Newton, *Design on the Land: the Development of Landscape Architecture*, cit., pp. 651-652 e 654; tradução informal.
[8] Reyner Banham, *Los Angeles: the Architecture of Four Ecologies* (1971) (Londres: Penguin, 1987), p. 154.

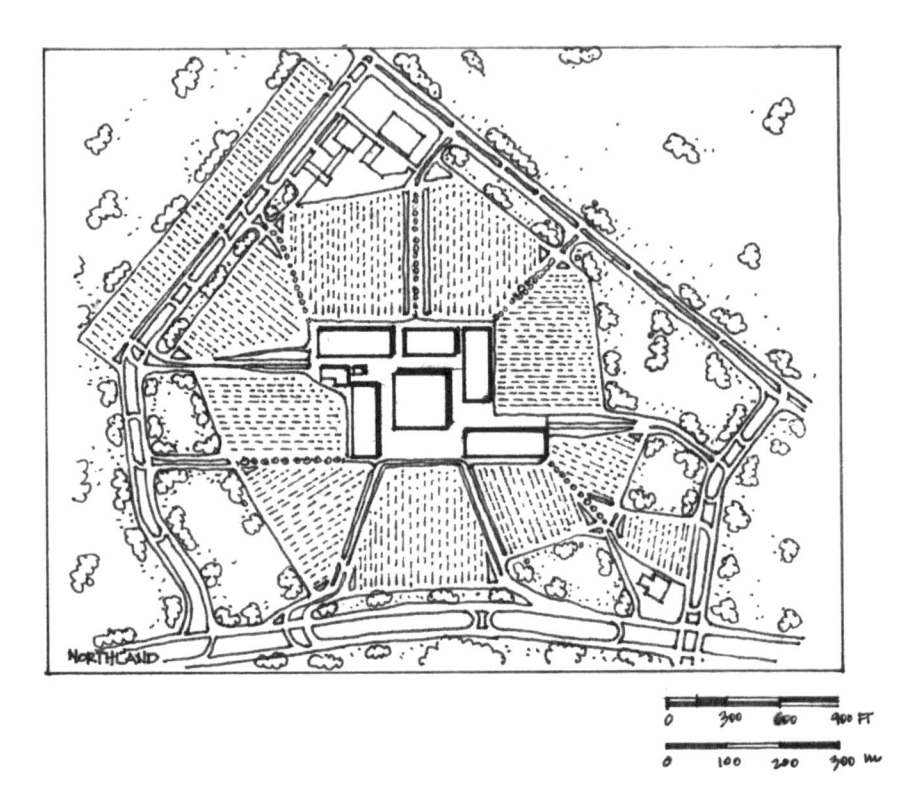

Figura 58. Northland, Detroit, 1954. Croqui.

Um dos primeiros *shopping centers* regionais de dimensões gigantescas com múltiplas lojas-âncora. Não tem mais o caráter "cívico" local. Combinação com capital imobiliário para criar demanda. *One stop shopping:* destinação única e dispersão de atividades.
Observar:
1. Grandes áreas reservadas para o estacionamento e o sistema viário interno.
2. Delimitação e acesso pelas *freeways*.
3. Independência da região e das comunidades residenciais.
4. Arranjo multidirecional de blocos de lojas.

1950, arquitetos como Victor Gruen, o principal designer de *shopping centers* dos Estados Unidos, consideravam-nos uma substituição do centro tradicional e incorporavam outras funções não comerciais.[9] As lojas de departamentos, filiais das matrizes da cidade, eram consideradas "lojas-ímã" ou "âncoras", que atrairiam os consumidores aos *shoppings* por causa da familiaridade das marcas e produtos vendidos. Além de concentrar o comércio varejista, os *shopping centers* eram lugares de encontro e centros comunitários de lazer e recreação. O ambiente conveniente e agradável do lugar prolongaria a permanência do consumidor e promoveria as compras por impulso.

O Northland Regional Shopping Center, de Detroit, inaugurado em 1954, é considerado o primeiro *shopping center* regional moderno (figura 58). Projetado por Victor Gruen, o Northland destacava-se dos modelos anteriores não apenas pelo tamanho do empreendimento e pela presença de lojas-âncora, mas também pelas atividades previstas ao seu redor. Northland criaria um pólo de atração multifuncional na região. O complexo tinha 650 mil metros quadrados, dos quais 60 mil eram ocupados por construções e 272 mil por estacionamentos. O restante destinava-se a circulação e áreas verdes. Na vizinhança do *shopping* estavam previstos escritórios, laboratórios de pesquisas, habitações, um hospital e um hotel. A capacidade do estacionamento foi aumentada de 7.400 carros, previstos inicialmente, para 12 mil. Uma das inovações introduzidas no Northland foi a separação do tráfego de carros e caminhões por uma rede viária subterrânea. A arquitetura de Northland, construída sobre laje, era regular, unificada e moderna, com lojas agrupadas em sete blocos e articuladas por pátios com espelhos d'água e esculturas de artistas contemporâneos. A concepção geral, distante da ideia de *village green* das cidades coloniais americanas, sugeria um "alto grau de urbanidade".[10]

---
[9] Peter Rowe, *Making a Middle Landscape*, cit., p. 139.
[10] *Ibid.*, p. 126.

Em 1956, duas inovações fundamentais – o desenho compacto em múltiplos pavimentos e o ar-condicionado –, que seriam incorporadas em todos os projetos posteriores, foram introduzidas por Victor Gruen & Associates no projeto do *shopping center* Southdale em Edna, nos subúrbios de Minneapolis (figura 59). Localizado numa região de inverno rigoroso e longo, o Southdale trazia os usuários para dentro do edifício, independentemente das condições meteorológicas. Para viabilizar o ar-condicionado em todo o prédio, a arquitetura do *shopping center* concentrava-se em um bloco único, quase quadrado; as lojas eram distribuídas em quatro pavimentos e organizadas de forma regular e compacta. No centro do complexo havia um grande átrio, coberto com telhas translúcidas que permitiam à luz natural espalhar-se por todos os pavimentos. Para aumentar a vitalidade do *shopping*, foram introduzidos equipamentos de recreação, como rinques de patinação, salões de boliche e outros jogos e diversões e, para promover a integração da comunidade, realizavam-se atividades festivas e eventos culturais, como desfiles de moda, exposições variadas e apresentações regulares da Orquestra Sinfônica de Minneapolis.

O *shopping center* fechado e climatizado possibilitou a separação do mundo interior do exterior, com muitas oportunidades de recriar a natureza por meio de temas e fantasias ambientais, aliado à concepção de espaços urbanos sem os aspectos negativos da cidade, como sujeira, congestionamentos e pobreza. A consolidação do espaço festivo e controlado, afastado e refratário ao cotidiano, se tornaria uma atividade de recreação, fazendo do *shopping center* parque e refúgio. Inicialmente projetado para "reforçar os valores domésticos e a ordem física dos *suburbia*" e preencher a ausência de "centralidade espacial, foco público e densidade humana", o *shopping center* regional, além de incorporar a vida urbana dentro de seus domínios, passaria a recriar a cidade ao seu redor por meio da implantação concentrada de escritórios, residências e hospitais.

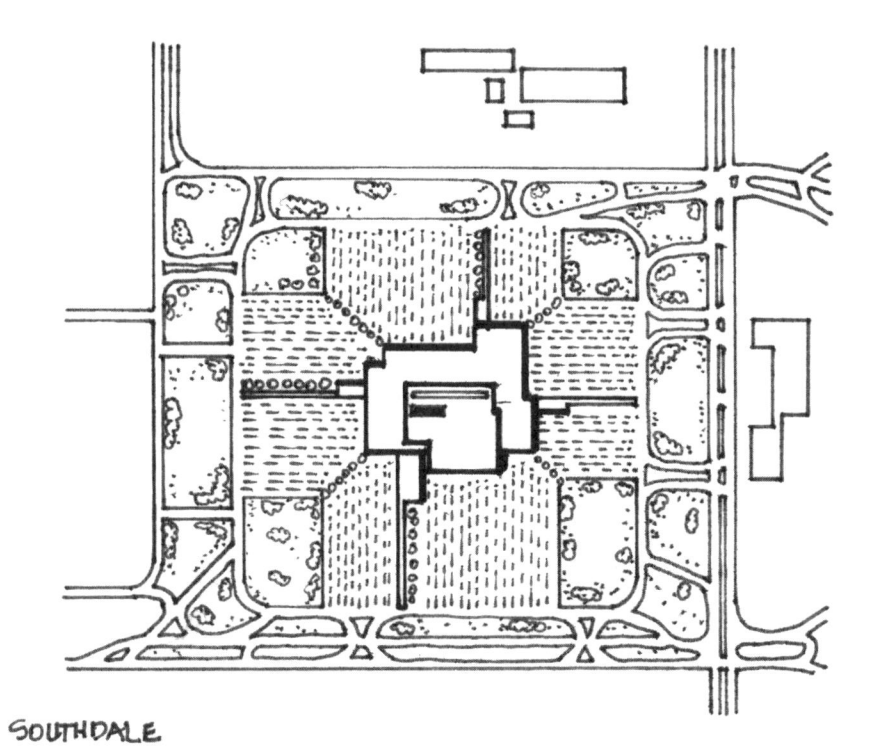

Figura 59. Southdale, Minneapolis, 1956.

Primeiro *shopping center* "fechado" e climatizado, modelo para os *shoppings* da década de 1960. Ocupação compacta e em vários níveis. Lojas voltadas para ruas internas e átrios de múltiplos pavimentos, com iluminação zenital. Introdução de equipamentos de lazer e recreação.
Observar:
1. Ocupação compacta: acessos variados por *freeways* e vias locais e estacionamentos.
2. Arquitetura sem fachadas: independência da região e das condicionantes climáticas.

De acordo com Witold Rybczynski, nos Estados Unidos havia 38.966 *shopping centers* em operação em 1992, dos quais 1.835 seriam *regional malls*.[11] Para Crowford, incluindo-se o Canadá, o total de *shopping centers* regionais passaria para 2.500, além de um "grupo de elite de trezentos *super regional malls* (pelo menos cinco lojas de departamentos e trezentas lojas) que atenderiam a uma região maior, num raio de 120 quilômetros". Com 50% das lojas compostas por "cadeias" e responsável por 53% de todas as compras feitas nos dois países, o sistema de *shopping centers* como um todo dominaria as vendas de varejo, garantindo certo grau de homogeneização de produtos e lugares.[12]

Para Kenneth Jackson, autor de *Crabgrass Frontier*, sobre a história da suburbanização dos Estados Unidos,

> [...] os *shopping malls* representariam praticamente o oposto das *downtown areas* [áreas centrais da cidade]. Eles atenderiam exclusivamente aos gostos da classe média; sem conter bares insípidos, lojas de pornografia, figuras de aparência ameaçadora, nem lixo, chuva, excesso de calor ou frio.[13]

No livro *City Life*, Rybczynski, arquiteto e professor da McGill University de Montreal, defende a ideia de que a maioria dos *malls* regionais, gerenciados, policiados e limpos, oferece conforto e tranquilidade para fazer compras ou se divertir e serve à "América média", isto é, uma ampla classe média composta também de pessoas do campo e de pequenas cidades. O modelo, baseado em ambiência inofensiva e *mix* seletivo e estratégico das lojas, seria responsável, em grande parte, pelo sucesso popular e comercial do *shopping center* suburbano.

> Suponho que algumas pessoas achariam isso uma versão não sofisticada da urbanidade e alguns de meus colegas acadêmicos refeririam assombradamente "hiperconsumismo" e realidade artificial. Mas eu era mais estimulado do que deprimido pelo Plattsburgh *mall*. Via gente acotovelando-se e encontrando seus cocidadãos num ambiente pacífico – não atrás da direção de um carro, mas a pé. Em relação ao hiperconsumismo, forças comerciais sempre formaram o centro da cidade americana – o centro antigo não menos que o novo –, e não está claro para mim por que sentar-se num banco no *mall* deveria ser considerado mais artificial que sentar-se num banco de *park* [parque ou praça]. Confesso, eu ainda gostaria de andar na Margaret Street [rua principal do *downtown*], mas para uma satisfação nostálgica. Quando eu quisesse tomar parte de uma multidão, iria ao *mall*.[14]

Para Rybczynski, "em lugares como Plattsburgh há pouca dúvida de que o *shopping mall* é o novo *downtown*". Isolar e rearranjar elementos do espaço urbano como árvores, mesas, cadeiras e fachadas, sem qualquer contexto de lugar, época ou cultura, não é uma atitude estranha ao trabalho do designer urbano. A multidão descrita por Rybczynski, mesmo variada e diversificada, é pré-selecionada e predisposta a conformar-se à ordem estabelecida e a uma congregação coreografada e momentânea. O novo *downtown* de Rybczynski é um cenário independente de identidades cívicas, em que acontecem convergências eventuais, controladas e temporárias de pessoas, e não convívio social amplo e democrático em torno de um "bem" comum – a cidade. O objetivo do *shopping center* é atrair e prolongar a permanência de pessoas certas, e o da cidade, construir uma história comum de todos.

---

[11] Witold Rybczynski, *City Life. Urban Expectations in a New World* (Nova York: Harper Collins, 1995), p. 216.

[12] Margaret Crowford, "The World in a Shopping Mall", em Michael Sorkin (org.), *Variations on a Theme Park: the New American City and the End of Public Space* (Nova York: Hill and Wang, 1992), p. 7.

[13] Kenneth Jackson, *apud* Witold Rybczynski, *City Life: Urban Expectations in a New World*, cit., p. 213; tradução informal.

[14] Witold Rybczynski, *City Life: Urban Expectations in a New World*, cit., p. 217; tradução informal.

A questão do *shopping center* ou da praça-cidade, levantada por Rybczynski, extrapola a polêmica em torno da substituição do espaço público pelo *shopping center*, que não se limita às cidades americanas apenas. A visão tenebrosa que se instala sugere ser possível produzir praças sem cidades por causa da dispensabilidade das últimas. O assombro refere-se não somente ao inevitável consumismo que leva "o mundo do *shopping center* a tornar-se o mundo", apontado por Margaret Crowford, mas especialmente à propagação das estratégias espaciais dos *shopping centers* para solucionar a crise do espaço público valendo-se da eliminação do público.

O *LOOK* CALIFORNIANO
Califórnia: liderança no projeto e no *American way of life*

Como o centro das atividades americanas no Pacífico, a Califórnia do pós-guerra abrigava não apenas um grande contingente de pessoas, como também era uma sólida base para o desenvolvimento agrícola, industrial, comercial e educacional. Havia ainda uma base estabelecida de profissionais de arquitetura e urbanismo e de engenharia e construção. Criaram-se ali paisagens variadas e heranças culturais diversificadas, um estilo de vida que mesclava tradições latinas, ocidentais e orientais, e uma grande apreciação pela natureza e pelas atividades ao ar livre. O projeto moderno, aliado à produção em massa, foi bem aceito por atender às demandas de moradia e trabalho, e em breve se lançaria a uma intensa e extensa suburbanização que incluía sistemas *de freeways*,[15] *shopping centers* e *campi* corporativos e universitários.

Ao passo que a arquitetura produzida em escala e velocidade industriais carece de detalhes personalizados, publicações como *Sunset Magazine: the Magazine of Western Living* difundiam ideias da vida moderna em espaços organizados dentro e fora de casa. Em sua sede em Palo Alto, próxima de São Francisco, a *Sunset* mantinha casas e jardins-modelo para visitação pública, promovia eventos e seminários, mostrava ideias e projetos e ensinava como desenhar e construir pátios, piscinas, deques e cuidar do jardim, desde o gramado até vasos e cercas vivas. Consolidava-se nesse período o *American way of life*, baseado no conforto e na privacidade proporcionados pela casa, com seu jardim, piscina, churrasqueira, eletrodomésticos, e até pelo automóvel.

Frequentemente, jardins ou detalhes de projetos de paisagistas conhecidos, como Thomas Church, Garrett Eckbo, James Rose ou Lawrence Halprin, ilustravam as ideias práticas da boa vida no espaço aberto. Nos jardins urbanos reduzidos enfatizavam-se a estruturação escultórica do espaço, com a livre utilização de curvas "do piano", os ziguezagues, diagonais e ângulos variados, para criar interesses visuais multidirecionais e sensação de amplitude.[16] A ampla divulgação do jardim moderno popularizou as formas assimétricas e ameboides, que, sem as propostas estéticas originais, muitas vezes eram reduzidas à geometrização, em um fim em si mesmo (figuras 60a, 60b, 61a e 61b).

Principais características formais

Segundo Jory Johnson, as características mais visíveis do paisagismo moderno são:

1. Rejeição de modelos e estilos tradicionais preestabelecidos e adoção da função, no lugar da beleza, como gerador da forma. O projeto seria para as pessoas, e o uso, no entanto, nem sempre correspondia às necessidades ou aos hábitos das pessoas.
2. Reconhecimento do material construído pelo homem e rejeição de camuflagens. Uso de contrastes e delimitações rígidas entre materiais.

---

[15] A designação *freeway*, de uso comum na costa Oeste dos Estados Unidos, distinguia esse tipo de via expressa daquelas em que eram cobrados pedágios, na costa Leste.

[16] Michael Laurie, "Thomas Church, California Gardens, and Public Landscapes", em Marc Treib (org.), *Modern Landscape Architecture: a Critical Review* (Cambridge: The MIT Press, 1993), p. 172.

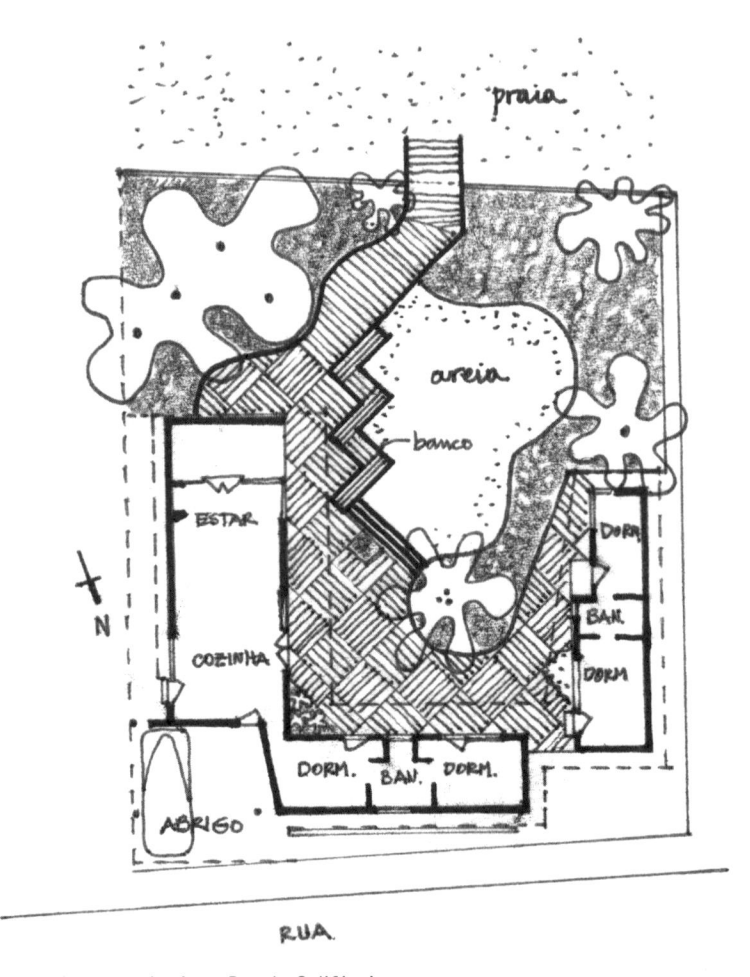

60a. Jardim na praia, Apto Beach, Califórnia.

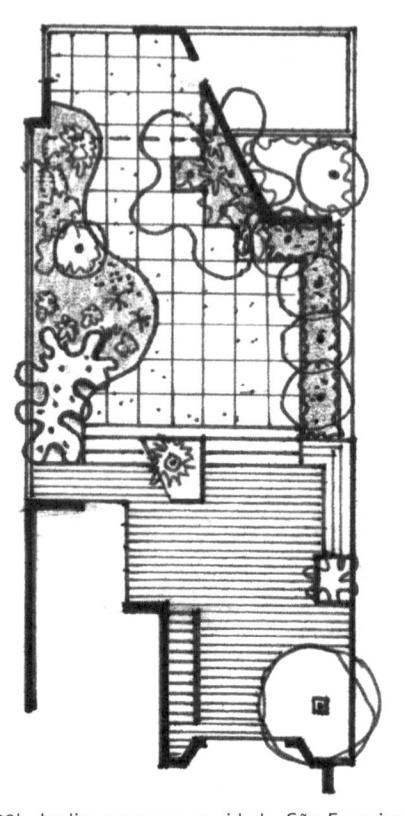

60b. Jardim pequeno na cidade, São Francisco.

Figuras 60a e 60b. Dois jardins (1948-1949) de Thomas Church, *layout.*
Consolidação de uma linguagem "moderna" de projeto de paisagismo.
Observar:
1. Terrenos pequenos e bem delimitados.
2. Desenhos de piso: diagonais e paralelos.
3. Bordas definidas: retas e "curvas de piano".
4. Superfícies pavimentadas ou de areia para usos.
5. Diagonais para aumentar a sensação do espaço.
6. Ziguezague para acentuar a mudança de direção.
7. Direções visual e de movimento definidas, porém sem progressão axial ou simetrias laterais.
8. Intersecções e junções de planos, ângulos, curvas, e linhas ortogonais. 60a: ângulos diferentes no deque conectados pela curva; curvas e retas em lados opostos da passarela. 60b: desenho ortogonal do piso interceptado por um plano vertical em diagonal, degraus de madeira interceptados por um canteiro; banco inserido no desenho do deque; e uma área de estar coberta como destinação e foco visual.

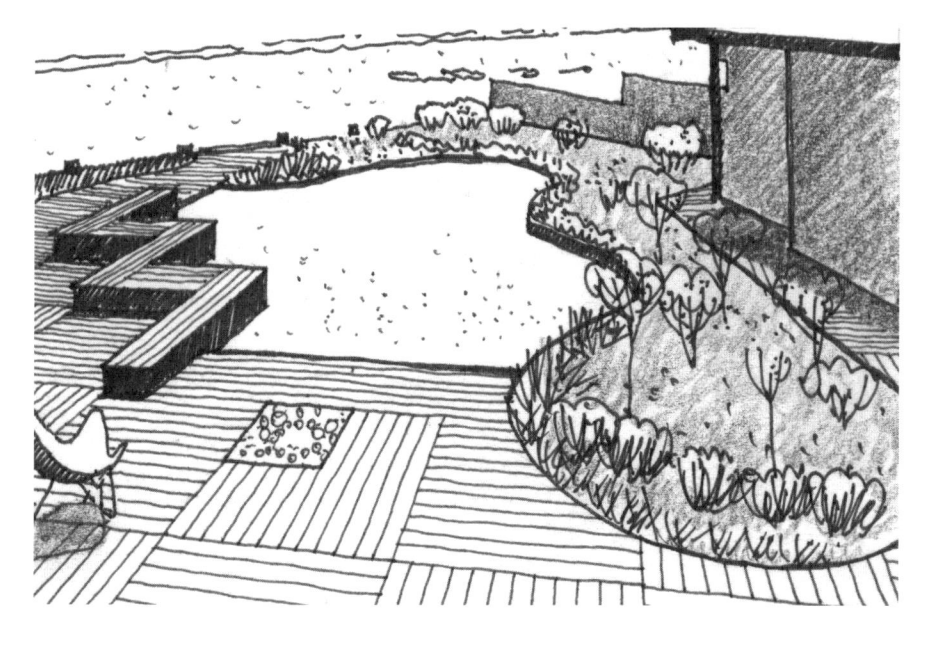

61a. Jardim na praia, Apto Beach, Califórnia.

61b. Jardim pequeno na cidade, São Francisco.

Figuras 61a e 61b. Dois jardins (1948-1949) de Thomas Church.

Observar: areia ou piso nos centros dos jardins. Bordas elaboradas, definidas por retas, ângulos, ziguezagues e "curvas de piano". Diversas áreas e oportunidades de permanência. Múltiplas direções visuais.

3. Rejeição do eixo como principal elemento organizador do espaço, ênfase do plano aberto em lugar da sequência linear do projeto clássico e promoção de espaços multifacetados, influenciados pelo cubismo.
4. Negação de ornamentação e elaboração.
5. Rejeição do uso de formas definidas, como bordas e alamedas, e valorização de composições livres e ritmadas, como os quadros de Mondrian e Kandinsky, numa ligação clara entre paisagismo, arquitetura e pintura. Seu lema era: "Ritmo, movimento, vida, ação e alegria".
6. Uso da vegetação por suas qualidades botânicas e escultóricas. Termos de arquitetura como "massa", "volume" e "estrutura" seriam amplamente usados no projeto de plantio, contrapondo-se às qualidades efêmeras e transformadoras intrínsecas da vegetação.[17]

Michael Laurie cita um projeto de Eckbo de 1945 para caracterizar o jardim moderno californiano típico: pequeno e definido por cercas ou muros, frequentemente confinado nos fundos do terreno e totalmente subdividido de acordo com os usos (figura 62). As áreas externas eram conectadas com os ambientes da casa por meio de portas de vidro. A intensa utilização do espaço externo para atividades sociais e recreacionais e a garantia de privacidade eram os objetivos principais do projeto.[18]

No projeto do espaço público da época não era incomum adotar abordagens funcionalistas ou soluções formais aplicadas nos jardins modernos. O estudo de Eckbo de 1947 para o City Park Plaza de Sacramento, por exemplo, possuía todas as características formais do paisagismo moderno apontadas por Johnson, especialmente a utilização de planos multifacetados como o principal elemento organizador do espaço (figura 63). A praça de Eckbo refletia ainda os preceitos do jardim

Figura 62. Jardim moderno típico (1945) de Garrett Eckbo, *layout*.

Observar:
1. Espaço privado relativamente pequeno. Função para todos os cantos do terreno (ver legenda).
2. O lote como limite do espaço. Tamanhos similares entre o recuo frontal e o de fundos.
3. Individualização da entrada.
4. Garagem com acesso simultâneo de dois carros como o primeiro plano da fachada.
5. Jogo de ângulos no desenho de piso reforçado por sebes.
6. Forma reforçada por vegetação: (4) e (3)

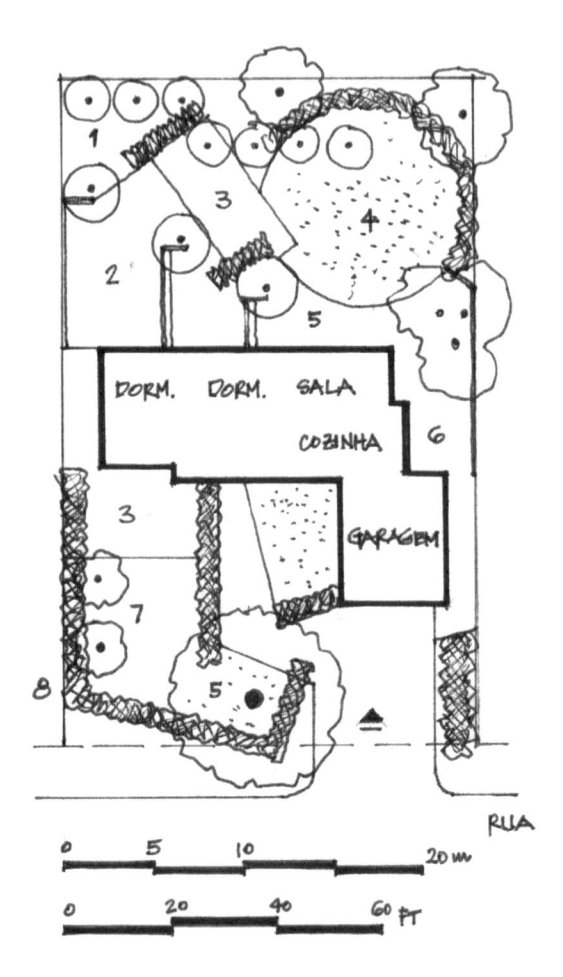

Legenda:
1. Área de jogos
2. Área das crianças
3. Área de flores
4. Gramado
5. Cascalho
6. Área de serviço
7. Árvores frutíferas

---

[17] Jory Johnson, "Modernism Reconsidered", em *Landscape Architecture Magazine*, novembro de 1999.
[18] Michael Laurie, *An Introduction to Landscape Architecture*, cit., pp. 57-58.

moderno, como a total subdivisão do espaço para atividades e o isolamento da rua por meio da vegetação, garantindo a privacidade e a qualidade espacial dos ambientes projetados. O estudo de Eckbo previa ainda garagens sob a praça, antecipando uma das principais motivações de projetos de espaços públicos urbanos modernos. Aqui, as rampas de acesso seriam discretamente localizadas no meio do quarteirão, com um mínimo de interrupção da calçada.

A formação universitária americana tem orientação pragmática, especialmente nos cursos de projeto, como paisagismo, arquitetura e planejamento urbano e regional. Na Universidade da Califórnia, em Berkeley, por exemplo, o ensino de paisagismo é vistoriado e validado bienalmente pela Sociedade Americana de Paisagistas, e a maioria do corpo docente das disciplinas de "ateliê" é recrutada diretamente de escritórios ou empresas. Essa neutralidade pragmática e corporativa refletia-se nas salas de aula. O trabalho de Ted Harpainter, estudante de paisagismo em Berkeley em 1948, ilustra bem a aproximação entre exercícios acadêmicos e trabalhos profissionais (figura 64). O título do projeto, *Park 200' Square*, já denunciava a ambiguidade conceitual entre praça e parque. Apesar da simplicidade gráfica, o projeto de Harpainter lembrava o estudo da City Park Plaza de Eckbo: ausência de ruas e de relação com o entorno, subdivisão do espaço em áreas de uso definidas e isoladas da rua por canteiros e vegetação. Aqui também os espaços seriam organizados não ao longo de eixos, mas por meio de justaposições ou sobreposições de planos.

O jardim californiano representava um estilo de vida confortável e saudável, desejável em qualquer lugar no mundo. Para Laurie, "a escola californiana de projeto de paisagismo é claramente identificada na literatura e geralmente referida como estilo californiano ou *quality California look*". Entre seus expoentes estão Thomas Churh, Garrett Eckbo, Robet Royston, Theodore Osmundson, Douglas Baylis e Lawrence Halprin. Tratado como uma sala de estar externa informal, cuja intenção de projeto era mais social do que horticultural, o jardim moderno cali-

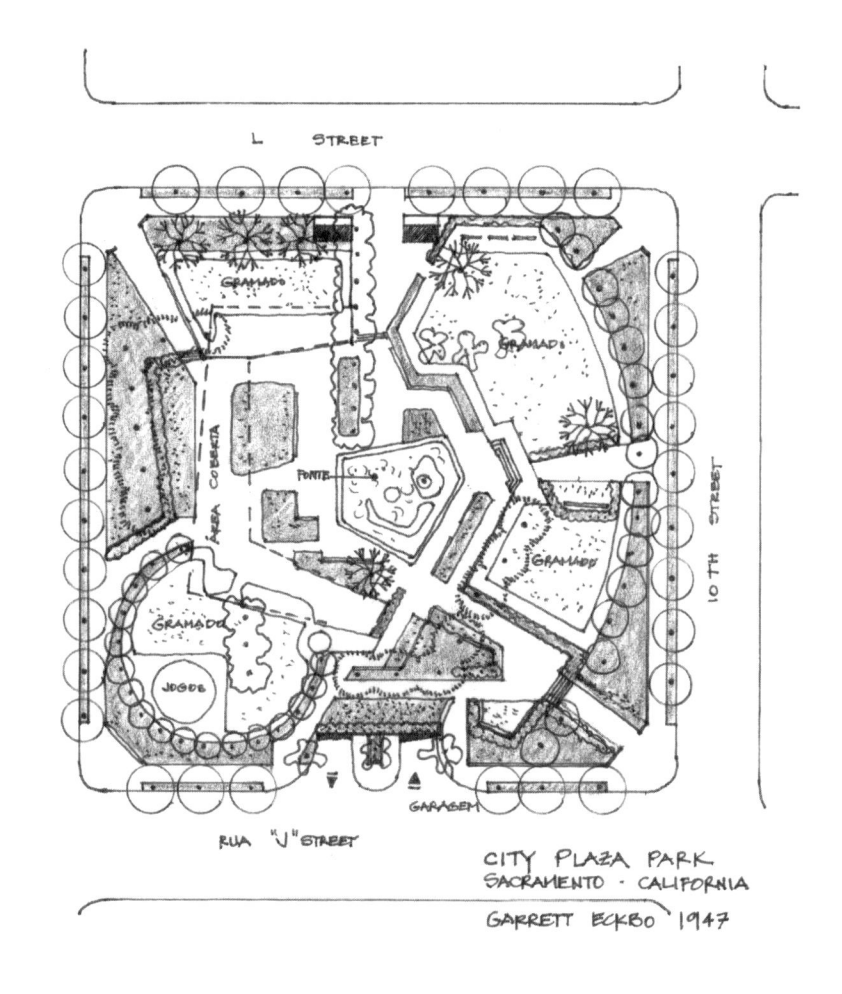

Figura 63. *City Plaza Park*, 1947, estudo de Garrett Eckbo.
Um espaço público sobre garagem, em Sacramento, Califórnia.
Observar:
1. Denominação ambígua: *plaza park*.
2. O projeto sugere isolamento do entorno.
3. Espaços programados sem lugar para aglutinação de pessoas ou usos flexíveis.
4. Os caminhos parecem resultantes do desenho das subáreas, e não um traçado intencional.
5. A fonte aparenta ser mais um divisor de tráfego do que um local de convergência.
6. Cobertura e vegetação para delimitar subáreas funcionais.
7. Profusão de ângulos e curvas, articulados e interpenetrados, como uma pintura cubista.

forniano contribuiu com novas soluções funcionais e formais ao desenho do entorno da habitação e serviu de base para projetos do espaço livre de uso coletivo e para o desenvolvimento do paisagismo moderno americano. David Streatfield considerou o jardim californiano "uma das contribuições mais significativas ao projeto de paisagismo desde a tradição *olmstediana* de planejamento ambiental da segunda metade do século XIX".[19]

A imensa popularidade da tríade jardim californiano, paisagismo moderno e *American way of life* na segunda metade do século XX deve-se em grande parte à hegemonia americana no mundo ocidental como superpotência política, financeira, industrial e cultural. O estilo de vida americano idealizado e propagado por Hollywood trazia no mesmo pacote chiclete e automóveis, *freeways* e *rock-and-roll*, *shopping centers* e calça Lee, tudo isso embalado numa sedutora ilusão de eficiência e conforto urbano. Como Paris e Haussmann representaram a referência consensual de cidade no início do século XX, as cidades americanas da segunda metade desse século serviram como modelo de modernidade de seu tempo, "não para ser adotado, adaptado, interpretado por arquitetos, técnicos, urbanistas e paisagistas (europeus ou de formação europeia)", mas "para ser usado e utilizado por políticos, administradores e intelectuais como instrumentos de sua legitimação", parafraseando as observações de Giovanna Rosso del Brenna no seu artigo "Modernização e a sua imagem", a respeito do Rio de Janeiro de Pereira Passos.[20]

Vale ressaltar que no período do domínio do paisagismo moderno californiano dois paisagistas causaram grande impacto, com abordagens distintas de projeto: Roberto Burle Marx, do Brasil, e Isamu Nogu-

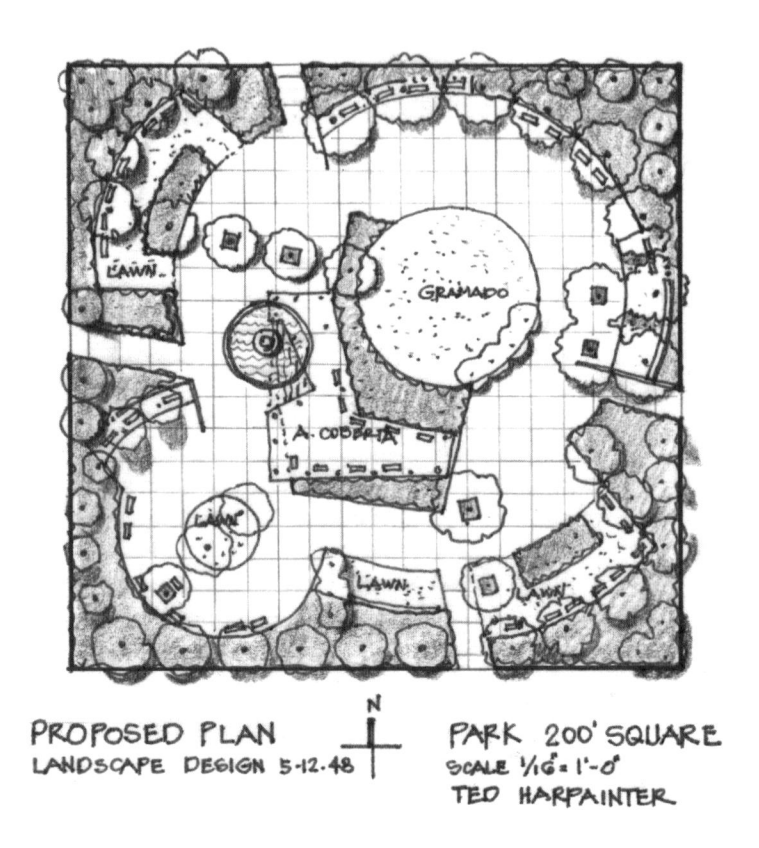

Figura 64. *Park 200' Square,* 1948, estudo de Ted Harpainter.
Trabalho de aluno de graduação de Paisagismo na Universidade da Califórnia, em Berkeley.
Observar:
1. Denominação ambígua: *park square.*
2. O desenho não mostra o entorno nem ruas.
3. Não há opções de acesso nas esquinas.
4. O projeto sugere o isolamento do entorno. A praça não é passagem.
5. Programa funcional inclui áreas para usos diversos.
6. Um "gramado central" próximo a área infantil de jogos.
7. Jogo de formas circulares com polígonos.

---

[19] David Streatfield, *apud* Marc Treib, "Axioms for a Modern Landscape Architecture", em Marc Treib (org.) *Modern Landscape Architecture: a Critical Review* (Cambridge: The MIT Press, 1993), p. 166.
[20] Giovanna Rosso del Brenna, em Piedade E. Grinberg (org.), *A paisagem desenhada: o Rio de Janeiro de Pereira Passos* (Rio de Janeiro: Centro Cultural Banco do Brasil, 1994), pp. 19-20.

chi, nipo-americano. Burle Marx partia da pintura e fazia uso exuberante da cor e da vegetação tropical, e Noguchi usava a escultura como base para manipular o espaço.

Essa orientação rígida de projetos seria interrompida a partir do final dos anos 1960, já em um novo contexto sociocultural, por meio de projetos como os de Lawrence Halprin, Paul Friedberg e Peter Walker.

DO SUBÚRBIO PARA A CIDADE – A REVITALIZAÇÃO URBANA
CIDADE ACESSÍVEL: *FREEWAYS* E *URBAN RENEWAL*

Do final da década de 1930 ao fim dos anos 1950, passando pelas transformações decorrentes da crise econômica em torno das décadas de 1920 e 1930, do impacto dos projetos urbanos e regionais do New Deal e da Segunda Guerra Mundial, o paisagismo americano transformou-se radicalmente em escala, estilo, conhecimento, análise, processo e prática. Programas federais de financiamento à habitação e de melhoria de vias expressas promoviam uma intensa e extensa suburbanização, conhecida como *sprawl*, que elegeria a casa isolada com jardim como padrão desejado de moradia; transformaria o *shopping center* no centro social; faria do automóvel o meio de transporte de massa e do ato de dirigir uma rotina cotidiana indispensável graças às *freeways*, cuja implantação consumia áreas enormes, pois um trevo simples ocupava aproximadamente 16 mil metros quadrados de terreno.

Em pouco tempo, esse estilo de vida suburbano provocaria o esvaziamento das cidades, paradoxalmente, com o aumento do tráfego de veículos que chegavam no começo do dia e saíam no fim da tarde. O novo padrão de circulação traria a rede de vias rápidas para dentro da cidade, e para atenuar os impactos negativos na paisagem e prover espaços para guardar os carros seriam construídas novas infraestruturas viárias. Além do êxodo dos moradores da classe média branca, a cidade presenciava o abandono dos locais tradicionais de comércio, o deslocamento de indústrias e armazéns e a degradação ambiental de bairros residenciais de baixa renda, excluídos dos programas governamentais de habitação.

A estratégia adotada para a revitalização urbana foi oferecer conforto, comodidade e conformidade ao gosto do morador do subúrbio. Dois programas federais – o Housing Act de 1949, para a renovação urbana, e o Interstate Highway Act de 1956, para a expansão de vias expressas – foram fundamentais para a implantação dos principais projetos urbanos na década de 1960, causando grande impacto nas cidades, especialmente a destruição do tecido urbano existente.

O Housing Act trazia em seu enunciado 1 a provisão de recursos federais para que as cidades desapropriassem imóveis considerados irrecuperáveis ou estratégicos para o desenvolvimento de projetos de revitalização ambiental e econômica. A lei permitia demolir edificações de usos inadequados, como cortiços, armazéns desativados e construções pequenas, e reagrupar os lotes em grandes parcelas, não apenas para reconstruir habitações decentes ou implantar estruturas viárias gigantescas, mas também para atrair investimentos que criassem novos centros multifuncionais capazes de competir com os centros suburbanos. Robert Goodman observa que, com o controle estatal da renovação urbana, os urbanistas podiam conseguir um controle mais centralizado das decisões de projeto. Como muitos deles identificavam a ordem, a totalidade e a unidade com a beleza, um casamento perfeito se fez possível – decisões centralizadas que permitissem alcançar a uniformidade no desenho. Em 1959, o Instituto Americano de *Planners* considerava que

> [...] a renovação oferece a oportunidade de conseguir um desenho urbano de qualidade superior, quando áreas relativamente grandes podem ser objeto de melhorias sob uma direção de projeto coordenada e um controle de obra relativamente uniforme.[21]

---

[21] Robert Goodman, *Después de los urbanistas ¿Qué?* (Madri: H. Blume, 1977), p. 78; tradução informal.

A disponibilidade de recursos financeiros para a renovação urbana estimulava os arquitetos a realizar projetos de grandes áreas, e não mais limitados a um ou alguns edifícios isolados, mas abrangendo um conjunto deles. Mesmo sem as credenciais adequadas, "muitos arquitetos converteram-se da noite para o dia em 'desenhistas urbanos' e urbanistas, investindo-se das credenciais adequadas ao seu novo papel".[22]

Um dos marcos arquitetônicos financiados pelo Housing Act foi, sem dúvida, o conjunto residencial Pruitt-Igoe de Saint Louis, inaugurado em 1955 e demolido em 1972. O projeto, um aglomerado de "torres no parque", foi elaborado em 1951 por uma equipe de arquitetos liderados por Minoru Yamasaki, que nos anos 1970 projetaria o famoso World Trade Center de Nova York. Embora frequentemente atribuído à brutalidade da arquitetura moderna e ao desajuste entre projeto e usuário, o fracasso do Pruitt-Igoe foi resultado também de políticas sociais que reforçavam o racismo e acentuavam a pobreza urbana.

O Pruitt-Igoe tinha mais de 2.800 apartamentos, distribuídos por 33 blocos idênticos de onze pavimentos cada. Os prédios eram afastados uns dos outros para permitir espaço, luz, ar e verde, conforme os ensinamentos da arquitetura e do urbanismo modernos, que recomendavam "descongestionar por meio da concentração" em edifícios altos e espaçados, e os fundamentos econômicos para construir o máximo de moradias em uma dada área. O conjunto, totalmente subvencionado pelo governo, visava a atender à população de baixa renda, que pagaria aluguel e taxa de manutenção subsidiados. Previsto para abrigar 15 mil pessoas "negras e pobres", numa cidade segregada, o Pruitt-Igoe era ambicioso e experimental em vários aspectos: dimensionamento exagerado, gerenciamento empresarial, utilização de edifícios altos para habitação de interesse social e implantação do conjunto desvinculada do tecido urbano tradicional formado por ruas e quadras. Estigmatizado como um conjunto residencial para negros, o Pruitt-Igoe foi inaugurado sem qualquer serviço de apoio, como escolas, lojas e equipamentos de recreação. Desde o início, os moradores enfrentaram muitos problemas de adaptação ao ambiente construído.[23]

Na década de 1960, o Pruitt-Igoe passou a abrigar novas populações urbanas subempregadas ou desempregadas, compostas principalmente de negros de origem rural, expulsos do campo pelos avanços tecnológicos na agricultura. Concomitantemente, a suburbanização provocava uma grande oferta de moradias na cidade a preços acessíveis. Um ciclo vicioso de esvaziamento e deterioração física do conjunto se iniciaria com o corte de serviços de manutenção por causa da inadimplência dos inquilinos. Em 1970, mesmo com os novos jardins e as áreas de recreação elaborados por Paul Friedberg, autor de modernos *playgrounds* de Nova York, 65% do Pruitt-Igoe estavam desocupados. Finalmente, para reduzir os custos de manutenção e eliminar problemas sociais decorrentes do esvaziamento, o governo decidiu pela demolição do conjunto. Em 1972, foi realizada a primeira implosão e em 1976 o conjunto inteiro desaparecia.

O Highway Act de 1956, visando a complementar o sistema nacional de rodovias iniciado em 1944, propunha a padronização e o financiamento de 65.600 quilômetros de *freeways* interestaduais, incluindo 8 mil quilômetros de vias expressas urbanas. O prazo previsto era de vinte anos.[24] Maiores e melhores vias expressas metropolitanas eram consideradas instrumentos de planejamento que, ao levar mais gente para o subúrbio, controlariam o crescimento das cidades. No final da década de 1950 e início da de 1960, com a consolidação do sistema de vias expressas, o movimento entre subúrbios se intensificaria a ponto de ameaçar o domínio das cidades centrais. Para reverter a situação e trazer de volta os moradores do subúrbio, foram efetuadas melhorias de acesso e circulação, revitalização de áreas comerciais, criação de instituições culturais e renovação de áreas de escritórios.

---

[22] *Ibid.*, p. 86.
[23] Sam Davis (org.), *The Form of Housing*, cit., p. 105.
[24] Peter Rowe, *Making a Middle Landscape*, cit., p. 195.

Construir vias expressas urbanas era o primeiro passo. Com recursos advindos de impostos sobre automóveis, gasolina, pneus e seus derivados, o governo federal pagava 90% dos custos de construção das *freeways*, que se tornariam extremamente atraentes para os estados e municípios não só por resolver problemas de circulação e trânsito, mas também por movimentar a economia local e alavancar projetos de renovação urbana respaldados pelo Housing Act. Na época, quando a noção de cidadania era restrita, o clima político conservador e a questão ambiental incipiente, os programas de *urban freeways* e *urban renewal* seduziam as cidades e envolviam os profissionais de design urbano e engenharia. O paisagismo moderno atuaria em todas as frentes desse processo de revitalização urbana, enfrentando novas questões, como a inserção de estruturas viárias no tecido urbano, a provisão de estacionamento de veículos e o design de novos espaços.

Para superar a escassez de áreas livres e o alto custo dos terrenos urbanos, criaram-se vias expressas compactas, elevadas, de dois andares. Embora provocassem grande impacto na paisagem e no tecido urbano, as novas e imensas estruturas viárias eram consideradas um "mal necessário" e, eventualmente, apreciadas como obras arquitetônicas. Os efeitos negativos, como o encobrimento de patrimônios culturais e arquitetônicos e a destruição de bairros consolidados, eram minimizados pela visão técnica e estatística do planejamento urbano. Não faltavam críticas severas às vias expressas nas cidades. Lewis Mumford declara:

> Hoje, o meio mais popular e eficaz de destruir uma cidade é a introdução de autoestradas expressas de muitas pistas, especialmente as elevadas, no núcleo central. Verificou-se isso imediatamente depois que as ferrovias elevadas para passageiros foram sendo demolidas, como ameaças ao público! Embora Los Angeles apresente o maior dos exemplos de demolição urbana em larga escala, por meio da incontinente construção de rodovias expressas, Boston talvez seja uma vítima ainda mais lamentável, porque tem mais a perder, já que se gaba de possuir um valioso núcleo histórico, onde cada facilidade acha-se a uma distância que se cobre a pé, e um sistema de trânsito metropolitano que, ainda no século XVIII, era um modelo eficiente de unificação. Assim, as bombas que devastaram a City de Londres na *blitz* não causaram danos maiores do que o planejamento irrestrito de vias expressas e estacionamento está agora causando todos os dias, incentivado por um programa rodoviário nacional planejado com base nas mesmas suposições de transporte individual "de porta em porta". Uma única função subordinada da cidade transformou-se na única razão da sua existência – ou melhor, na justificação triunfante de sua não existência. Nas vias motorizadas, como nos arranha-céus, encontramos a soberba habilidade técnica na organização mecânica e o planejamento prático únicos ao ponto da paralisante incompetência social e do analfabetismo cultural.[25]

No início dos anos 1960, a população de São Francisco foi uma das primeiras a protestar contra as vias expressas urbanas, em um movimento que ficou conhecido como *Freeway Revolt*. A manifestação impediu a construção de vias expressas junto ao Golden Gate Park e a finalização da Embarcadero Freeway, uma via elevada de dois andares paralela às margens da baía (figura 65). Um segmento da via expressa ficaria simplesmente suspenso no ar por mais de vinte anos, até 1991, quando foi totalmente demolido.

Pressionado pelas críticas, a partir de 1962 o governo determinou que os novos projetos teriam de preservar os "valores sociais e comunitários", de modo que "passar máquinas cortando através de bairros socialmente coerentes da cidade não seria mais tolerado em nome do melhor serviço de transportes metropolitanos".[26] O início dos anos 1970 marcaria o fim da expansão das vias expressas nos centros das cidades.

---

[25] Lewis Mumford, *A cidade na história: suas origens, transformações e perspectivas*, cit., ilustr. 47.
[26] Peter Rowe, *Making a Middle Landscape*, cit., p. 195.

Figura 65. Embarcadero Freeway, São Francisco, anos 1980.
Via expressa urbana elevada de dois andares nas áreas próximas ao centro da cidade. Encobrimento da arquitetura e da baía.
Nos anos 1960, o movimento *Freeway Revolt* conseguiu impedir a conclusão do Embarcadero Freeway. A obra interrompida, parte retilínea próxima à baía, durou mais de vinte anos até sua demolição em 1991, em consequencia do comprometimento de sua estrutura provocado pelo terremoto de 1989.

Na década de 1960, convocados para minimizar os efeitos devastadores das *freeways*, arquitetos paisagistas expandiram os limites tradicionais de seu campo de trabalho. Lawrence Halprin, um dos expoentes do paisagismo moderno, foi também um dos mais destacados e persistentes profissionais a tentar "domar" as megaestruturas. Halprin via no "bom desenho" possibilidades de projetar uma nova "arquitetura de tráfego":

> Quando *freeways* fracassavam, era porque seus designers ignoravam seus potenciais de configuração e suas qualidades inerentes a uma obra de arte na cidade. Elas têm sido pensadas apenas como portadoras de tráfego, mas de fato são uma nova forma de escultura urbana em movimento. Para atingir esse objetivo, as *freeways* devem ser projetadas por pessoas com grande sensibilidade não apenas em relação à engenharia, mas também ao meio ambiente, ao efeito das *freeways* na forma da cidade e à coreografia do movimento.[27]

Em 1962, como consultor da California State Division of Highways, Halprin desenvolveu uma série de estudos integrando edificações, *freeways*, estacionamentos e parques, sempre procurando preservar a unidade das ruas e do tecido urbano local. As ideias e os croquis, inicialmente preparados como requerimentos para a aprovação de vias expressas pela Prefeitura de São Francisco, foram incorporando questões de transporte na cidade e reunidas no livro *Freeways*, publicado em 1966. Algumas propostas, como a de construção de vias expressas próximas ao Golden Gate Park, foram rejeitadas pela população. Outras, como a criação de praças e parques ao redor da Embarcadero Freeway, seriam realizadas. Projetos como o Nicollet Transit Mall, redesenho de uma rua comercial integrada ao transporte público em Minneapolis, e o Seattle Freeway Park, encobrimento de vias expressas

---

[27] Lawrence Halprin, *Freeways* (Nova York: Reinhold, 1966), p. 5; tradução informal.

rebaixadas com parques, cascatas e um centro de convenções, derivaram das ideias desenvolvidas no livro.

Os critérios de "bom desenho" de vias expressas e sua integração com a cidade formulados por Halprin eram bastante otimistas, para não dizer ingênuos, em relação à compatibilidade de escalas, materiais e vocabulários entre o paisagismo e o impacto das superestruturas viárias. Nos projetos de Embarcadero Plaza e Ferry Park, por exemplo, Halprin exaltava o caráter arquitetônico das vias elevadas e descrevia com imagens poéticas como a praça e o parque estariam "aninhados na curva das estruturas elevadas que dão ao lugar um fechamento arquitetônico" (figuras 66a e 66b). "Como as rampas são elevadas, elas permitem um livre fluir do verde, com possibilidades de caminhos de pedestres e uso livre por toda a área".[28] A realidade do concreto é outra. O impacto visual e ambiental da estrutura elevada e o intenso tráfego das ruas não conseguiram fazer "fluir" o verde nem promover usos que integrassem a cidade a seu elemento paisagístico mais importante: a baía. Somente com a demolição (iniciada em 1991) das vias elevadas, São Francisco voltaria a se integrar com sua baía (figuras 67a e 67b).

No estudo de inserção de vias expressas subterrâneas em um bairro de São Francisco, o desenho de Halprin mostrava, na esquina de um quarteirão pontuado de sobrados vitorianos, múltiplas faixas de tráfego entrando e saindo tranquilamente de um túnel de acesso a *freeways* (figura 68). Como todas as ilustrações, a cena era destituída de qualquer indício de impacto ambiental, como quantidade e velocidade dos veículos, ruídos ou poluição. A torre de ventilação seria tratada como escultura e incorporada à paisagem, junto com maciços de árvores. A esquina seria um parque, e a calçada, interrompida pelos acessos à via expressa, permanecia imperturbada. Aqui, a "integridade das ruas locais", uma das preocupações centrais dos estudos de Halprin, ficou apenas no plano da composição gráfica.

Figuras 66a e 66b. Embarcadero Plaza, São Francisco, 1966.
Visão otimista e conciliatória em relação às superestruturas viárias que "dão ao lugar um senso de fechamento arquitetônico".[29]
Os impactos negativos visual e ambiental da estrutura elevada impediam a integração da cidade com seu elemento paisagístico mais importante: a baía.

---

[28] *Ibid.*, p. 101.

[29] *Ibidem.*

Figuras 67a e 67b. Embarcadero Plaza, São Francisco, 2006.
Projeto de Roma Design Group.
Embarcadero Plaza após a demolição da Embarcadero Freeway.
A remoção do Embarcadero Freeway resgata o desenho da cidade e recria o lugar em volta do Ferry Building (Edifício dos Ferryboats).

PROJETOS EMBLEMÁTICOS: ESPAÇOS PROGRAMADOS E SELETIVOS, DO JARDIM À PRAÇA

O movimento de revitalização das cidades delegou ao paisagismo moderno não apenas grandes áreas livres para intervir e novas questões para resolver, mas também contradições entre posturas, métodos e instrumentos de projeto. Propagavam-se simultaneamente o conceito de "bom desenho" e "tábula rasa" e o da defesa do tecido urbano variado, da dispersão suburbana e da concentração urbana; da conservação da paisagem e de vias expressas rasgando regiões e cidades. Somente a partir da segunda metade da década de 1960, acompanhado de uma série de eventos radicais, como o movimento de direitos civis, a guerra no Vietnã e a crise do petróleo, um questionamento mais crítico e contextualizado dos objetivos e métodos do paisagismo moderno ganharia contornos mais legíveis.

O período entre 1955 e 1965 foi o de maior desenvolvimento de projetos de paisagismo moderno nas cidades americanas. Em *Design on the Land*, publicado em 1971, um dos mais concisos e influentes livros sobre a história do paisagismo, Norman Newton cita com entusiasmo alguns trabalhos de paisagistas para resolver as questões da cidade:

> Entre os destacados exemplos de paisagistas que lidaram com o espaço da cidade estão a Ghirardelli Square, em São Francisco, de Lawrence Halprin, a praça sobre garagem em Pittsburgh, de Simonds e Simonds, dois trabalhos de Sasaki, Dawson e DeMay Associates em Hartford e a solução vencedora do concurso nacional de projetos para a Copley Square, em Boston. Geralmente menos excitantes e espetaculares que esses trabalhos são as participações de *landscape architects* nos variados projetos de renovação urbana.[30]

---
[30] Norman T. Newton, *Design on the Land: the Development of Landscape Architecture*, cit., p. 650, tradução informal.

Os trabalhos mencionados por Newton, também destacados na lista de obras representativas do paisagismo do pós-guerra por Elizabeth Meyer,[31] pertenciam a quatro categorias: garagens, centros comerciais, centros multifuncionais de escritórios e praça pública. Com exceção da Copley Square (1966), uma praça pública, faziam parte das estratégias adotadas pelas cidades para atrair usuários motorizados, como a Ghirardelli Square (1962-1965), uma antiga fábrica de chocolates transformada em *festival market* sobre garagens de vários pavimentos; a Mellon Square, de Pittsburgh (1955-1959), uma praça sobre garagens; e Hartford (1965), uma superquadra com edifícios modernos espaçados sobre laje em cima de garagens.

O primeiro grupo, de praças sobre garagens, como no estudo de Eckbo de 1947 (figura 63), constituía uma necessidade e também uma justificativa para o redesenho de áreas públicas. Praças públicas como a Pershing Square, de Los Angeles, e a Mellon Square, de Pittsburgh, eram redesenhadas com a preocupação exclusiva de resolver questões de estacionamento de veículos. As novas praças, rodeadas de rampas para carros e elevadas em relação às ruas em volta, eram projetadas como uma amenidade urbana, isoladas do tecido urbano.

A Pershing Square, de Los Angeles, construída no início da década de 1950, era uma típica praça pública sobre garagens: um grande quarteirão retangular elevado, com as laterais tomadas por rampas de acesso para carros (figura 69). O *layout* reproduzia o traçado clássico de diagonais e ponto focal central, com os acessos, apenas quatro, localizados nas esquinas. Por causa do formato da praça, da ausência de caminhos ortogonais e da elevação em relação às ruas, o traçado da Pershing Square não possibilitava criar alternativas de trajeto nem encurtar caminhos. Isolada do tecido urbano, mesmo com um desenho clássico, a

Figura 68. *Freeways* na cidade, São Francisco, anos 1960, croqui.

Estudo para acomodar *freeways* na cidade, elaborado por Lawrence Halprin no início da década de 1960: imagem tranquila com casas vitorianas, sem tráfego, barulho, poluição, ou trepidação. Observar:
1. Torre de ventilação incorporada como elemento escultórico na paisagem.
2. Parque sobre túneis, vegetação para contrabalançar a geometria construída.
3. Descontinuidade dos passeios e esquina proibida para pedestres.

---

[31] Elizabeth Meyer, "Preservation in the Age of Ecology: Post-World War II Built Landscapes", em C. Birnbaum (org.), *Preserving Modern Landscape Architecture: Papers from the Wave-Hill-National Park Service Conference* (Cambridge: Spacemaker, 1999), p. 12.

Pershing Square deixou de ser relevante para servir de passagem e de articulação com o entorno.

A Mellon Square, de Pittsburgh, primeira praça pública moderna sobre garagens, foi projetada por Simonds & Simonds em 1955 (figura 70). O redesenho da praça utilizou elementos clássicos de praças e *shopping centers:* vegetação variada, gramado, espelho d'água e fontes. O *layout* retilíneo era compatível com a arquitetura da garagem e com a estrutura da edificação. O formato da praça aproximava-se de um quadrado, e suas dimensões eram similares às dos quarteirões vizinhos. Como na Pershing Square, as calçadas em volta da Mellon Square também foram eliminadas. Aqui a praça não se referia ao quarteirão, mas apenas à superfície da laje suspensa. Vegetação baixa e espelhos d'água formavam planos retangulares. Árvores, plantadas em canteiros quadrados, eram espaçadas como esculturas soltas na laje. A ruptura do *layout* com o desenho tradicional de diagonais aumentava o contraste da praça com o entorno formado por edifícios, em sua maioria arranha-céus da década de 1920. Apesar de sua elevação, o uso diversificado do entorno e o tamanho relativamente pequeno fizeram da Mellon Square um local de passagem e permanência, integrado à vizinhança.

O Kaiser Center Roof Garden, de 1960, um jardim sobre garagens projetado por Osmundson e Stanley, foi um dos primeiros exemplos de jardins suspensos de edifícios corporativos urbanos (figuras 71 e 72).

Projetado junto com a nova sede do conglomerado Kaiser, um arranha-céu moderno de trinta andares, o jardim foi construído sobre um edifício de garagens de cinco pavimentos, levando em consideração a complexidade tecnológica, como a distribuição de cargas, combinação de alturas de terra, sistema de raízes das árvores e drenagem. Todos os elementos tradicionais de um jardim – terra, pedra, água, plantas e mobiliário – formavam uma composição curvilínea para criar a ilusão de um parque. Isolado da rua, acessível por elevadores ou passagens pelos edifícios, o Kaiser Center Roof Garden demonstrava, simultaneamente, a superação de limitações estruturais, a consolidação da ima-

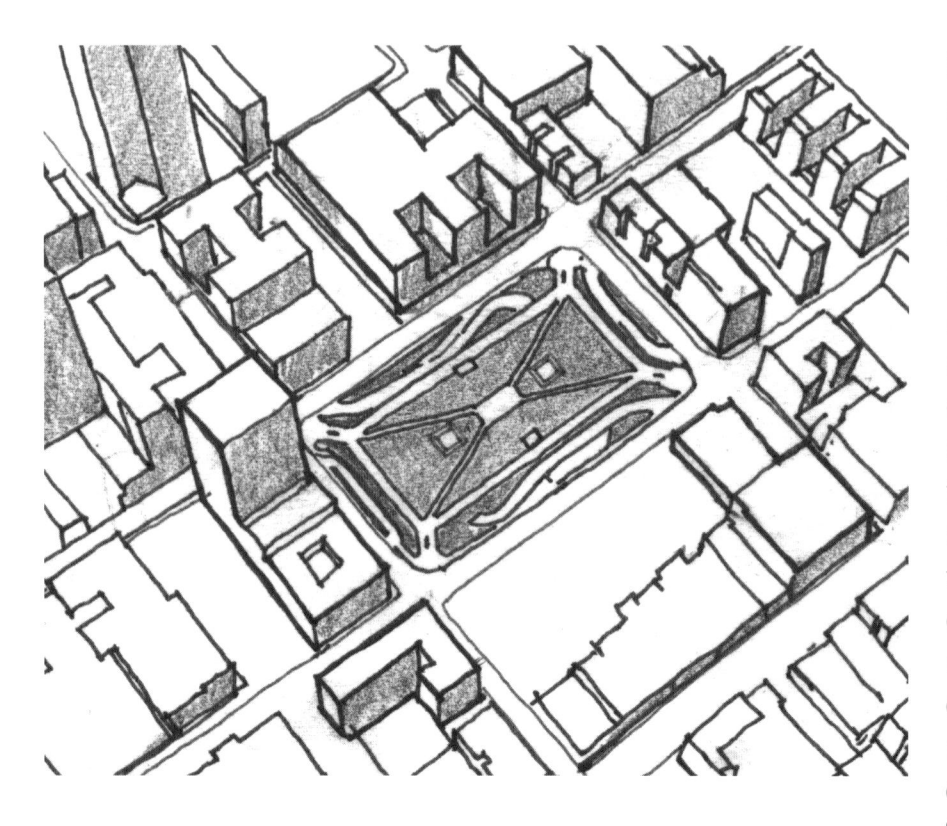

Figura 69. Pershing Square, Los Angeles, anos 1950.
Praça "pública" sobre garagem para atrair usuários de automóvel ao centro da cidade. Observar:
1. Quarteirões grandes onde a praça não servia de passagem.
2. Praça elevada em relação às ruas em volta.
3. Desenho clássico inalterado de diagonais e acessos pelas esquinas.
4. Rampas de acesso à garagem nas laterais da praça.
5. Calçadas descontínuas, sem qualquer interesse para passeio ou permanência.

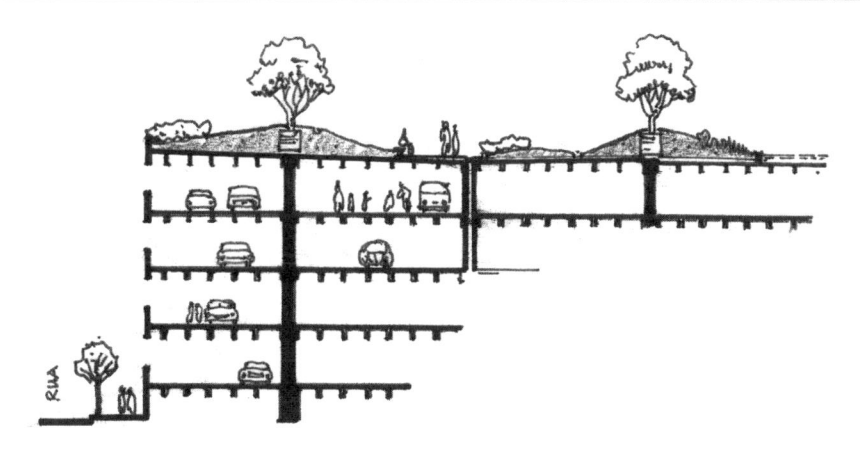

Figura 70. Mellon Square, Pittsburgh, 1955-1959.

Projeto de Simonds & Simonds.

Um dos primeiros projetos modernos de praça pública sobre garagens. Uso de vegetação variada, gramado, espelho d'água com fontes. Desenho retilíneo compatível com a estrutura.

Observar:
1. Inexistência de calçadas em volta da praça.
2. Praça elevada em relação às ruas em volta.
3. Destruição de esquinas como pontos de permanência e de entrada.
4. Ausência de espaço aberto para aglutinação ou usos flexíveis.
5. Árvores espaçadas como elementos escultóricos.

Figura 71. Kaiser Center Roof Garden, Oakland, 1960.

Projeto de Osmundson & Stanley.

Jardim sobre múltiplos pavimentos de garagens de um edifício corporativo. Complexidade tecnológica considerando distribuição de cargas de acordo com as camadas de terra para plantio das árvores e do sistema de drenagem.

Observar: desenho curvilíneo para criar ilusão de parque.

Figura 72. Kaiser Center Roof Garden, Oakland, 1960.
Projeto de Osmundson & Stanley.
Jardim público. Acesso restrito. Uso intencionalmente isolado da rua e do entorno – criação de refúgio.

gem corporativa e a valorização do passeio e da contemplação para um público intencionalmente restrito.

O segundo grupo de trabalhos significativos do paisagismo moderno na cidade abrange centros comerciais, como ruas pedestrianizadas, ou "calçadões", e *festival markets,* como a Ghirardelli Square, de São Francisco.

Projetados para competir com os *shopping centers* suburbanos, os *pedestrian malls* fechavam as vias para o tráfego de veículos e as transformavam em áreas ajardinadas de uso exclusivo de pedestres, imitando os corredores ajardinados dos *shoppings* abertos. O primeiro calçadão – Brudick Street Mall, no centro de Kalamazoo, Michigan –, de apenas dois quarteirões, foi criado em 1958 por Victor Gruen, arquiteto especializado em *shopping centers*. Embora a intenção de Gruen fosse articular espaços de pedestres junto com o acesso a vias expressas e estacionamentos, o calçadão foi uma novidade bem recebida e imediatamente adotado em outras cidades, mesmo sem um plano de transporte ou de garagens.

Em 1962, foi construído no centro de Fresno o primeiro calçadão da Califórnia, projetado por Victor Gruen Associates e pelo paisagista Garret Eckbo. O Fresno Downtown Pedestrian Mall transformou oito quarteirões de sua principal rua comercial em uma sequência de jardins, espelhos d'água, fontes, sanitários, pergulados e até *playgrounds,* como uma combinação de *shopping center* com centro comunitário do início da década de 1950. Entretanto, com a popularização dos *shopping centers* fechados e climatizados, as ruas ajardinadas, especialmente as que não ofereciam acesso fácil ou estacionamento em quantidade, deixavam de ser uma concorrência aos *shopping centers.* Assim, na década de 1970, a maioria dos calçadões foi demolida ou reformada, para o retorno integral ou parcial do tráfego; as pistas para carros seriam reduzidas e as calçadas ampliadas, como no Nicollet Avenue Mall, de Minneapolis, projetado por Lawrence Halprin em 1962 e concluído em 1967.

A Ghirardelli Square, de São Francisco, e o Feneuil Hall, de Boston, constituíam dois modelos exemplares e pioneiros de *festival markets*, ou centros comerciais "festivos", associados à imagem de um mercado tradicional e à reciclagem de edifícios históricos. Originados em parte pela reação contra a demolição indiscriminada de construções antigas promovida pelo estilo "arrasa-quarteirão" do *urban renewal* e em parte por estratégias comerciais associadas a arquiteturas temáticas ou celebrações específicas, os *festival markets* ofereciam um lugar animado, com a concentração de lojas variadas, especialmente de artigos personalizados confeccionados por artistas ou artesãos e objetos importados de minorias étnicas ou países distantes. A combinação de características intrinsecamente urbanas, como localização central, arquitetura antiga e referências históricas, com a variedade de produtos e atividades atraía não apenas a população diversificada da cidade como também visitantes e turistas. O sucesso comercial, por sua vez, era realimentado com a presença de mais gente e mais animação, ao ponto de o *festival market* ter-se tornado um "estilo" de *shopping center* desenvolvido com temas específicos e construções e referências históricas reinventadas.

Projetada por Lawrence Halprin em 1962 e inaugurada em 1965, a Ghirardelli Square transformou uma antiga fábrica de chocolates localizada próxima da baía de São Francisco em um centro comercial sobre garagem de múltiplos pavimentos (figura 73). Tendo sido mantidas a inserção no tecido urbano e a volumetria geral da arquitetura, os espaços internos e externos foram recriados em uma sucessão de corredores, com sobe e desce, pátios e jardins que alternavam vitrines, restaurantes, remansos e vistas da cidade e da baía. O desenho compacto do complexo e a grande variedade de espaços e atividades promoviam o que Halprin designava movimentos "coreografados" de pedestres.

O terceiro grupo era composto de intervenções de renovação urbana realizadas em áreas desapropriadas com o financiamento do Housing Act. Os projetos incluíam um setor institucional, como museus, centros culturais e sedes de governos, e outro privado, de complexos

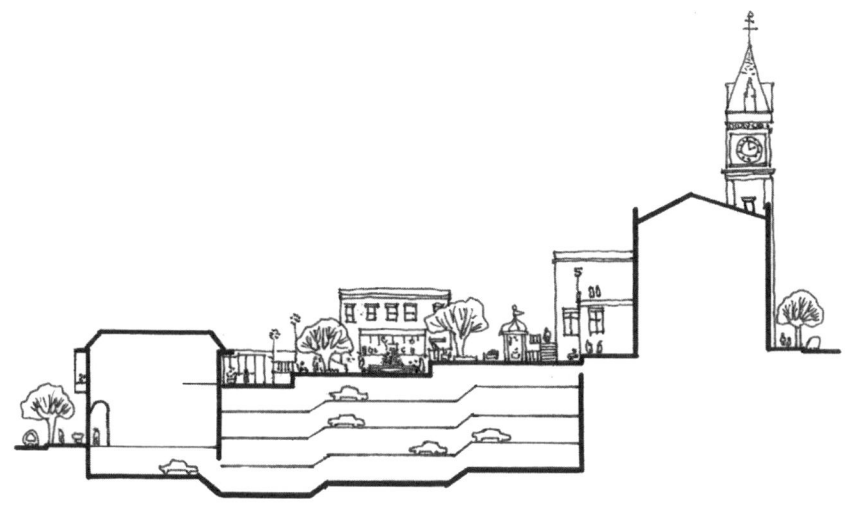

Figura 73. Ghirardelli Square 1962-1965.
Projeto de Lawrence Halprin.
Inaugurado em 1965, um dos primeiros *festival markets* na cidade, centro comercial sobre garagem de múltiplos pavimentos. Reciclagem de uma antiga fábrica de chocolates.
Compacto, com atividades variadas e movimentos coreografados por meio de sobe e desce, fontes e recantos ajardinados.
Animação urbana: sucesso comercial e atração turística.

multifuncionais de escritórios. No caso do City Hall de Boston, o projeto foi uma combinação de renovação urbana e implantação de vias expressas. As desapropriações permitiam que a prefeitura eliminasse áreas deterioradas e criasse grandes áreas de interesse comercial, que atraíam empreendedores, arquitetos e urbanistas para a implantação de ambientes totalmente novos. Nesse grupo destacam-se a Constitution Plaza, de Hartford, a Open Space Sequence, de Portland, a Embarcadero Plaza, de São Francisco, e o Gateway Center, de Pittsburgh.

Concluída em 1965, a Constitution Plaza (figura 74) possuía "uma elegância abstrata de composição, que era, porém deliberadamente desvinculada da vida da cidade em volta".[33] Ocupando vários quarteirões, "o orgulho de Hartford, um ensaio urbano em vários níveis", segundo Newton,[34] era um conjunto de edifícios modernos de escritórios implantados sobre plataformas em cima de garagens. As fachadas no nível das ruas, em sua maioria, eram formadas por paredes cegas e as ligações entre os quarteirões, feitas por passarelas elevadas. A Constitution Plaza transpirava arquitetura moderna: a implantação espaçada difundia não apenas muita luz, ar, espaço e verde, mas também a separação da cidade "real". Caminhos largos e ortogonais formavam grandes esplanadas, canteiros eram definidos por muretas baixas, e vegetação e esculturas reforçavam a unidade geométrica.

O quarto grupo de obras representativas do paisagismo do pós-guerra referia-se aos escassos espaços públicos. O projeto moderno, segundo Garrett Eckbo, "não era para criar espaços magníficos, mas para as pessoas crescerem e desenvolverem-se neles". Nessa época, porém, os moradores raramente eram consultados na elaboração dos projetos, e era mais raro ainda que tais projetos modernos fossem destinados a espaços públicos, como o da Copley Square, em Boston.

Figura 74. Constitution Plaza, Hartford, década de 1960.
Projeto de Sasaki, Dawson & DeMay Associates.
Centro multifuncional de escritórios.
"Orgulho de Hartford, um ensaio ubano em vários níveis".[32]
Observar:
1. Grandes esplanadas para pedestres, acima do nível das rua.
2. Comunicação entre quadras feita através de passarelas.
3. Arquitetura moderna: muita luz, ar, espaço e verde, e a sensação de desolação.
4. Desvinculação das ruas e interrupção no tecido urbano.
5. Área de uso resultante de jogo formal de planos e volumes: árvores preenchem os quadrados.

[32] Norman T. Newton, *Design on the Land: the Development of Landscape Architecture*, cit., p. 650.

[33] Jonathan Barnett, *The Fractured Metropolis: Improving the New City, Restoring the Old City, Reshaping the Region* (Nova York: Icon, 1995), p. 184.

[34] Norman T. Newton, *Design on the Land: the Development of Landscape Architecture*, cit., p. 650.

A Copley Square resultou de um concurso nacional de 1966, vencido pela equipe do paisagista Hideo Sasaki. Inaugurada em 1969, a Copley Square tinha o formato de um retângulo, com a Igreja Trinity, de 1874-1877, em estilo *romanesque,* em uma das esquinas (figura 75). A biblioteca pública da cidade, também histórica, de 1887-1895, ficava no lado oposto à igreja. O projeto propôs criar uma grande praça rebaixada com 2,4 m de desnível em relação à rua de maior movimento. Com uma grande fonte retangular ocupando a maior parte da área, a praça impedia a aglomeração de pessoas e o exercício de outras atividades além da circulação e contemplação. Uma série de degraus e planos conferia uma definição esteticamente moderna à praça, ao mesmo tempo que enfatizava seu isolamento em relação ao entorno e à cidade.

A modernidade da Copley Square, aclamada pela crítica e bem recebida pelo público na inauguração, não resistiu às transformações exigidas pela dinâmica das cidades – caducou com menos de duas décadas de uso. Demolida e reconstruída em 1989, a nova Copley Square, também resultado de um concurso, elevou a praça rebaixada ao nível das ruas, criou calçadas amplas e áreas abertas planas para uso múltiplo e instalou bancos, lixeiras e iluminação (figura 76).

Figura 75. Copley Square, Boston, 1966-1969.
Projeto de Sasaki, Dawson & DeMay Associates.
Praça pública. Consolidação da linguagem do paisagismo moderno no espaço público. Inaugurada em 1969 e refeita em 1989.
Observar:
1. Ausência de relação com a tradicional Igreja Trinity, edifício dominante no local.
2. A praça maior rebaixada, resguardada das ruas e do fluxo natural dos pedestres.
3. Grande fonte como ponto focal, sem relação aparente com o entorno.
4. Degraus e patamares acentuados pelas cores dos pisos.
5. Falta de espaço aberto para reuniões ou usos flexíveis.
6. Os bancos são parte da composição geométrica.
7. Acessibilidade universal não exigida na época.

Figura 76. Copley Square, Boston, 1983-1989.
Projeto de Dean Abbout, Clark & Rapuano.
Vencedor do concurso realizado em 1983. O novo projeto procura reintegrar a praça a seu entorno, no nível das ruas. Utilização de elementos urbanos tradicionais, como calçadas largas com bancos, gramado central acessível para uso múltiplo e passagens definidas.
Programação de uso inclui *farmer's market* semanal.

Praça Roosevelt, 1970: a praça moderna de São Paulo. Aproximações funcionais e formais aos projetos americanos

A praça Roosevelt, inaugurada em 1970, pretendia ser um espaço público moderno e uma alternativa ao espaço cerimonial, como o da praça da Sé, e ao jardim romântico, como o da praça da República, dois modelos emblemáticos de São Paulo. Segundo seus autores – Roberto Coelho Cardozo, Marcos de Souza Dias e Augusto A. Antunes Neto –, a praça Roosevelt seria um edifício-praça ou uma praça-edifício multifuncional. A praça, definida em sua essência como um vazio entre edifícios, não poderia, entretanto, ser um "edifício", a não ser como ilusão linguística.

Roberto Coelho Cardozo, paisagista formado em 1947 pela Universidade de Berkeley, foi o responsável pela introdução do ensino de paisagismo na Faculdade de Arquitetura e Urbanismo da Universidade de São Paulo (FAU-USP) em 1952 e pela difusão, em São Paulo, da prática profissional inspirada no modelo do paisagismo moderno desenvolvido na Califórnia.

Construída sobre o complexo do sistema viário Leste-Oeste, a praça Roosevelt tinha dois pavimentos de garagens e um extenso programa funcional distribuído em patamares acima do nível das ruas (figura 77). O projeto sugere uma aproximação imediata aos projetos norte-americanos da época, como a Mellon Square (1955), de Pittsburgh, e a Constitution Plaza (1965), de Hartford. A modernidade proposta não se limitava a novas formas e conceitos de praça ou arquitetura apenas. Adotava o automóvel como principal força motriz do desenho da cidade. Como na Embarcadero Plaza de São Francisco, percebia-se a mesma postura otimista diante das superestruturas viárias impostas pelo planejamento urbano tecnocrático. Sem possibilidade de uso como passagem direta entre as ruas laterais nem de passeio a seu redor, a praça Roosevelt instalou-se como um "centro" multifuncional suburbano americano, isto é, destinado a desempenhar atividades específicas, desvinculadas do entorno.

A imagem da praça Roosevelt, parafraseando Norman Newton a respeito da Constitution Plaza, é "um ensaio urbano em vários níveis", desvinculado do entorno (figura 78). O acesso da rua à praça é restrito, controlado, dissimulado e não convidativo. O espaço principal da praça, o "Pentágono", em seu centro, está a uma altura de 7 m, equivalente a dois pavimentos em relação ao nível das ruas em volta. Há dois acessos ao Pentágono. O mais visível é feito por rampas circulares que partem diretamente das garagens. Sua praticidade revela a mesma racionalidade de projeto voltada ao usuário de automóvel das praças-garagens americanas.

No projeto da praça Roosevelt podemos encontrar várias características similares às encontradas em Constitution Plaza, Mellon Square, Kaiser Center Roof Garden e Copley Square:

1. Orienta-se por um conceito de superquadra, com ruptura do tecido urbano existente, grandes esplanadas acima da rua e edifícios espaçados sobre lajes, como na Constitution Plaza (figura 74).
2. É construída em cima de garagens, recorrendo a associação técnica da vegetação com a estrutura de suporte da arquitetura, como na Mellon Square (figura 70) e no Kaiser Roof Garden (figura 71).
3. As calçadas em volta da praça são descontínuas. Suas laterais são tomadas por rampas de acesso ao sistema viário e esquinas "fechadas", como na Mellon Square.
4. É apenas destinação, sem servir de passagem: acima das ruas em volta e com espaço recortado por fonte e canteiros, sem relação aparente com o entorno.
5. Possui detalhes arquitetônicos elaborados, como a articulação de retas com curvas.
6. Sua vegetação é contida em formas arquitetônicas elaboradas e ritmadas como jogos volumétricos. Faz uso de vegetação como elemento isolado, como na Mellon Square.

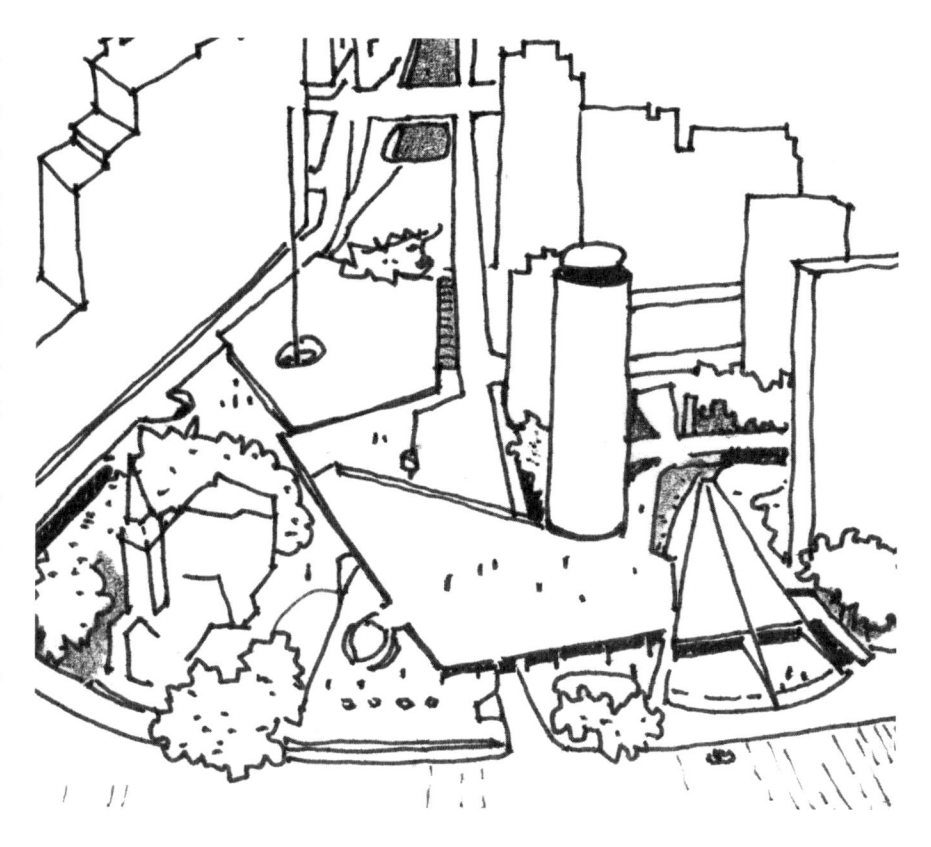

Figura 77. Praça Roosevelt 1967-1970, croqui.

Projeto de Roberto Coelho Cardozo, arquiteto paisagista, e Antonio Augusto Antunes e Marcos de Souza Dias, arquitetos.
Praça sem passagem nem articulação com o tecido urbano em volta.
Observar:
1. Descontinuidade das calçadas em volta da praça.
2. Ideia de superquadra interrompendo o tecido urbano existente.
3. Não integração com a Igreja da Consolação.
4. Muita luz, ar, espaço e verde, e a sensação de desolação: torres isoladas.
5. Grandes esplanadas acima do nível da rua, como nos exemplos americanos.
6. Destruição de esquinas como pontos de permanência e de acesso.

Figura 78. Praça Roosevelt 1967-1970.

Projeto de Roberto Coelho Cardozo, arquiteto paisagista, e Antonio Augusto Antunes e Marcos de Souza Dias, arquitetos.

A praça moderna de São Paulo: "um ensaio urbano em vários níveis", parafraseando Norman Newton.

Observar:

1. Plataformas de concreto em vários níveis.
2. Na rua da Consolação: calçada descontínua e travessia difícil para pedestres (canto direito).
3. A primeira esplanada em piso listrado, está 1,20 m acima do nível da rua da Consolação.
4. Duas escadas circulares são os únicos acessos às esplanadas superiores.
5. A praça principal, ou o "Pentágono", no centro da praça, está a uma altura de 8 m em relação ao nível das ruas em volta. O acesso mais visível, no centro, é feito por rampas circulares que partem diretamente das garagens.

7. Usa concreto aparente. Apresenta desconsideração com o conforto físico e o espaço social no dimensionamento e detalhamento dos lugares de permanência. Como na Copley Square (figura 75), os bancos são tratados como elementos geométricos de composição e o desenho do piso e dos degraus é acentuado pelo grafismo.

UMA RELAÇÃO AMBÍGUA COM A CIDADE

Com a inauguração da praça Roosevelt na área central de São Paulo, em 1970, formalizaram-se entre nós a ideia de praça moderna "planejada" e a influência do paisagismo moderno americano no projeto do espaço livre público. Além de características formais semelhantes às da Mellon Square (em Pittsburgh), as duas compartilham relações funcionais próximas e efeitos impactantes no tecido urbano em volta. Concebidos como amenidades em áreas densamente construídas, os projetos eram de praças sobre garagens e faziam parte das estratégias de revitalização urbana para atrair o usuário do automóvel ao centro da cidade. A ruptura, o pressuposto básico da modernidade, não se limitava às características de novidade estética na apresentação da praça. Mostrava também a desarticulação com o tecido urbano existente e com os hábitos de uso da população do entorno.

Desenvolvido entre as décadas de 1940 e 1960, o paisagismo moderno americano compartilhava os ideais funcionais e sociais da arquitetura moderna internacional e a estética dos principais movimentos artísticos da época. A prosperidade pós-Segunda Guerra Mundial e o modelo de urbanização baseado no uso intensivo do automóvel proporcionaram seu desenvolvimento especialmente nos subúrbios, o que, além de propagar um estilo de projeto, demonstrava ser uma resposta pragmática a novas questões urbanísticas, com base em jardins particulares e espaços semiprivados dos *campi* de corporações e centros de ensino e pesquisa e, especialmente, de *shopping centers* suburbanos. A maioria dos espaços públicos projetados nesse período respondia apenas a demandas funcionais, como as de recreação, implantação de vias expressas, estacionamentos ou revitalização urbana, com uma linguagem espacial fortemente apoiada nos padrões visuais e de beleza desenvolvidos nos espaços privados e semiprivados.

A variedade dos projetos produzidos, entretanto, não resistiu ao teste do tempo, nem se mostrou tão funcional. O premiado conjunto habitacional Pruitt-Igoe foi demolido dezessete anos depois de inaugurado. Vias expressas urbanas, como as de Portland, foram demolidas no início da década de 1970, as de Boston nos anos 1980 e as de São Francisco no início da década de 1990. O também premiado projeto da Copley Square, inaugurada em 1969, durou apenas catorze anos. A curta vida útil de projetos modernos como o da Copley Square de Boston, refeito em 1983, mostra a estreita vinculação da praça com a transformação da cidade e do uso com a formação cultural. A praça moderna norte-americana, em sua origem, é uma derivação do parque *picturesque* do século XIX: utilitário e antiurbano, e não uma evolução da praça tradicional que se funde com a própria noção da cidade. O não desenvolvimento de uma prática de projeto do espaço público deve-se fundamentalmente ao fato de a cultura americana ser pouco receptiva à diversidade social, étnica e racial, à aglomeração, à proximidade física e aos contatos espontâneos e, notadamente, a uma relação ambígua com a cidade (figura 75).

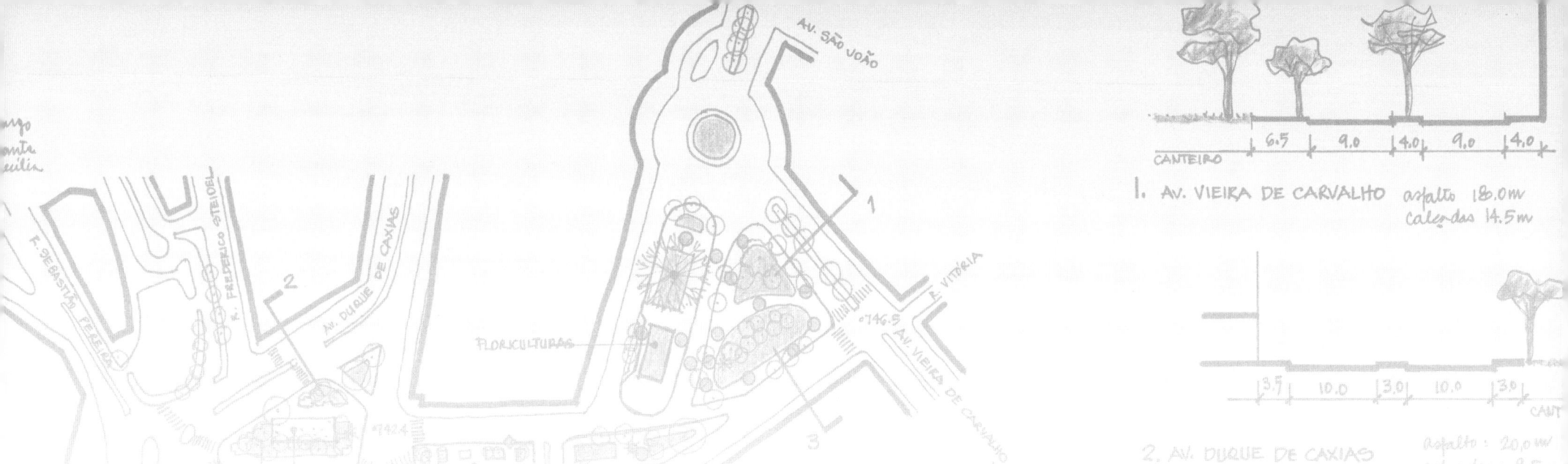

Praças: projeto, convívio e exclusão

Este capítulo analisa seis praças representativas de projetos realizados na área central de São Paulo a partir da década de 1940 (figura 79) e propõe alternativas para ampliar seu espaço de convívio social, por meio de desenhos mais convidativos e adaptáveis que privilegiem o acesso, a integração com o entorno e a articulação com o tecido urbano.

As seis praças estudadas são o largo do Arouche, uma adaptação do jardim público do início do século XX, e as praças Dom José Gaspar (concluída em 1944), Franklin Roosevelt (1970), da Liberdade (1975), Santa Cecília (1983) e Júlio Prestes (1999). Seus projetos não apenas refletiram a estética dominante na época, mas também responderam a demandas provocadas pelo crescimento vertiginoso da cidade e por direções antagônicas tomadas pelas políticas urbanas. Enquanto o largo do Arouche e a praça Dom José Gaspar testemunhavam a mudança do desenho urbano de orientação francesa, baseado na ordem clássica estabelecida por ruas, passeios públicos e arquitetura, para um urbanismo de influência norte-americana, centrado na facilidade de circulação, no fluxo de pessoas e mercadorias por meio de automóveis; a praça Roosevelt concretizava a transposição da estética do paisagismo moderno americano para um espaço urbano mutilado por intervenções viárias. As praças subsequentes, filiadas à tendência americana, porém sem os espaços fragmentados e as formas exageradamente anguladas da Roosevelt, enfatizaram novas funções, como o acesso a estações de metrô, a melhora da qualidade ambiental e a revitalização urbana.

O pressuposto básico da pesquisa é demonstrar que o convívio social no espaço público está intimamente relacionado às oportunidades de acesso e uso, o que depende de um desenho "interno" coerente e de um desenho "externo" – as ruas e o tráfego da área – adequado. A articulação com o tecido urbano, isto é, a conexão entre espaços urbanos variados, da praça e do entorno, é uma de suas funções originais e essenciais.

No estudo das praças, os projetos modernos baseados na matriz americana introduzida pela praça Roosevelt obtiveram resultados desiguais em relação ao uso social. A maioria das praças contemporâneas encontra-se em situação tão deplorável, que podem ser consideradas antissociais ou mesmo "antipraças". Ao enfatizar o isolamento do entorno, usos programados e acessos controlados, as praças modernas não apenas propuseram a ruptura estética, mas também reforçaram a fragmentação do tecido urbano.

Apoiados em mapas e desenhos de múltiplas escalas, complementados com pequenos textos, os estudos seguiram procedimentos habituais de projeto, constituídos de breve pesquisa histórica, análise do contexto, levantamento da situação existente, observação de usos, identificação de conflitos entre projeto e uso, elaboração de alternativas e verificação das propostas.

Para destacar as diferenças entre projeto e uso, as praças, de dimensões compatíveis e entornos similares, porém com resultados opostos, foram agrupadas em duplas: Dom José Gaspar e Franklin Roosevelt, Liberdade e Santa Cecília, largo do Arouche e Júlio Prestes.

As praças Dom José Gaspar e Roosevelt, próximas entre si e de aparência bem contrastante, representam dois momentos de modernização da cidade marcados por intervenções viárias. A primeira foi implantada em 1944, juntamente com a abertura da avenida São Luís e da rua Marconi e a construção da Biblioteca Municipal. A Roosevelt foi inaugurada em 1970, juntamente com a construção do complexo viário Radial Leste–Oeste e de garagens públicas. Atualmente, a praça Dom José Gaspar, cheia de árvores frondosas, é frequentada por um público diversificado que a defende de mudanças que ameacem a vegetação existente, enquanto a Roosevelt, conhecida pela ausência de vegetação e pelo excesso de construção, é parcialmente usada por um público pouco diversificado. Criticada como "antipraça", ela está condenada à demolição.

As praças da Liberdade e Santa Cecília, construídas sobre estações de metrô nas décadas de 1970 e 1980, apresentam resultados opostos. A praça da Liberdade é um lugar vibrante, com usos intensos e diversificados. Devido a sua centralidade, reforçada pelo metrô, tem alcance bem maior que os limites do bairro. Destino diferente teve a praça Santa Cecília: por causa da "invasão" de moradores de rua, ela foi fechada ao público em 1996, com apenas treze anos de uso.

O largo do Arouche e a praça Júlio Prestes – a mais "nova", remodelada em julho de 1999 – estão próximos. Localizados ao longo da avenida Duque de Caxias, ambos são representativos da expansão da "cidade nova", iniciada no século XIX. O contraste entre as duas praças é estarrecedor: enquanto o largo do Arouche, uma adaptação gradual do jardim público do início do século XX, é acolhedor e intensamente usado por grande diversidade de pessoas, a praça Júlio Prestes, embora projetada para estimular a revitalização da área central, é um lugar inóspito, repleto de sinais de desgaste e de vandalismo. Mesmo com um entorno diversificado e dinâmico, o uso da Júlio Prestes é reduzido, tanto no número como na diversidade.

Para a localização das praças foi utilizado o mapa cadastral da cidade, com a indicação dos raios de 1 quilômetro de distância cada a partir do Marco Zero, na praça da Sé. Nesse mapa, apenas a praça da Liberdade está dentro do círculo do primeiro quilômetro. A Dom José Gaspar está no limite, a Roosevelt e o largo do Arouche localizam-se no centro, entre o primeiro e o segundo quilômetros, e as praças Santa Cecília e

Figura 79. Localização das praças analisadas.

Júlio Prestes situam-se na borda dos 2 quilômetros. O desenho mostra uma vasta área formada por bairros centrais ao redor do núcleo histórico, com infraestrutura, acessibilidade, diversidade de uso, ocupação, densidade e população variada. As praças dessa região, funcionando simultaneamente como centralidades urbanas e locais, contribuem para a consolidação da diversidade e da complexidade inerentes à área central de uma metrópole de relevância internacional como São Paulo. A proximidade entre as praças sugere numerosas possibilidades de articulação que, com projetos integrados, podem ampliar e interligar áreas qualificadas do Centro e intensificar redes de fluxos de pedestres no espaço público.

O Contexto, na escala 1: 5.000, teve como base o mapa cadastral. Esse desenho possibilitou analisar a estrutura viária e o padrão de parcelamento na área em redor de cada praça e identificar os principais referenciais arquitetônicos e espaços públicos próximos. Permitiu ainda estabelecer comparações entre as praças vizinhas em relação a tamanho, implantação, caráter e permeabilidade.

Para o Tecido urbano, na escala 1: 2.000, foram utilizados e compatibilizados os mapas do Gegran de 1972. O desenho procurou reinserir a praça no mapa e verificar sua relação com o entorno próximo, como, por exemplo, a permeabilidade (delimitação por ruas) e a acessibilidade (convergência de ruas). Das praças analisadas, a da Liberdade e o setor 1 do largo do Arouche são os mais permeáveis e acessíveis, enquanto o setor 2 do largo, desintegrado pelo excesso de ruas, tem acesso prejudicado pelas dificuldades de travessia. As praças Roosevelt e Santa Cecília são as mais fechadas. Sem abertura de ruas, o lado mais comprido da Roosevelt mede 290 m, e o quarteirão da Santa Cecília, 300 m. Com a descaracterização de suas configurações originais de quadra-padrão, as praças Dom José Gaspar e Júlio Prestes tiveram sua permeabilidade reduzida. Nessa escala, ficam evidentes as articulações entre a Dom José Gaspar e a Roosevelt; entre a Liberdade, os largos da Pólvora e Sete de Setembro e a praça João Mendes; entre a Santa Cecília e o largo do Arouche; entre a Júlio Prestes, a avenida Duque de Caxias, a praça General Osório e a rua Santa Ifigênia.

Para o Entorno, na escala 1: 1.000, foram ampliados os mapas do Gegran. Essa análise procurou destacar a relação das praças com a vizinhança próxima e imediata, observando e anotando a ocupação e o uso do solo, a altura das edificações e seu estado de conservação, as atividades desenvolvidas no pavimento térreo e as travessias de pedestres. Com exceção da praça Roosevelt, que possui um pavimento superior, o desenho nessa escala possibilitou enxergar toda a praça e seu entorno imediato. Embora fossem analisados em grupos diferentes, os desenhos mostraram a contiguidade entre a praça Santa Cecília e o largo do Arouche e sua conexão prejudicada pela implantação de obras viárias e do elevado Costa e Silva.

Para a análise de projeto e uso na escala 1: 500, as plantas das praças foram atualizadas com base em observações e medições no local e reproduzidas para conduzir a diferentes categorias de análise: situação atual, uso, não conformidade e projeto. Para facilitar o manuseio do desenho e a descrição no campo, as observações foram geralmente anotadas na escala 1: 1.000, com apontamentos ao lado, e depois transferidas para a escala 1: 500. A praça Dom José Gaspar, incorporando a rua Marconi, foi estudada em dois setores, divididos a partir da Biblioteca; a Roosevelt, a maior das praças analisadas, foi dividida em quatro setores a partir da compartimentação produzida pela arquitetura e pelas diferentes cotas de nível; o largo do Arouche foi dividido pela topografia e configuração espacial e a praça Santa Cecília, pelo edifício de operações do metrô.

A prancha Situação Atual procura assinalar a área acessível ao público. Com o uso de cor, o desenho destaca as áreas franqueadas às pessoas e as áreas de canteiros, edificações, infraestrutura ou simplesmente gradeadas. Destacou-se também a relação entre a calçada e a praça, com a identificação das barreiras visuais e físicas e dos acessos livres e controlados. Na praça Dom José Gaspar foi incluído o calçadão da rua Marconi; na Roosevelt ressaltaram-se a forma angulada dos planos e a grande quantidade e variedade de barreiras; na Liberdade, a distinção entre as praças do metrô e as da cidade; na Santa Cecília, a desintegração com as esquinas e o entorno; no largo do Arouche, a pulverização do setor 2; e na Júlio Prestes o fechamento em relação ao entorno, as calçadas estreitas e a ausência de caminhos.

A pesquisa de Uso e conformidade seguiu a metodologia de avaliação pós-ocupação utilizada por Whyte (1980) e Zeisel (1987), incluindo: 1) observações sistemáticas de uso em horários diferentes a intervalos regulares, como, por exemplo, vinte minutos em um local a cada duas horas, em dias diferentes da semana e em vários meses do ano; 2) mapeamentos comportamentais, anotando-se a quantidade e a diversidade de pessoas no local e as atividades desenvolvidas, com destaque para a presença de mulheres e casais, como sinal da segurança percebida e da qualidade ambiental, de grupos que se engajam em conversações, de convívio entre gerações e, especialmente, de contato entre estranhos; 3) fotografias para registro do uso e de situações de desajuste entre o projeto e o uso; e 4) entrevistas eventuais com usuários, comerciantes do local e pessoal responsável pela manutenção.

Na praça Dom José Gaspar observou-se uma grande diversidade de pessoas, incluindo mulheres, sozinhas e em grupo, e casais de namorados, principalmente na hora do almoço. Havia sempre muitos grupos "conversando": os menores, com três a cinco pessoas, ficavam na praça em frente à Galeria Metrópole e no calçadão; e os maiores, na frente das galerias da rua Bráulio Gomes. Na praça Roosevelt, o uso social era esporádico, com exceção do Pentágono, onde foi possível constatar usos variados e diversidade de pessoas, com predominância de skatistas. Grande diversidade de usuários também foi registrada na praça da Liberdade, destacando-se um grupo de senhoras de origem japonesa, que distribuíam discretamente revistas religiosas, e grupos de idosos, também de origem asiática, sempre engajados em conversações. A mistura de pessoas de ambos os sexos, com idades variadas, e de estranhos acontecia em dois pontos: o nicho criado com a junção da rua Galvão Bueno e da avenida da Liberdade e as imediações do acesso à estação de metrô. O largo do Arouche, entre todas as praças, apresentou maior diversidade de usuários e número de grupos mistos, mulheres e casais. O encontro de gerações e, especialmente, o contato com estranhos ocorriam nas calçadas próximas do ponto de ônibus, da zona azul, da banca de jornal e ao lado dos engraxates. Em todos os lugares, havia bancos ou muretas onde as pessoas podiam sentar-se. Na praça Júlio Prestes, encontram-se grupos diversificados com alguma constância somente na esplanada próxima à estação. A esquina com a rua Dino Bueno era usada com alguma regularidade, porém sempre por homens.

As Não conformidades referem-se ao confronto do uso com as intenções do projeto, isto é, desajustes ou desacordos com a situação construída, adotando-se como referência comportamentos-padrão, integridade física, limpeza e higiene e doses de bom senso. São observações pontuais, sem o propósito de discutir razões profundas, culturais ou sociopsicológicas do uso ou do mau uso, mas com a intenção de localizar, identificar e registrar ocorrências inesperadas repetitivas e, especialmente, sistematizá-las em três categorias básicas: 1) intervenções "oficiais", 2) projeto e 3) uso. A sistematização permite, em determinadas situações, explicitar uma associação entre desvios de uso, administração e projeto, facilitando assim a tomada de decisão para efetuar correções. A quantidade de sujeira, por exemplo, pode ser indicativa de uso, vandalismo ou falta de lixeiras; a falta de uso pode ser decorrente da ausência de conforto ou da manutenção precária.

Na praça Dom José Gaspar, apesar do intenso uso, não havia bancos confortáveis nem lixeiras, o que revela uma não conformidade de projeto e gestão; a eliminação dos caminhos, por intervenção oficial, aumentou a quantidade de áreas inacessíveis e moitas, o que atraiu o acampamento de moradores de rua, que destruíram os canteiros, acarretando uma não conformidade de uso. Na praça Roosevelt, as não conformidades por intervenção oficial incluíam uma placa de "proibido jogar bola" e o gradeamento dos espaços públicos para ocupação pela Justiça Federal, por uma escola municipal de educação infantil, pela Companhia de Engenharia de Tráfego (CET) e pela Polícia Militar, enquanto as não conformidades de projeto eram as barreiras e os espaços fragmentados e as de uso resultavam em desgaste dos materiais, vandalismo e sujeira.

Na praça da Liberdade, destacam-se como não conformidades por projeto as dificuldades de orientação e acesso à estação e a criação de um recanto escondido e sinistro, sempre sujo e evitado; por intervenção oficial, a falta de manutenção, e, por uso, a sujeira em geral. Na Santa Cecília, o fechamento da praça é uma não conformidade por intervenção oficial. Com a praça gradeada, o projeto, apesar de apresentar vários aspectos críticos, não pôde ser avaliado em relação ao uso.

No setor 2 do largo do Arouche, a desintegração física da praça é decorrente de intervenções oficiais, assim como a falta de manutenção do *playground*, cuja implantação, dissimulada da visão e do acesso do lado mais populoso da praça, pode ser considerada uma não conformidade de projeto. Na praça Júlio Prestes foram identificados como desvios de projeto as calçadas estreitas, a elevação da praça, os muros e muretas no perímetro da praça, a falta de acessos e de opções de uso, as barreiras para chegar ao banco de pedra e a ausência de caminhos e passagens pela praça. A Júlio Prestes, bastante vandalizada por pichações e pelo acampamento de moradores de rua, também mostrava sinais de adaptação pelo uso, como pisoteios para forçar a passagem nos canteiros e nas áreas de intenso movimento, como as esquinas e a calçada junto à zona azul.

Fotografias de uso e de não conformidades foram selecionadas entre quase duzentos registros em *slides*, realizados nos dois anos de observação das praças, com anotações de localização, data, horário e condições climáticas. Por questões de horário, luz, posição e segurança, foi possível captar apenas uma parte dos usos e das não conformidades.

A prancha Projeto e Indicação dos Cortes sintetiza as principais referências de obras e ideias encontradas no projeto e assinala os pontos de contato da praça com a calçada e a rua. A praça Dom José Gaspar, criada dentro de uma ordem urbanística clássica, sofreu adaptações inadequadas que, ao longo dos anos, provocaram sua descaracterização física e a perda de sua identidade urbana. A praça Roosevelt, influenciada pelo paisagismo moderno norte-americano e suas *plazas* semipúblicas, assumiu um extenso programa funcional com ênfase ao acesso controlado e ao isolamento do entorno e produziu, com suas dimensões desproporcionais e as barreiras visuais e físicas, não apenas espaços fragmentados internos, mas também a ruptura do tecido urbano e, especialmente, a destruição de referenciais urbanos tradicionais, como calçadas largas e contínuas e esquinas abertas e acessíveis.

O projeto da Liberdade incorporou a linguagem moderna da praça Roosevelt para criar uma "praça do metrô" no centro da praça existente. A "praça do metrô", tratada como extensão da arquitetura da estação, é fragmentada e desintegrada do entorno, e a "praça da cidade", limitada às calçadas largas, é integrada às ruas e à arquitetura e intensamente usada. O projeto da praça Santa Cecília, ao enfatizar a presença do verde para atenuar o impacto da desordem urbana, criou um lugar ao mesmo tempo desvinculado do entorno, desassociado da estação de metrô e desarticulado do tecido urbano. Se a praça Roosevelt consolidou a ruptura do tecido urbano com seu atrelamento a intervenções viárias corrosivas e a um programa funcional extenso e extremamente arquitetônico, a praça Santa Cecília simplesmente não procurou reconstituir um tecido urbano mutilado pelas intervenções viárias, apesar da centralidade do metrô e do uso intensivo da vegetação.

O largo do Arouche apresenta duas praças tratadas de forma desigual pela administração pública. Enquanto o setor 1, agradável e bem usado, exemplifica uma ordem urbanística clássica formada por ruas hierarquizadas, arquiteturas definidoras do espaço, calçadas largas, arborizadas e contínuas, integradas à composição da rua, e caminhos internos, largos e articulados às esquinas e ruas, o setor 2, literalmente pulverizado e transformado em um conjunto incongruente de rotatórias viárias e travessias flutuantes, é delimitado por ruas largas, edificações afastadas e vazios residuais produzidos pela construção do elevado Costa e Silva. O setor 2 do largo do Arouche, fragmentado pelo sistema viário, demonstra a estreita vinculação entre uso, acesso e entorno. O projeto da praça Júlio Prestes, executado sob as bandeiras da cidadania e da inclusão no limiar do século XXI, surpreende pela agressividade com que se fechou para o entorno. A praça não apenas reproduz a ruptura dos elementos tradicionais de desenho urbano, como calçadas largas e contínuas e esquinas abertas, mas também utiliza recursos paisagísticos como elevação de terra, muretas de arrimo e vegetação para acentuar sua desvinculação do entorno. Mesmo sem as intervenções viárias da Roosevelt ou o entorno desordenado da praça Santa Cecília, a praça Júlio Prestes conseguiu somar as barreiras criadas em ambas.

Os Cortes, desenvolvidos na escala 1: 200, procuraram ressaltar a relação da praça com a calçada, a rua e a arquitetura do entorno. Ao lado do desenho, foram anotados os aspectos positivos, os conflitos e, especialmente, as barreiras criadas. A praça da Liberdade, pequena, mas com uma borda bastante recortada, gerou grande número de cortes. Na Roosevelt, os cortes foram fundamentais para ilustrar a quantidade de barreiras criadas pelo sistema viário e pelo projeto paisagístico. Um grande número de cortes também foi necessário para mostrar a quantidade e a variedade de barreiras criadas na praça Júlio Prestes. Na Dom José Gaspar, os cortes destacaram a integração com a avenida São Luís. No setor 1 do largo do Arouche, a continuidade com a avenida Vieira de Carvalho e, no setor 2, a desintegração provocada pelas ruas largas.

Nas praças Roosevelt e Liberdade, os cortes, elementos preferenciais para resolver detalhes construtivos, geraram propostas alternativas para as cotas do piso e para os guarda-corpos. Os croquis em plantas, por sua vez, permitiram estudar novos *layouts* para aumentar a acessibilidade, eliminar barreiras e remover pontos de acúmulo de sujeira. O estudo de detalhes mostrou que muitos conflitos poderiam não ter sido criados, em primeiro lugar.

A prancha Alternativas: Usos e Acessos, na escala 1: 500, procura, com base na avaliação pós-ocupação, apresentar opções de projeto para melhorar as condições de uso coletivo e de acesso público às praças. São intervenções pontuais modestas ou arranjos espaciais diferentes, sem a preocupação de produzir obras espetaculares, mas com o propósito de promover a presença de pessoas e o convívio com a diversidade. Por meio da sequência de desenhos, procura-se, sobretudo, mostrar um procedimento metódico e a aplicação de alguma racionalidade na elaboração do projeto.

Na praça Dom José Gaspar, as alternativas visaram a resgatar a ordem urbana e a definição clara dos espaços públicos e privados, além de estimular o desenvolvimento econômico de seu entorno. Foram propostas a reabertura da rua Marconi e a recuperação do território da arquitetura com calçadas largas e uma esplanada em frente à Galeria Metrópole; a reabertura da biblioteca com múltiplos acessos e uma grande esplanada junto à sua entrada principal, integrada à rua da Consolação; e a recuperação da ideia original do jardim público com caminhos articulados à biblioteca e às calçadas, oferecendo-se numerosas opções para as pessoas sentarem. Na praça Roosevelt, as alternativas procuraram recuperar os espaços tomados pelas intervenções oficiais, eliminar barreiras físicas e visuais, alargar e interligar os passeios públicos, criar oportunidades de uso próximo às calçadas e ampliar o acesso às praças superiores.

Na praça da Liberdade, as alternativas procuraram ordenar os acessos à estação, simplificar o desenho das escadas e das bordas da "praça do metrô" e ampliar a área da "praça da cidade". Na praça Santa Cecília, as propostas enfatizaram a integração com o entorno, a ampliação dos acessos, a aproximação dos "pontos de captação" do metrô às calçadas e a criação de passagens convidativas e livres entre a rua Sebastião Pereira e a rua sob o elevado. Para assegurar a continuidade dos passeios na rua Sebastião Pereira, a velocidade dos veículos na saída do elevado seria reduzida por meio do redesenho da pista, da instalação de semáforos e de faixas de travessia para pedestres. Para incentivar o convívio foram designados espaços abertos para usos múltiplos e numerosas opções de lugares para sentar.

No setor 1 do largo do Arouche, as alternativas mostraram que 1 m a menos na largura e uma implantação mais sensível da arquitetura das floriculturas poderiam ter ampliado a passagem dos pedestres e valorizado a escultura de Brecheret. No setor 2, propuseram-se a ampliação das calçadas, a criação de passagens internas largas, a melhoria dos acessos e da visibilidade do *playground,* a abertura das esquinas e a provisão de grande número de lugares para sentar. Na praça Júlio Prestes, as alternativas sugeriram o retorno à topografia existente e a constituição de uma ampla esplanada unindo a Estação Júlio Prestes e a Sala São Paulo, a abertura de caminhos no jardim que enfatizem os percursos naturais articulados às esquinas, a criação de uma área central para uso múltiplo integrada à rua de paralelepípedos e à esplanada, bem como grande quantidade de lugares para sentar.

A prancha Alternativas: Entorno, na escala 1: 1.000, procura, através da reinserção das propostas no contexto da vizinhança, examinar questões de integração, acessibilidade e permeabilidade da praça em relação a seu entorno imediato. Desenhos na escala 1: 1.000 permitem visualizar por inteiro as propostas das praças grandes: Dom José Gaspar, Roosevelt, Santa Cecília e largo do Arouche. A mudança de escala, ao incorporar questões de naturezas distintas, desencadeia o processo de vaivém entre propostas e verificações, servindo não apenas para conferir a validade das ideias desenhadas, mas, especialmente, para gerar novas ideias.

Na praça Roosevelt, surgiram propostas de eliminar a edificação ocupada pela Emei, com isso aumentando a visibilidade e a acessibilidade da praça, ampliando o espaço aberto de uso público e ressaltando a arquitetura do Pentágono. Na praça da Liberdade, foram propostas a redução da "praça do metrô" ao mínimo funcional e a recuperação da integridade da "praça da cidade". Na praça Santa Cecília, a proposta de abertura de ruas para delimitar uma praça menor e mais permeável, além da área de operações do metrô, daria origem a uma nova praça, acessível de todos os lados, que abrigaria os acessos à estação de metrô, uma área central aberta para uso múltiplo, um jardim público e numerosas opções para as pessoas sentarem.

No largo do Arouche, as propostas para aumentar a acessibilidade consistiram na redução da largura das ruas locais e na reintegração do setor 2, na delimitação por calçadas largas e contínuas e no tratamento de bulevar à avenida Duque de Caxias. Na praça Júlio Prestes, as alternativas visaram a restabelecer a ordem urbana clássica adotando a avenida Duque de Caxias como seu principal elemento condutor. As propostas foram: reabertura da alameda Cleveland, afastada, mas paralela à edificação inteira da antiga estação de trens; criação de uma esplanada voltada para a avenida Duque de Caxias para uso múltiplo e fluxos multidirecionais e, especialmente, para integrar a avenida, o Shopping Luz, a Estação Júlio Prestes e a Sala São Paulo; e um jardim público com caminhos largos, esquinas abertas e bom número de opções para as pessoas sentarem. Essa alternativa sugere um desenho "neutro" de jardim público com áreas abertas que enfatize a praça como um espaço da cidade e um instrumento fundamental de ordenação da paisagem urbana.

A prancha Alternativas: Tecido Urbano, na escala 1: 2.000, repete o processo de reinserção e verificação das propostas num contexto mais amplo para examinar a ligação entre as ruas e esquinas e a conexão com outros espaços públicos. Na praça Dom José Gaspar ficou patente a articulação com a avenida São Luís e a rua da Consolação. A praça Roosevelt, talvez a que mais se tenha beneficiado das mudanças de escala, vislumbrou um novo parcelamento do solo com o prolongamento das ruas Nestor Pestana e Gravataí e, com isso, se estabeleceu uma ordem urbana composta de praças "menores", compatíveis com o tecido urbano e especialmente permeáveis e integradas ao entorno.

Na praça da Liberdade, procurou-se ressaltar sua conexão com a avenida da Liberdade, os largos da Pólvora e Sete de Setembro e a praça João Mendes. Na praça Santa Cecília, destacou-se a fragmentação do tecido urbano provocada pelo elevado Costa e Silva, mostrando que sua simples remoção não induziria à revitalização da área danificada. A proposta apresentada sugere um parcelamento de quadras mais permeáveis e, em seu centro, a praça integrada ao largo Santa Cecília com a centralidade reforçada pela estação do metrô.

No largo do Arouche, o desenho na escala 1: 2.000 enfatizou sua integração com a avenida Duque de Caxias e a praça Santa Cecília, mostrando a continuidade dos espaços públicos, a dependência do entorno para a definição espacial e, especialmente, novas possibilidades de conexão. Na praça Júlio Prestes, reforçou-se a ideia da avenida Duque de Caxias como elemento estratégico para o restabelecimento da ordem urbana e a revitalização urbana.

As pranchas Comparações, reunidas na parte final dos estudos, assinalam as principais diferenças entre as praças analisadas, de projeto, uso, acesso, integração com o entorno e articulação com o tecido urbano. A reunião das praças Dom José Gaspar (intensamente usada, com a metade da área da segunda) e Roosevelt (pouco usada) na escala 1: 2.000 evidenciou usos distribuídos nas áreas periféricas da Dom José Gaspar e seu papel fundamental na articulação do tecido urbano graças à convergência de ruas, caminhos e galerias. A comparação das duas praças sobre estações de metrô, a da Liberdade (intensamente usada) e a Santa Cecília (fechada para uso), reunidas na escala 1: 1.000, mostrou que a primeira, com menos da metade da área da segunda, é mais permeável, acessível, integrada à arquitetura e às ruas adjacentes, sendo intensamente usada. O setor 1 do largo do Arouche e a praça Júlio Prestes, de dimensões similares, ressaltaram, no primeiro caso, os usos variados espalhados nas bordas e nos caminhos internos e a ideia do jardim público integrado ao entorno e participante da construção de uma ordem urbana legível.

Os desenhos, desenvolvidos em momentos diferentes, foram iniciados no primeiro semestre de 2000, tendo como estudo-piloto a praça Dom José Gaspar. No semestre seguinte, foi incluído o estudo da praça Roosevelt, próxima e contrastante, sugerindo então a possibilidade de comparação dos dois projetos, representativos da passagem da influência francesa para a americana. Em seguida, foram acrescidas aos estudos as praças sobre estações de metrô (Liberdade e Santa Cecília) e, finalmente, o largo do Arouche e a praça Júlio Prestes, fechando assim o arco temporal dos estudos de casos.

Ao incluir os desenhos na tese como instrumento de investigação e reflexão, procurou-se conservar de forma mais fiel possível o processo de sua elaboração. Os desenhos da praça Roosevelt, elaborados num estágio experimental, cheio de indefinições, talvez como reflexo do péssimo estado de conservação da praça, são bastante rabiscados, com uma escrita nervosa espalhada pela prancha. Os desenhos da fase final, como os das praças Santa Cecília e Júlio Prestes e do largo do Arouche, já foram conduzidos de forma sistemática, com alguma ordenação.

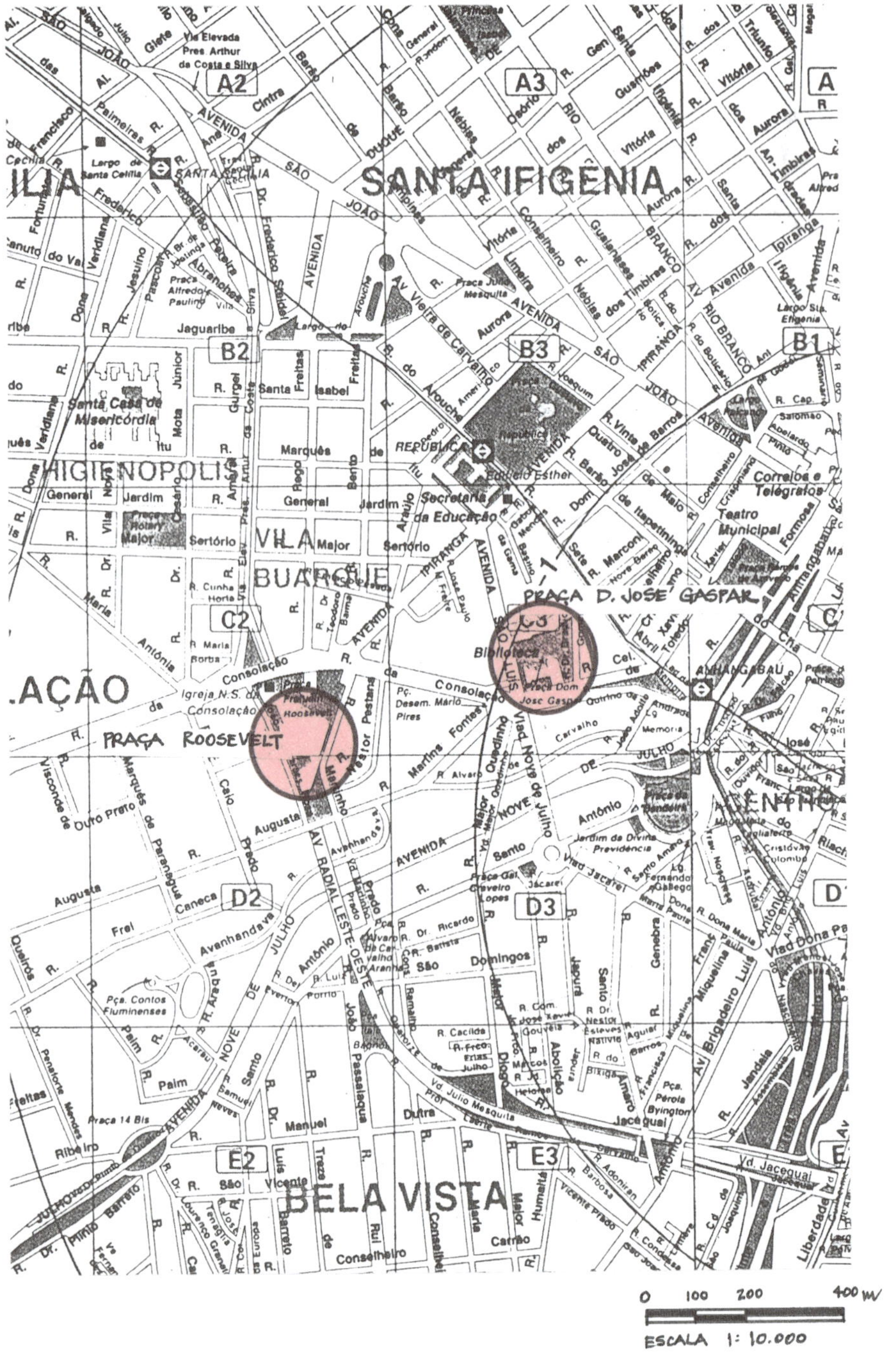

PRAÇA DOM JOSÉ GASPAR E PRAÇA ROOSEVELT

Praça Dom José Gaspar

Inaugurada em 1944, a praça Dom José Gaspar representa a primeira modernização da área central promovida pelo Plano de Avenidas de Prestes Maia e pela substituição de palacetes e chácaras por edifícios altos. A própria praça é remanescente do jardim de um palacete que foi demolido para ligar a rua Marconi à avenida São Luís. Sem um desenho formal, o traçado original da praça apenas adaptou o antigo jardim, com caminhos ligando as calçadas à nova biblioteca. Era clara, porém, a definição das ruas de contorno: avenida São Luís, rua da Consolação, rua Bráulio Gomes e rua Marconi, todas acompanhadas de passeios largos.

A praça Dom José Gaspar fazia parte de uma ordem urbana "clássica" estabelecida por vias com calçadas largas e contínuas e dimensões equivalentes entre a pista carroçável e o passeio público. Essa ordem, observada também no largo do Arouche após a abertura da avenida Vieira de Carvalho, na mesma época, remetia às *squares* parisienses projetadas por J. C. A. Alphand para reintegrar o tecido urbano após a implantação dos bulevares planejados pelo barão Haussmann, entre 1854 e 1870. Embora já se manifestasse no Plano de Avenidas a influência do urbanismo norte-americano, o desenho da praça Dom José Gaspar refletia o urbanismo francês e, como a *square* de Alphand, não apenas reverenciava uma ordem urbana, mas, especialmente, atuava como elemento de articulação do tecido urbano.

Figura 80. Praça Dom José Gaspar e praça Roosevelt: localização.

As principais adaptações da praça ocorreram na década de 1980. Com a transformação da rua Marconi em um calçadão com árvores e bancos, a ideia da rua como passagem e espaço de uso múltiplo foi se descaracterizando. Mais tarde, a Biblioteca foi gradeada, com os acessos à avenida São Luís e à praça fechados. Os caminhos internos foram eliminados e convertidos em canteiros. Gradativamente, o uso e a identidade da praça transferiram-se para as calçadas da rua Bráulio Gomes e o calçadão da rua Marconi.

As observações de uso foram realizadas em 2000, 2001 e esporadicamente, em 2002.

Em 2002, a Emurb propôs a remodelação completa da praça, incluindo a reabertura da rua Marconi e a reforma da biblioteca, com novos terraços e acessos voltados para os jardins. A ameaça de remoção de árvores gerou muitos protestos da população vizinha, e o projeto foi temporariamente embargado pelo Ministério Público do Meio Ambiente. Em 2003, a Emurb executou outro projeto de reforma, parcialmente concluído em janeiro de 2004. Entre as modificações efetuadas, destacaram-se o aumento de árvores e a eliminação de todas as muretas, bastante usadas para o descanso e o convívio social. Não foi possível incluir a "nova" Dom José Gaspar neste estudo por estar incompleta e, especialmente, sem a instalação de bancos.

Pranchas:
DJG 1. Contexto, escala 1: 5.000
DJG 2. Tecido urbano, escala 1: 2.000
DJG 3. Entorno, escala 1: 1.000

Setor 1:
DJG 4. Situação atual, escala 1: 500
DJG 5. Uso, escala 1: 500
DJG 6. Não conformidades, escala 1: 500
DJG 7. Projeto e indicação dos cortes, escala 1: 500
DJG 8. Cortes 1 e 2, escala 1: 200
DJG 9. Corte 3, escala 1: 200

Setor 2:
DJG 10. Situação atual, escala 1: 500
DJG 11. Uso, escala 1: 500
DJG 12. Fotografias de uso
DJG 13. Não conformidades, escala 1: 500
DJG 14. Fotografias de não conformidades
DJG 15. Projeto e indicação dos cortes, escala 1: 500
DJG 16. Cortes 1 e 2, escala 1: 200
DJG 17. Cortes 3 e 4, escala 1: 200
DJG 18. Cortes 5 a 7, escala 1: 200
DJG 19. Cortes 8 e 9, escala 1: 200
DJG 20. Alternativas: uso, acesso e entorno, escala 1: 1.000
DJG 21. Alternativas: tecido urbano, escala 1: 2.000

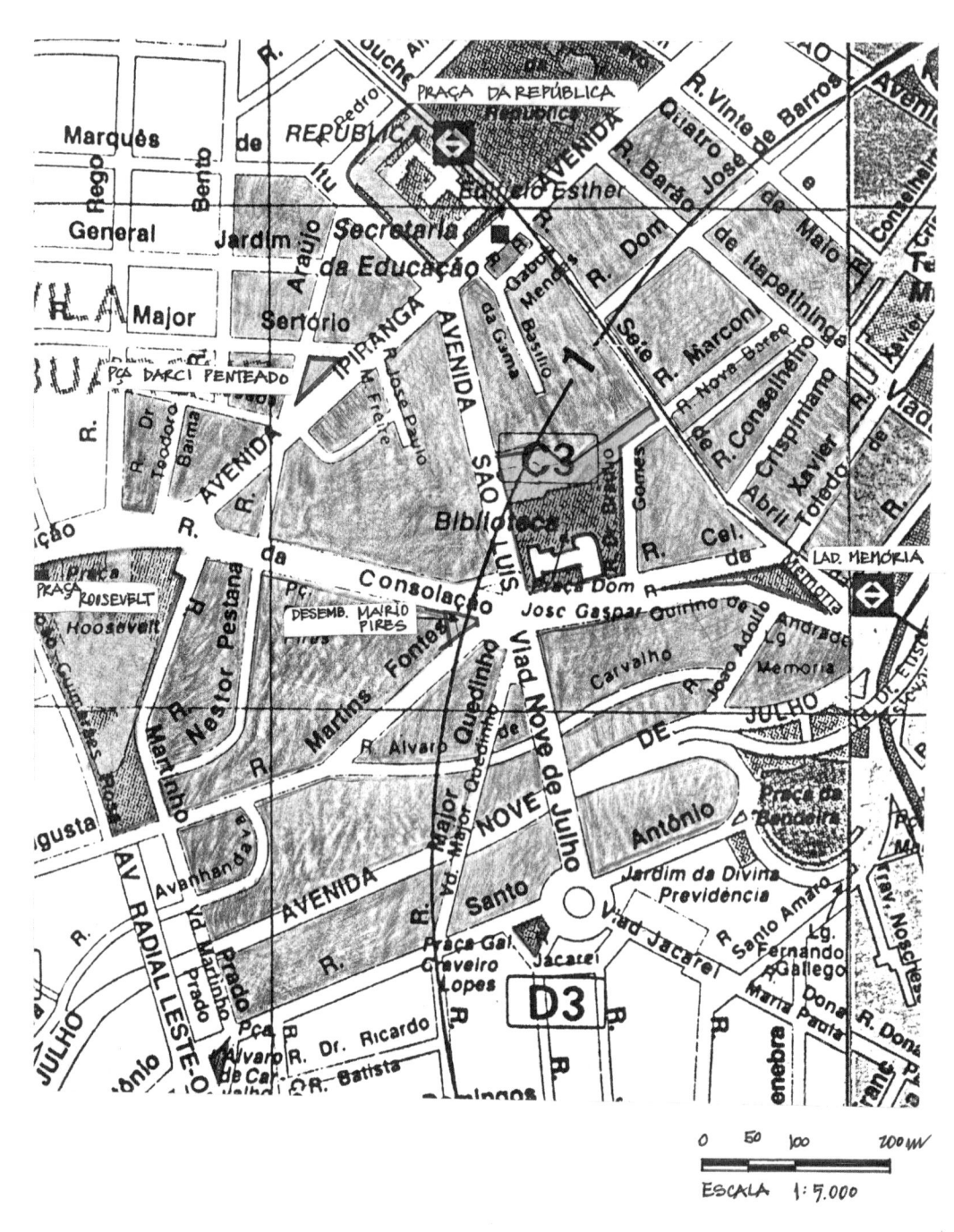

Inaugurada em 1944, junto com a construção da Biblioteca Municipal Mário de Andrade e a abertura da rua Marconi, ligando a rua Barão de Itapetininga à avenida São Luís, a praça Dom José Gaspar testemunhava o processo de modernização da cidade, deflagrado pelo Plano de Avenidas que Prestes Maia propôs na segunda metade da década de 1930.

Além das ruas perimetrais, convergem para a praça Dom José Gaspar as ruas Martins Fontes, Major Quedinho e Sete de Abril, o Viaduto Nove de Julho e quatro galerias no térreo de prédios, possibilitando criar numerosos trajetos e articulações com outros espaços e praças próximas, como a praça da República, a praça Franklin Roosevelt, a ladeira da Memória, a praça Desembargador Mário Pires e a praça Darci Penteado.

Da inauguração até a década de 1960, a praça Dom José Gaspar foi sempre o centro da região de maior eferverscência social e intelectual da cidade. Na rua Sete de Abril funcionavam o Museu da Arte Moderna e a sede dos Diários Associados, na rua Marconi, livrarias e editoras. No lugar dos palacetes da avenida São Luís surgiam elegantes edifícios residenciais e prédios de uso múltiplo, entre eles, a imponente Galeria Metrópole, na esquina com a rua Marconi, que congregava os então "jovens" talentos da música popular. Ao longo da rua Marconi cafés com mesas e cadeiras nas calçadas diante dos jardins da praça e dos passantes completavam a atmosfera parisiense ostentada pelo Centro da cidade.

Atualmente a praça Dom José Gaspar encontra-se bastante descaracterizada, não apenas em temos funcionais, provocada pelo gradeamento da Biblioteca e pela eliminação de caminhos, mas também em termos formais, provocada pela incorporação da rua Marconi, transformada em calçadão, que, de um lado, aumentou a área de uso público, mas, de outro, prejudicou a legibilidade da quadra e a sua permeabilidade em relação às ruas.

PRAÇA D. JOSÉ GASPAR	
CONTEXTO	
	DJG 1

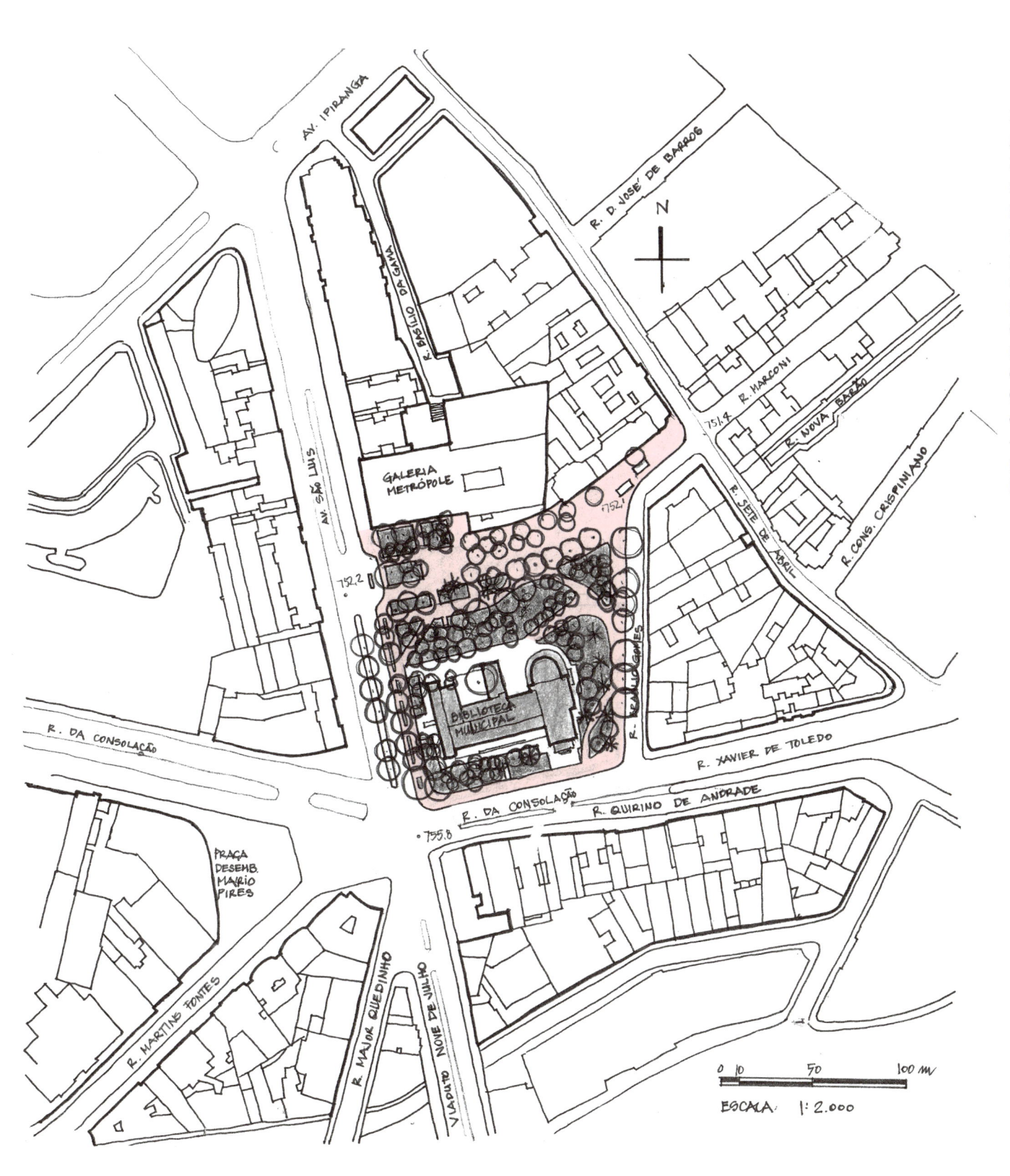

Localizada em uma área elevada em relação ao vale do Anhangabaú e praticamente plana, entre as cotas 752 m e 755,8 m, a praça Dom José Gaspar situa-se estrategicamente na transição do Centro tradicional para a cidade moderna rumo à avenida Paulista.

Frequentemente referida como a praça da biblioteca, a praça Dom José Gaspar, diferentemente de logradouros resultantes de arruamentos, foi de fato constituída a partir da construção da Biblioteca Municipal. Ocupando o jardim remanescente do Palácio Episcopal, demolido para a abertura da rua Marconi e lotes de casas demolidas na rua Bráulio Gomes, a praça Dom José Gaspar não apenas proporcionava um jardim público que complementava as elegantes ruas e avenidas recém-criadas, mas também assegurava o vazio necessário para imprimir a imponência exigida pelo novo edifício da Biblioteca.

PRAÇA D. JOSÉ GASPAR

TECIDO URBANO

DJG 2

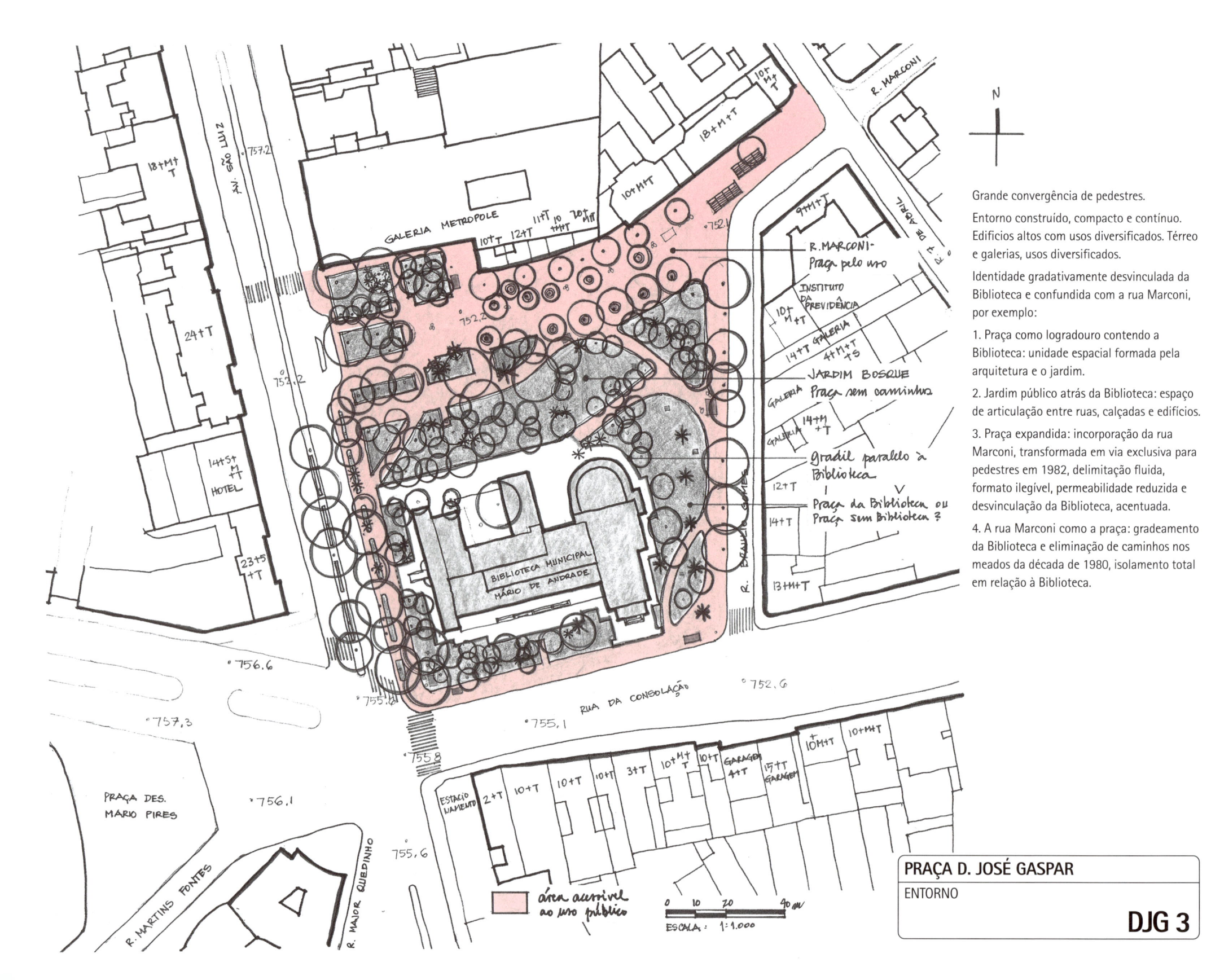

Grande convergência de pedestres.

Entorno construído, compacto e contínuo. Edifícios altos com usos diversificados. Térreo e galerias, usos diversificados.

Identidade gradativamente desvinculada da Biblioteca e confundida com a rua Marconi, por exemplo:

1. Praça como logradouro contendo a Biblioteca: unidade espacial formada pela arquitetura e o jardim.

2. Jardim público atrás da Biblioteca: espaço de articulação entre ruas, calçadas e edifícios.

3. Praça expandida: incorporação da rua Marconi, transformada em via exclusiva para pedestres em 1982, delimitação fluida, formato ilegível, permeabilidade reduzida e desvinculação da Biblioteca, acentuada.

4. A rua Marconi como a praça: gradeamento da Biblioteca e eliminação de caminhos nos meados da década de 1980, isolamento total em relação à Biblioteca.

PRAÇA D. JOSÉ GASPAR
ENTORNO

DJG 3

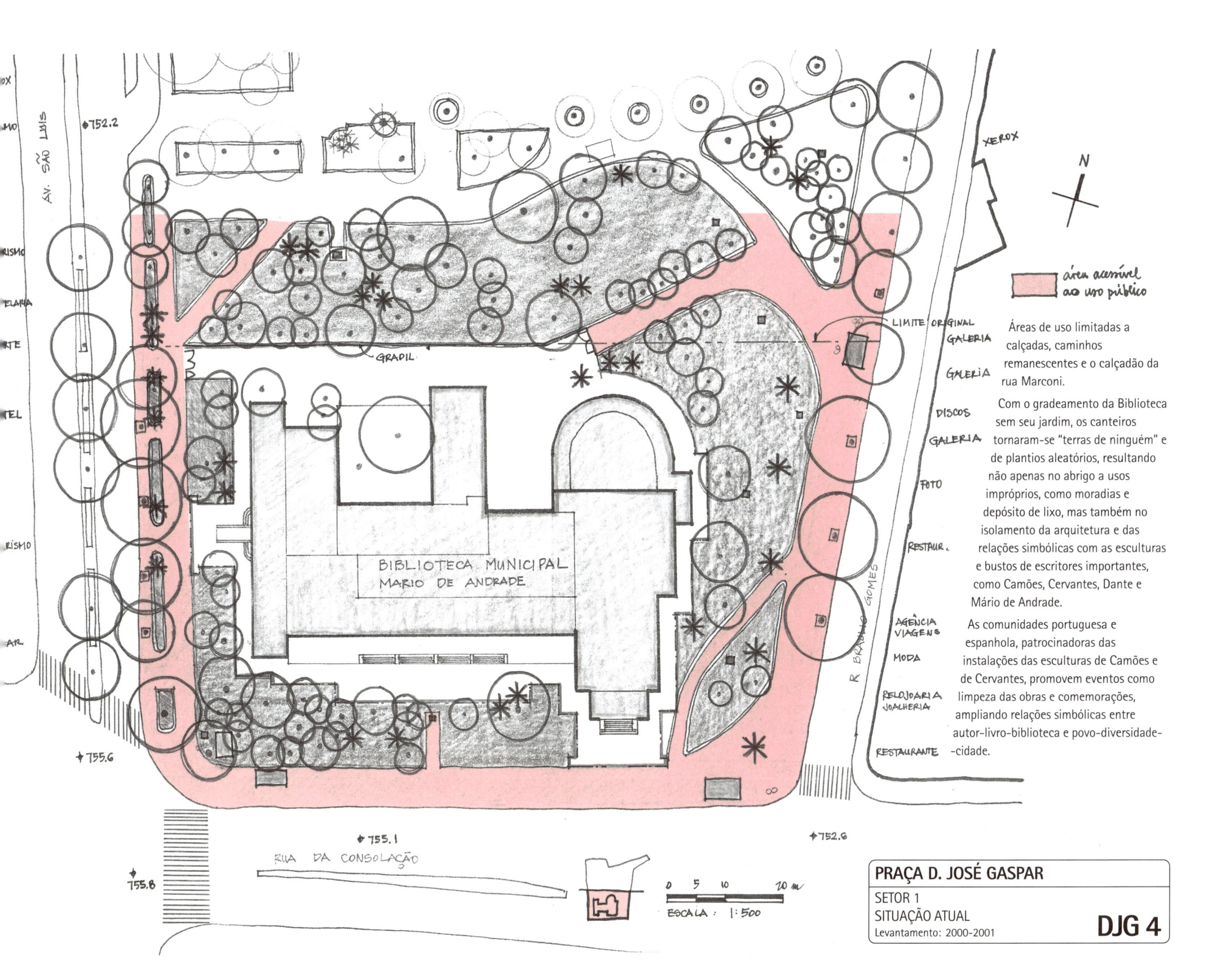

área acessível ao uso público

Áreas de uso limitadas a calçadas, caminhos remanescentes e o calçadão da rua Marconi.

Com o gradeamento da Biblioteca sem seu jardim, os canteiros tornaram-se "terras de ninguém" e de plantios aleatórios, resultando não apenas no abrigo a usos impróprios, como moradias e depósito de lixo, mas também no isolamento da arquitetura e das relações simbólicas com as esculturas e bustos de escritores importantes, como Camões, Cervantes, Dante e Mário de Andrade.

As comunidades portuguesa e espanhola, patrocinadoras das instalações das esculturas de Camões e de Cervantes, promovem eventos como limpeza das obras e comemorações, ampliando relações simbólicas entre autor-livro-biblioteca e povo-diversidade-cidade.

BIBLIOTECA MUNICIPAL MARIO DE ANDRADE

RUA DA CONSOLAÇÃO

ESCALA 1:500

PRAÇA D. JOSÉ GASPAR
SETOR 1
SITUAÇÃO ATUAL
Levantamento: 2000-2001

DJG 4

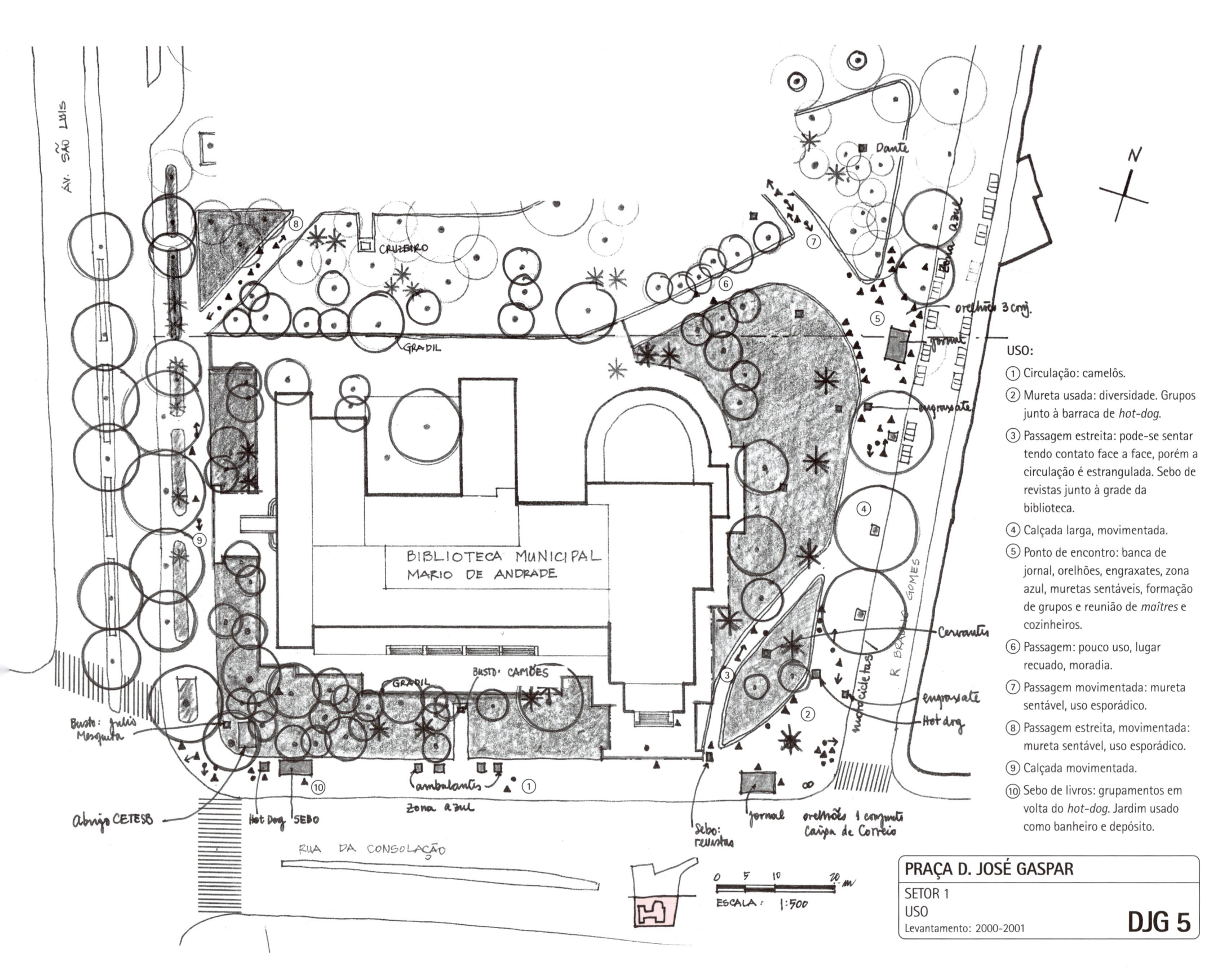

USO:

① Circulação: camelôs.

② Mureta usada: diversidade. Grupos junto à barraca de *hot-dog*.

③ Passagem estreita: pode-se sentar tendo contato face a face, porém a circulação é estrangulada. Sebo de revistas junto à grade da biblioteca.

④ Calçada larga, movimentada.

⑤ Ponto de encontro: banca de jornal, orelhões, engraxates, zona azul, muretas sentáveis, formação de grupos e reunião de *maîtres* e cozinheiros.

⑥ Passagem: pouco uso, lugar recuado, moradia.

⑦ Passagem movimentada: mureta sentável, uso esporádico.

⑧ Passagem estreita, movimentada: mureta sentável, uso esporádico.

⑨ Calçada movimentada.

⑩ Sebo de livros: grupamentos em volta do *hot-dog*. Jardim usado como banheiro e depósito.

PRAÇA D. JOSÉ GASPAR
SETOR 1
USO
Levantamento: 2000-2001

DJG 5

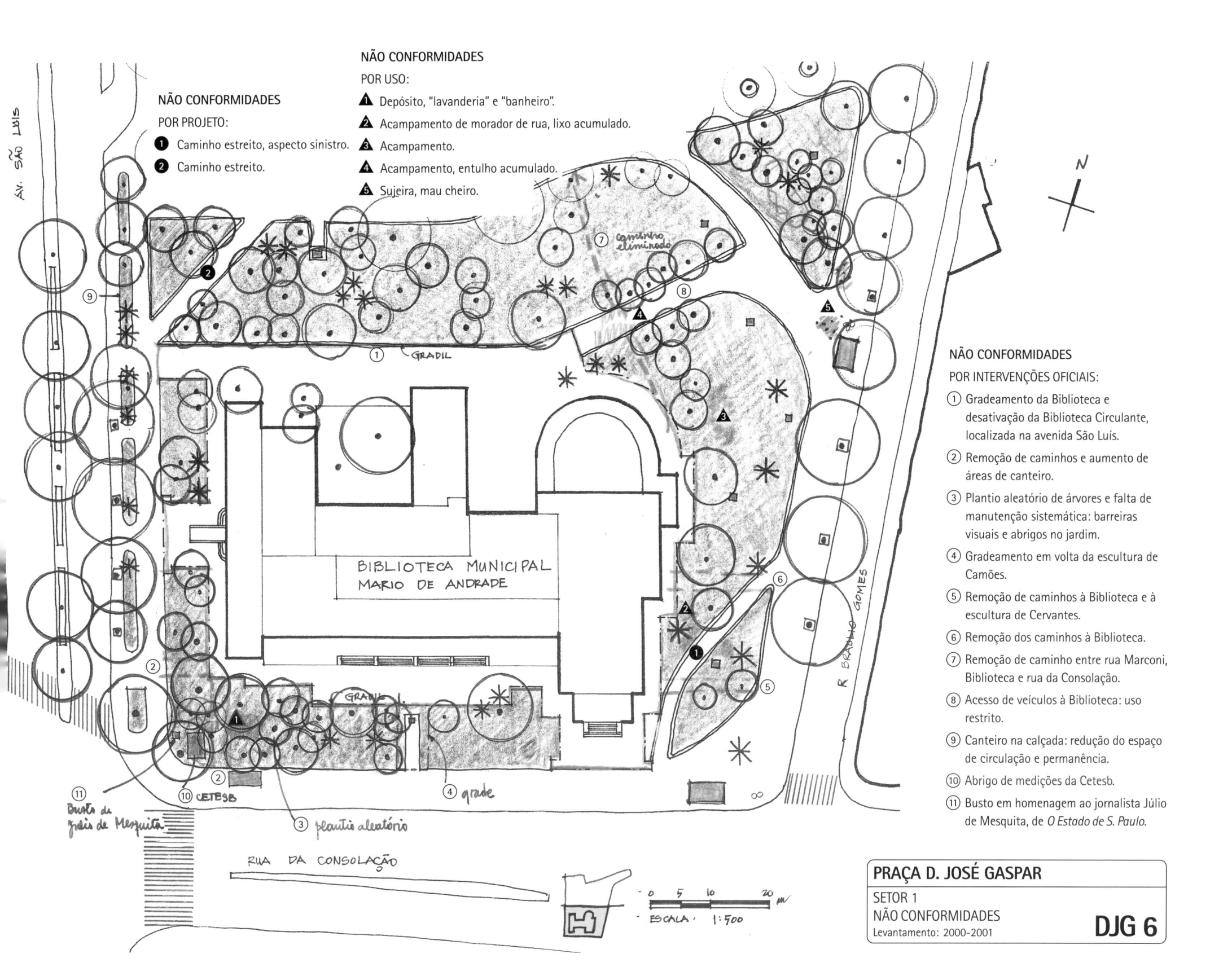

NÃO CONFORMIDADES

POR PROJETO:
- ❶ Caminho estreito, aspecto sinistro.
- ❷ Caminho estreito.

NÃO CONFORMIDADES

POR USO:
- ▲1 Depósito, "lavanderia" e "banheiro".
- ▲2 Acampamento de morador de rua, lixo acumulado.
- ▲3 Acampamento.
- ▲4 Acampamento, entulho acumulado.
- ▲5 Sujeira, mau cheiro.

NÃO CONFORMIDADES

POR INTERVENÇÕES OFICIAIS:
1. Gradeamento da Biblioteca e desativação da Biblioteca Circulante, localizada na avenida São Luís.
2. Remoção de caminhos e aumento de áreas de canteiro.
3. Plantio aleatório de árvores e falta de manutenção sistemática: barreiras visuais e abrigos no jardim.
4. Gradeamento em volta da escultura de Camões.
5. Remoção de caminhos à Biblioteca e à escultura de Cervantes.
6. Remoção dos caminhos à Biblioteca.
7. Remoção de caminho entre rua Marconi, Biblioteca e rua da Consolação.
8. Acesso de veículos à Biblioteca: uso restrito.
9. Canteiro na calçada: redução do espaço de circulação e permanência.
10. Abrigo de medições da Cetesb.
11. Busto em homenagem ao jornalista Júlio de Mesquita, de *O Estado de S. Paulo*.

AV. SÃO LUIS
BIBLIOTECA MUNICIPAL MARIO DE ANDRADE
R. BRAULIO GOMES
RUA DA CONSOLAÇÃO
GRADIL
caminho eliminado
Busto de Júlio de Mesquita
CETESB
plantio aleatório
grade

ESCALA 1:500
0 — 5 — 10 — 20 m

PRAÇA D. JOSÉ GASPAR
SETOR 1
NÃO CONFORMIDADES
Levantamento: 2000-2001

DJG 6

O PROJETO

Unidade espacial articulada ao tecido urbano, formada por arquitetura, jardins e calçadas.

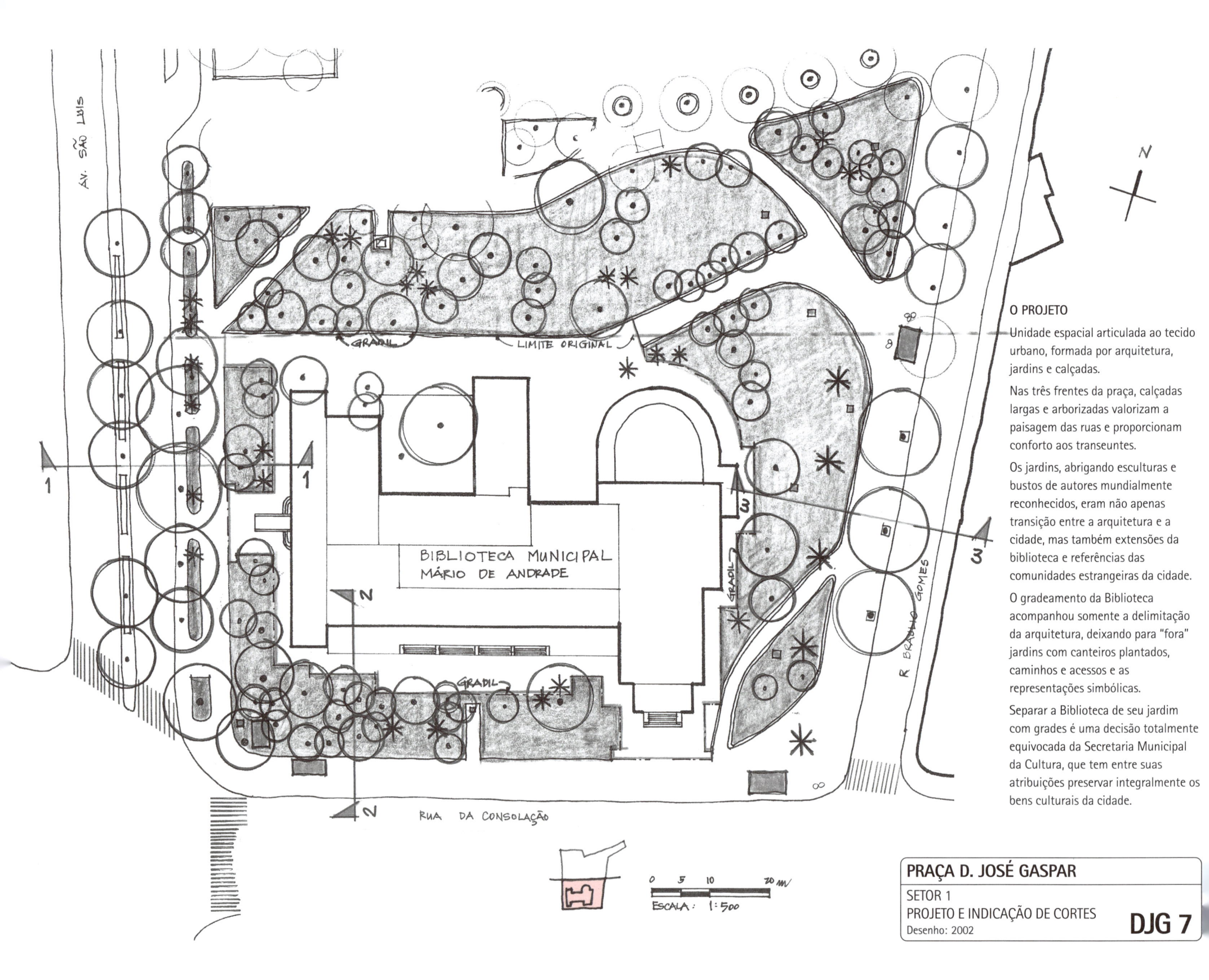

Nas três frentes da praça, calçadas largas e arborizadas valorizam a paisagem das ruas e proporcionam conforto aos transeuntes.

Os jardins, abrigando esculturas e bustos de autores mundialmente reconhecidos, eram não apenas transição entre a arquitetura e a cidade, mas também extensões da biblioteca e referências das comunidades estrangeiras da cidade.

O gradeamento da Biblioteca acompanhou somente a delimitação da arquitetura, deixando para "fora" jardins com canteiros plantados, caminhos e acessos e as representações simbólicas.

Separar a Biblioteca de seu jardim com grades é uma decisão totalmente equivocada da Secretaria Municipal da Cultura, que tem entre suas atribuições preservar integralmente os bens culturais da cidade.

(labels on plan: AV. SÃO LUIS; GRADIL; LIMITE ORIGINAL; BIBLIOTECA MUNICIPAL MÁRIO DE ANDRADE; GRADIL; R. BRAÚLIO GOMES; RUA DA CONSOLAÇÃO; ESCALA: 1:500)

PRAÇA D. JOSÉ GASPAR
SETOR 1
PROJETO E INDICAÇÃO DE CORTES
Desenho: 2002

DJG 7

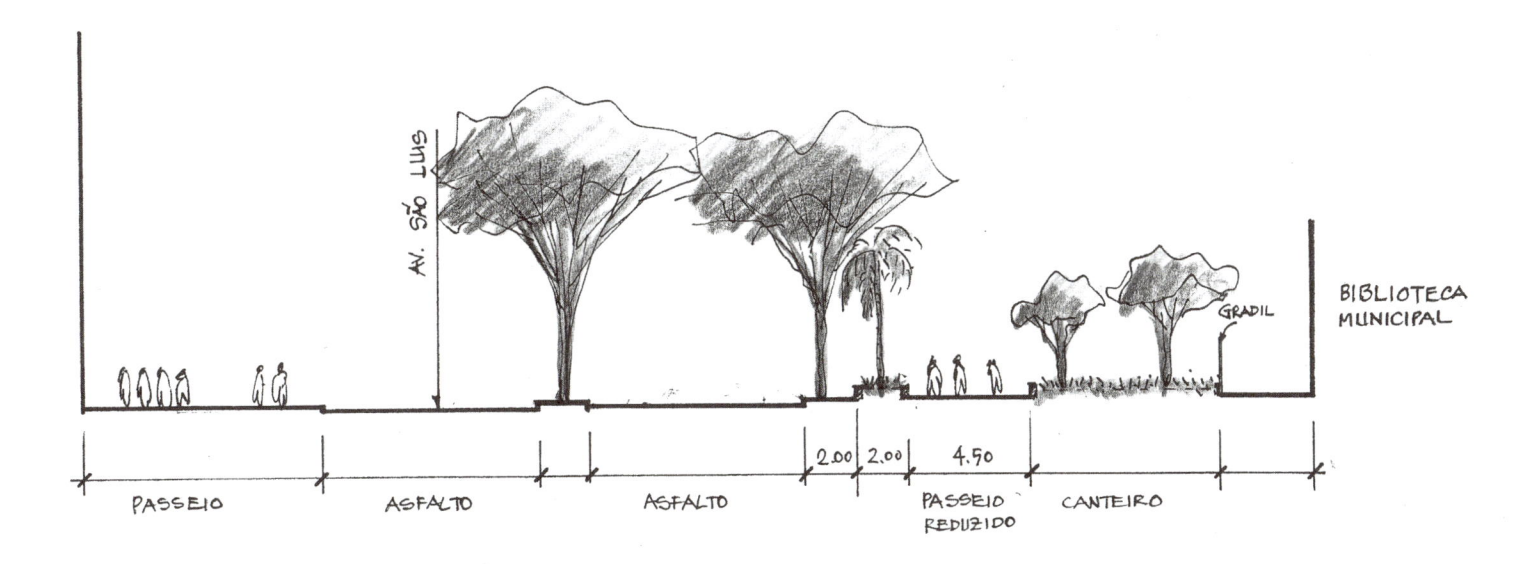

CORTE 1

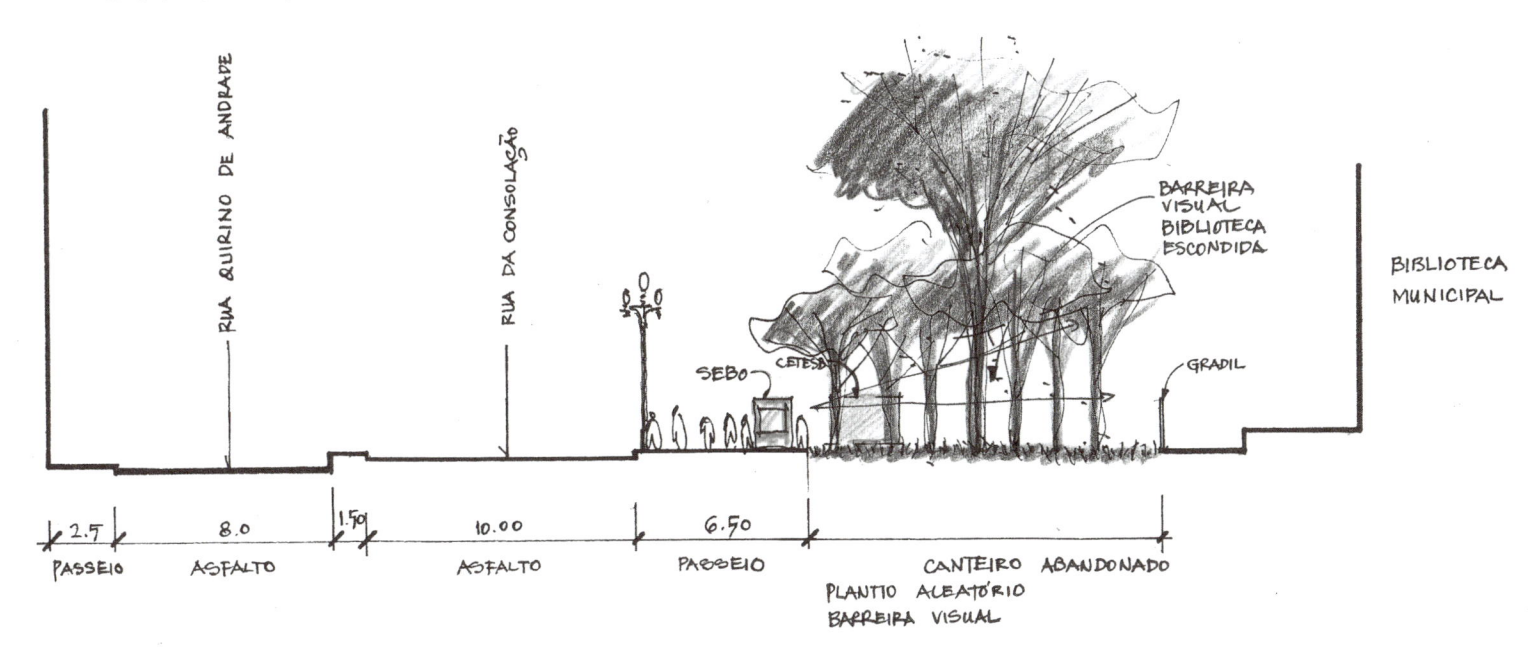

PASSEIO	ASFALTO	ASFALTO	2.00	2.00	4.50	
			PASSEIO REDUZIDO		CANTEIRO	

AV. SÃO LUIS

BIBLIOTECA MUNICIPAL

GRADIL

CORTE 2

RUA QUIRINO DE ANDRADE

RUA DA CONSOLAÇÃO

SEBO · CETESB

BARREIRA VISUAL BIBLIOTECA ESCONDIDA

BIBLIOTECA MUNICIPAL

GRADIL

2.5	8.0	1.50	10.00	6.50	
PASSEIO	ASFALTO		ASFALTO	PASSEIO	CANTEIRO ABANDONADO PLANTIO ALEATÓRIO BARREIRA VISUAL

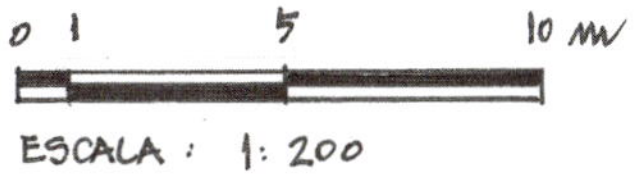

ESCALA 1:200

PRAÇA D. JOSÉ GASPAR
SETOR 1
CORTES 1 E 2
Desenho: 2002

DJG 8

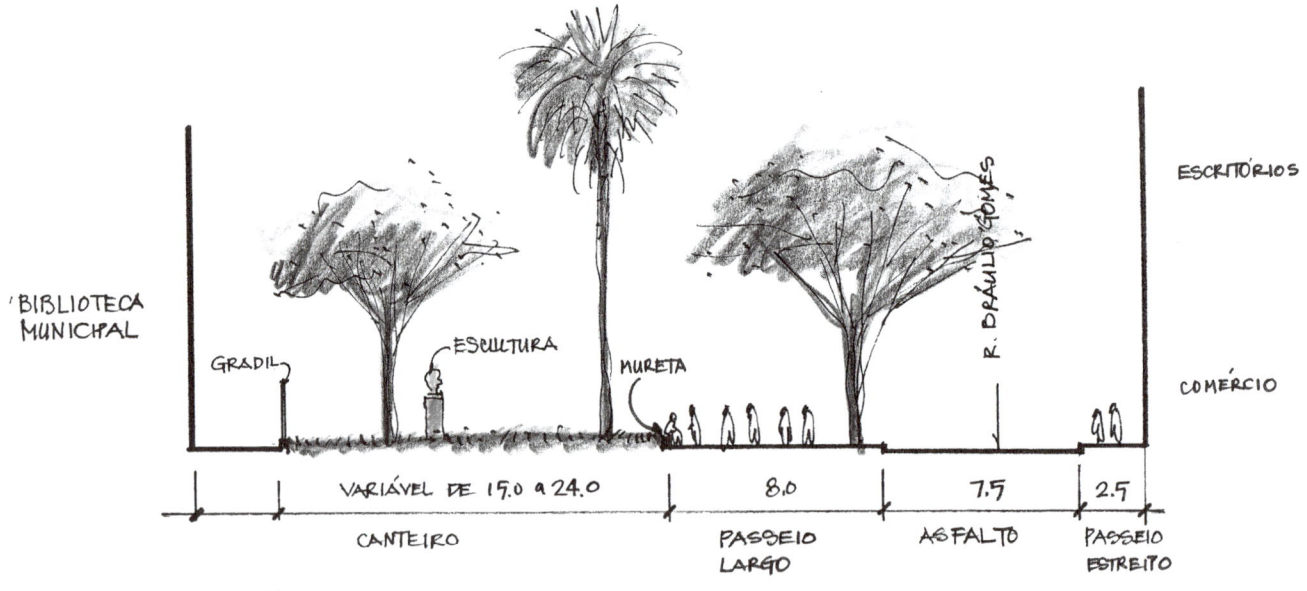

CORTE 3

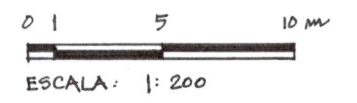

- BIBLIOTECA MUNICIPAL
- GRADIL
- ESCULTURA
- MURETA
- R. BRÁULIO GOMES
- ESCRITÓRIOS
- COMÉRCIO

| VARIÁVEL DE 19.0 a 24.0 | 8.0 | 7.5 | 2.5 |
| CANTEIRO | PASSEIO LARGO | ASFALTO | PASSEIO ESTREITO |

0 1 5 10 m
ESCALA: 1:200

PRAÇA D. JOSÉ GASPAR
SETOR 1
CORTE 3
Desenho: 2002

DJG 9

Delimitação fluida da praça: incorporação da rua Marconi, com suas largas calçadas, e, ao mesmo tempo, eliminação do jardim público que fazia a transição entre a Biblioteca e a rua e que possibilitava o convívio social.

Dois fatos ocorridos na década de 1980 foram responsáveis pelo *shift* da praça-jardim da Biblioteca para o calçadão da rua Marconi.

O primeiro foi a transformação da rua Marconi em calçadão com árvores e bancos, promovida pela Emurb em 1981. A principal motivação foi tentar impedir o popular "jogo de futebol" praticado por *office-boys* na hora do almoço. As árvores plantadas no espaço da rua, à sombra dos prédios, pouco acrescentavam à qualidade ambiental do lugar. Com o tempo, os bancos desapareceram dando lugar a muretas, orelhões, grelhas de ventilação do metrô, bancas de jornal e de flores.

O segundo fato refere-se ao gradeamento da Biblioteca, executado em 1985, e a substituição dos caminhos por canteiros, eliminando-se não apenas acessos à Biblioteca, mas também o uso do jardim, isto é, a praça que existia.

PRAÇA D. JOSÉ GASPAR
SETOR 2
SITUAÇÃO ATUAL
Levantamento: 2001-2002

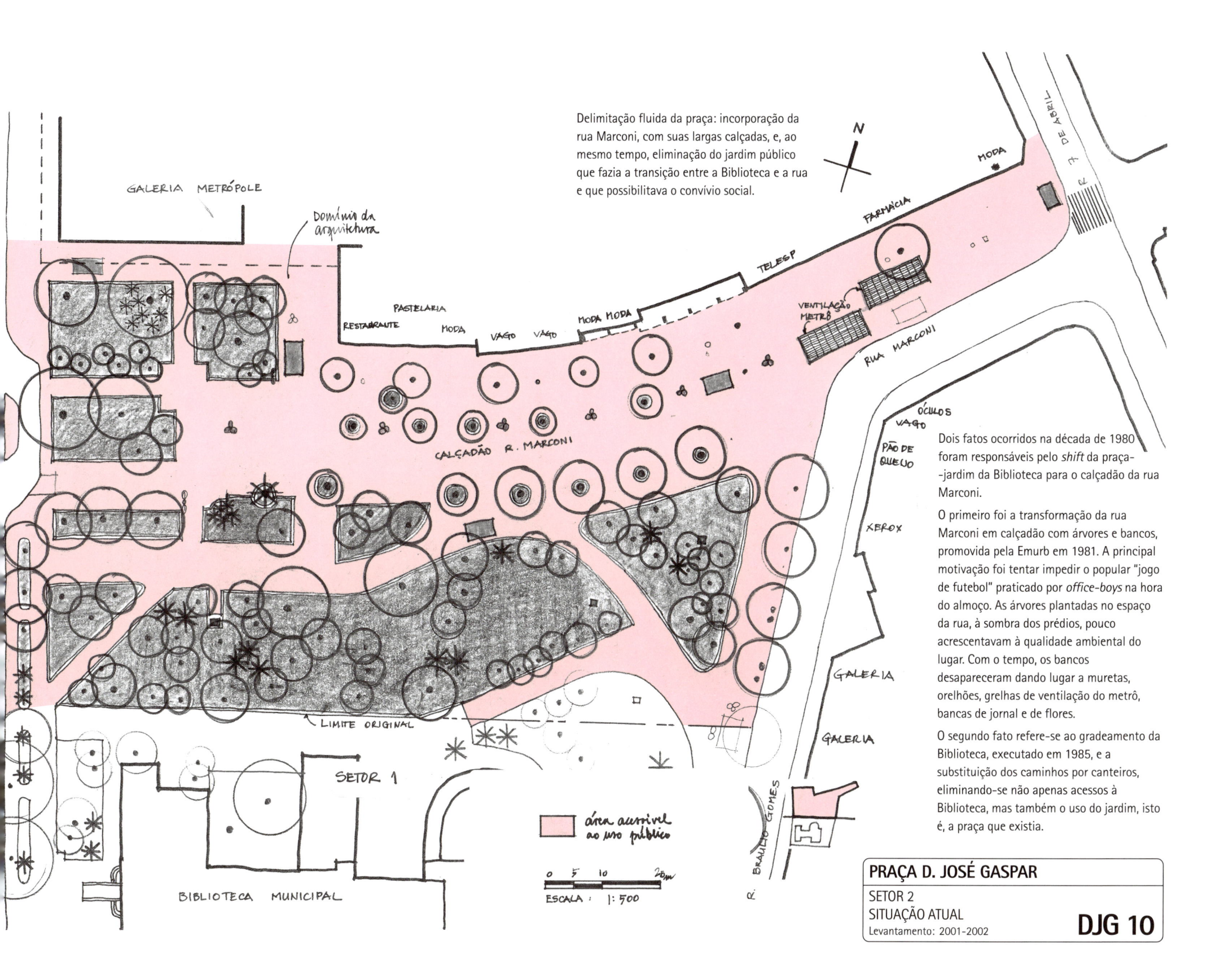

DJG 10

USO

① Circulação de pedestres.

② Travessia, concentração de pedestres.

③ "Alameda": passeio, estar.

④ Circulação de pedestres, para travessia da avenida São Luís fora do local indicado.

⑤ Caminho estreito, usado.

⑥ Calçada larga semicoberta: bem usada, presença de ambulantes.

⑦ Caminho estreito, pouco usado.

⑧ Passagem larga, bem usada: banca de jornal e ambulantes no caminho.

⑨ Área aberta: uso diversificado, eventos musicais, estacionamento nos fins de semana e exposição de quadros. Grupos sociais em pé.

⑩ Área muito usada para sentar: grupos sociais diversificados, com a presença de mulheres e casais de namorados.

⑪ Calçadão: circulação intensa e muretas-banco muito usadas. Muitos grupos sociais, entre sentados e em pé. Presença feminina reduzida. Orelhões bem usados.

⑫ Circulação de pedestres e engraxates organizados ao longo da antiga guia, entre árvores e postes remanescentes.

⑬ Cruzeiro em homenagem ao bispo Dom José Gaspar e ao jardim do antigo palácio episcopal.

⑭ Banca de jornal e de plantas e flores.

⑮ Sebo.

⑯ Estacionamento seletivo.

⑰ Calçada larga bem movimentada: concentração de ambulantes. Espaço recortado pela grelhas da ventilação do metrô.

PRAÇA D. JOSÉ GASPAR
SETOR 2
USO
Levantamento: 2000-2001

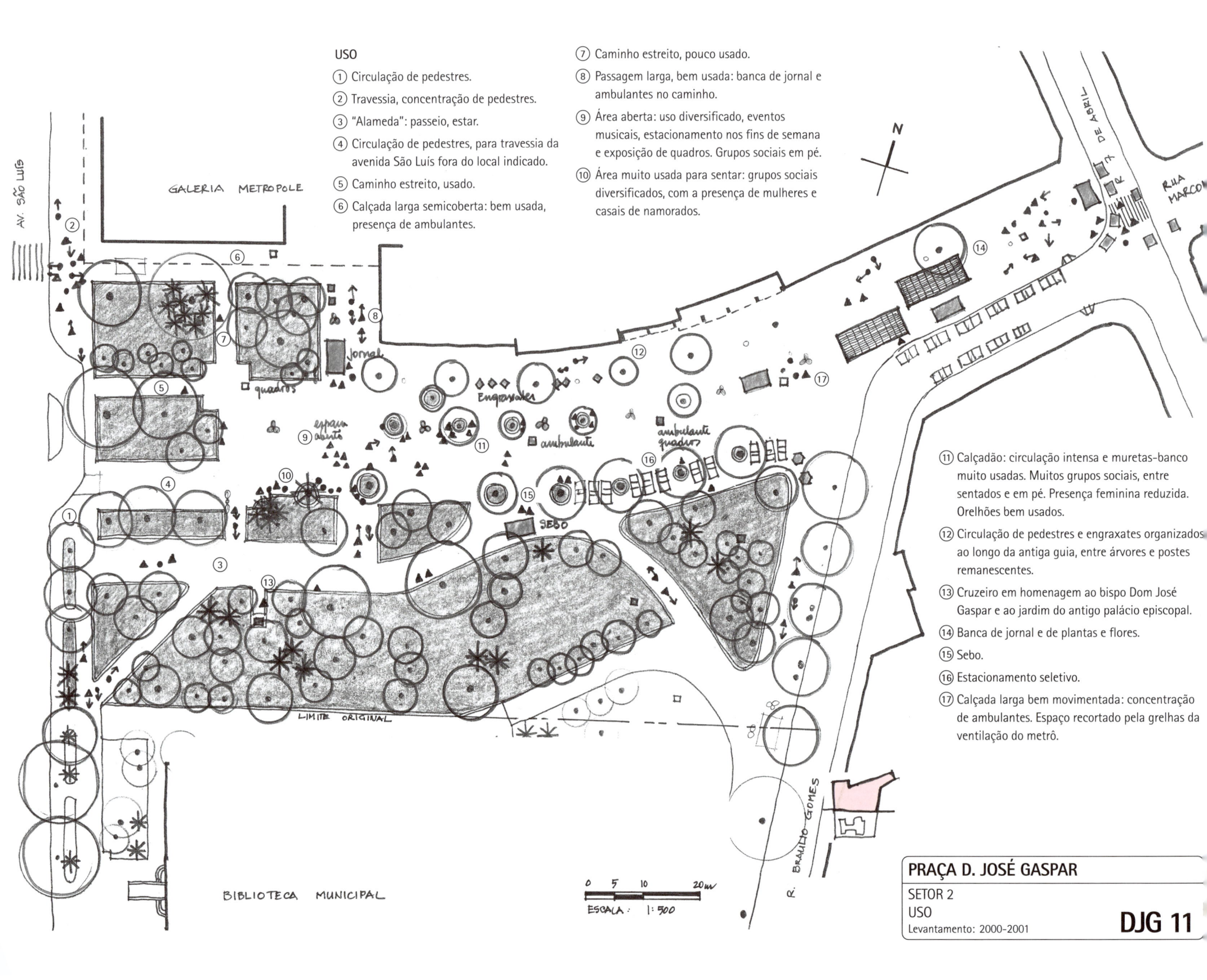

DJG 11

1. Confluência da rua Marconi com a Galeria Metrópole. Espaço usado por grupos diversos, no sol e na sombra. Banca de jornal obstruindo o acesso à galeria (meio-dia, segunda-feira, 27 de maio de 2000).

2. Praça em frente às galerias da rua Bráulio Gomes. Ponto de encontro de cozinheiros, garçons e *maîtres*. Formação de grupos sociais. Automóvel usado como encosto (hora do almoço, terça-feira, 2 de maio de 2000).

3. Calçadão na rua Marconi: circulação e permanência. Uso intenso: grupos diversos, engraxates e vendedores. Guarda-sóis dos engraxates acompanham a curva da rua, reforçada pela arquitetura. Caminhos paralelos, sem distinção de hierarquia ou uso (hora do almoço, sexta-feira, 2 de junho de 2000).

4. Esquina da rua Bráulio Gomes com a rua Coronel Xavier de Toledo. Esquina aberta, mureta usada para sentar. Vendedor de cachorro-quente e engraxate animam o espaço. Estacionamento de motocicletas (meio da tarde, segunda-feira, 27 de maio de 2000).

PRAÇA D. JOSÉ GASPAR
USO
Fotos: Sun Alex, 2000

DJG 12

NÃO CONFORMIDADES

POR USO:

1. Ponto de acumulação do lixo para coleta.
2. Mau cheiro e sujeira humana.
3. Acampamento.
4. Concentração de papel picado.
5. Acampamento e lixo.
6. Concentração de caçambas para entulho.
7. Concentração de ambulantes e acúmulo de lixo.

NÃO CONFORMIDADES

POR INTERVENÇÕES OFICIAIS:

1. Gradeamento da Biblioteca.
2. Eliminação de caminhos e aumento da área de canteiros.
3. Plantio aleatório de árvores, falta de manutenção.
4. Calçada descontínua na avenida São Luís.
5. Orelhão no centro do espaço aberto.
6. Grelhas de ventilação do metrô no calçadão.
7. Acesso confuso de veículos.
8. Estacionamento seletivo sem regras explícitas nem fiscalização.
9. Substituição dos bancos de madeira por muretas em volta das árvores.

NÃO CONFORMIDADES

POR PROJETO:

1. Caminhos estreitos.
2. Calçada da Galeria Metrópole: largura reduzida.
3. Caminho estreito desarticulado.
4. Estar junto ao cruzeiro dissimulado.

ESCALA: 1:500

PRAÇA D. JOSÉ GASPAR
SETOR 2
NÃO CONFORMIDADES
Levantamento: 2000-2002

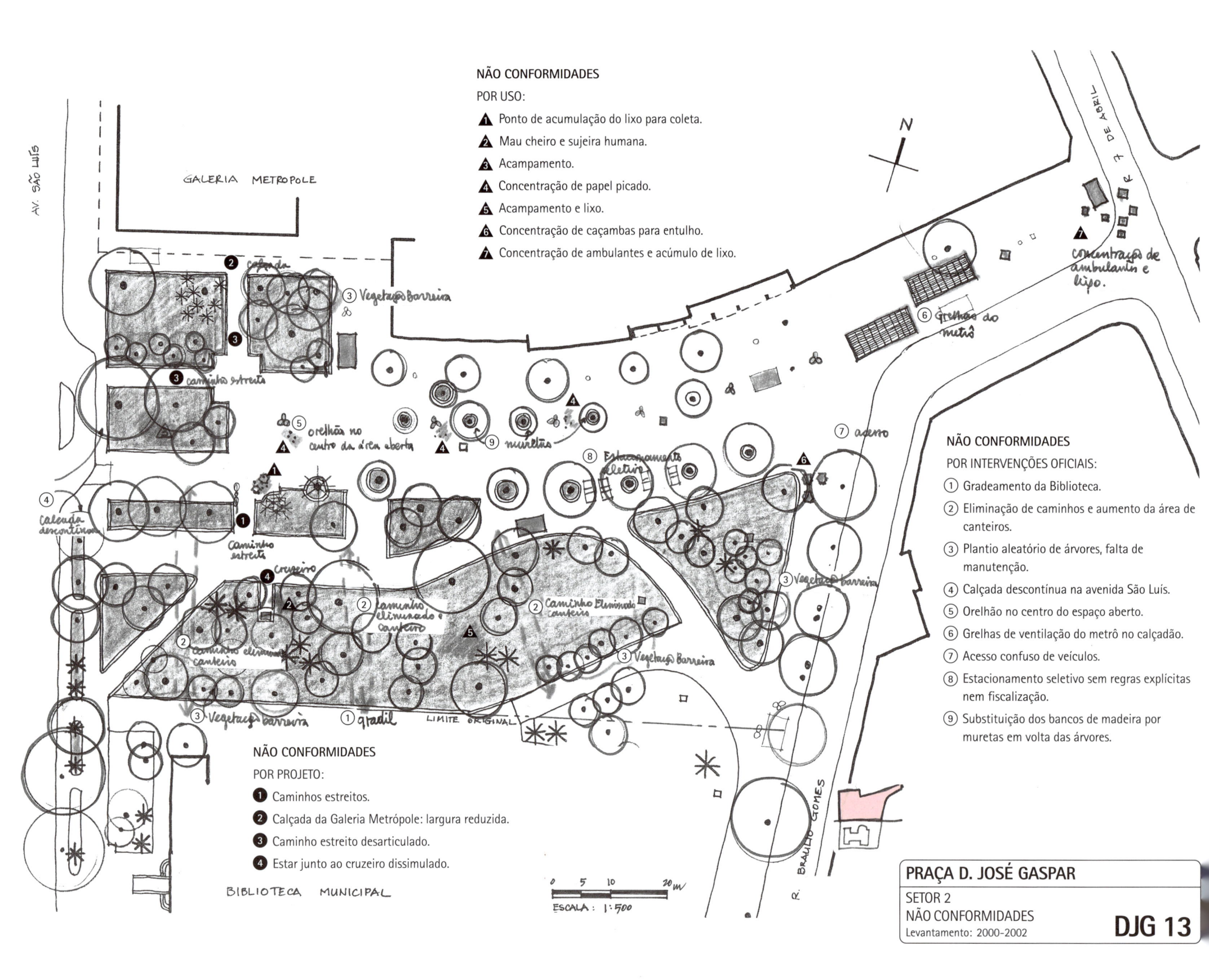

DJG 13

5. Não conformidades por intervenção oficial: "orelhões" no centro do espaço aberto. Por uso: roupas secando no canteiro (meio da tarde, sábado, 3 de junho de 2000).

6. Não conformidade por intervenção oficial: a Biblioteca gradeada, próxima, mas inacessível. Jardim público ou barreiras física e visual? (27 de maio de 2000).

7. Não conformidades por projeto e manutenção. Ausência de delimitação entre área do pedestre e a do automóvel. Estacionamento zona azul não controlado e canteiros abandonados. Ausência de locais confortáveis para sentar (2 de junho de 2000).

8. Não conformidades por projeto e uso. Esquina da rua Marconi com a Sete de Abril. Ausência de acessibilidade universal na travessia de pedestres. Banca de jornal e ambulantes formam barreiras físicas e visuais (meio da tarde, terça-feira, 2 de maio de 2000).

PRAÇA D. JOSÉ GASPAR

NÃO CONFORMIDADES

Fotos: Sun Alex, 2000

DJG 14

O PROJETO

Ao longo dos sessenta anos desde a sua inauguração, a praça Dom José Gaspar não apenas mudou de lugar como também de caráter.

A atual praça Dom José Gaspar, confundida com a rua Marconi, é um lugar de passagem e convergência de vários caminhos e de permanência, usado por uma grande quantidade e diversidade de pessoas, especialmente no horário do almoço (entre 12 e 15 horas) durante a semana.

A longevidade e as mudanças da praça Dom José Gaspar revelam:

1. Integração dos espaços entre arquitetura, jardim, passeios e ruas e possibilidades de uso e adaptação do espaço livre.

2. Relações afetivas entre pessoas e com a praça, por exemplo, o encontro de corretores de terrenos e de *maîtres* e cozinheiros e a recente mobilização dos usuários contra a remoção de árvores proposta pela Emurb.

A falta de manutenção sistemática dos canteiros induz a um plantio indiscriminado de árvores em quantidade, variedade e espaçamento, que, sem condições adequadas para o desenvolvimento, produzem troncos finos, porte mirrado e galhagem baixa, tornando-se barreiras visuais que, além de criar abrigos escondidos, acentuam o isolamento da praça e relação a seu entorno.

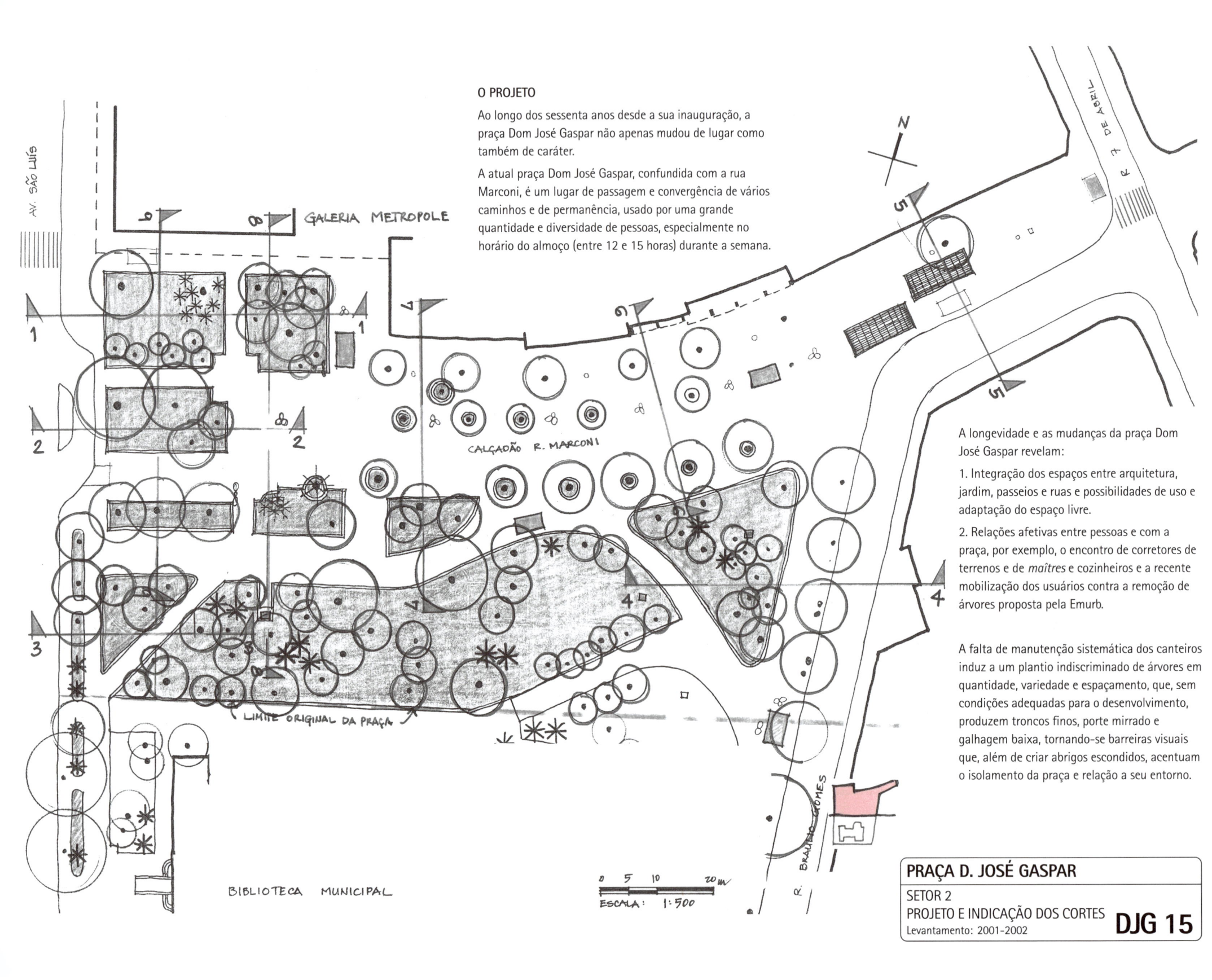

PRAÇA D. JOSÉ GASPAR
SETOR 2
PROJETO E INDICAÇÃO DOS CORTES
Levantamento: 2001-2002
DJG 15

CORTE 1

PASSEIO	ASFALTO	ASFALTO	PASSEIO	CANTEIRO ELEVADO - ISOLANDO A PRAÇA DA RUA	CAMINHO ESTREITO
			8,5	2,0	3,0

Av. São Luís

área sombreada
Barreira visual
aspecto descuidado

mureta

CORTE 2

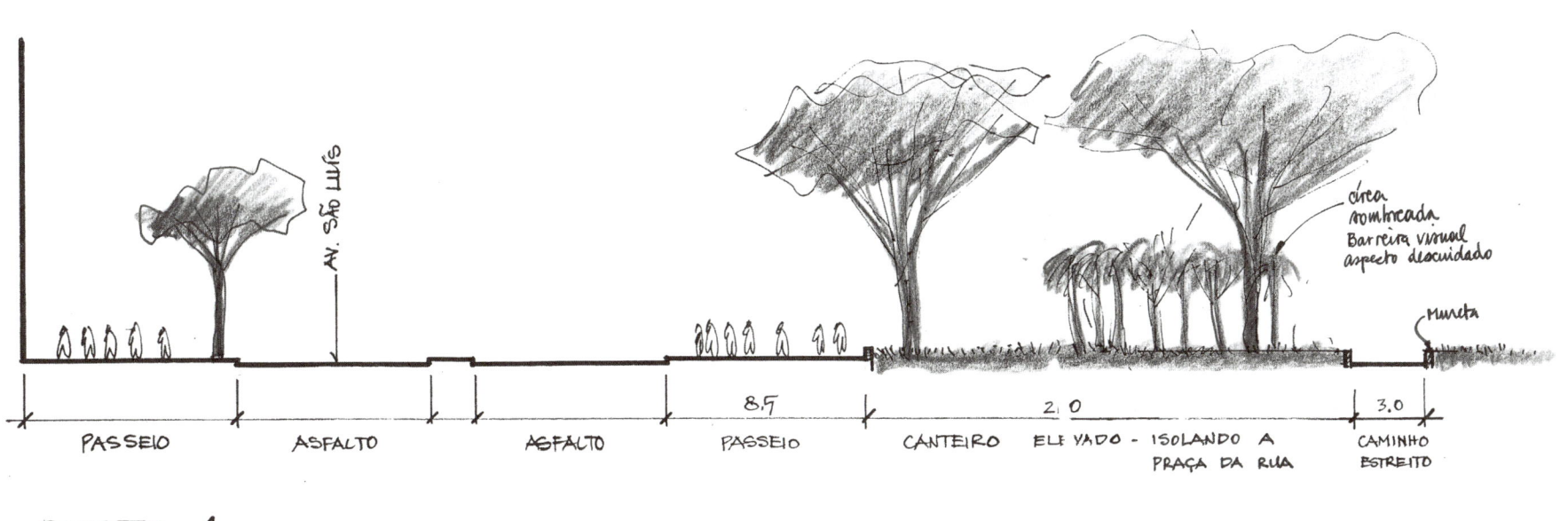

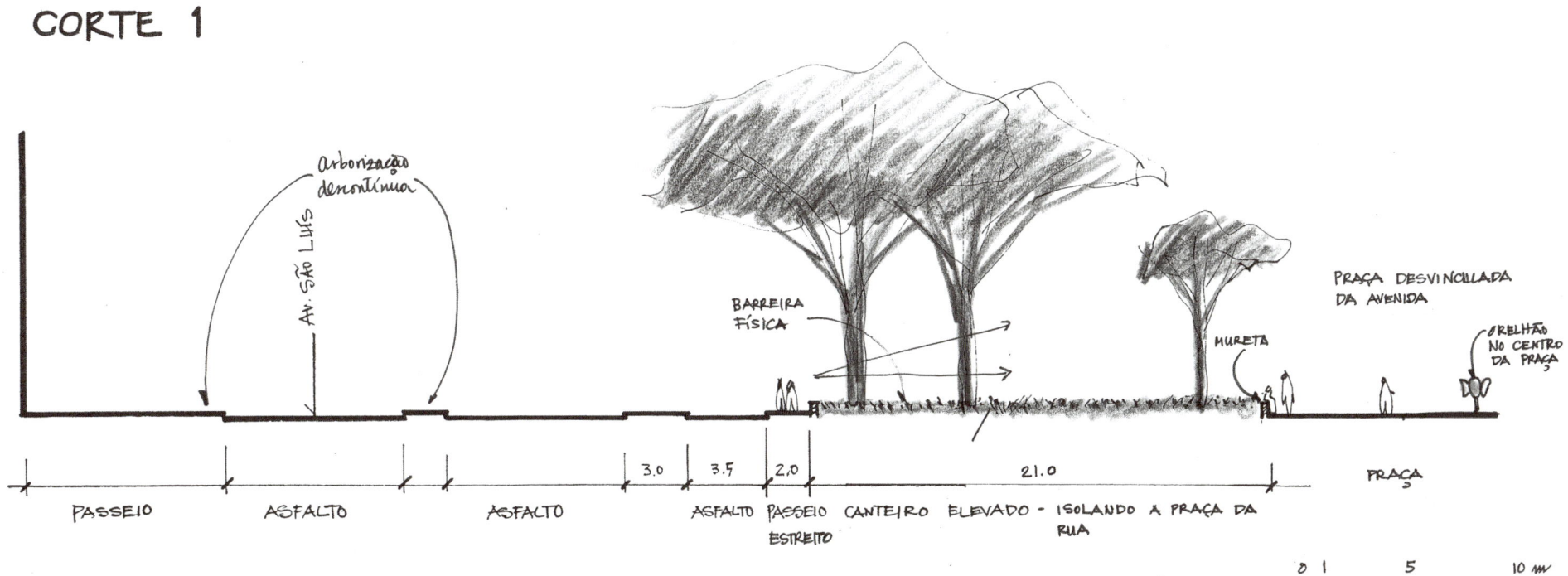

Arborização descontínua

Av. São Luís

BARREIRA FÍSICA

MURETA

PRAÇA DESVINCULADA DA AVENIDA

orelhão no centro da praça

PASSEIO	ASFALTO	ASFALTO	ASFALTO	PASSEIO ESTREITO	CANTEIRO ELEVADO - ISOLANDO A PRAÇA DA RUA	PRAÇA
			3,0	3,5	2,0	21,0

0 1 5 10 m
ESCALA 1:200

PRAÇA D. JOSÉ GASPAR
SETOR 2
CORTES 1 E 2
Desenho: 2001-2002

DJG 16

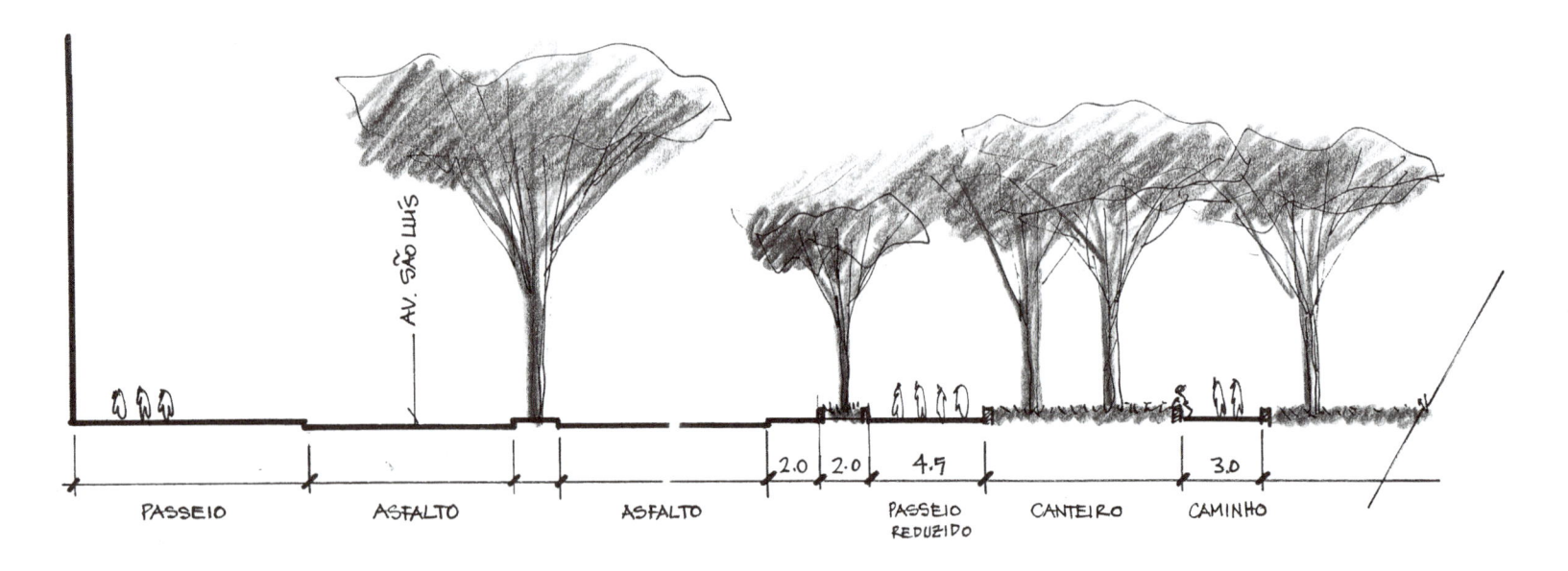

CORTE 3

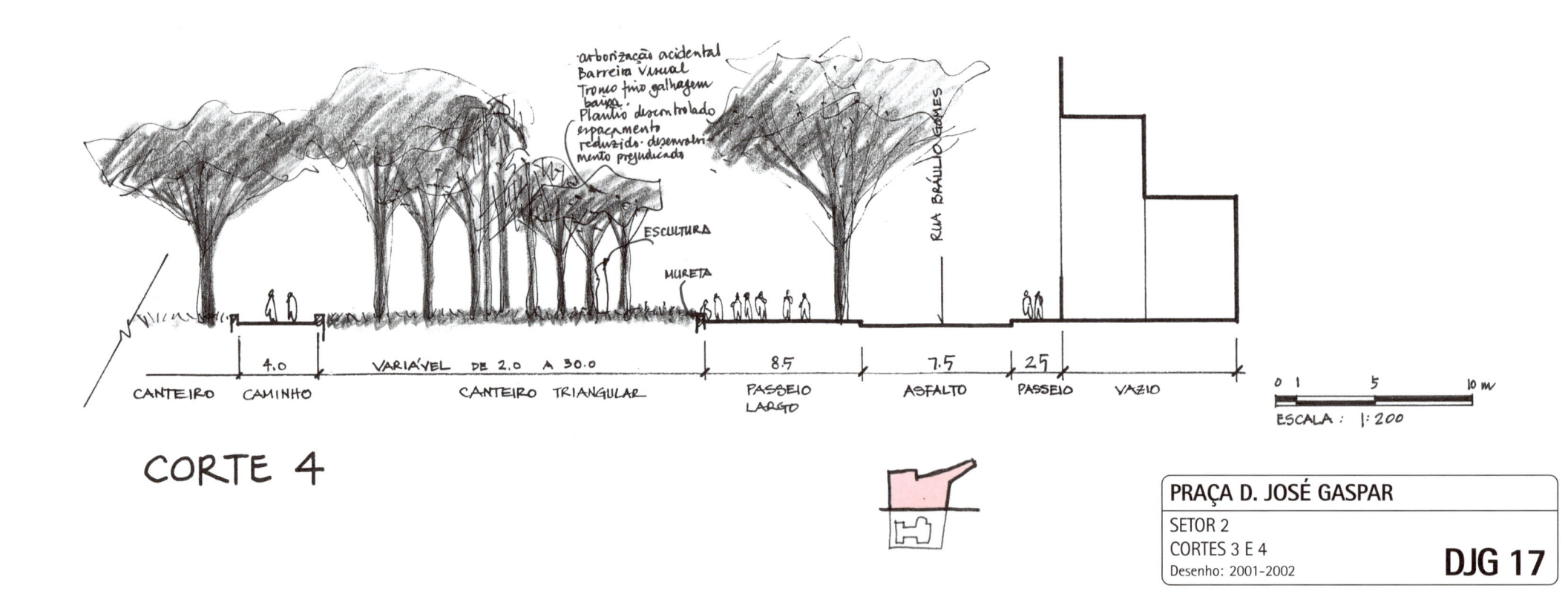

2.0	2.0	4.5		3.0	

PASSEIO — ASFALTO — ASFALTO — PASSEIO REDUZIDO — CANTEIRO — CAMINHO

AV. SÃO LUÍS

CORTE 4

- arborização acidental
- barreira visual
- tronco fino galhagem baixa
- plantio descontrolado
- espaçamento reduzido: desenvolvimento prejudicado

ESCULTURA
MURETA
RUA BRÁULIO GOMES

4.0	VARIÁVEL DE 2.0 A 30.0	8.5	7.5	2.5	
CANTEIRO CAMINHO	CANTEIRO TRIANGULAR	PASSEIO LARGO	ASFALTO	PASSEIO	VAZIO

ESCALA: 1:200

PRAÇA D. JOSÉ GASPAR
SETOR 2
CORTES 3 E 4
Desenho: 2001-2002

DJG 17

CORTE 5

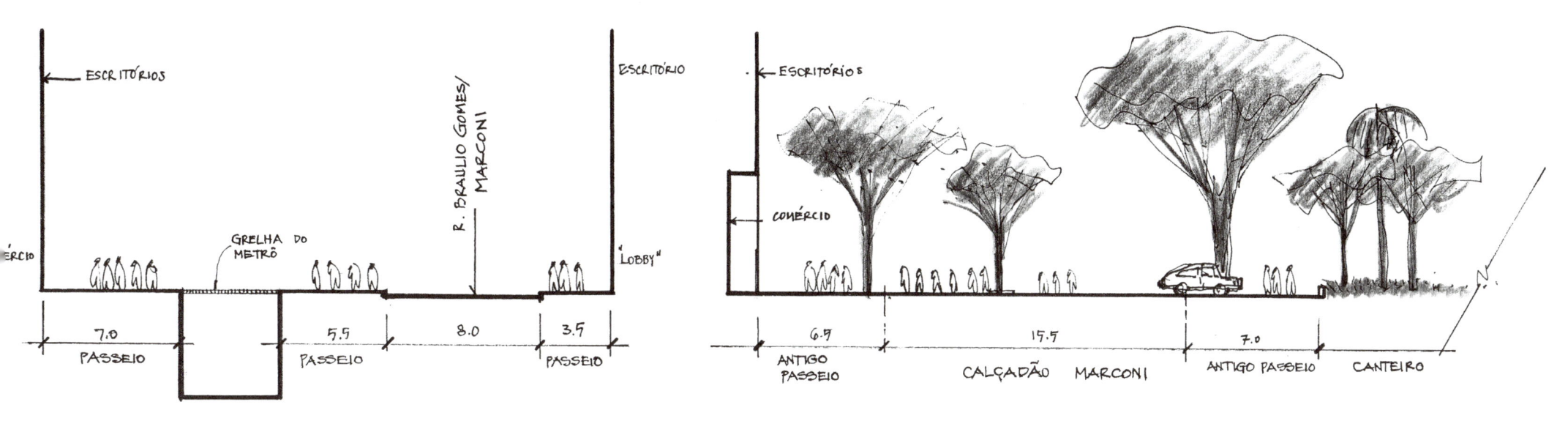

- ESCRITÓRIOS
- ERCIO
- GRELHA DO METRÔ
- R. BRAULIO GOMES / MARCONI
- ESCRITÓRIO
- "LOBBY"
- 7.0 PASSEIO | 5.5 PASSEIO | 8.0 | 3.5 PASSEIO

CORTE 6

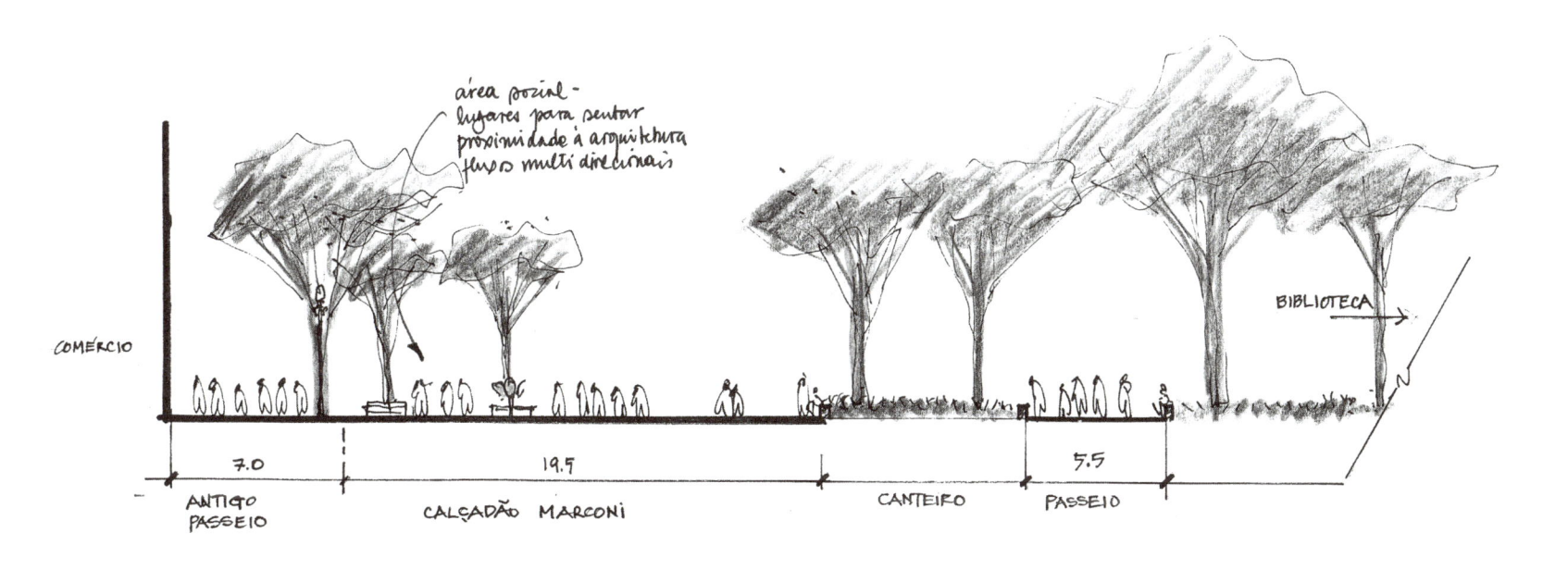

- ESCRITÓRIOS
- COMÉRCIO
- 6.7 ANTIGO PASSEIO | 15.5 CALÇADÃO MARCONI | 7.0 ANTIGO PASSEIO | CANTEIRO

CORTE 7

área social - lugares para sentar
proximidade à arquitetura
fluxos multi direcionais

- COMÉRCIO
- BIBLIOTECA
- 7.0 ANTIGO PASSEIO | 19.5 CALÇADÃO MARCONI | CANTEIRO | 5.5 PASSEIO

ESCALA 1:200

PRAÇA D. JOSÉ GASPAR
SETOR 2
CORTES 5 A 7
Desenho: 2001-2002

DJG 18

CORTE 8

- RESTAURANTE
- "LOBBY"
- Canteiro / Barreira impedimento a extensão das atividades da arquitetura
- MURETA
- "ORELHÃO"
- MURETAS
- MURETA
- BIBLIOTECA →
- CRUZEIRO

6.5	16.0	20.0	8.0	8.0	
PASSEIO	CANTEIRO BARREIRA ENTRE A ARQUITETURA E PRAÇA	PRAÇA – CALÇADÃO ABERTA – PORÉM ISOLADA DA GALERIA METRÓPOLE	CANTEIRO	CAMINHO LARGO	CANTEIRO

CORTE 9

- RESTAURANTE
- SERVIÇOS COMÉRCIO
- Caminho Aspecto Sombrio

6.5	16.0	3.0	11.0	8.0	7.0	8.0
PASSEIO	CANTEIRO BARREIRA ENTRE ARQUITETURA E PRAÇA	CAMINHO ESTREITO	CANTEIRO	ACESSO VEÍCULOS	CANTEIRO	CAMINHO

ESCALA 1:200

PRAÇA D. JOSÉ GASPAR
SETOR 2
CORTES 8 E 9
Desenho: 2001-2002

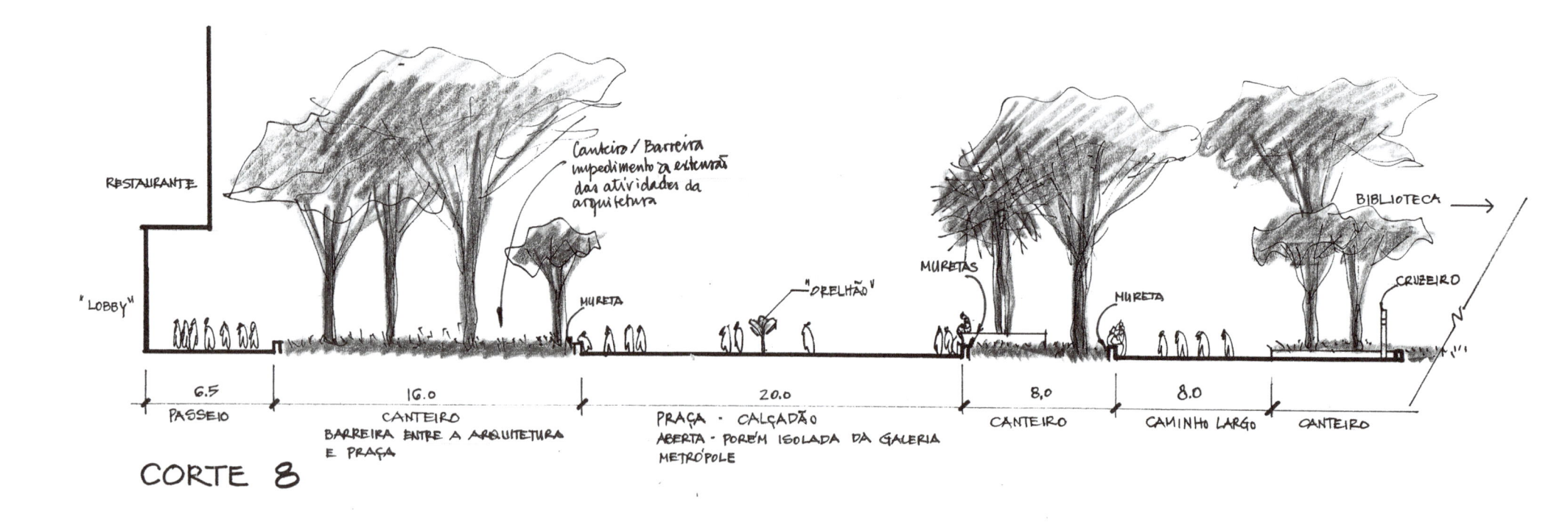

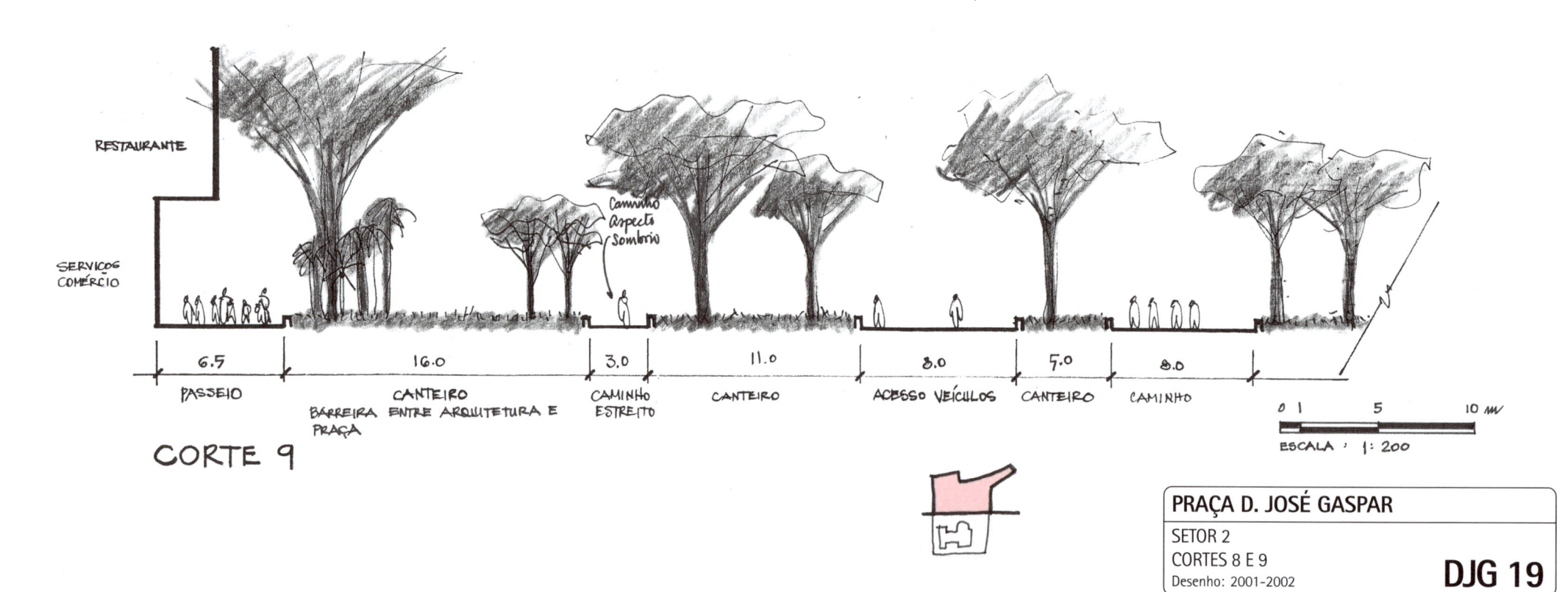

DJG 19

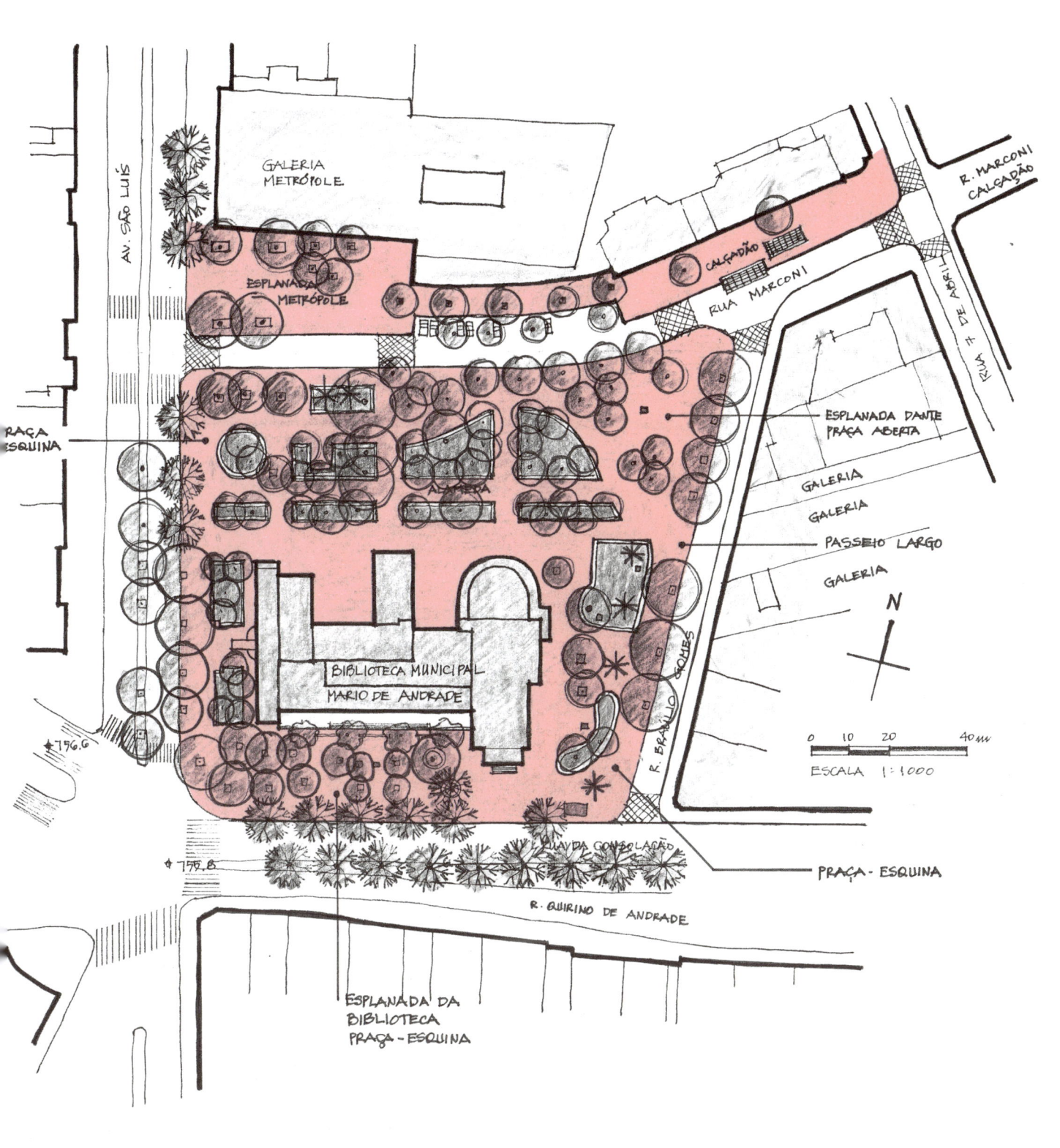

ALTERNATIVAS

USO, ACESSO E INTEGRAÇÃO COM O ENTORNO

Aumento de quantidade e variedade de áreas de uso, de acessibilidade e de integração com o entorno.

A reabertura da rua Marconi ligando a rua Sete de Abril à avenida São Luís restabelece a ordem urbanística com clara delimitação do espaço público-praça e o domínio da arquitetura e seus espaços semipúblicos. A redefinição da quadra possibilitará recuperar passeios largos em todo o perímetro da praça e resgatar as esquinas, locais naturais de convergência de fluxos de pedestres, para o convívio social.

Resgatam-se passeios largos ao longo das ruas, junto à arquitetura, e uma ampla esplanada na frente da Galeria Metrópole. O acesso por veículos e um pequeno estacionamento são estratégicos para estimular o desenvolvimento do comércio, e, especialmente, a integração dos pavimentos térreos com o espaço público.

A remoção do gradil em volta da Biblioteca restaura a unidade espacial original formada pela arquitetura e seu espaço aberto. Uma grande esplanada na rua da Consolação comporá a fachada da Biblioteca e servirá de ponto de encontro para usuários e transeuntes.

Na rua Bráulio Gomes, passeios largos e áreas de estar integrarão as atividades da arquitetura e os fluxos gerados pelas galerias de ligação com a rua Sete de Abril.

Entre a Biblioteca e a rua Marconi, recupera-se o jardim público, extensão da arquitetura e articulação com o entorno. Caminhos largos, canteiros e lugares para sentar são os elementos básicos de composição.

PRAÇA D. JOSÉ GASPAR

ALTERNATIVAS
USO, ACESSO E ENTORNO
Desenho: 2003

DJG 20

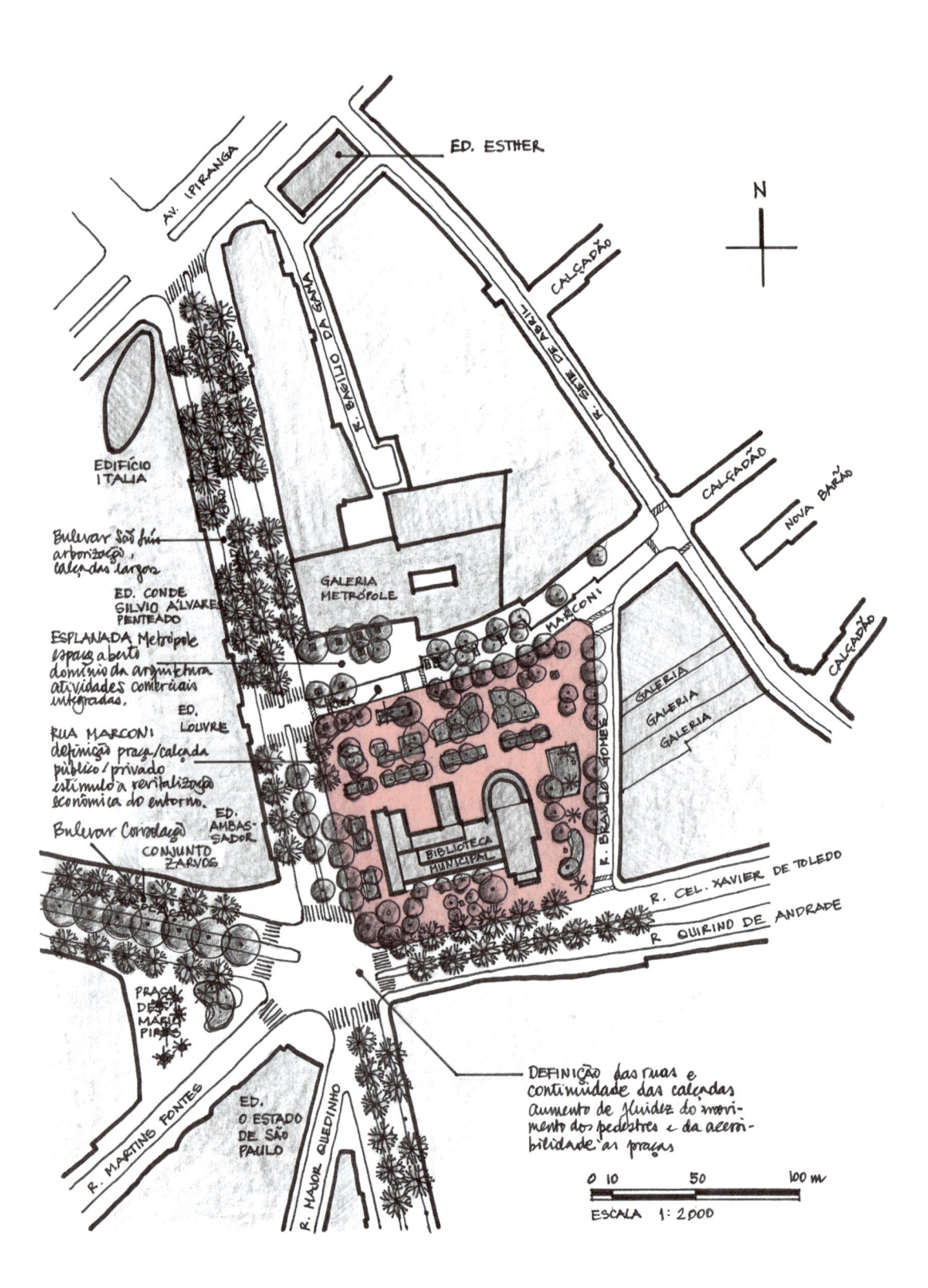

ALTERNATIVAS: Articulação do tecido urbano

Verificação da proposta reinserida no tecido urbano: a praça Dom José Gaspar vista não apenas como um centro de convergência da vizinhança, mas também como espaço de transição entre o Centro tradicional, dos calçadões e quarteirões compactamente construídos, e o Centro moderno, dos edifícios altos e das ruas e calçadas largas.

A reabertura da rua Marconi permite definir com clareza os espaços públicos e os domínios da arquitetura, aumentar a permeabilidade e a legibilidade da praça, estimular o desenvolvimento de atividades comerciais no térreo dos edifícios adjacentes e gerar fluxos variados de pedestres.

Resgatar a avenida São Luís e a rua da Consolação como grandes bulevares, com calçadas largas e arborizadas, tráfego de veículos em dois sentidos com velocidades reduzidas, aumentaria a experiência do espaço público e a arborização urbana.

O desenho alternativo aproxima-se do *layout* original de 1940. Enfatizam-se aqui não o traçado da praça, mas sua pertinência e observância a uma ordem urbanística maior, composta de ruas hierarquizadas, calçadas largas e contínuas, caminhos internos largos articulados e esquinas abertas.

Traçado original com base em aerofotos e fotografias, observar:

1. Dimensões compatíveis entre quadras.
2. Definição de ruas e da praça.
3. Definição dos domínios da arquitetura.
4. Calçadas largas em volta da praça.
5. Caminhos ligando calçadas à Biblioteca.
6. Unidade Biblioteca-jardim.

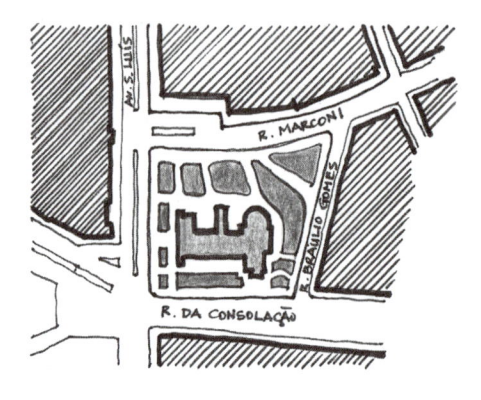

PRAÇA D. JOSÉ GASPAR
ALTERNATIVAS
TECIDO URBANO
Desenho: 2003

DJG 21

Praça Franklin Roosevelt

Próxima à Dom José Gaspar, a praça Franklin Roosevelt apresenta situação bem contrastante na aparência e no uso. Projetada no fim da década de 1960 e concluída em 1970, a praça Roosevelt representa a transposição para nosso contexto da estética do paisagismo moderno norte-americano, com a consolidação do modelo de desenho e gestão da cidade baseado na facilitação de fluxos por meio de obras viárias e do uso de automóveis, como acontecera nas cidades americanas nas décadas de 1950 e 1960.

A praça Roosevelt foi projetada pelo paisagista Roberto Coelho Cardozo e pelos arquitetos Antônio Augusto Antunes Neto e Marcos de Souza Dias para ser construída sobre um complexo viário elaborado pelo escritório de engenharia Figueiredo Ferraz. A proposta continha um programa funcional arquitetônico extenso que incluía garagens, um supermercado, uma escola de educação infantil e espaços variados para serviços e pequenos comércios, como correio, galerias de arte e floriculturas. Para acomodar todos os usos, a praça assumiu feições e proporções de uma imensa edificação, elevada em relação às calçadas em redor e ocupando um quarteirão inteiro. Se a superestrutura viária fragmentou o tecido urbano existente, a nova praça, ao contrário da Dom José Gaspar, evidenciou ainda mais essa ruptura não apenas pelo novo estilo de *design*, mas, especialmente, pela destruição de padrões tradicionais da vida cotidiana. A praça Roosevelt não era contornada por passeios largos ou contínuos nem era acessível pelas esquinas, tampouco servia de passagem entre as ruas e as arquiteturas adjacentes. Nessa concepção, o uso era desvinculado do acesso, e o *layout,* desintegrado do entorno, não refletia qualquer sinal de ordem urbana.

Considerada um obstáculo na vizinhança, a praça Roosevelt foi objeto de várias propostas de remodelação, praticamente desde sua inauguração, porém sem prosseguimentos efetivos. Nessas quatro décadas de uso, com exceção de uma pequena praça de acesso, bem usada por sinal, junto à rua Martinho Prado, as adaptações mais visíveis da praça foram a pintura externa, a eliminação de alguns canteiros e a ocupação dos espaços públicos por estacionamentos, uma escola de educação infantil da Prefeitura e uma delegacia da polícia militar.

As observações de uso foram realizadas entre 2000 e 2002.

Em setembro de 2001, o Instituto de Arquitetos do Brasil (IAB-SP) promoveu uma grande exposição sobre a praça Roosevelt com trabalhos da Empresa Municipal de Urbanização (Emurb), de arquitetos e estudantes e debates com administradores municipais, professores e profissionais convidados. As discussões, na maioria, conduziam à demolição da praça, cujas lajes e estruturas de sustentação, desgastadas após décadas de descuido, exigiam, na ocasião, um recondicionamento tão extenso e dispendioso, que justificaria a atitude radical de remoção.

No fim de 2002, para aumentar a visibilidade da praça, a Subprefeitura da Sé executou pequenas reformas, como a demolição de muretas de concreto ao lado da rua Martinho Prado e a eliminação de bancos e canteiros no meio dos caminhos. Ao mesmo tempo, o acesso ao Pentágono passou a ser controlado por meio de gradis e um portão foi aberto diariamente das 8 às 20 horas. Essas reformas não foram incluídas neste estudo por falta de tempo de uso, que permitisse uma avaliação efetiva. Deve-se ressaltar, porém, que elas não alteraram a acessibilidade geral à praça nem acrescentaram locais confortáveis de permanência.

Pranchas:
RO 1. Contexto, escala 1: 5.000
RO 2. Tecido urbano, escala 1: 2.000
RO 3. Entorno – térreo, escala 1: 1.000
RO 4. Entorno – o Pentágono, escala 1: 1.000

Setor 1:
RO 5. Situação atual, escala 1: 500
RO 6. Uso, escala 1: 500
RO 7. Não conformidades, escala 1: 500
RO 8. Projeto e indicação dos cortes, escala 1: 500
RO 9. Cortes 1 a 4, escala 1: 200
RO 10. Cortes 5 e 6, escala 1: 200

Setor 2:
RO 11. Situação atual, escala 1: 500
RO 12. Uso, escala 1: 500
RO 13. Não conformidades, escala 1: 500
RO 14. Fotografias: uso e não conformidades
RO 15. Projeto e indicação dos cortes, escala 1: 500
RO 16. Cortes 1 a 4, escala 1: 200
RO 17. Cortes 5 e 6, escala 1: 200
RO 18. Detalhes

Setor 3:
RO 19. Situação atual, escala 1: 500
RO 20. Uso, escala 1: 500
RO 21. Não conformidades, escala 1: 500
RO 22. Projeto e indicação dos cortes, escala 1: 500
RO 23. Cortes 1 a 4, escala 1: 200
RO 24. Cortes 5 a 8, escala 1: 200

Setor 4:
RO 25. Situação atual, escala 1: 500
RO 26. Uso, escala 1: 500
RO 27. Não conformidades, escala 1: 500
RO 28. Projeto, escala 1: 500
RO 29. Alternativas: uso, acesso e entorno, escala 1: 1.000
RO 30. Alternativas: tecido urbano, escala 1: 2.000

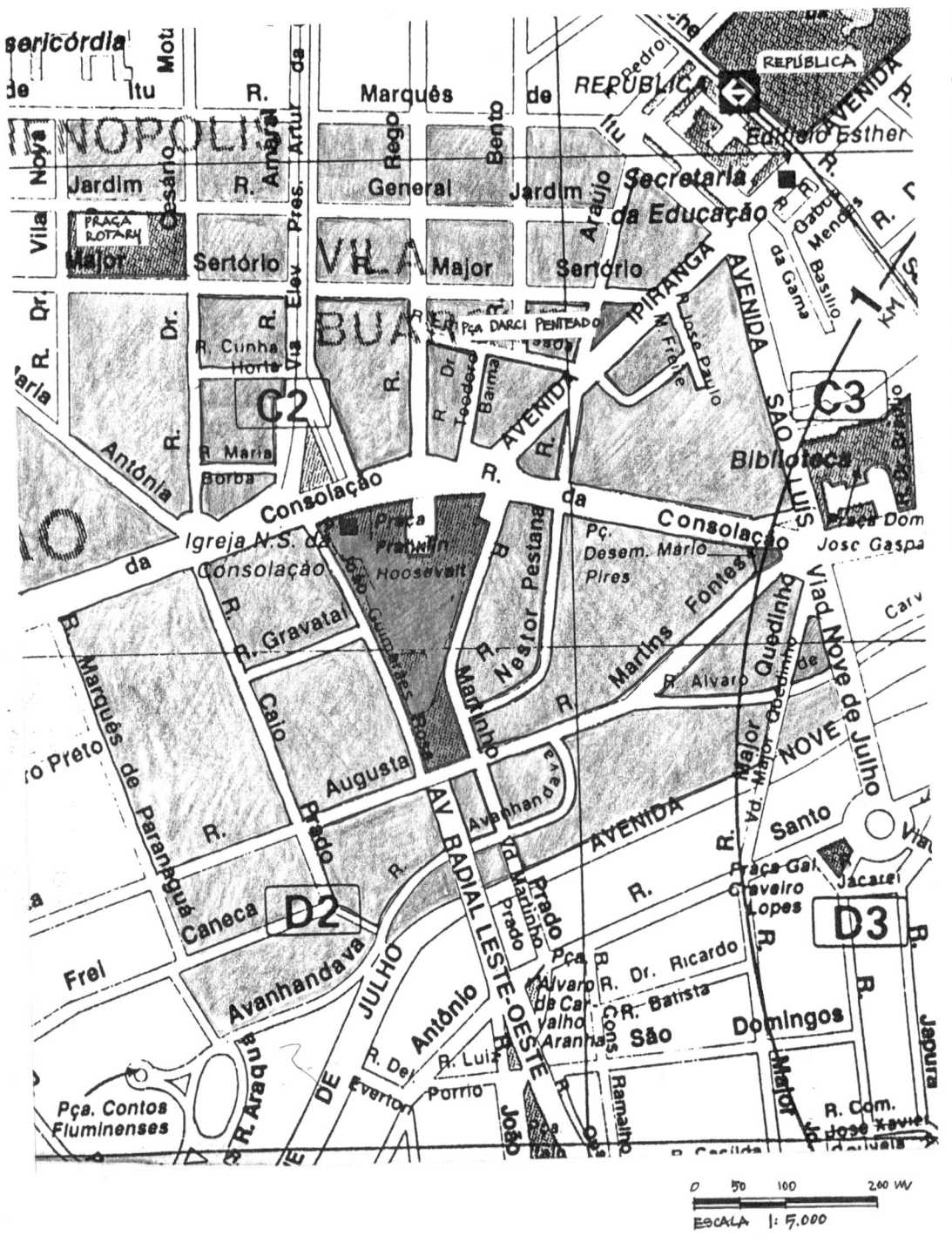

Inaugurada em 1970, com o objetivo de promover revitalização da área central por meio de megaestruturas arquitetônicas e viárias, uma tendência bastante difundida na época, especialmente em cidades norte-americanas, a praça Roosevelt concretizou a idealização da primeira praça moderna planejada de São Paulo.

Inserida em um tecido urbano consolidado de ruas descontínuas e quadras grandes e irregulares, a praça Roosevelt ocupa um quarteirão de 29.600 m². A quadra, delimitada por rua da Consolação, rua Martinho Prado, rua Augusta e rua João Guimarães Rosa, tem forma alongada e bem diferente das praças próximas, como a República (30.000 m²) e Rotary (8.700 m²), retangulares, e a Dom José Gaspar (14.300 m²), quase um quadrado; todas inseridas em malhas regulares de ruas.

Construída sobre o complexo viário Leste-Oeste, a praça Roosevelt, de um lado, procurou contemplar um extenso programa funcional incluindo dois pavimentos de garagem e áreas para serviços de abastecimento e de atendimento público, recreação e educação, e, de outro, enfatizou a fragmentação do tecido urbano a seu redor recriando espaços para uso pouco acessíveis e isolados das calçadas.

Concorrem na praça Roosevelt três níveis de fragmentação do tecido urbano: 1. quarteirão grande delimitado por ruas longas sem travessias; 2. dificuldades de acesso impostas por ruas largas, tráfego intenso de veículos e falta de segurança para a travessia de pedestres; e 3. ausência de superfícies em contato direto com as calçadas.

PRAÇA FRANKLIN ROOSEVELT	
CONTEXTO	
Desenho: 2001	RO 1

Os volumes arquitetônicos construídos, polígonos angulados, sem relação explícita com funções ou com o entorno, são de grandes dimensões, chegando a superar as da Igreja da Consolação, um proeminente edifício histórico. Junto à rua Augusta, o recorte na laje para a ventilação do sistema viário ocupa praticamente todo o espaço da praça.

Os espaços abertos, de formas geométricas irregulares rigidamente definidos por edificações ou muretas, sugerem ser resultados acidentais da implantação das construções.

A praça principal, nas cotas 765,7 m e 766,9 m, é elevada em relação às calçadas ao redor e longe das ruas principais e das esquinas.

Há ainda uma praça central, sob forma de um pentágono, na cota 771,9 m, localizada no centro da quadra.

ESCALA 1: 2.000

PRAÇA FRANKLIN ROOSEVELT

TECIDO URBANO

Desenho: 2001

RO 2

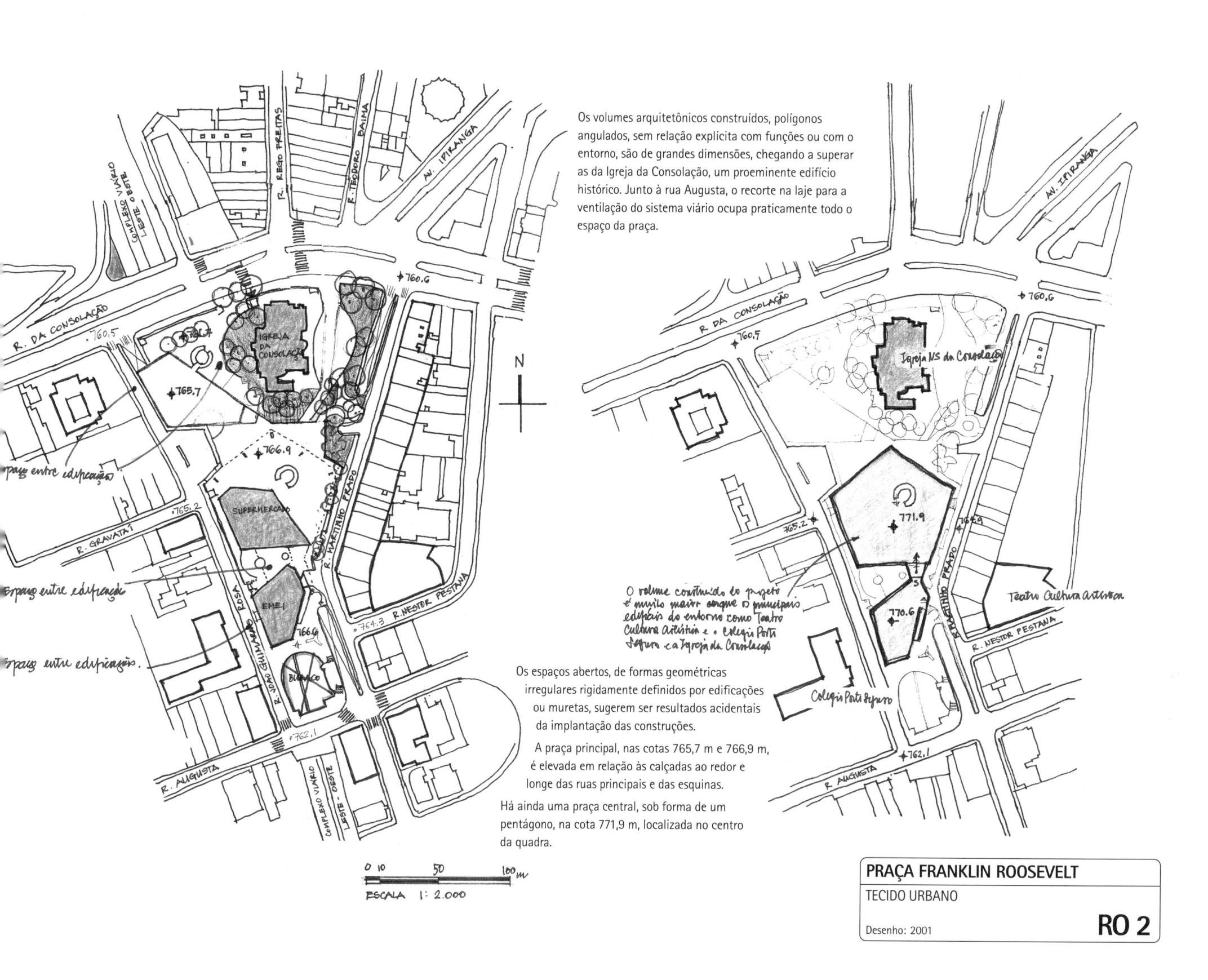

Uso do solo diversificado com o predomínio de edifícios residenciais altos e contínuos à rua Martinho Prado.

Barreiras físicas ou visuais predominam no perímetro da praça em contato com as calçadas:

Rua Augusta: extensão 50,0 m, gradis 30,0 m, acessos à praça 6,0 m e ao complexo viário 8,0 m.

Rua Martinho Prado: extensão 295,0 m, gradis 69,0 m, muros altos 155,0 m acessos à praça 34,0 m e ao estacionamento 15,0 m.

Rua da Consolação: extensão 200,0 m, gradis e muretas: 129,0 m, acessos à praça 32,0 m, ao sistema viário 16,0 m e ao estacionamento: 8,0 m.

Rua João Guimarães Rosa: extensão 295,0 m, gradis 74,0 m, muros altos 192,0 m, acesso à praça 17,0 m.

O total de acessos em contato direto com calçadas soma 89 m, corrpespondendo a apenas 10,6% do perímetro total de 840 m.

Atualmente abrigando a Emei Patrícia Galvão, supermercado, acessos a garagem, Igreja da Consolação, delegacia de polícia, estacionamentos da CET, da Polícia Militar e da Justiça Federal; e a área de uso público da praça Roosevelt fica reduzida às calçadas entre áreas ocupadas ou cercadas pelo sistema viário.

Observar a descontinuidade das calçadas nas ruas Augusta e João Guimarães Rosa, a falta de esquinas, a separação da avenida Ipiranga, uma das principais vias de circulação da região e, especialmente, a desconexão das áreas de uso com o entorno.

PRAÇA FRANKLIN ROOSEVELT
TÉRREO
ENTORNO
Desenho: 2001

RO 3

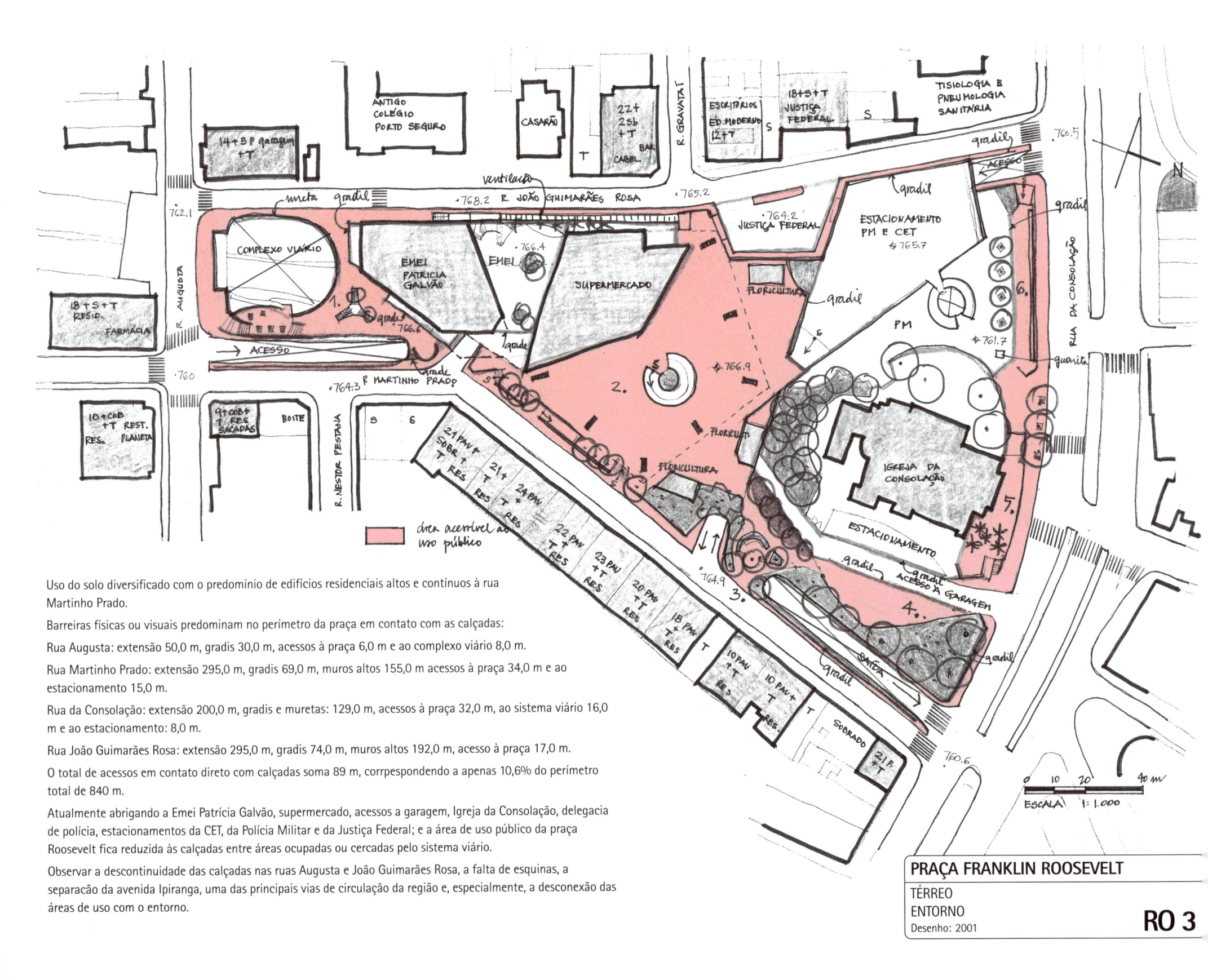

O pentágono: área de maior superfície livre contínua para uso e também de acesso mais reduzido ou controlado.

Localizada no centro geométrico da quadra e distante (150 m em linha reta) das ruas principais, Augusta e da Consolação. A diferença de nível em relação à rua Augusta é de 11,9 m e ao ponto mais elevado da rua Guimarães Rosa é de 6,7 m, isto é, uma altura equivalente a, no mínimo, dois pavimentos.

Atualmente apenas um acesso, a rampa circular que saía diretamente da garagem, é aberto ao uso. Acentuada pelo afastamento das esquinas e pela distância vertical, a limitação, ou controle de acesso à praça, reproduz o modelo americano de *plazas* semipúblicas que privilegia o acesso de carros e enfatiza o isolamento das ruas.

PRAÇA FRANKLIN ROOSEVELT
ENTORNO
O PENTÁGONO
Desenho: 2001

RO 4

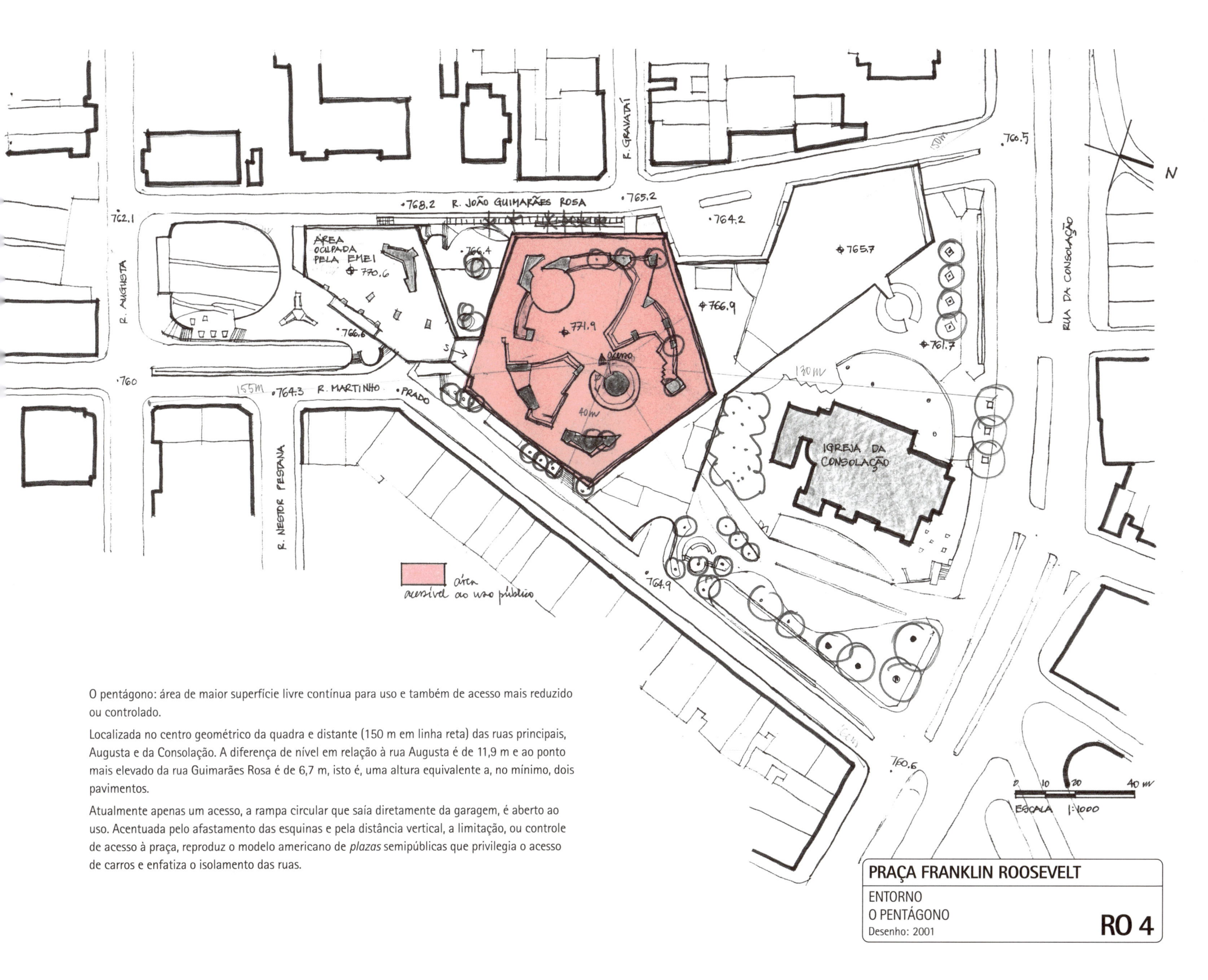

Situação Atual

Labels on plan:
- ESCRITÓRIOS GARAGEM
- RUA JOÃO GUIMARÃES ROSA
- Gradil
- 762.1
- 768.0
- 765.0 acesso
- mureta
- Gradil h=1.10 m
- RUA AUGUSTA
- 761.3
- BURACO COMPLEXO VIÁRIO
- 766.6
- EMEI Patrícia Galvão
- gradil
- ipê
- 4 postes FARMÁCIA
- acesso
- mureta
- gradil
- 760.4
- Acesso de Veículos Complexo Viário
- BURACO → COMPLEXO VIÁRIO
- acesso
- R. MARTINHO PRADO
- 764.3
- 764.9
- RESTAUR.
- 4 postes
- BAR LANCHES BOATE
- BOATE ESCRITÓRIO
- mureta grade
- R. NESTOR PESTANA
- N (compass)
- 0 5 10 20 m
- ESCALA 1:500

Legend:
- área acessível ao uso público ≅ 1840 m²
- Buraco ≅ 1820 m²

Praça sobre laje, cota base 766,6 m, definida pela garagem subterrânea. Da área total, metade é tomada pelo sistema viário.

O espaço para uso público é restrito às áreas livres entre a Emei Patrícia Galvão e os "buracos" do sistema viário. O percurso das calçadas da rua Augusta é interrompido.

Contornar a praça é impossível e o acesso pela esquina, prejudicado. Observar a descontinuidade da calçada na rua Augusta e calçadas estreitas na João Guimarães Rosa e na Martinho Prado.

Acessibilidade: perímetro existente de aproximadamente 130 m, aberto a 3 ruas. Acesso livre de 24,5 m, correspondendo a 19%. Acesso visual amplo, porém área de uso é reduzida, a circulação limitada.

PRAÇA FRANKLIN ROOSEVELT
SETOR 1
SITUAÇÃO ATUAL
Desenho: 2001
RO 5

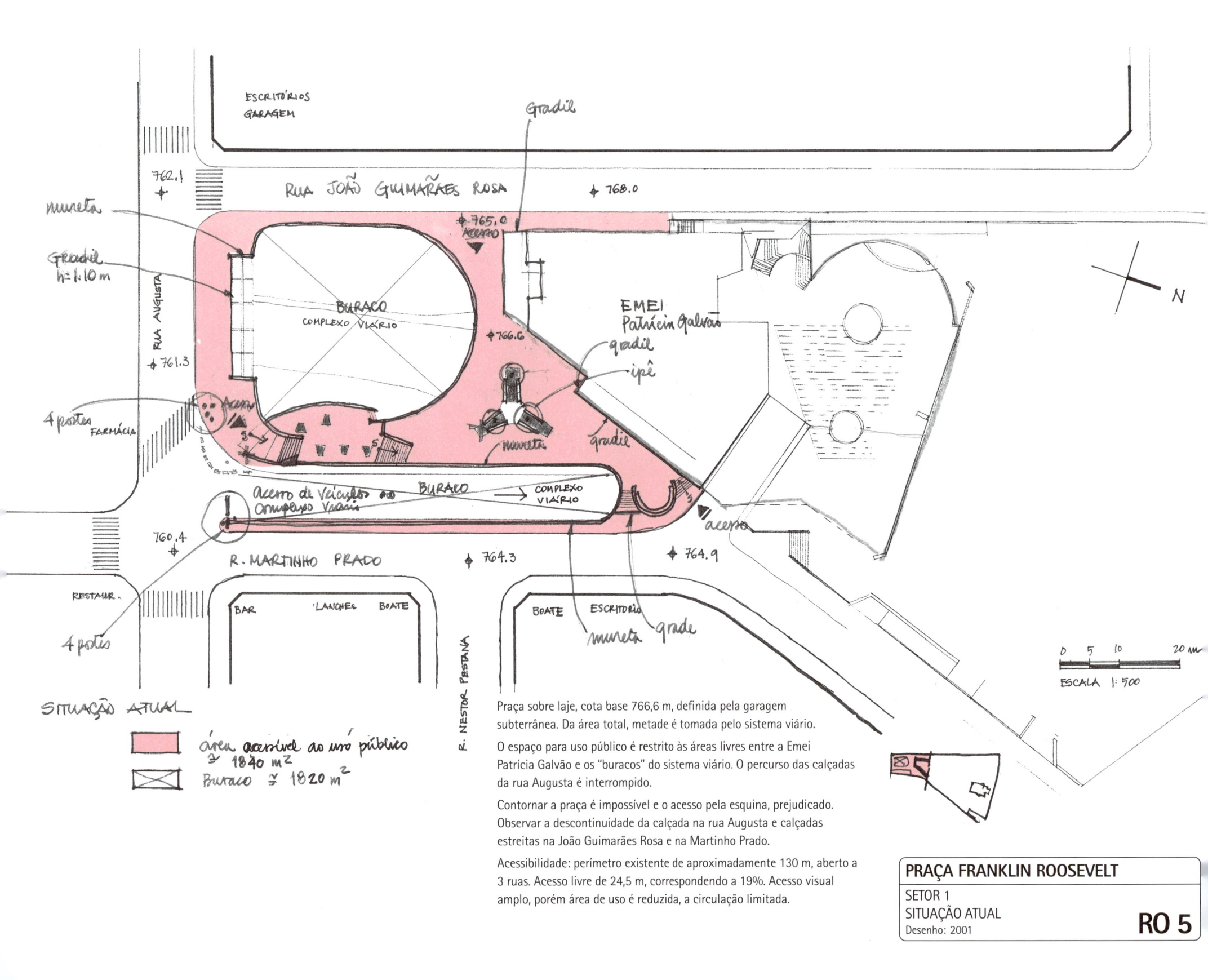

USO

Predominantemente circulação, sem convívio.

Há usos de espera nas saídas da escola durante a semana, lavar carro no fim de semana e permanência de "moradores de rua".

Número de pessoas: duas (em várias observações).

PRAÇA FRANKLIN ROOSEVELT
SETOR 1
USO
Levantamento: 2001-2002

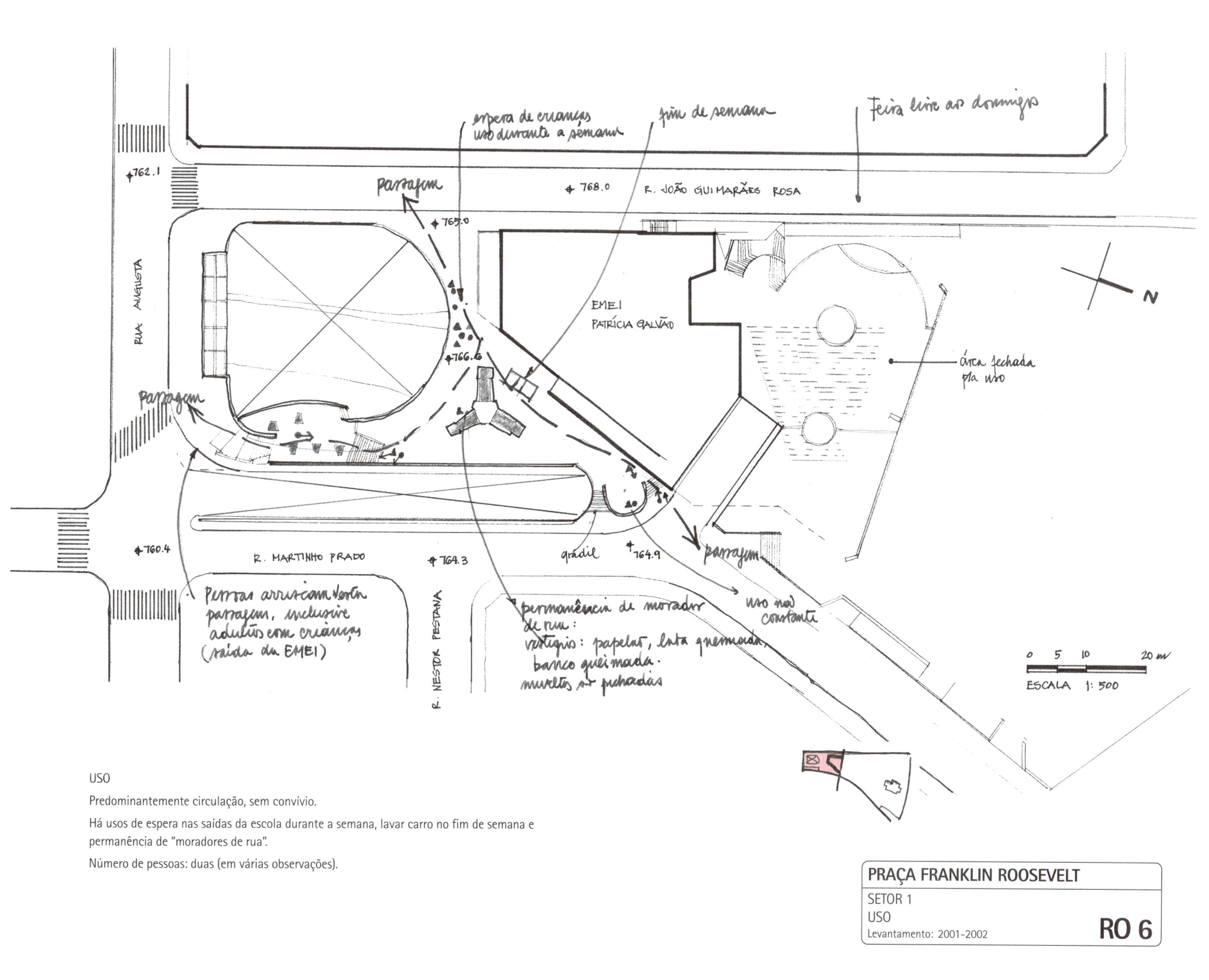

RO 6

NÃO CONFORMIDADES

POR INTERVENÇÕES OFICIAIS:

1. Gradeamento impedindo acessos.
2. Instalação da Emei Patrícia Galvão.
3. Falta de manutenção e limpeza: bancos quebrados e revestimentos caídos.
4. Canteiros e jardineiras abandonados.
5. Não há lixeiras ou bebedouros.
6. Não há equipamentos públicos.
7. Obstáculos: balizadores de tráfego e postes.

NÃO CONFORMIDADES

POR PROJETO:

1. Esquinas ocupadas pelo sistema viário: acesso e ventilação, e veículos.
2. Mensagem ambígua: canteiros no caminho.
3. Não há espaço livre para usos flexíveis.
4. Banco-jardineira em forma de Y: divisor de caminhos e não de convergência.
5. Mureta alta em volta do banco: barreira visual em relação à rua.
6. Acesso escondido: ângulo fechado contra a parede.
7. Detalhes, no piso e nos bancos, que acumulam sujeira.

NÃO CONFORMIDADES

POR USO:

▲ Sujeira em geral.
▲ Vestígios de dormir e cozinhar: banco queimado.
▲ Sujeira: mau cheiro, manchas de urina e excrementos.

PRAÇA FRANKLIN ROOSEVELT
SETOR 1
NÃO CONFORMIDADES
Desenho: 2001

RO 7

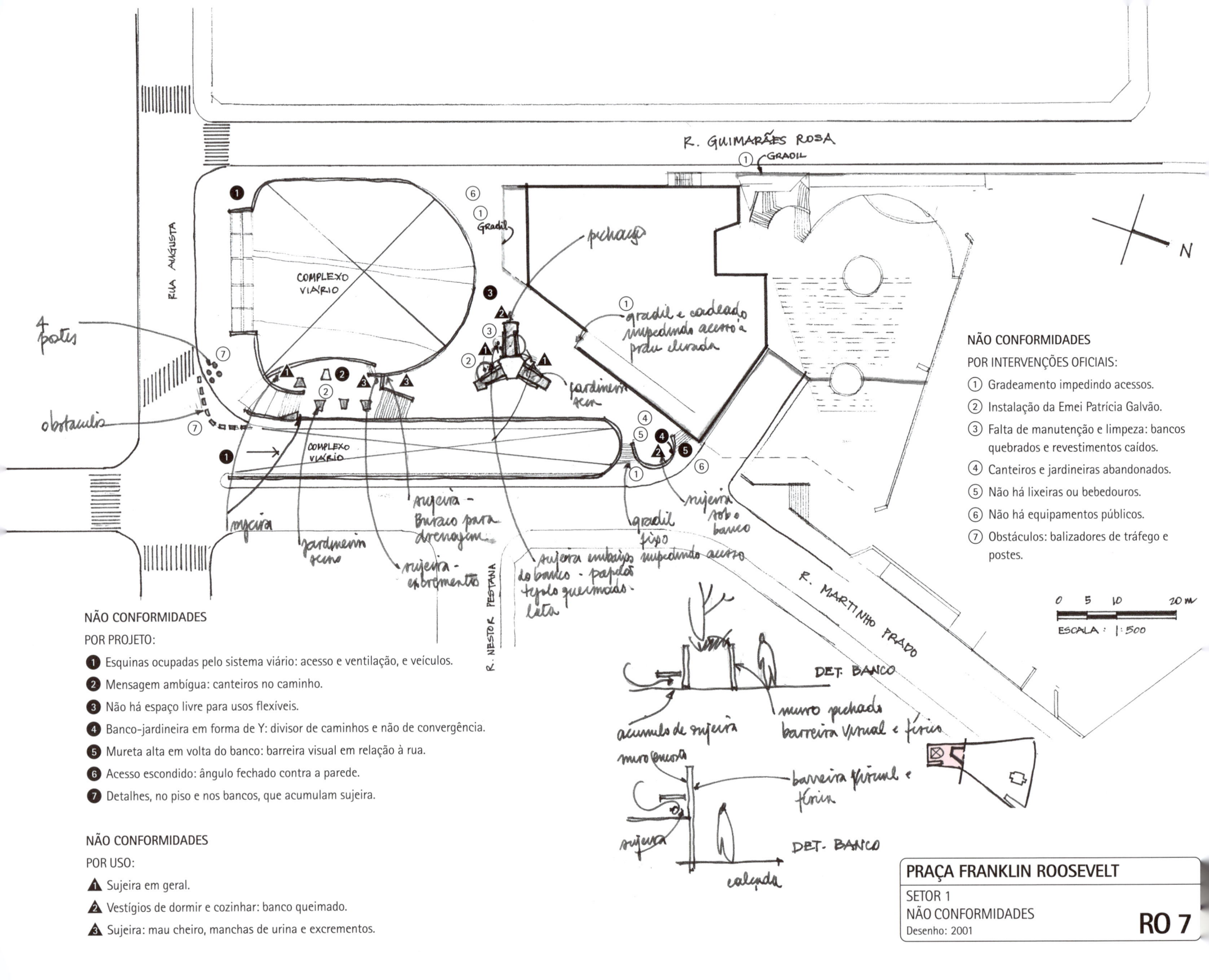

Escala: 1:500

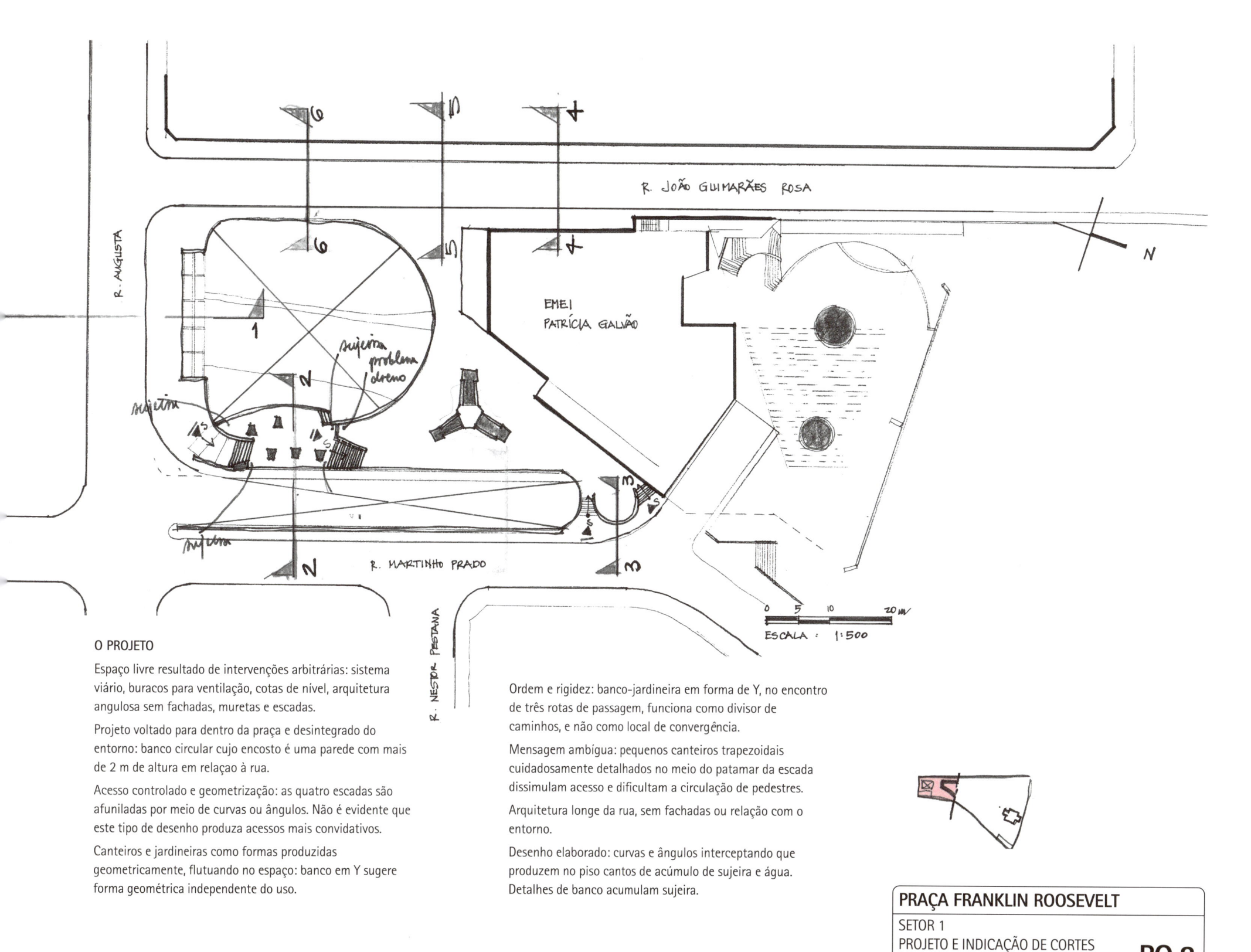

O PROJETO

Espaço livre resultado de intervenções arbitrárias: sistema viário, buracos para ventilação, cotas de nível, arquitetura angulosa sem fachadas, muretas e escadas.

Projeto voltado para dentro da praça e desintegrado do entorno: banco circular cujo encosto é uma parede com mais de 2 m de altura em relação à rua.

Acesso controlado e geometrização: as quatro escadas são afuniladas por meio de curvas ou ângulos. Não é evidente que este tipo de desenho produza acessos mais convidativos.

Canteiros e jardineiras como formas produzidas geometricamente, flutuando no espaço: banco em Y sugere forma geométrica independente do uso.

Ordem e rigidez: banco-jardineira em forma de Y, no encontro de três rotas de passagem, funciona como divisor de caminhos, e não como local de convergência.

Mensagem ambígua: pequenos canteiros trapezoidais cuidadosamente detalhados no meio do patamar da escada dissimulam acesso e dificultam a circulação de pedestres.

Arquitetura longe da rua, sem fachadas ou relação com o entorno.

Desenho elaborado: curvas e ângulos interceptando que produzem no piso cantos de acúmulo de sujeira e água. Detalhes de banco acumulam sujeira.

PRAÇA FRANKLIN ROOSEVELT
SETOR 1
PROJETO E INDICAÇÃO DE CORTES
Desenho: 2001

RO 8

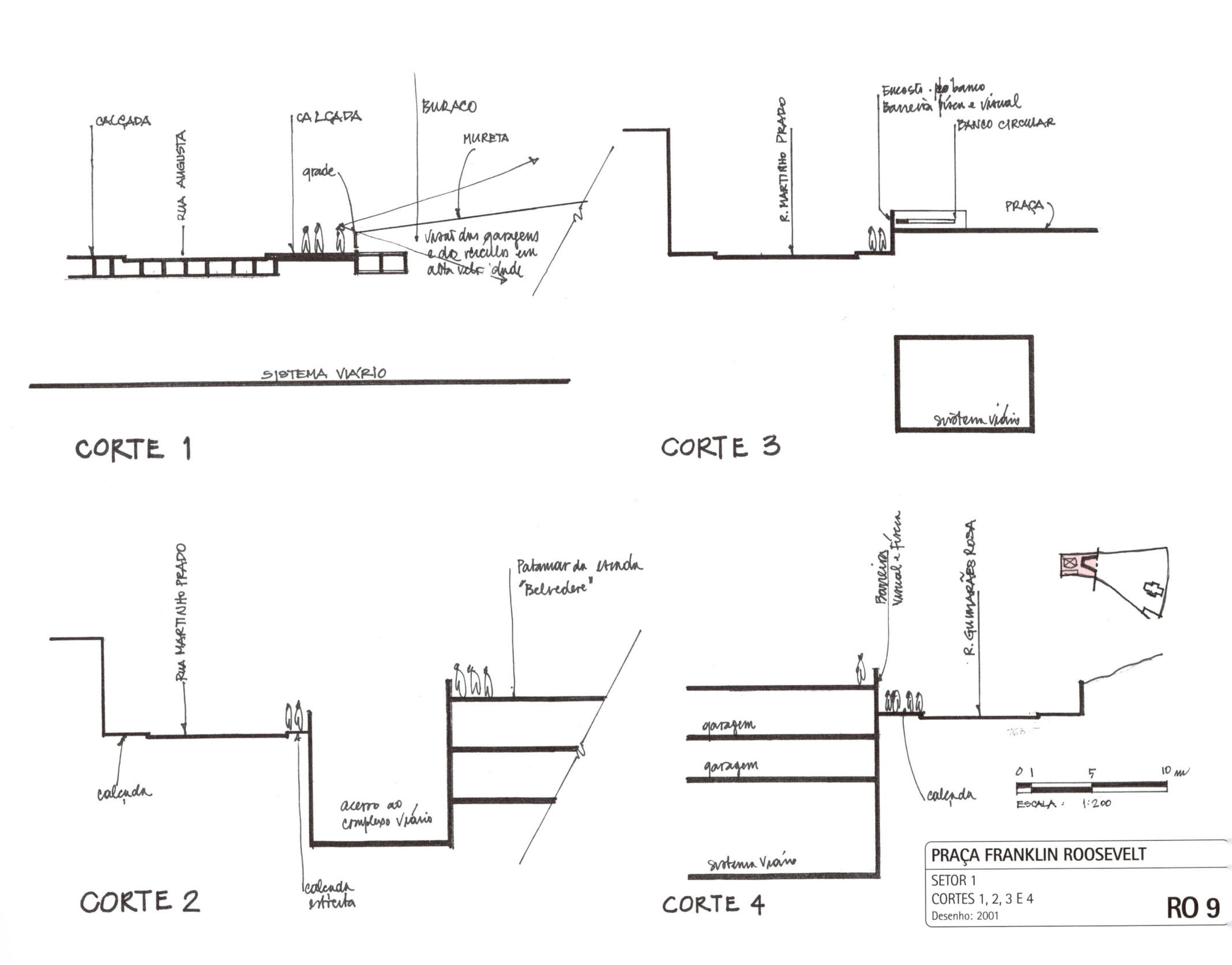

CORTE 1

- CALÇADA
- RUA AUGUSTA
- CALÇADA
- grade
- BURACO
- MURETA
- Visual das garagens e dos veículos em alta velocidade
- SISTEMA VIÁRIO

CORTE 2

- RUA MARTINHO PRADO
- calçada
- acerto ao complexo viário
- calçada estreita
- Patamar da estrada "Belvedere"
- sistema viário

CORTE 3

- Encosto do banco
- Barreira física e visual
- BANCO CIRCULAR
- R. MARTINHO PRADO
- PRAÇA
- sistema viário

CORTE 4

- Barreira visual e física
- R. GUIMARÃES ROSA
- garagem
- garagem
- calçada
- sistema viário

ESCALA 1:200
0 1 5 10 m

PRAÇA FRANKLIN ROOSEVELT
SETOR 1
CORTES 1, 2, 3 E 4
Desenho: 2001

RO 9

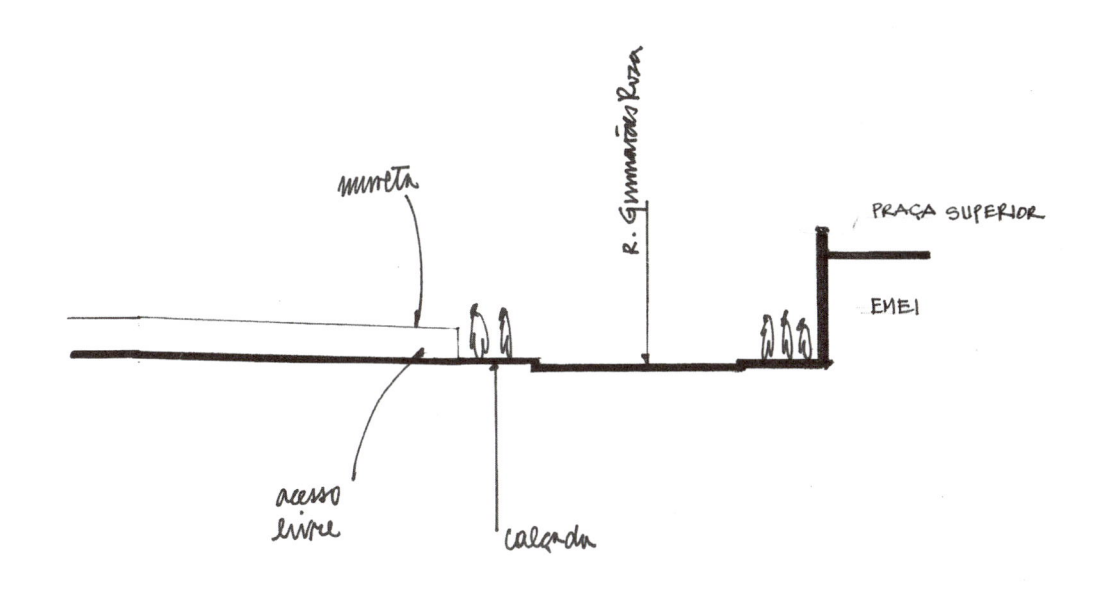

CORTE 5

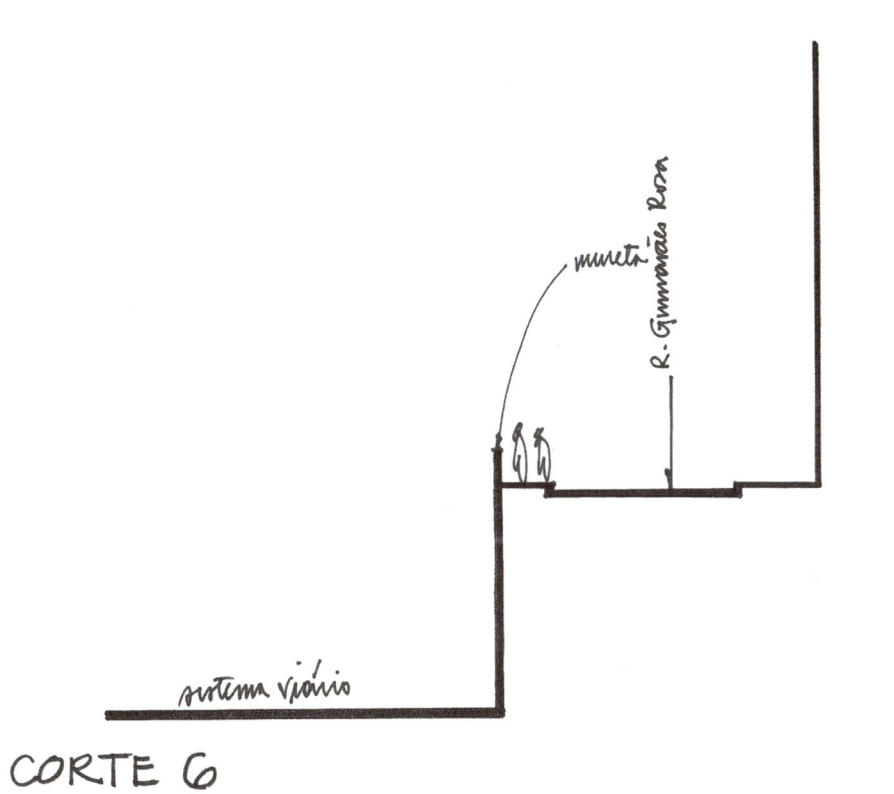

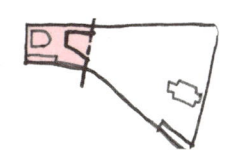

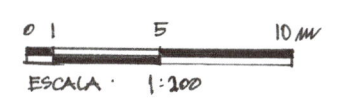

- mureta
- acesso livre
- calçada
- R. Guimarães Rosa
- PRAÇA SUPERIOR
- EMEI

CORTE 6

- mureta
- R. Guimarães Rosa
- sistema viário

ESCALA 1:200

PRAÇA FRANKLIN ROOSEVELT
SETOR 1
CORTES 5 E 6
Desenho: 2001

RO 10

SITUAÇÃO ATUAL

Área total do setor: aproximadamente 12.000 m²; área para uso público: apenas 52%.

Central e de maior superfície, a praça sobre laje, acima das ruas. Perímetro aberto para as ruas: 290 m, acessos somam 30,5 m, correspondendo a apenas 10,5% do perímetro.

A grande praça coberta pelo Pentágono tem teto baixo e é repleta de obstáculos como colunas de sustentação, rampa de acesso à praça superior e ao supermercado.

Espaços abertos com formas anguladas e fragmentação acentuada pelo supermercado.

Rampa circular no meio do espaço coberto, único acesso ao pentágono.

PRAÇA FRANKLIN ROOSEVELT
SETOR 2
SITUAÇÃO ATUAL
Desenho: 2001

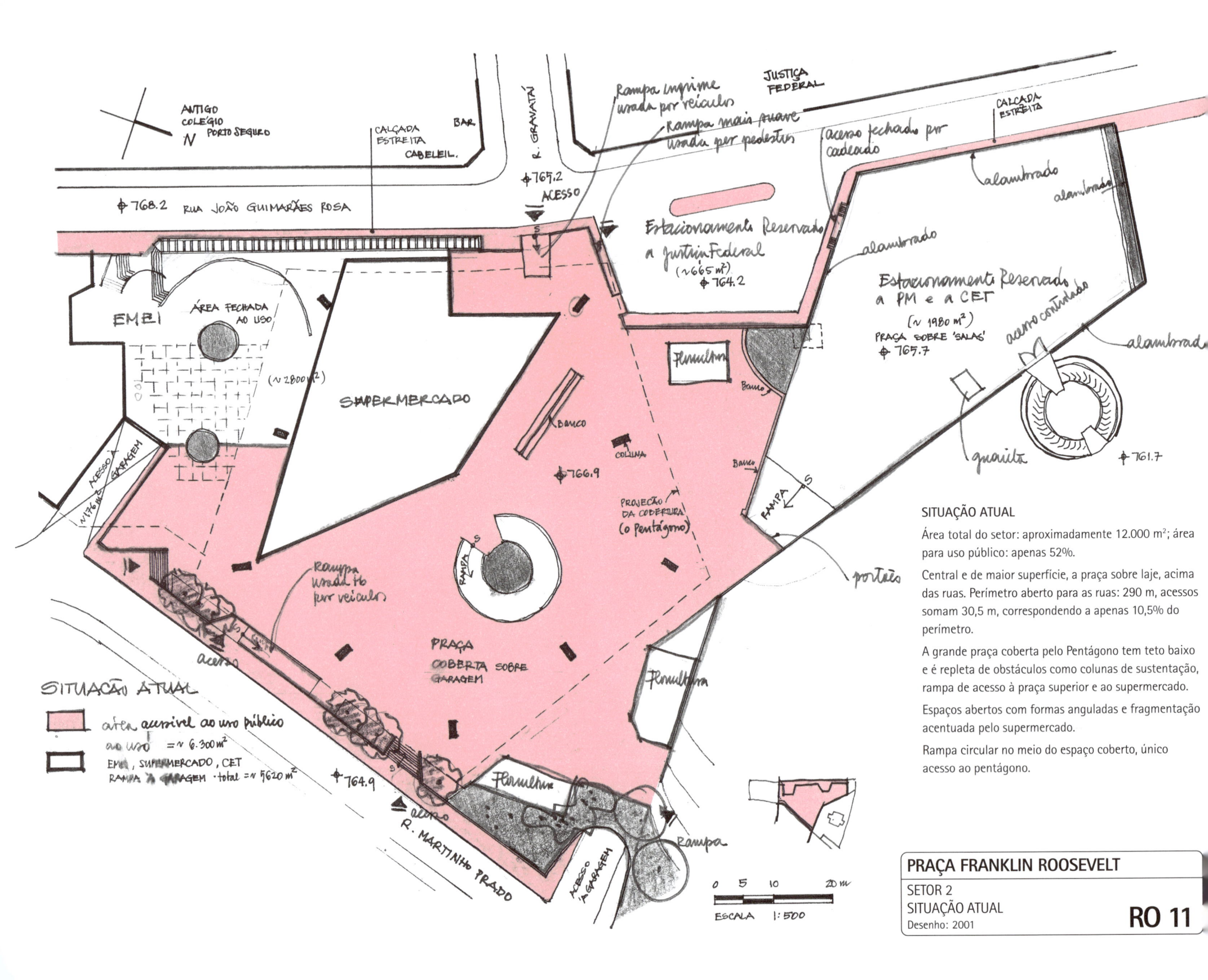

RO 11

USO

① Calçada Martinho Prado: estreita, com postes e colocação de sacos de lixo, geralmente na rota dos pedestres.

② Rampa também usada por carros.

③ Banco bem usado. Há diversidade de sexo e idade. Frequentadores do supermercado e estudantes. Um pipoqueiro e um doceiro garantem alguma animação.

④ Local ocupado por moradores de rua: forte cheiro de urina, papelão, cobertor no chão, vestígios de fogo.

⑤ Passagem, *skate* e bicicletas.

⑥ Vestígios de permanência: restos de comida, local ensolarado, coluna usada como encosto.

⑦ Banco usado esporadicamente.

⑧ Rampa "nova", mais suave, usada por pedestres.

⑨ Feira livre aos domingos na rua João Guimarães Rosa.

PRAÇA FRANKLIN ROOSEVELT
SETOR 2
USO
Desenho: 2001

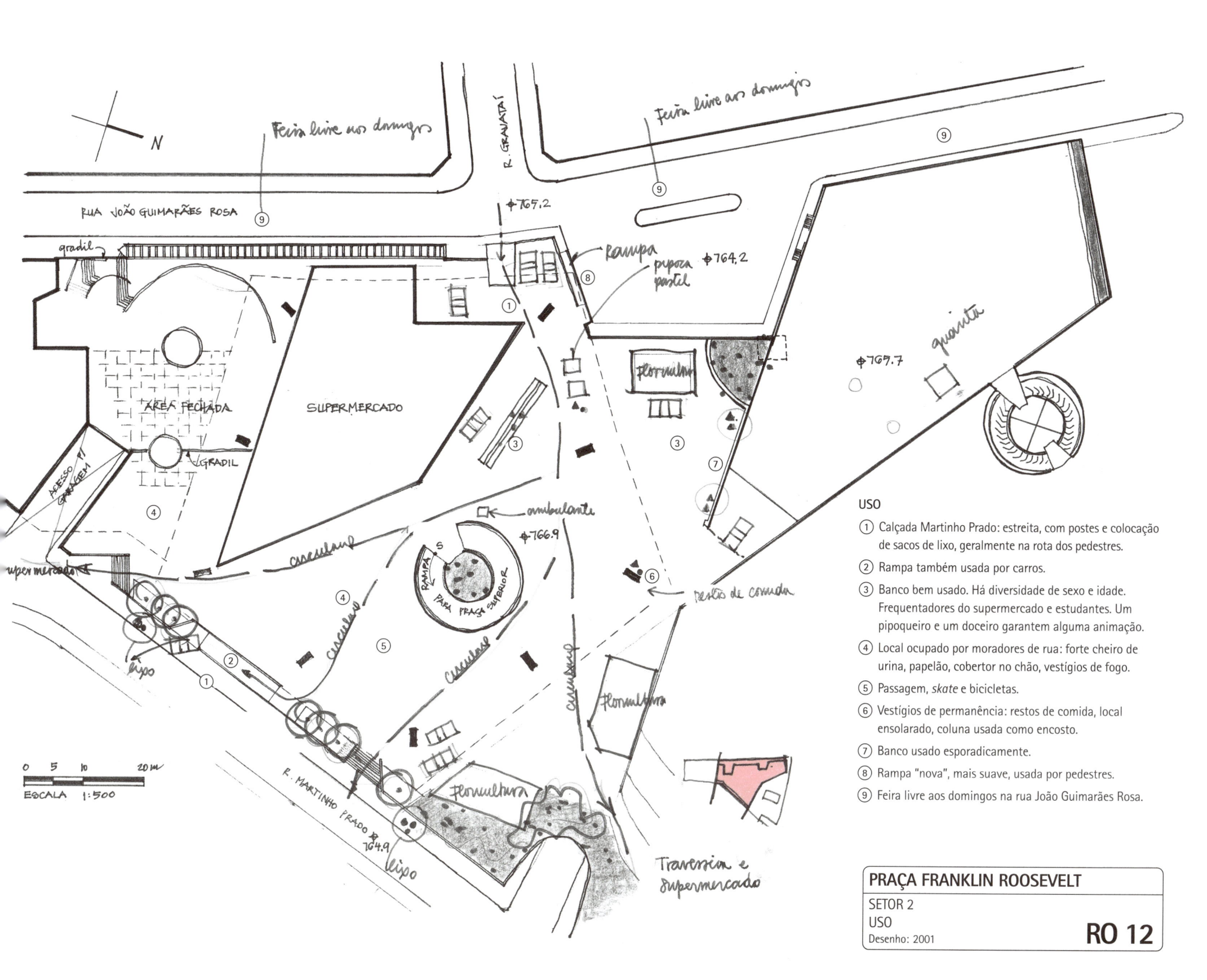

RO 12

NÃO CONFORMIDADES

POR USO:

⚠1 Sujeira.
⚠2 Lixo.
⚠3 Restos de comida, sujeira humana.

NÃO CONFORMIDADES

POR INTERVENÇÕES OFICIAIS:

1. Gradeamento e alambrados impedindo acesso e uso.
2. Estacionamento da CET.
3. Controle de acesso e de passagem por guardas.
4. Construções: supermecado e floriculturas ampliadas que escondem jardins e bancos.
5. Não há lixeiras e bebedouro.
6. Não há comunicação oficial, a não ser uma placa "proibido bola".
7. Uso por veículos oficiais: destruição do piso de mosaico.
8. Falta de manutenção: desgaste e vazamento no concreto e no teto.
9. Canteiros abandonados.
10. Terra exposta na área de paralelepípedos.
11. Poças d'água.

NÃO CONFORMIDADES

POR PROJETO:

1. Áreas de uso público fragmentadas.
2. Praça desintegrada do entorno: mais de 1,80 m acima do nível das ruas.
3. Acessos escassos.
4. Barreiras físicas e visuais.
5. Supermercado secciona a praça.
6. Teto baixo e colunas robustas interrompem o espaço contínuo e acentuam o sombreamento do lugar.

ESCALA 1:500

PRAÇA FRANKLIN ROOSEVELT
SETOR 2
NÃO CONFORMIDADES
Levantamento: 2001-2002

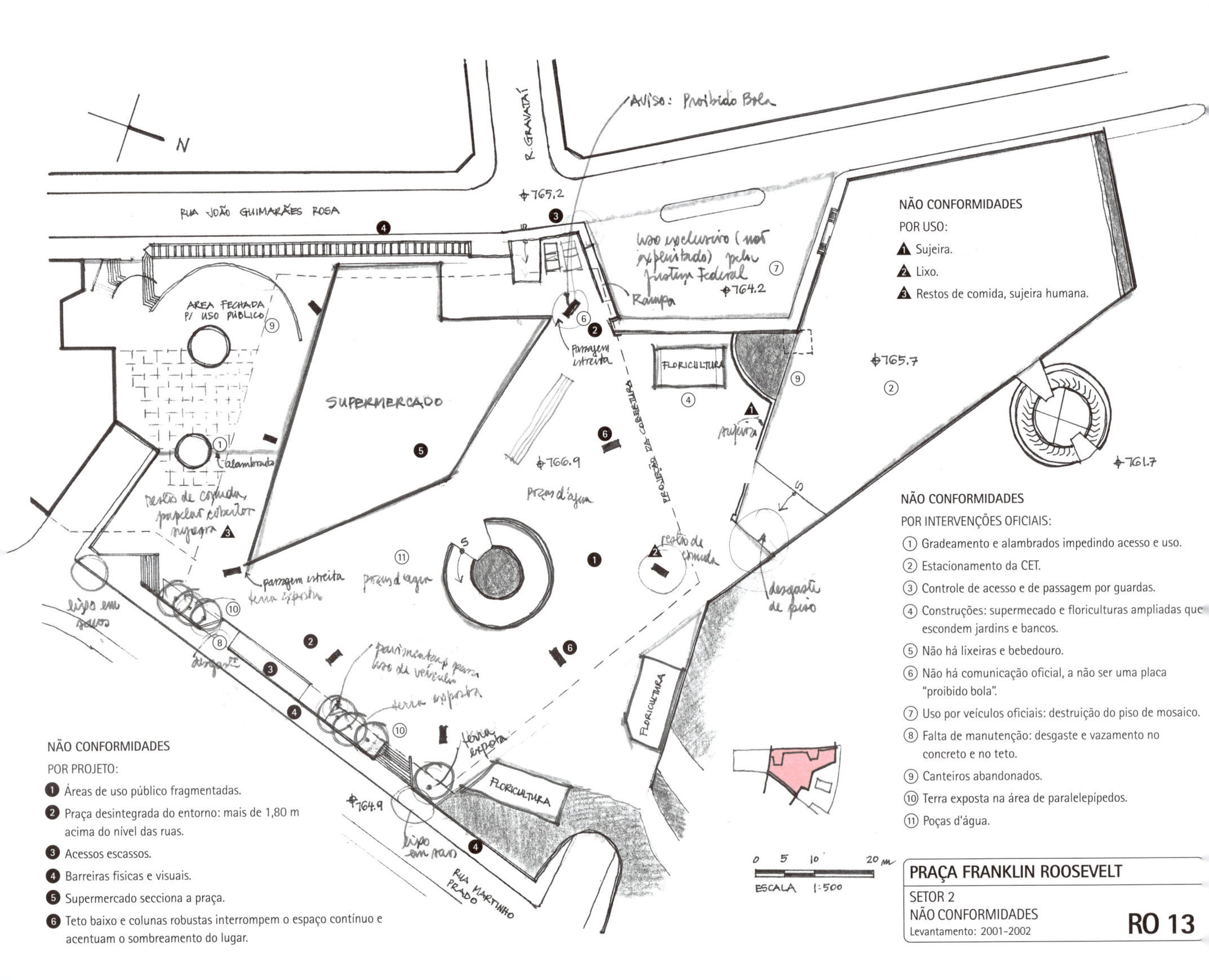

RO 13

1. Adaptação oficial: pracinha em frente à rua Martinho Prado. O único lugar aberto diretamente para a rua em todo o perímetro da praça. Usos: circulação e permanência. Não conformidade por uso: lixo na calçada, em frente do acesso à praça (sábado, meio-dia, 30 de março de 2002).

2. O Pentágono: uso variado, porém pouca diversidade de usuários. Concentração de skatistas. Convívio social com troca de informações sobre manobras, que provocam desgastes nas bordas dos bancos e canteiros (meio da tarde, domingo, 12 de maio de 2002).

3. Esplanada coberta: em frente ao supermercado. Sinais de abandono e estrago: sujeira e poças d'água. Carro estacionado ilegalmente (meio-dia, domingo, 12 de maio de 2002).

4. Não conformidades por projeto, intervenção oficial e uso. Calçada da rua Martinho Prado: estreita e desfigurada por obras públicas de infraestrutura. Acesso gradeado. Barreiras físicas e visuais: muros altos pichados (meio da tarde, domingo, 12 de maio de 2002).

PRAÇA FRANKLIN ROOSEVELT
SETOR 2
USOS E NÃO CONFORMIDADES
Fotos: Sun Alex

RO 14

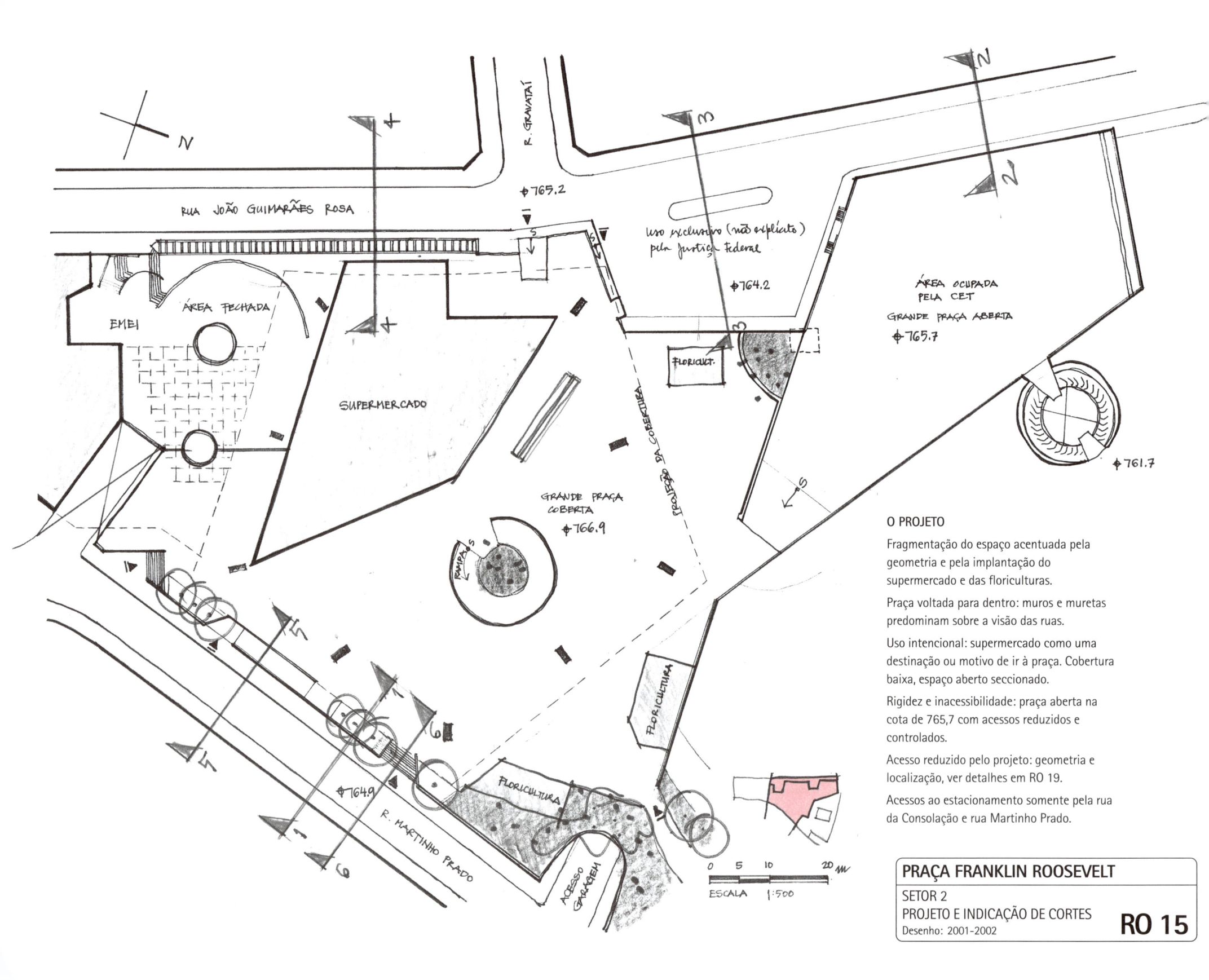

O PROJETO

Fragmentação do espaço acentuada pela geometria e pela implantação do supermercado e das floriculturas.

Praça voltada para dentro: muros e muretas predominam sobre a visão das ruas.

Uso intencional: supermercado como uma destinação ou motivo de ir à praça. Cobertura baixa, espaço aberto seccionado.

Rigidez e inacessibilidade: praça aberta na cota de 765,7 com acessos reduzidos e controlados.

Acesso reduzido pelo projeto: geometria e localização, ver detalhes em RO 19.

Acessos ao estacionamento somente pela rua da Consolação e rua Martinho Prado.

PRAÇA FRANKLIN ROOSEVELT
SETOR 2
PROJETO E INDICAÇÃO DE CORTES
Desenho: 2001-2002
RO 15

Map labels:
- RUA JOÃO GUIMARÃES ROSA
- R. GRAVATAÍ
- R. MARTINHO PRADO
- EMEI
- ÁREA FECHADA
- SUPERMERCADO
- uso exclusivo (não explícito) pela Justiça Federal
- ÁREA OCUPADA PELA CET — GRANDE PRAÇA ABERTA — ⌀765.7
- FLORICULT.
- GRANDE PRAÇA COBERTA — ⌀766.9
- RAMPAS
- PROJEÇÃO DA COBERTURA
- FLORICULTURA
- ACESSO GARAGEM
- ⌀765.2
- ⌀764.2
- ⌀761.7
- ⌀764.9

ESCALA 1:500

CORTE 1

- RUA MARTINHO PRADO
- Praça Elevada
- mureta
- Praça
- garagem
- terra
- calçada estreita
- sistema viário

Barreira física e visual: é decisão (Design) de projeto. Elevar a praça em relação à rua, dificultando a integração.

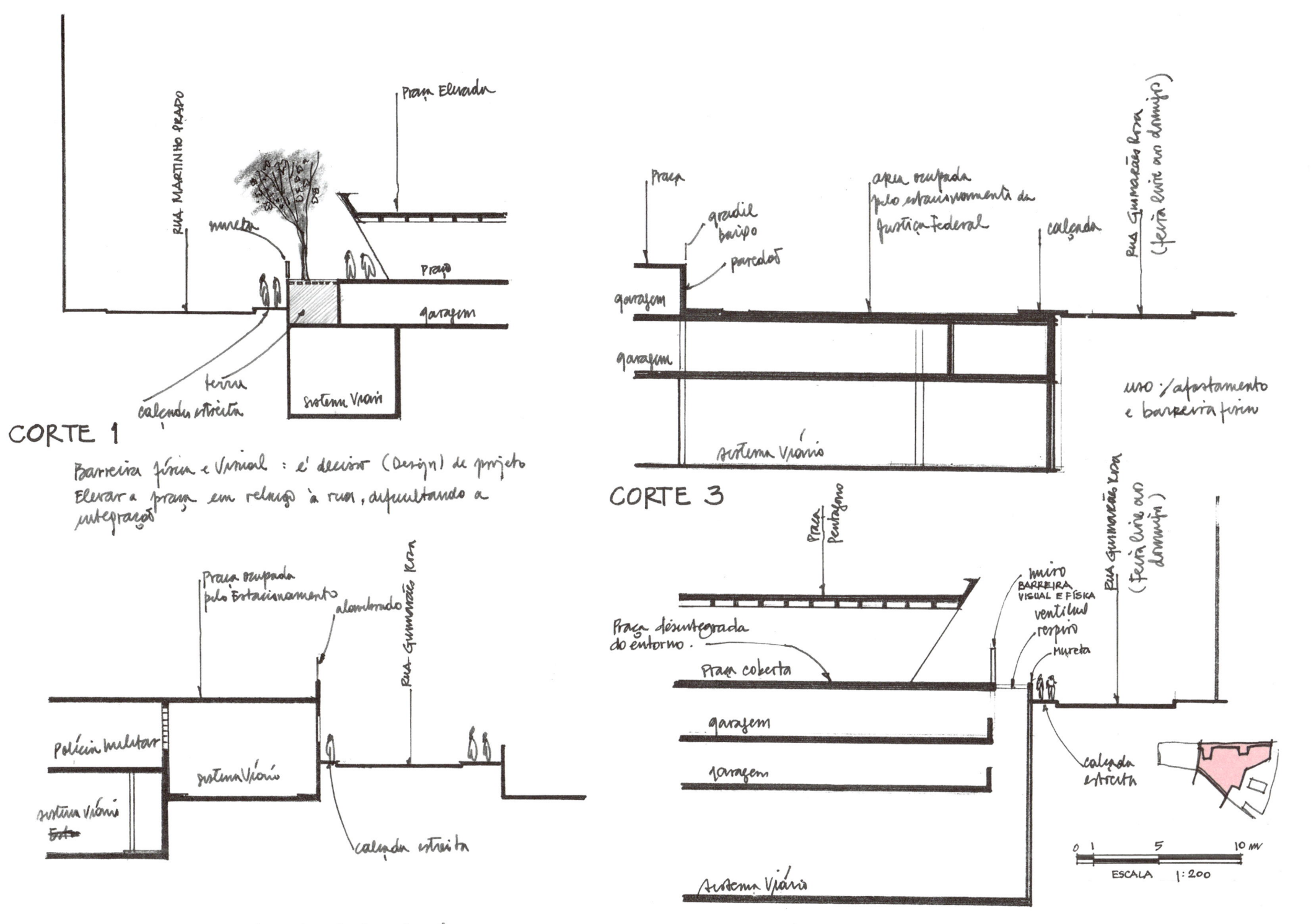

CORTE 2

- Praça ocupada pelo Estacionamento
- alambrado
- Rua Guimarães Rosa
- Polícia Militar
- sistema viário
- calçada estreita

barreira física e visual

CORTE 3

- Praça
- gradil baixo
- paredão
- área ocupada pelo estacionamento da Justiça Federal
- calçada
- garagem
- garagem
- Rua Guimarães Rosa (feira livre aos domingos)
- sistema viário

uso / afastamento e barreira física

CORTE 4

- Praça Pentágono
- muro BARREIRA VISUAL E FÍSICA
- ventilação / respiro
- Praça desintegrada do entorno
- Praça coberta
- mureta
- garagem
- garagem
- Rua Guimarães Rosa (feira livre aos domingos)
- calçada estreita
- sistema viário

ESCALA 1:200
0 1 5 10 m

PRAÇA FRANKLIN ROOSEVELT
SETOR 2
CORTES 1 A 4
Desenho: 2001-2002
RO 16

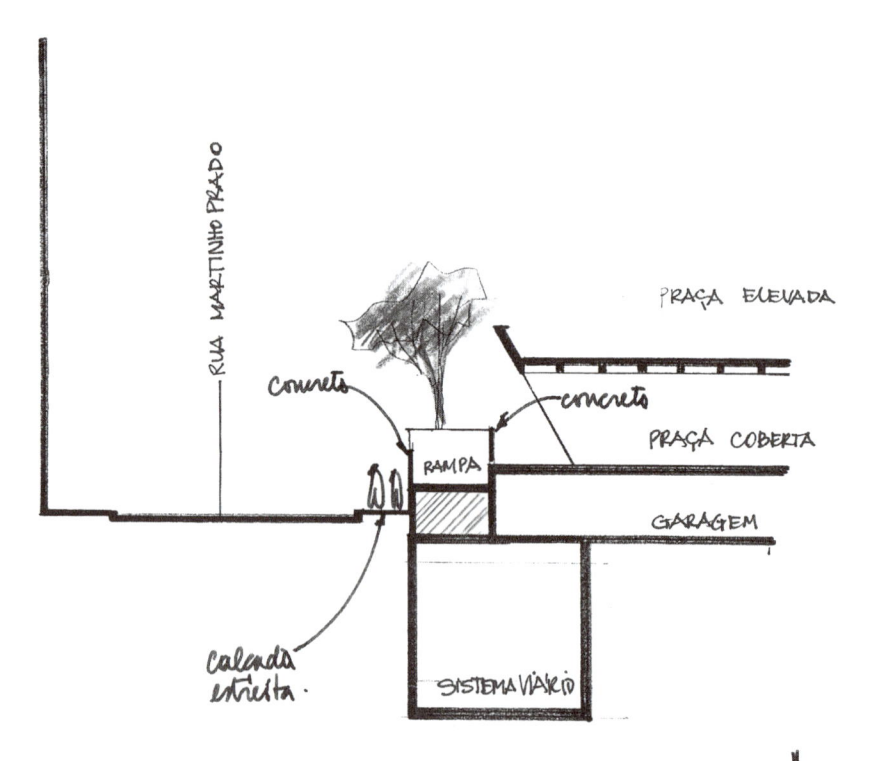

CORTE 5

- RUA MARTINHO PRADO
- concreto
- PRAÇA ELEVADA
- concreto
- PRAÇA COBERTA
- RAMPA
- GARAGEM
- calçada estreita
- SISTEMA VIÁRIO

O desenho mostra a "decisão" do projeto pelo corrimão e parapeito de concreto que aumenta a barreira visual da praça para a rua.

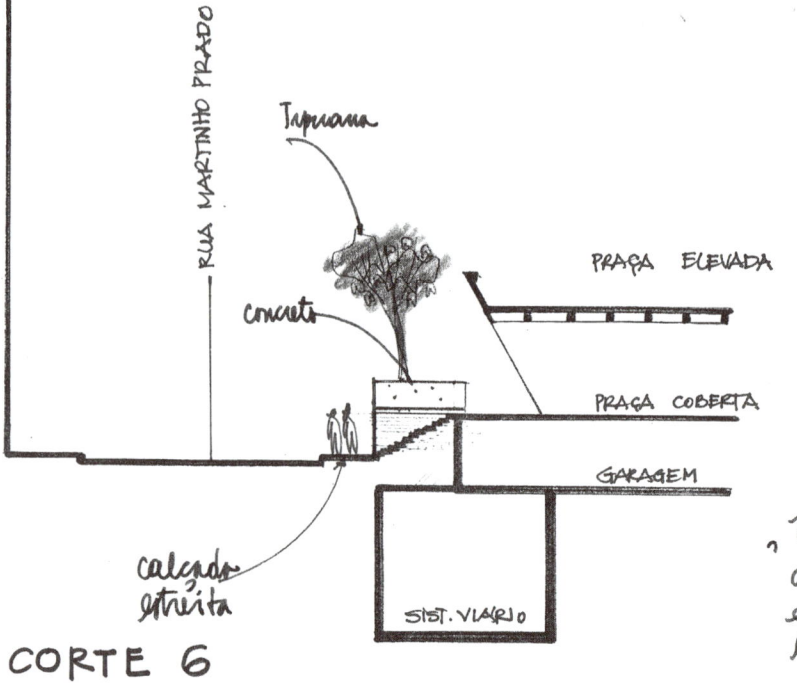

CORTE 6

- RUA MARTINHO PRADO
- Tipuana
- concreto
- PRAÇA ELEVADA
- PRAÇA COBERTA
- GARAGEM
- calçada estreita
- SIST. VIÁRIO

O desenho mostra muretas de concreto que aumenta a barreira visual da praça e a sensação de fechamento da escada.

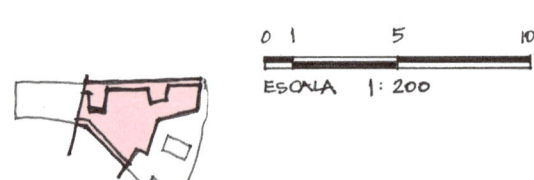

ESCALA 1:200

PRAÇA FRANKLIN ROOSEVELT
SETOR 2
CORTES 5 E 6
Desenho: 2001-2002

RO 17

Detalhe 1 - Escada

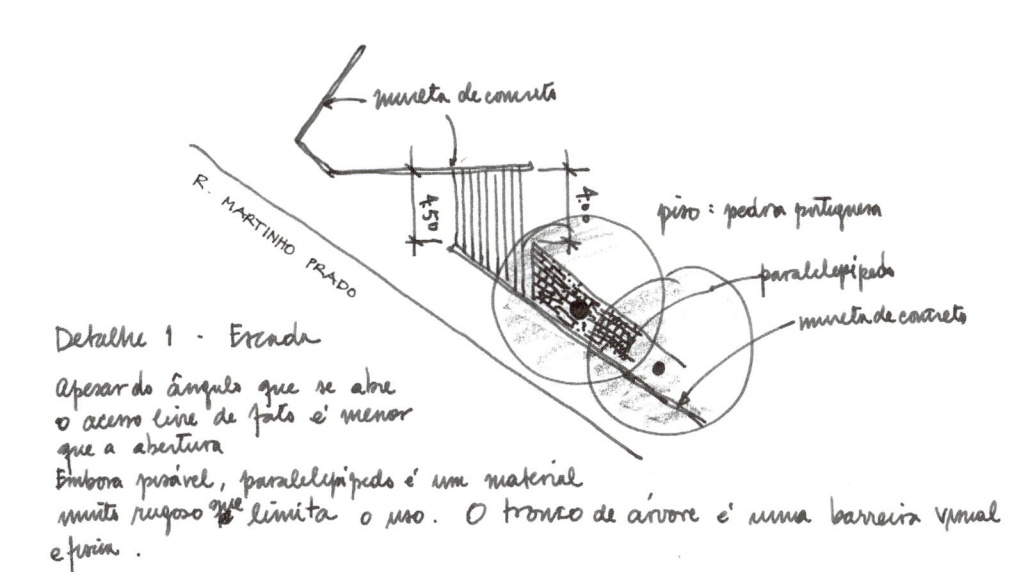

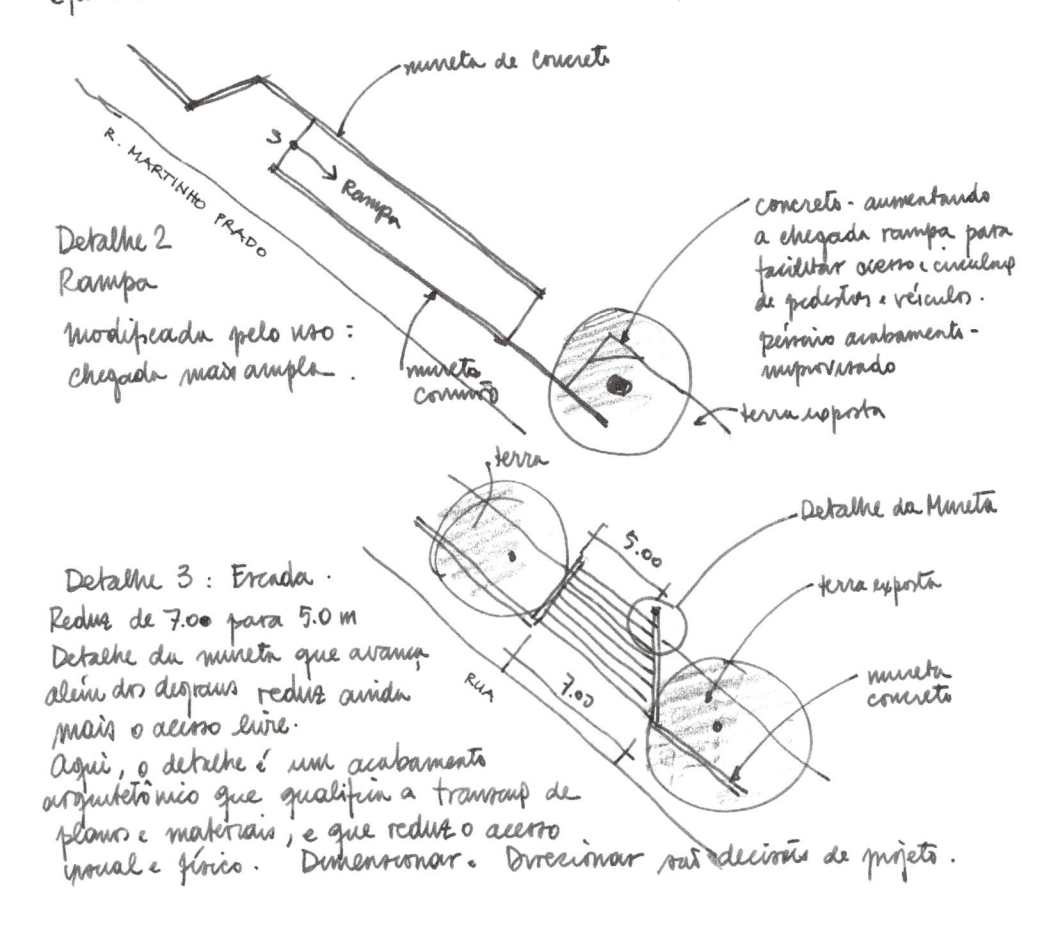

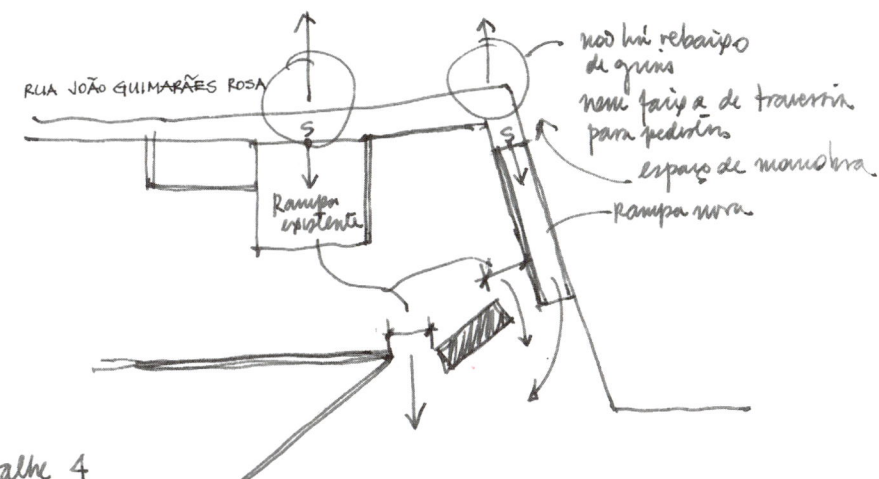

Apesar do ângulo que se abre, o acesso livre de fato é menor que a abertura.
Embora pisável, paralelepípedo é um material muito rugoso que limita o uso. O tronco de árvore é uma barreira visual e física.

Detalhe 2 - Rampa

modificada pelo uso: chegada mais ampla.

Detalhe 3: Escada

Reduz de 7.00 para 5.0 m. Detalhe da mureta que avança além dos degraus reduz ainda mais o acesso livre.
Aqui, o detalhe é um acabamento arquitetônico que qualifica a transição de planos e materiais, e que reduz o acesso visual e físico. Dimensionar. Direcionar são decisões de projeto.

Detalhe 4

Rampas à Rua Guimarães Rosa.

A chegada da rampa existente é estrangulada pelo supermercado e a coluna que sustenta a cobertura da praça.
A nova rampa, modificação pelo uso, se é mais suave, tem maior espaço de giro na calçada, e a chegada na praça é ampla e visível.

Modificações ao projeto (Detalhes 2 e 4) sugerem adaptação para o uso.

Detalhes desta folha e cortes das folhas RO17 e RO18 mostram que decisões de projeto (Design) podem limitar acessos aumentando barreiras físicas e visuais, e manipulando declividades, detalhes arquitetônicos e dos materiais.
Mostram também adaptações e alternativas, e que:

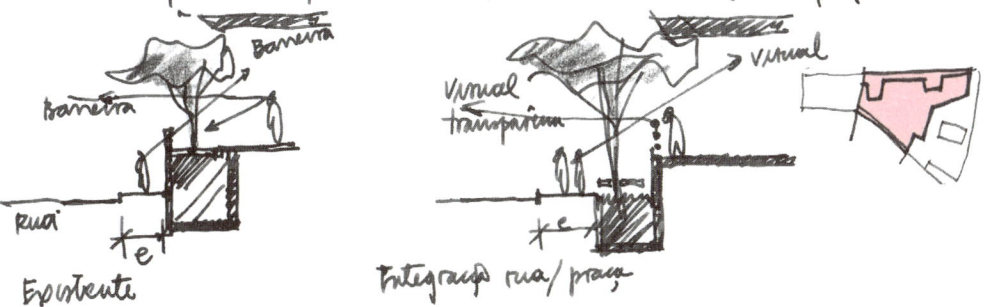

1. é possível e viável aumentar o acesso físico e visual à praça.
2. é possível e viável ampliar as calçadas.
3. é possível e viável melhorar integrar a praça à rua, e enriquecer a experiência visual e ambiental de ambas (rua e praça).

PRAÇA FRANKLIN ROOSEVELT
SETOR 2
DETALHES
Desenho: 2001
RO 18

Delimitação: três ruas; perímetro, 316 m; acessos, 35 m, correspondendo a 11%.

Área de uso reduzida, restrita predominantemente às calçadas.

A calçada da rua da Consolação é larga, mas interrompida várias vezes para dar acesso ao sistema viário e ao estacionamento.

Calçadas estreitas nas ruas Martinho Prado e João Guimarães Rosa.

Esquinas tomadas pelas rampas de acesso ao complexo viário.

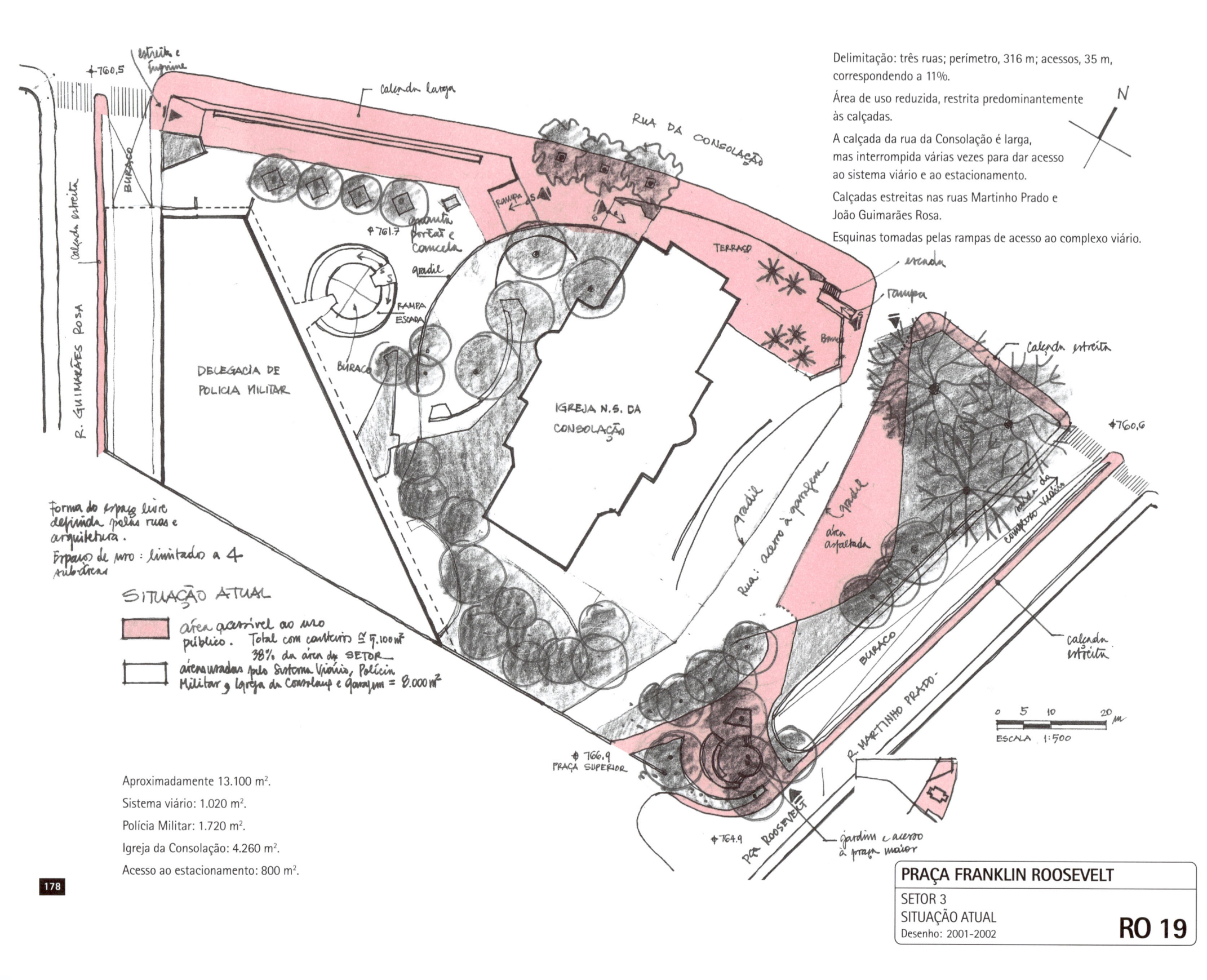

SITUAÇÃO ATUAL

- área acessível ao uso público. Total com canteiros ≅ 5.100 m² 38% da área do SETOR
- área usadas pelo Sistema Viário, Polícia Militar e Igreja da Consolação e Garagem = 8.000 m²

Forma do espaço livre definida pelas ruas e arquitetura.
Espaços de uso: limitados a 4 subáreas

Aproximadamente 13.100 m².
Sistema viário: 1.020 m².
Polícia Militar: 1.720 m².
Igreja da Consolação: 4.260 m².
Acesso ao estacionamento: 800 m².

PRAÇA FRANKLIN ROOSEVELT
SETOR 3
SITUAÇÃO ATUAL
Desenho: 2001-2002

RO 19

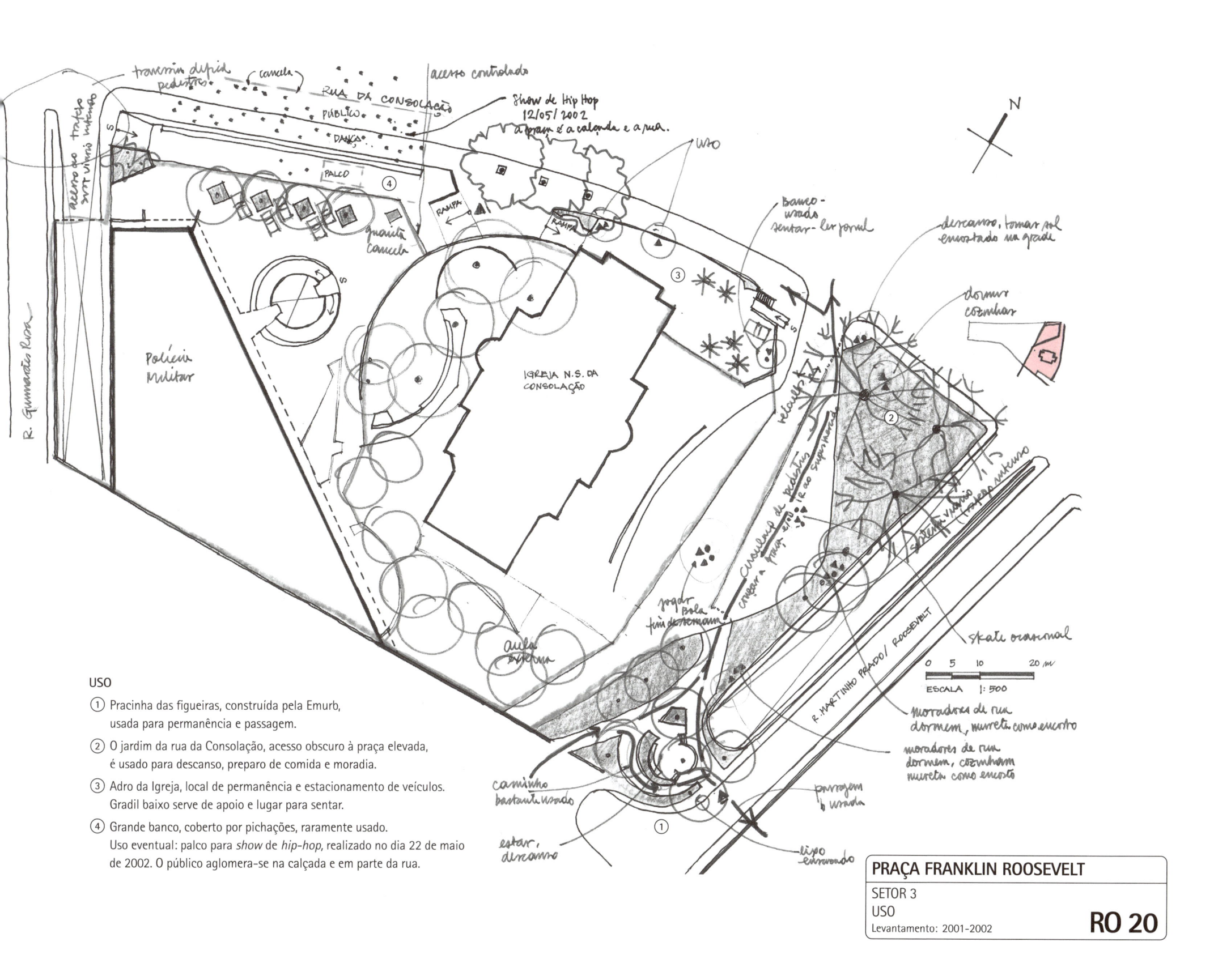

USO

① Pracinha das figueiras, construída pela Emurb, usada para permanência e passagem.

② O jardim da rua da Consolação, acesso obscuro à praça elevada, é usado para descanso, preparo de comida e moradia.

③ Adro da Igreja, local de permanência e estacionamento de veículos. Gradil baixo serve de apoio e lugar para sentar.

④ Grande banco, coberto por pichações, raramente usado. Uso eventual: palco para *show* de *hip-hop*, realizado no dia 22 de maio de 2002. O público aglomera-se na calçada e em parte da rua.

PRAÇA FRANKLIN ROOSEVELT
SETOR 3
USO
Levantamento: 2001-2002

RO 20

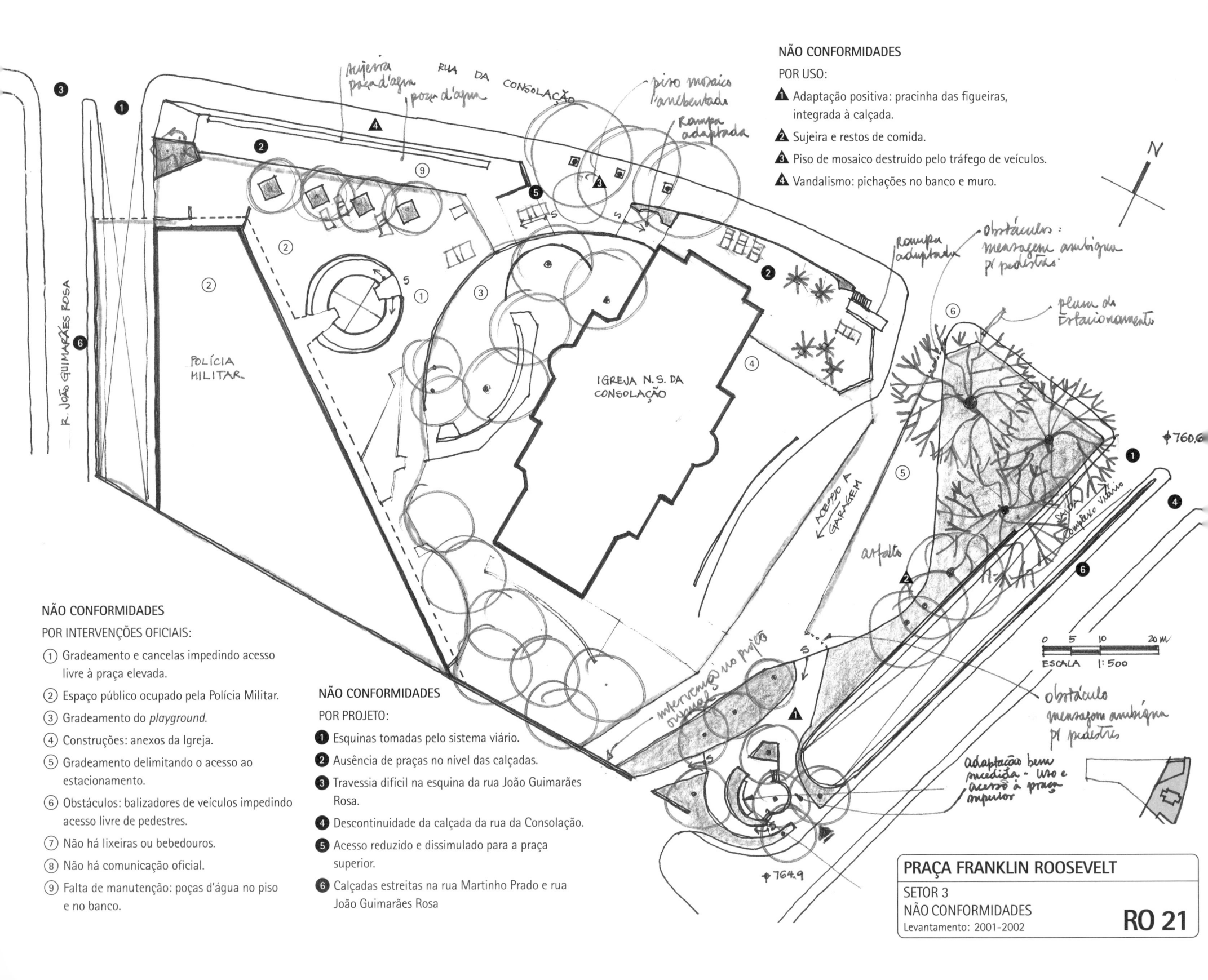

NÃO CONFORMIDADES

POR USO:

▲1 Adaptação positiva: pracinha das figueiras, integrada à calçada.

▲2 Sujeira e restos de comida.

▲3 Piso de mosaico destruído pelo tráfego de veículos.

▲4 Vandalismo: pichações no banco e muro.

NÃO CONFORMIDADES

POR INTERVENÇÕES OFICIAIS:

1. Gradeamento e cancelas impedindo acesso livre à praça elevada.
2. Espaço público ocupado pela Polícia Militar.
3. Gradeamento do *playground*.
4. Construções: anexos da Igreja.
5. Gradeamento delimitando o acesso ao estacionamento.
6. Obstáculos: balizadores de veículos impedindo acesso livre de pedestres.
7. Não há lixeiras ou bebedouros.
8. Não há comunicação oficial.
9. Falta de manutenção: poças d'água no piso e no banco.

NÃO CONFORMIDADES

POR PROJETO:

1. Esquinas tomadas pelo sistema viário.
2. Ausência de praças no nível das calçadas.
3. Travessia difícil na esquina da rua João Guimarães Rosa.
4. Descontinuidade da calçada da rua da Consolação.
5. Acesso reduzido e dissimulado para a praça superior.
6. Calçadas estreitas na rua Martinho Prado e rua João Guimarães Rosa

PRAÇA FRANKLIN ROOSEVELT
SETOR 3
NÃO CONFORMIDADES
Levantamento: 2001-2002

RO 21

O PROJETO

1. Fragmentação do tecido urbano: perda de espaços de uso público nas esquinas para rampas de acesso do complexo viário resultando não apenas em dificuldades de circulação de pedestres, mas também de acesso à praça.

2. Isolamento do entorno e acesso controlado: praças elevadas em relação às calçadas com acessos estreitos e dissimulados.

3. Desintegração do entorno: nova arquitetura, isolada da Igreja da Consolação e distante das ruas.

4. Acesso controlado: rampa-escada implantada como escultura no centro secciona a praça da rua da Consolação, enfatiza o fluxo dos veículos no sistema viário em vez do movimento dos pedestres.

5. Praças elevadas sem fachadas públicas: afastadas da rua da Consolação e muros altos e paredes fechadas na rua João Guimarães Rosa.

PRAÇA FRANKLIN ROOSEVELT
SETOR 3
PROJETO E INDICAÇÃO DE CORTES
Desenho: 2001-2002
RO 22

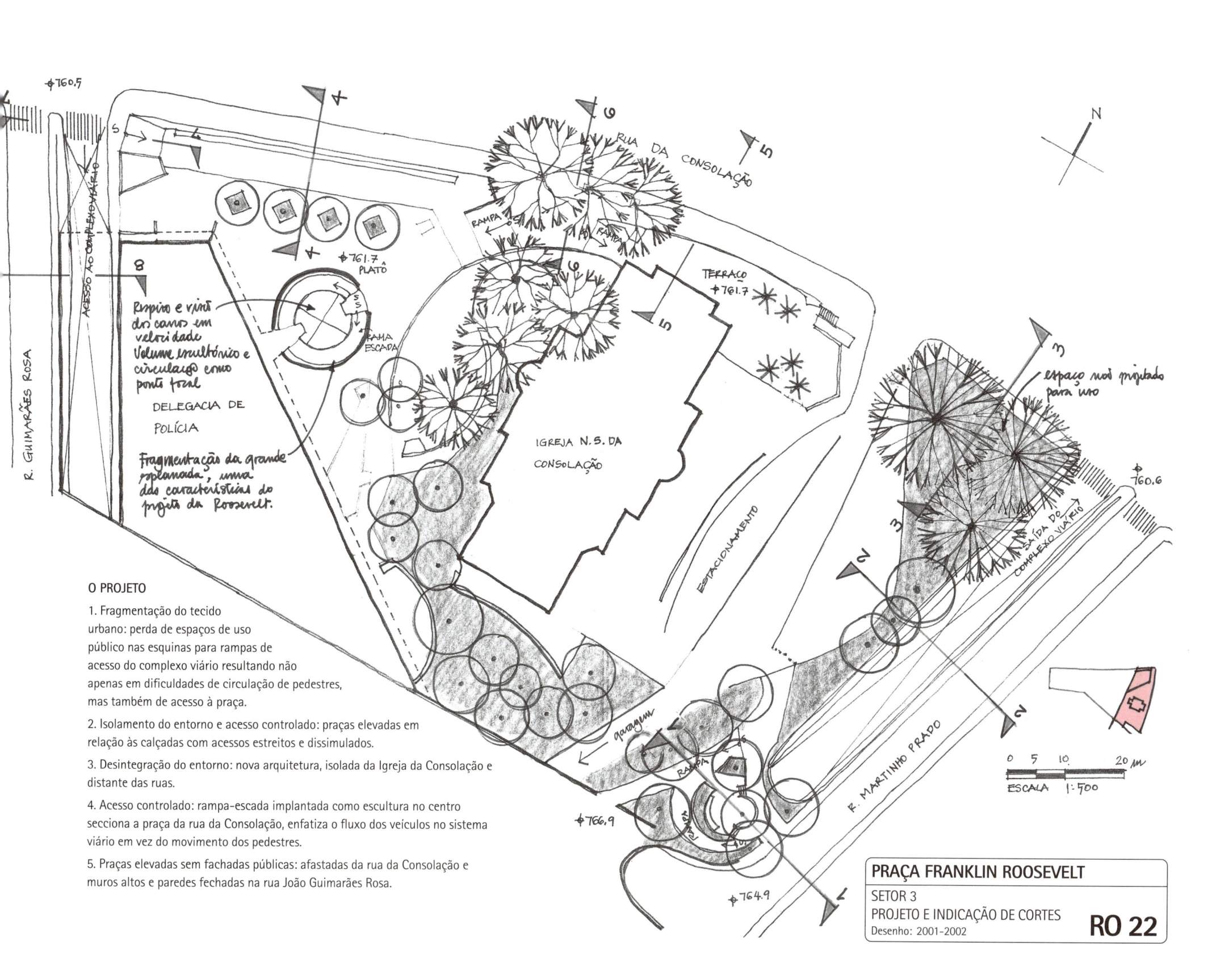

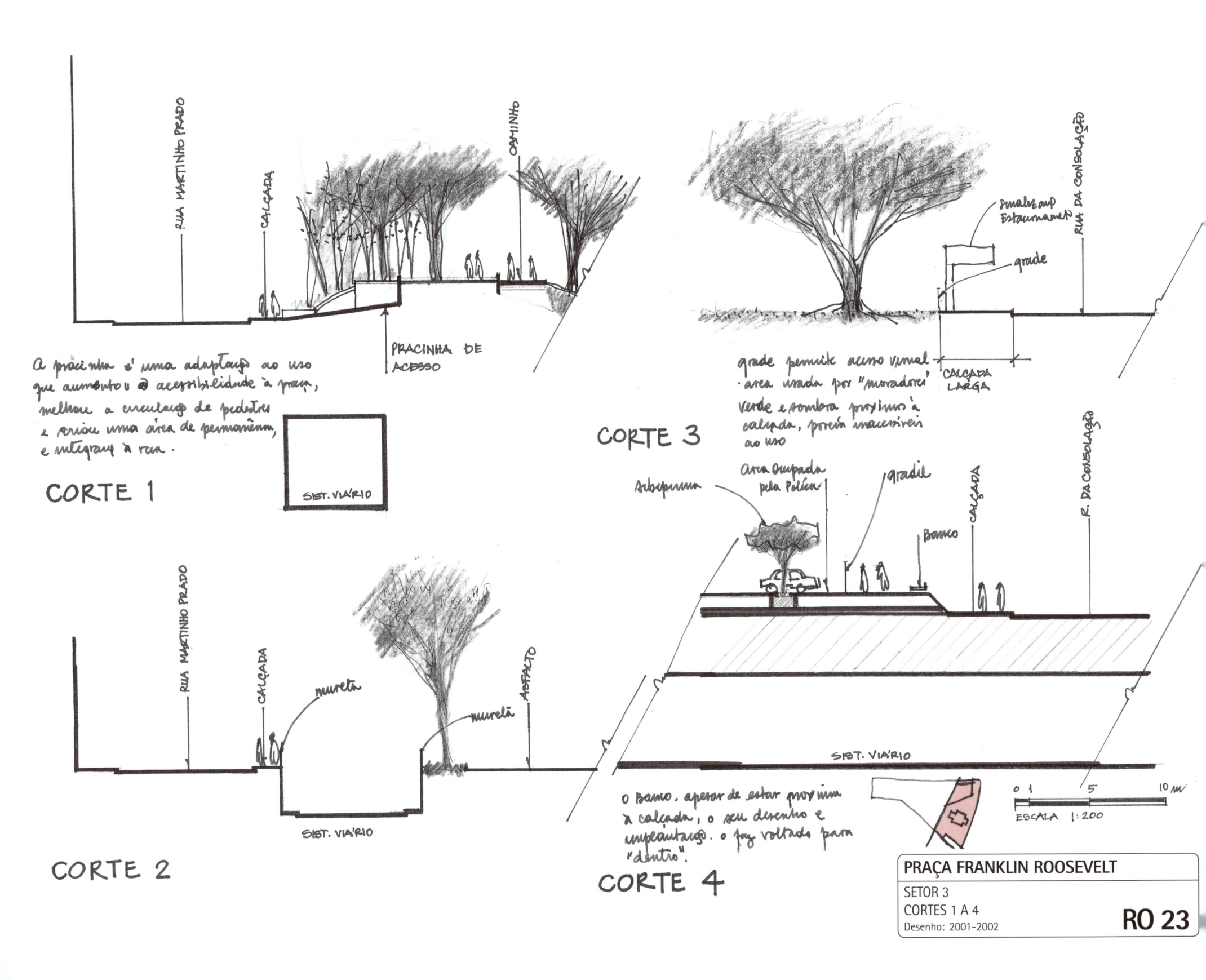

CORTE 1

RUA MARTINHO PRADO • CALÇADA • PRACINHA DE ACESSO • CAMINHO

A pracinha é uma adaptação ao uso que aumentou a acessibilidade à praça, melhorou a circulação de pedestres e criou uma área de permanência, e integrou-a à rua.

SIST. VIÁRIO

CORTE 2

RUA MARTINHO PRADO • CALÇADA • mureta • mureta • ASFALTO

SIST. VIÁRIO

CORTE 3

sinalização e Estacionamento • grade • RUA DA CONSOLAÇÃO • CALÇADA LARGA

grade permite acesso visual · área usada por "moradores" · verde e sombra próximos à calçada, porém inacessíveis ao uso

CORTE 4

subespuma • área ocupada pela Polícia • gradil • Banco • CALÇADA • R. DA CONSOLAÇÃO

SIST. VIÁRIO

O banco, apesar de estar próximo à calçada, o seu desenho e implantação o faz voltado para "dentro".

ESCALA 1:200

PRAÇA FRANKLIN ROOSEVELT
SETOR 3
CORTES 1 A 4
Desenho: 2001-2002

RO 23

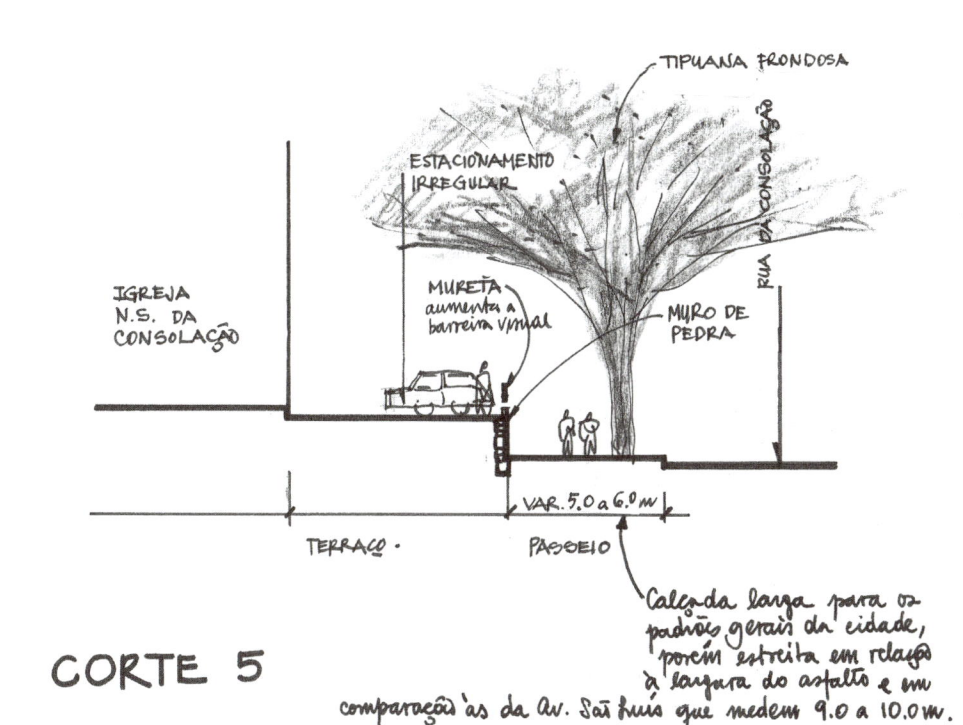

CORTE 5

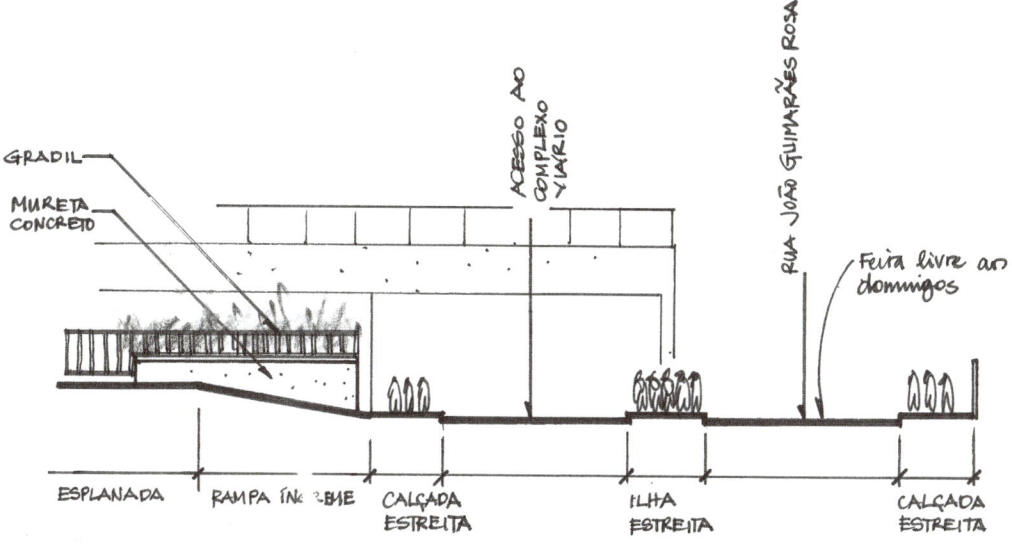

- IGREJA N.S. DA CONSOLAÇÃO
- TIPUANA FRONDOSA
- ESTACIONAMENTO IRREGULAR
- MURETA aumenta a barreira visual
- MURO DE PEDRA
- RUA DA CONSOLAÇÃO
- TERRAÇO
- PASSEIO
- VAR. 5.0 a 6.0 m

Calçada larga para os padrões gerais da cidade, porém estreita em relação à largura do asfalto e em comparação às da Av. São Luís que medem 9.0 a 10.0 m.

CORTE 7

- GRADIL
- MURETA CONCRETO
- ACESSO AO COMPLEXO VIÁRIO
- RUA JOÃO GUIMARÃES ROSA
- Feira livre aos domingos
- ESPLANADA
- RAMPA ÍNGREME
- CALÇADA ESTREITA
- ILHA ESTREITA
- CALÇADA ESTREITA

Tráfego intenso de veículos. Travessia demorada e incômoda para pedestres. Acesso à praça por meio de rampa íngreme.

CORTE 6

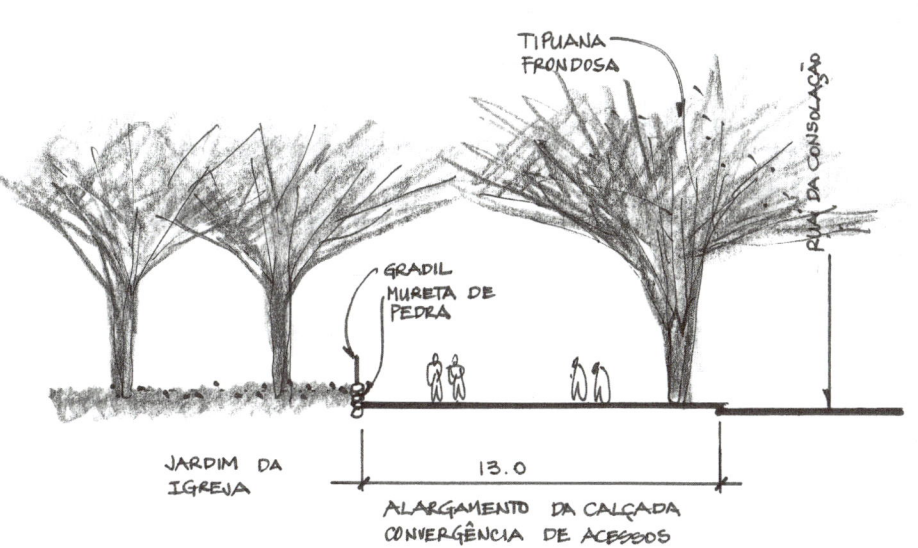

- TIPUANA FRONDOSA
- RUA DA CONSOLAÇÃO
- GRADIL
- MURETA DE PEDRA
- JARDIM DA IGREJA
- 13.0
- ALARGAMENTO DA CALÇADA CONVERGÊNCIA DE ACESSOS

Lugar de encontro de pessoas, ambiente agradável, porém sem uso, por ex.: Não há bancos para sentar.

CORTE 8

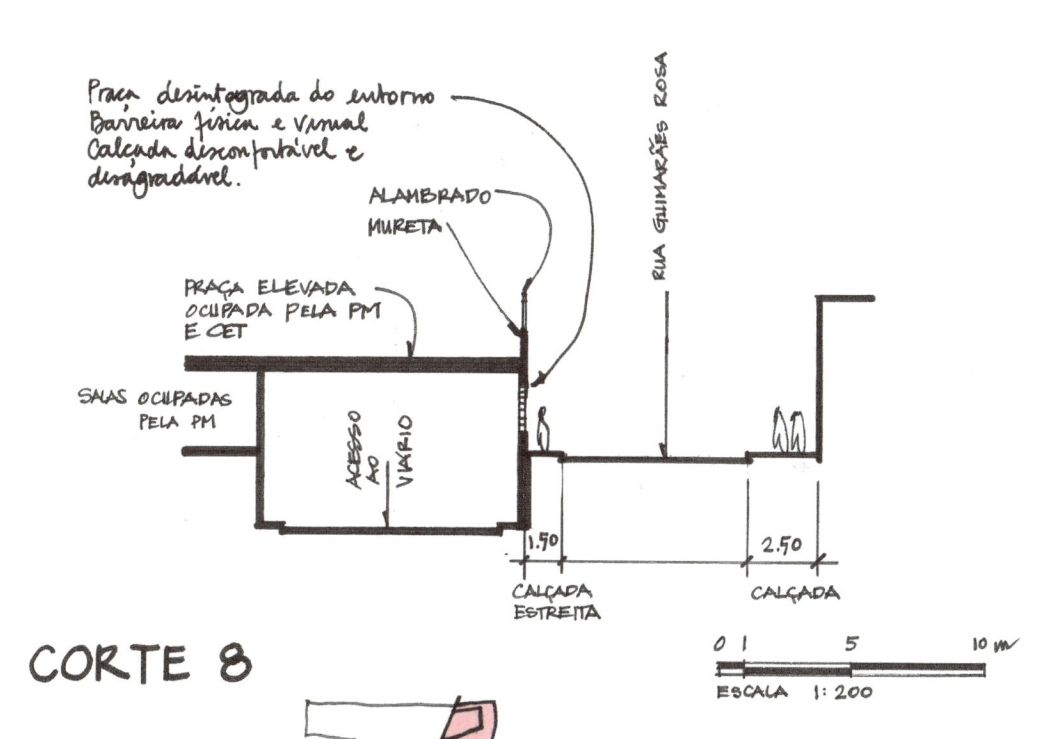

- Praça desintegrada do entorno. Barreira física e visual. Calçada desconfortável e desagradável.
- ALAMBRADO
- MURETA
- PRAÇA ELEVADA OCUPADA PELA PM E CET
- RUA GUIMARÃES ROSA
- SALAS OCUPADAS PELA PM
- ACESSO AO VIÁRIO
- 1.50 CALÇADA ESTREITA
- 2.50 CALÇADA

ESCALA 1:200

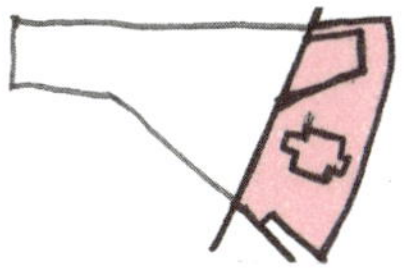

PRAÇA FRANKLIN ROOSEVELT
SETOR 3
CORTES 5 A 8
Desenho: 2001-2002

RO 24

Situação Atual

O pentágono: subárea de maior superfície contínua livre da praça Roosevelt.

Situado na cota 771,9 m, distante das ruas de maior movimento, o pentágono está a 6,7 m de altura em relação à João Guimarães Rosa e a 7,0 m em relação à Martinho Prado, suas ruas mais próximas.

Atualmente apenas um acesso, a rampa central, está aberto para o uso público.

Apesar do acesso difícil, o pentágono é, no momento, o espaço mais usado e de maior convívio da praça Roosevelt.

Área total de acesso público – o pentágono: 4.500 m²
Área ocupada pela EMEI: 1.470 m²

PRAÇA FRANKLIN ROOSEVELT
SETOR 4
SITUAÇÃO ATUAL
Desenho: 2001-2002

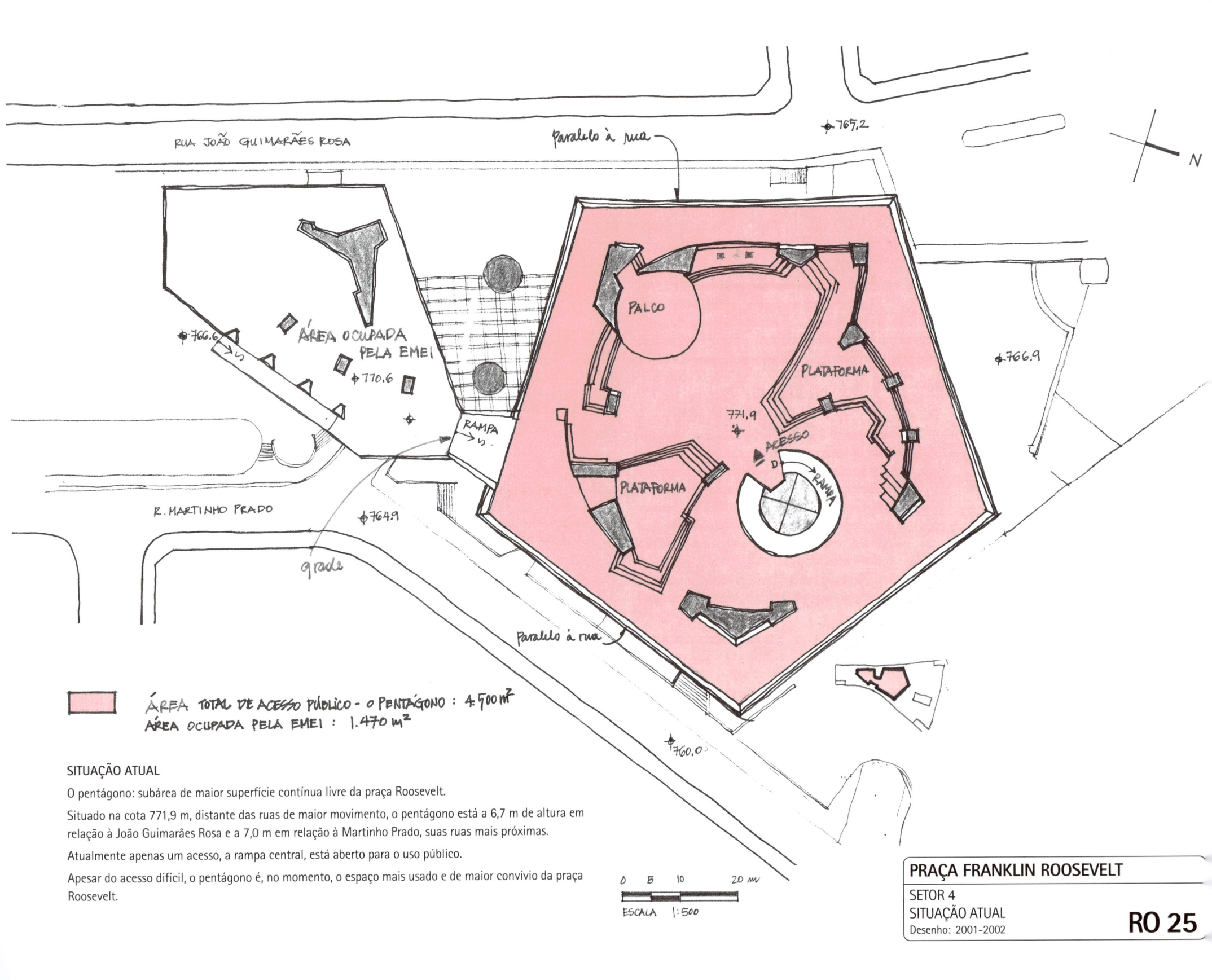

RO 25

RUA JOÃO GUIMARÃES ROSA

R. MARTINHO PRADO

skatistas

skatistas e turma-espera

skate

encontro

descanso

namoro

0 5 10 20 m
ESCALA 1:500

USO

Atividades variadas: descanso, bate-papo, andar, correr, passear com cachorros, brincar e andar de bicicletas, *skates* e patins.

O espaço aberto central, degraus e o palco permitem aos skatistas desenvolverem manobras variadas. *Skate* é um articulador de atividade social entre os que competem, esperam, trocam experiências, ensinam e assistem.

Usuários diversificados e formação de grupos: conforto social e sensação de segurança percebida, com presença de crianças desacompanhadas de adultos, de mulheres sozinhas, de casais e de adolescentes.

PRAÇA FRANKLIN ROOSEVELT
SETOR 4
USO
Desenho: 2001-2002

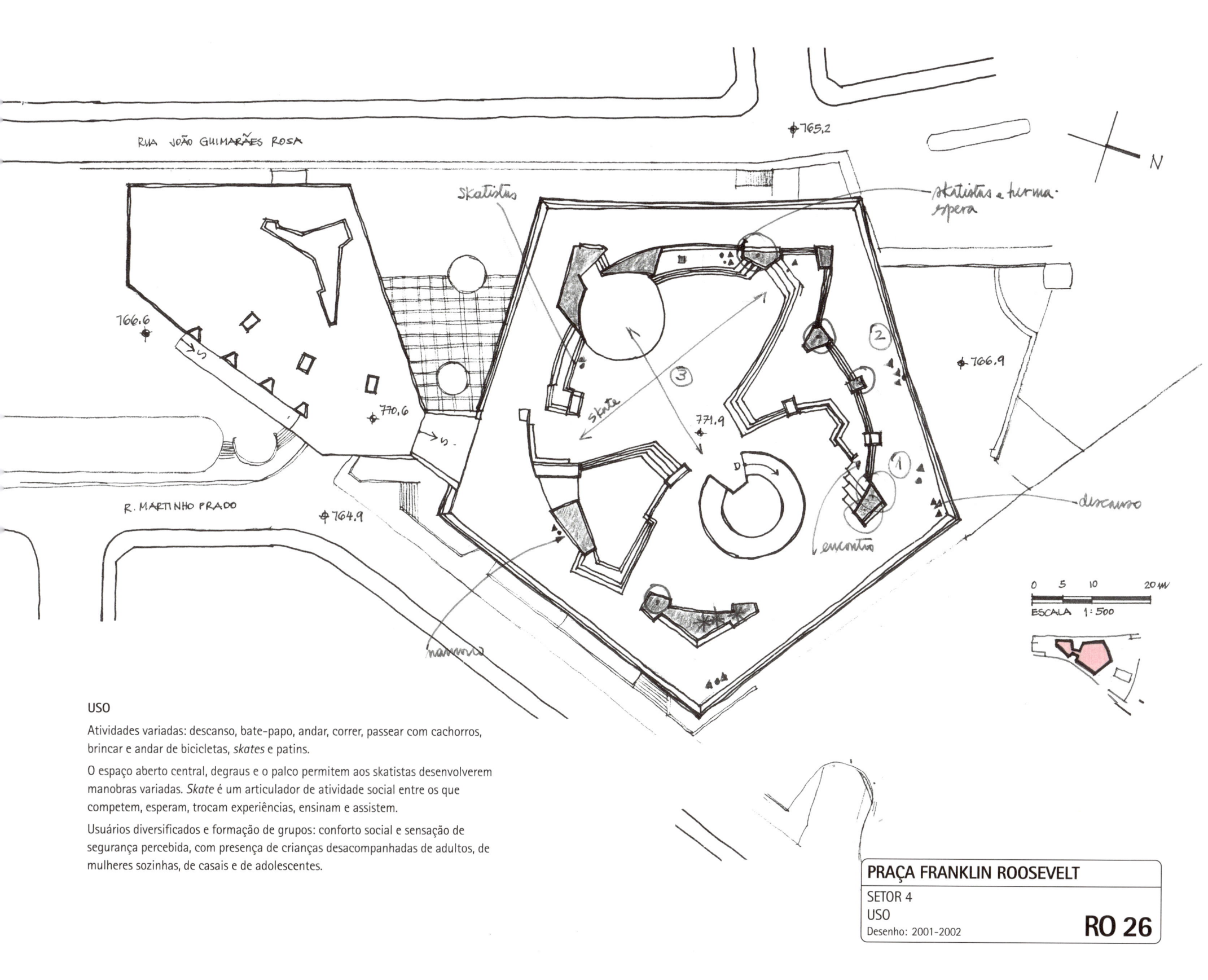

RO 26

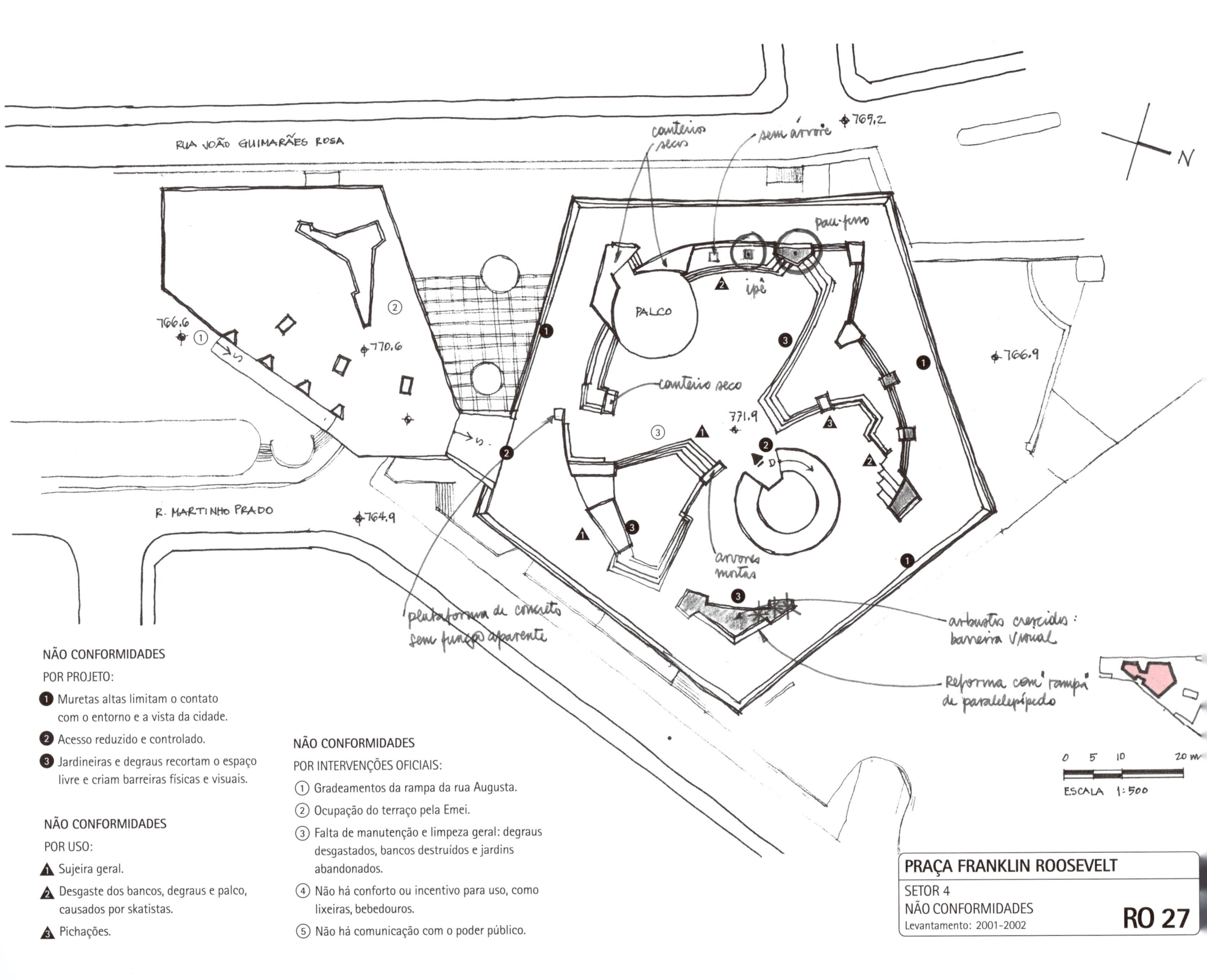

NÃO CONFORMIDADES
POR PROJETO:

1 Muretas altas limitam o contato com o entorno e a vista da cidade.

2 Acesso reduzido e controlado.

3 Jardineiras e degraus recortam o espaço livre e criam barreiras físicas e visuais.

NÃO CONFORMIDADES
POR USO:

▲ Sujeira geral.

▲ Desgaste dos bancos, degraus e palco, causados por skatistas.

▲ Pichações.

NÃO CONFORMIDADES
POR INTERVENÇÕES OFICIAIS:

① Gradeamentos da rampa da rua Augusta.

② Ocupação do terraço pela Emei.

③ Falta de manutenção e limpeza geral: degraus desgastados, bancos destruídos e jardins abandonados.

④ Não há conforto ou incentivo para uso, como lixeiras, bebedouros.

⑤ Não há comunicação com o poder público.

Annotations on map: canteiros secos; sem árvore; pau-ferro; ipê; PALCO; canteiro seco; árvores mortas; plataforma de concreto sem função aparente; arbustos crescidos: barreira visual; Reforma com rampa de paralelepípedo

Street names: RUA JOÃO GUIMARÃES ROSA; R. MARTINHO PRADO

Elevations: 766.6; 770.6; 764.9; 769.2; 766.9; 771.9

ESCALA 1:500
0 5 10 20 m

PRAÇA FRANKLIN ROOSEVELT
SETOR 4
NÃO CONFORMIDADES
Levantamento: 2001-2002

RO 27

O PROJETO

Relação ambígua com a cidade: praça central, de uso múltiplo, porém de acesso reduzido.

Rigidez e isolamento do entorno: forma geométrica precisa, definida por muretas, mais altas nas pontas, ancorada no centro da quadra, acima das ruas próximas.

Acesso restrito e controlado: duas rampas, uma vindo pela rua Augusta, atualmente fechada, e a outra, saída diretamente do estacionamento e desembocando no centro.

Forte referência ao paisagismo moderno norte-americano: jogo geométrico com interceptação entre curvas e retas nos degraus, plataformas e jardineiras. Detalhes elaborados nos encaixes e mudanças de materiais.

Layout sugere desenho tradicional: jardineiras, plataformas e muretas definem o passeio periférico e um centro aberto para eventos.

PRAÇA FRANKLIN ROOSEVELT
SETOR 4
PROJETO
Desenho: 2001

RO 28

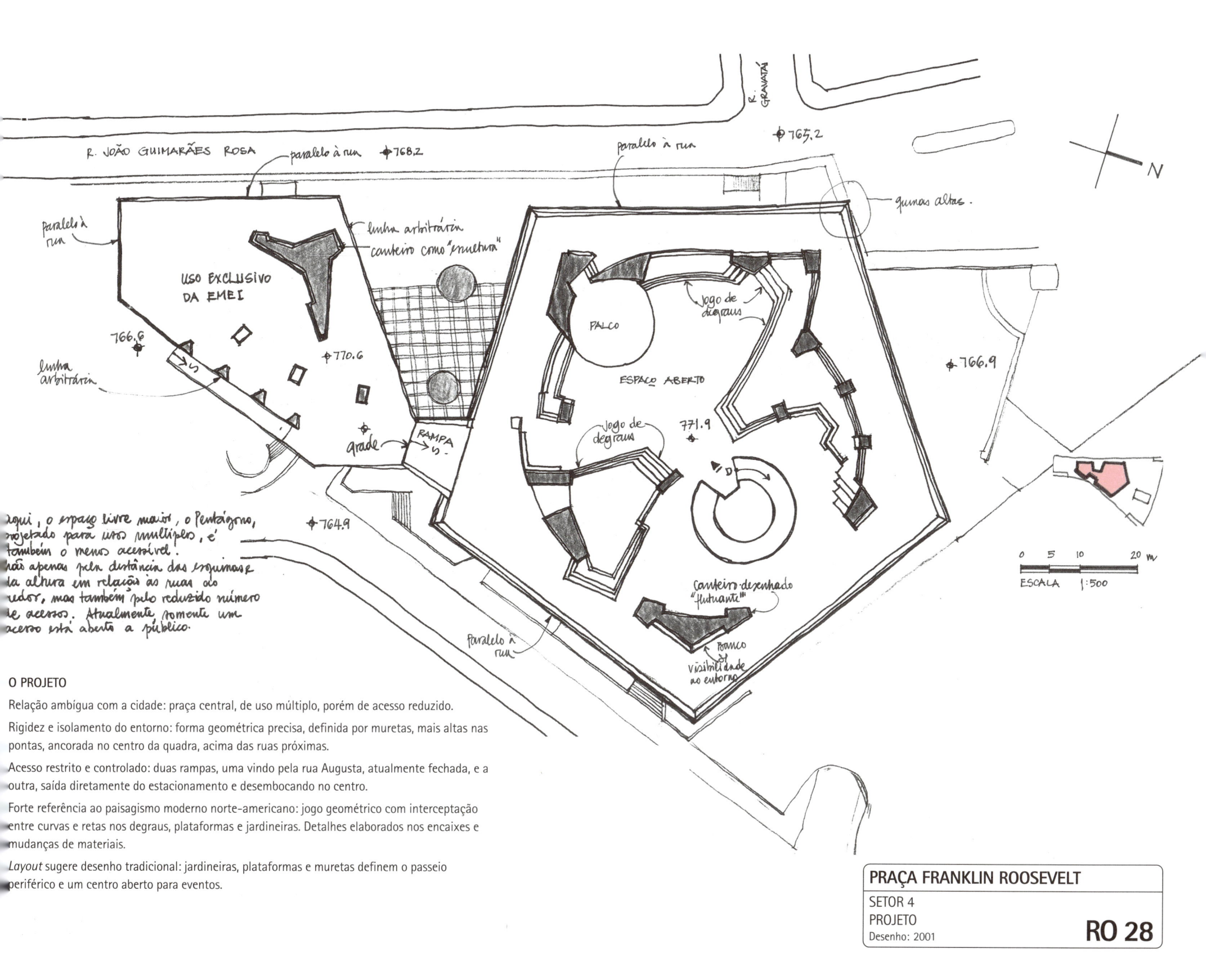

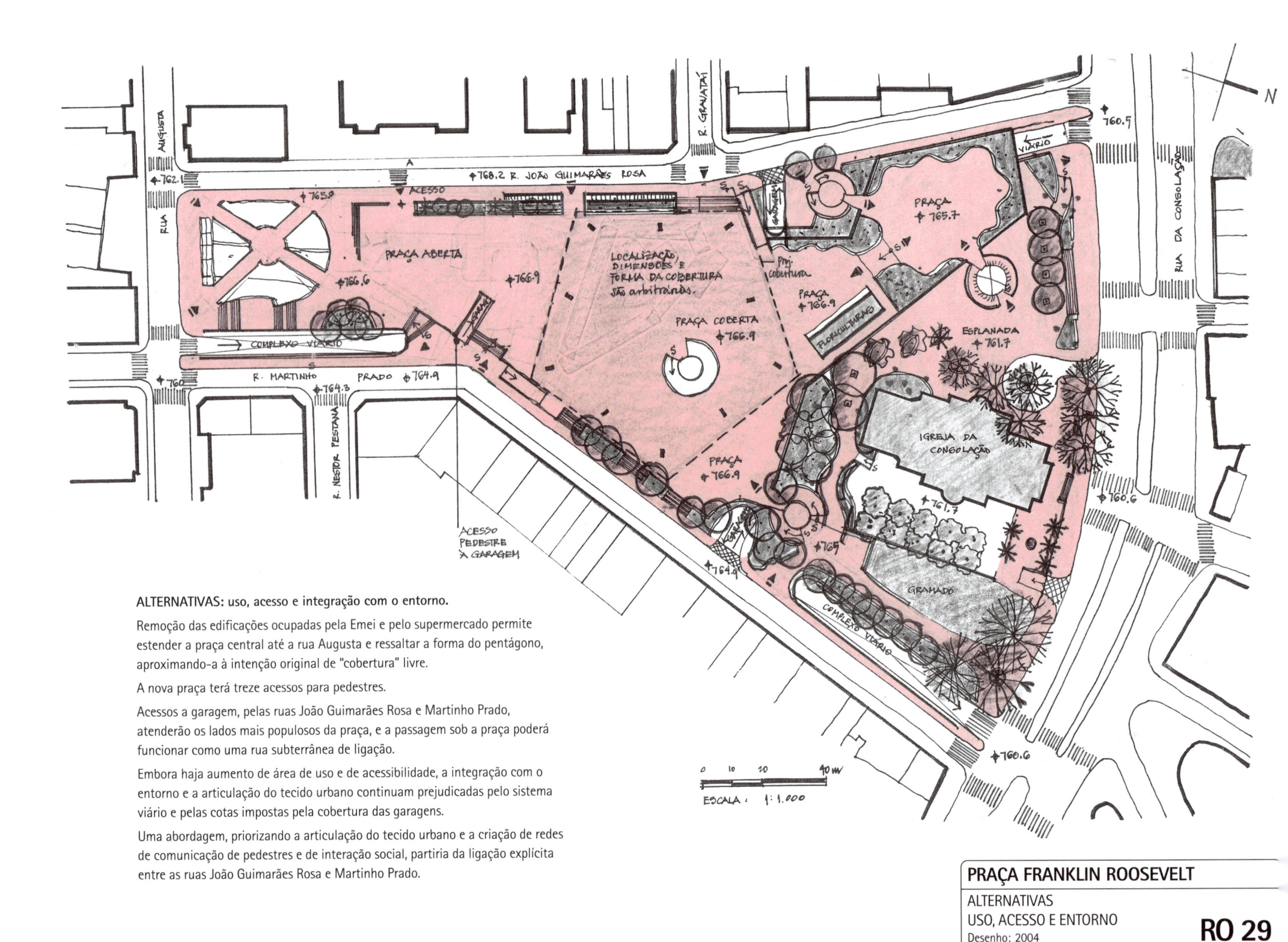

ALTERNATIVAS: uso, acesso e integração com o entorno.

Remoção das edificações ocupadas pela Emei e pelo supermercado permite estender a praça central até a rua Augusta e ressaltar a forma do pentágono, aproximando-a à intenção original de "cobertura" livre.

A nova praça terá treze acessos para pedestres.

Acessos a garagem, pelas ruas João Guimarães Rosa e Martinho Prado, atenderão os lados mais populosos da praça, e a passagem sob a praça poderá funcionar como uma rua subterrânea de ligação.

Embora haja aumento de área de uso e de acessibilidade, a integração com o entorno e a articulação do tecido urbano continuam prejudicadas pelo sistema viário e pelas cotas impostas pela cobertura das garagens.

Uma abordagem, priorizando a articulação do tecido urbano e a criação de redes de comunicação de pedestres e de interação social, partiria da ligação explícita entre as ruas João Guimarães Rosa e Martinho Prado.

PRAÇA FRANKLIN ROOSEVELT
ALTERNATIVAS
USO, ACESSO E ENTORNO
Desenho: 2004

RO 29

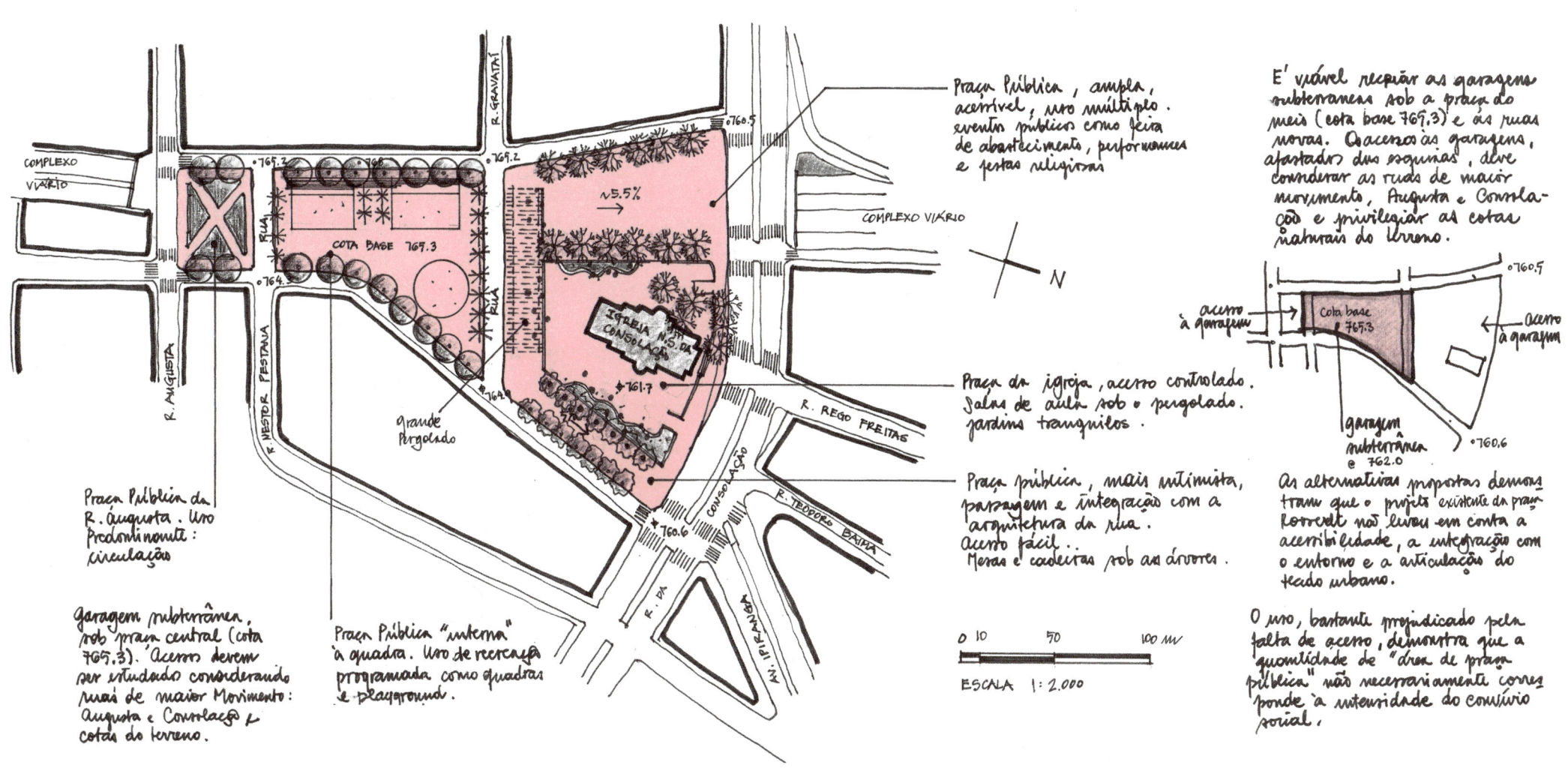

ALTERNATIVAS: articulação do tecido urbano.

As ligações entre as ruas Martinho Prado e Gravataí e entre as ruas João Guimarães Rosa e Nestor Pestana delimitam três praças na praça Roosevelt.

As "pracinhas", que chamaremos de Augusta, Centro e Consolação, permeáveis às ruas e adjacentes às calçadas, possuem dimensões compatíveis com o tamanho de quadras típicas da cidade e de praças vizinhas, como a Rotary e a Dom José Gaspar.

Graus distintos de "publicidade": as praças Augusta e Consolação, localizadas junto a ruas de tráfego intenso, serão mais públicas, especialmente a da Consolação, mais ampla e de maior convergência de vias de circulação, é apropriada para receber usos flexíveis. A praça do meio, mais resguardada e próxima a edifícios residenciais, poderá assumir o caráter de espaço de recreação da vizinhança, com áreas de estar, quadras e *playgrounds*.

Os acessos ao complexo viário serão eliminados das esquinas.

As garagens subterrâneas, sob a praça central, terão acessos próximos às ruas Augusta e da Consolação, vias de maior movimento.

PRAÇA FRANKLIN ROOSEVELT
ALTERNATIVAS
TECIDO URBANO
Desenho: 2004

RO 30

Comparação: praça Dom José Gaspar e praça Franklin Roosevelt

Praça Dom José Gaspar (área: 14.000 m²)

A praça Dom José Gaspar é uma adaptação gradual do jardim público integrado à Biblioteca Municipal Mário de Andrade. Ocupando uma quadra-padrão retangular, a praça é um centro de convergência de fluxos de pedestres articulados ao tecido urbano por galerias, caminhos internos e passeios públicos largos.

Uso intenso por grande diversidade de pessoas. Foram observados dezesseis focos sociais em locais de passagem com bancos ou muretas para sentar-se: calçadão, passeios públicos, esquinas e caminhos.

Praça Franklin Roosevelt (área: 28.600 m²)

Construída sobre um complexo viário e dois pavimentos de estacionamentos, com áreas de uso público elevadas em relação às calçadas e distantes das esquinas, a praça Roosevelt reforça a ruptura da ordem urbana "tradicional", caracterizada por calçadas largas e contínuas, acesso fácil pelas esquinas, integração com o entorno e ligação entre ruas vizinhas.

Na praça adjacente às ruas, foram observados apenas quatro focos de contato social: três nas bordas e um na praça elevada. Além de não levar em conta o acesso e o entorno, a praça Roosevelt acentuou a fragmentação do tecido urbano e da paisagem da cidade.

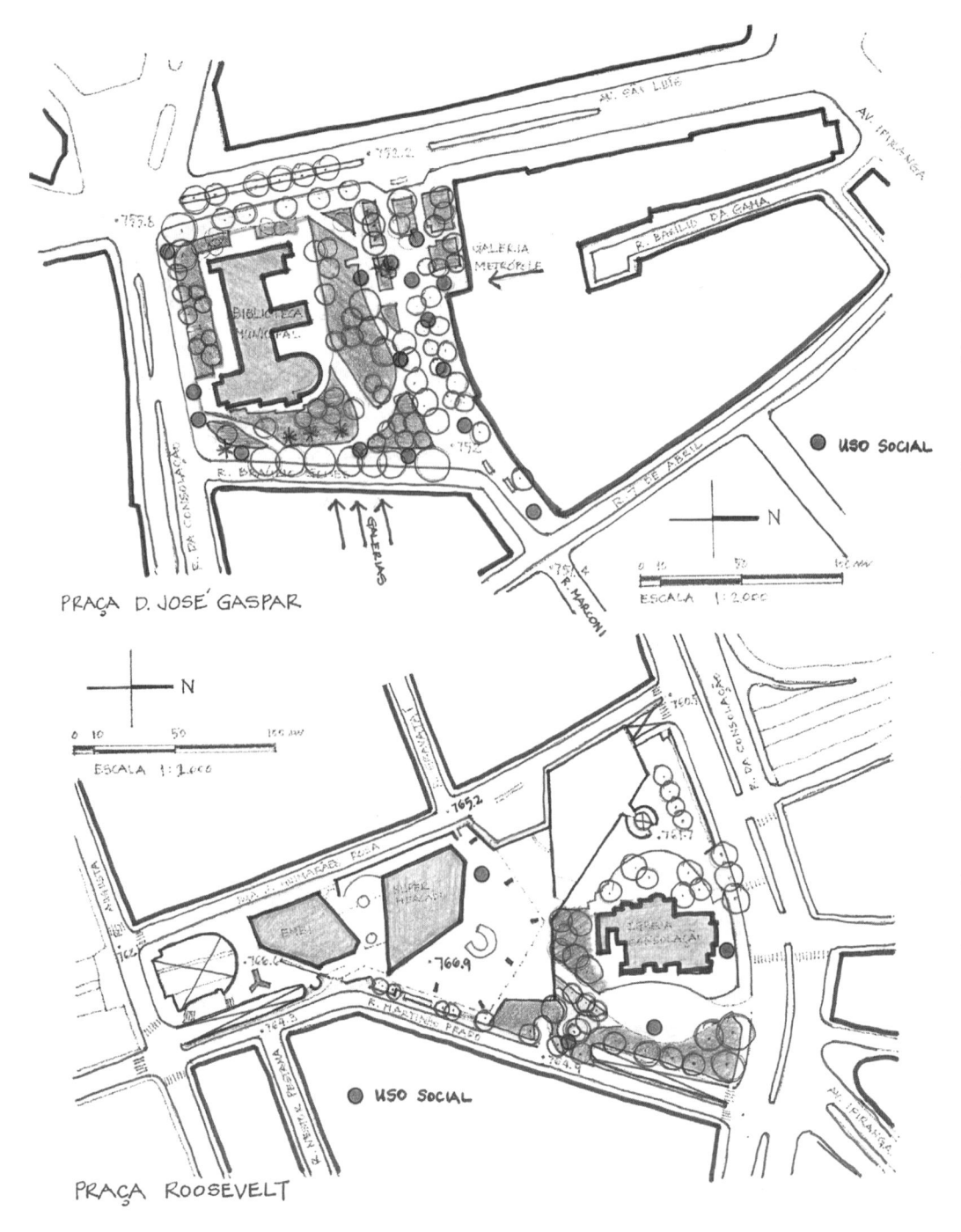

Figura 81. Comparação: praça Dom José Gaspar e praça Franklin Roosevelt

PRAÇA DA LIBERDADE E PRAÇA SANTA CECÍLIA

Praça da Liberdade

Adjacente ao Centro histórico da cidade, a praça da Liberdade é um pequeno triângulo formado pela justaposição de ruas e quadras ortogonais do bairro com a avenida da Liberdade. Local de longa permanência, a praça da Liberdade, denominada praça da Forca nos tempos coloniais, guarda não apenas memórias antigas, mas também as das imigrações asiáticas do século XX. Remodelada e inaugurada em fevereiro de 1975, junto com o início de operação da linha norte-sul, a primeira do metrô, a nova praça acomodava a estação e os acessos a ela. Ocupando o centro da praça existente, a "praça do metrô" consistia em escadarias e patamares em sucessivos níveis, que iam das calçadas à entrada da estação, 5 m abaixo. Degraus, guarda-corpos, canteiros com desenhos bastante geometrizados e predominantemente construídos em concreto aparente definiam o perímetro da "praça do metrô" e evidenciavam a presença do novo. Além de adotar o material e os planos angulosos usados na praça Roosevelt, a nova praça também desvinculava o uso dos acessos. No projeto do metrô, a praça, embora fosse pública, foi tratada como uma extensão da arquitetura da estação. Da praça original sobraram as calçadas largas em contato com o entorno imediato, onde o convívio e a agitação acontecem tanto durante a semana como em eventos festivos nos fins de semana.

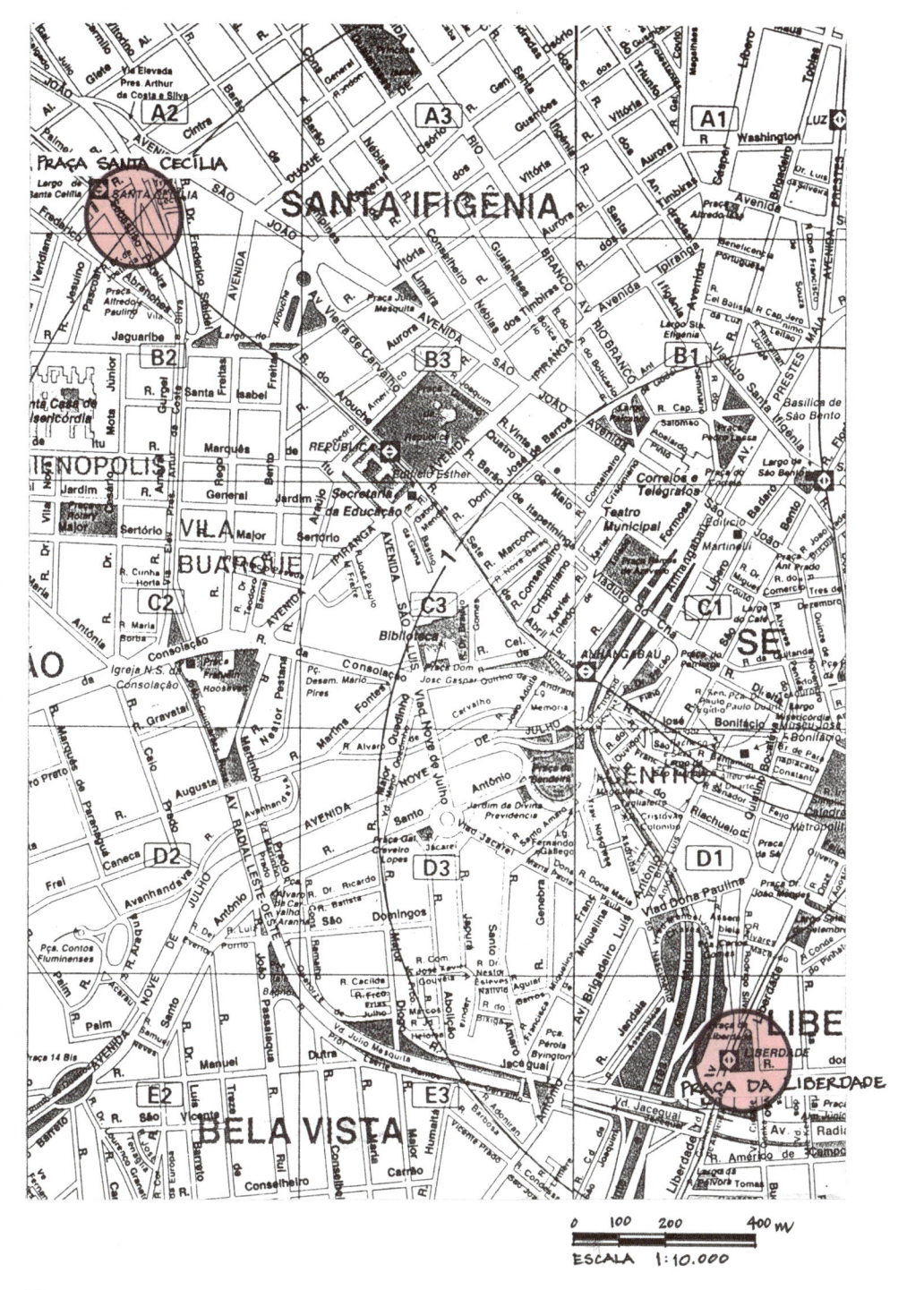

Figura 82. Praça da Liberdade e praça Santa Cecília: localização.

Atualmente a praça da Liberdade é conhecida como o centro do bairro oriental da cidade, cuja importância extrapola os limites locais e assume dimensões cosmopolitas pelas constantes e renovadas imigrações e relações comerciais internacionais e pela consolidação da diversidade étnica em São Paulo. A legibilidade e a dinâmica do bairro equivalem às das *chinatowns* de cidades multiculturais como Vancouver e São Francisco.

No fim de 2002, a Administração Regional da Sé realizou reformas na praça, substituindo o piso, os bancos e as árvores. Este estudo refere-se à praça antes dessas reformas por dois motivos: em primeiro lugar, os levantamentos, a análise e as propostas foram realizados em 2001 e 2002 e, em segundo lugar, a nova praça é ainda muito recente para que seja feita uma avaliação pós-ocupação.

Pranchas:
LI 1. Contexto, escala 1: 5.000
LI 2. Tecido urbano, escala 1: 2.000
LI 3. Entorno, escala 1: 1.000
LI 4. Situação atual, escala 1: 500
LI 5. Uso, escala 1: 500
LI 6. Não conformidades, escala 1: 500
LI 7. Fotografias: usos e não conformidades
LI 8. Projeto e indicação dos cortes, escala 1: 500
LI 9. Cortes 1 a 4, escala 1: 200
LI 10. Cortes 5 a 8, escala 1: 200
LI 11. Cortes 9 a 12, escala 1: 200
LI 12. Detalhes
LI 13. Detalhes
LI 14. Alternativas: uso e acesso, escala 1: 500
LI 15. Alternativas: entorno e tecido urbano, escala 1: 1.000

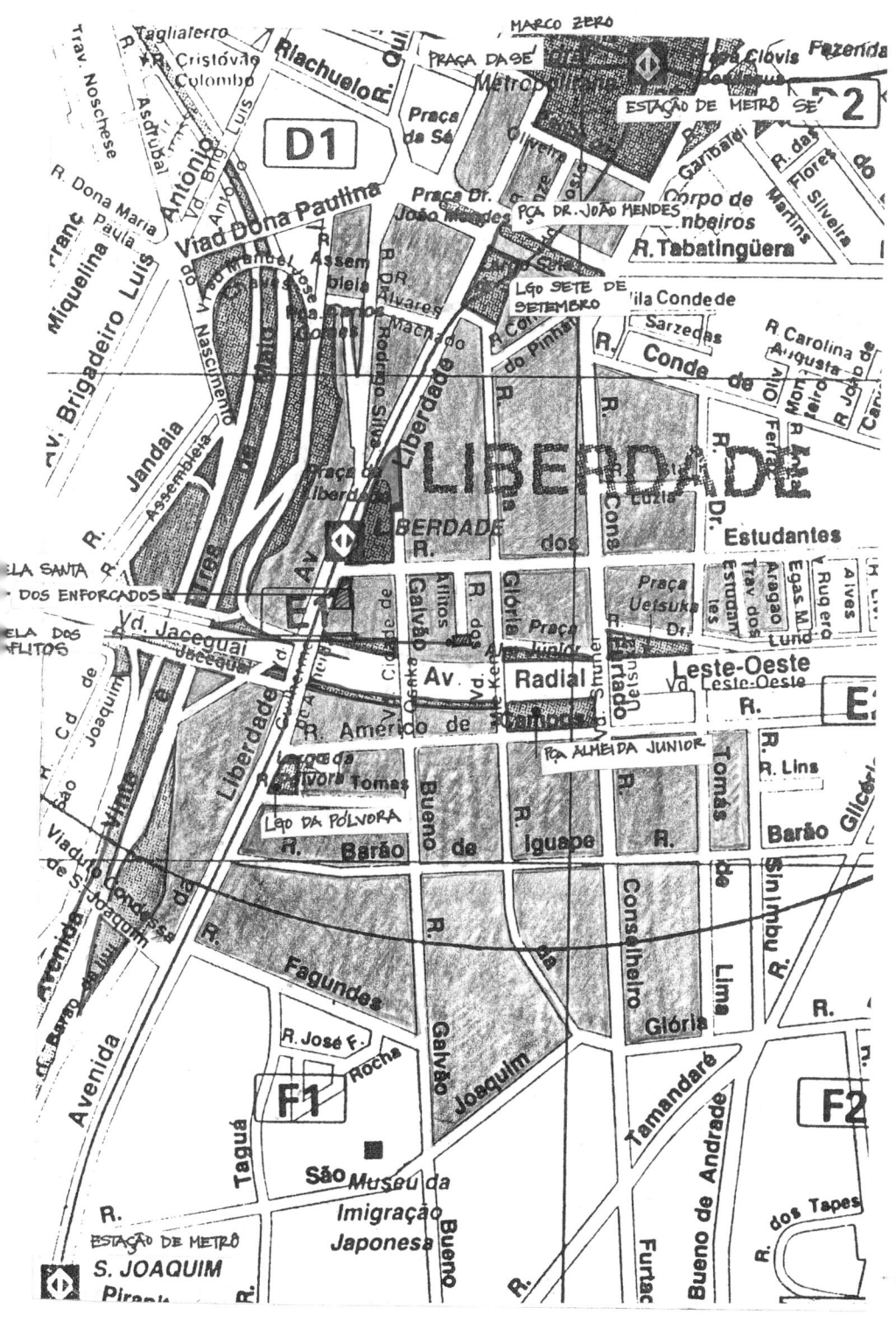

PRAÇA DA LIBERDADE

Praça histórica, reconfigurada pela construção da Estação Liberdade do metrô em 1975, a praça da Liberdade era conhecida como a Praça da Forca nos tempos coloniais e até depois da Independência. Apesar de dominada pelos referenciais, mais recentes, das imigrações japonesa e asiáticas, a praça, as ruas e igrejas da vizinhança, como a Capela Santa Cruz dos Enforcados e a Capela dos Aflitos, ainda guardam muitas memórias antigas da cidade.

Próxima à praça da Sé, a avenida da Liberdade foi um dos primeiros eixos de expansão do núcleo colonial ao longo do espigão da Vergueiro. O parcelamento do solo mostra um traçado regular de quarteirões retangulares, alguns muito compridos. A justaposição do sistema de ruas e quadras com a avenida da Liberdade criou uma sequência de três pequenos espaços livres triangulares. Os espaços são: o largo Sete de Setembro, adjacente à praça João Mendes; a praça da Liberdade, no centro da sequência e do bairro; e o largo da Pólvora, transformado em um jardim "japonês" em meados da década de 1970.

Maior entre os três espaços públicos ao longo da avenida da Liberdade, a praça da Liberdade está localizada na convergências das duas ruas principais do bairro, a dos Estudantes e a da Glória, com a avenida.

Várias centralidades sobrepõem-se à praça da Liberdade: 1. localização central, dentro do raio de 1 km a partir do Marco Zero; 2. centro de bairro com concentração da população e de atividades comerciais e culturais asiáticas; 3. centro da comunidade asiática espalhada pela cidade e pelo país, com participação ativa na dinâmica das novas migrações internacionais.

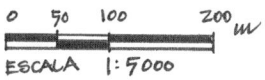

PRAÇA DA LIBERDADE
CONTEXTO
Desenho: 2003 — LI 1

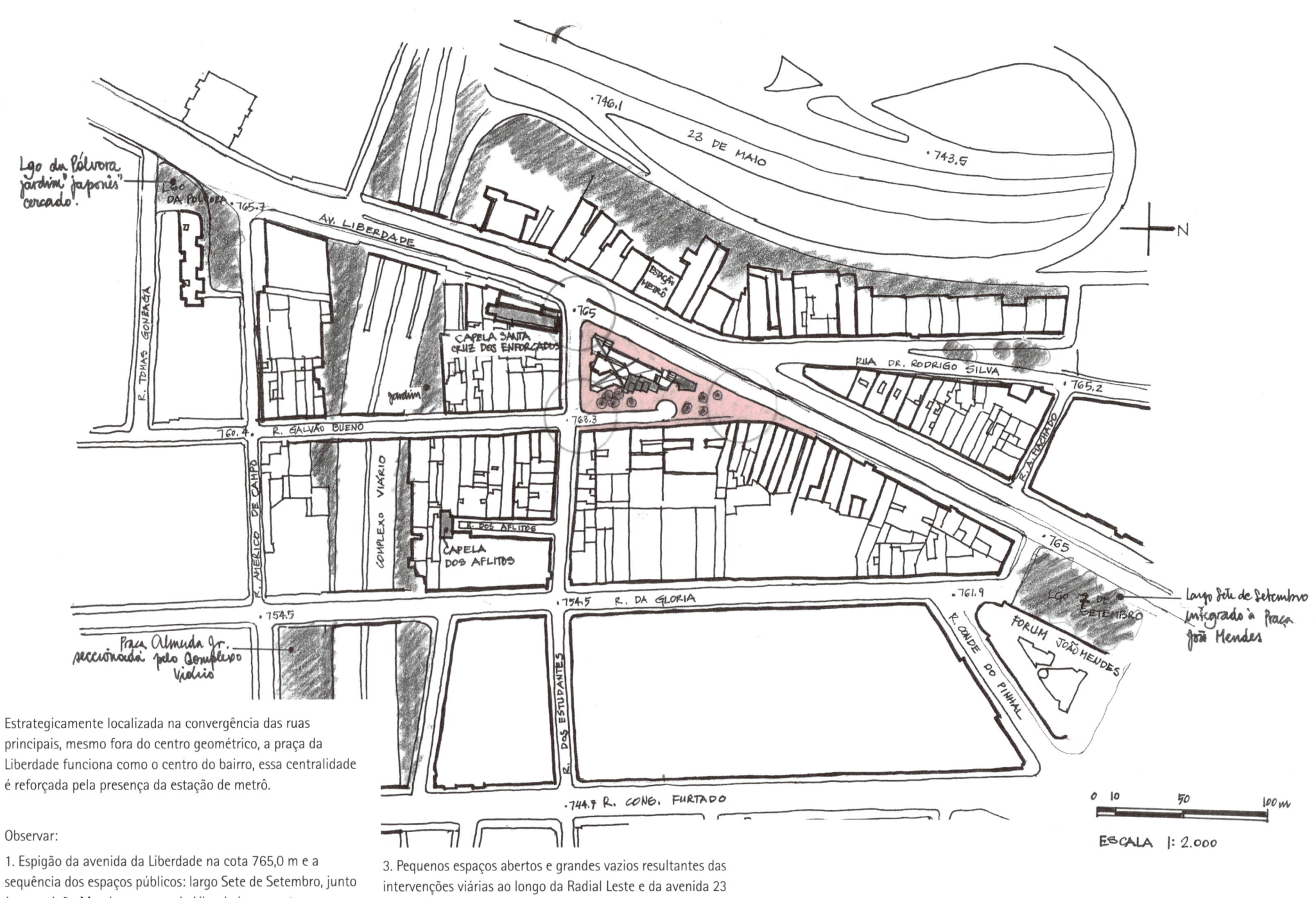

Estrategicamente localizada na convergência das ruas principais, mesmo fora do centro geométrico, a praça da Liberdade funciona como o centro do bairro, essa centralidade é reforçada pela presença da estação de metrô.

Observar:

1. Espigão da avenida da Liberdade na cota 765,0 m e a sequência dos espaços públicos: largo Sete de Setembro, junto à praça João Mendes, a praça da Liberdade no centro e o largo da Pólvora, um jardim "japonês" cercado.

2. A praça da Liberdade é o espaço aberto na convergência das ruas principais do bairro. A declividade da rua dos Estudantes é acentuada.

3. Pequenos espaços abertos e grandes vazios resultantes das intervenções viárias ao longo da Radial Leste e da avenida 23 de Maio. A estrutura das quadras intacta e os quarteirões interrompidos. A praça Almeida Júnior seccionada pelo complexo Viário Leste-Oeste. Dos viadutos sobre o complexo viário, de forma inesperada, podem-se vislumbrar amplas vistas panorâmicas sobre o vale do rio Tamanduateí.

PRAÇA DA LIBERDADE

TECIDO URBANO

LI 2

Desenho: 2003

ESCALA 1:2.000

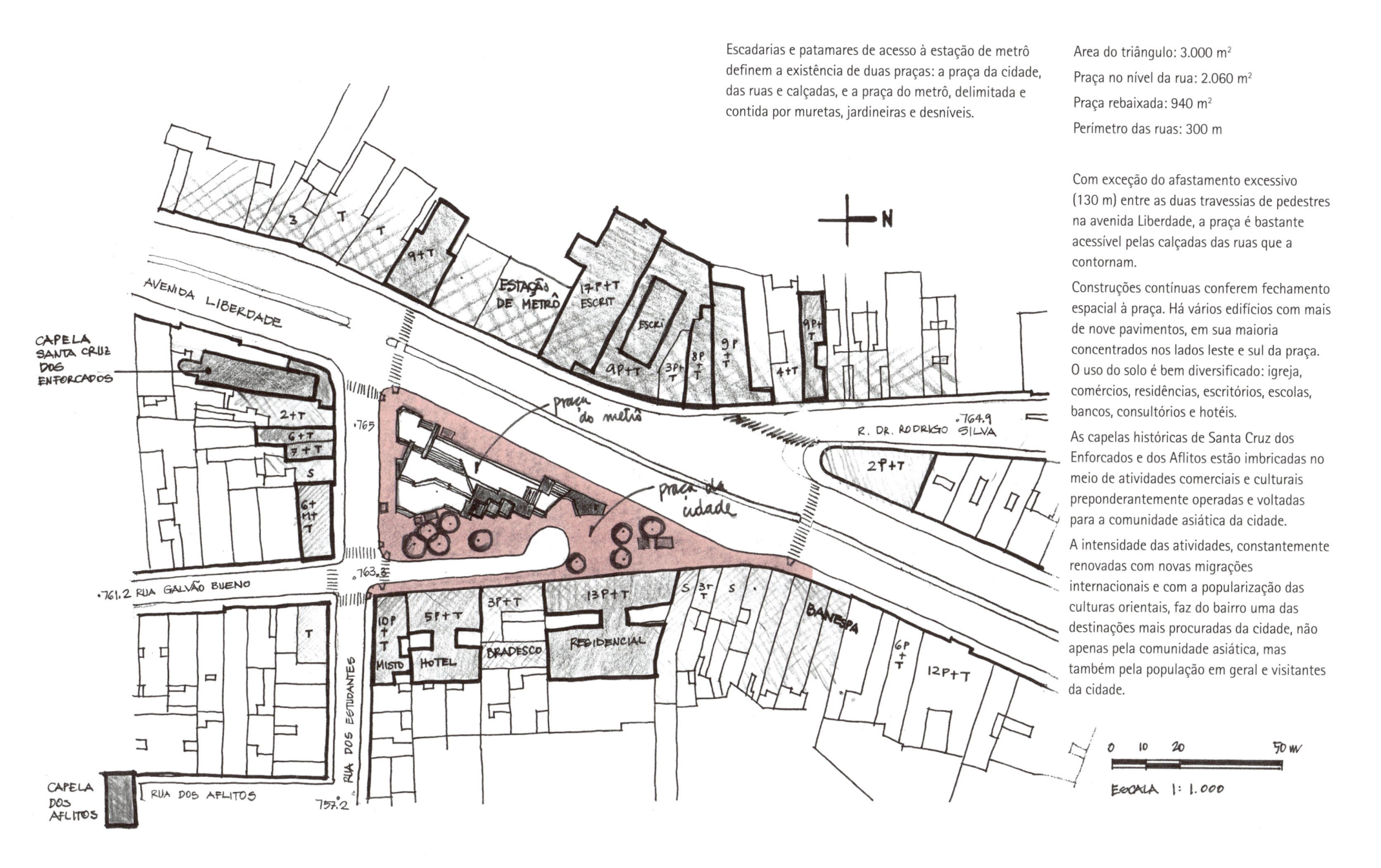

Escadarias e patamares de acesso à estação de metrô definem a existência de duas praças: a praça da cidade, das ruas e calçadas, e a praça do metrô, delimitada e contida por muretas, jardineiras e desníveis.

Área do triângulo: 3.000 m²
Praça no nível da rua: 2.060 m²
Praça rebaixada: 940 m²
Perímetro das ruas: 300 m

Com exceção do afastamento excessivo (130 m) entre as duas travessias de pedestres na avenida Liberdade, a praça é bastante acessível pelas calçadas das ruas que a contornam.

Construções contínuas conferem fechamento espacial à praça. Há vários edifícios com mais de nove pavimentos, em sua maioria concentrados nos lados leste e sul da praça. O uso do solo é bem diversificado: igreja, comércios, residências, escritórios, escolas, bancos, consultórios e hotéis.

As capelas históricas de Santa Cruz dos Enforcados e dos Aflitos estão imbricadas no meio de atividades comerciais e culturais preponderantemente operadas e voltadas para a comunidade asiática da cidade.

A intensidade das atividades, constantemente renovadas com novas migrações internacionais e com a popularização das culturas orientais, faz do bairro uma das destinações mais procuradas da cidade, não apenas pela comunidade asiática, mas também pela população em geral e visitantes da cidade.

área acessível ao uso público.
praça do metrô: acesso controlado

ESCALA 1: 1.000

PRAÇA DA LIBERDADE
ENTORNO
Levantamento: 2002
LI 3

SITUAÇÃO ATUAL

▨ área acessível ao uso público

Há uma ampla área de uso para pedestres formada pelas calçadas da praça, os patamares do metrô e parte do leito carroçável da rua Galvão Bueno, em um *cul-de-sac*.

Observar a continuidade das calçadas e a integração da praça com a rua Galvão Bueno e com a arquitetura lindeira. A praça é integrada à estação de metrô por meio de uma sucessão de escadas e patamares. A integração com o lado oeste da avenida Liberdade é prejudicada pela largura da avenida e pelo afastamento das travessias de pedestres.

A praça na praça: nas bordas a praça da cidade, formada pelas calçadas largas, com perímetro de 220 m, 100% acessível; no centro, a praça do metrô, entre as calçadas e a estação, delimitada por muros, muretas e desníveis, com perímetro de 150 m, cinco acessos somando 22 m, isto é, 15% do perímetro.

a praça do metrô tem acessibilidade reduzida.

Escala 1: 500

PRAÇA DA LIBERDADE
SITUAÇÃO ATUAL
Levantamento: 2002

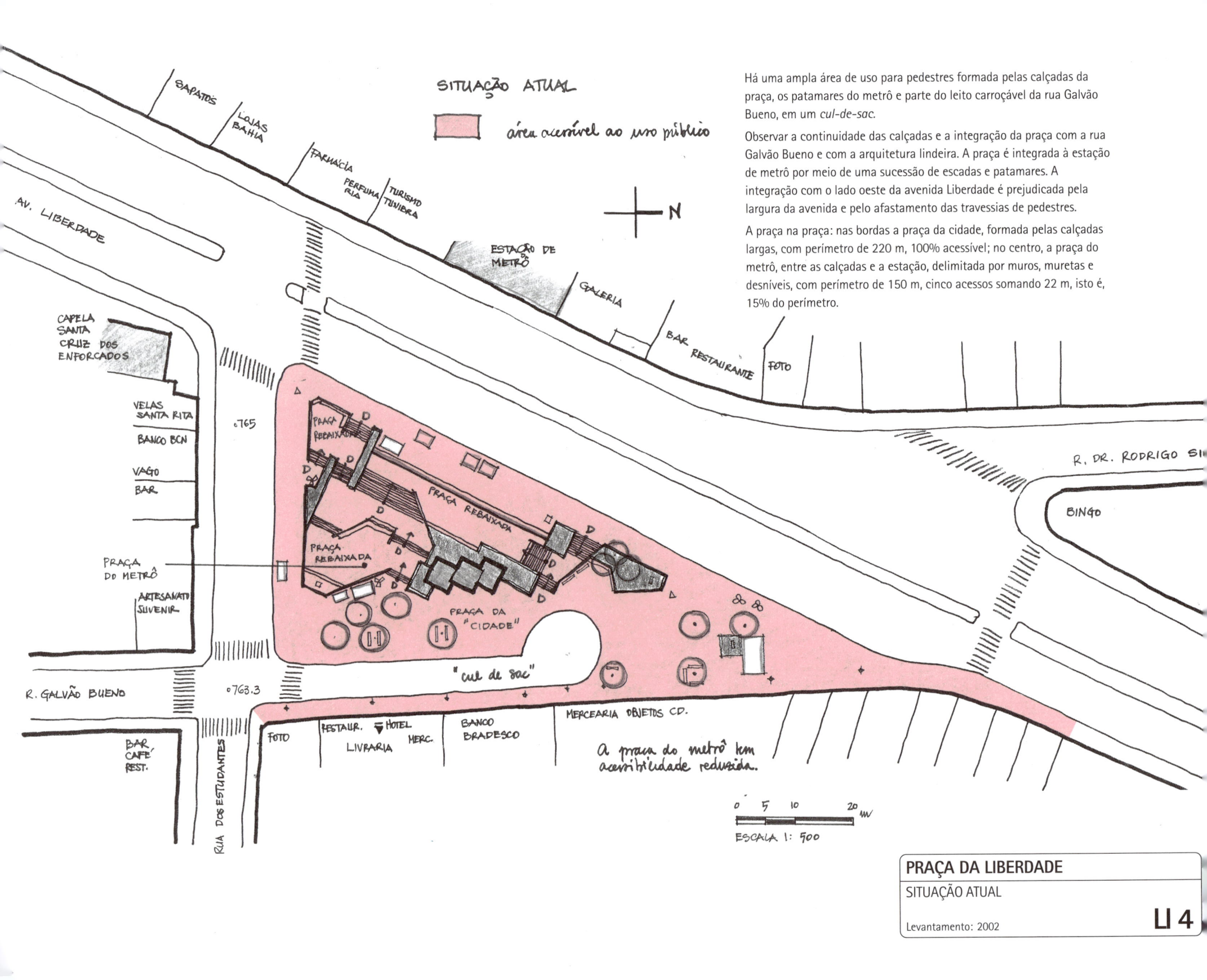

LI 4

USO

① Bancos bem usados: grupos de idosos e idosas (em sua maioria, de origem japonesa) que sociabilizam no meio de barracas e ambulantes e da multidão que entra e sai da estação do metrô.

② Base das torres junto ao acesso ao metrô é um lugar "achado" bem usado.

③ Jardineira-canteiro usada para a sociabilização dos funcionários das empresas de ônibus.

④ Ponto de ônibus, banca de jornais e mirante sobre a praça.

⑤ Mureta serve de encosto e apoio para participar da praça do metrô.

⑥ Local ensolarado, banco bem usado, permanência diversificada.

⑦ Local recuado, pouco usado, geralmente por "moradores" de rua com vestígios, como restos de comida, bebida e mau cheiro.

⑧ Praça/patamar da estação, banco bem usado.

PRAÇA DA LIBERDADE
USO
Levantamento: 2002-2003
LI 5

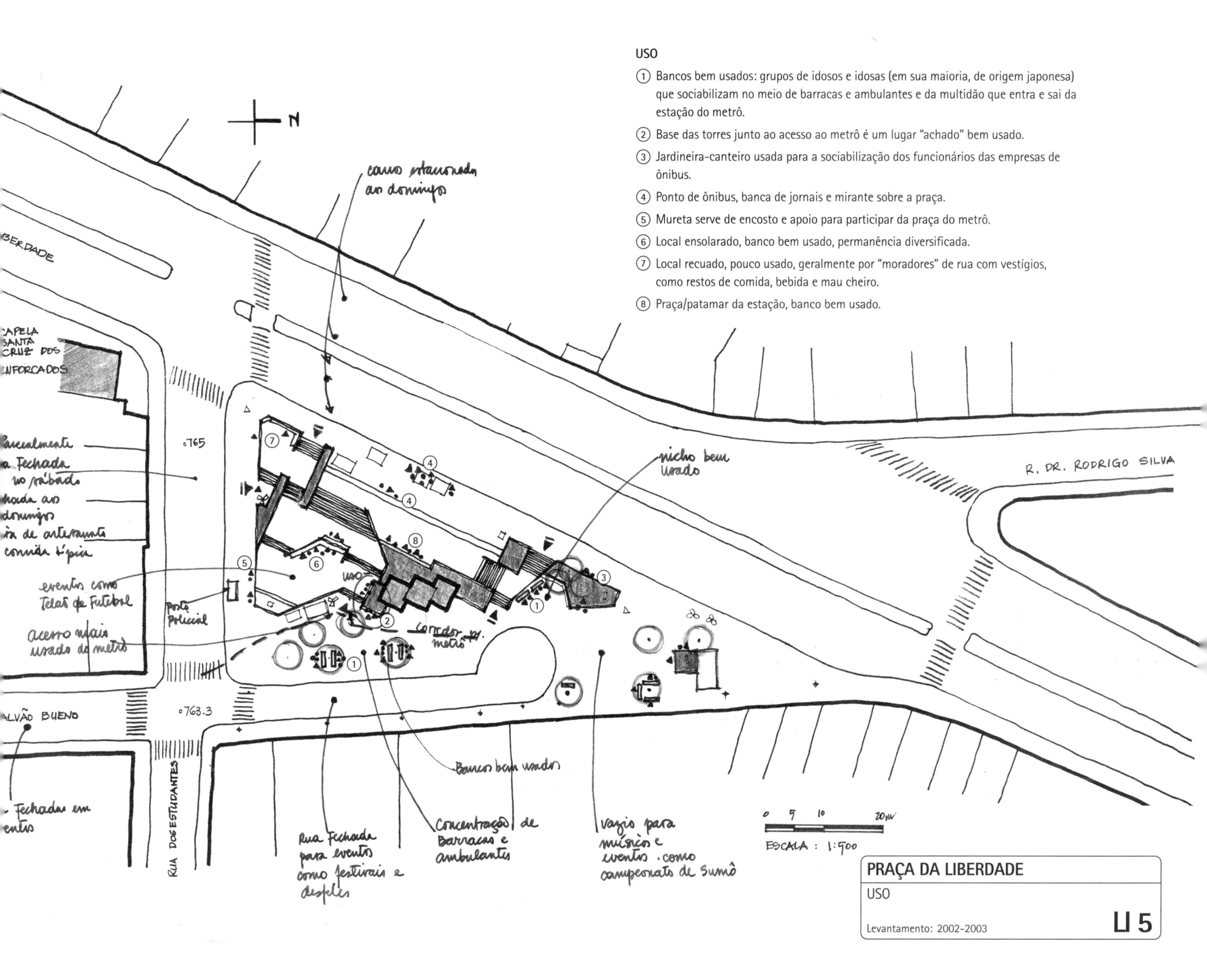

ESCALA : 1:500

NÃO CONFORMIDADES
POR INTERVENÇÕES OFICIAIS:

1. Placas, monumentos e improvisações nos canteiros.
2. Cabine da polícia desocupada, sem uso.
3. Falta de manutenção nos bancos.
4. Não há lixeiras e bebedouros.
5. Não há controle sobre os obstáculos causados por bancas de jornais, cabine da empresa de ônibus, barracas e ambulantes.
6. Intervenção positiva: remoção de bancos, criando um nicho de estar recuado do movimento dos pedestres.
7. Intervenção positiva: remoção de árvores, criando um espaço aberto para usos flexíveis.

NÃO CONFORMIDADES
POR PROJETO:

1. Árvore no meio do acesso direto e mais usado à estação do metrô.
2. Escada confusa no patamar da rua Galvão Bueno.
3. Área de estar recuada e fora da visão dos fluxos principais: aspecto sinistro.
4. Detalhe "angulado" que acumula sujeira (ver desenhos ampliados).

NÃO CONFORMIDADES
POR USO:

1. Sujeira, lixo.
2. Restos de comida e sujeira humana.
3. Ambulantes.

PRAÇA DA LIBERDADE
NÃO CONFORMIDADES
Levantamento: 2001-2002

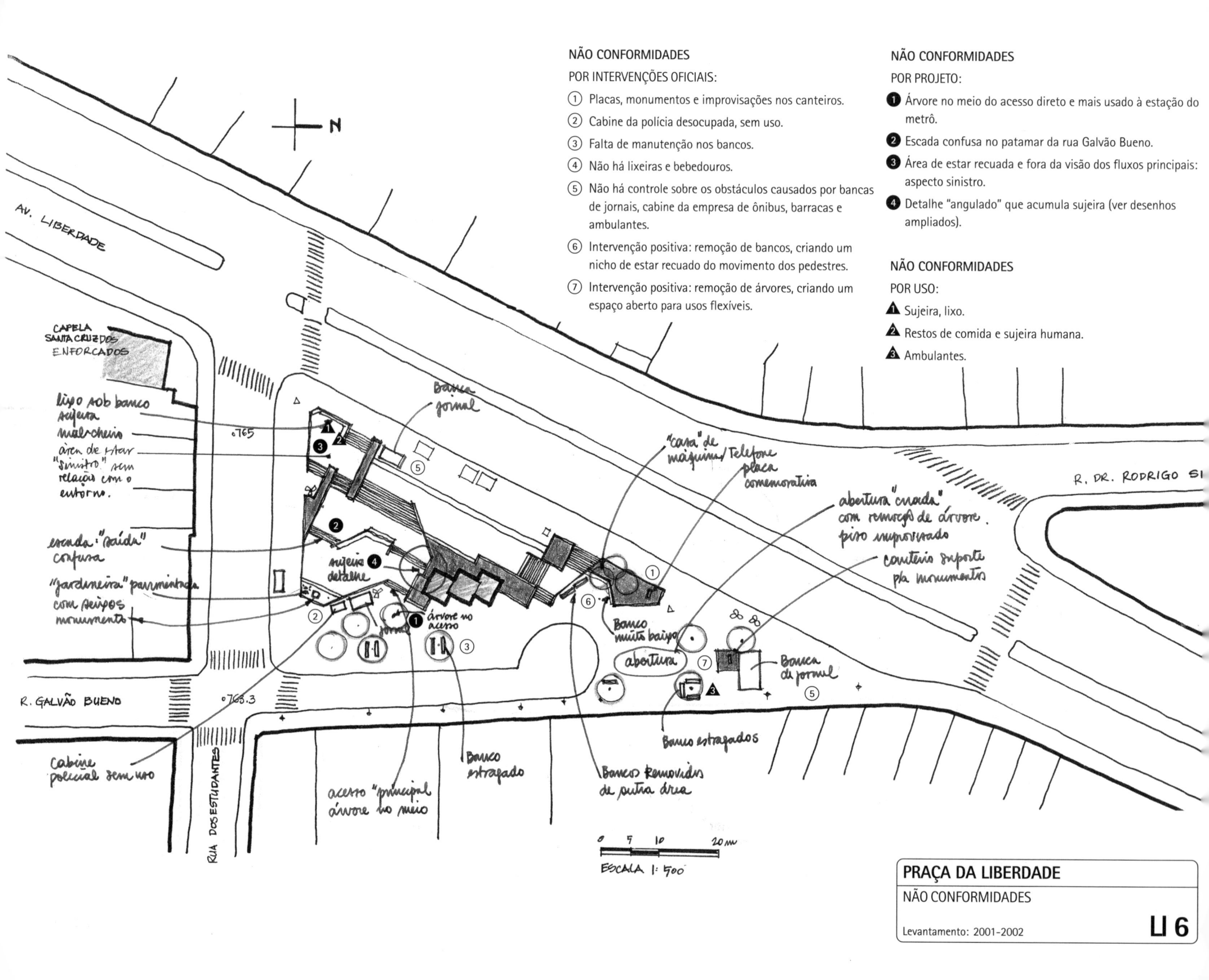

LI 6

1. Praça da cidade: calçada ampliada da rua Galvão Bueno. Uso intenso por grupos diversos. Banco no meio da movimentação. Opções para sentar: lugares "achados" junto à base das torres de ventilação do metrô (meio da tarde, sexta-feira, 8 de março de 2002).

2. Acesso à estação de metrô da rua Galvão Bueno. Larguras variadas das escadarias. Lugar "achado" junto à base de ventilação do metrô. Pequenos detalhes, como mureta mais baixa (40 cm), poderiam oferecer mais conforto aos usários (quinta-feira, 13 de dezembro de 2002).

3. Junção da rua Galvão Bueno com a avenida da Liberdade. Nicho próximo ao acesso ao metrô, com bancos voltados para a praça-calçadão. Usuários diversos (meio da tarde, sexta-feira, 8 de março de 2002).

4. Praça do metrô rebaixada em relação às calçadas. Feira de arte e artesanato aos domingos. A praça do metrô é isolada da rua e contida por muretas e canteiros (domingo, 24 de novembro de 2002).

PRAÇA DA LIBERDADE

USO E NÃO CONFORMIDADES

Fotos: Sun Alex

LI 7

O PROJETO

Há duas praças distintas: uma da cidade e a outra, do metrô. A praça da cidade é a extensão das calçadas largas e integradas às ruas e à arquitetura ao redor. A praça do metrô, composta de escadas, jardineiras e patamares, é voltada para a estação e isolada da rua.

O acesso da rua Galvão Bueno à estação, a principal ligação do bairro à estação, possui larguras variadas e fluidez de circulação prejudicada por bancos e barracas de ambulantes na calçada e uma árvore plantada na frente da escadaria.

A aparente unidade arquitetônica da praça do metrô, expressa por meio de jogos geométricos de planos, bordas, escadas e jardineiras articulados entre si, não produz fluidez de movimento para a estação nem áreas confortáveis na integração com as ruas. Voltada para a rua Galvão Bueno, a principal praça do metrô, apesar de dimensões generosas, possui apenas um acesso aberto para a calçada.

Dos cinco acessos à praça-estação do metrô, três são angulados: dois fechados e um aberto, o que demonstra uma preocupação "geométrica", em detrimento da adoção de critérios técnicos específicos para o desenho dos movimentos de pedestres entrando ou saindo da estação. As escadas em ângulo lembram os acessos à praça Roosevelt, e as jardineiras e muretas em concreto acentuam a separação em relação à cidade em sua volta.

PRAÇA DA LIBERDADE
PROJETO E INDICAÇÃO DE CORTES
Desenho: 2003

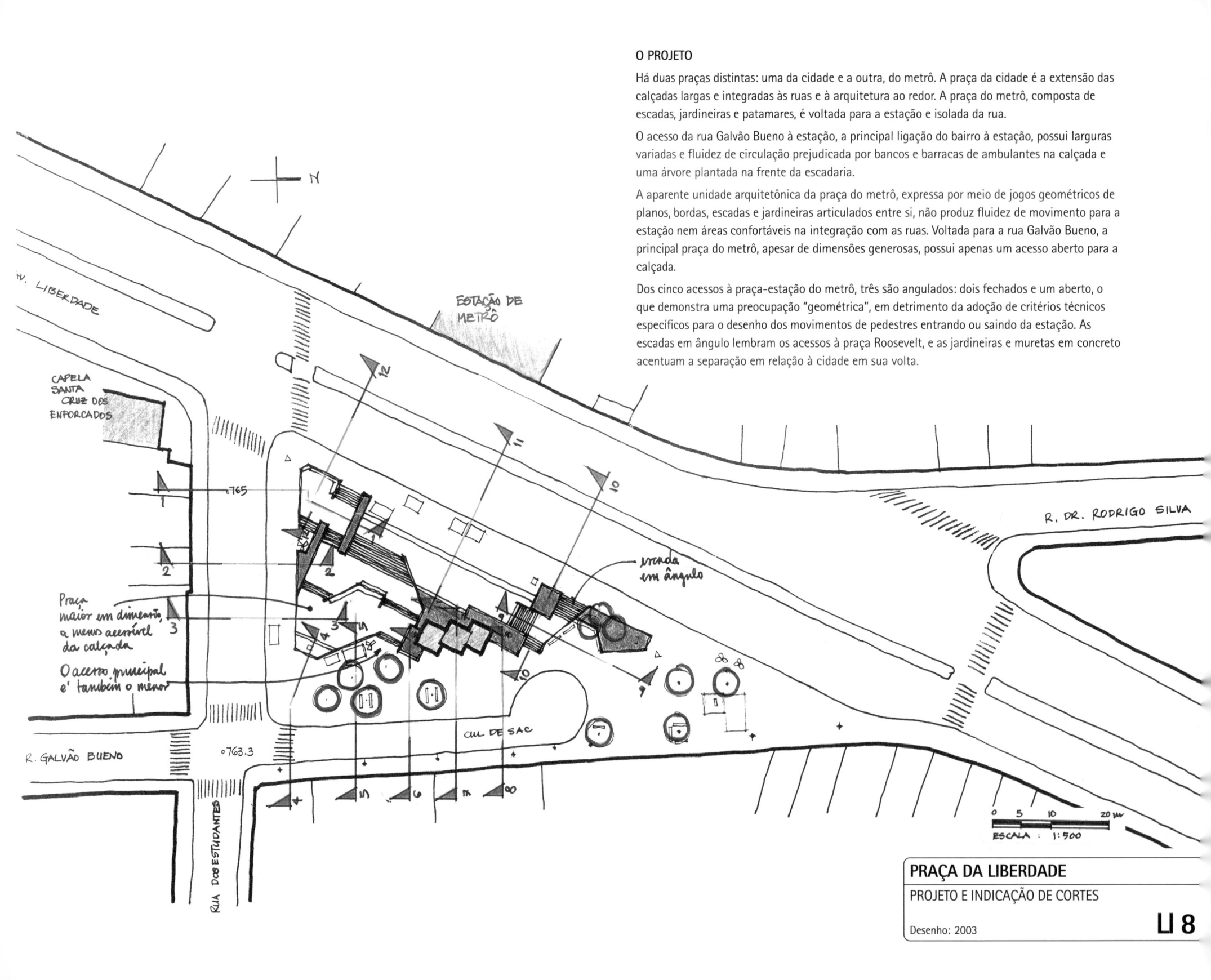

LI 8

CORTE 1

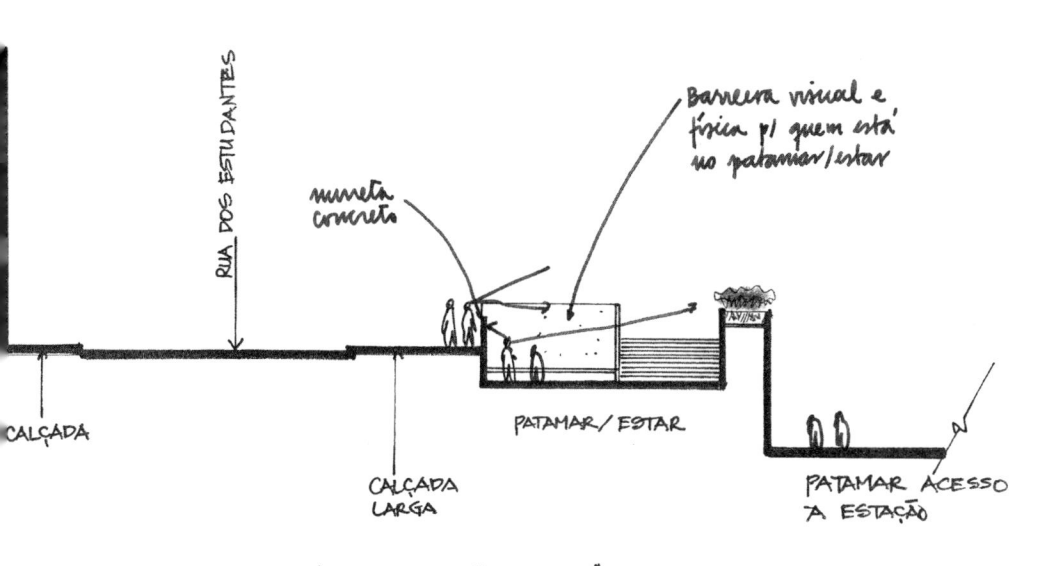

- murreta concreto
- Barreira visual e física p/ quem está no patamar/estar
- RUA DOS ESTUDANTES
- CALÇADA
- CALÇADA LARGA
- PATAMAR/ESTAR
- PATAMAR ACESSO A ESTAÇÃO

• área de estar "afundada" em relação à rua, acesso difícil, desconforto (costas desprotegidas) e sem relação com o entorno.
Posicionamento (cota) e delimitação são decisões de projeto (Design).

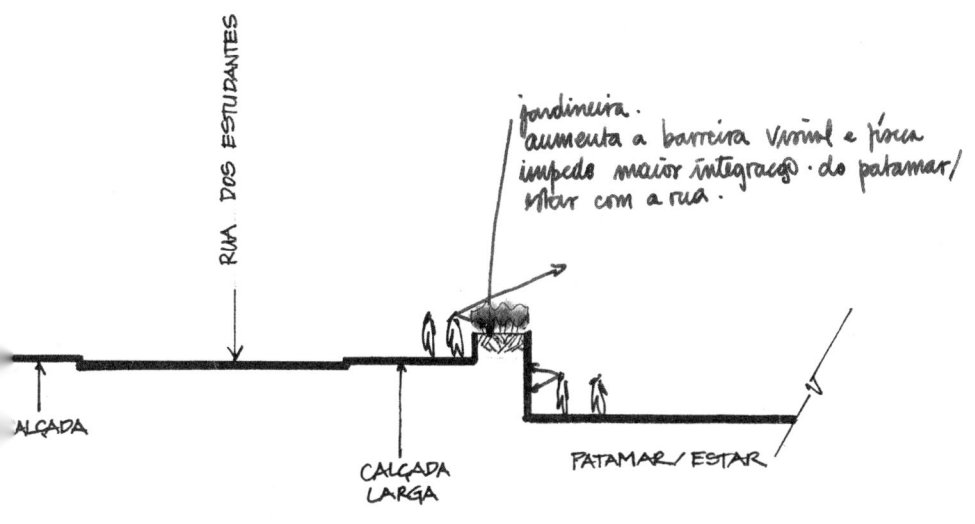

CORTE 2

- jardineira. aumenta a barreira visual e física, impede maior integração do patamar/estar com a rua.
- RUA DOS ESTUDANTES
- CALÇADA
- CALÇADA LARGA
- PATAMAR/ESTAR

Posicionamento (cota) e delimitação (muro e jardineira) são decisões de projeto (Design) que dificultam a integração do patamar/estar com a rua.

CORTE 3

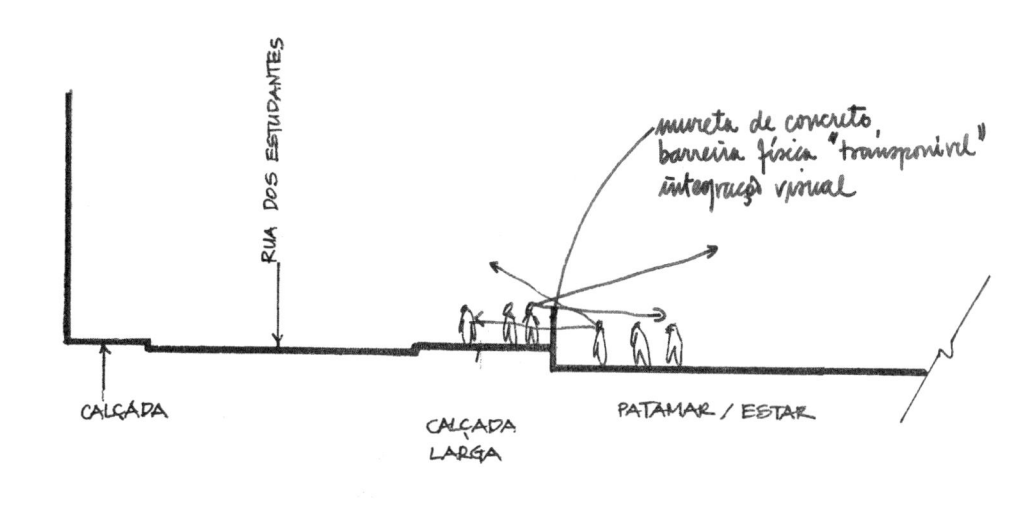

- murreta de concreto, barreira física "transponível" integração visual
- RUA DOS ESTUDANTES
- CALÇADA
- CALÇADA LARGA
- PATAMAR/ESTAR

Posicionamento (cota - desnível reduzido) e delimitação (murreta baixa) permitem uma maior integração visual do patamar/estar com a rua.

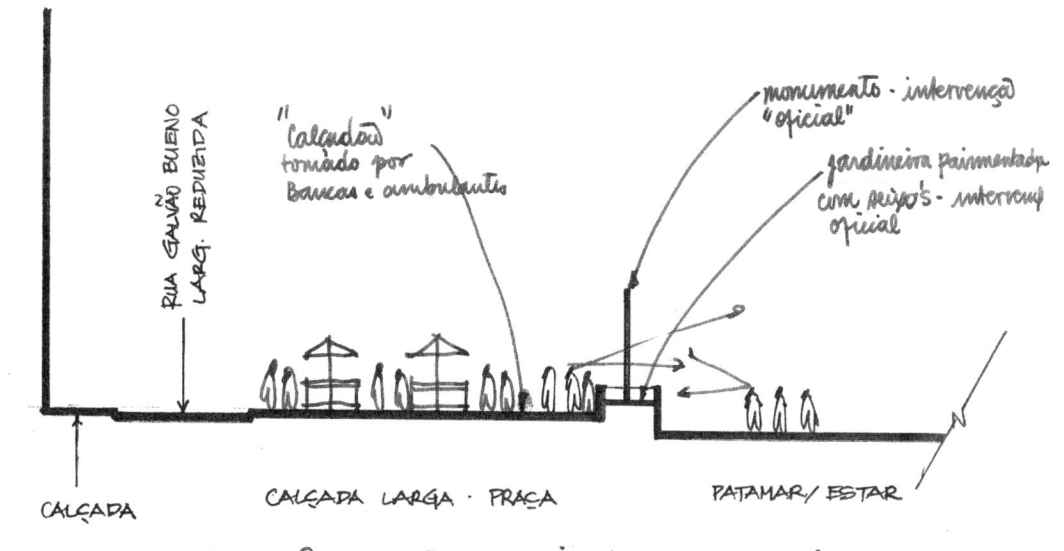

CORTE 4

- "Calçadão" tomado por bancas e ambulantes
- monumento - intervenção "oficial"
- jardineira pavimentada com azulejos - intervenção oficial
- RUA GALVÃO BUENO LARG. REDUZIDA
- CALÇADA
- CALÇADA LARGA · PRAÇA
- PATAMAR/ESTAR

• O monumento e a pavimentação da jardineira são apropriações "oficiais" que não valorizam as homenagens nem favorecem a integração do patamar/estar com a rua.

0 1 5 10 m
ESCALA 1:200

PRAÇA DA LIBERDADE
CORTES 1 A 4
Desenho: 2002
LI 9

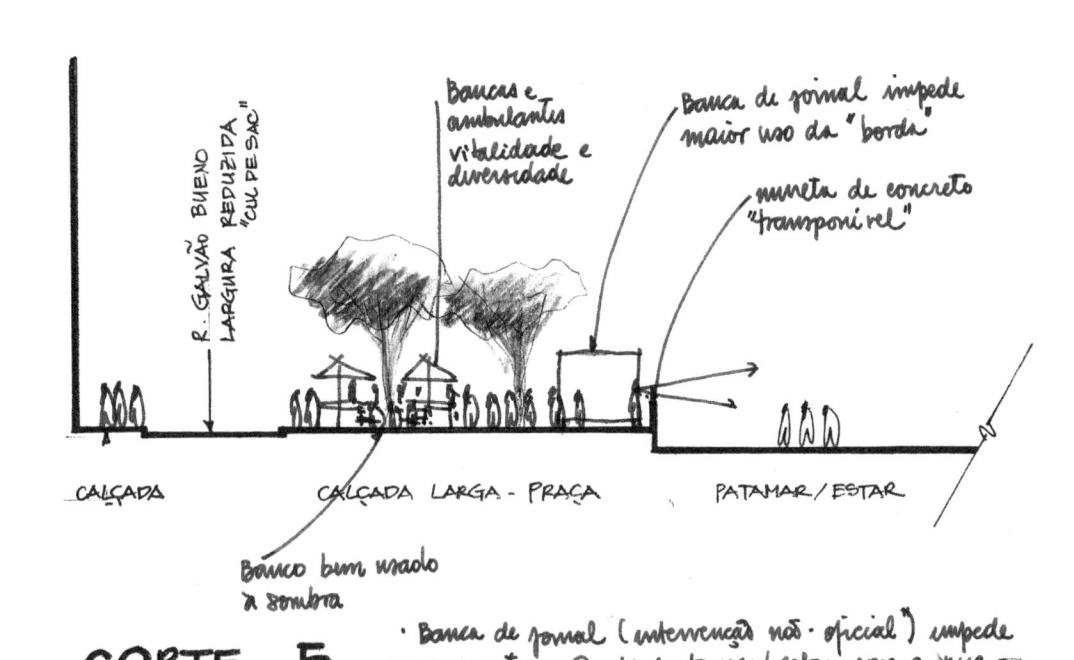

CORTE 5

- R. GALVÃO BUENO LARGURA REDUZIDA "CUL DE SAC"
- Bancas e ambulantes vitalidade e diversidade
- Banca de jornal impede maior uso da "borda"
- mureta de concreto "transponível"
- CALÇADA
- CALÇADA LARGA - PRAÇA
- PATAMAR / ESTAR
- Banco bem usado à sombra

- Banca de jornal (intervenção não-oficial) impede maior integração do patamar/estar com a rua.

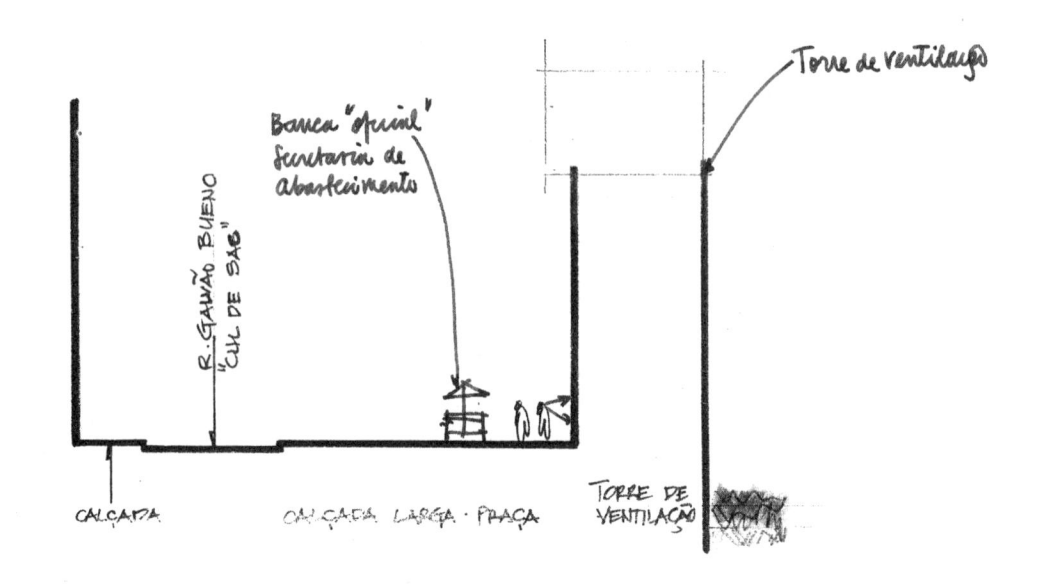

CORTE 6

- R. GALVÃO BUENO "CUL DE SAC"
- barracas ambulantes / acesso ao metrô vitalidade e diversidade / movimento de pedestres
- Banco improvisado de concreto, à sombra das torres de ventilação junto à entrada da estação. Um lugar "achado" muito usado
- CALÇADA
- CALÇADA LARGA - PRAÇA
- CANTEIRO

- um volume de concreto sentável, junto à entrada do metrô, à sombra das torres de ventilação, é um lugar "achado" - muito usado por uma grande variedade de pessoas. Conforto "ambiental" e social no meio do movimento da multidão.

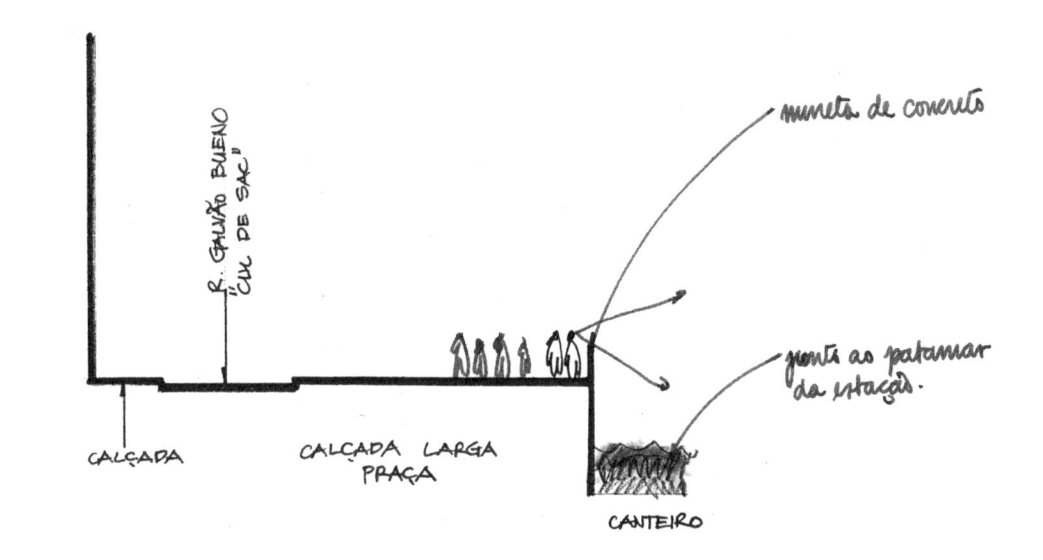

CORTE 7

- Torre de ventilação
- R. GALVÃO BUENO "CUL DE SAC"
- Banca "oficial" Secretaria de Abastecimento
- CALÇADA
- CALÇADA LARGA - PRAÇA
- TORRE DE VENTILAÇÃO

- Torre de ventilação se destaca na praça e projeta sombra, usada mais como fundo para bancas ou encosto de objetos do que um elemento arquitetônico com maior carga simbólica.

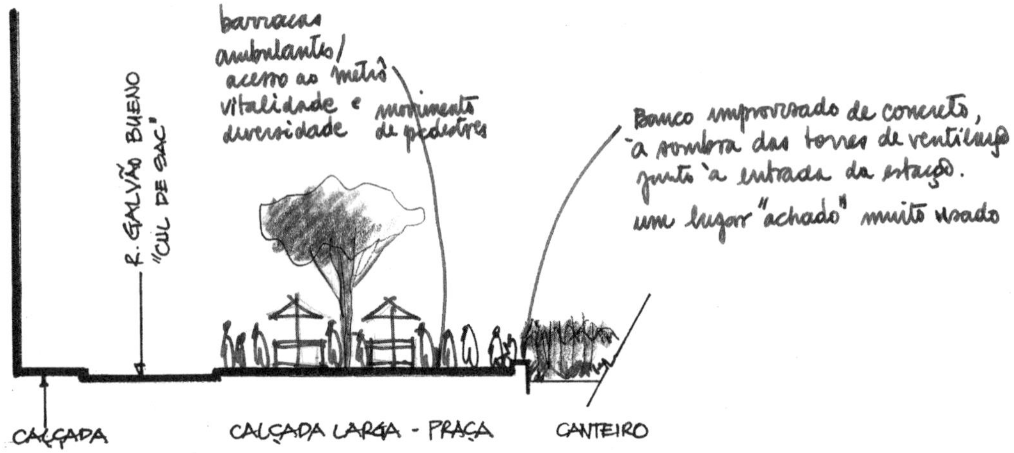

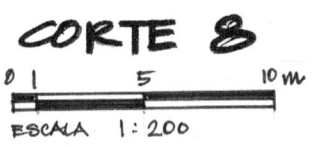

CORTE 8

- R. GALVÃO BUENO "CUL DE SAC"
- mureta de concreto
- junto ao patamar da estação
- CALÇADA
- CALÇADA LARGA PRAÇA
- CANTEIRO

ESCALA 1:200 — 0 1 5 10 m

PRAÇA DA LIBERDADE
CORTES 5 A 8
Desenho: 2002
LI 10

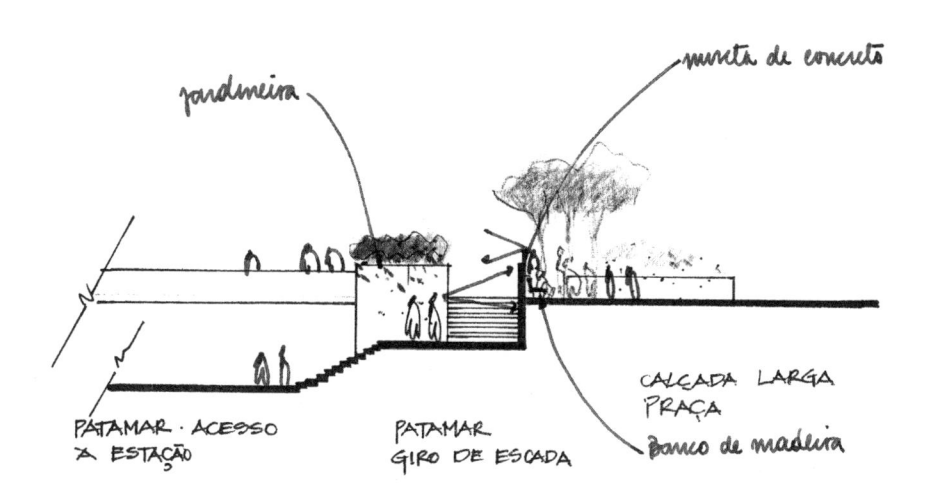

CORTE 9

- jardineira
- mureta de concreto
- PATAMAR ACESSO À ESTAÇÃO
- PATAMAR GIRO DE ESCADA
- CALÇADA LARGA PRAÇA
- banco de madeira

- a mureta baixa permite integração visual de "cima pra baixo" e é usada como "encosto - proteção" para os bancos de madeira.
- jardineira e mureta (decisões de projeto) formam barreiras visuais para quem está no patamar de giro da escada, reduzindo a "orientação" na saída do metrô.

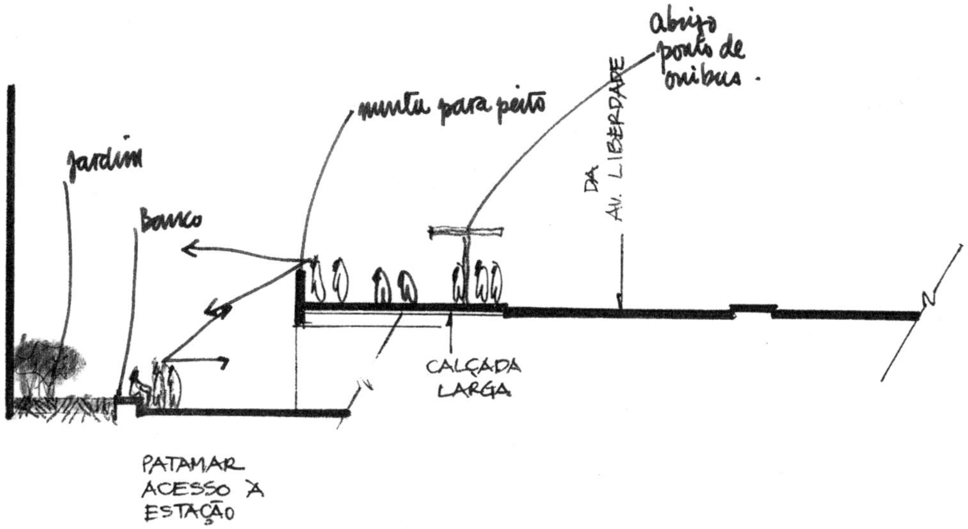

CORTE 11

- abrigo ponto de ônibus
- mureta para peito
- AV. DA LIBERDADE
- jardim
- banco
- PATAMAR ACESSO À ESTAÇÃO
- CALÇADA LARGA

- O banco é bem usado por uma grande variedade de pessoas.
- as "costas" estão protegidas pelo jardim, a visão dos acessos à estação é total, assim como o controle visual dos que aproximam pelas laterais.

CORTE 10

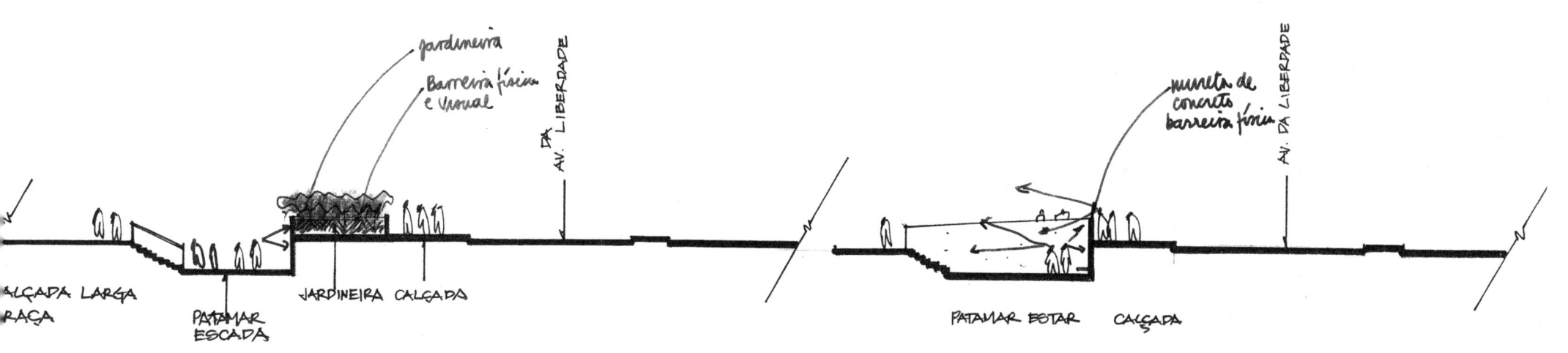

- jardineira / Barreira física e visual
- AV. DA LIBERDADE
- CALÇADA LARGA PRAÇA
- PATAMAR ESCADA
- JARDINEIRA CALÇADA

- a jardineira, sua posição e suas dimensões, são decisões de projeto (design) que reduzem a largura da calçada e aumentam as barreiras física e visual entre a rua e a estação de metrô.

CORTE 12

- mureta de concreto barreira física
- AV. DA LIBERDADE
- PATAMAR ESTAR
- CALÇADA

- Patamar/estar "afundado" em relação às calçadas.
- VER CORTE 1.
- área de estar de difícil acesso (pelas calçadas) e não convidativa: costas "desprotegidas", sem relação com o entorno e pouco controle dos movimentos.

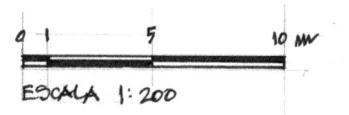

ESCALA 1:200

PRAÇA DA LIBERDADE
CORTES 9 A 12
Desenho: 2002
LI 11

Detalhe 1: Patamar/Estar junto à esquina da Av. da Liberdade com R. dos Estudantes.

- estar na esquina
- pote no canteiro
- esquina aberta
- banco

ALTERNATIVA

ALTERNATIVA

Rebaixada, sem relação com as calçadas, ruas e arquitetura (igreja) sem "conforto", voltado para dentro. Controle visual limitado.

pote no caminho

escada confusa

R. DOS ESTUDANTES

AV. DA LIBERDADE

R. GALVÃO BUENO

acesso funilado distante da esquina pote e árvore no caminho

Detalhe 2: Patamar/Estar Principal Rebaixado. 1 acesso pela calçada, 2 acesso pela estação.

- Estar mais acessível pela calçada
- acesso próximo à esquina
- abertura

ALTERNATIVA

- patamar estar
- acesso principal hierarquizado amplo direto
- abertura
- simplicidade de detalhes
- delimitação legível
- manutenção fácil

ALTERNATIVA

Detalhe 3: Patamar da escada

- calçada larga
- banco
- abertura acesso fácil ao metrô
- acesso direto
- convergência de fluxo

Os desenhos mostram que detalhes podem reduzir barreiras entre a estação de metrô, praça do metrô e a cidade (calçada, rua, arquitetura e enriquecer as experiências do transporte coletivo rápido e da própria cidade.

Detalhe 4: Jogo geométrico das escadas no acesso "principal".

6.5
5.5
4.5
5.5

variação de ângulos, dimensões, detalhes em pouco espaço incoerência com a ideia de transporte rápido de massas.

canto de "pouco" efeito prático - acúmulo de sujeira

árvore no caminho

Detalhe escala 1:200

PRAÇA DA LIBERDADE
DETALHES
Desenho: 2002
LI 12

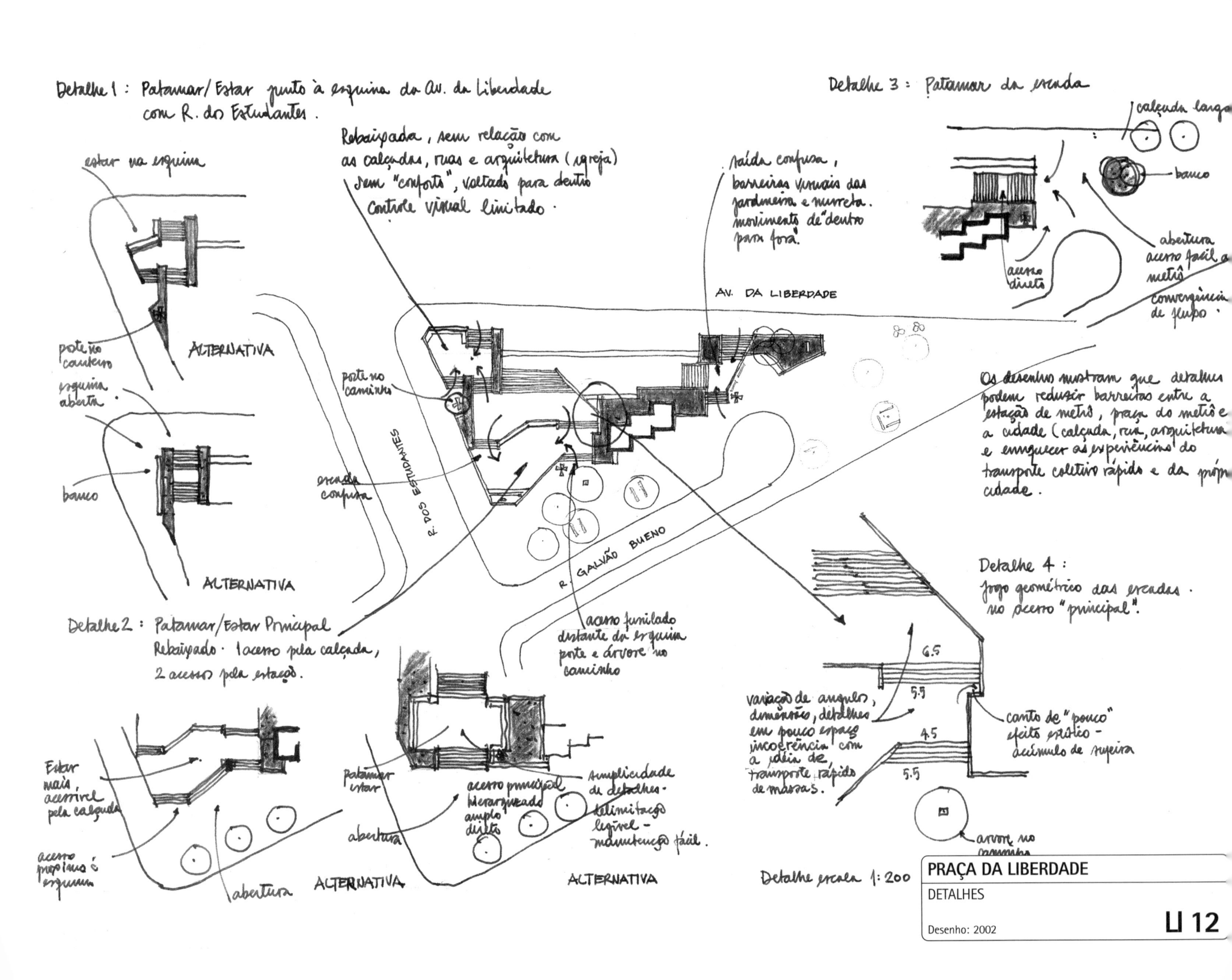

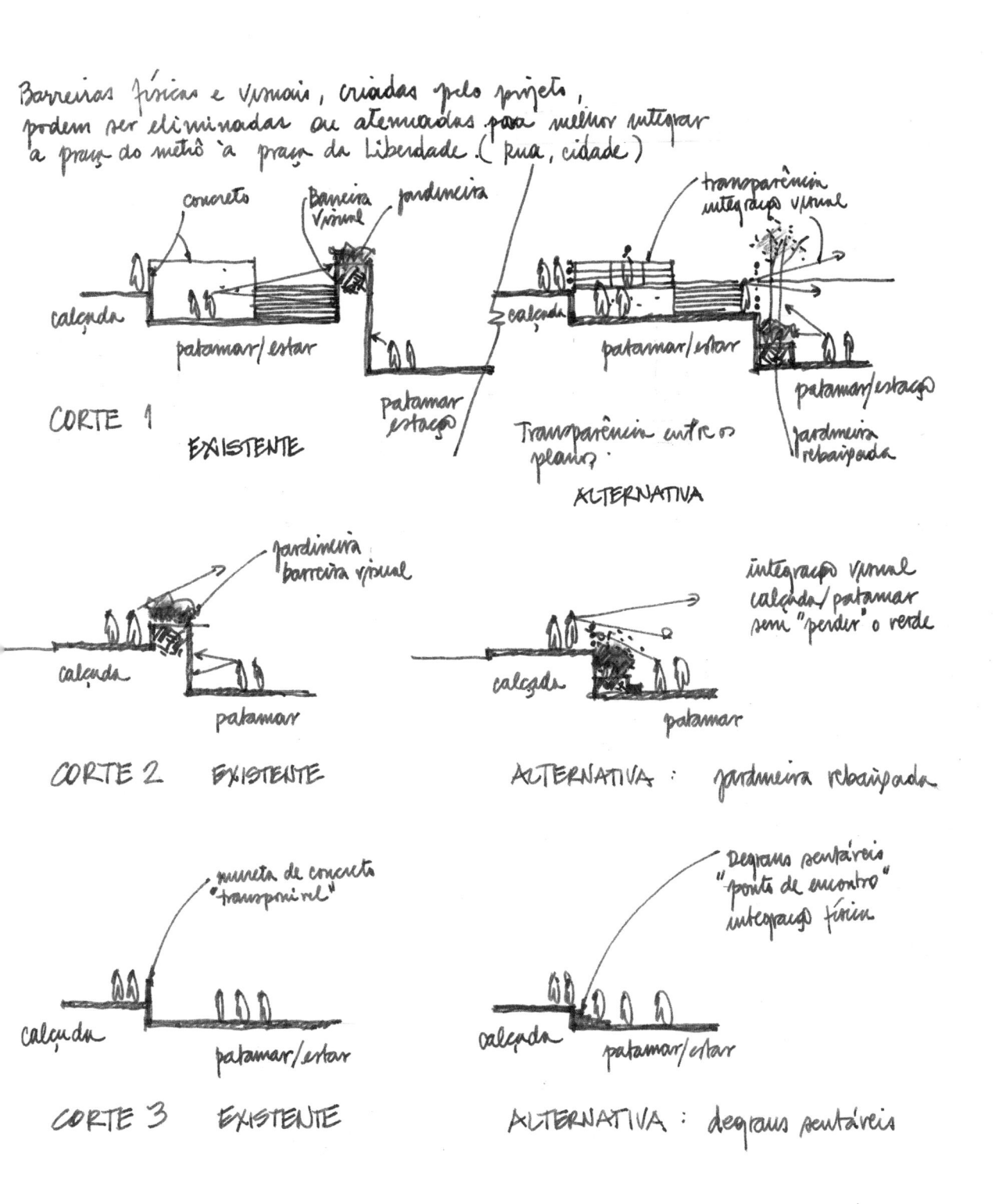

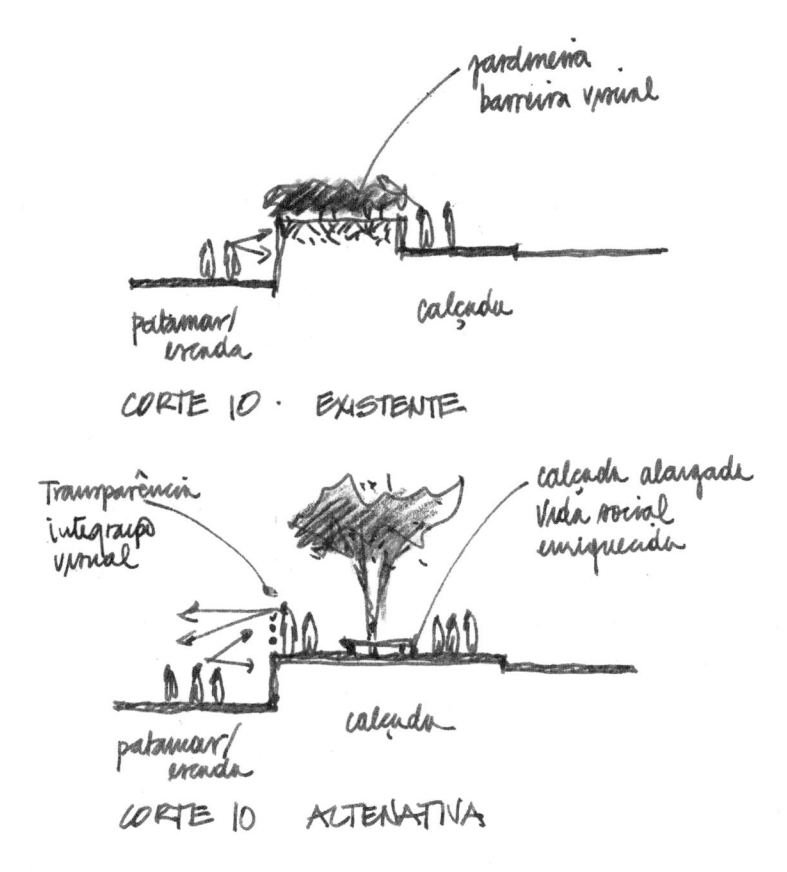

Barreiras físicas e visuais, criadas pelo projeto, podem ser eliminadas ou atenuadas para melhor integrar a praça do metrô à praça da Liberdade (rua, cidade).

CORTE 1 — EXISTENTE / ALTERNATIVA

CORTE 2 — EXISTENTE / ALTERNATIVA: jardineira rebaixada

CORTE 3 — EXISTENTE / ALTERNATIVA: degraus sentáveis

CORTE 10 — EXISTENTE / ALTERNATIVA

DETALHES

Detalhes arquitetônicos são decisões de projeto que conferem à praça o caráter de ser mais ou menos integrada a seu entorno, isto é, às calçadas, às ruas e à arquitetura ao redor, e a qualidade de ser mais ou menos acessível ou convidativa para uso.

As alternativas mostram intervenções possíveis para reduzir barreiras visuais e físicas entre a praça do metrô e a da cidade.

PRAÇA DA LIBERDADE
DETALHES
Desenho: 2002 — LI 13

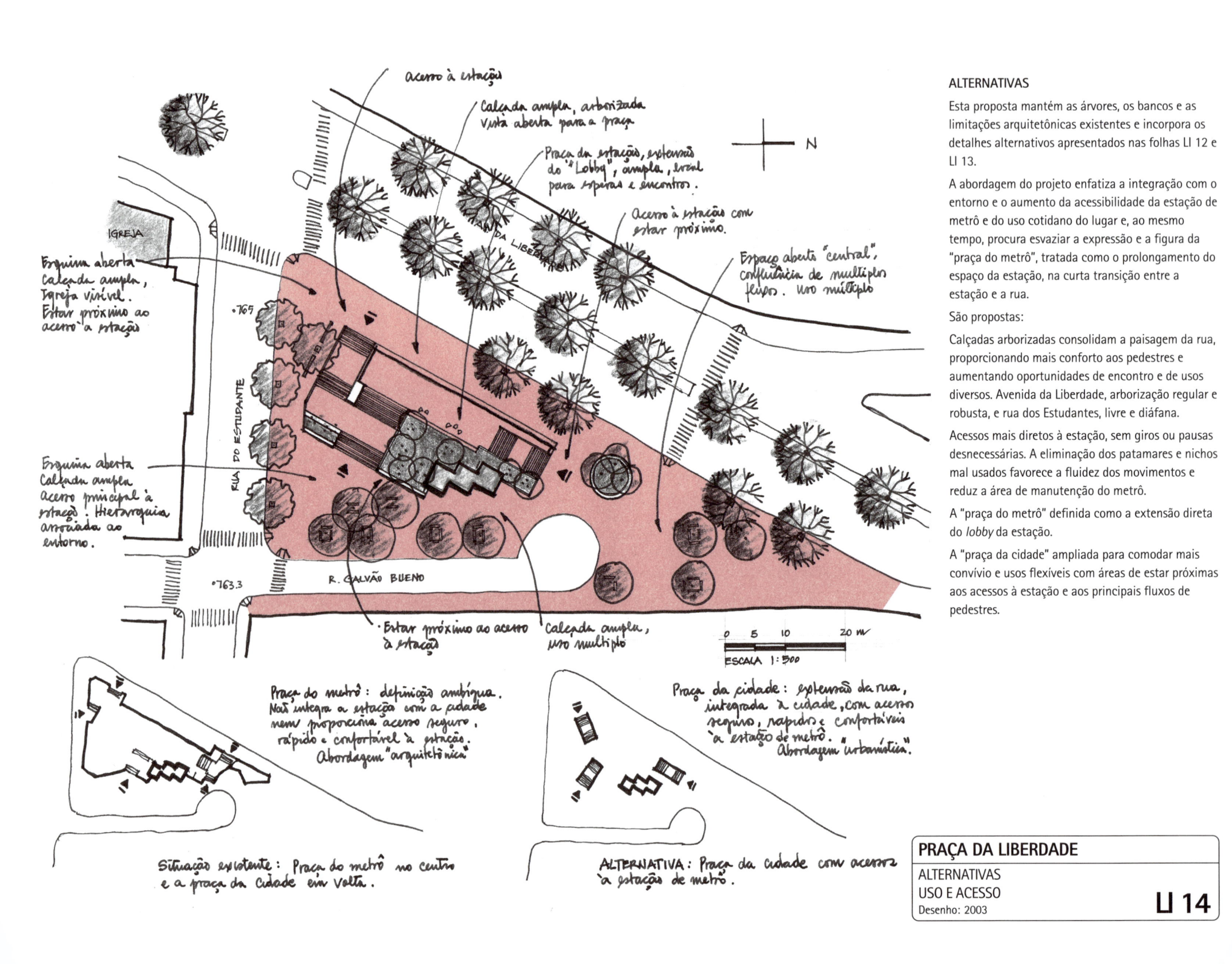

ALTERNATIVAS

Esta proposta mantém as árvores, os bancos e as limitações arquitetônicas existentes e incorpora os detalhes alternativos apresentados nas folhas LI 12 e LI 13.

A abordagem do projeto enfatiza a integração com o entorno e o aumento da acessibilidade da estação de metrô e do uso cotidano do lugar e, ao mesmo tempo, procura esvaziar a expressão e a figura da "praça do metrô", tratada como o prolongamento do espaço da estação, na curta transição entre a estação e a rua.

São propostas:

Calçadas arborizadas consolidam a paisagem da rua, proporcionando mais conforto aos pedestres e aumentando oportunidades de encontro e de usos diversos. Avenida da Liberdade, arborização regular e robusta, e rua dos Estudantes, livre e diáfana.

Acessos mais diretos à estação, sem giros ou pausas desnecessárias. A eliminação dos patamares e nichos mal usados favorece a fluidez dos movimentos e reduz a área de manutenção do metrô.

A "praça do metrô" definida como a extensão direta do *lobby* da estação.

A "praça da cidade" ampliada para comodar mais convívio e usos flexíveis com áreas de estar próximas aos acessos à estação e aos principais fluxos de pedestres.

PRAÇA DA LIBERDADE
ALTERNATIVAS
USO E ACESSO
Desenho: 2003

LI 14

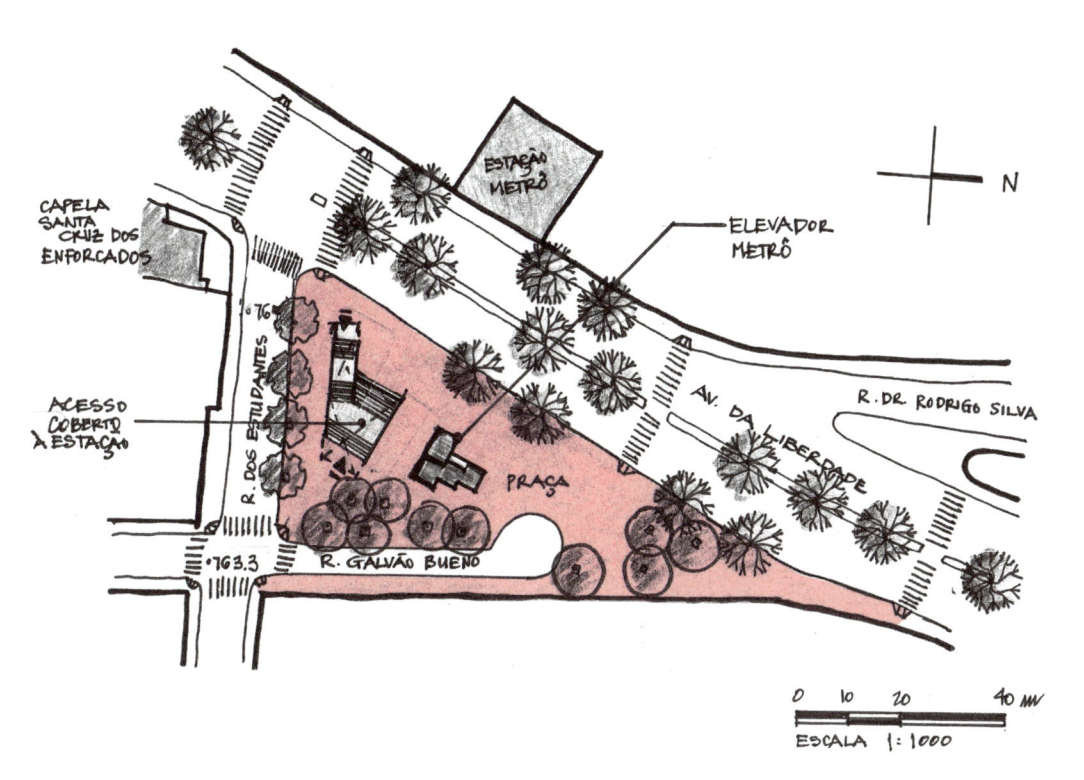

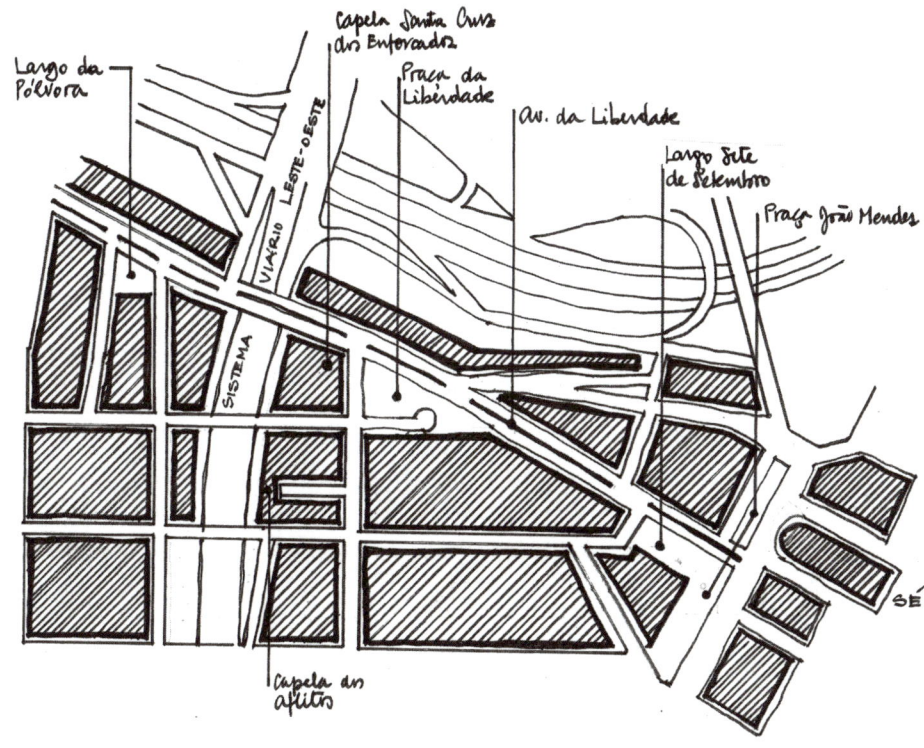

ALTERNATIVAS: integração com o entorno

Esta escala de desenho permite reinserir a praça em seu entorno e no tecido urbano. A proposta, aqui revista, elimina a figura ambígua da praça do metrô e enfatiza os acessos à estação com conforto, segurança e eficiência para os usuários.

Calçadas largas e arborização consolidam a paisagem da rua e a ordem urbana na qual a praça está inserida.

A ampliação da praça no nível da calçada aumenta o espaço de uso público e reforça a identidade da praça como lugar acessível a todos.

São propostos dois acessos cobertos com escadas voltadas para as esquinas de maior movimento, na rua dos Estudantes, e um elevador no centro da praça, junto às torres de ventilação.

Articulações do tecido urbano

Praça da Liberdade, na sequência dos espaços públicos e da história da cidade:

- Avenida da Liberdade: primitivo caminho do Vergueiro e rota para Santo Amaro.
- Largo Sete de Setembro: o último pelourinho da cidade, também denominado largo do Pelourinho.
- Largo da Pólvora: referência à Casa da Pólvora, construída no local em 1784.
- Praça da Liderdade, ou praça da Forca, onde, desde os tempos da colonização até depois da Independência, criminosos eram enforcados.
- Capela Santa Cruz dos Enforcados, erguida junto à praça da Forca, atual praça da Liberdade.
- Capela dos Aflitos: inaugurada em 1774, junto ao Cemitério dos Aflitos.

PRAÇA DA LIBERDADE
ALTERNATIVAS
ENTORNO E TECIDO URBANO
Desenho: 2003-2004

LI 15

Praça Santa Cecília

A praça Santa Cecília foi inaugurada em dezembro de 1983, com o início da operação da estação Santa Cecília, na linha leste-oeste do metrô. Com mais que o dobro da área da praça da Liberdade, a Santa Cecília ocupou o espaço reservado aos canteiros da obra. Embora fosse desenvolvida sobre a estação de metrô, a praça não era seu principal acesso. Ao contrário da praça da Liberdade, a Santa Cecília não era resultante de arruamentos nem uma extensão da arquitetura da estação.

Desenvolvido pela Emurb entre 1981 e 1982, seu projeto visava a promover a reconstituição e a revitalização das áreas impactadas pelas obras do metrô. A abordagem, porém, foi oposta. Separada das calçadas por grandes canteiros e numerosas árvores, a praça tinha poucos acessos, todos afastados das esquinas, e as áreas de estar propostas eram voltadas para seu interior. Reforçava-se na Santa Cecília a ideia de uma "terceira" entidade, desvinculada do entorno e da estação. Sem a profusão de construções angulosas da praça Roosevelt, a Santa Cecília reproduzia, com muito verde, a mesma negação da ordem urbana "tradicional" caracterizada por calçadas largas e contínuas e esquinas acessíveis, integradas ao entorno e articuladas ao tecido urbano.

No fim dos anos 1980, o impacto negativo do Elevado Costa e Silva, que fazia fundos com a praça, foi agravado pela remoção dos pontos de ônibus sob a estrutura viária e a instalação de acampamentos de moradores de rua. A concentração de pessoas vagantes na região causou não apenas estranheza e intimidação dos frequentadores habituais da praça, como também o desgaste de sanitários e canteiros, com a lavagem e secagem de roupas. Simultaneamente, mais de cinquenta árvores foram aleatoriamente plantadas pelo pessoal da manutenção.

Em 1994, após sucessivas reclamações dos moradores da vizinhança e ameaças à segurança dos funcionários da estação, a Companhia do Metropolitano de São Paulo decidiu pelo fechamento integral da praça, que, embora tivesse sido projetada pela prefeitura, permanecia, por negligências burocráticas, propriedade do metrô.

Sem uso efetivo, o estudo de caso, com pesquisas de campo realizadas em 2002, procurou enfatizar as principais características do projeto e sua relação com o entorno.

Em 2003, a prefeitura iniciou um processo de recuperação das áreas sob o Elevado Costa e Silva, removendo os moradores de rua e implantando um corredor de ônibus. De acordo com o plano, um terminal de ônibus seria reinstalado junto aos "pontos de captação" (expressão adotada pelo metrô para caracterizar o local na calçada onde se inicia o acesso à estação) da rua sob o elevado. Até a finalização deste texto, o metrô não havia se manifestado em relação à reabertura da praça.

Pranchas:
SC 1. Contexto, escala 1: 5.000
SC 2. Tecido urbano, escala 1: 2.000
SC 3. Entorno, escala 1: 1.000

Setor 1:
SC 4. Situação atual, escala 1: 500
SC 5. Uso, escala 1: 500
SC 6. Não conformidades, escala 1: 500
SC 7. Fotografias: uso e não conformidades
SC 8. Projeto e indicação dos cortes, escala 1: 500
SC 9. Cortes 1 a 4, escala 1: 200
SC 10. Cortes 5 a 8, escala 1: 200
SC 11. Alternativas: uso e acesso, escala 1: 500

Setor 2:
SC 12. Situação atual, escala 1: 500
SC 13. Uso, escala 1: 500
SC 14. Não conformidades, escala 1: 500
SC 15. Projeto e indicação dos cortes, escala 1: 500
SC 16. Cortes 1 a 4, escala 1: 200
SC 17. Cortes 5 a 8, escala 1: 200
SC 18. Alternativas: uso e acesso, escala 1: 500
SC 19. Alternativas: uso, acesso e entorno, escala 1: 1.000
SC 20. Alternativas: tecido urbano, escala 1: 2.000

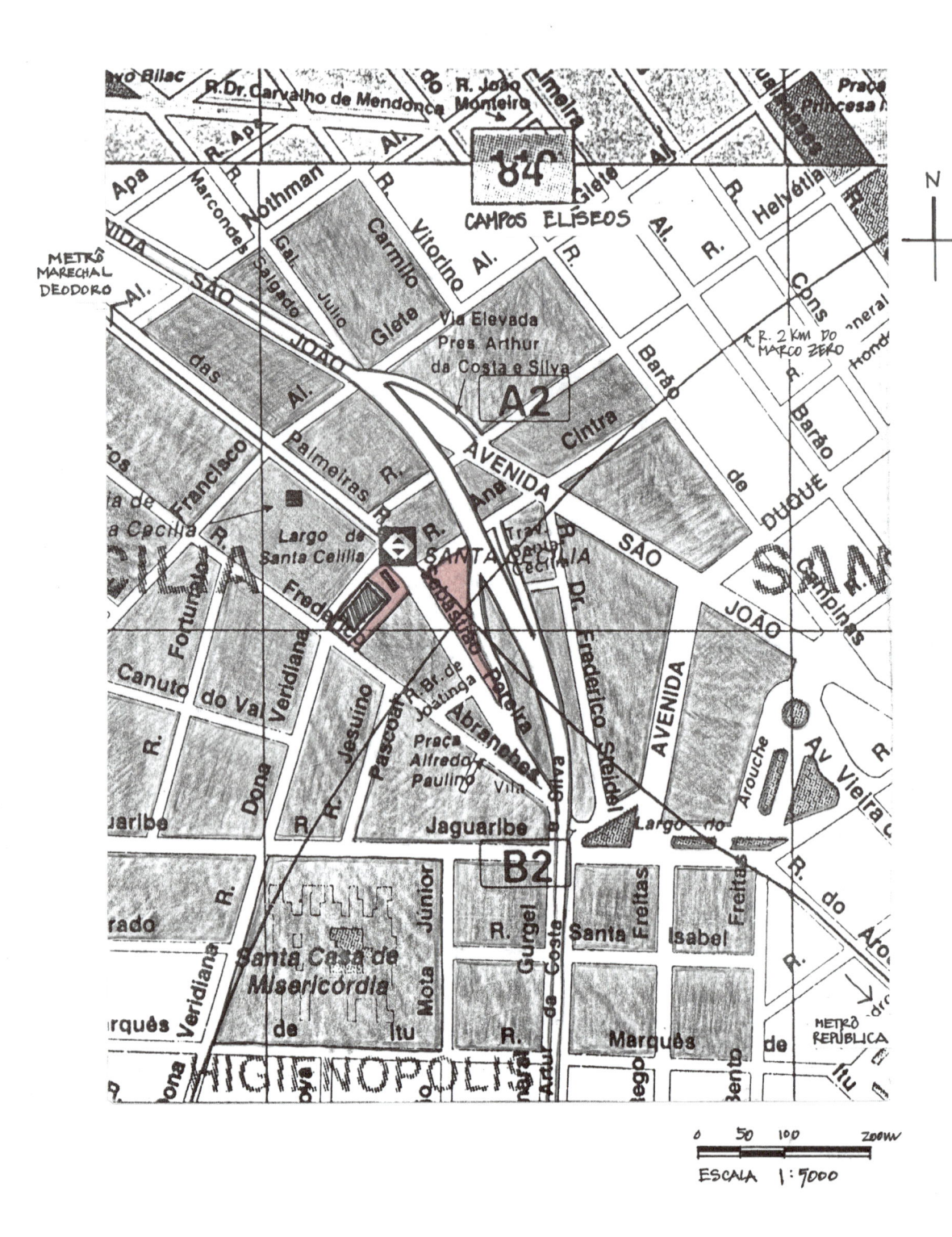

PRAÇA SANTA CECÍLIA

Inaugurada em dezembro de 1983, a praça Santa Cecília, situada no lado oposto ao largo Santa Cecília, surgiu com a construção da estação de metrô Santa Cecília. O projeto, ocupando o terreno de demolições e de canteiros de obras, foi desenvolvido pela Emurb, da Prefeitura de São Paulo, com o intuito de recompor o tecido urbano fragmentado pelas obras e oferecer um espaço de lazer à população.

O largo Santa Cecília, espaço aberto em volta da antiga capela de Santa Cecília, reconstruída como igreja em 1901, é um local de longa permanência na cidade: inicialmente como um ponto de parada no caminho de Emboaçava, em direção a Jundiaí (atual rua das Palmeiras), e posteriormente como transição entre os bairros recém-criados na cidade nova, Campos Elísios, Santa Cecília e Higienópolis. A centralidade do largo Santa Cecília seria ainda reforçada com a construção da Santa Casa de Misericódia em sua vizinhança, entre 1882 e 1889.

O tecido urbano é formado por ruas de traçado regular, embora os quarteirões sejam de tamanhos variados e alguns deles, muito grandes. A continuidade de ruas e quadras é interrompida pelo elevado Costa e Silva e suas rampas de acesso, construídos no início da década de 1970.

A região é carente de espaços livres públicos, que ora são pequenos, como o largo Santa Cecília e a praça Alfredo Paulino, ora desfigurados pelo sistema viário da cidade, como o largo do Arouche.

Em 1996, depois de apenas doze anos de uso, alegando falta de segurança, a Companhia do Metropolitano de São Paulo, com o apoio de parcelas da população, decretou o fechamento da praça para o uso público. O fechamento da praça Santa Cecília exige não apenas reflexões sobre a necessidade de praças, mas também questionamentos sobre a adequação dos projetos, especialmente, se ela for comparada com a praça da Liberdade, projetada e mantida pela própria Companhia do Metrô.

PRAÇA SANTA CECÍLIA
CONTEXTO
Desenho: 2003-2004

SC 1

O largo e a praça Santa Cecília, situados predominantemente na cota 740,0 m, próximos ao antigo córrego do Arouche, estão em locais baixos e planos, isto é, lugares de fácil convergência de águas e de movimentos de pedestres.

Servido pelos eixos viários da avenida São João, da avenida Duque de Caxias e o do Elevado Costa e Silva, o largo Santa Cecília é um centro de bairro central de grande acessibilidade. A estação de metrô Santa Cecília aumentaria ainda mais a acessibilidade do bairro, que, além da Santa Casa, abriga outros equipamentos de alcance metropolitanos, como universidades.

Ao longo das ruas das Palmeiras e Sebastião Pereira pode-se notar a continuidade entre o largo Santa Cecília e as praças Alfredo Paulino e Santa Cecília até o largo do Arouche e o percurso até a praça da República, a leste, e a praça Marechal Deodoro, a oeste.

PRAÇA SANTA CECÍLIA

TECIDO URBANO

Desenho: 2003

SC 2

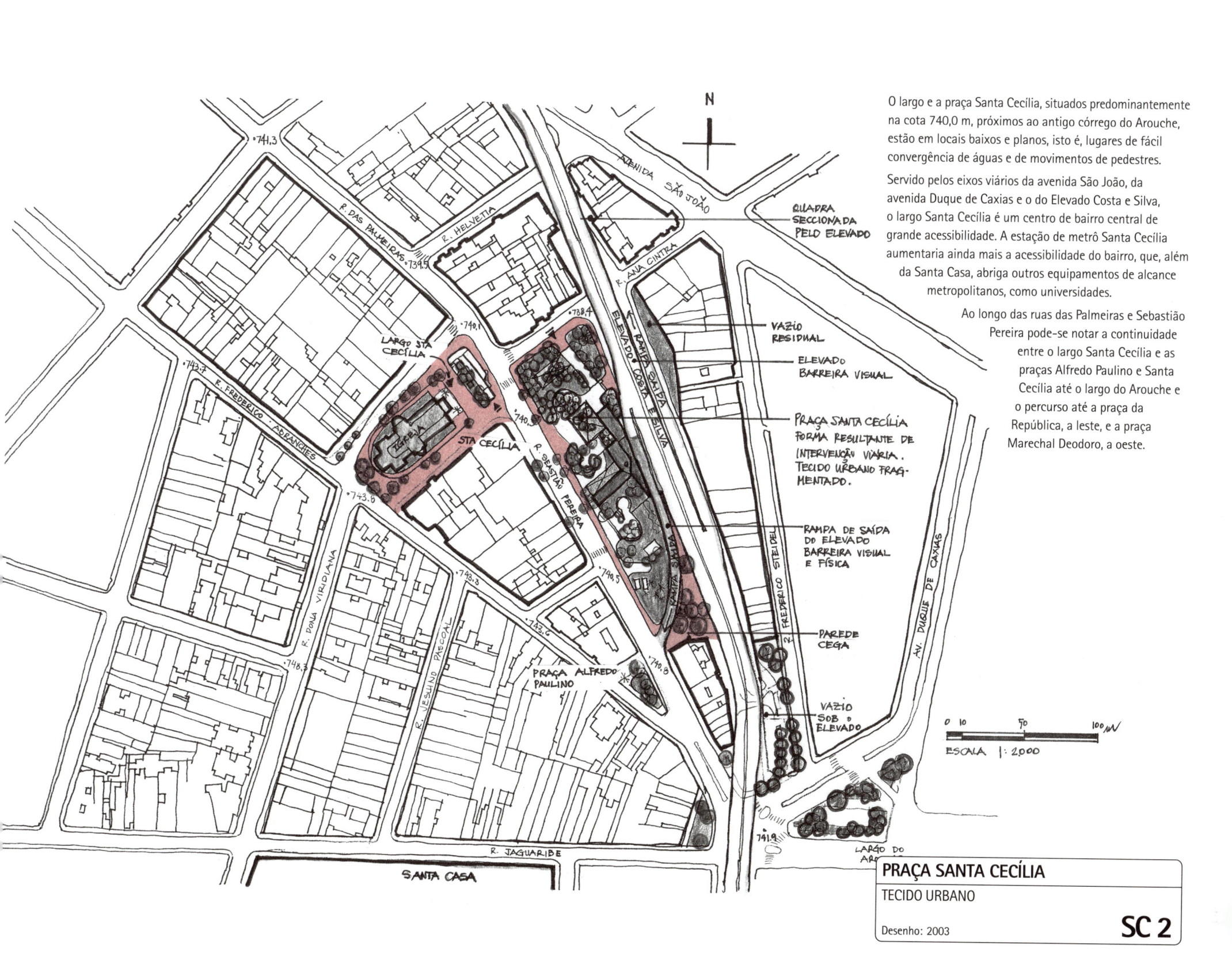

PRAÇA SANTA CECÍLIA
ENTORNO E TECIDO URBANO

Legenda:
- av. São João
- ÁREA ACESSÍVEL AO USO PÚBLICO
- PRAÇA DO METRÔ: FECHADA

área da praça ≅ 8.000 m²
perímetro de rua ≅ 315 m
perímetro rampa do elevado ≅ 125 m

A rampa de acesso do elevado secciona a praça Santa Cecília, formando uma praça maior, considerada a "praça do metrô", de forma triangular, acessível principalmente pelas ruas Sebastião Pereira e Ana Cintra; e uma menor, "praça da cidade", inexpressiva e praticamente invisível das ruas de fluxos de pedestres.

A praça Santa Cecília tem o formato de um retângulo seccionado pela rampa de acesso do Elevado Costa e Silva. O lado menor da praça, delimitado pela rua Ana Cintra, mede aproximadamente 60 m, e o mais comprido, na rua Sebastião Pereira, 210 m. Outros lados do quadrilátero são a parede cega a sudeste e o elevado, a nordeste. Apesar de possuir forma e tamanho (aproximadamente 11.500 m²) compatíveis com as quadras vizinhas, a praça apresenta um perímetro de baixa permeabilidade, com apenas 350 m de ruas acessíveis.

Na praça do metrô, dividida ao meio por uma construção da estação, há duas grandes áreas plantadas nos extremos e duas áreas de uso no centro, distante das esquinas, isto é, dos pontos de fácil acesso. A presença da arquitetura do metrô na praça é marcante e mutiladora, além do volume construído no centro, a área de uso é recortada por aberturas na laje para iluminação e ventilação da estação ou por grelhas e alçapões de inspeção do metrô.

As áreas de uso da praça não se relacionam entre si, notadamente a área maior, sem ligações explícitas com o largo nem com a estação.

ESCALA 1: 1.000

Levantamento: 2002 • Desenho: 2003

SC 3

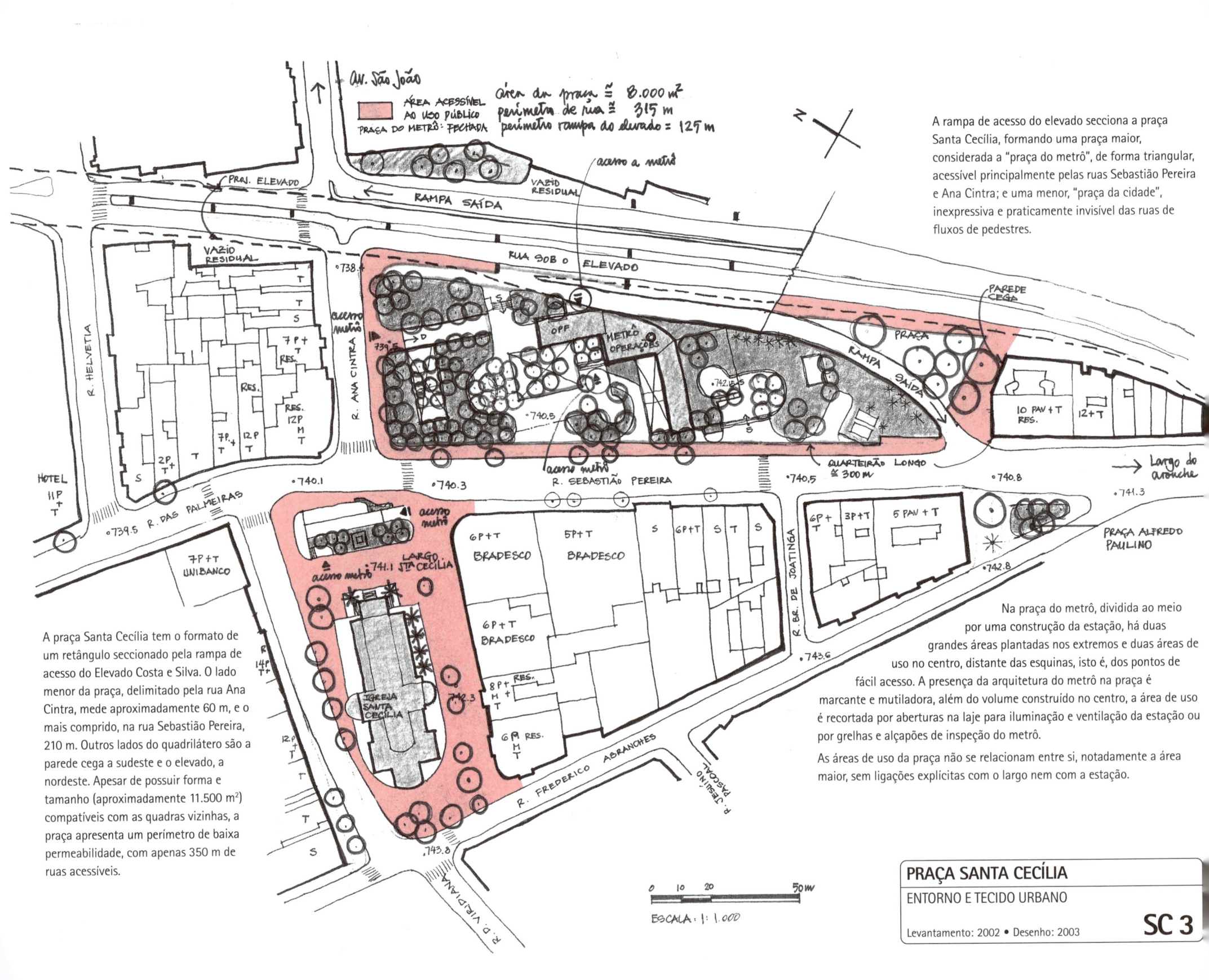

SITUAÇÃO ATUAL

■ área acessível ao uso público.

SITUAÇÃO ATUAL

Com o gradeamento da praça, a área de uso público restringe-se às calçadas apenas. Ao longo das ruas Ana Cintra e Sebastião Pereira, as calçadas mantêm uma largura de 4,0 m, dimensões consideradas razoáveis para os padrões da cidade; são, porém, pequenas se comparadas com as do largo do Arouche, de 5,5 m a 6,5 m e as da praça da Liberdade, de 5,0 m na rua dos Estudantes, de 7,0 m na avenida da Liberdade e de 10 m a 12 m na rua Galvão Bueno.

No lado leste da praça, sob o Elevado Costa e Silva, um duplo gradeamento formado por uma cerca e um alambrado reduz ainda mais o espaço da calçada, já prejudicada pela implantação das colunas de sustentação do sistema viário. Apesar do reduzido espaço de pedestres e o aspecto assustador provocado pela cobertura, sombreamento, moradores de rua e lixo acumulado, a rua sob o elevado é bem usada como ligação entre avenida São João, largo Santa Cecília e largo do Arouche.

Perímetro total projetado: 285 m.
Acessos projetados: 43 m, ou 15%.
Rua Sebastião Pereira: 95 m, acessso 35 m.
Rua Ana Cintra: 55 m, sem acesso à praça.
Rua sob o elevado, 95 m, acessos 18 m.
Não há usos ou acessos projetados nas esquinas.

PRAÇA SANTA CECÍLIA
SETOR 1
SITUAÇÃO ATUAL
Levantamento: 2002 • Desenho: 2003

SC 4

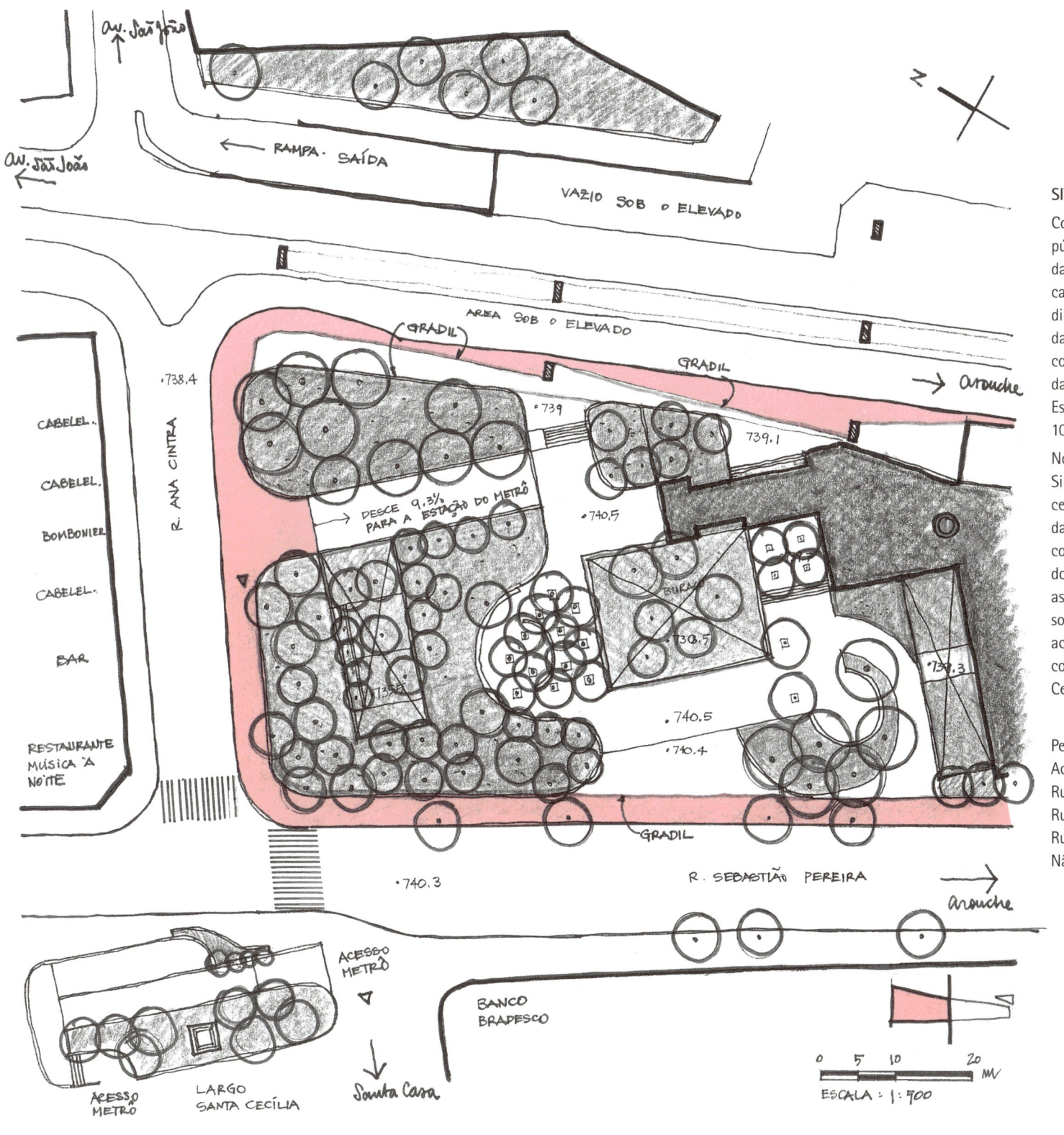

USO

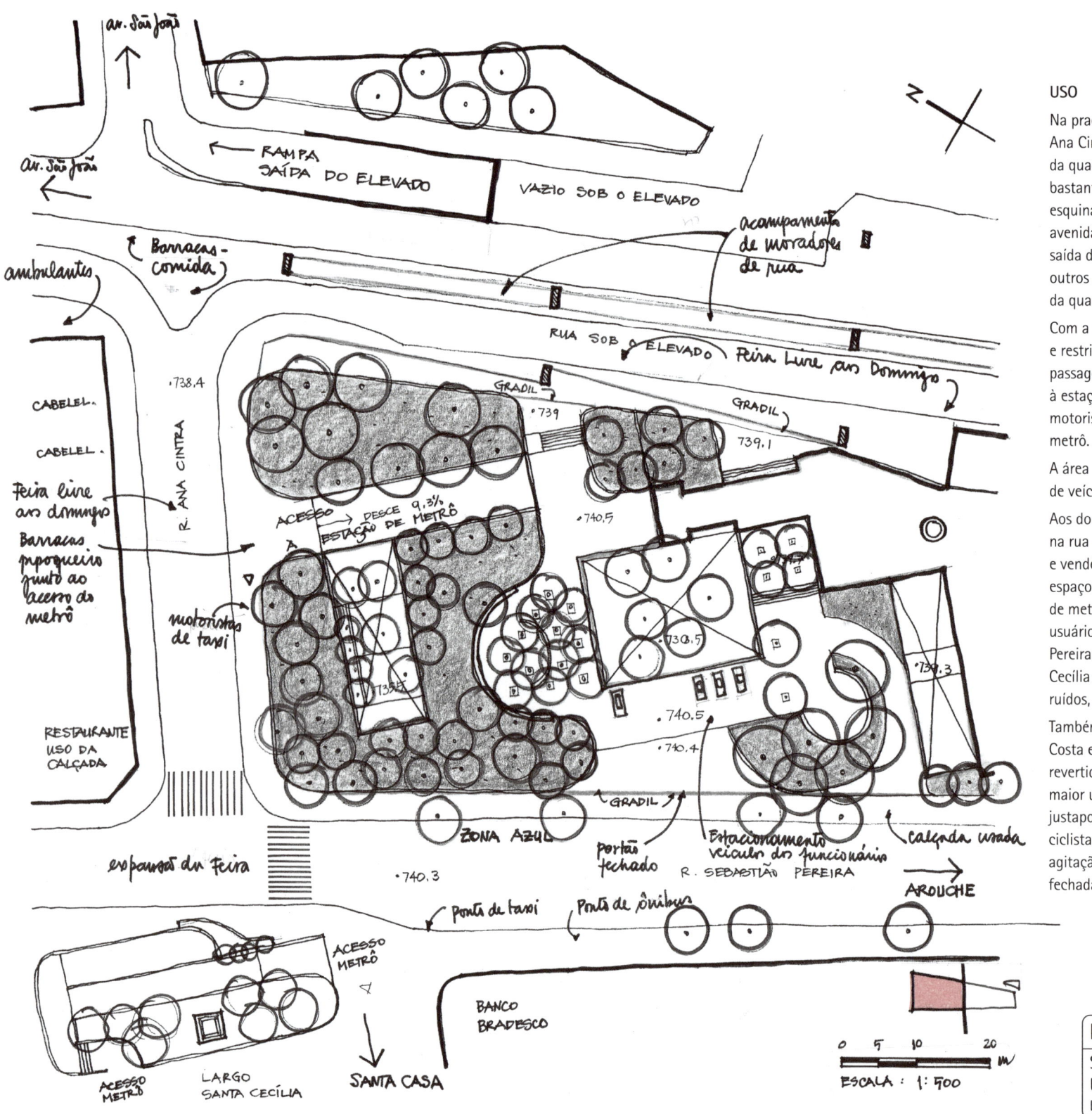

Na praça, apenas um acesso (dos três projetados), na rua Ana Cintra, está em funcionamento. Localizado no meio da quadra (pequena) e ladeado por jardineiras altas e bastante plantadas, o acesso da praça é pouco visível das esquinas. Além disso, o fluxo de pedestres vindos da avenida São João é bastante prejudicado pela rampa de saída do elevado e pelo desenho de rua sob o elevado. Os outros dois acessos projetados estão localizados no meio da quadra e são praticamente escondidos por canteiros.

Com a praça fechada, a presença pública é reduzidíssima e restrita às calçadas, usadas predominantemente para passagem. Há uma pequena aglomeração junto ao acesso à estação de metrô na rua Ana Cintra, reunindo motorisras de táxi, pipoqueiros, transeuntes e usuários do metrô.

A área central da praça é usada para o estacionamento de veículos dos funcionários da Companhia do Metrô.

Aos domingos, uma feira livre de abastecimento funciona na rua Ana Cintra e partes da rua sob o elevado. Barracas e vendedores, misturados com compradores, tomam o espaço das ruas e calçadas, escondem o acesso à estação de metrô e impedem a fluidez dos movimentos dos usuários. Além disso, invadem parte da avenida Sebastião Pereira, aproximando a rua Ana Cintra e o largo Santa Cecília com uma animada mistura de pessoas, atividades, ruídos, cheiros e cores.

Também aos domingos, das 7 às 18 horas, o Elevado Costa e Silva é fechado para o tráfego de veículos e revertido em uma grande área de lazer. Nas horas de maior uso, é intrigante o contraste causado pela justaposição dos movimentos tranquilos dos *joggers* e ciclistas nas pistas a 8 m de altura, a vitalidade e a agitação da feira nas ruas e o vazio de uma praça-jardim, fechada para o público.

PRAÇA SANTA CECÍLIA
SETOR 1
USO
Levantamento: 2002-2003

SC 5

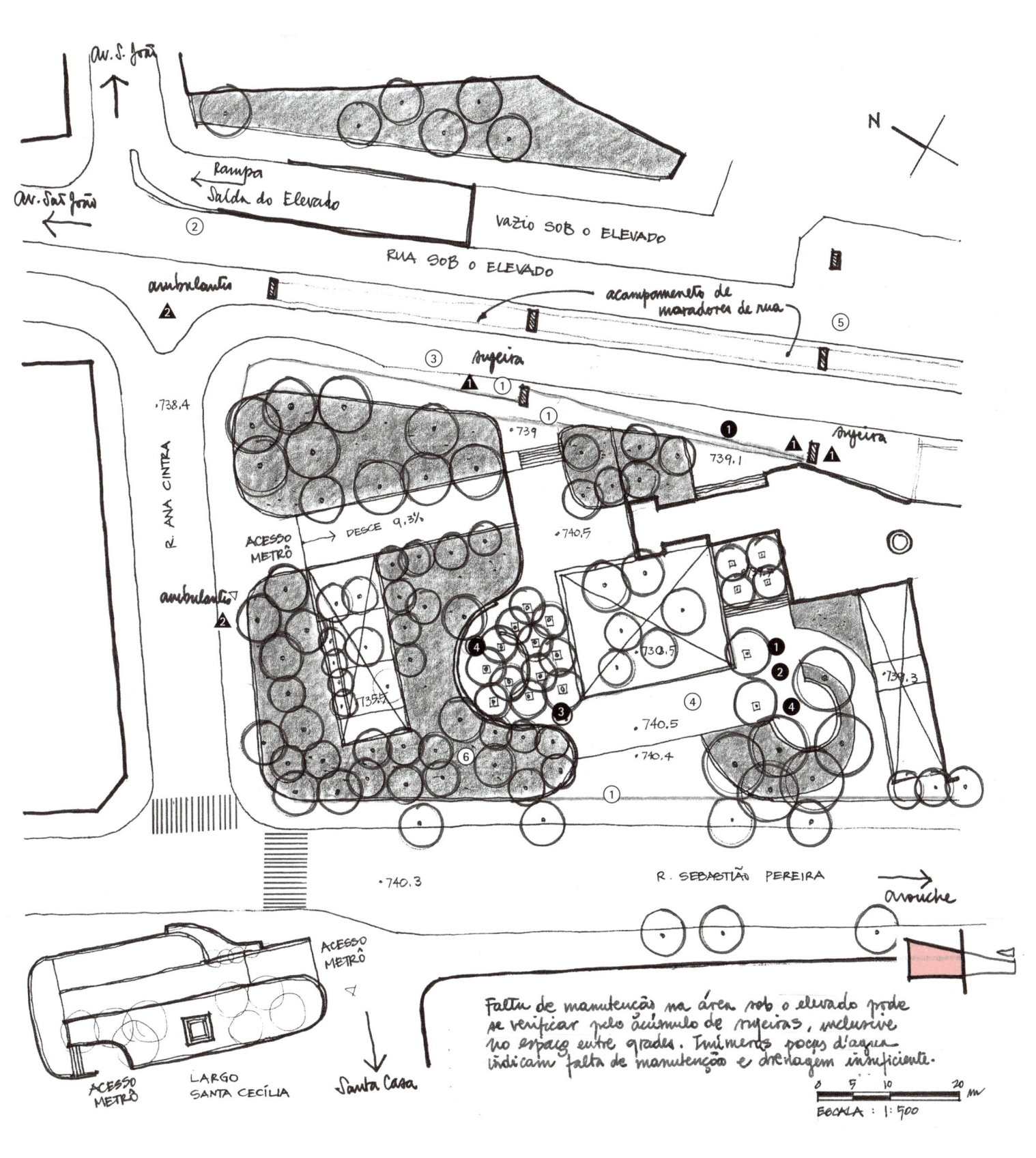

NÃO CONFORMIDADES

POR INTERVENÇÕES OFICIAIS:

① Fechamento da praça para o uso público.

② Desenhos da rua e o tráfego impedem a fluidez de movimentos de pedestres.

③ Eliminação do ponto de ônibus sob o Elevado Costa e Silva e acampamento de "moradores de rua" reduzem usos e a diversidade de pessoas presentes e acentuam a insegurança percebida do local.

④ Estacionamento de veículos em área projetada para pedestres.

⑤ Falta de manutenção na área sob o elevado.

⑥ Plantio excessivo e desordenado de árvores.

NÃO CONFORMIDADES

POR PROJETO:

❶ Acessos à estação de metrô e à praça são distantes das esquinas.

❷ Acesso ao metrô pela rua Sebastião Pereira é dissimulado e indireto.

❸ Mensagem ambígua: a principal passagem na praça, entre a rua Sebastião Pereira e a área sob o elevado, é interceptada por um bosque de paus-ferros.

❹ Os bancos, em forma circular, são voltados para dentro da praça.

❺ Não há reconhecimento visível do entorno.

NÃO CONFORMIDADES

POR USO:

⚠ Sujeira, lixo, restos de comida e sujeira humana.

⚠ Ambulantes perto do acesso à estação.

PRAÇA SANTA CECÍLIA

SETOR 1
NÃO CONFORMIDADES
Levantamento: 2002-2003

SC 6

1. Esquina das ruas Sebastião Pereira e Ana Cintra. Praça gradeada, fechada para o uso público, mas aberta para os veículos dos funcionários do metrô (hora do almoço, quarta-feira, 4 de setembro de 2002).

2. Acesso à estação de metrô pela rua Ana Cintra: independente da praça (hora do almoço, quarta-feira, 4 de setembro de 2002).

3. Rua sob o elevado Costa e Silva. Duplo gradeamento: pelo metrô e pela prefeitura. O elevado avança sobre a praça e a coluna da estrutura interrompe a calçada (manhã, segunda-feira, 11 de novembro de 2002).

4. Saída do elevado junto à rua Sebastião Pereira. Calçada interrompida, sem qualquer proteção para a travessia dos pedestres. Gradil usado como varal. Estacionamento ilegal do caminhão (11 de novembro de 2002).

PRAÇA SANTA CECÍLIA
SETOR 1
USO E NÃO CONFORMIDADES
Fotos: Sun Alex

SC 7

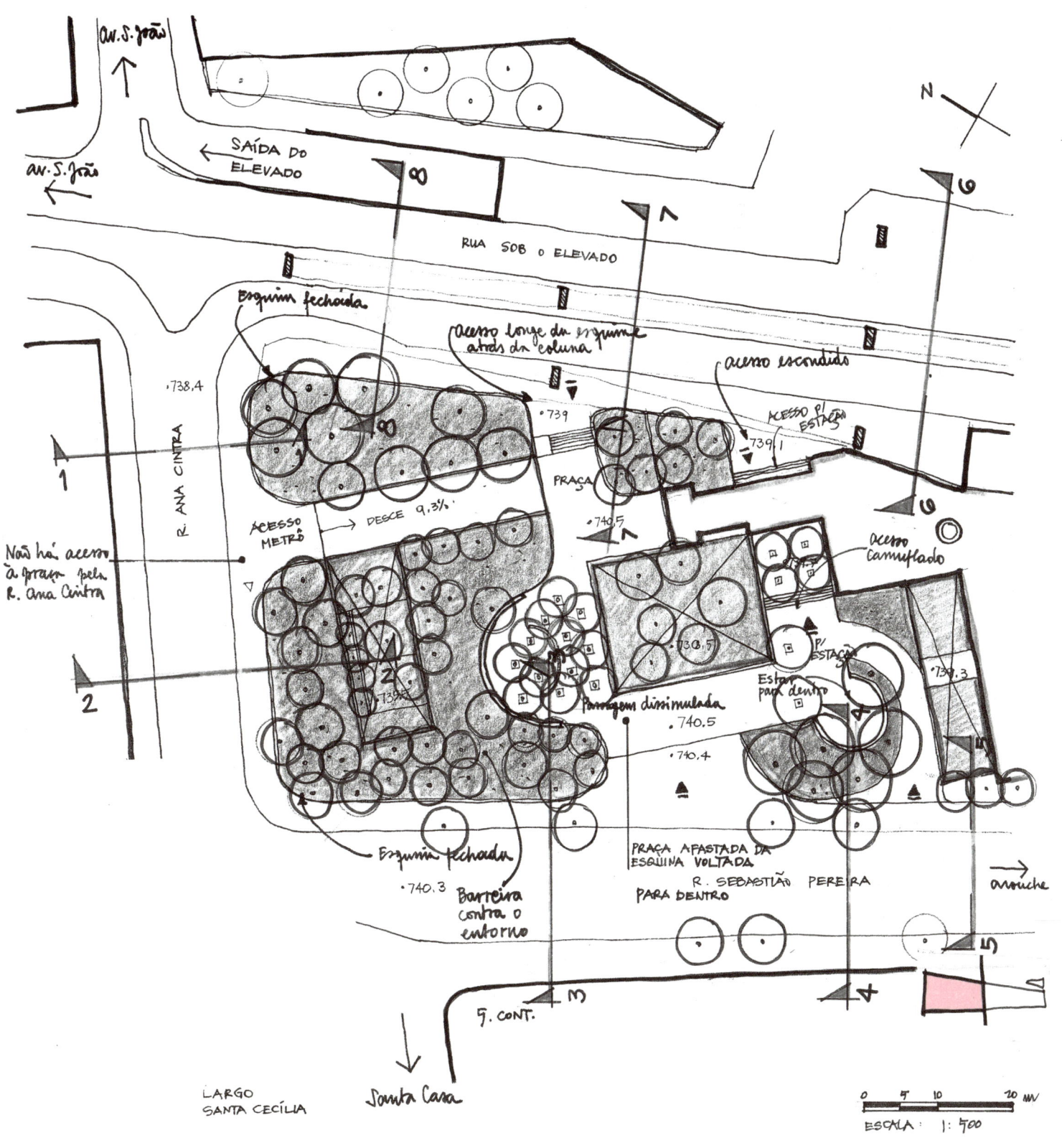

O PROJETO

Projetada pela Emurb e gerenciada pela Companhia do Metrô, a praça Santa Cecília não é explícita como uma praça da cidade nem apresenta conexões visíveis com a estação de metrô, como a praça da Liberdade.

Paralela aos trilhos dos trens e às plataformas da estação, a presença da arquitetura do metrô é marcante e, ao mesmo tempo, mutiladora da integridade da praça: rampas de acesso à estação, aberturas na laje para iluminação e ventilação e o volume arquitetônico no centro tomam grandes áreas e dividem a praça em dois setores.

Os acessos à praça, somente pela rua Sebastião Pereira e sob o elevado, são aberturas no meio da quadra, e o trajeto à estação pela rua Sebastião Pereira é indireto e fora da visão da calçada.

Um grupo de árvores plantadas bem próximas no centro da passagem entre a rua Sebastião Pereira e a rua sob o elevado interrompe o trajeto direto entre principais acessos à praça. Há duas áreas de uso definidas por bancos semicirculares e canteiros. Os bancos, voltados para dentro da praça, não oferecem visão da calçada nem da rua ou mesmo da igreja.

O projeto da praça Santa Cecília procura criar grandes áreas plantadas sobre lajes para fazer jardins, aumentar o verde da cidade e "suavizar" os impactos negativos do Elevado Costa e Silva; porém, o resultado mais evidente é o isolamento em relação ao entorno, até mesmo da própria estação de metrô. Como uma praça-metrô, a Santa Cecília é o oposto da Liberdade, e, apesar do verde, sua falta de acessos e a desintegração com o entorno aproximam-na, como espaço malsucedido, da praça Roosevelt.

PRAÇA SANTA CECÍLIA
SETOR 1
PROJETO E INDICAÇÃO DE CORTES
Desenho: 2003

SC 8

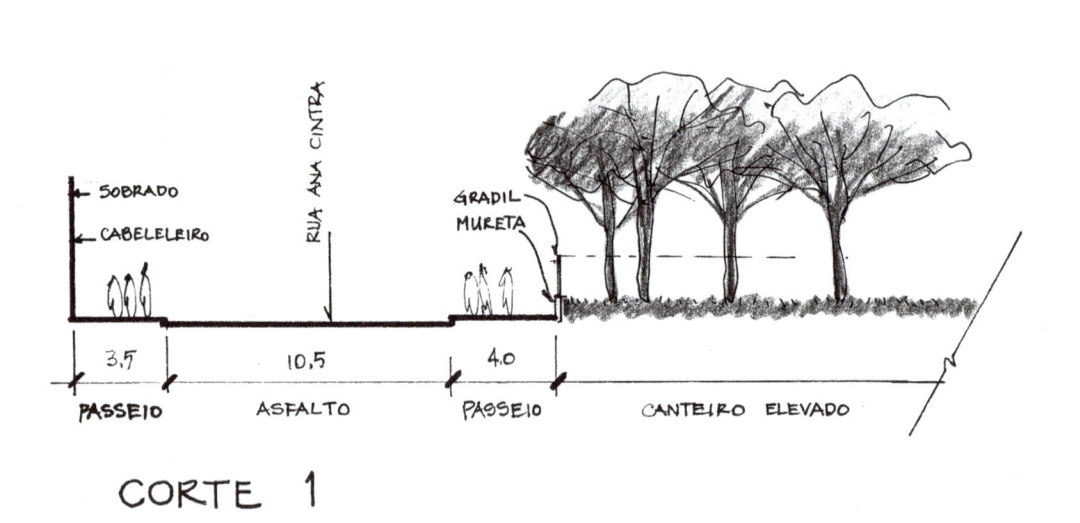

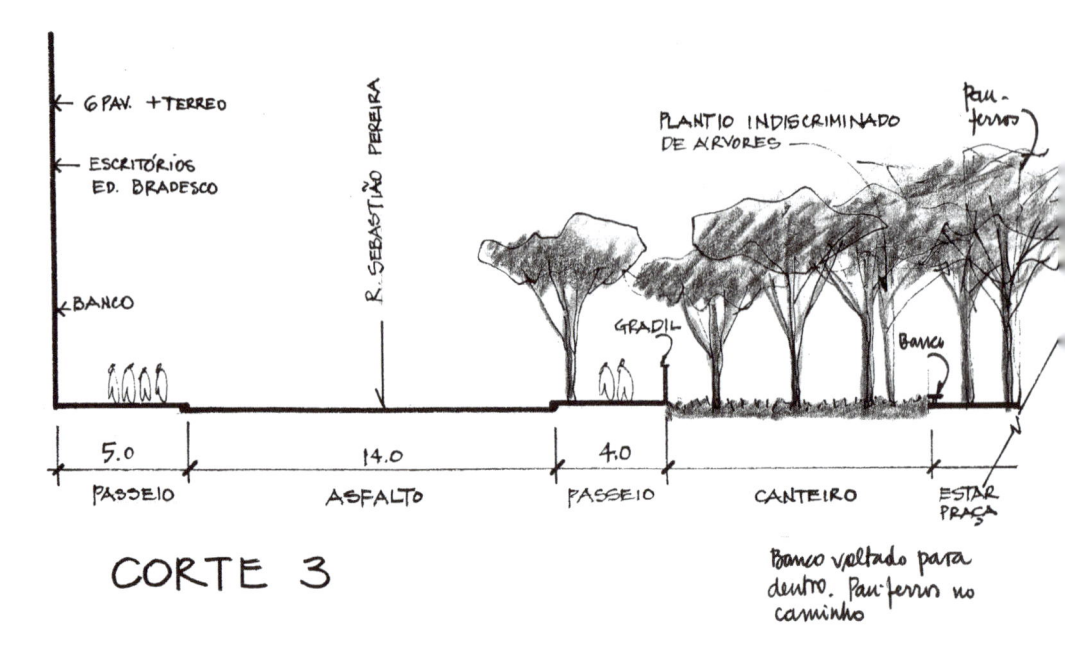

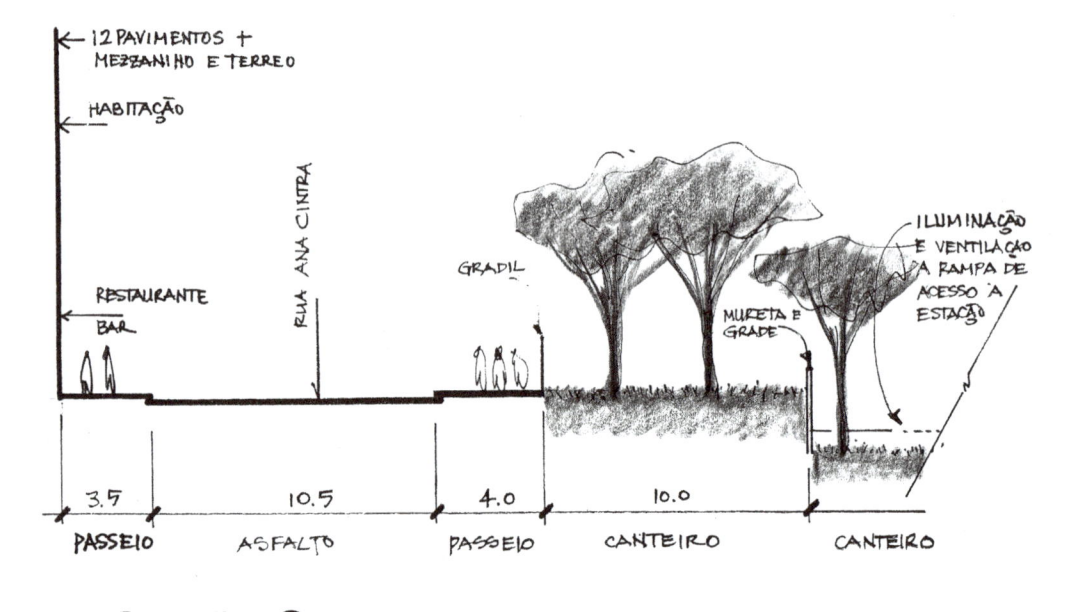

CORTE 1

- SOBRADO
- CABELEREIRO
- RUA ANA CINTRA
- GRADIL MURETA

3,5	10,5	4,0	
PASSEIO	ASFALTO	PASSEIO	CANTEIRO ELEVADO

CORTE 2

- 12 PAVIMENTOS + MEZZANINO E TERREO
- HABITAÇÃO
- RESTAURANTE BAR
- RUA ANA CINTRA
- GRADIL
- MURETA E GRADE
- ILUMINAÇÃO E VENTILAÇÃO À RAMPA DE ACESSO À ESTAÇÃO

3,5	10,5	4,0	10,0	
PASSEIO	ASFALTO	PASSEIO	CANTEIRO	CANTEIRO

CORTE 3

- 6 PAV. + TERREO
- ESCRITÓRIOS ED. BRADESCO
- BANCO
- R. SEBASTIÃO PEREIRA
- PLANTIO INDISCRIMINADO DE ÁRVORES
- Pau-ferro
- GRADIL
- Banco

5,0	14,0	4,0		
PASSEIO	ASFALTO	PASSEIO	CANTEIRO	ESTAR PRAÇA

Banco voltado para dentro. Pau-ferro no caminho

CORTE 4

- 5 PAV + TERREO ED. BRADESCO
- R. SEBASTIÃO PEREIRA
- FIGUEIRA (Lyrata)
- GRADIL
- Banco voltado p/ dentro
- ACESSO À ESTAÇÃO

5,0		4,0		
PASSEIO	ASFALTO	PASSEIO	CANTEIRO	ESTAR DAS FIGUEIRAS

ESCALA 1:200

PRAÇA SANTA CECÍLIA
SETOR 1
CORTES 1 A 4
Desenho: 2003

SC 9

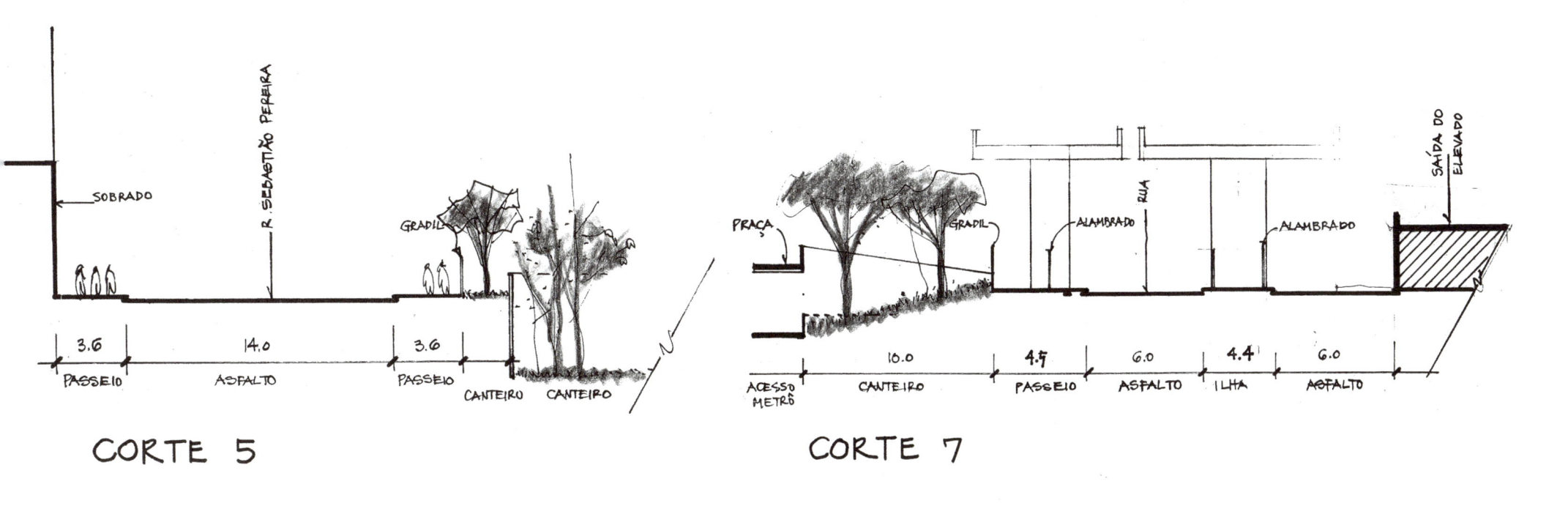

CORTE 5

3.6	14.0	3.6		
PASSEIO	ASFALTO	PASSEIO	CANTEIRO	CANTEIRO

R. SEBASTIÃO PEREIRA — SOBRADO — GRADIL

CORTE 7

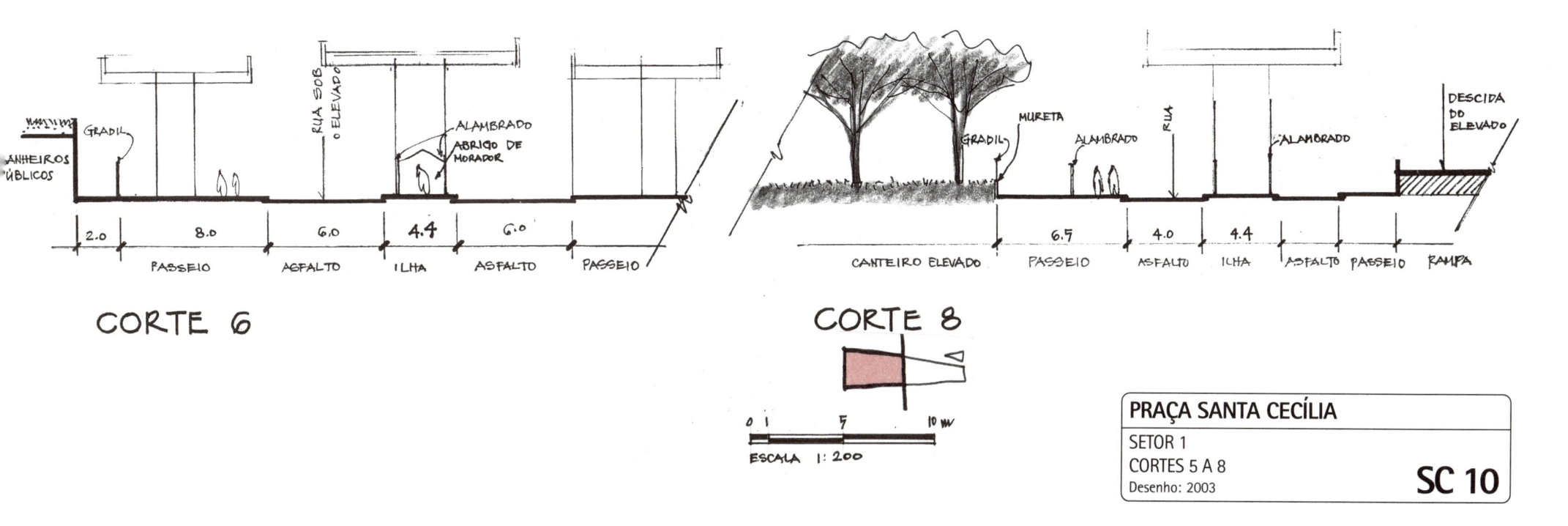

10.0	4.5	6.0	4.4	6.0
CANTEIRO	PASSEIO	ASFALTO	ILHA	ASFALTO

ACESSO METRÔ — PRAÇA — GRADIL — ALAMBRADO — RUA — ALAMBRADO — SAÍDA DO ELEVADO

CORTE 6

2.0	8.0	6.0	4.4	6.0		
PASSEIO	ASFALTO		ILHA	ASFALTO	PASSEIO	

SANHEIROS PÚBLICOS — GRADIL — RUA SOB O ELEVADO — ALAMBRADO — ABRIGO DE MORADOR

CORTE 8

6.5	4.0	4.4		
CANTEIRO ELEVADO	PASSEIO	ASFALTO	ILHA	ASFALTO PASSEIO RAMPA

GRADIL — MURETA — ALAMBRADO — RUA — ALAMBRADO — DESCIDA DO ELEVADO

ESCALA 1:200

PRAÇA SANTA CECÍLIA
SETOR 1
CORTES 5 A 8
Desenho: 2003

SC 10

As propostas são:

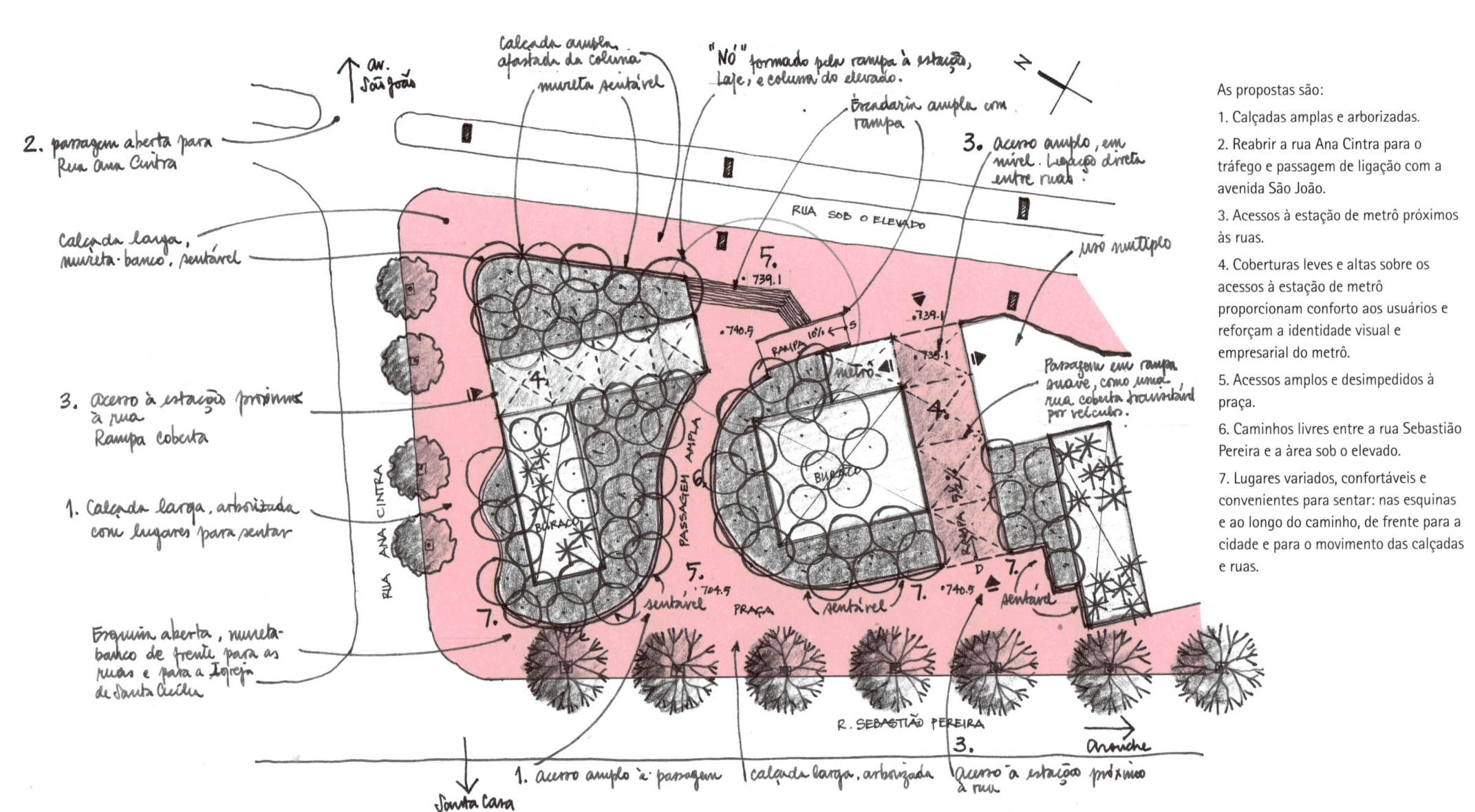

1. Calçadas amplas e arborizadas.

2. Reabrir a rua Ana Cintra para o tráfego e passagem de ligação com a avenida São João.

3. Acessos à estação de metrô próximos às ruas.

4. Coberturas leves e altas sobre os acessos à estação de metrô proporcionam conforto aos usuários e reforçam a identidade visual e empresarial do metrô.

5. Acessos amplos e desimpedidos à praça.

6. Caminhos livres entre a rua Sebastião Pereira e a área sob o elevado.

7. Lugares variados, confortáveis e convenientes para sentar: nas esquinas e ao longo do caminho, de frente para a cidade e para o movimento das calçadas e ruas.

ALTERNATIVAS: uso e acesso

As alternativas adotam as mesmas limitações arquitetônicas do projeto existente: pontos de acesso e rampas à estação, cotas na laje e recortes na laje e a construção no centro da praça.

A abordagem sugere a praça tratada como lugar de passagem e convívio e de a articulação entre a cidade e o metrô.

PRAÇA SANTA CECÍLIA
SETOR 1
ALTERNATIVAS: USO E ACESSO
Desenho: 2003

SC 11

SITUAÇÃO ATUAL

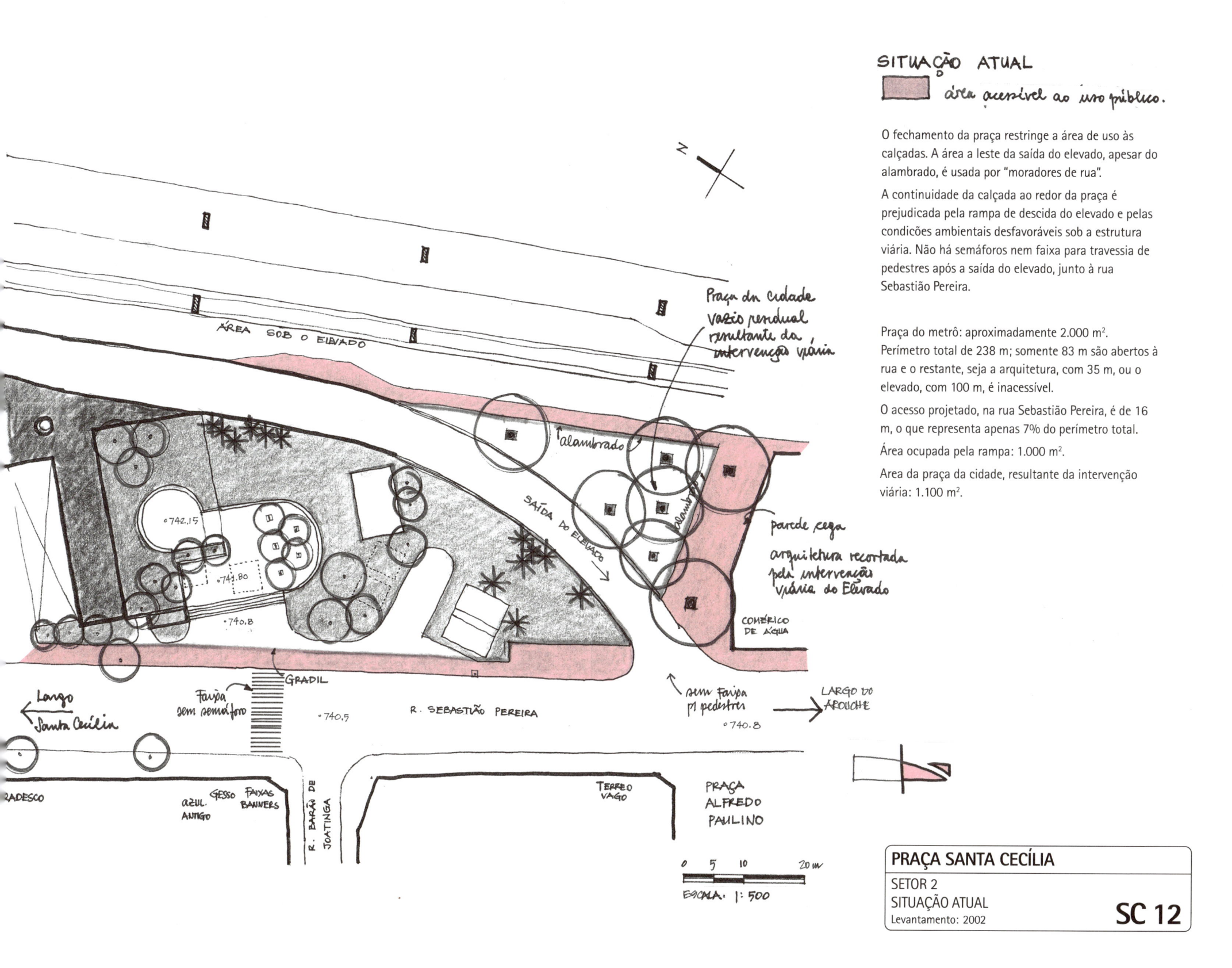

▨ área acessível ao uso público.

O fechamento da praça restringe a área de uso às calçadas. A área a leste da saída do elevado, apesar do alambrado, é usada por "moradores de rua".

A continuidade da calçada ao redor da praça é prejudicada pela rampa de descida do elevado e pelas condicões ambientais desfavoráveis sob a estrutura viária. Não há semáforos nem faixa para travessia de pedestres após a saída do elevado, junto à rua Sebastião Pereira.

Praça do metrô: aproximadamente 2.000 m². Perímetro total de 238 m; somente 83 m são abertos à rua e o restante, seja a arquitetura, com 35 m, ou o elevado, com 100 m, é inacessível.

O acesso projetado, na rua Sebastião Pereira, é de 16 m, o que representa apenas 7% do perímetro total.

Área ocupada pela rampa: 1.000 m².

Area da praça da cidade, resultante da intervenção viária: 1.100 m².

Notações no desenho

- Praça da cidade vazio residual resultante da intervenção viária
- ÁREA SOB O ELEVADO
- SAÍDA DO ELEVADO
- alambrado
- parede cega
- arquitetura recortada pela intervenção viária do Elevado
- COMÉRCIO DE ÁGUA
- Largo Santa Cecília
- Faixa sem semáforo
- GRADIL
- R. SEBASTIÃO PEREIRA
- sem faixa p/ pedestres
- LARGO DO AROUCHE
- R. BARÃO DE JOATINGA
- BRADESCO
- AZUL. GESSO FAIXAS ANTIGO BANNERS
- TERRENO VAGO
- PRAÇA ALFREDO PAULINO

Escala 1:500 — 0 5 10 20 m

PRAÇA SANTA CECÍLIA
SETOR 2
SITUAÇÃO ATUAL
Levantamento: 2002

SC 12

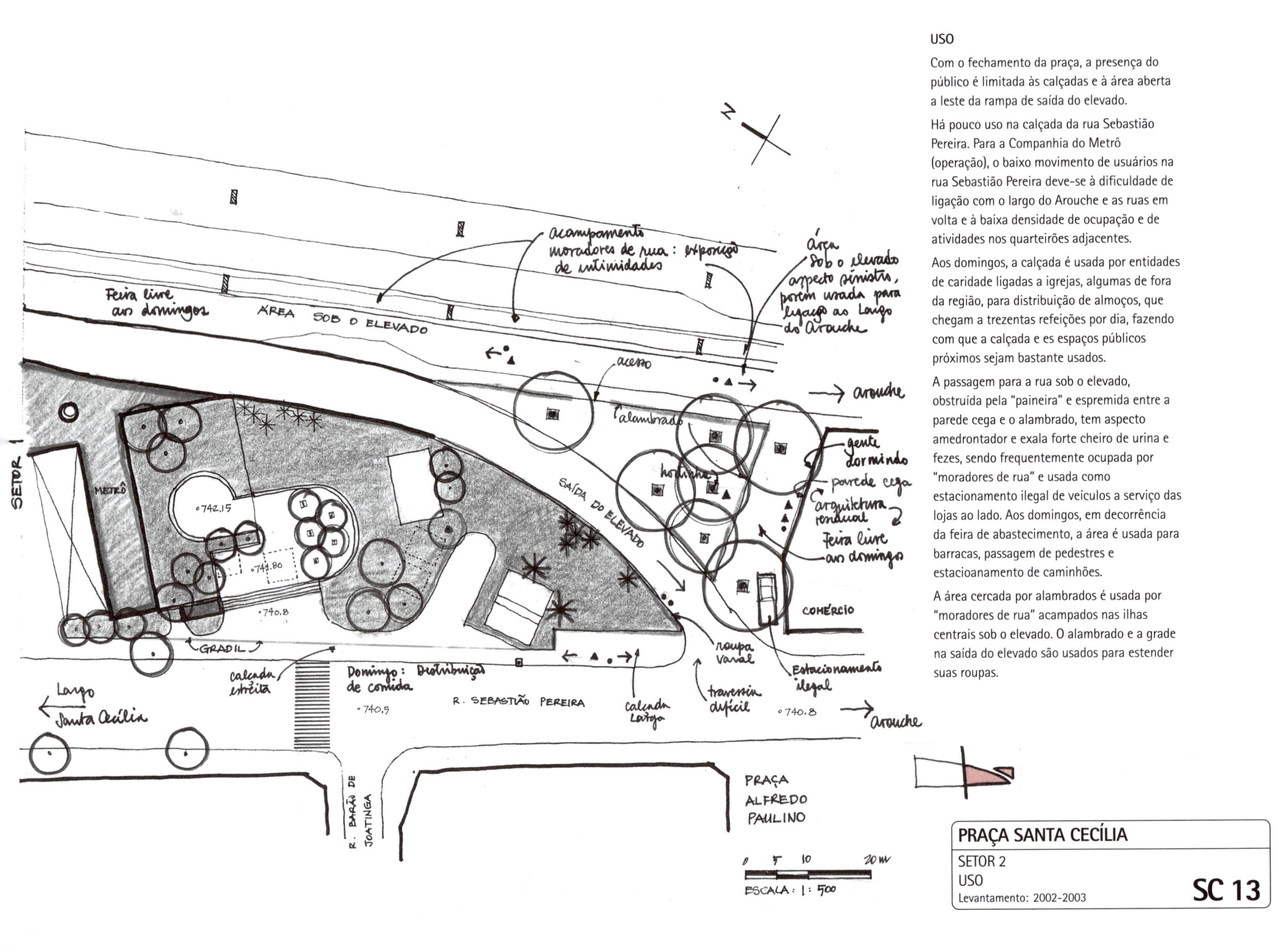

USO

Com o fechamento da praça, a presença do público é limitada às calçadas e à área aberta a leste da rampa de saída do elevado.

Há pouco uso na calçada da rua Sebastião Pereira. Para a Companhia do Metrô (operação), o baixo movimento de usuários na rua Sebastião Pereira deve-se à dificuldade de ligação com o largo do Arouche e as ruas em volta e à baixa densidade de ocupação e de atividades nos quarteirões adjacentes.

Aos domingos, a calçada é usada por entidades de caridade ligadas a igrejas, algumas de fora da região, para distribuição de almoços, que chegam a trezentas refeições por dia, fazendo com que a calçada e es espaços públicos próximos sejam bastante usados.

A passagem para a rua sob o elevado, obstruída pela "paineira" e espremida entre a parede cega e o alambrado, tem aspecto amedrontador e exala forte cheiro de urina e fezes, sendo frequentemente ocupada por "moradores de rua" e usada como estacionamento ilegal de veículos a serviço das lojas ao lado. Aos domingos, em decorrência da feira de abastecimento, a área é usada para barracas, passagem de pedestres e estacioanamento de caminhões.

A área cercada por alambrados é usada por "moradores de rua" acampados nas ilhas centrais sob o elevado. O alambrado e a grade na saída do elevado são usados para estender suas roupas.

PRAÇA SANTA CECÍLIA
SETOR 2
USO
Levantamento: 2002-2003

SC 13

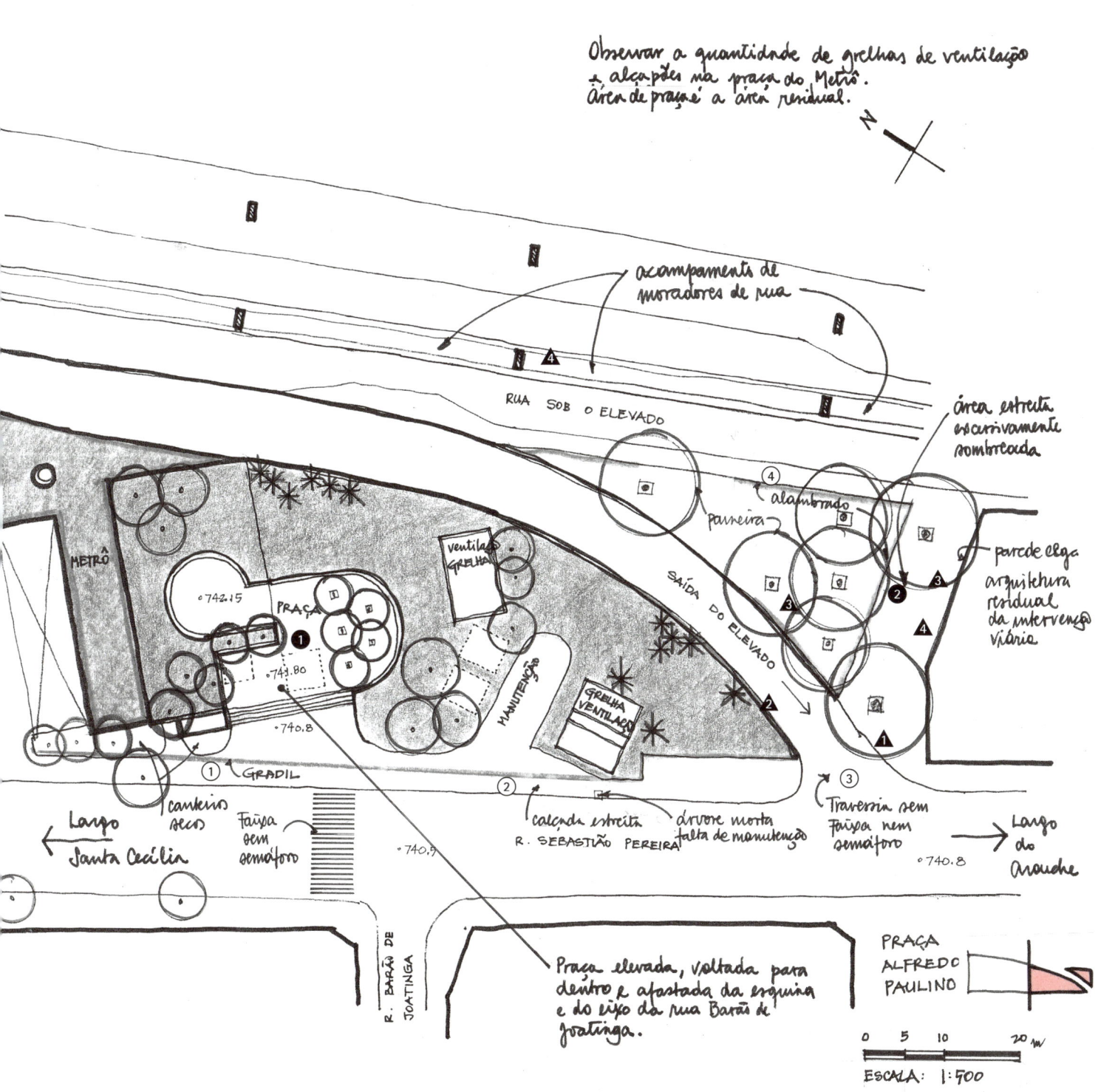

Observar a quantidade de grelhas de ventilação e alçapões na praça do Metrô. Área de praça é a área residual.

NÃO CONFORMIDADES
POR INTERVENÇÕES OFICIAIS:

① Gradeamento e fechamento da praça para uso público.

② Estreitamento da calçada da rua Sebastião Pereira e falta de manutenção da arborização.

③ Falta de segurança para a travessia de pedestres na rua Sebastião Pereira junto à saída do elevado.

④ O alambrado reduz a largura da calçada sob o elevado e elimina a passagem cruzada.

NÃO CONFORMIDADES
POR PROJETO:

❶ Somente duas áreas de estar, afastadas da esquina, elevadas em relação à rua e escondidas por jardineiras, canteiros e arvoredo, sem relação visual com o entorno.

❷ Aumento de sombreamento e de obstáculos visuais e físicos causado pela intensa arborização: paineiras com espaçamento de 8 m a 10 m, em uma área espremida entre o elevado, a rampa de saída e um edifício alto. Paineira é uma árvore de grande porte com troncos grossos e espinhosos.

NÃO CONFORMIDADES
POR USO:

▲1 Estacionamento irregular de veículos.

▲2 Varal.

▲3 Sujeira: lixo, restos de comida e dejetos humanos e animais.

▲4 Acampamento de "moradores de rua".

Sketch annotations on plan:
- acampamento de moradores de rua
- RUA SOB O ELEVADO
- área estreita excessivamente sombreada
- paineira
- alambrado
- parede cega arquitetura residual da intervenção viária
- METRÔ
- PRAÇA
- ventilação GRELHA
- MANUTENÇÃO
- GRELHA VENTILAÇÃO
- SAÍDA DO ELEVADO
- Largo Santa Cecília ←
- → Largo do Arouche
- canteiros secos
- Faixa sem semáforo
- GRADIL
- calçada estreita
- árvore morta falta de manutenção
- R. SEBASTIÃO PEREIRA
- Travessia sem faixa nem semáforo
- R. BARÃO DE JOATINGA
- Praça elevada, voltada para dentro e afastada da esquina e do eixo da rua Barão de Joatinga.
- PRAÇA ALFREDO PAULINO

ESCALA: 1:700

PRAÇA SANTA CECÍLIA
SETOR 2
NÃO CONFORMIDADES
Levantamento: 2002-2003

SC 14

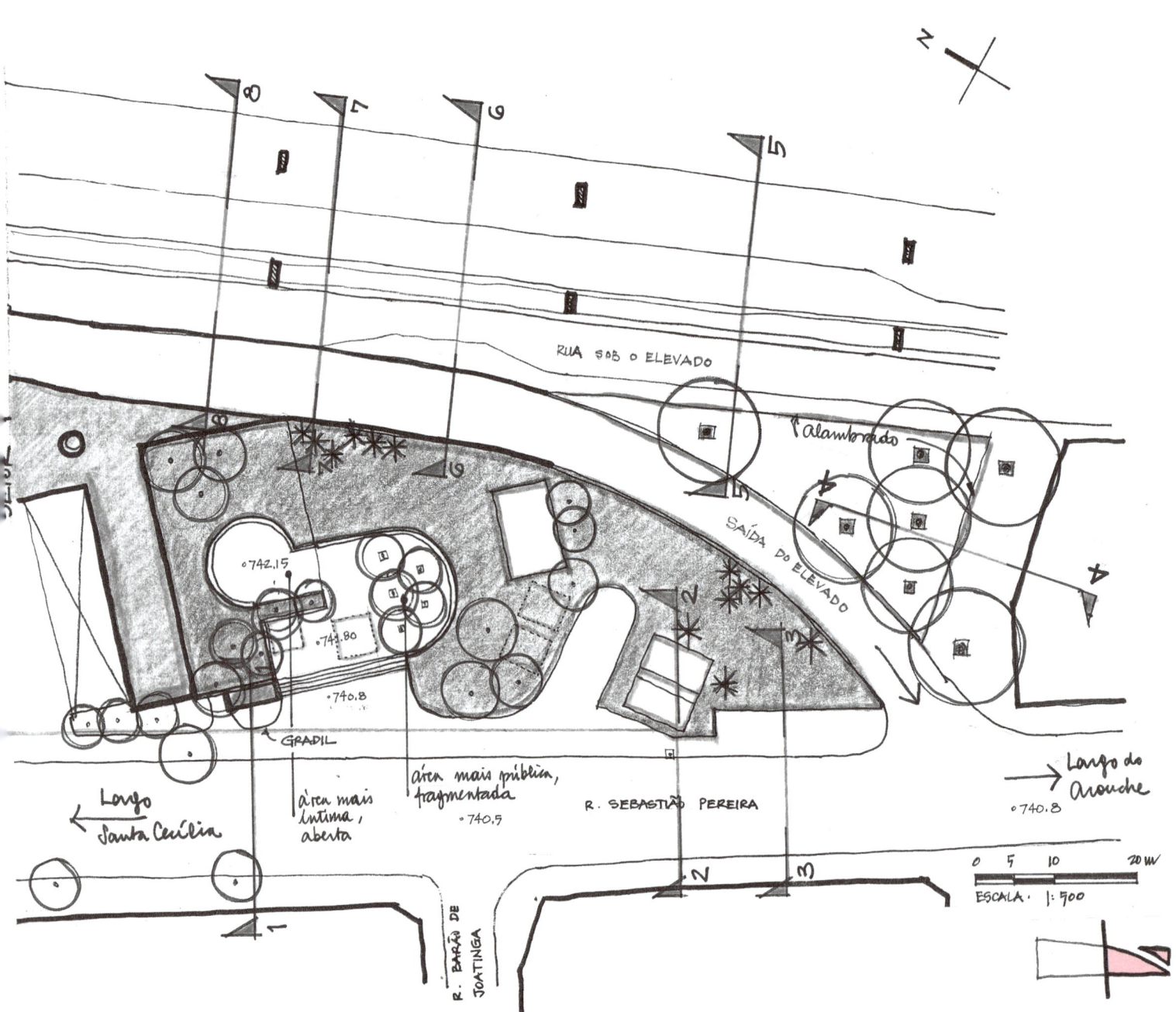

O PROJETO

O setor 2 da praça Santa Cecília é composto por duas áreas distintas, separadas pela rampa de saída do Elevado Costa e Silva. A área menor, a leste da rampa, de 1.100 m², é um espaço residual da implantação do sistema viário do elevado. Definida e delimitada pelo elevado e paredes da arquitetura remanescentes das demolições, a área é pequena, sombreada, de difícil acesso e está sob constante impacto ambiental do sistema viário.

A área maior, entre a construção do metrô e a rampa do elevado, de aproximadamente 2.500 m², faz parte das áreas desapropriadas para a construção da linha leste-oeste e é oficialmente uma propriedade do Metrô.

A área abriga três grelhas de ventilação, quatro alçapões de inspeção e uma cabine de manutenção.

O projeto desenvolvido pela Emurb prevê uma única área de estar formada pelas duas subáreas, interligadas por uma rampa. As áreas de estar, ambas definidas por bancos semicirculares, são elevadas em relação à rua e acessíveis por um único ponto de entrada. Além de afastados da calçada, os bancos seguem o paralelismo do metrô e são voltados para dentro da praça e escondidos pela vegetação. As áreas de estar evidenciam não apenas uma preocupação geométrica desvinculada da rua, mas, especialmente, o isolamento do entorno.

PRAÇA SANTA CECÍLIA

SETOR 2
PROJETO E INDICAÇÃO DOS CORTES
Desenho: 2003

SC 15

CORTE 1

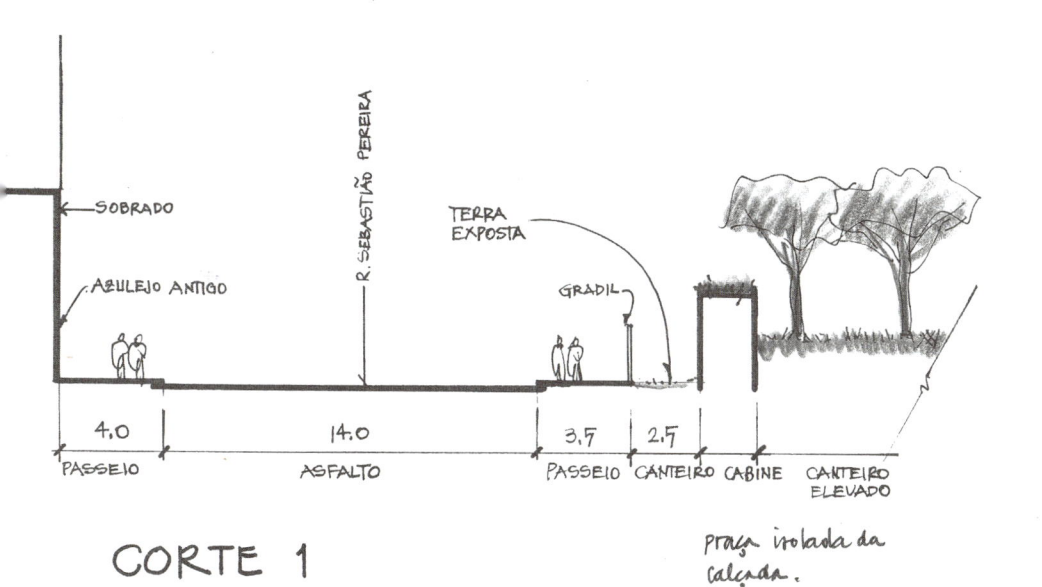

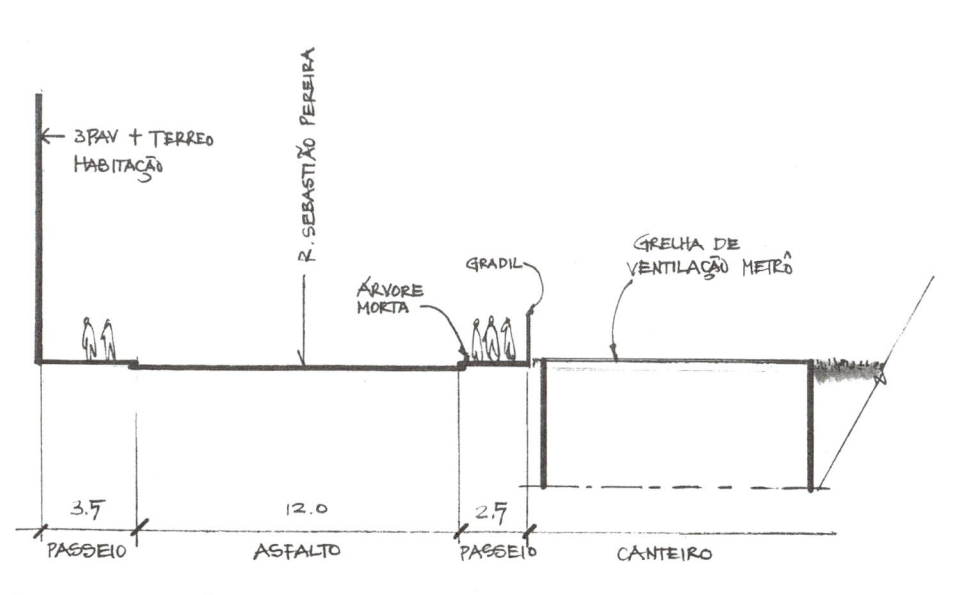

- SOBRADO
- AZULEJO ANTIGO
- R. SEBASTIÃO PEREIRA
- TERRA EXPOSTA
- GRADIL
- CANTEIRO CABINE
- CANTEIRO ELEVADO

4,0	14,0	3,7	2,7	
PASSEIO	ASFALTO	PASSEIO	CANTEIRO CABINE	CANTEIRO ELEVADO

praça isolada da calçada.

CORTE 2

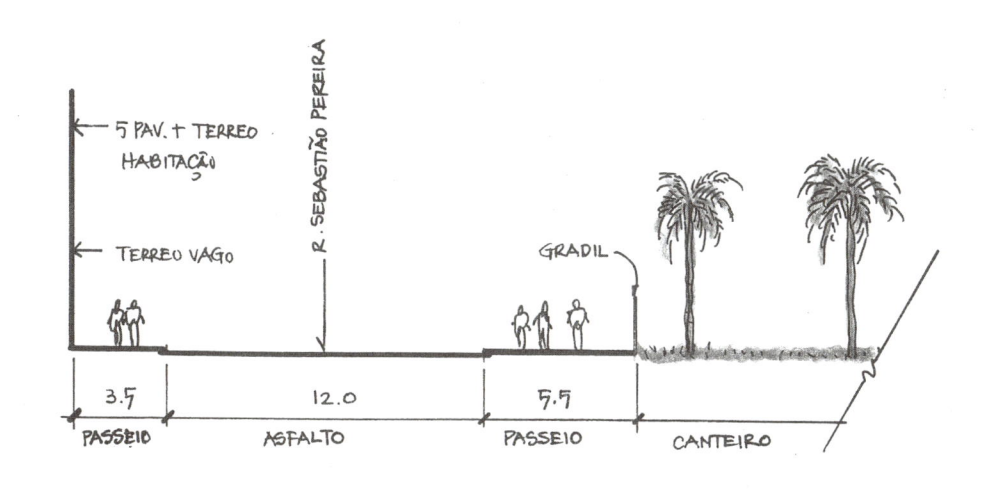

- 3 PAV + TERREO HABITAÇÃO
- R. SEBASTIÃO PEREIRA
- ÁRVORE MORTA
- GRADIL
- GRELHA DE VENTILAÇÃO METRÔ

3,7	12,0	2,7	
PASSEIO	ASFALTO	PASSEIO	CANTEIRO

CORTE 3

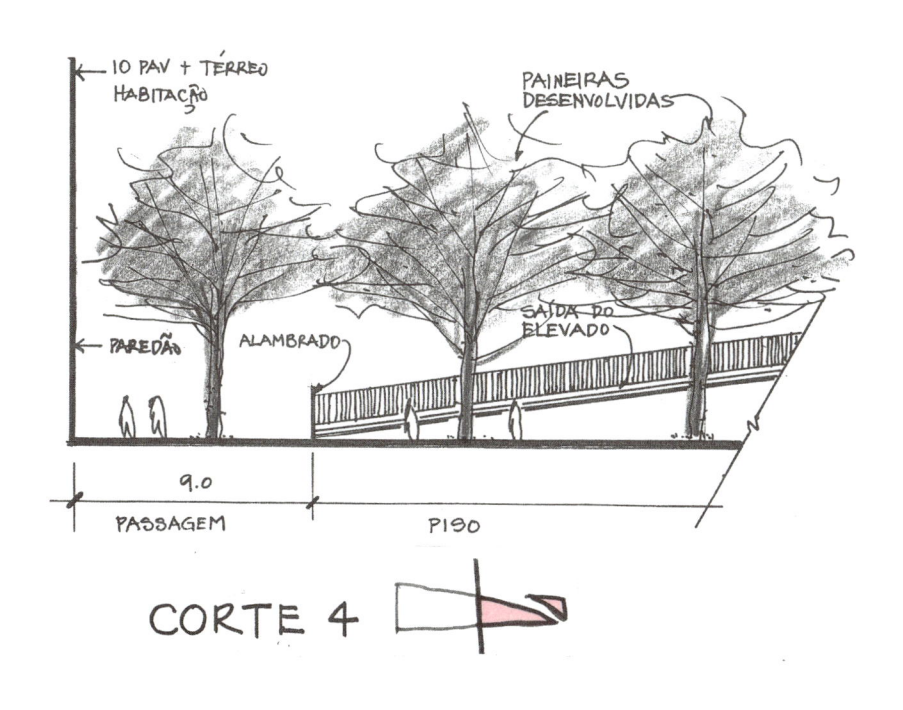

- 5 PAV. + TERREO HABITAÇÃO
- TERREO VAGO
- R. SEBASTIÃO PEREIRA
- GRADIL

3,5	12,0	5,5	
PASSEIO	ASFALTO	PASSEIO	CANTEIRO

CORTE 4

- 10 PAV + TERREO HABITAÇÃO
- PAINEIRAS DESENVOLVIDAS
- PAREDÃO
- ALAMBRADO
- SAÍDA DO ELEVADO

9,0	
PASSAGEM	PISO

PRAÇA SANTA CECÍLIA
SETOR 2
CORTES 1 A 4
Desenho: 2003

SC 16

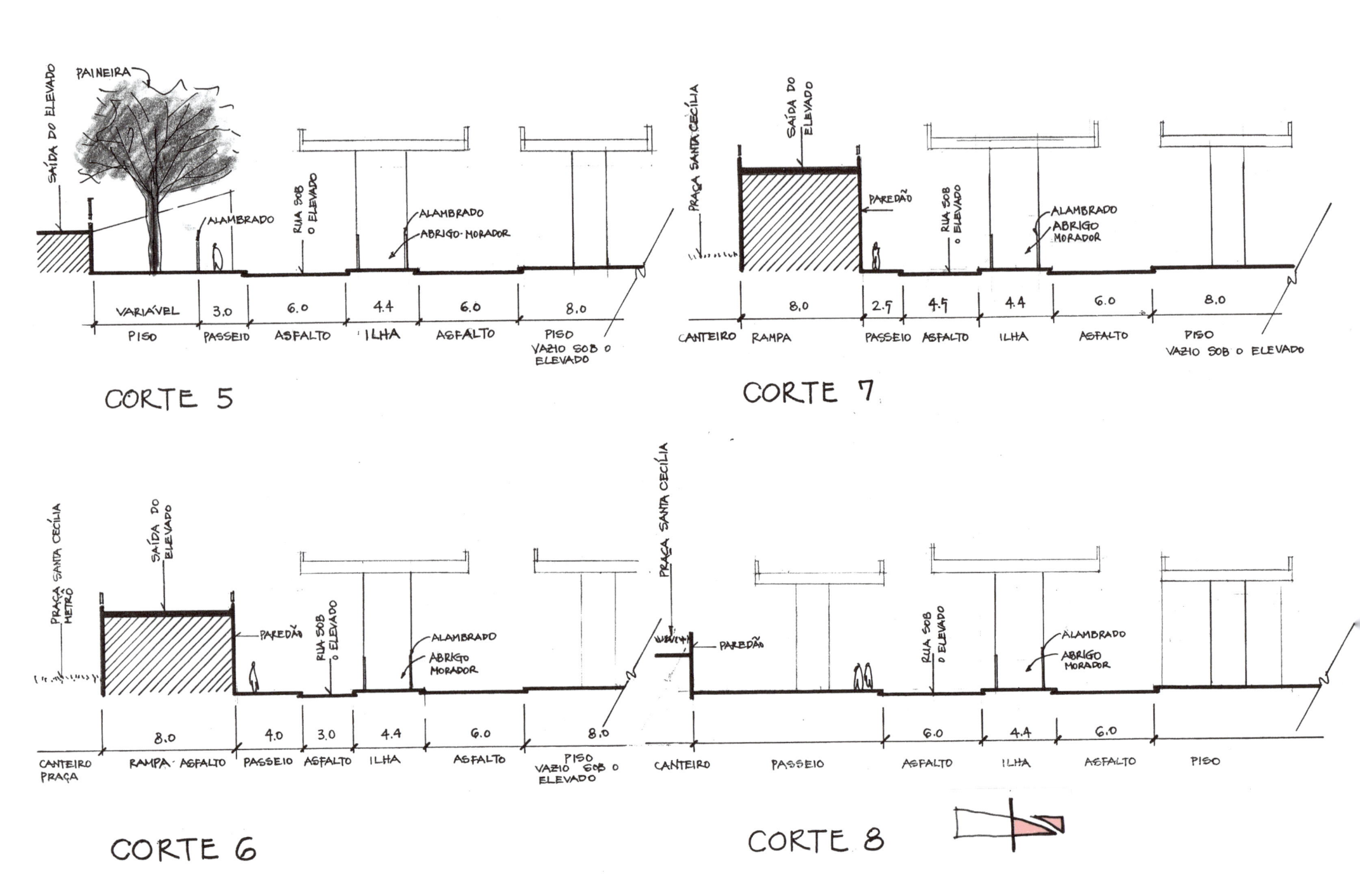

CORTE 5

VARIÁVEL	3.0	6.0	4.4	6.0	8.0
PISO	PASSEIO	ASFALTO	ILHA	ASFALTO	PISO VAZIO SOB O ELEVADO

Labels: SAÍDA DO ELEVADO, PAINEIRA, ALAMBRADO, RUA SOB O ELEVADO, ALAMBRADO, ABRIGO-MORADOR

CORTE 7

8.0	2.5	4.5	4.4	6.0	8.0
CANTEIRO	RAMPA	PASSEIO	ASFALTO ILHA	ASFALTO	PISO VAZIO SOB O ELEVADO

Labels: PRAÇA SANTA CECÍLIA, SAÍDA DO ELEVADO, PAREDÃO, RUA SOB O ELEVADO, ALAMBRADO ABRIGO MORADOR

CORTE 6

8.0	4.0	3.0	4.4	6.0	8.0
CANTEIRO PRAÇA	RAMPA ASFALTO	PASSEIO	ASFALTO ILHA	ASFALTO	PISO VAZIO SOB O ELEVADO

Labels: PRAÇA SANTA CECÍLIA METRÔ, SAÍDA DO ELEVADO, PAREDÃO, RUA SOB O ELEVADO, ALAMBRADO ABRIGO MORADOR

CORTE 8

	6.0	4.4	6.0	
CANTEIRO	PASSEIO	ASFALTO ILHA	ASFALTO	PISO

Labels: PRAÇA SANTA CECÍLIA, PAREDÃO, RUA SOB O ELEVADO, ALAMBRADO ABRIGO MORADOR

PRAÇA SANTA CECÍLIA

SETOR 2
CORTES 5 A 8
Desenho: 2003

SC 17

ALTERNATIVAS: uso e acesso

Este desenho mostra uma alternativa de projeto contornando limitações e condicionantes do terreno. Novas possibilidades de desenho e uso poderão desenvolver-se a partir da remoção ou reposicionamento das grelhas e alçapões do metrô. A rearticulação do tecido urbano, porém, não poderá deixar de considerar a remoção da rampa de saída do elevado ou do próprio Elevado Costa e Silva.

As alternativas mostram maior integração entre a praça e seu entorno e aumento de oportunidades de uso. Para facilitar a comparação, o desenho adota as mesmas limitações arquitetônicas impostas pelo metrô, como grelhas de ventilação, alçapões de inspeção e cabines de manutenção.

A regularização da rua Sebastião Pereira, a principal rua da vizinhança, incluirá calçadas largas e arborizadas, com travessias para pedestres próximo das esquinas.

A saída do elevado será mais estreita e seu ângulo ficará mais fechado para reduzir a velocidade dos carros. Um semáforo no local assegurará a segurança de travessia dos pedestres e restabelecerá a continuidade das calçadas.

A área leste da saída do elevado terá menos árvores e mais lugares para uso: passagens amplas e desimpedidas, maior claridade e insolação, bancos em vários locais, pergulados, mesas e um chão amplo para atividades múltiplas.

Na praça do metrô haverá duas áreas de uso: uma, definida por um banco semicircular, voltada para a rua Sebastião Pereira e a outra, em forma de "quadra", servindo também de ligação com a rua sob o elevado. Um abrigo construído junto à cabine do metrô servirá de depósito de equipamentos e materiais de manutenção da praça. Iluminação adequada permitirá o uso noturno.

O desenho destaca a continuidade das calçadas, a integração praça-rua-entorno, variedade de usos e, principalmente, muitos lugares confortáveis e convenientes para sentar.

PRAÇA SANTA CECÍLIA
SETOR 2
ALTERNATIVAS: USO E ACESSO
Desenho: 2003
SC 18

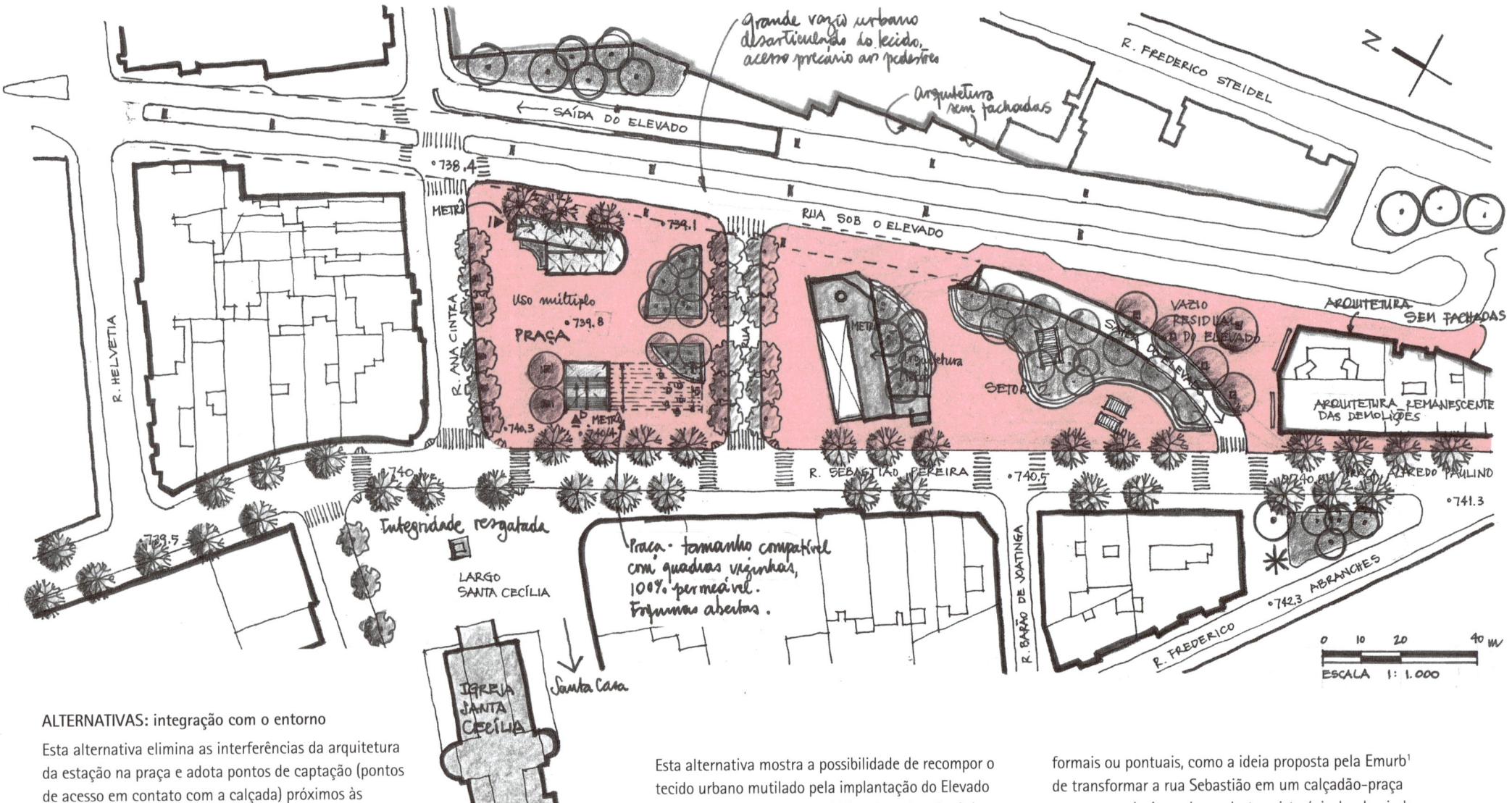

ALTERNATIVAS: integração com o entorno

Esta alternativa elimina as interferências da arquitetura da estação na praça e adota pontos de captação (pontos de acesso em contato com a calçada) próximos às esquinas das prinicipais ruas de acesso.

Propõe-se abertura da uma rua estreita, ligando a rua Sebastião Pereira e a rua sob o elevado, que definirá uma praça menor, de aproximadamente 4.200 m², com um perímetro totalmente permeável ao acesso público.

Com novos acessos à estação de metrô e sem as aberturas na laje, pode-se restabelecer a continuidade da praça com as ruas e o entorno por meio de calçadas largas e arborizadas, com lugares variados para permanência e um espaço aberto central para usos múltiplos.

Esta alternativa mostra a possibilidade de recompor o tecido urbano mutilado pela implantação do Elevado Costa e Silva e do sistema viário sob o elevado. A área recomposta é pequena. Uma maior articulação do tecido urbano dependerá da remoção parcial (rampas de saída) ou integral do Elevado Costa e Silva.

Além de enfatizar a importância da praça na articulação do tecido urbano, a proposta pretende demonstrar que um plano de "reurbanização" deve anteceder ao projeto e implantação da estação de metrô e que a não articulação com o tecido urbano induz a eleborar propostas apenas formais ou pontuais, como a ideia proposta pela Emurb[1] de transformar a rua Sebastião em um calçadão-praça para uso exclusivo pelos pedestres, isto é, isolando ainda mais a estação e praça de seu entorno, e reforçando a fragmentação do tecido urbano.

---

[1] Vladimir Bartalini, *Praça do metrô: enredo, produção, cenário, atores*, dissertação de mestrado (São Paulo: FAU-USP, 1988), pp. 163-165.

PRAÇA SANTA CECÍLIA
SETOR 1 - ALTERNATIVAS
USO, ACESSO E ENTORNO
Desenho: 2003

SC 19

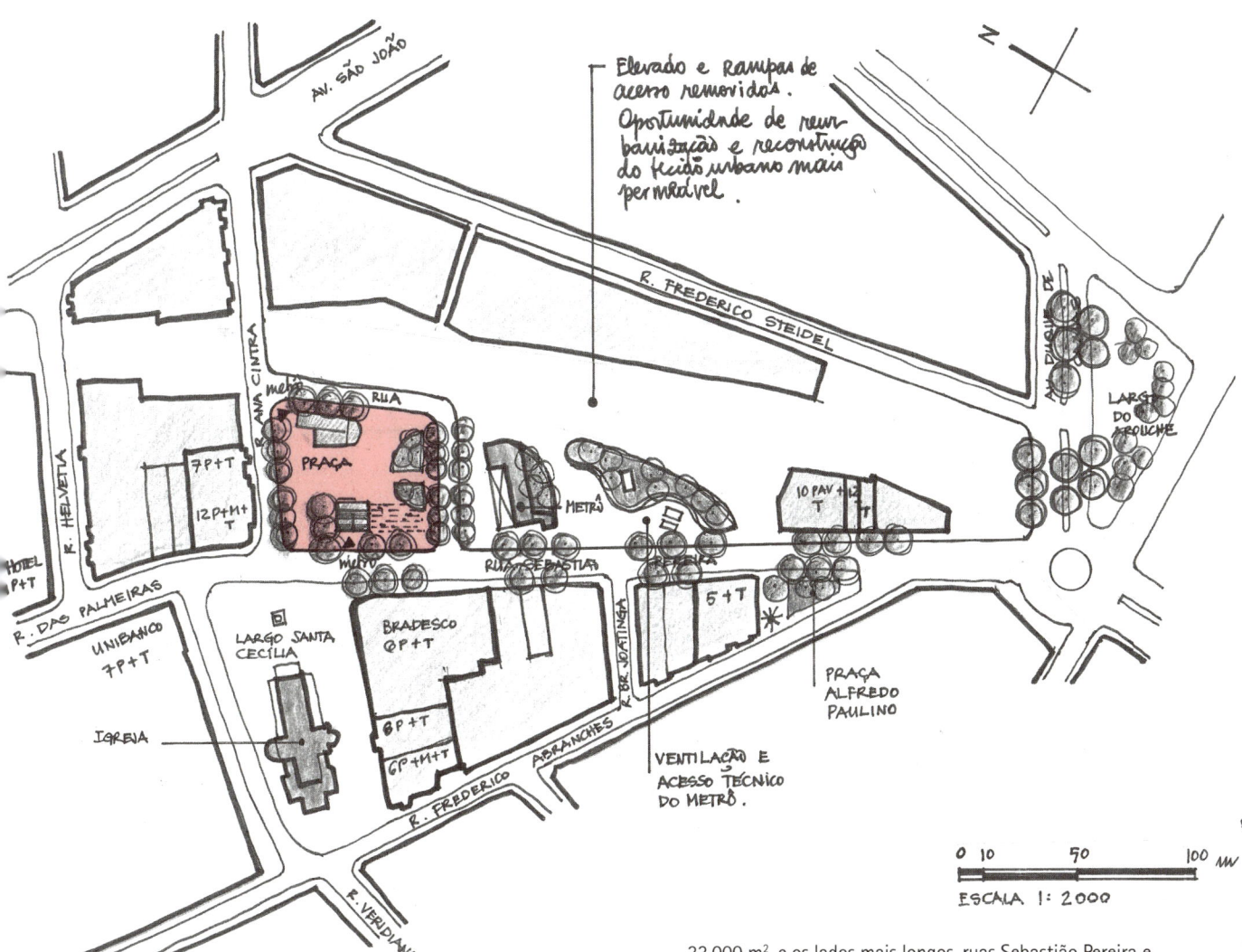

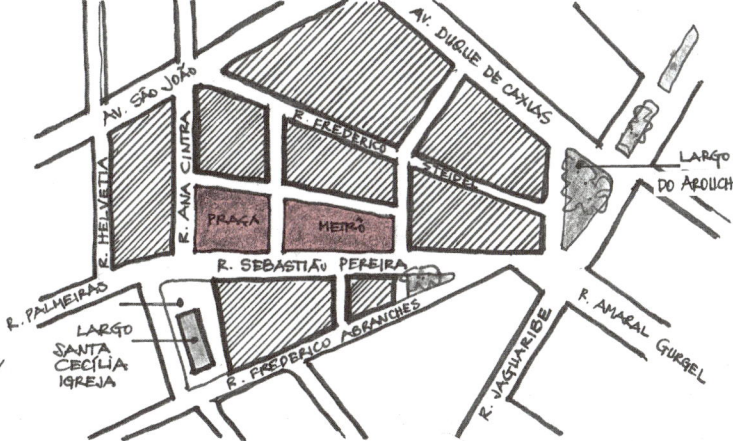

que a cidade vai tomando a sua forma, é pela permanência no tempo dos espaços públicos que uma cidade constitui sua memória.[2]

O estudo da praça Santa Cecília mostra que a reurbanização promovida pela Emurb não contemplou a reconstituição do tecido urbano, e o projeto, apesar de incorporar novas tecnologias de plantio sobre lajes e o verde para a melhoria da qualidade ambiental, ignorou o convívio social e a integração com o entorno e, ao enfatizar o isolamento, fragmentou ainda mais o tecido urbano.

---

[2] Bernard Huet, "Espaços públicos, espaços residuais", em Viva o Centro, *Os centros das metrópoles: reflexões e propostas para a cidade democrática do século XXI* (São Paulo: Terceiro Nome/Viva o Centro/Imprensa Oficial, 2001), p. 148.

ALTERNATIVAS: articulação com o tecido urbano

A remoção do Elevado Costa e Silva e das rampas de acesso permitirá resgatar a integridade dos quarteirões e a ligação com a avenida São João. O desenho ressalta a grande área ocupada pelo sistema viário e o seu poder destrutivo sobre o tecido urbano existente.

A quadra formada pelas ruas Sebastião Pereira, Frederico Steidel, Ana Cintra e avenida Duque de Caxias possui tamanho exagerado e baixa permeabilidade. A área ocupada é de aproximadamente 33.000 m², e os lados mais longos, ruas Sebastião Pereira e Frederico Steidel, medem mais de 300 m. O sistema viário do Elevado Costa e Silva ocupa aproximadamente 13.000 m², mais de um terço da área total e maior que muitas quadras ou praças da cidade. A extensão da arquitetura sem fachadas, decorrente das demolições mede aproximadamente 340 m.

Os números mostram que o impacto do sistema viário não se limita às áreas ocupadas, mas também inclui a destruição da textura urbana e da possibilidade de uso da rua.

Os espaços públicos não funcionam de modo isolado; eles são sempre partes de um complexo sistema contínuo e hierarquizado. É pela continuidade da rede dos espaços públicos

PRAÇA SANTA CECÍLIA
ALTERNATIVAS
TECIDO URBANO
Desenho: 2004

SC 20

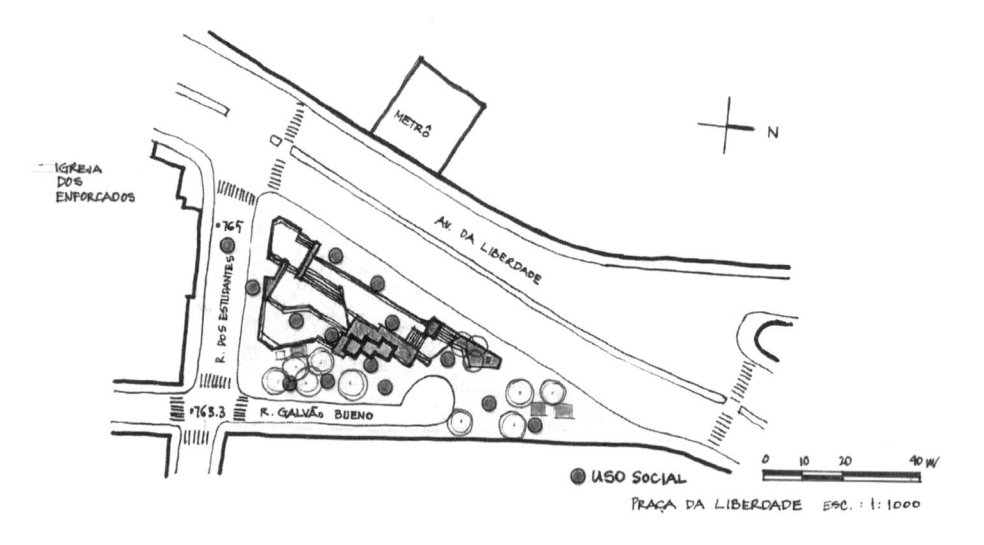

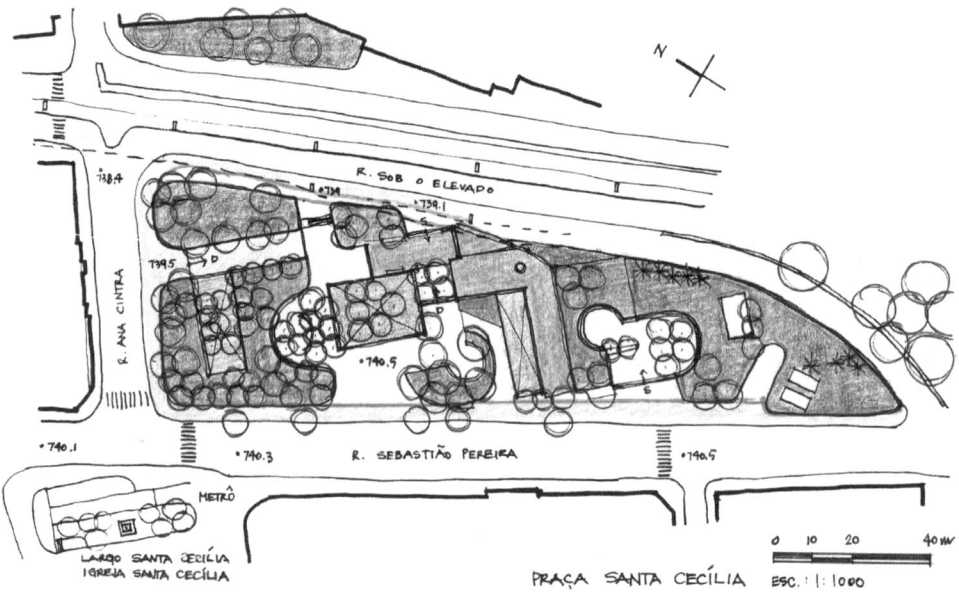

Comparação: praça da Liberdade e praça Santa Cecília

Praça da Liberdade (área aproximada: 2.500 m²)

Construída sobre a estação Liberdade do metrô, a praça é a justaposição de duas praças distintas: a "da cidade", formada por calçadas largas, e a "do metrô", principal acesso à estação, formada por escadas e patamares rebaixados em relação às calçadas. Ordem urbana legível na continuidade de ruas e calçadas.

Foram observados catorze focos de contato social: três na praça do metrô e onze distribuídos na praça da cidade. Uso intenso por grande diversidade de pessoas, que desempenham atividades variadas, integradas ao caráter étnico do entorno e do bairro. A centralidade da praça é reforçada pela estação de metrô.

Praça Santa Cecília (área aproximada: 8.000 m²)

Construída sobre a estação Santa Cecília do metrô, a praça ocupa metade de um quarteirão grande, comprido e pouco permeável. O projeto da praça prevê poucos acessos e pouca variedade de espaços de uso. Além de desvinculada da estação, a praça não se integra ao entorno por causa das calçadas estreitas e descontínuas e das esquinas fechadas por canteiros. A ligação entre a rua Sebastião Pereira e a rua sob o Elevado Costa e Silva é interceptada por um grupo de árvores.

Fechada para uso em 1996, a praça Santa Cecília, criada para ser um "refúgio verde e tranquilo" no meio da desordem urbana provocada pela via elevada, acabou consolidando a fragmentação do tecido urbano.

Figura 83. Comparação: praça da Liberdade e praça Santa Cecília.

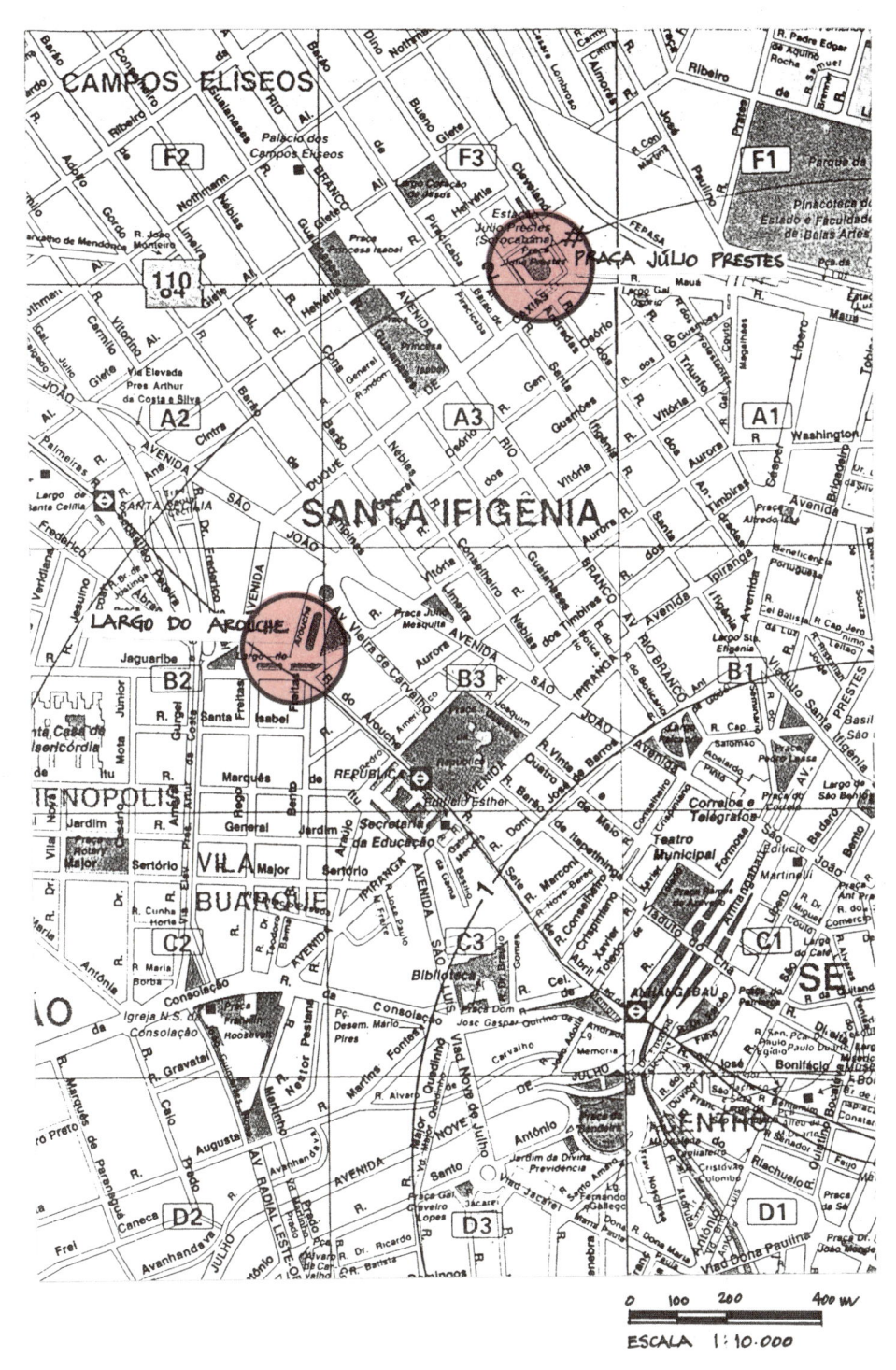

Figura 84. Largo do Arouche e praça Júlio Prestes: localização.

LARGO DO AROUCHE E PRAÇA JÚLIO PRESTES

Largo do Arouche

Localidade de longa permanência, o largo do Arouche é formado por duas praças de aparência e uso bem contrastantes. Originalmente denominadas "Artilharia", de forma triangular e na parte elevada do terreno, e "Legião", de forma retangular e na área baixa, as praças constituíam o núcleo central dos primeiros arruamentos da "cidade nova", do lado esquerdo do vale do Anhangabaú, promovida pela subdivisão da chácara do marechal Arouche Rondon.

A planta Sara Brasil, de 1930, mostra o largo do Arouche bastante "fechado" pelas ruas e quadras do bairro. A praça triangular, correspondendo ao setor 1 do estudo, era um jardim público composto de ruas curvilíneas e canteiros de referências românticas, e a praça retangular, correspondendo ao setor 2, um espaço aberto recortado por trilhos de bonde (figura 85).

As primeiras grandes reformas do largo do Arouche aconteceram no início da década de 1940, com a abertura de grandes avenidas promovida pela implantação do Plano de Avenidas de Prestes Maia. A rua Vieira de Carvalho, de ligação do setor 1 com a praça da República e a avenida São João, foi ampliada e transformada em um bulevar "parisiense", com canteiro central arborizado e largos passeios lindeiros, e a praça triangular, seccionada por uma rua local. No setor 2, foram abertas as avenidas Amaral Gurgel e Duque de Caxias, alterando a configuração da praça.

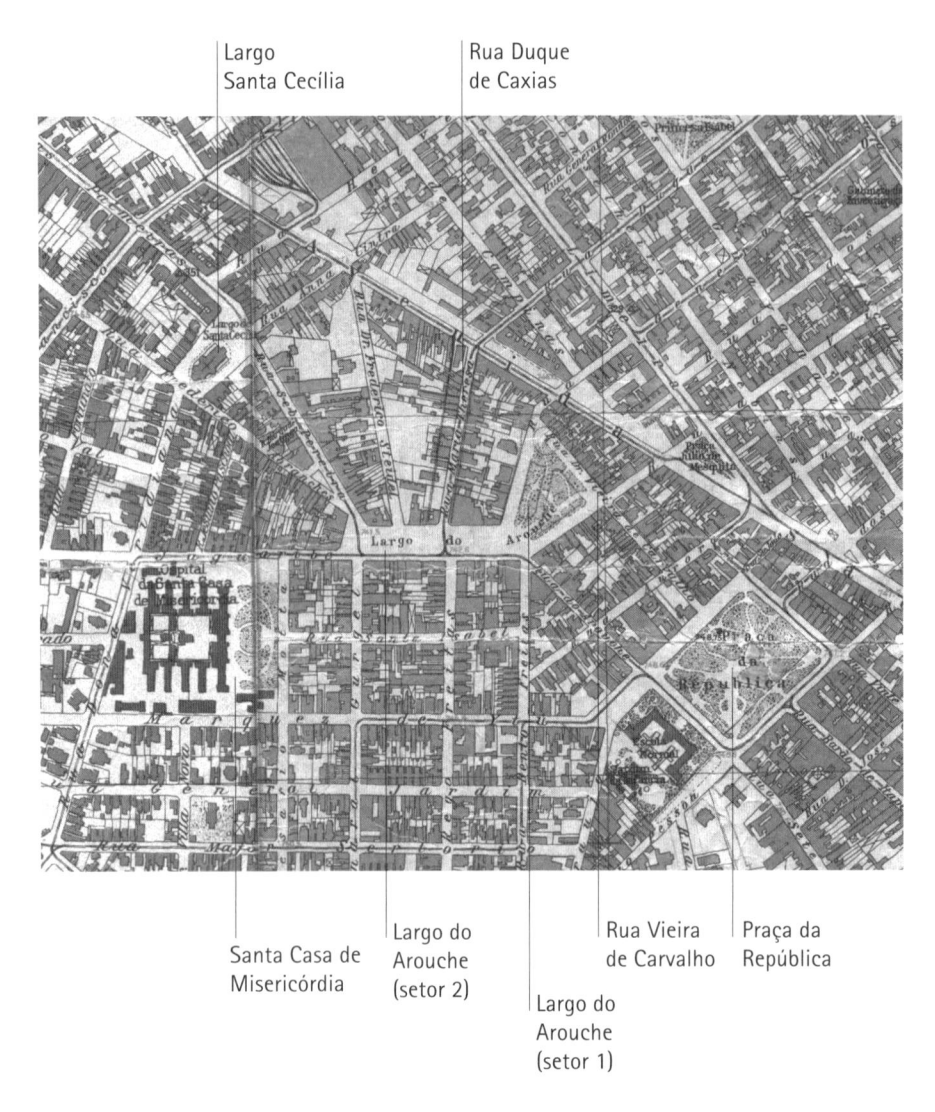

Figura 85. Largo do Arouche: localização em 1930.

Antes das ampliações das avenidas Vieira de Carvalho e Duque de Caxias e da rua Amaral Gurgel.
Observar:
1. A delimitação "fechada" por ruas e quadras, especialmente no extremo oeste da praça.
2. A ligação com as ruas ao redor e a proximidade da Santa Casa de Misericórdia e do largo Santa Cecília.

Atualmente, o setor 1 – delimitado pela avenida-bulevar Vieira de Carvalho, considerada por muitos uma das mais bonitas do centro, e por ruas locais e definido por edificações altas e contínuas – é formado por três grandes ilhas ajardinadas adaptadas do jardim público do início do século XX. As pracinhas são circundadas por calçadas largas e arborizadas, cujas dimensões apresentam pequenas variações de acordo com o desenho das ruas adjacentes. A distribuição equivalente de asfalto e passeio público transmite uma sensação harmoniosa e aproxima a praça do entorno. Fechada para o tráfego de veículos, a rua que antes interceptava a praça transformou-se em um centro de aglutinação, possibilitando usos múltiplos em sua área aberta, tanto para brincadeiras infantis como para jogos esportivos de adultos.

O setor 1 é intensamente usado por grande diversidade de pessoas. Há um ponto de ônibus na calçada da avenida Vieira de Carvalho e uma área de zona azul nas outras ruas laterais. Três floriculturas, uma banca de jornal e dois engraxates, pai e filho, funcionam como focos sociais. O conforto da praça foi constatado em várias ocasiões observando-se a facilidade de contato entre estranhos. A praça oferece numerosas opções de uso e locais para sentar, com bancos de madeira e muretas. As oportunidades de uso e o uso verificados no setor 1 confirmam as observações sobre praças bem-sucedidas descritas por William Whyte em *The Social Life in Small Public Spaces*[3] e demonstram sua tese de que a qualidade de um ambiente urbano pode ser medida, antes de mais nada, pelo número de lugares confortáveis e convenientes para que os pedestres possam sentar.

Bastante arborizado, o setor 1 guarda uma *chichá* (*Sterculia chicha*) "centenária", árvore nativa de grande porte raramente vista na cidade, e uma série de espécies conhecidas bem desenvolvidas. A manutenção criteriosa possibilitou a formação de um arvoredo com grandes áreas sombreadas, variedades de textura e cor de folhas e flores e, especialmente, troncos limpos e espaçados que permitem a transparência visual profunda de todas

---

[3] William Whyte, *The Social Life of Small Urban Spaces* (Washington, D.C.: The Conservation Foundation, 1980).

as calçadas, com exceção da área das floriculturas. No canteiro em frente à Academia Paulista de Letras está instalado um conjunto de esculturas e bustos de escritores acadêmicos que, além de estreitar a ligação com as atividades do entorno, homenageia a história e a contribuição dos artistas à formação da cultura paulista e brasileira. Entre as esculturas encontradas na praça, destaca-se *A banhista,* de Victor Brecheret.

Além de oferecer variadas opções de acesso e uso, o setor 1 revela uma ordem urbana "clássica", formada por ruas hierarquizadas, arquiteturas definidoras do espaço, calçadas largas, arborizadas e contínuas, tratadas como elemento de composição da rua, e caminhos internos largos e articulados às esquinas e ruas.

Muito descaracterizado em relação à implantação original, o setor 2 é delimitado por ruas largas, edificações afastadas e, especialmente, vazios residuais produzidos pela construção do Elevado Costa e Silva. Pulverizada em duas ilhas grandes e cinco pequenas, a configuração atual da praça é a de um conjunto incongruente de rotatórias viárias e travessias flutuantes. Além de receber interferências arbitrárias como grelhas de ventilação do metrô e abrigar objetos rejeitados de outras áreas da cidade, como a escultura vermelha de Nicolas Vlavianos, uma ponta da praça foi seccionada para a passagem de uma rua.

Afastada do entorno por ruas largas e trânsito intenso, a praça do setor 2, com ajardinamento e instalação de um *playground,* é raramente usada. Atualmente sem brinquedos, o *playground,* voltado para o caminho interno e escondido pela vegetação, está fechado e os locais reservados para bancos, vazios.

As pesquisas de campo foram conduzidas entre 2001 e 2002. Pequenas reformas ocorreram em 2002 e 2003, porém sem grandes alterações no aspecto geral da praça.

Em 2002, a Subprefeitura da Sé recapeou a rua interna do setor 1, interrompendo seu uso por seis meses. Em seguida, foi colocado, e mais tarde retirado, grande número de vasos. Em julho de 2003, a praça parecia ter voltado a seu estado de uso pleno, com animados jogos de voleibol nas tardes de sábado.

Em 2003, a pequena ilha seccionada do setor 2 foi reintegrada à praça, que recebeu novo ajardinamento. Até a finalização deste texto, os bancos não foram recolocados, o *playground* permanecia fechado e a desintegração com o entorno e as dificuldades de acesso, inalteradas.

Pranchas:
AR 1. Contexto, escala 1: 5.000
AR 2. Tecido urbano, escala 1: 2.000
AR 3. Entorno, escala 1: 1.000

Setor 1:
AR 4. Situação atual, escala 1: 500
AR 5. Uso, escala 1: 500
AR 6. Fotografias de uso
AR 7. Não conformidades, escala 1: 500
AR 8. Fotografias de não conformidades
AR 9. Projeto e indicação dos cortes, escala 1: 500
AR 10. Cortes 1 e 2, escala 1: 200
AR 11. Cortes 3 e 4, escala 1: 200
AR 12. Cortes 5 e 6, escala 1: 200

Setor 2:
AR 13. Situação atual, escala 1: 500
AR 14. Uso, escala 1: 500
AR 15. Não conformidades, escala 1: 500
AR 16. Projeto e indicação dos cortes, escala 1: 500
AR 17. Cortes 1 e 2, escala 1: 200
AR 18. Cortes 3 e 4, escala 1: 200
AR 19. Cortes 5 e 6, escala 1: 200
AR 20. Comparação dos setores 1 e 2, escala 1: 1.000
AR 21. Alternativas: uso, acesso e entorno, escala 1: 2.000
AR 22. Alternativas: tecido urbano, escala 1: 2.000

LARGO DO AROUCHE

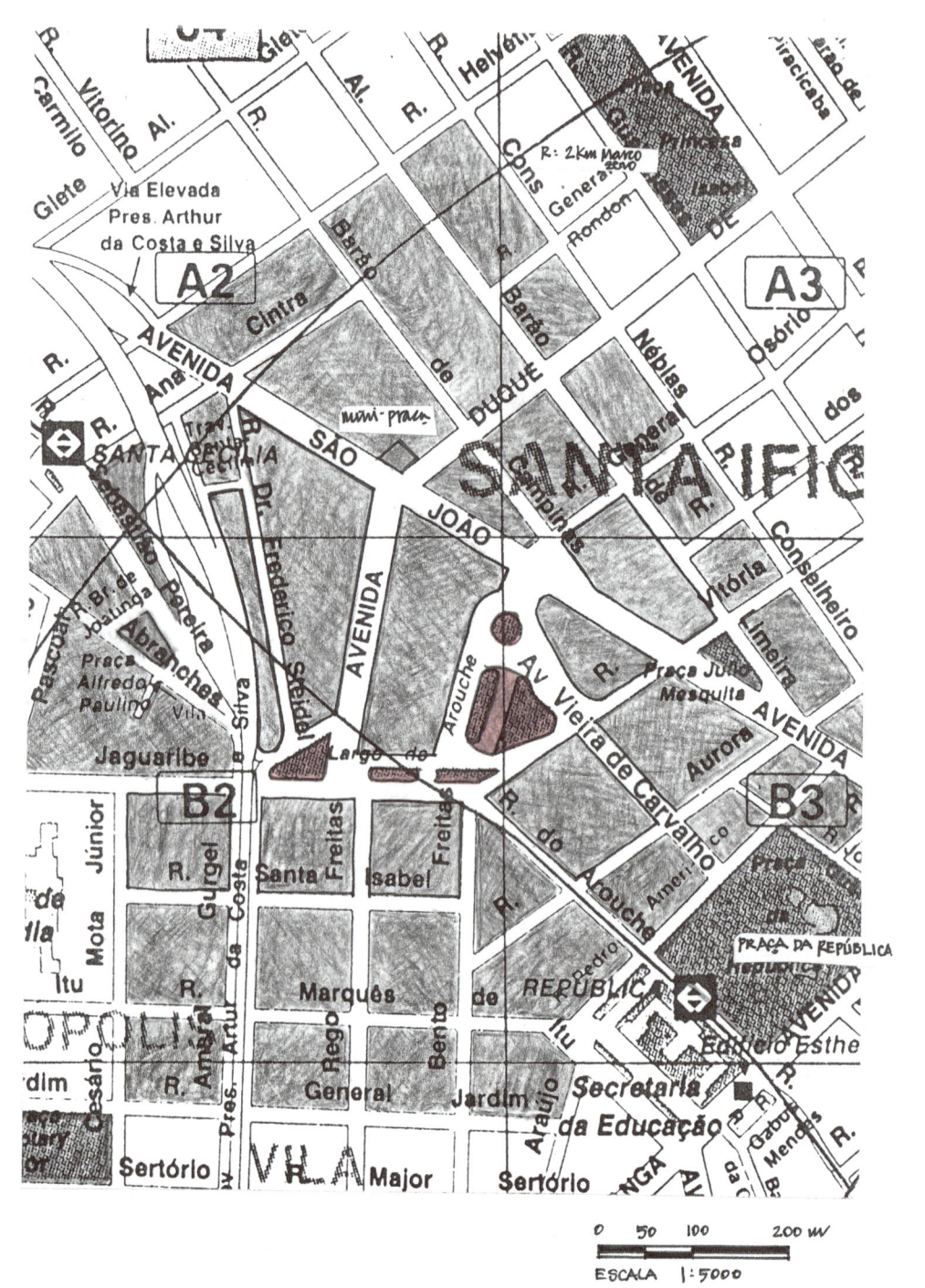

Ponto focal de um dos primeiros loteamentos a oeste do Centro histórico, o largo do Arouche é uma praça de longa permanência na cidade. A sua localização consta nos primeiros mapas da cidade, como a Planta da Cidade de São Paulo de 1810, elaborada por Rufino Felizardo da Costa.

Nos mapas do final do século XIX, como a Planta da Capital do Estado de 1890, de Jules Martin, a chácara Arouche Rondon já aparece subdividida em ruas e quadras em um traçado regular, onde o largo do Arouche, na convergência de várias ruas, configura um espaço aberto longilíneo de aproximadamente 420 m de extensão.

O traçado do largo do Arouche é registrado na Planta Sara Brasil, Município de São Paulo, de 1930. Nesse mapa, podem-se distinguir duas praças: uma ajardinada, com caminhos curvilíneos de influência francesa, numa linguagem similar aos desenhos da praça da República, praça do Teatro Municipal (Ramos de Azevedo) e do parque do Anhangabaú; e a outra, apenas um grande vazio entre quarteirões.

O Plano de Avenidas promovido por Prestes Maia nas décadas de 1930 e 1940 seccionou a praça ajardinada e reduziu o espaço aberto em uma série de "ilhas de tráfego". Revelando o domínio do sistema viário sobre o espaço público, a situação atual do largo do Arouche mostra também um tratamento desigual da mesma praça.

Além da proximidade de duas estações de metrô, República e Santa Cecília, o largo do Arouche é facilmente acessível por importantes eixos viários da área central, como avenida Amaral Gurgel, avenida São João e avenida Duque de Caxias.

Ligando o largo do Arouche à praça da República, a avenida Vieira de Carvalho, um bulevar com largas calçadas, forma com as praças um espaço público arborizado contínuo, porém, a ligação com a praça Santa Cecília é bastante prejudicada pelo sistema viário.

LARGO DO AROUCHE
CONTEXTO
Desenho: 2003-2004
AR 1

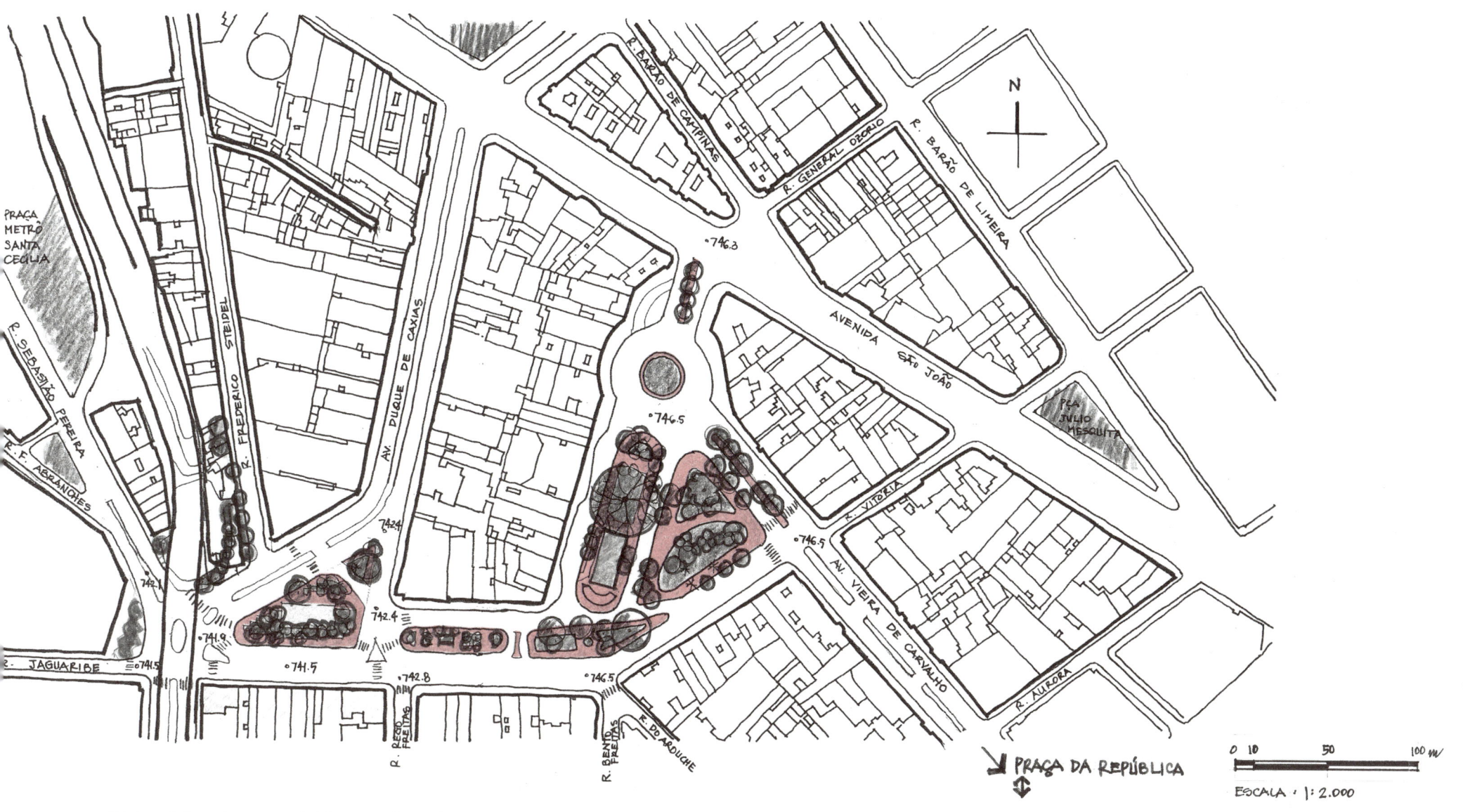

O lado mais largo da praça mede 90 m e o mais estreito, 15 m. Com exceção do lado oeste da praça, os quarteirões em sua volta possuem tamanhos similares com frentes de aproximadamente 100 m, formando, junto com o largo do Arouche, um tecido urbano de grande permeabilidade.

Convergem para a praça numerosas ruas e avenidas, como Jaguaribe, Amaral Gurgel, Rego Freitas, Bento Freitas, do Arouche, Vieira de Carvalho, Aurora, Vitória, São João, Duque de Caxias, Frederico Steidel e Sebastião Pereira.

O formato e a diferença de cotas de nível facilitam tratamentos desiguais no largo do Arouche e perpetuam a distinção de duas praças: uma, situada na cota de 746,5 m, ampla e plana, é articulada à praça da República e à avenida São João; e a outra, entre as cotas de 746,5 m e 741,5 m, estreita e inclinada, sob o impacto constante de vias de tráfego rápido da "contrarrótula" da área central e do Elevado Costa e Silva, é isolada de seu entorno.

A pulverização do largo do Arouche em uma série de ilhas cercadas por ruas de larguras variadas e intensidades diversas de tráfegos de veículos, mostra que o trajeto de pedestres é tratado pelo poder público como apenas um subproduto da engenharia de tráfego.

LARGO DO AROUCHE

TECIDO URBANO

Desenho: 2001-2004

AR 2

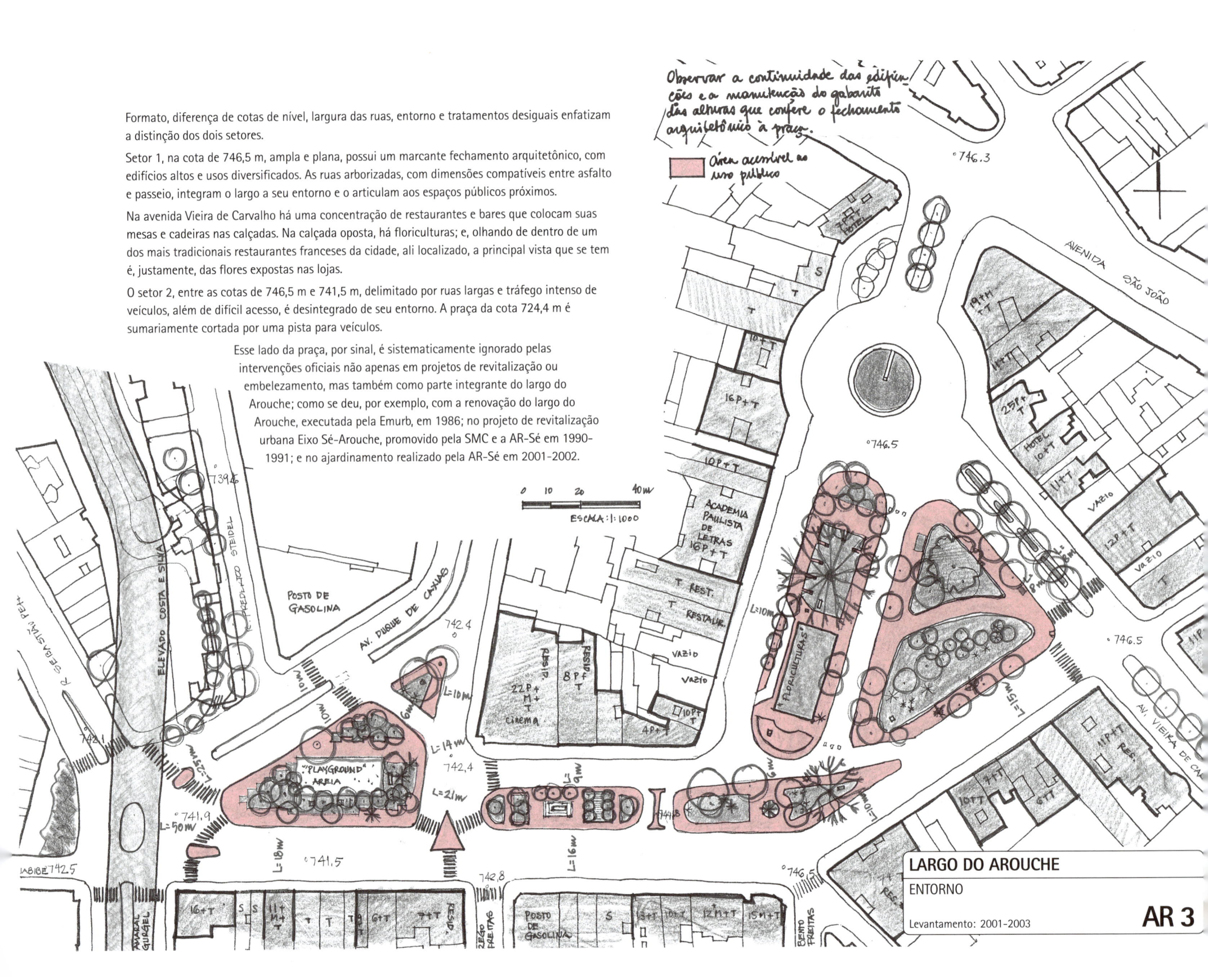

Formato, diferença de cotas de nível, largura das ruas, entorno e tratamentos desiguais enfatizam a distinção dos dois setores.

Setor 1, na cota de 746,5 m, ampla e plana, possui um marcante fechamento arquitetônico, com edifícios altos e usos diversificados. As ruas arborizadas, com dimensões compatíveis entre asfalto e passeio, integram o largo a seu entorno e o articulam aos espaços públicos próximos.

Na avenida Vieira de Carvalho há uma concentração de restaurantes e bares que colocam suas mesas e cadeiras nas calçadas. Na calçada oposta, há floriculturas; e, olhando de dentro de um dos mais tradicionais restaurantes franceses da cidade, ali localizado, a principal vista que se tem é, justamente, das flores expostas nas lojas.

O setor 2, entre as cotas de 746,5 m e 741,5 m, delimitado por ruas largas e tráfego intenso de veículos, além de difícil acesso, é desintegrado de seu entorno. A praça da cota 724,4 m é sumariamente cortada por uma pista para veículos.

Esse lado da praça, por sinal, é sistematicamente ignorado pelas intervenções oficiais não apenas em projetos de revitalização ou embelezamento, mas também como parte integrante do largo do Arouche; como se deu, por exemplo, com a renovação do largo do Arouche, executada pela Emurb, em 1986; no projeto de revitalização urbana Eixo Sé-Arouche, promovido pela SMC e a AR-Sé em 1990-1991; e no ajardinamento realizado pela AR-Sé em 2001-2002.

Observar a continuidade das edificações e a manutenção do gabarito das alturas que confere o fechamento arquitetônico à praça.

Área acessível ao uso público

LARGO DO AROUCHE
ENTORNO
Levantamento: 2001-2003
AR 3

SITUAÇÃO ATUAL

▓ área acessível ao uso público

Lugar agradável, repleto de memórias reveladas no traçado, na vegetação, nas esculturas, nas atividades e na integração com o entorno, o setor 1 do largo do Arouche é intensamente usado por grande diversidade de pessoas, adultos e crianças, frequentemente engajadas em grupos de conversação, espalhados nas áreas de borda ou junto aos caminhos e atividades e, especialmente, onde há bancos e muretas para sentar.

Uma ampla área de uso público é formada por calçadas largas contínuas e a rua interna, fechada para o tráfego de veículos e transformada em um espaço central de uso múltiplo.

No lado sudoeste da praça, a integração com a rua do Arouche é prejudicada pela largura da rua e a falta de semáforos e faixas de travessia para pedestres.

Observar o uso comercial dos pavimentos térreos. Concentração de restaurantes e bares que estendem mesas e cadeiras nas calçadas largas.

Escala: 1:500

LARGO DO AROUCHE
SETOR 1
SITUAÇÃO ATUAL
Levantamento: 2001-2003

AR 4

USO

1. Bancos na passagem, muito usados.
2. Bancos e muretas, muito usados. Formação de grupos de conversação face a face.
3. Engraxates, pai e filho, em pontas estratégicas de acesso à praça, criam ambientes sociais de trabalho e espera.
4. Banco junto ao ponto de ônibus, muito usado.
5. Banco junto à banca de jornal, muito usado.
6. Banco na calçada interna junto ao espaço aberto central, bem usado, especialmente por mães jovens com crianças. É a subárea de maior socialização, usada por grande variedade de pessoas e grupos de conversação.
7. Muretas sentáveis muito usadas. Muretas internas, próximas do espaço aberto central, são procuradas por namorados.
8. Quatro bancos na passagem, muito usados, em horários variados.
9. Recanto abrigado, um lugar achado, muito usado por namorados.
10. Floriculturas, tradicionais na cidade, atendem à clientela de passagem e fazem entregas.
11. Calçadas muito usadas para passagem e "footing" de carrinhos de bebês, triciclos de crianças e cachorros.
12. Espaço aberto central: usos múltiplos, intensos.

LARGO DO AROUCHE
SETOR 1
USO
Levantamento: 2002-2003

AR 5

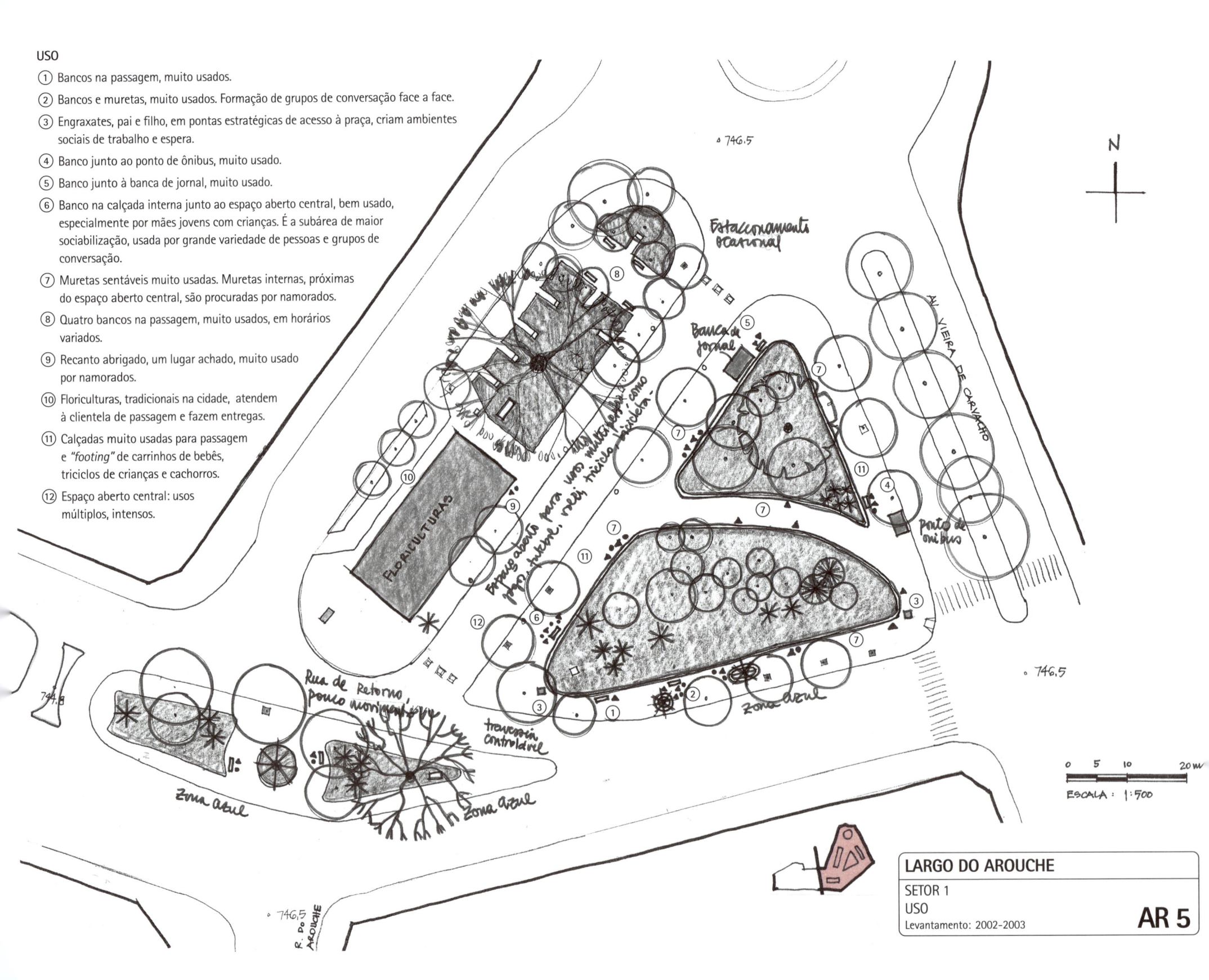

ESCALA: 1:500

1. Rua do largo do Arouche. Calçada larga: circulação, permanência e encontros casuais. Banco de madeira e muretas formam "nichos" sociais usado por grupos diversos (meio-dia, sexta-feira, 8 de março de 2002).

2. Calçada interna larga: banco de madeira e mureta usados por grupos diversos. Encontros casuais e convívio entre gerações. Transparência visual: ver a rua e ser visto da rua (meio-dia, sexta-feira, 8 de março de 2002).

3. Espaço aberto central: uso variado. Postes usados para amarrar a rede do voleibol. Atividade e assistência integram grupos diversos (meio da tarde, sábado, 30 de março de 2002).

4. Espaço aberto central: uso variado. Futebol das crianças com traves improvisadas (meio da tarde, sexta-feira, 8 de março de 2002).

LARGO DO AROUCHE	
USO	
Fotos: Sun Alex	AR 6

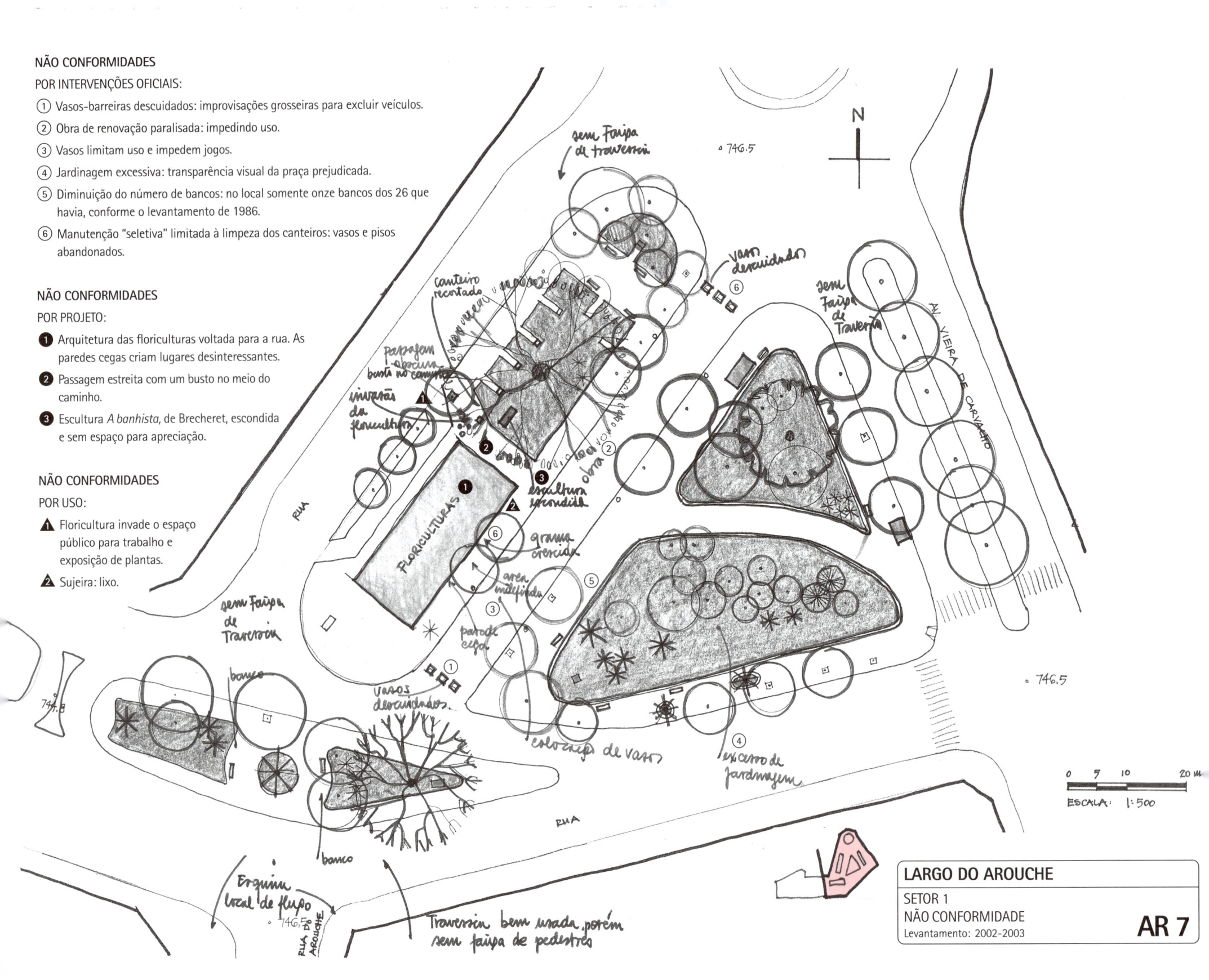

NÃO CONFORMIDADES
POR INTERVENÇÕES OFICIAIS:

① Vasos-barreiras descuidados: improvisações grosseiras para excluir veículos.
② Obra de renovação paralisada: impedindo uso.
③ Vasos limitam uso e impedem jogos.
④ Jardinagem excessiva: transparência visual da praça prejudicada.
⑤ Diminuição do número de bancos: no local somente onze bancos dos 26 que havia, conforme o levantamento de 1986.
⑥ Manutenção "seletiva" limitada à limpeza dos canteiros: vasos e pisos abandonados.

NÃO CONFORMIDADES
POR PROJETO:

❶ Arquitetura das floriculturas voltada para a rua. As paredes cegas criam lugares desinteressantes.
❷ Passagem estreita com um busto no meio do caminho.
❸ Escultura *A banhista*, de Brecheret, escondida e sem espaço para apreciação.

NÃO CONFORMIDADES
POR USO:

▲ Floricultura invade o espaço público para trabalho e exposição de plantas.
▲ Sujeira: lixo.

LARGO DO AROUCHE
SETOR 1
NÃO CONFORMIDADE
Levantamento: 2002-2003

AR 7

1. Não conformidade por intervenções oficiais. Vasos no espaço aberto impedem usos múltiplos. Canteiros descuidados (4 de setembro de 2002).

2. Não conformidade por intervenções oficiais. Jardinagem na sombra e barreiras visuais criadas pelo crescimento desordenado de árvores (4 de setembro de 2002).

3. Não conformidades por projeto e uso. As floriculturas e o caminho estreito não valorizam a escultura *A banhista*, de Brecheret. Vasos das floriculturas invadem a calçada (4 de setembro de 2002).

4. Não conformidade por projeto e manutenção. Calçada da avenida Duque de Caxias: o zigue-zague no piso não contribui para o bom padrão estético do jardim, nem da paisagem urbana. *Playground* gradeado e fechado para o uso público (4 de setembro de 2002).

LARGO DO AROUCHE
NÃO CONFORMIDADE
Fotos: Sun Alex — AR 8

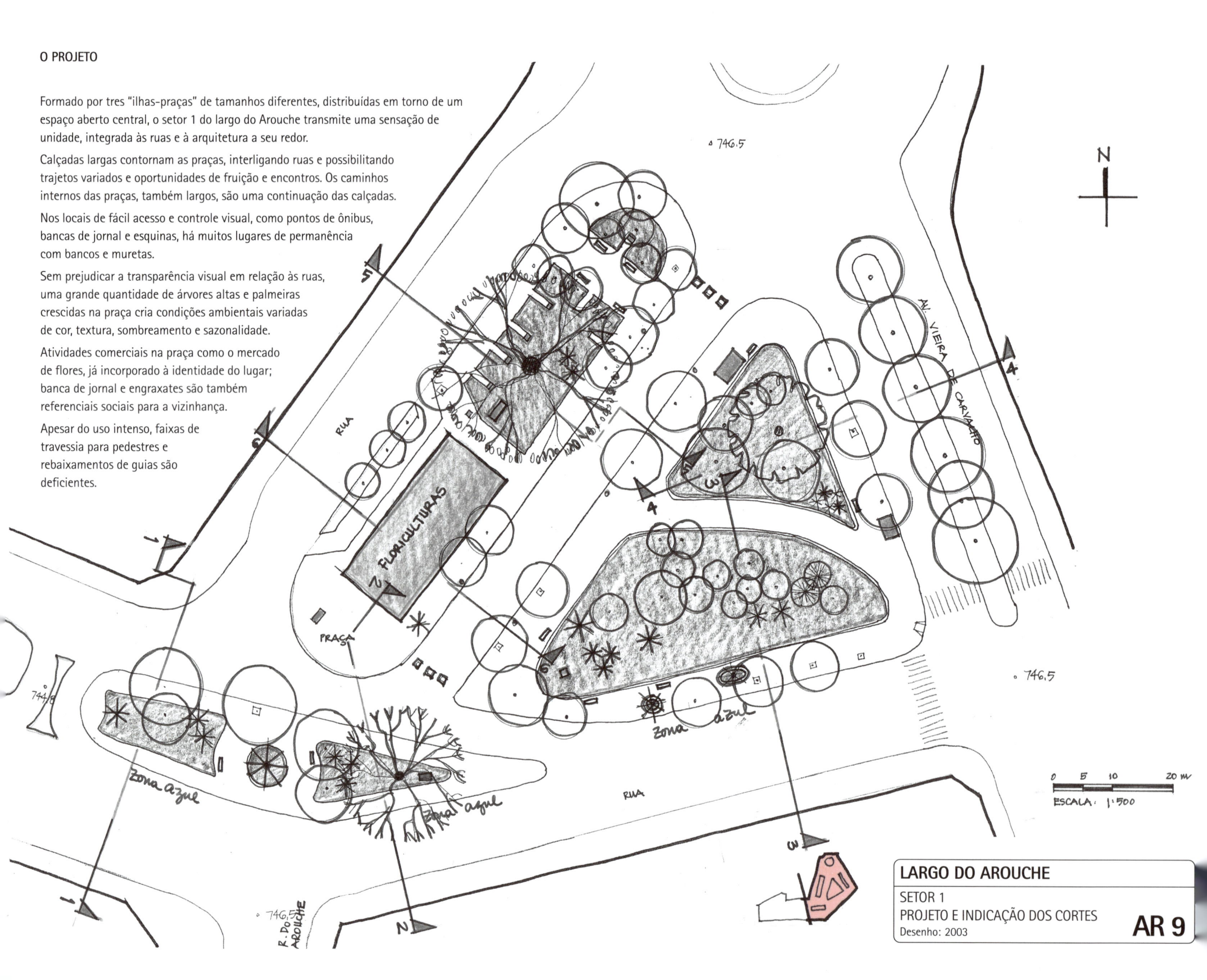

O PROJETO

Formado por tres "ilhas-praças" de tamanhos diferentes, distribuídas em torno de um espaço aberto central, o setor 1 do largo do Arouche transmite uma sensação de unidade, integrada às ruas e à arquitetura a seu redor.

Calçadas largas contornam as praças, interligando ruas e possibilitando trajetos variados e oportunidades de fruição e encontros. Os caminhos internos das praças, também largos, são uma continuação das calçadas.

Nos locais de fácil acesso e controle visual, como pontos de ônibus, bancas de jornal e esquinas, há muitos lugares de permanência com bancos e muretas.

Sem prejudicar a transparência visual em relação às ruas, uma grande quantidade de árvores altas e palmeiras crescidas na praça cria condições ambientais variadas de cor, textura, sombreamento e sazonalidade.

Atividades comerciais na praça como o mercado de flores, já incorporado à identidade do lugar; banca de jornal e engraxates são também referenciais sociais para a vizinhança.

Apesar do uso intenso, faixas de travessia para pedestres e rebaixamentos de guias são deficientes.

LARGO DO AROUCHE
SETOR 1
PROJETO E INDICAÇÃO DOS CORTES
Desenho: 2003

AR 9

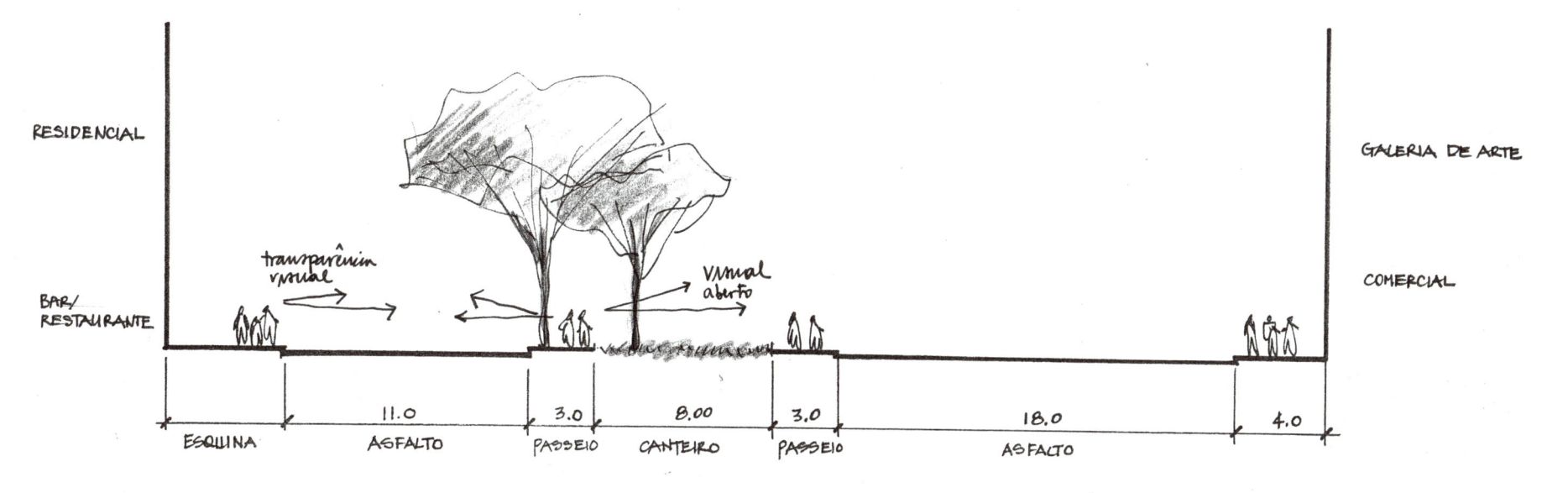

CORTE 1

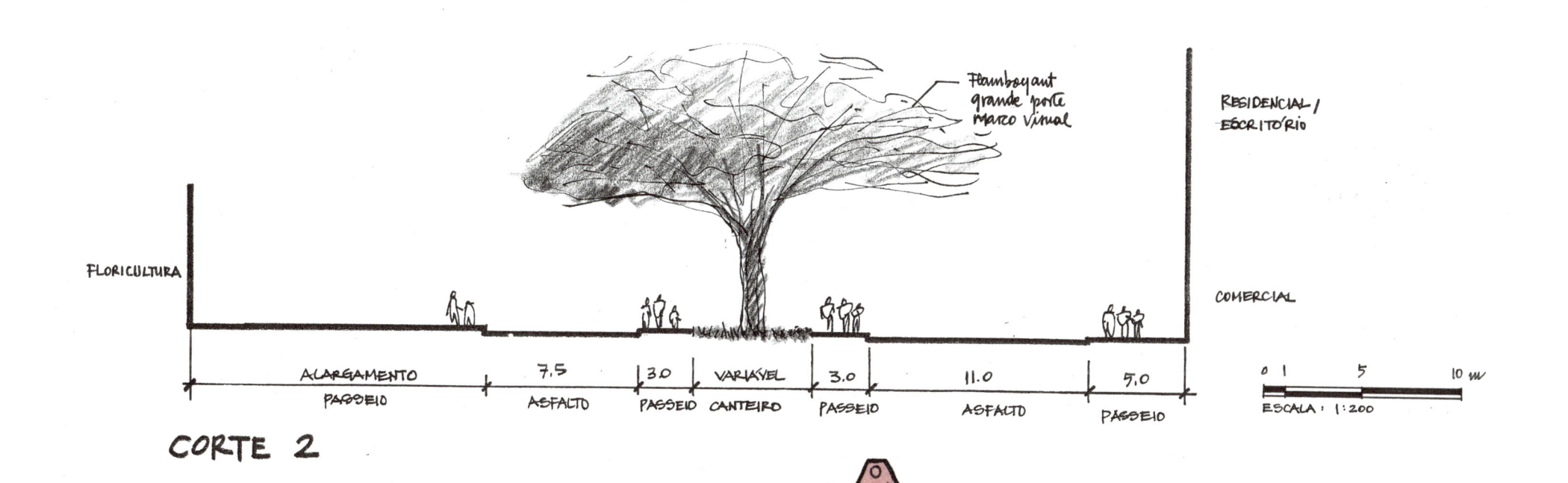

- RESIDENCIAL
- BAR/ RESTAURANTE
- transparência visual
- visual aberto
- GALERIA DE ARTE
- COMERCIAL

ESQUINA	ASFALTO	PASSEIO	CANTEIRO	PASSEIO	ASFALTO	
	11.0	3.0	8.00	3.0	18.0	4.0

CORTE 2

Flamboyant grande porte marco visual

- FLORICULTURA
- RESIDENCIAL / ESCRITÓRIO
- COMERCIAL

ALARGAMENTO PASSEIO	ASFALTO	PASSEIO	CANTEIRO	PASSEIO	ASFALTO	PASSEIO
	7.5	3.0	VARIÁVEL	3.0	11.0	5.0

ESCALA 1:200

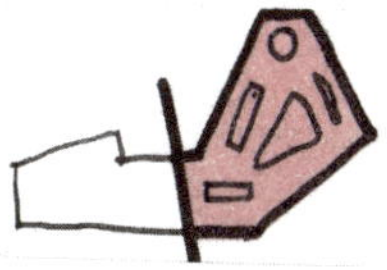

LARGO DO AROUCHE
SETOR 1
CORTES 1 E 2
Desenho: 2002-2003

AR 10

CORTE 3

MURETA — transparência visual — MURETA — ZONA AZUL

RESIDENCIAL
SERVIÇOS

COMERCIAL

| 4.5 | Espaçamento variável máx. 25.0 m | 6.0 | 15.0 | 5.5 |
| CAMINHO | CANTEIRO ELEVADO | PASSEIO | ASFALTO | PASSEIO |

CORTE 4

PAINEIRA — CHUCHÁ exemplar significativo histórico — PAU-FERRO

av. Vieira de Carvalho, considerada uma das ruas mais bonitas da cidade. imagem de um bulevar "parisiense".

calçada integrada à paisagem da rua

AV. VIEIRA DE CARVALHO

HOTEL

COMÉRCIO
BAR
RESTAURANTE

MURETA

| Variável. Máx. 27.0 m | 6.5 | 9.0 | 4.0 | 9.0 | 4.0 |
| CANTEIRO ELEVADO | PASSEIO LARGO | ASFALTO | | ASFALTO | PASSEIO |

ESCALA 1:200

LARGO DO AROUCHE
SETOR 1
CORTES 3 E 4
Desenho: 2002-2003

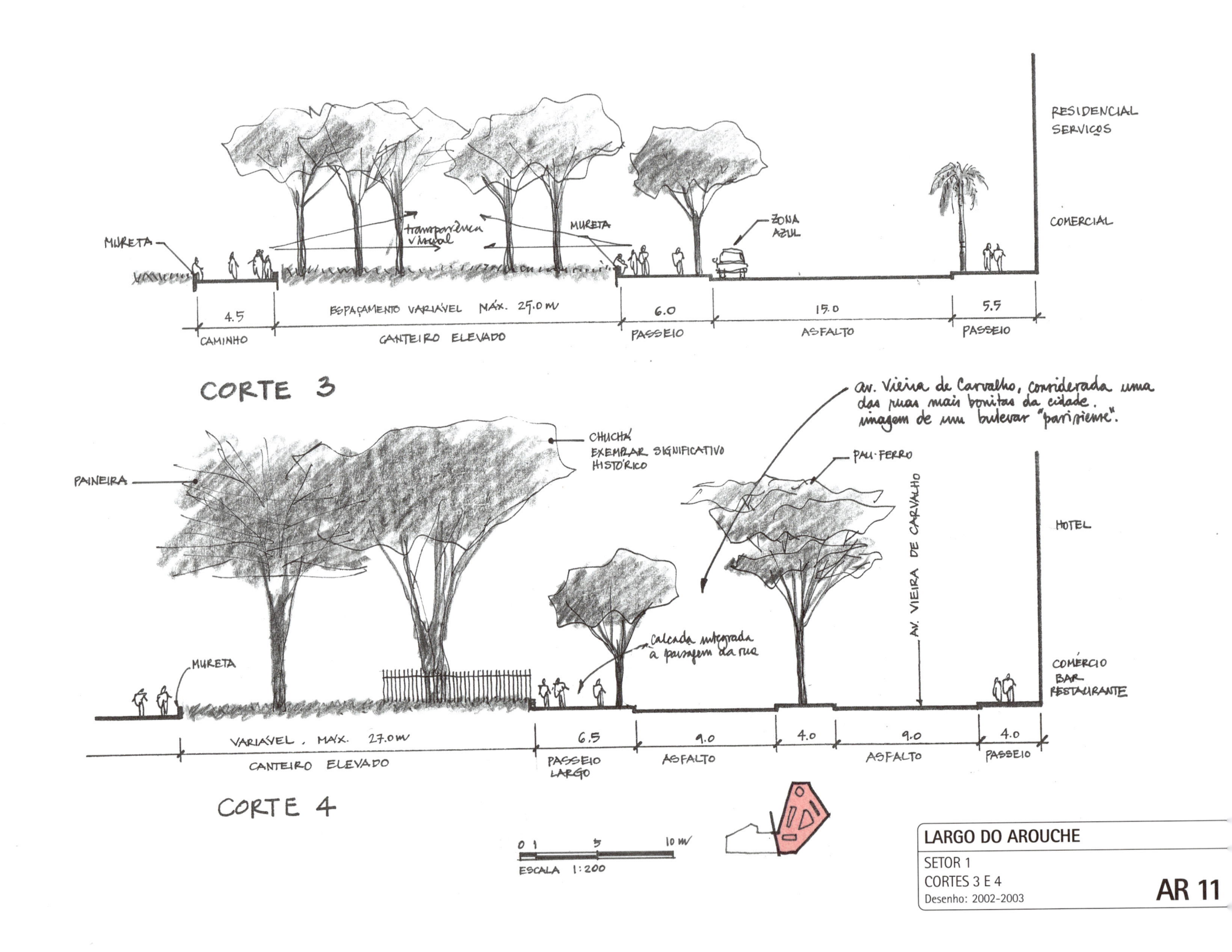

AR 11

CORTE 5

- ESCRITÓRIOS
- SECRETARIA ESTADUAL DE EDUCAÇÃO
- ACADEMIA PAULISTA DE LETRAS

- FICUS ELASTICA
- ÁRVORE SOB A SERINGUEIRA DESENVOLVIMENTO PREJUDICADO
- Transparência visual
- RUA FECHADA AO TRÁFEGO DE VEÍCULOS E INCORPORADA À PRAÇA
- Poste antigo reforçando o desenho da rua
- MURETA

| 5,0 | 11,0 | 5,0 | 15,0 | 5,0 | 10,0 | 6,5 |
| PASSEIO | ASFALTO | PASSEIO | CANTEIRO COM BUSTOS DE AUTORES PERTENCENTES À ACADEMIA PAULISTA DE LETRAS | PASSEIO | ASFALTO USADA PARA JOGOS | PASSEIO |

CORTE 6

- RESTAURANTE
- RUA
- Parede Cega
- canteiro descuidado
- RUA FECHADA INCORPORADA À PRAÇA
- POSTE ANTIGO

| 5,0 | | 2,0 | 3,50 | 1,5 | 13,0 | | 10,0 | 6,5 | |
| PASSEIO | ASFALTO | | | | FLORICULTURAS | CANTEIRO | ASFALTO ÁREA USADA P/ VOLEI POSTES P/ ARMAÇÃO DA REDE | PASSEIO | CANTEIRO |

ESCALA 1:200

LARGO DO AROUCHE
SETOR 1
CORTES 5 E 6
Desenho: 2002-2003

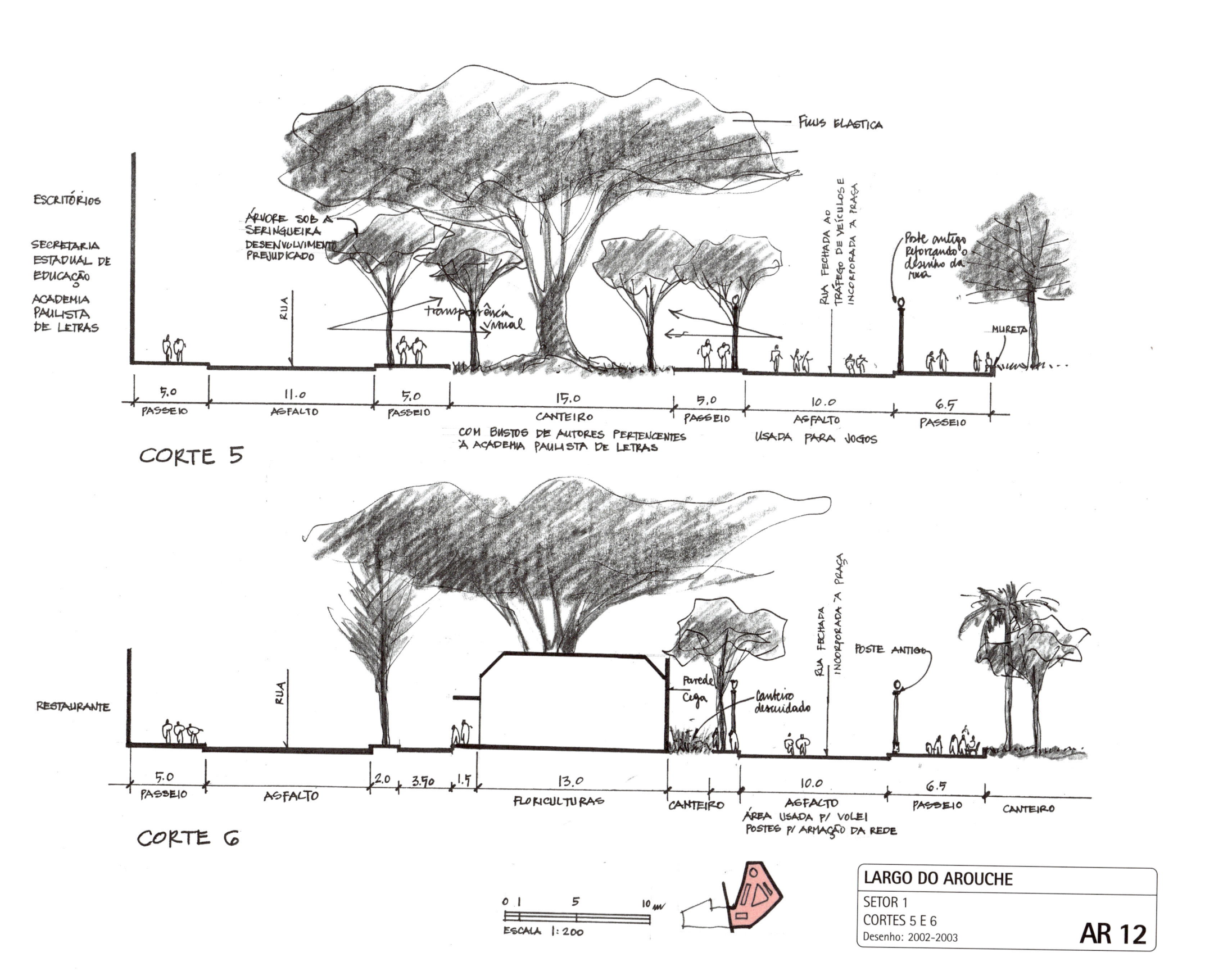

AR 12

SITUAÇÃO ATUAL

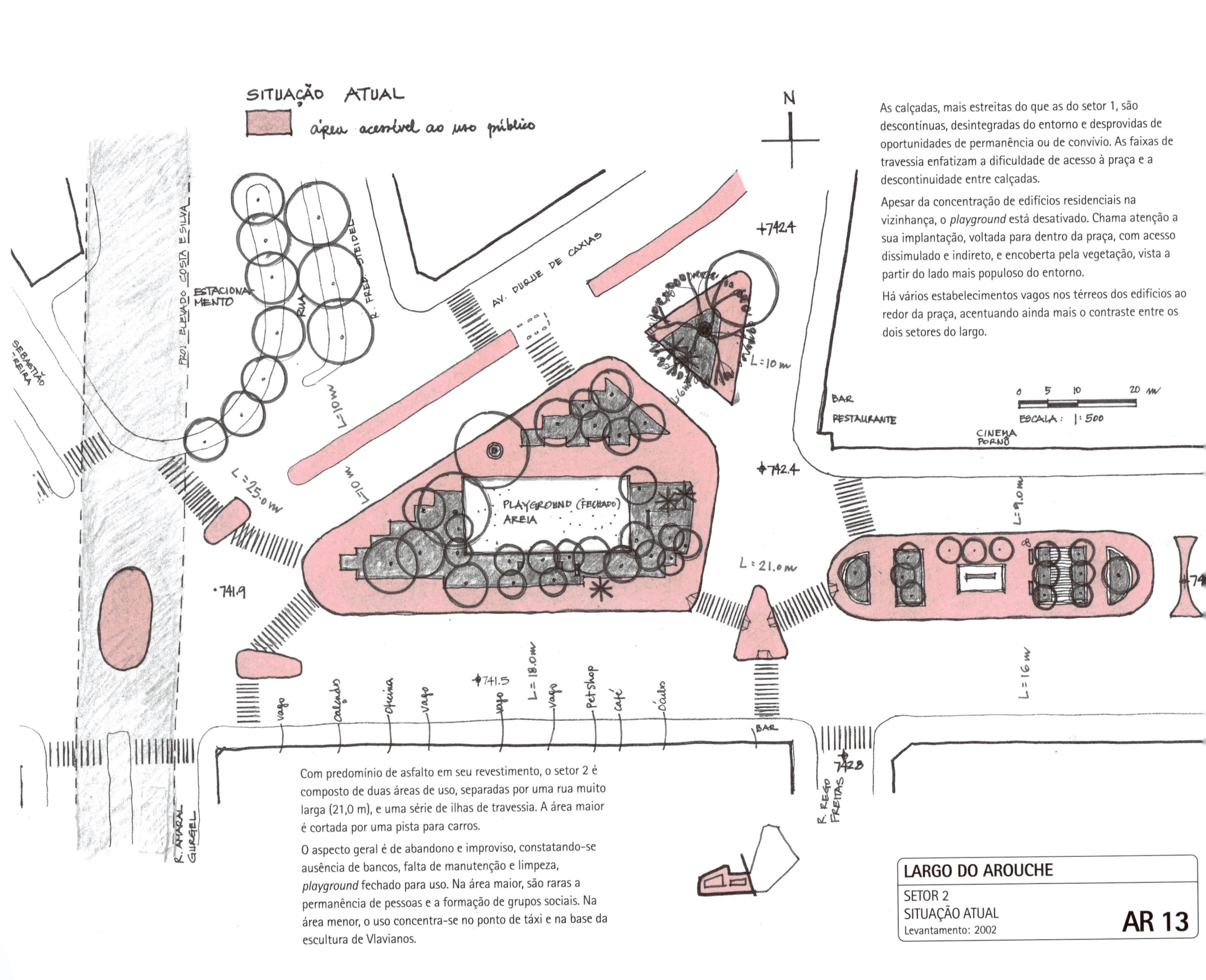

🟥 área acessível ao uso público

As calçadas, mais estreitas do que as do setor 1, são descontínuas, desintegradas do entorno e desprovidas de oportunidades de permanência ou de convívio. As faixas de travessia enfatizam a dificuldade de acesso à praça e a descontinuidade entre calçadas.

Apesar da concentração de edifícios residenciais na vizinhança, o *playground* está desativado. Chama atenção a sua implantação, voltada para dentro da praça, com acesso dissimulado e indireto, e encoberta pela vegetação, vista a partir do lado mais populoso do entorno.

Há vários estabelecimentos vagos nos térreos dos edifícios ao redor da praça, acentuando ainda mais o contraste entre os dois setores do largo.

Escala 1:500 — 0 5 10 20 m

Com predomínio de asfalto em seu revestimento, o setor 2 é composto de duas áreas de uso, separadas por uma rua muito larga (21,0 m), e uma série de ilhas de travessia. A área maior é cortada por uma pista para carros.

O aspecto geral é de abandono e improviso, constatando-se ausência de bancos, falta de manutenção e limpeza, *playground* fechado para uso. Na área maior, são raras a permanência de pessoas e a formação de grupos sociais. Na área menor, o uso concentra-se no ponto de táxi e na base da escultura de Vlavianos.

LARGO DO AROUCHE
SETOR 2
SITUAÇÃO ATUAL
Levantamento: 2002

AR 13

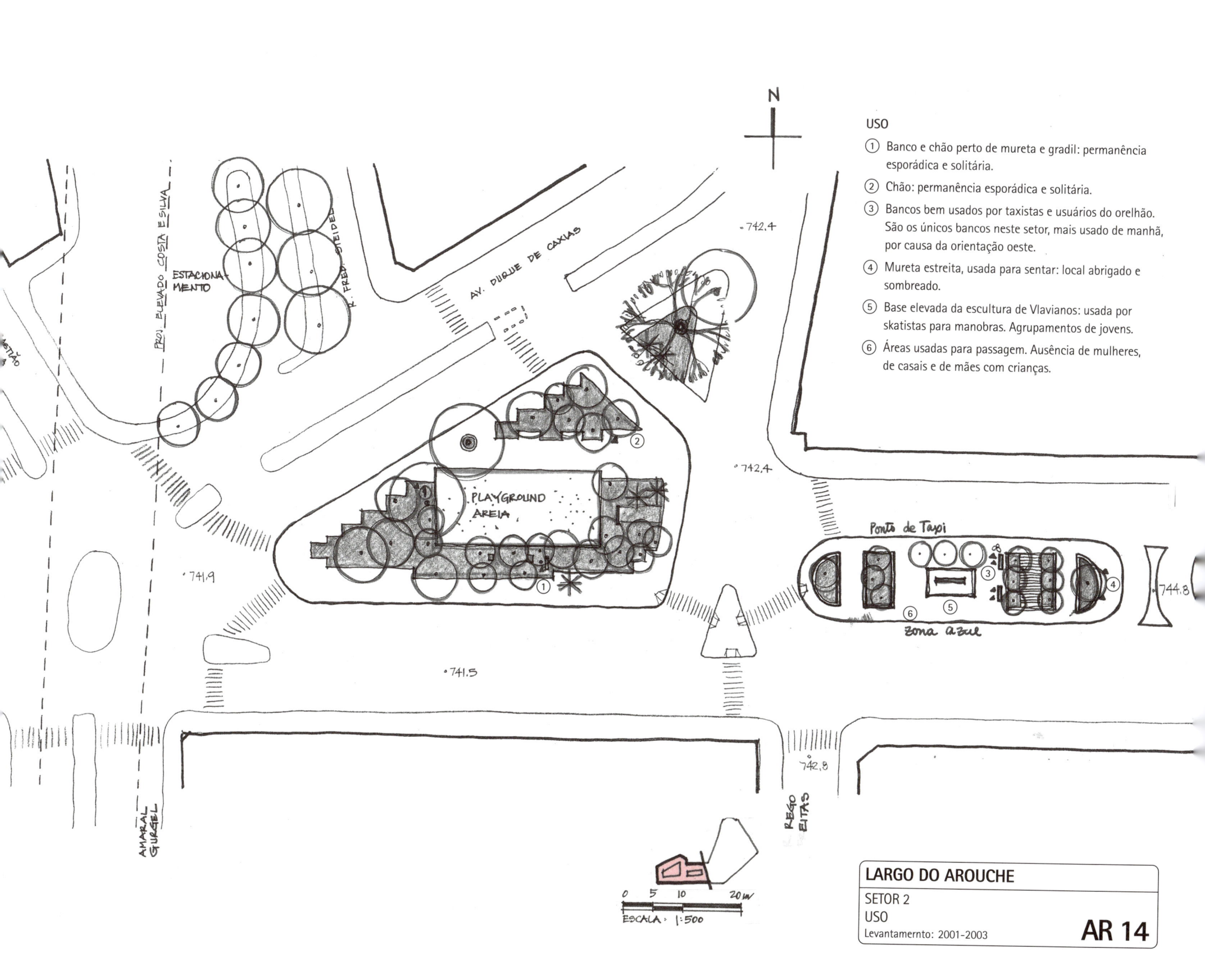

USO

① Banco e chão perto de mureta e gradil: permanência esporádica e solitária.

② Chão: permanência esporádica e solitária.

③ Bancos bem usados por taxistas e usuários do orelhão. São os únicos bancos neste setor, mais usado de manhã, por causa da orientação oeste.

④ Mureta estreita, usada para sentar: local abrigado e sombreado.

⑤ Base elevada da escultura de Vlavianos: usada por skatistas para manobras. Agrupamentos de jovens.

⑥ Áreas usadas para passagem. Ausência de mulheres, de casais e de mães com crianças.

ESCALA 1:500

LARGO DO AROUCHE
SETOR 2
USO
Levantamernto: 2001-2003

AR 14

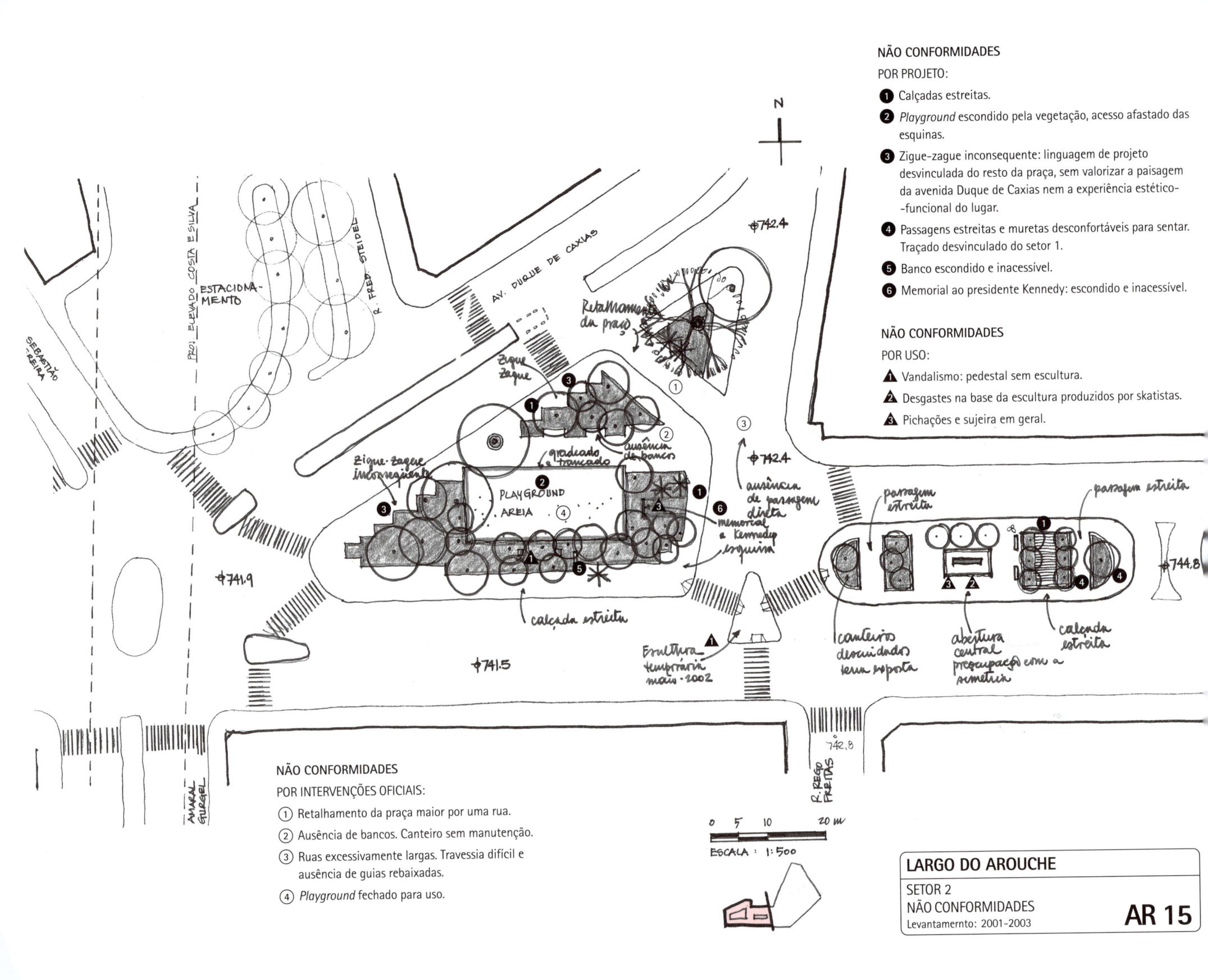

NÃO CONFORMIDADES
POR PROJETO:

❶ Calçadas estreitas.

❷ *Playground* escondido pela vegetação, acesso afastado das esquinas.

❸ Zigue-zague inconsequente: linguagem de projeto desvinculada do resto da praça, sem valorizar a paisagem da avenida Duque de Caxias nem a experiência estético--funcional do lugar.

❹ Passagens estreitas e muretas desconfortáveis para sentar. Traçado desvinculado do setor 1.

❺ Banco escondido e inacessível.

❻ Memorial ao presidente Kennedy: escondido e inacessível.

NÃO CONFORMIDADES
POR USO:

⚠ Vandalismo: pedestal sem escultura.

⚠ Desgastes na base da escultura produzidos por skatistas.

⚠ Pichações e sujeira em geral.

NÃO CONFORMIDADES
POR INTERVENÇÕES OFICIAIS:

① Retalhamento da praça maior por uma rua.

② Ausência de bancos. Canteiro sem manutenção.

③ Ruas excessivamente largas. Travessia difícil e ausência de guias rebaixadas.

④ *Playground* fechado para uso.

ESCALA: 1:500

LARGO DO AROUCHE

SETOR 2
NÃO CONFORMIDADES
Levantamento: 2001-2003

AR 15

O PROJETO

Negligenciado e mutilado pelo poder público, o setor 2 do largo do Arouche é composto por duas ilhas-praças grandes e uma série de pequenas ilhas de distribuição de tráfego e de travessia de pedestres. Ruas largas não apenas separam os espaços de seu entorno arquitetônico, mas também dificultam o acesso ao local.

A separação do largo do Arouche em dois setores distintos é reforçada por projetos paisagísticos, que, embora incorporem detalhes modernos no traçado, como bordas "zigue-zague" nos canteiros e instalação de um *playground*, não apenas desconsideram a linguagem estética existente como também ignoram seu entorno.

As calçadas, estreitas e descontínuas, não permitem realizar trajetos simples e diretos entre praças e lados opostos da rua. Apesar dos caminhos, canteiros e vegetação, há poucos lugares confortáveis para permanência e convívio.

LARGO DO AROUCHE

SETOR 2
PROJETO E INDICAÇÃO DOS CORTES
Desenho: 2002-2003

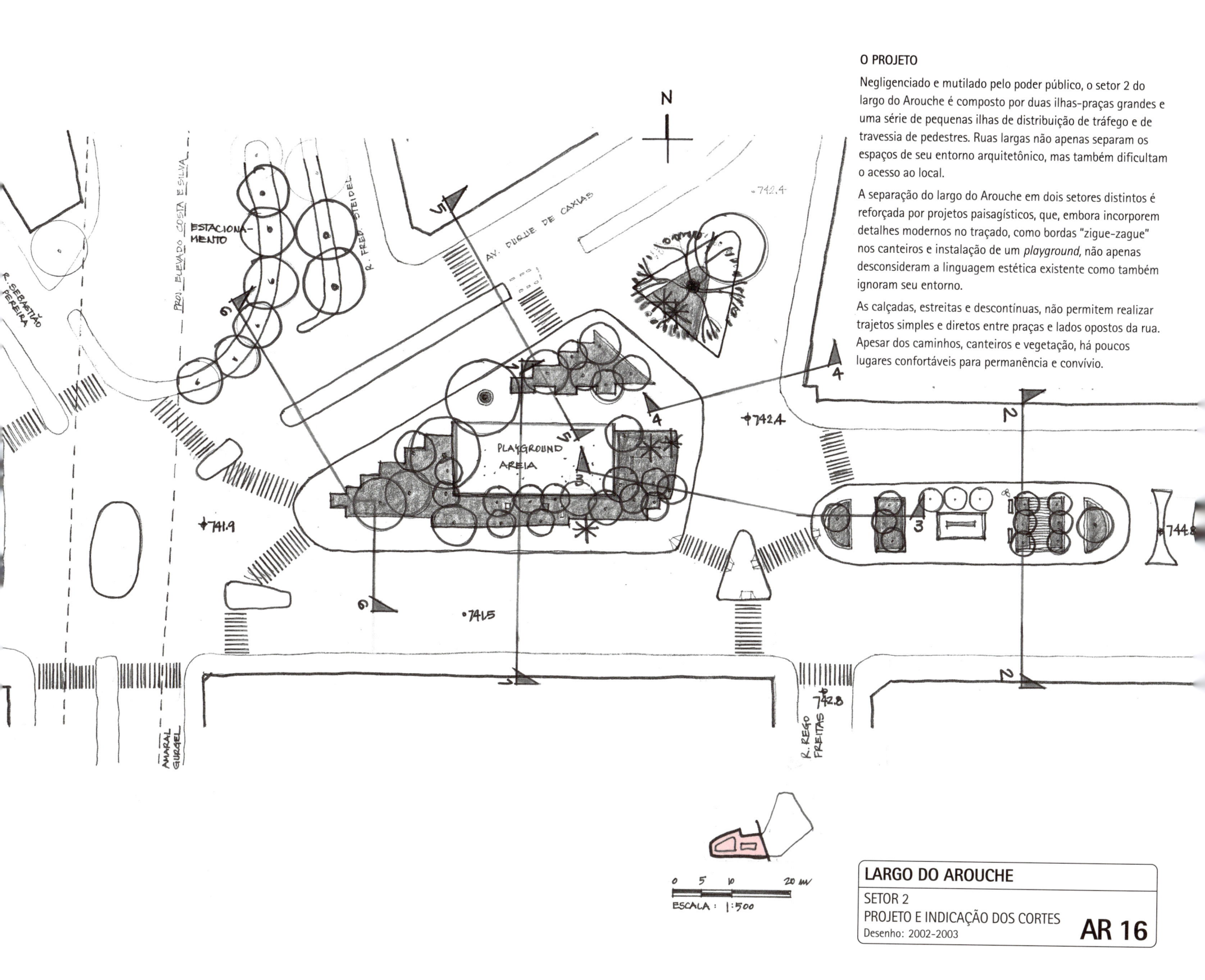

AR 16

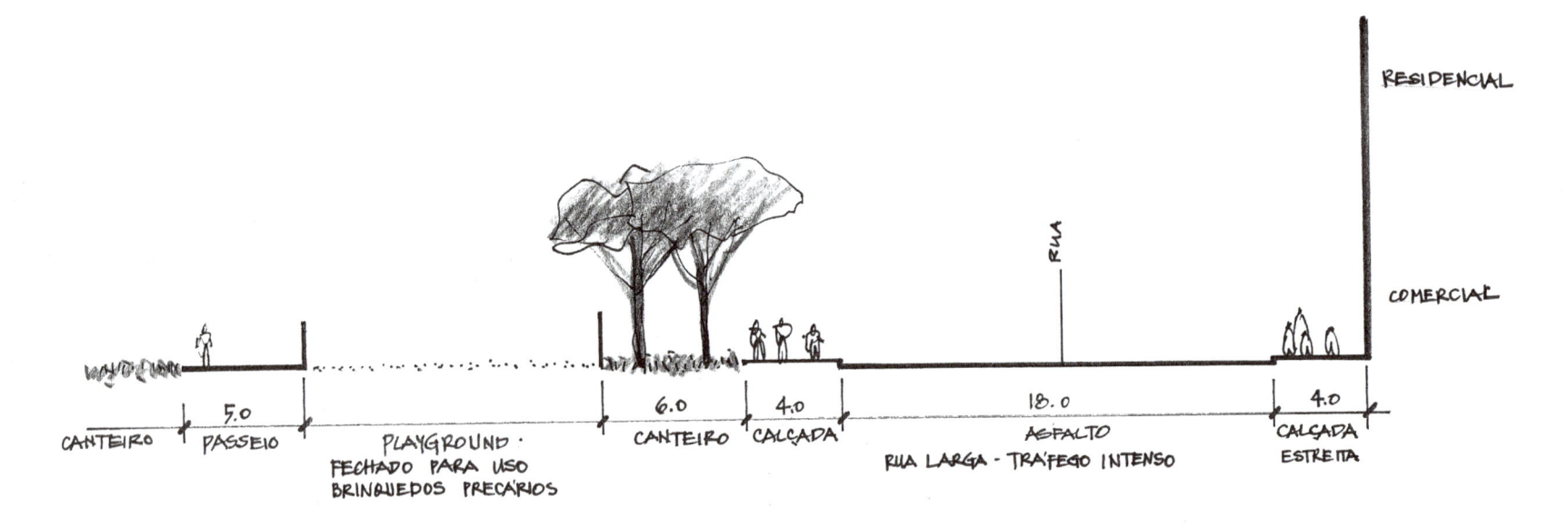

CORTE 1

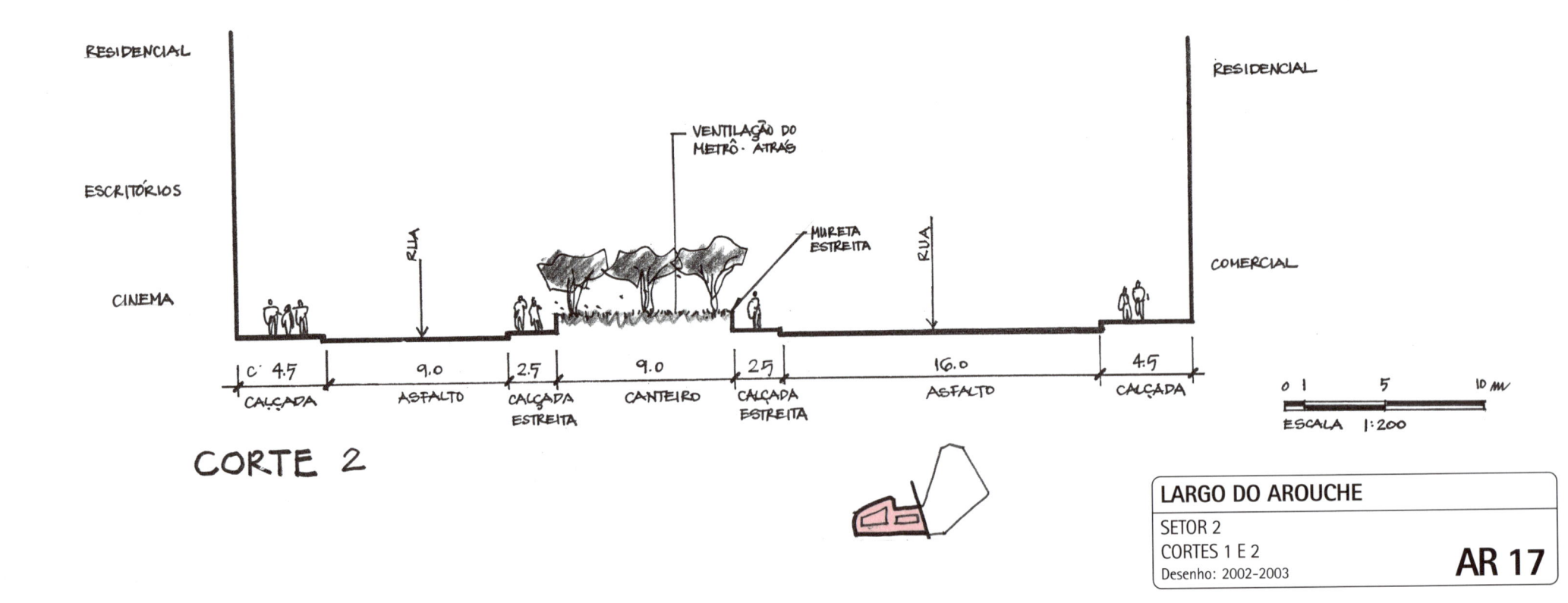

5.0		6.0	4.0	18.0	4.0
PASSEIO	PLAYGROUND - FECHADO PARA USO BRINQUEDOS PRECÁRIOS	CANTEIRO	CALÇADA	ASFALTO RUA LARGA - TRÁFEGO INTENSO	CALÇADA ESTREITA

CANTEIRO (esquerda) — RESIDENCIAL / COMERCIAL (direita)

RUA

CORTE 2

c 4.5	9.0	2.5	9.0	2.5	16.0	4.5
CALÇADA	ASFALTO	CALÇADA ESTREITA	CANTEIRO	CALÇADA ESTREITA	ASFALTO	CALÇADA

RESIDENCIAL / ESCRITÓRIOS / CINEMA (esquerda) — RESIDENCIAL / COMERCIAL (direita)

VENTILAÇÃO DO METRÔ - ATRÁS
MURETA ESTREITA
RUA

ESCALA 1:200

LARGO DO AROUCHE
SETOR 2
CORTES 1 E 2
Desenho: 2002-2003

AR 17

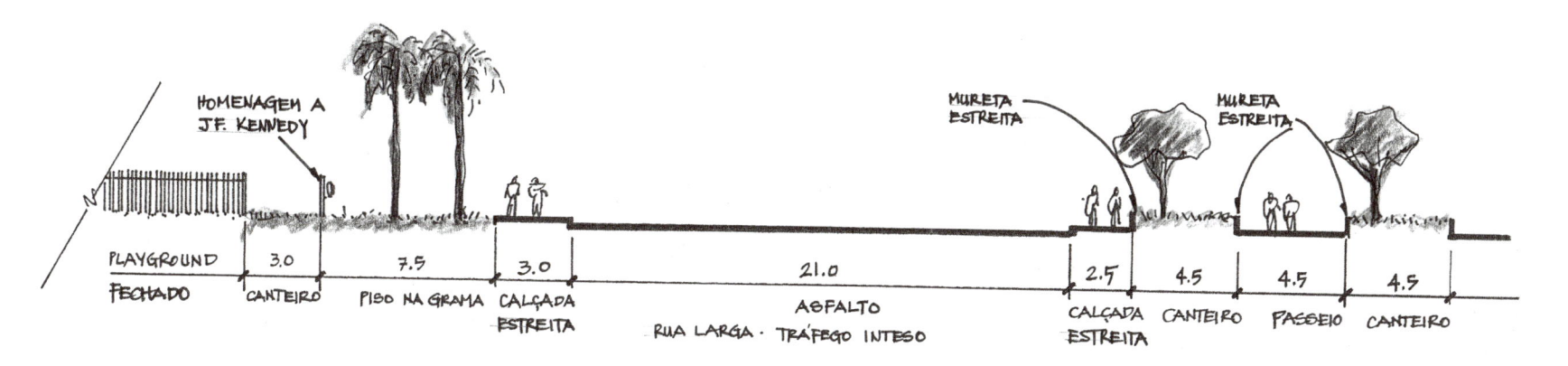

CORTE 3

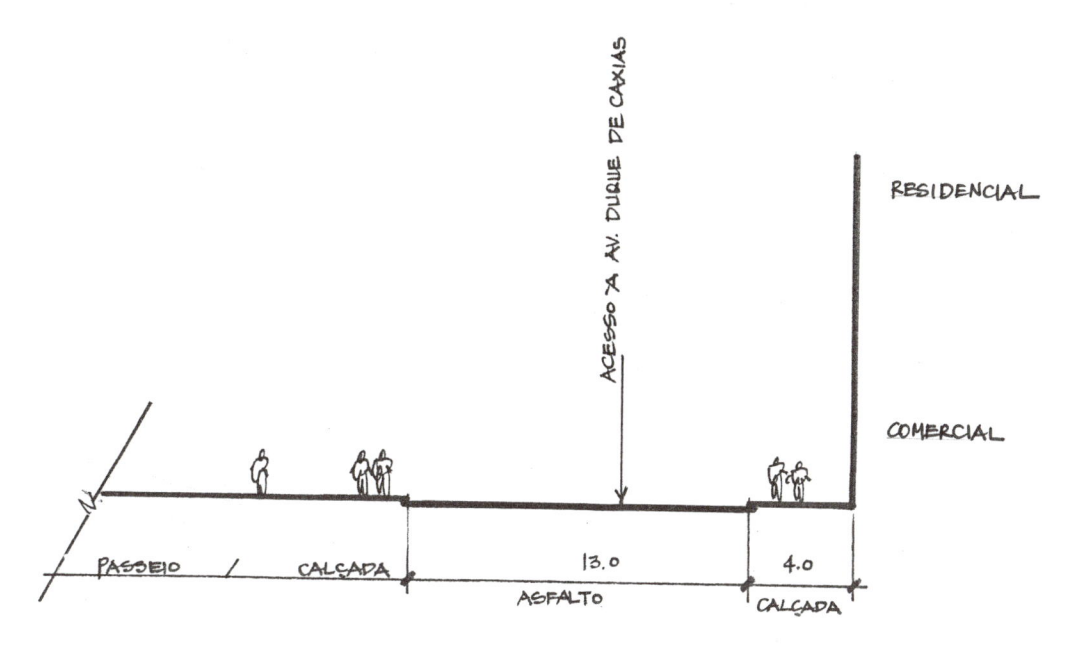

PLAYGROUND FECHADO	3.0 CANTEIRO	7.5 PISO NA GRAMA	3.0 CALÇADA ESTREITA	21.0 ASFALTO RUA LARGA - TRÁFEGO INTENSO	2.5 CALÇADA ESTREITA	4.5 CANTEIRO	4.5 PASSEIO	4.5 CANTEIRO

HOMENAGEM A J.F. KENNEDY
MURETA ESTREITA
MURETA ESTREITA

CORTE 4

PASSEIO / CALÇADA | 13.0 ASFALTO | 4.0 CALÇADA

ACESSO A AV. DUQUE DE CAXIAS

RESIDENCIAL
COMERCIAL

ESCALA 1:200

LARGO DO AROUCHE
SETOR 2
CORTES 3 E 4
Desenho: 2002-2003
AR 18

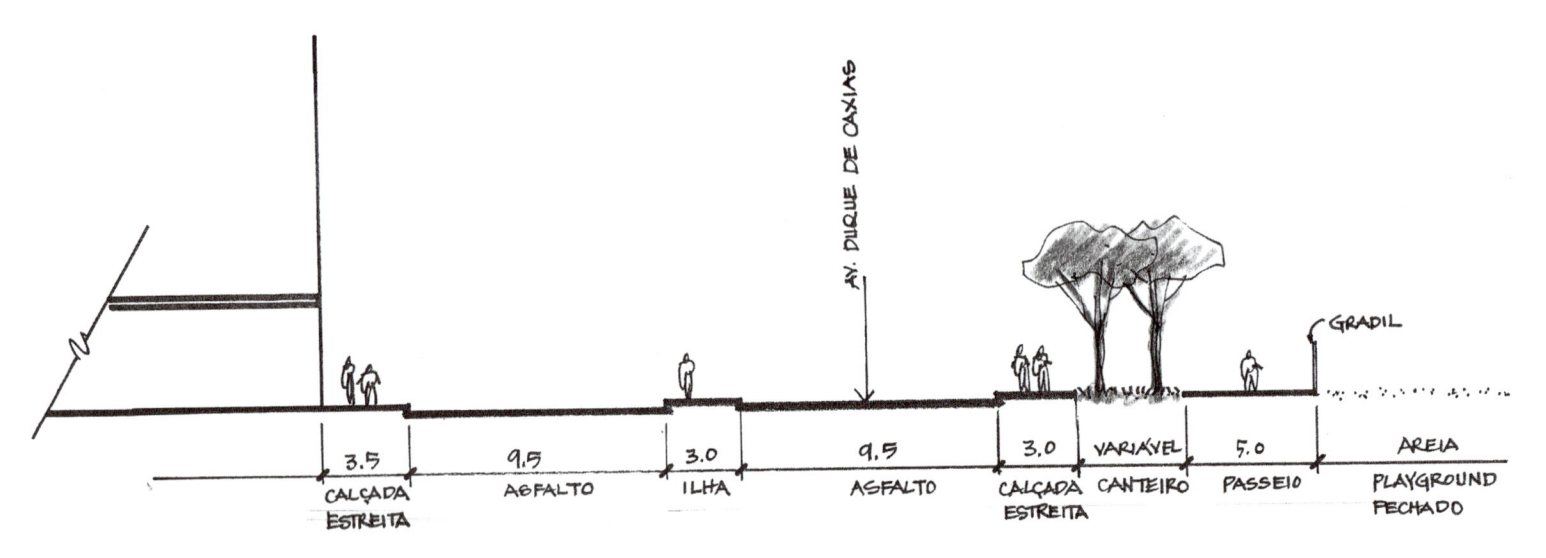

CORTE 5

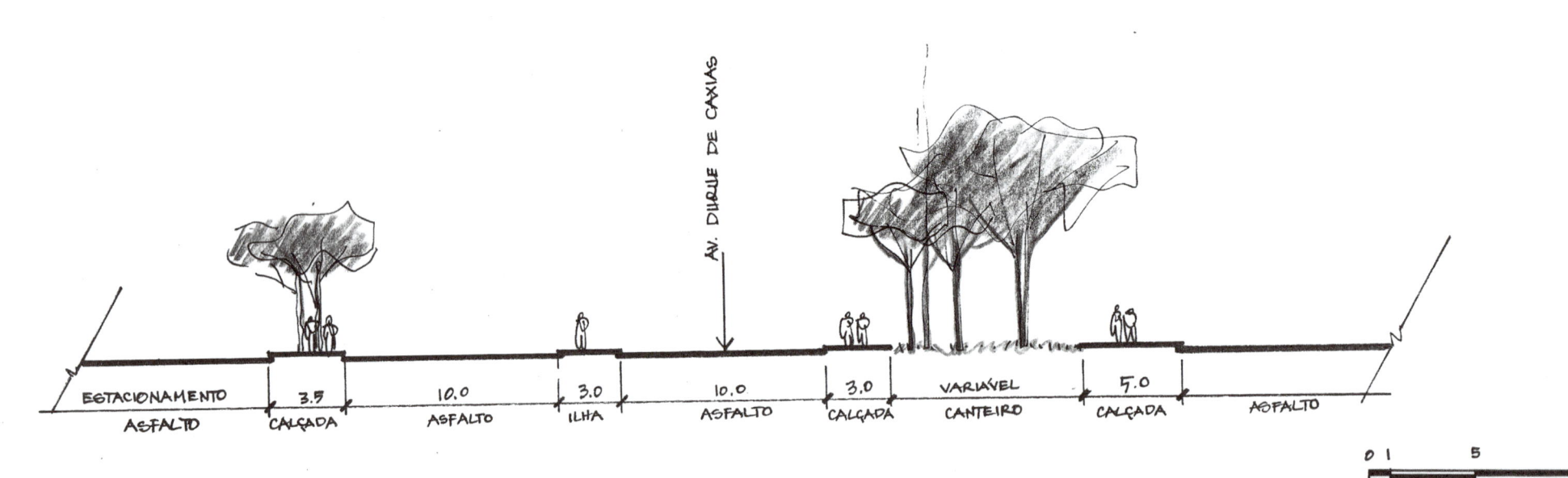

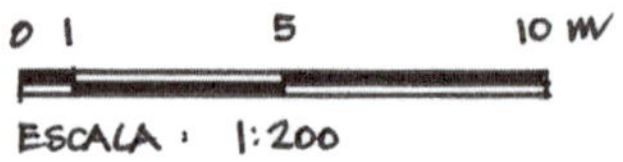

3.5	9.5	3.0	9.5	3.0	VARIÁVEL	5.0	AREIA
CALÇADA ESTREITA	ASFALTO	ILHA	ASFALTO	CALÇADA ESTREITA	CANTEIRO	PASSEIO	PLAYGROUND FECHADO

AV. DUQUE DE CAXIAS

GRADIL

CORTE 6

ESTACIONAMENTO ASFALTO	3.5	10.0	3.0	10.0	3.0	VARIÁVEL	5.0	ASFALTO
	CALÇADA	ASFALTO	ILHA	ASFALTO	CALÇADA	CANTEIRO	CALÇADA	

AV. DUQUE DE CAXIAS

ESCALA 1:200

LARGO DO AROUCHE
SETOR 2
CORTES 5 E 6
Desenho: 2002-2003

AR 19

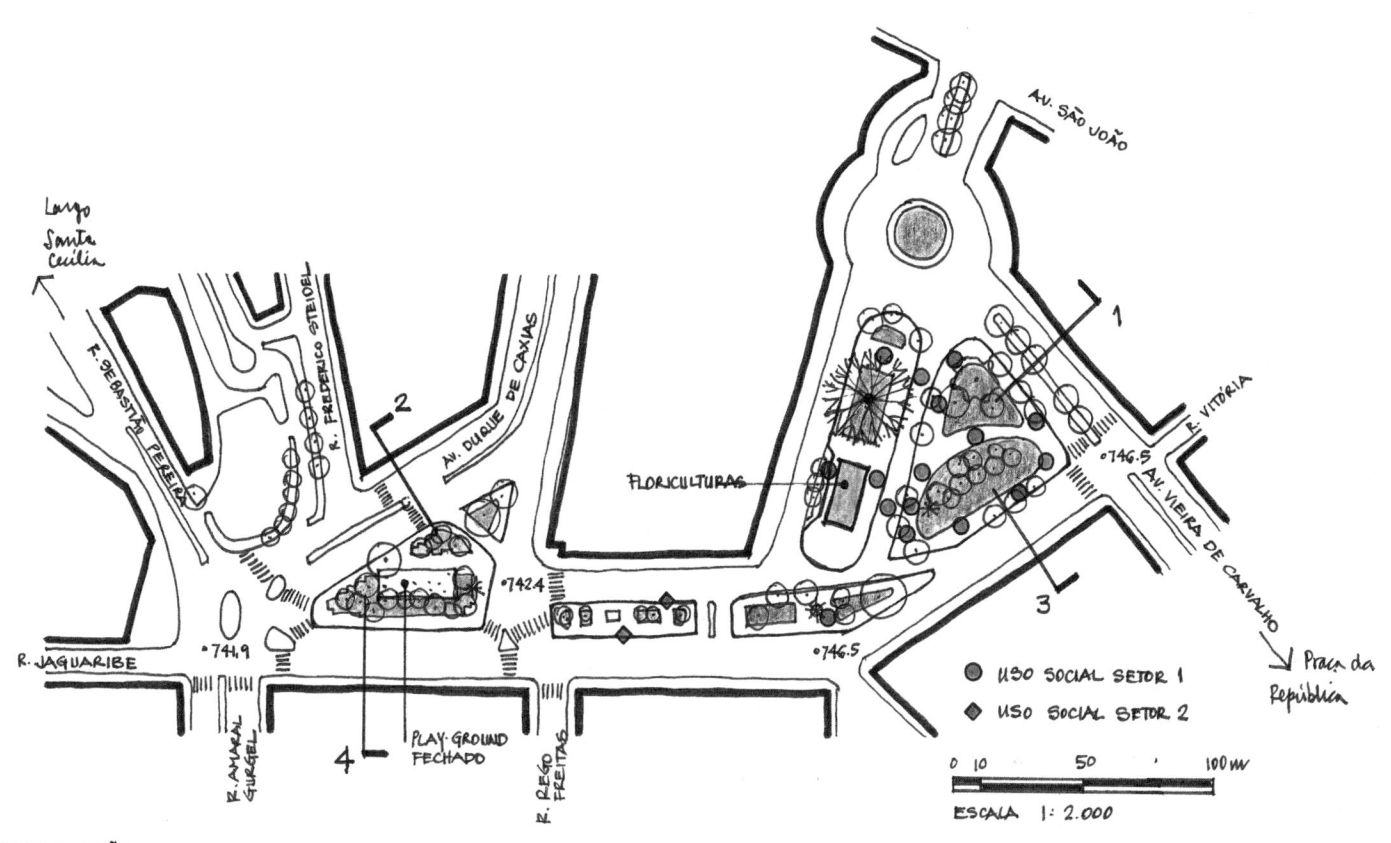

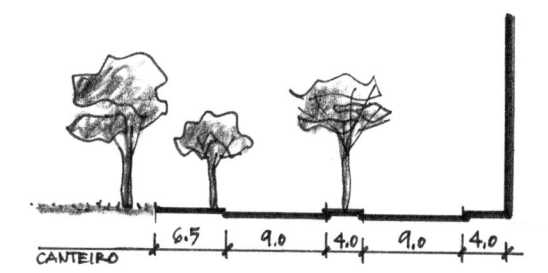

COMPARAÇÃO: setores 1 e 2

O contraste de aparência e uso entre os dois setores do largo do Arouche mostra não apenas diferenças de traçado, mas também, e especialmente, de relação com o entorno.

Muito usado, o setor 1 do largo do Arouche guarda influências do urbanismo francês do início do século XX. Delimitado por ruas estreitas com calçadas largas e contínuas, que se estendem até o interior das pracinhas, o setor 1 oferece numerosos e variados pontos de permanência e de convívio social nas áreas de borda e nos trajetos, isto é, em locais de fácil acesso e contato próximo com a rua.

Pouco usado, ignorado pelo poder público, mutilado pelo sistema viário e sem integração com o entorno por ruas largas com calçadas estreitas e descontínuas, o setor 2 do largo do Arouche revela, mais que o domínio do urbanismo "automobilístico" da segunda metade do século XX, também traços do paisagismo moderno, como ruptura estética com o existente e criação de lugares de isolamento. O desenho do *playground* é ilustrativo: voltado para dentro da praça e fechado, por vegetação e canteiro, para o lado mais populoso da vizinhança.

Sem fechamento espacial definido, o setor 2 é literalmente pulverizado em uma série de pequenas ilhas por intervenções viárias e de engenharia de tráfego.

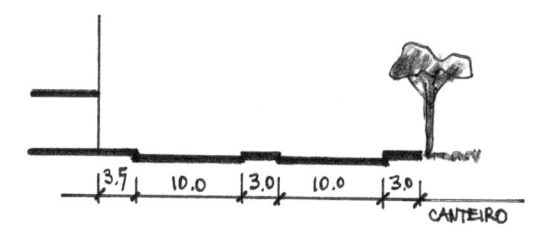

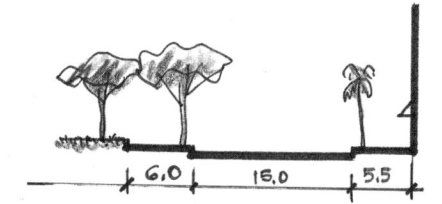

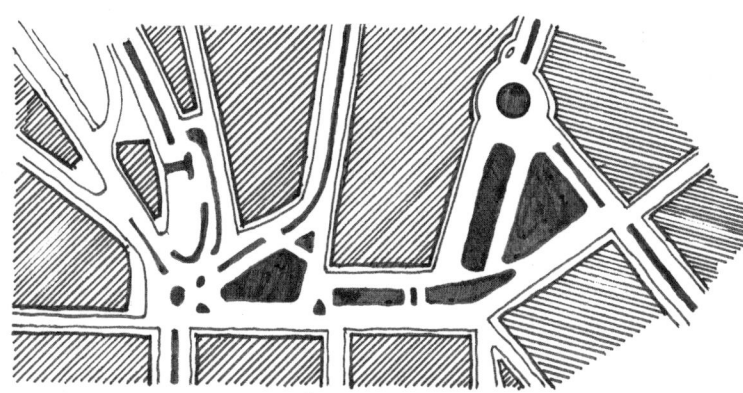

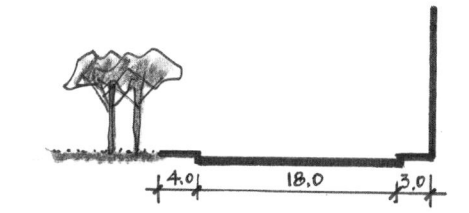

LARGO DO AROUCHE
SETORES 1 E 2
COMPARAÇÃO
Desenho: 2003-2004
AR 20

ALTERNATIVAS: uso, acesso e integração com o entorno

A reintegração da praça exige o redesenho das ruas.

A avenida Duque de Caxias será resgatada como um grande bulevar ladeado por calçadas largas e arborizadas. A largura do leito carroçável da rua do largo do Arouche será reduzida e compatibilizada com outras ruas em volta. Calçadas largas e arborizadas ao longo das ruas permitirão realizar não apenas trajetos contínuos, como também favorecerão a integração da praça e a unidade da paisagem urbana.

Intervenções pontuais no setor 1 incluem a ampliação dos corredores de passagem, a valorização da escultura de Brecheret, a remodelação da arquitetura das floriculturas com aberturas voltadas para a praça e lugares confortáveis para sentar.

Intervenções no setor 2 procuram reproduzir os aspectos positivos do setor 1, como calçadas largas, caminhos integrados, esquinas abertas e acessíveis, lugares variados para sentar e espaços para usos flexíveis. Um nicho resguardado, porém acessível, valorizará a escultura em homenagem ao presidente americano John Kennedy.

As propostas demonstram que a estreita vinculação entre a praça e o desenho das ruas, além de fundamental para conferir unidade formal à paisagem urbana, é essencial para garantir o acesso e estimular o uso.

LARGO DO AROUCHE
ALTERNATIVAS
USO, ACESSO E ENTORNO
Desenho: 2003-2004

AR 21

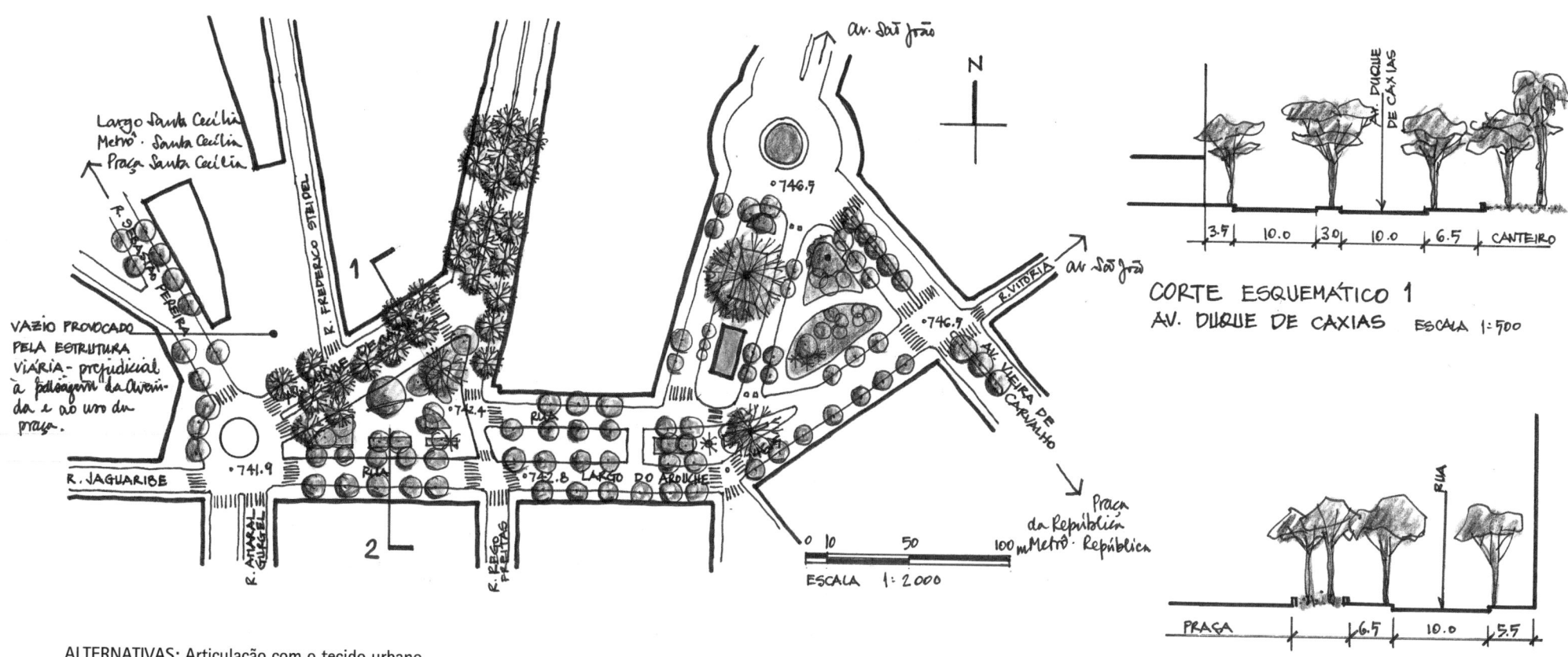

ALTERNATIVAS: Articulação com o tecido urbano

A remoção do Elevado Costa e Silva expõe a fragmentação da quadra causada pela estrutura viária e, ao mesmo tempo, sugere possibilidades de reurbanização e de redefinição da paisagem da avenida Duque de Caxias.

Ao estender as qualidades do setor 1 ao setor 2, as propostas procuram endossar o conceito da propagação positiva aplicada ao desenho urbano, isto é, intervir aumentando as bordas dos espaços "saudáveis". Em outras palavras, recuperar e reintegrar o setor 2 é essencial não apenas para impedir a deterioração do setor 1, mas também para estimular a revitalização de seu entorno.

Largo do Arouche: definição espacial, integração com o entorno e articulação ao tecido urbano. Continuidade do espaço público: da praça da República ao largo e praça Santa Cecília.

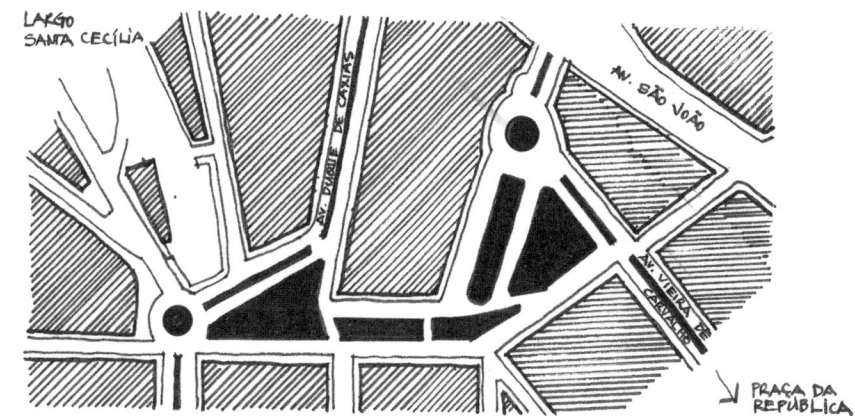

CORTE ESQUEMÁTICO 1
AV. DUQUE DE CAXIAS   ESCALA 1:500

CORTE ESQUEMÁTICO 2   ESC. 1:500
RUA DO LARGO DO AROUCHE

LARGO DO AROUCHE
ALTERNATIVAS
TECIDO URBANO
Desenho: 2003-2004

AR 22

Praça Júlio Prestes

A praça Júlio Prestes foi remodelada em 1999, juntamente com a recuperação arquitetônica da estação ferroviária Júlio Prestes e a transformação de seus principais saguões e pátios em sala de concertos de padrão internacional e sede da Orquestra Sinfônica do Estado de São Paulo. A reforma da praça e a reciclagem da antiga estação faziam parte de um extenso programa de revitalização da área central que incluía, nas redondezas, a restauração da Estação da Luz e do prédio ocupado pelo Dops. Apesar de recém-inaugurada, a praça Júlio Prestes é pouco usada e apresenta muitos sinais de destruição e vandalismo.

Criada a partir da construção da estação Júlio Prestes, iniciada em 1926 e concluída em 1939, a praça acompanhou não apenas o progresso e o declínio da ferrovia, mas também a deterioração de seu entorno com a substituição dos trens pelo transporte rodoviário e a desatenção das políticas urbanas públicas.

Localizada na frente da estação, a praça ocupava a metade da quadra delimitada pela rua Dino Bueno, avenida Duque de Caxias, alameda Cleveland e rua Helvétia, nas bordas do bairro de Campos Elísios, o loteamento de ruas ortogonais e quadras retangulares promovido pelos alemães Frederico Glette e Victor Nothman em 1879. Embora não constasse do arruamento original, a praça Júlio Prestes possuía dimensões compatíveis com as praças vizinhas e inseria-se no tecido urbano existente. A planta Sara Brasil, de 1930, mostra claramente a estação Júlio Prestes sem a praça frontal e as praças próximas, o largo Coração de Jesus no meio das quadras e a praça Princesa Isabel junto à avenida Duque de Caxias, ambas delimitadas por ruas e ocupando metade de um quarteirão (figura 86).

A partir da década de 1940, iniciou-se no país a crescente expansão do transporte rodoviário e o declínio do ferroviário, levando, nas cidades, à popularização dos automóveis e à desativação dos bondes. Na década de 1960, aproveitando a proximidade das principais saídas da cidade, construiu-se uma rodoviária na quadra oposta à estação ferroviária, e a praça Júlio Prestes passou a acomodar um intenso movimento de ônibus, carros e pedestres. A presença da estação rodoviária distribuiu um tráfego pesado pela modesta malha de ruas da região e atraiu a instalação de depósitos, comércio atacadista e hotéis baratos. O aumento do fluxo de veículos e as mudanças de uso, juntos, provocaram a rápida deterioração da paisagem local.

A remoção da estação rodoviária, em 1982, e as intervenções posteriores – a transformação da estação ferroviária em terminal de trens metropolitanos, a desativação dos trens de passageiros para o interior e a conversão do edifício da rodoviária em centro comercial de vestuário – não conseguiram alterar a situação da área, que, abandonada pelas políticas públicas nas duas últimas décadas, teve sua decadência agravada pela presença de cortiços, prostituição e tráfico de drogas.

Com projeto da arquiteta e paisagista Rosa Grena Kliass, a remodelação da praça Júlio Prestes, concluída em 1999, consistiu em uma grande esplanada defronte à estação Júlio Prestes e à Sala São Paulo e de um enorme jardim. A reforma da praça introduziu duas alterações radicais em sua estrutura espacial e no tecido urbano: a elevação da praça em 1 m, produzindo uma série de degraus e muretas de contenção, e o desvio e a transformação da alameda Cleveland em uma rua estreita de uso restrito.

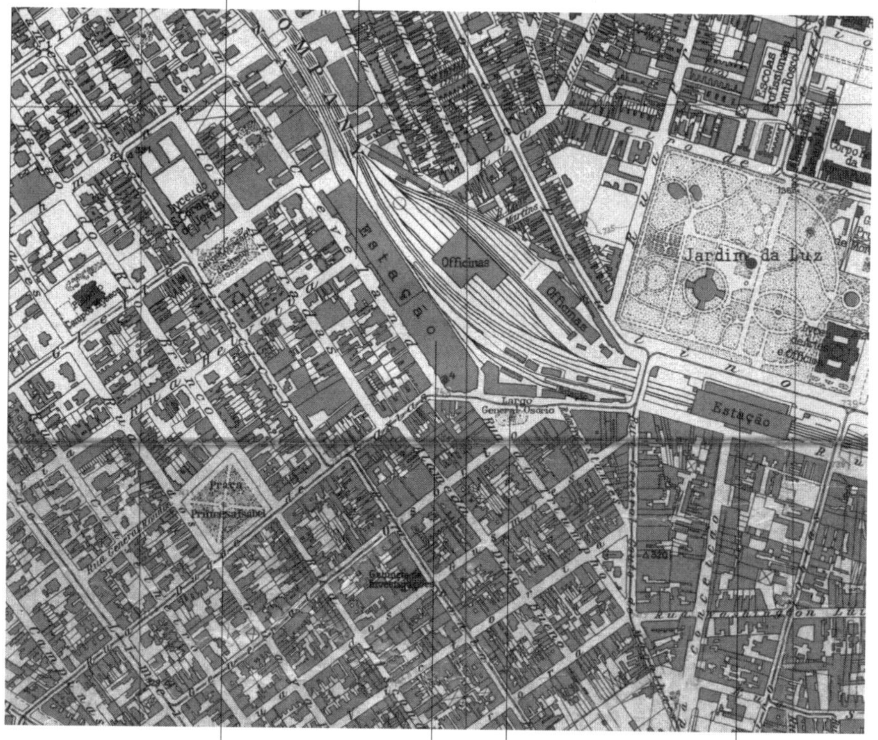

Figura 86. Praça Júlio Prestes: localização em 1930.
Antes das ampliações das avenidas Duque de Caxias e Rio Branco.
Observar:
1. O arruamento consolidado e as praças General Osório e Princesa Isabel e o largo Coração de Jesus, de tamanhos similares, inseridas na estrutura viária.
2. A implantação da estação Júlio Prestes sem a praça frontal, a continuidade da alameda Cleveland e a definição do quarteirão da atual praça.

A modificação da topografia resultou em uma esplanada cheia de degraus, cujo *layout* em patamares de tamanhos variados e o uso de materiais contrastantes lembram o grafismo adotado pelo projeto moderno da Copley Square, de Boston, na década de 1960. Embora impeça fluxos multidirecionais à estação de trem, a esplanada é bastante usada, especialmente por skatistas que fazem manobras pulando sobre os degraus e patamares, provocando seu desgaste prematuro.

O jardim, predominantemente plantado e fechado ao entorno por muretas e canteiros, é contornado por calçadas estreitas e muros de arrimo que repelem a aproximação das pessoas às laterais da praça e também impedem sua passagem por meio dela. Distante das esquinas e das calçadas, a única área de permanência, formada por um grande banco de pedra, localiza-se no centro da área gramada. Além da pouca visibilidade, seu acesso é limitado pela vegetação e dificultado pelos obstáculos criados, como uma ferrovia "simbólica" construída literalmente com pedriscos, trilhos de ferro e dormentes. Pela falta de opções de uso e dificuldades de acesso, o projeto evidencia a intenção de desencorajar a presença do público.

As pesquisas de campo, realizadas em 2001 e 2002, observaram três focos de acampamentos de moradores de rua em áreas resguardadas por muretas e arbustos. Entre os sinais mais marcantes de adaptação pelo uso estavam os caminhos abertos no canteiro e os pisoteios nas áreas gramadas de esquinas e da calçada adjacente à zona azul.

Em 2003 foi instalada uma enorme escultura abstrata em frente à Sala São Paulo, na esquina com a avenida Duque de Caxias, sem alterar a estrutura da praça nem aumentar as opções de uso.

A mais nova das praças analisadas, a Júlio Prestes, é também a mais inóspita para o uso e fechada para o entorno. Embora incorpore preocupações com drenagem, verde, patrimônio cultural, revitalização urbana e segurança, seu projeto demonstra, de fato, a utilização de estratégias para fragmentar a paisagem urbana e eliminar o público do espaço público.

Pranchas:
JP 1. Contexto, escala 1: 500
JP 2. Tecido urbano, escala 1: 2.000
JP 3. Entorno, escala 1: 1.000
JP 4. Situação atual, escala 1: 500
JP 5. Uso, escala 1: 500
JP 6. Fotografias de uso
JP 7. Não conformidades, escala 1: 500
JP 8. Fotografias de não conformidades
JP 9. Projeto e indicação dos cortes, escala 1: 500
JP 10. Cortes 1 a 4, escala 1: 200
JP 11. Cortes 5 e 6, escala 1: 200
JP 12. Cortes 7 e 8, escala 1: 200
JP 13. Cortes 9 e 10, escala 1: 200
JP 14. Alternativas: uso, acesso e entorno, escala 1: 1.000
JP 15. Alternativas: tecido urbano, escala 1: 2.000

PRAÇA JÚLIO PRESTES

Remodelada em 1999, junto com o restauro e a transformação do saguão nobre, do pátio interno e das salas de espera da primeira classe da estação Júlio Prestes na Sala São Paulo e na sede da Orquestra Sinfônica do Estado, a praça Júlio Prestes integra-se no esforço de requalificação da área central promovido em conjunto pelo Estado, município e setor privado.

Localizada na avenida Duque de Caxias, a justaposição de dois loteamentos pioneiros da "cidade nova", Santa Ifigênia e Campos Elísios, e no limite dos grandes vazios ocupados pelas ferrovias, a praça Júlio Prestes, diferentemente da maioria das praças, não surgiu do arruamento ou parcelamento do solo, mas das necessidades funcionais e simbólicas da estação de ferro Sorocabana, ou Júlio Prestes, obra iniciada em 1926 e concluída somente em 1938.

Ocupando a "metade" de um quarteirão típico, as praças Princesa Isabel e Júlio Prestes, junto à avenida Duque de Caxias e ao largo Coração de Jesus, algumas quadras na direção oeste, tinham tamanhos compatíveis. A praça Princesa Isabel original possuía 8.500 m² e a Júlio Prestes, 11.000 m². Atualmente a praça Princesa Isabel encontra-se bastante descaracterizada, não apenas pelo aumento da área e pelo gradeamento, mas, especialmente, pela transformação de seu entorno, por exemplo, a ocorrida com a implantação do terminal de ônibus urbanos.

Até a década de 1980 funcionava do outro lado da praça Júlio Prestes, oposta à estação de trens, a principal estação rodoviária da cidade, que, após a desativação, foi transformada em um centro comercial atacadista de vestuário.

Os trens de passageiros para o interior de São Paulo foram desativados no início da década de 1990, e a estação Júlio Prestes passou a receber trens metropolitanos atendendo diariamente a milhares de usuários das regiões oeste, de Lapa a Osasco até Itapevi com extensões a Amador Bueno; e sul, de Santo Amaro e Jurubatuba.

ESCALA 1:5.000

PRAÇA JÚLIO PRESTES
CONTEXTO
Desenho: 2002-2003

JP 1

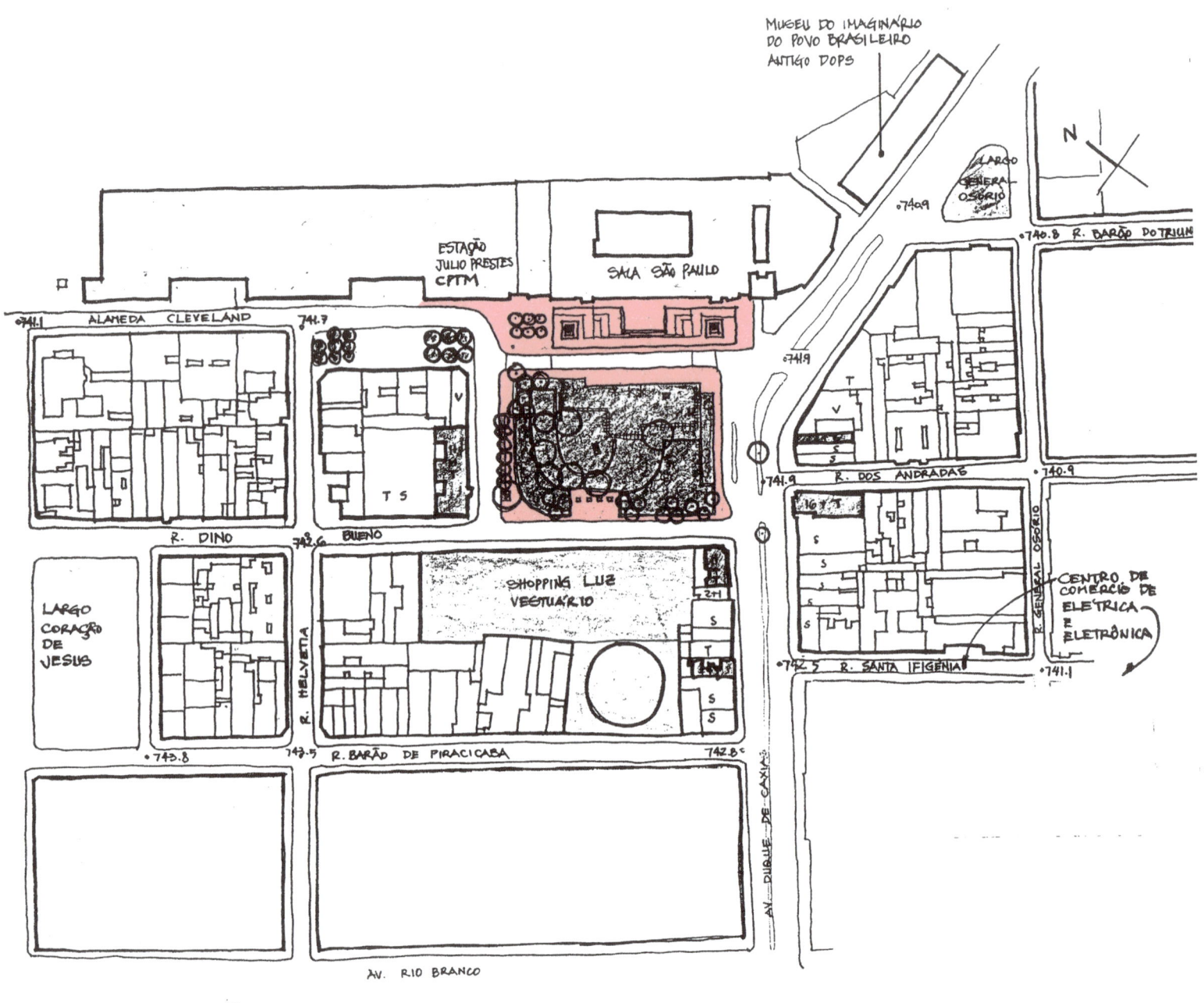

A praça Júlio Prestes, localizada na área baixa da cidade, entre as cotas de 741 m e de 742 m, é próxima às grandes construções das estações da cidade e aos grandes vazios ocupados pelos trilhos das ferrovias.

Encontram-se no local ainda muitas construções e demais espaços destinados a atividades como depósitos, hotéis e agências de despacho, remanescentes da época em que funcionava no lado oeste da praça a principal estação rodoviária da cidade.

Convivem nas quadras que circundam a praça não apenas moradores, passantes, comerciantes e compradores, mas também uma acentuada concentração de comércio de drogas e de prostituição.

A avenida Duque de Caxias integra o sistema de contrarrótula do tráfego da área central da cidade, e a estação Júlio Prestes serve trens suburbanos integrados ao sistemas de transporte de massas da região metropolitana. A rua Santa Ifigênia concentra o comércio de materiais elétricos e eletrônicos, a antiga rodoviária atualmente abriga um centro comercial especializado em vestuários, e a própria estação Júlio Prestes tornou-se uma sala de concertos de reconhecimento internacional.

A centralidade da praça Júlio Prestes, reforçada pela presença da estação de trens suburbanos e pelas atividades comerciais e culturais realizadas em seu entorno, ultrapassa muito o caráter local e alcança níveis de importância regional e até nacional.

PRAÇA JÚLIO PRESTES

TECIDO URBANO

Desenho: 2002-2003

JP 2

Map labels

- MUSEU (antigo DOPS)
- PRAÇA GAL. OSÓRIO
- UNIVERSIDADE DE MÚSICA
- EIXO CENTRAL
- SALA SÃO PAULO
- ESTAÇÃO JÚLIO PRESTES CPTM
- ACESSO À ESTAÇÃO
- ESPLANADA
- AV. DUQUE DE CAXIAS
- R. CLEVELAND
- RUA ESTREITA DE PARALELEPÍPEDOS
- JARDIM
- R. HELVETIA
- RESID. COM.
- VAZIO
- REST. S
- MERC. HOTEL
- R. DOS ANDRADAS
- BAR
- REST. S
- BAR S
- IGREJA S
- MAT. CONSTR. S
- R. DINO BUENO
- SHOPPING LUZ (antiga estação Rodoviária) ATACADO E VAREJO DO VESTUÁRIO EQUIVALENTE A 4 PAVIMENTOS

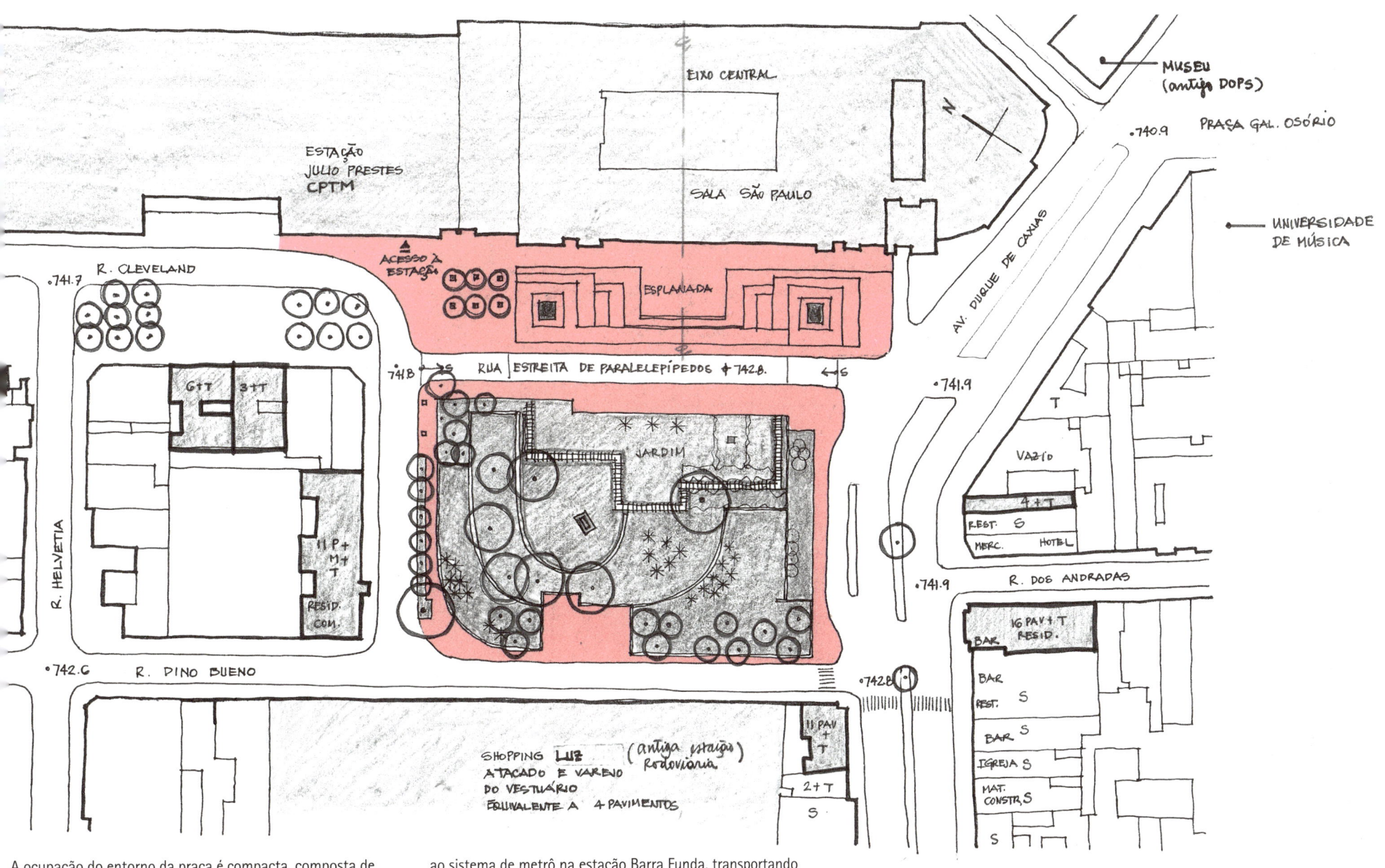

Descriptive text

A ocupação do entorno da praça é compacta, composta de construções predominantemente baixas, com vazios e galpões entre sobradinhos decadentes. O uso dos térreos é variado, vai desde as atividades de igreja até as de cinema de filmes pornográficos. Há alguns edifícios residenciais altos, espaçados entre si. Apesar da dinâmica dos fluxos gerados pela estação Júlio Prestes, o Shopping da Luz e o comércio da rua Santa Ifigênia, o aspecto geral da região é de abandono.

A estação Júlio Prestes é terminal da Linha B da Companhia Paulista de Trens Metropolitanos (CPTM), que atende à região oeste da Grande São Paulo. Uma das mais movimentadas do sistema de trens metropolitanos da CPTM, a Linha B é integrada ao sistema de metrô na estação Barra Funda, transportando 270 mil passageiros por dia, das 4 h da manhã à meia-noite.

Além da recuperação da estação, o antigo armazém e o escritório da Estrada de Ferro Sorocabana (1914), usados como sede do Departamento da Ordem Política e Social (Dops) de 1935 a 1983, seriam transformados no Museu do Imaginário do Povo Brasileiro; e do outro lado da avenida Duque de Caxias, no largo General Osório, seria instalada a Universidade de Música Tom Jobim. Um pouco adiante, a estação de ferro Luz seria um outro pólo de revitalização urbana e de atividades culturais, junto com os já recuperados Parque da Luz e Pinacoteca do Estado.

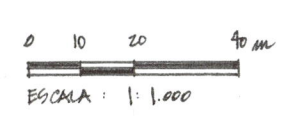

Legenda

área acessível ao uso público

ESCALA: 1:1.000

PRAÇA JÚLIO PRESTES
ENTORNO
Desenho: 2002

JP 3

SITUAÇÃO ATUAL

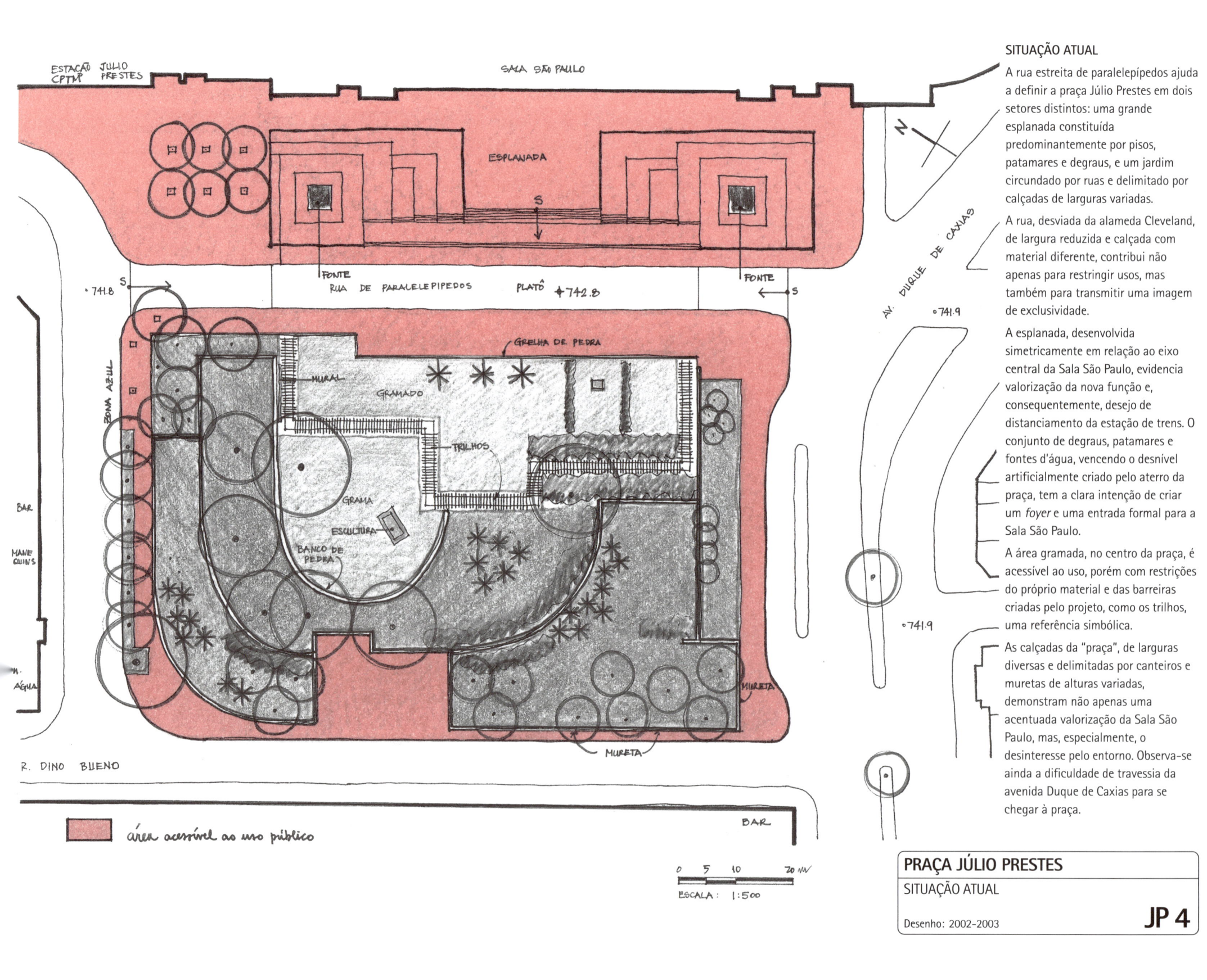

A rua estreita de paralelepípedos ajuda a definir a praça Júlio Prestes em dois setores distintos: uma grande esplanada constituída predominantemente por pisos, patamares e degraus, e um jardim circundado por ruas e delimitado por calçadas de larguras variadas.

A rua, desviada da alameda Cleveland, de largura reduzida e calçada com material diferente, contribui não apenas para restringir usos, mas também para transmitir uma imagem de exclusividade.

A esplanada, desenvolvida simetricamente em relação ao eixo central da Sala São Paulo, evidencia valorização da nova função e, consequentemente, desejo de distanciamento da estação de trens. O conjunto de degraus, patamares e fontes d'água, vencendo o desnível artificialmente criado pelo aterro da praça, tem a clara intenção de criar um *foyer* e uma entrada formal para a Sala São Paulo.

A área gramada, no centro da praça, é acessível ao uso, porém com restrições do próprio material e das barreiras criadas pelo projeto, como os trilhos, uma referência simbólica.

As calçadas da "praça", de larguras diversas e delimitadas por canteiros e muretas de alturas variadas, demonstram não apenas uma acentuada valorização da Sala São Paulo, mas, especialmente, o desinteresse pelo entorno. Observa-se ainda a dificuldade de travessia da avenida Duque de Caxias para se chegar à praça.

área acessível ao uso público

Escala: 1:500

PRAÇA JÚLIO PRESTES
SITUAÇÃO ATUAL
Desenho: 2002-2003

JP 4

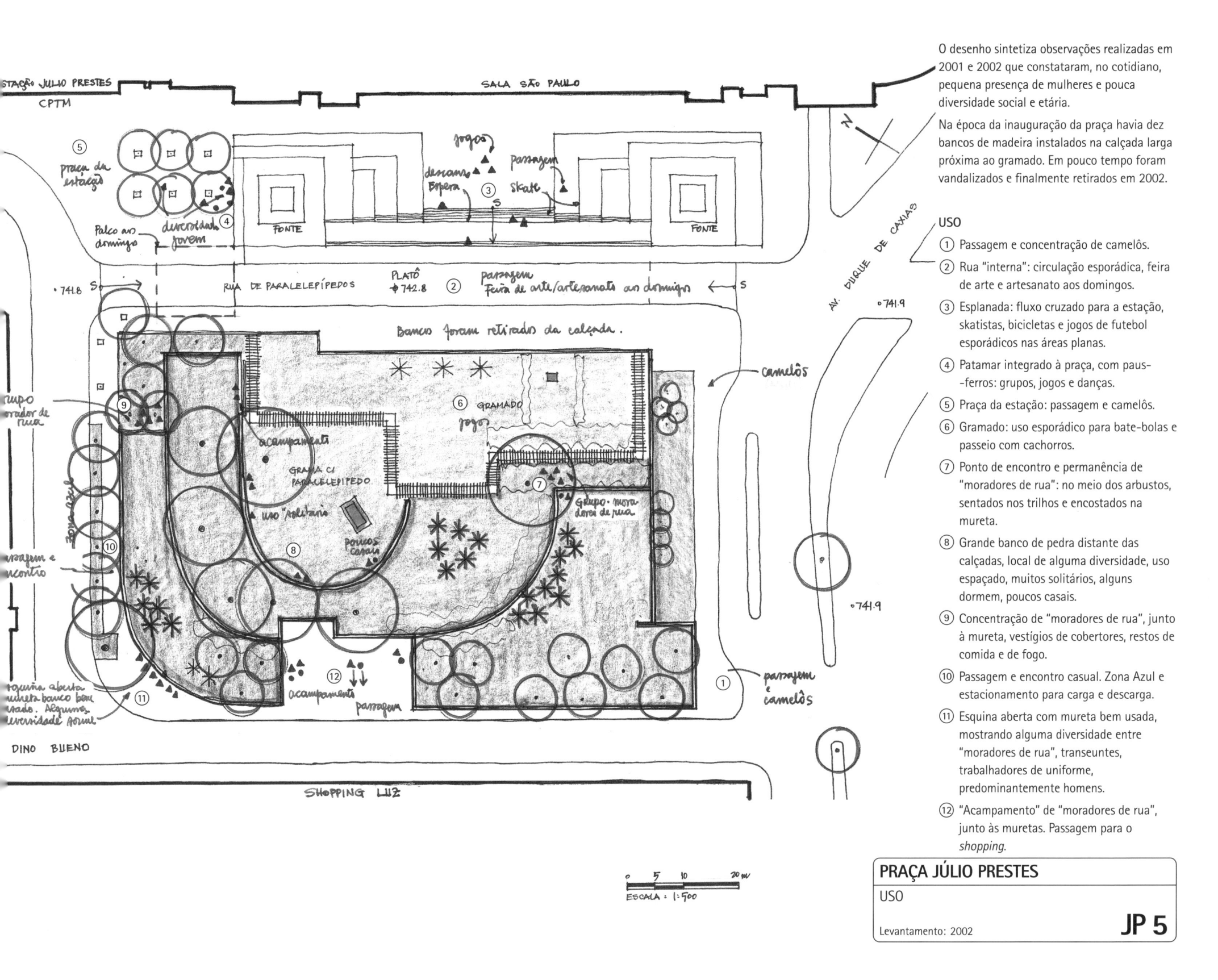

O desenho sintetiza observações realizadas em 2001 e 2002 que constataram, no cotidiano, pequena presença de mulheres e pouca diversidade social e etária.

Na época da inauguração da praça havia dez bancos de madeira instalados na calçada larga próxima ao gramado. Em pouco tempo foram vandalizados e finalmente retirados em 2002.

USO

① Passagem e concentração de camelôs.

② Rua "interna": circulação esporádica, feira de arte e artesanato aos domingos.

③ Esplanada: fluxo cruzado para a estação, skatistas, bicicletas e jogos de futebol esporádicos nas áreas planas.

④ Patamar integrado à praça, com paus--ferros: grupos, jogos e danças.

⑤ Praça da estação: passagem e camelôs.

⑥ Gramado: uso esporádico para bate-bolas e passeio com cachorros.

⑦ Ponto de encontro e permanência de "moradores de rua": no meio dos arbustos, sentados nos trilhos e encostados na mureta.

⑧ Grande banco de pedra distante das calçadas, local de alguma diversidade, uso espaçado, muitos solitários, alguns dormem, poucos casais.

⑨ Concentração de "moradores de rua", junto à mureta, vestígios de cobertores, restos de comida e de fogo.

⑩ Passagem e encontro casual. Zona Azul e estacionamento para carga e descarga.

⑪ Esquina aberta com mureta bem usada, mostrando alguma diversidade entre "moradores de rua", transeuntes, trabalhadores de uniforme, predominantemente homens.

⑫ "Acampamento" de "moradores de rua", junto às muretas. Passagem para o *shopping*.

PRAÇA JÚLIO PRESTES
USO
Levantamento: 2002

JP 5

1. Praça junto à estação de trens metropolitanos. Uso intenso: fluxo diversificado de pedestres. Vasos com palmeiras delimitam o acesso à estação (tarde, sexta-feira, 8 de março de 2002).

2. Espaço aberto central: grande banco de pedra afastada das calçadas. Barreiras criadas pelo projeto: grama com paralelepípedos no primeiro plano e trilhos da estrada de ferro com dormentes e pedras britadas (tarde, sexta-feira, 8 de março de 2002).

3. Esquina próxima à estação. Uso por grupo de "moradores de rua". Mureta servindo de encosto e arbustos *(Alpíneas)*, de abrigo. Esquina fechada com flores: agapantos. Caminho diagonal criado pelo uso (tarde, sexta-feira, 8 de março de 2002).

4. Esquina na rua Dino Bueno. Esquina aberta com mureta sentável. Caminho aberto pelo uso atravessa a praça em diagonal. Canteiros com morrotes aumentam a barreira visual (tarde, sexta-feira, 8 de março de 2002).

PRAÇA JÚLIO PRESTES
USO
Fotos: Sun Alex

JP 6

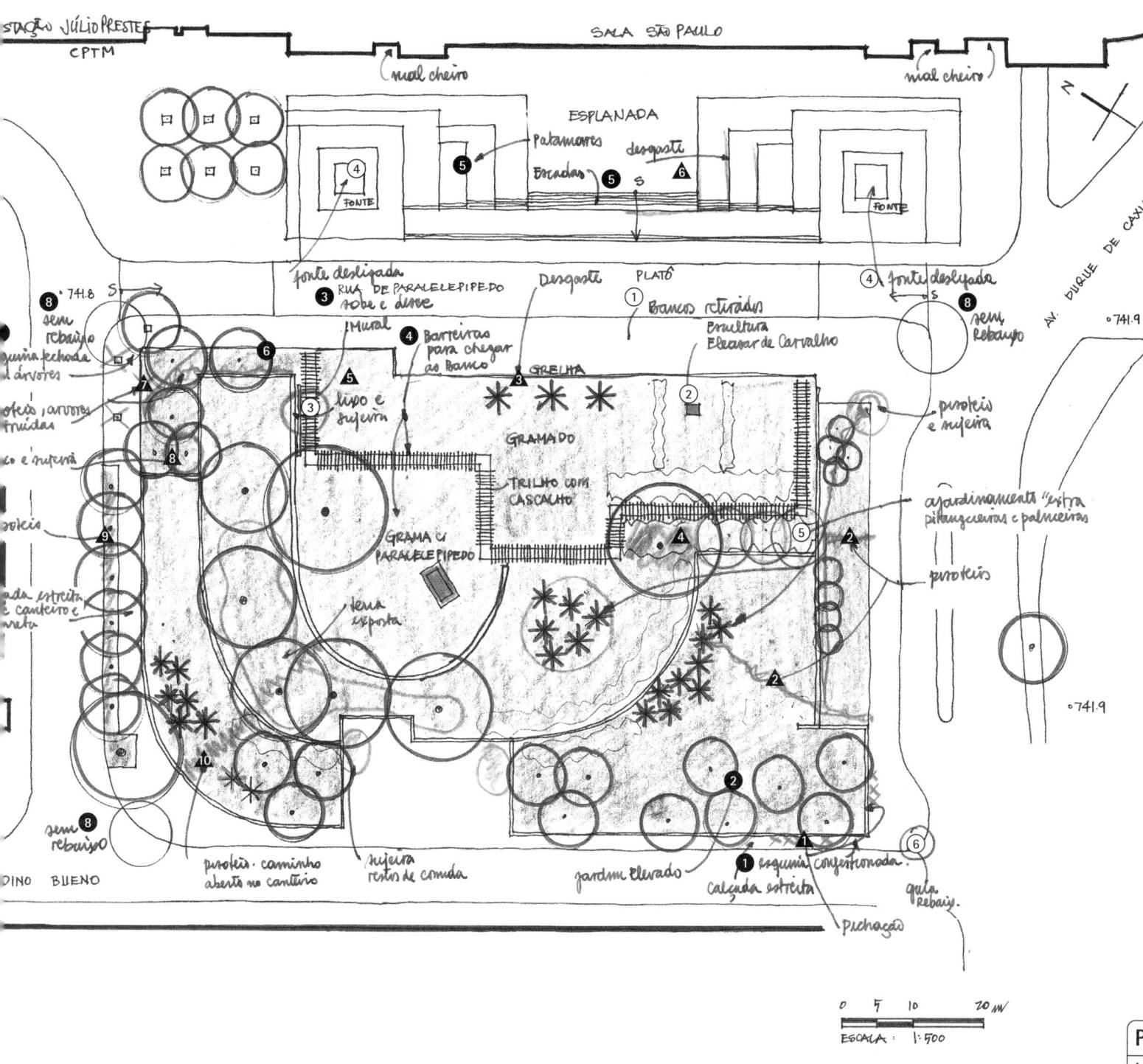

NÃO CONFORMIDADES
POR INTERVENÇÕES OFICIAIS:

1. Retirada dos bancos de madeira.
2. Escultura e "jardim" – homenagem ao maestro Eleazar de Carvalho.
3. Mural encobrindo o banco de pedras.
4. Repuxos desligados.
5. Ajardinamento extra e terra exposta.
6. Guia rebaixada, inexistente no projeto inaugurado.

NÃO CONFORMIDADES
POR PROJETO:

1. Esquina congestionada, calçada estreita e mureta alta.
2. Jardim elevado obstrui visuais da praça e da arquitetura da estação Júlio Prestes/Sala São Paulo.
3. Rua sobe-e-desce onde antes a superfície era plana.
4. Barreiras: trilhos, grama com paralelepípedo impedem o acesso universal ao banco de pedra, o único local de permanência.
5. Escadas e patamares impedem o fluxo livre para a estação Júlio Prestes.
6. Esquina fechada com árvores no meio da calçada.
7. Calçada espremida entre canteiros e muretas. Canteiro junto à zona azul, pisoteios e desconforto para os usuários.
8. Guias não rebaixadas nas esquinas.

NÃO CONFORMIDADES
POR USO:

1. Pichação.
2. Pisoteios.
3. Grelha quebrada.
4. Lixo acumulado.
5. Lixo, excrementos, mau cheiro.
6. Desgaste e quebras por *skates*.
7. Pisoteios e árvores destruídas.
8. Lixo, restos de roupas, colchão, fogo, comida.
9. Pisoteios.
10. Pisoteios e caminho aberto no jardim.

PRAÇA JÚLIO PRESTES
NÃO CONFORMIDADES
Levantamento: 2002
JP 7

1. Não conformidade por projeto e uso. Esquina da rua Dino Bueno com a avenida Duque de Caxias: calçada estreita e canteiro alto acentuam as barreiras visuais e físicas. Vandalismo na mureta (4 de setembro de 2002).

2. Não conformidade por projeto e manutenção. Rua lateral: estacionamento de zona azul. Grama não resiste ao pisoteio dos motoristas. Terra exposta (4 de setembro de 2002).

3. Não conformidades por projeto, manutenção e uso. Esquina fechada por flores *(Agapanthus)*. Sujeira e falta de manutenção. O pisoteio demonstra o fluxo "natural" dos caminhos mais curtos (8 de março de 2002).

4. Não conformidade por projeto e uso. Esquina com a avenida Duque de Caxias: vegetação arbustiva, como o capim-dos-pampas, cria barreiras visuais e impede a expansão da calçada. Pisoteio no canteiro para chegar à mureta. Barracas de ambulantes na calçada (4 de setembro de 2002).

PRAÇA JÚLIO PRESTES

NÃO CONFORMIDADES

Fotos: Sun Alex

JP 8

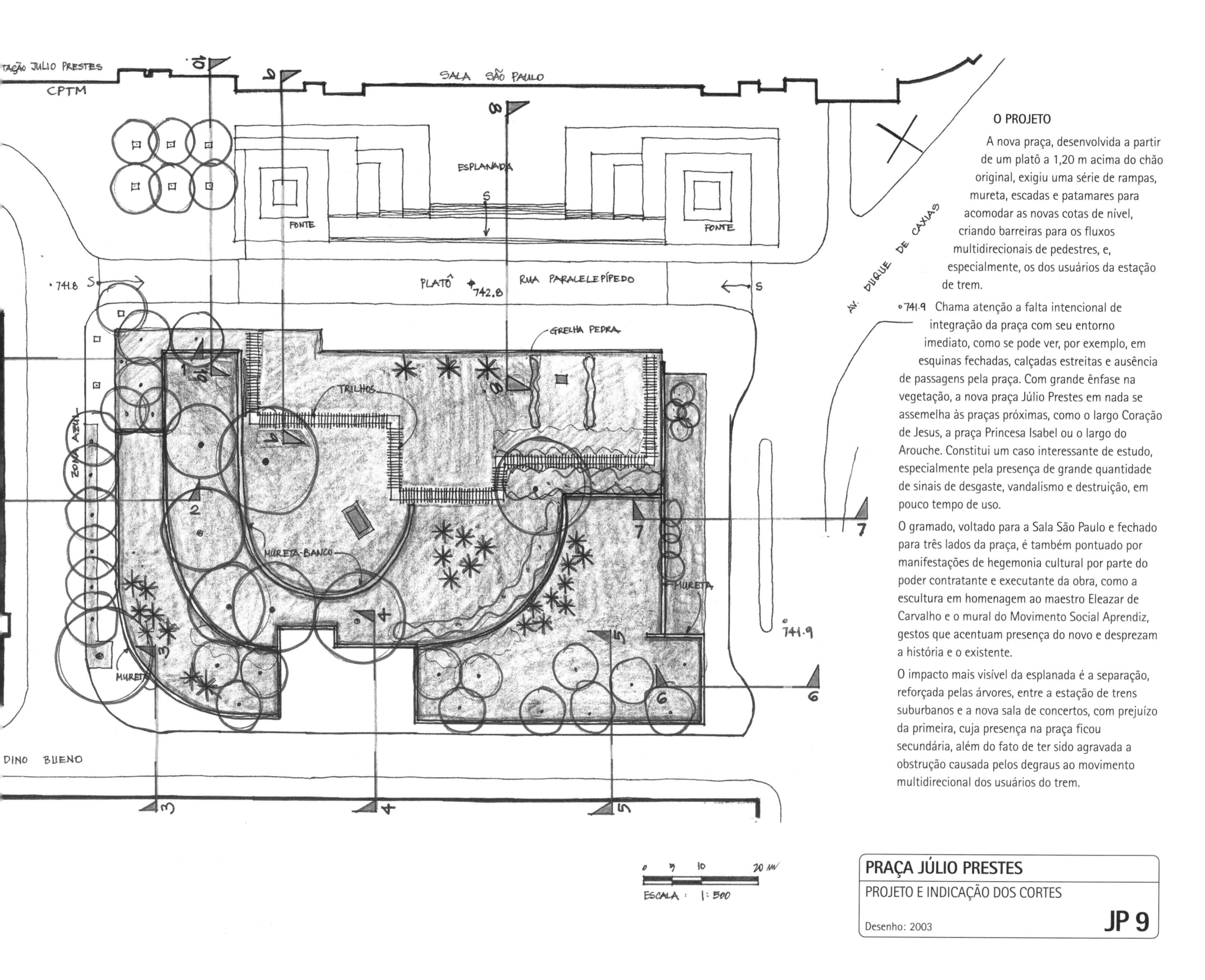

O PROJETO

A nova praça, desenvolvida a partir de um platô a 1,20 m acima do chão original, exigiu uma série de rampas, mureta, escadas e patamares para acomodar as novas cotas de nível, criando barreiras para os fluxos multidirecionais de pedestres, e, especialmente, os dos usuários da estação de trem.

Chama atenção a falta intencional de integração da praça com seu entorno imediato, como se pode ver, por exemplo, em esquinas fechadas, calçadas estreitas e ausência de passagens pela praça. Com grande ênfase na vegetação, a nova praça Júlio Prestes em nada se assemelha às praças próximas, como o largo Coração de Jesus, a praça Princesa Isabel ou o largo do Arouche. Constitui um caso interessante de estudo, especialmente pela presença de grande quantidade de sinais de desgaste, vandalismo e destruição, em pouco tempo de uso.

O gramado, voltado para a Sala São Paulo e fechado para três lados da praça, é também pontuado por manifestações de hegemonia cultural por parte do poder contratante e executante da obra, como a escultura em homenagem ao maestro Eleazar de Carvalho e o mural do Movimento Social Aprendiz, gestos que acentuam presença do novo e desprezam a história e o existente.

O impacto mais visível da esplanada é a separação, reforçada pelas árvores, entre a estação de trens suburbanos e a nova sala de concertos, com prejuízo da primeira, cuja presença na praça ficou secundária, além do fato de ter sido agravada a obstrução causada pelos degraus ao movimento multidirecional dos usuários do trem.

PRAÇA JÚLIO PRESTES
PROJETO E INDICAÇÃO DOS CORTES
Desenho: 2003

JP 9

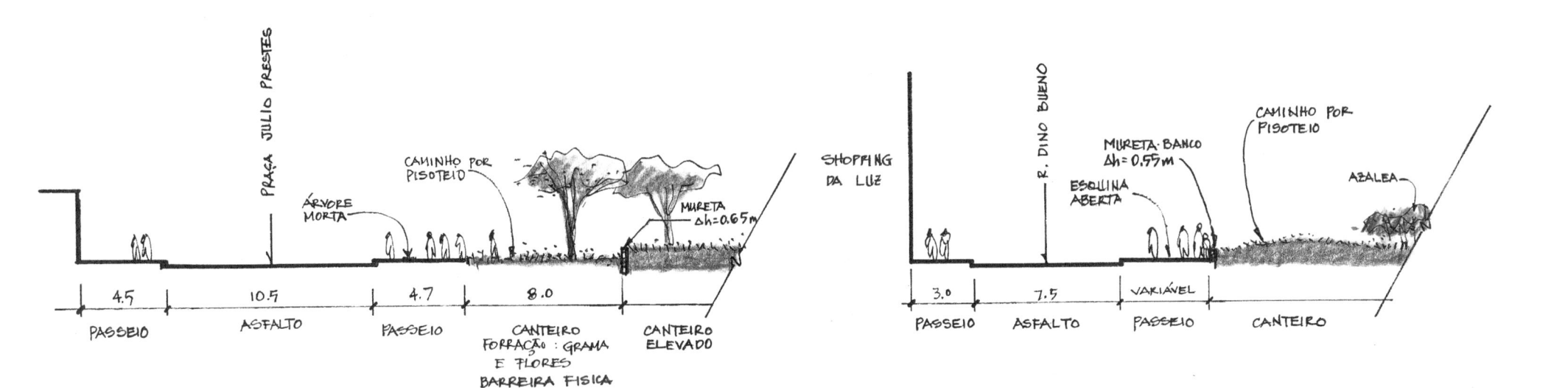

CORTE 1

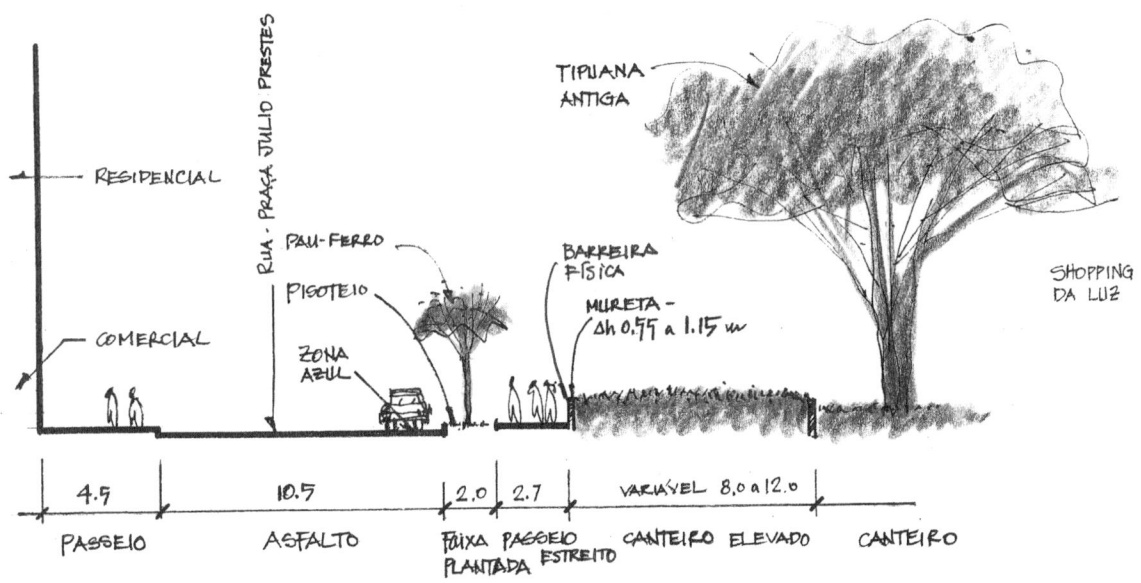

4.5	10.5	4.7	8.0	
PASSEIO	ASFALTO	PASSEIO	CANTEIRO FORRAÇÃO: GRAMA E FLORES BARREIRA FÍSICA	CANTEIRO ELEVADO

Labels: PRAÇA JÚLIO PRESTES; ÁRVORE MORTA; CAMINHO POR PISOTEIO; MURETA Δh=0.65m

CORTE 3

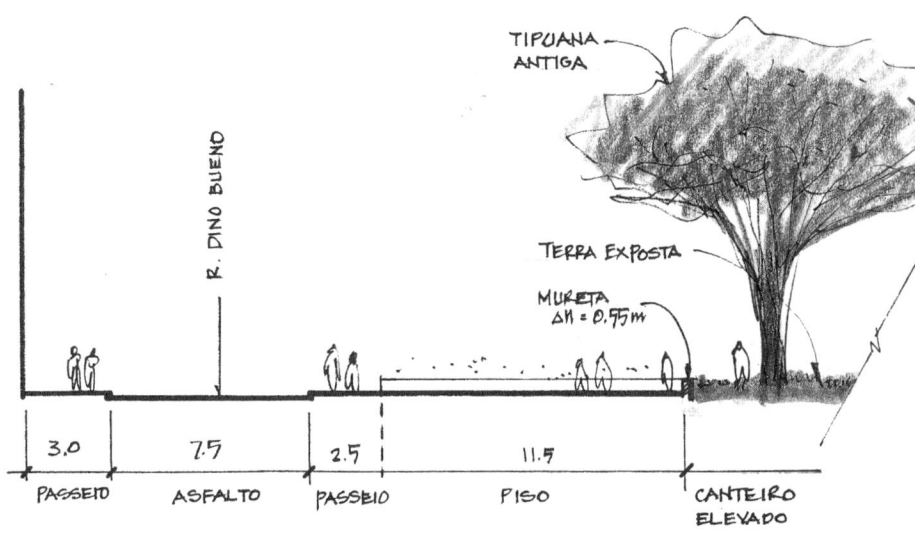

3.0	7.5	VARIÁVEL	
PASSEIO	ASFALTO	PASSEIO	CANTEIRO

Labels: R. DINO BUENO; SHOPPING DA LUZ; ESQUINA ABERTA; MURETA·BANCO Δh=0.55m; CAMINHO POR PISOTEIO; AZALEA

CORTE 2

4.5	10.5	2.0	2.7	VARIÁVEL 8.0 a 12.0	
PASSEIO	ASFALTO	FAIXA PLANTADA	PASSEIO ESTREITO	CANTEIRO ELEVADO	CANTEIRO

Labels: RESIDENCIAL; COMERCIAL; RUA·PRAÇA JÚLIO PRESTES; PAU-FERRO; PISOTEIO; ZONA AZUL; BARREIRA FÍSICA; MURETA - Δh 0.55 a 1.15 m; TIPUANA ANTIGA

CORTE 4

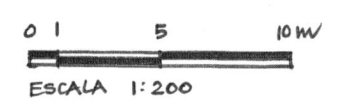

3.0	7.5	2.5	11.5	
PASSEIO	ASFALTO	PASSEIO	PISO	CANTEIRO ELEVADO

Labels: R. DINO BUENO; SHOPPING DA LUZ; TIPUANA ANTIGA; TERRA EXPOSTA; MURETA Δh=0.55m

0 1 5 10 m
ESCALA 1:200

PRAÇA JÚLIO PRESTES
CORTES 1 A 4
Desenho: 2003
JP 10

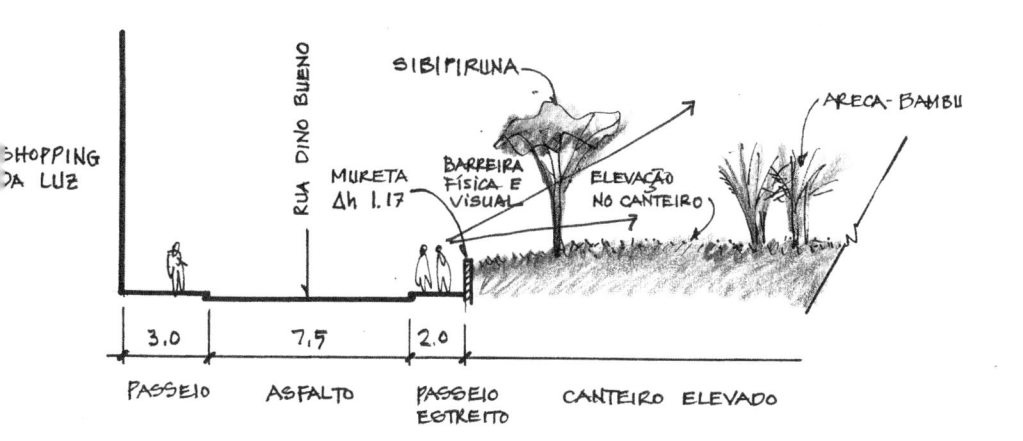

CORTE 5

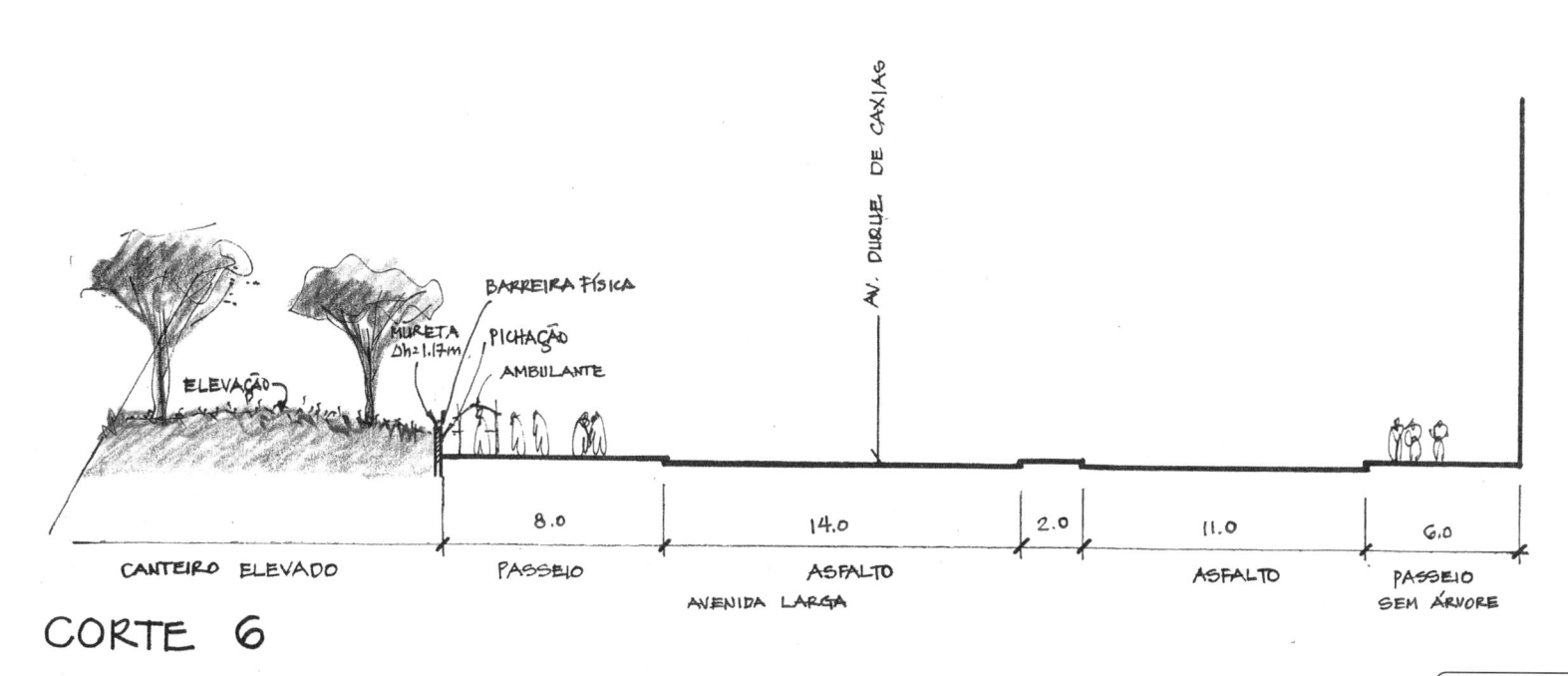

- SHOPPING DA LUZ
- PASSEIO — 3,0
- ASFALTO — 7,5 — RUA DINO BUENO
- PASSEIO ESTREITO — 2,0
- MURETA Δh 1.17
- BARREIRA FÍSICA E VISUAL
- SIBIPIRUNA
- ELEVAÇÃO NO CANTEIRO
- ARECA-BAMBU
- CANTEIRO ELEVADO

CORTE 6

- CANTEIRO ELEVADO
- ELEVAÇÃO
- MURETA Δh=1.17m
- BARREIRA FÍSICA
- PICHAÇÃO
- AMBULANTE
- PASSEIO — 8,0
- ASFALTO — 14,0 — AVENIDA LARGA — AV. DUQUE DE CAXIAS
- 2,0
- ASFALTO — 11,0
- PASSEIO SEM ÁRVORE — 6,0

ESCALA: 1:200

PRAÇA JÚLIO PRESTES
CORTES 5 E 6
Desenho: 2003
JP 11

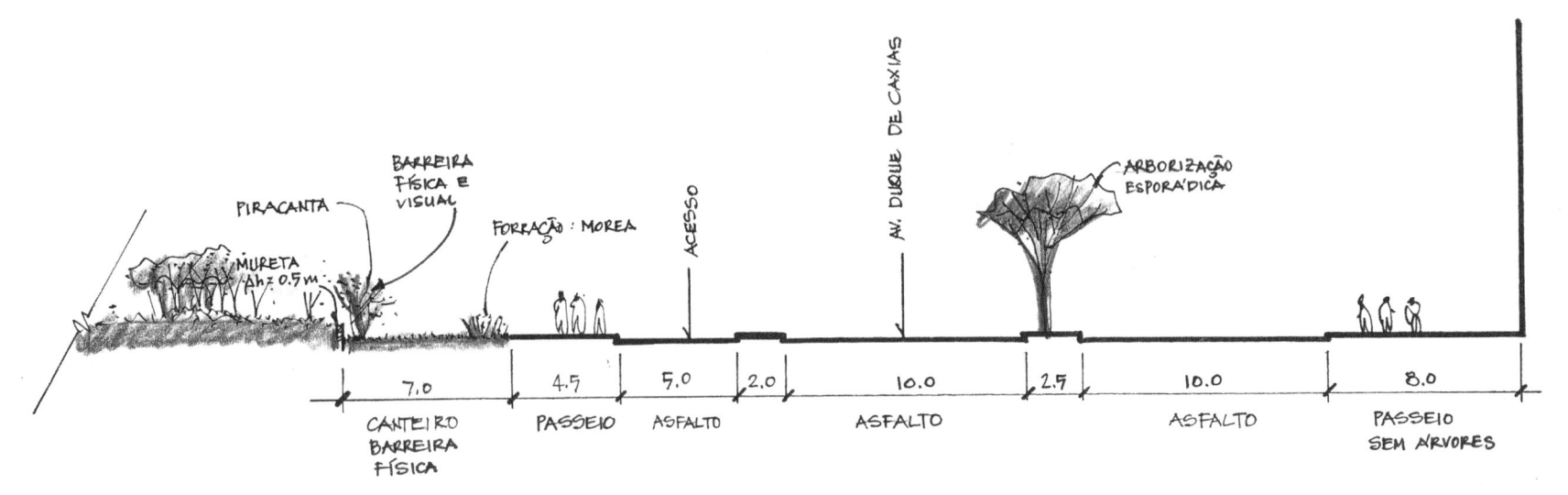

CORTE 7

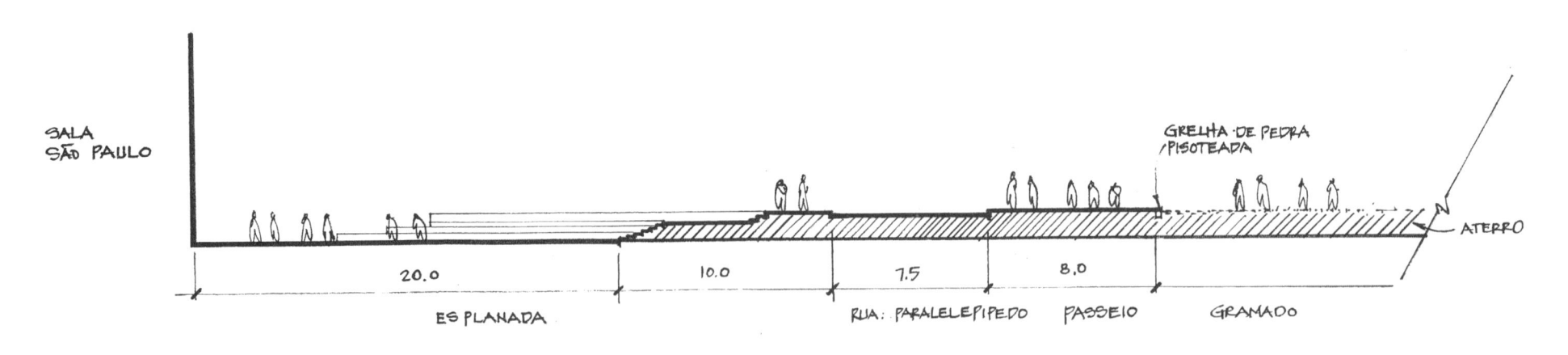

- PIRACANTA
- BARREIRA FÍSICA E VISUAL
- MURETA Δh ≈ 0.5 m
- FORRAÇÃO: MOREA
- ACESSO
- AV. DUQUE DE CAXIAS
- ARBORIZAÇÃO ESPORÁDICA

| 7.0 | 4.5 | 5.0 | 2.0 | 10.0 | 2.5 | 10.0 | 8.0 |

CANTEIRO BARREIRA FÍSICA | PASSEIO | ASFALTO | | ASFALTO | | ASFALTO | PASSEIO SEM ÁRVORES

CORTE 8

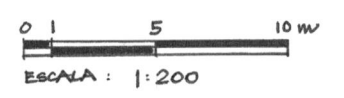

- SALA SÃO PAULO
- GRELHA DE PEDRA / PISOTEADA
- ATERRO

| 20.0 | 10.0 | 7.5 | 8.0 |

ESPLANADA | | RUA: PARALELEPÍPEDO | PASSEIO | GRAMADO

PRAÇA JÚLIO PRESTES
CORTES 7 E 8
Desenho: 2003
ESCALA: 1:200

JP 12

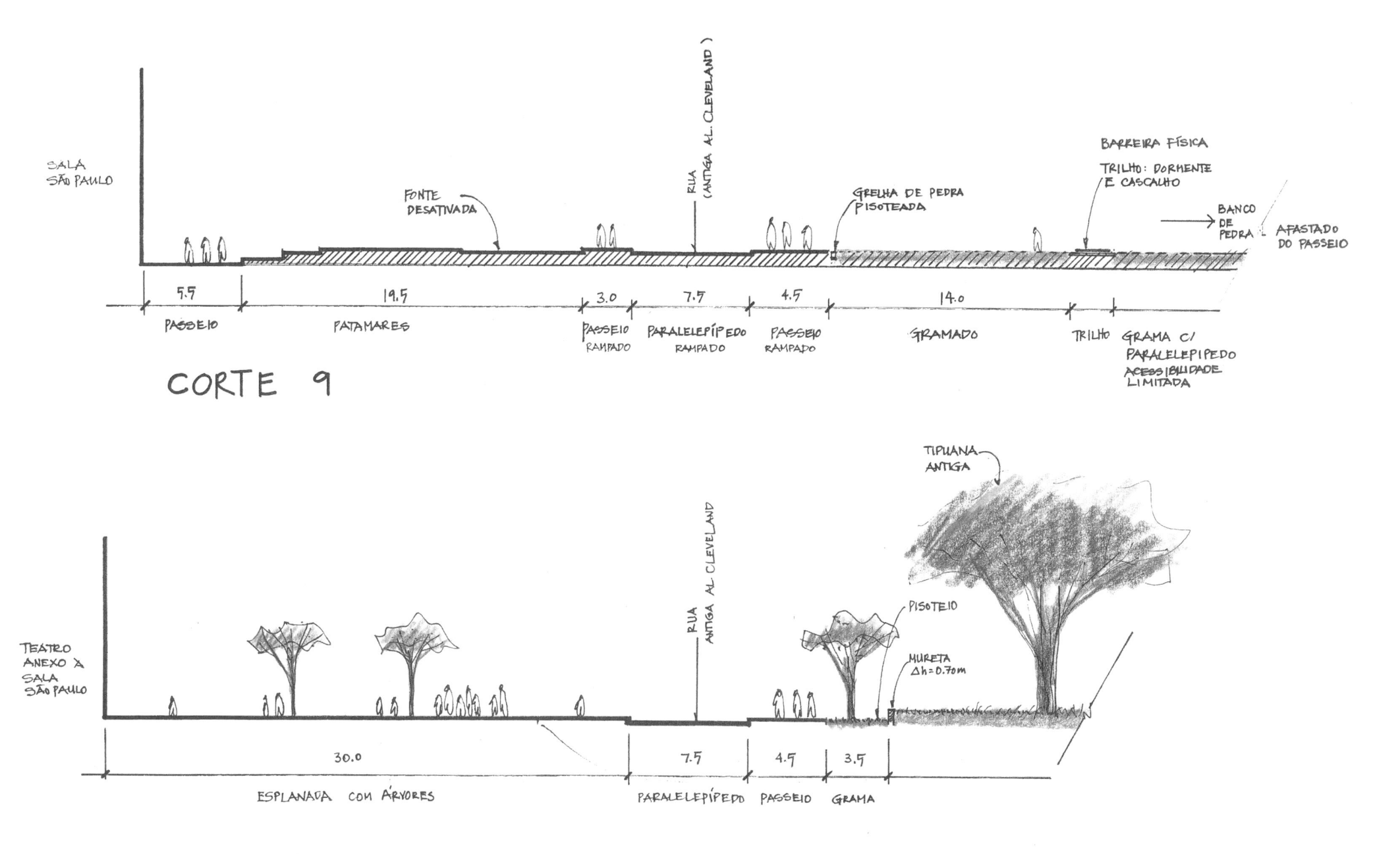

CORTE 9

- SALA SÃO PAULO
- FONTE DESATIVADA
- RUA (ANTIGA AL. CLEVELAND)
- GRELHA DE PEDRA PISOTEADA
- BARREIRA FÍSICA / TRILHO: DORMENTE E CASCALHO
- BANCO DE PEDRA AFASTADO DO PASSEIO

5.5	19.5	3.0	7.5	4.5	14.0		
PASSEIO	PATAMARES	PASSEIO RAMPADO	PARALELEPÍPEDO RAMPADO	PASSEIO RAMPADO	GRAMADO	TRILHO	GRAMA C/ PARALELEPÍPEDO ACESSIBILIDADE LIMITADA

CORTE 10

- TEATRO ANEXO À SALA SÃO PAULO
- RUA ANTIGA AL. CLEVELAND
- TIPUANA ANTIGA
- PISOTEIO
- MURETA Δh = 0.70m

30.0	7.5	4.5	3.5
ESPLANADA COM ÁRVORES	PARALELEPÍPEDO	PASSEIO	GRAMA

ESCALA: 1:200

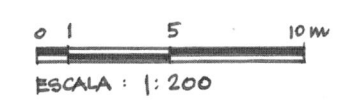

PRAÇA JÚLIO PRESTES
CORTES 9 E 10
Desenho: 2003
JP 13

PRAÇA JÚLIO PRESTES
ALTERNATIVAS: USO, ACESSO E ENTORNO
Desenho: 2003-2004 — JP 14

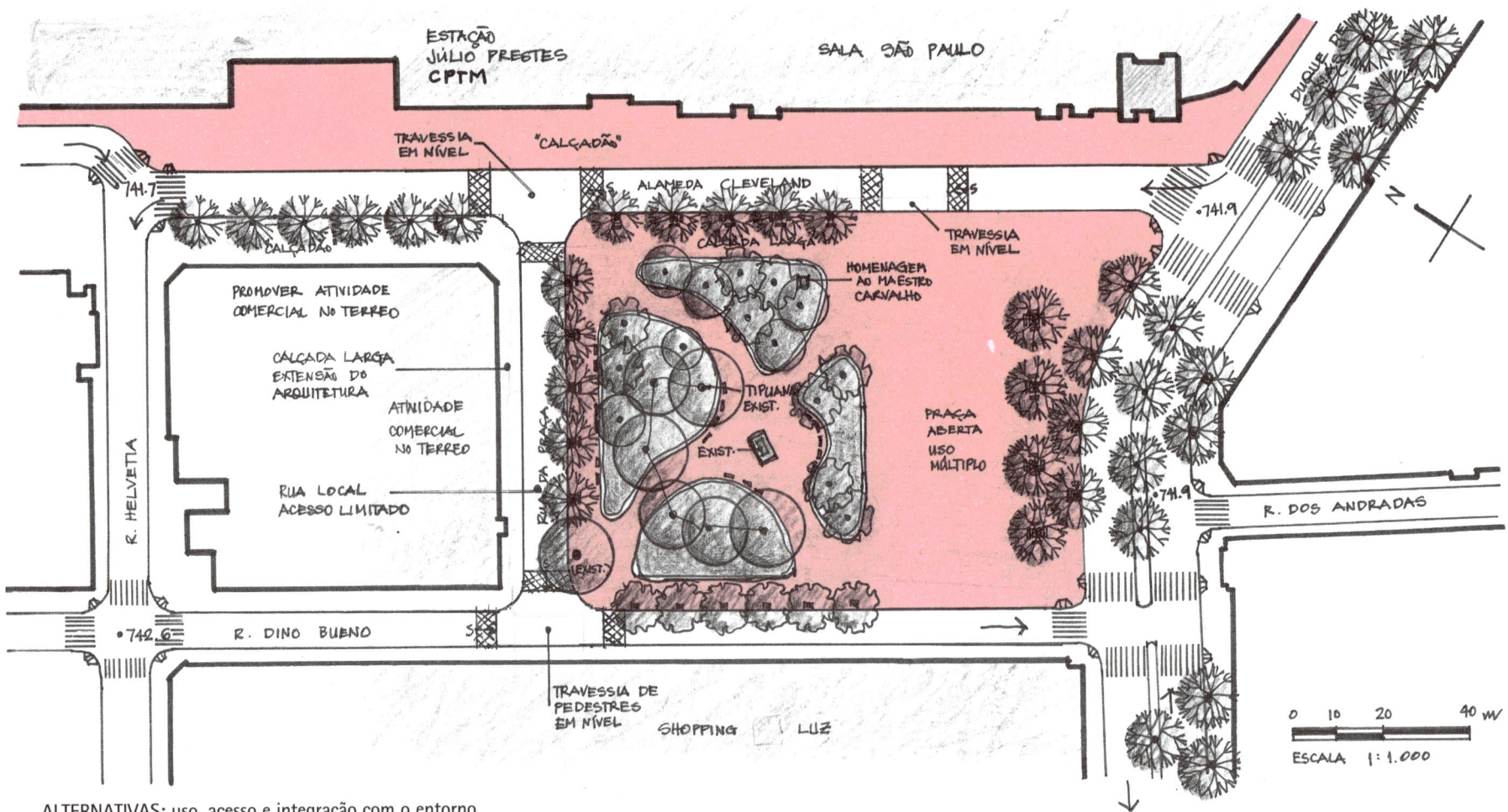

ALTERNATIVAS: uso, acesso e integração com o entorno

Objetivos: aumento de áreas de uso, facilidade de circulação e integração com o entorno.

Propõe-se resgatar o desenho da quadra e a unidade arquitetônica da estação Júlio Prestes/Sala São Paulo a partir da redefinição da alameda Cleveland e da avenida Duque de Caxias.

A avenida Duque de Caxias será recuperada como um grande bulevar ladeado por calçadas largas, com tráfego de veículos nos dois sentidos, separados pela ilha central.

A alameda Cleveland será reaberta como rua de acesso à estação e à sala de concertos. Ao percorrer a extensão da antiga estação e do quarteirão original, a alameda Cleveland, com essa função renovada, restituirá não apenas a integridade do tecido urbano, mas também a monumentalidade do conjunto arquitetônico.

A nova praça é organizada em dois setores. O Setor 1, tratado como um jardim público delimitado por calçadas largas e esquinas abertas, conterá as tipuanas e as esculturas existentes, caminhos diversos e uma variedade de lugares para permanência. A largura do leito carroçável da rua lateral será reduzida para que esta sirva apenas ao trânsito local.

O Setor 2, tratado como uma "praça" aberta de uso múltiplo junto à avenida Duque de Caxias, é uma grande esplanada voltada para a cidade, capaz de articular as principais funções públicas das arquiteturas ao redor: estação de trens, salas de concertos e centros comerciais. Em seu cotidiano, a praça acomodará a circulação multidirecional de pedestres e, nos eventos especiais, espetáculos musicais e manifestações artísticas, feiras de arte e artesanato e desfiles de moda.

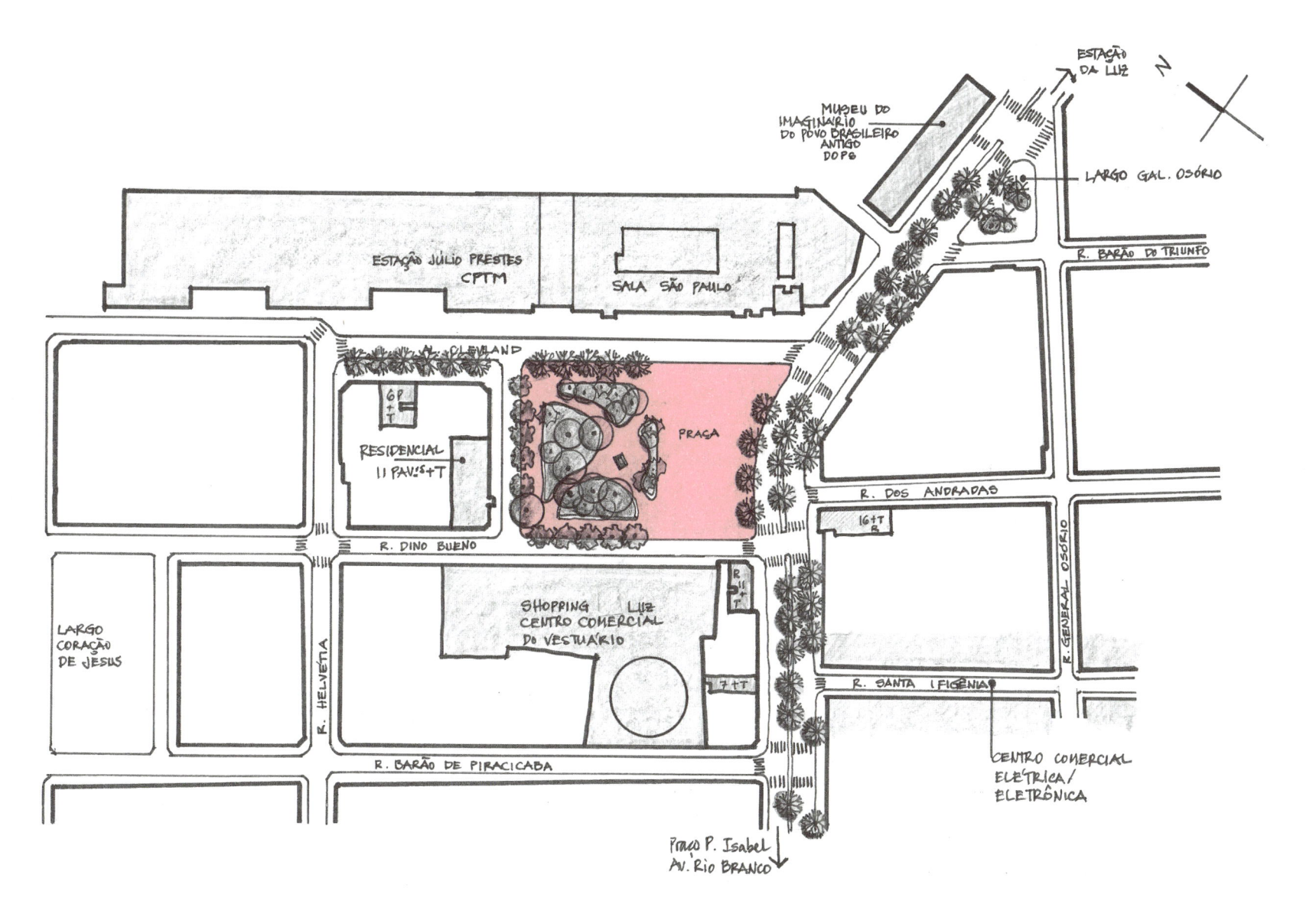

ALTERNATIVAS: articulação do tecido urbano

Essa escala de desenho facilita a visualização da praça como o espaço livre envolvido por edificações, e não o envoltório de edificações, na expressão frequentemente usada pelo paisagismo.

A praça Júlio Prestes não apenas faz parte de um conjunto articulado pela avenida Duque de Caxias, mas também é sua praça principal, isto é, o centro de convergência de fluxos e encontros de uma vizinhança diversificada e dinâmica.

O projeto proposto enfatiza o reconhecimento de uma ordem urbana maior estabelecida por ruas definidas e calçadas largas e contínuas e por um traçado simples, integrado ao entorno e repleto de lugares confortáveis e acessíveis para permanência e uso.

PRAÇA JÚLIO PRESTES
ALTERNATIVAS
TECIDO URBANO
Desenho: 2003-2004

JP 15

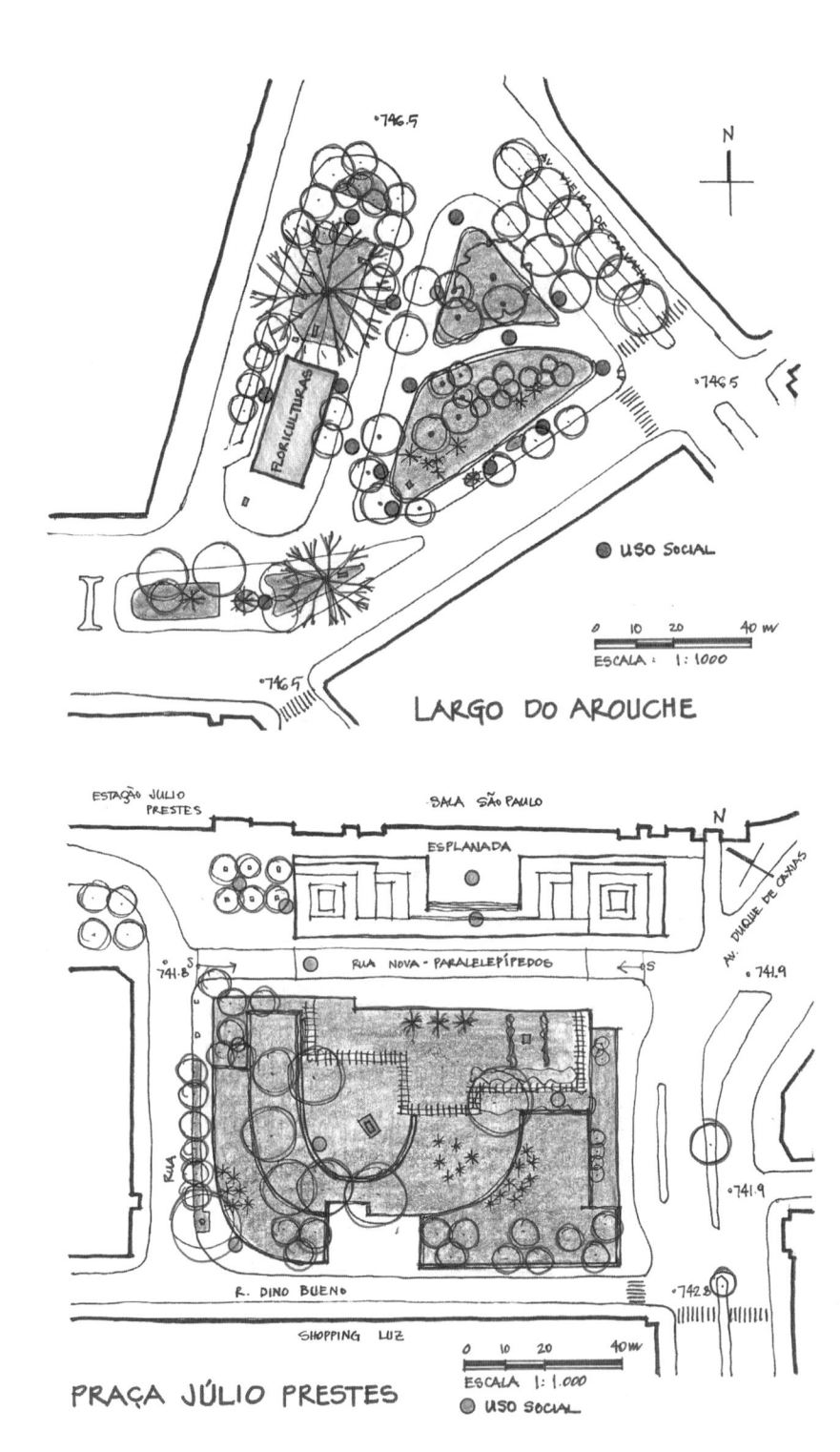

Figura 87. Comparação: Largo do Arouche setor 1 e praça Júlio Prestes.

Comparação: Largo do Arouche setor 1 e praça Júlio Prestes

Largo do Arouche – setor 1 (área aproximada: 7.700 m²)

O setor 1 do largo do Arouche é a adaptação gradual de um jardim público do início do século XX, integrado ao entorno e articulado ao tecido urbano, com distribuição harmoniosa de quantidades de pisos, canteiros e arborização. Ordem urbana legível: hierarquia de vias, calçadas largas, caminhos internos articulados e transparência visual. Há numerosas opções de uso na praça, principalmente locais para sentar-se, espalhados nas áreas de borda e passagem.

A praça tem utilização intensa, atividades variadas e é frequentada por pessoas diversas. Foram identificados quinze focos sociais associados aos locais em que se desenvolvem as atividades e em pontos de fácil acesso, com bancos ou muretas para sentar-se.

Praça Júlio Prestes (área aproximada: 12.000 m²)

É parcialmente usada e bastante vandalizada. Predominantemente plantada e fechada para o entorno por calçadas estreitas, muretas e muros de arrimo, canteiros, elevações de terra e vegetação arbustiva, a praça oferece poucas opções de uso e possibilidades de passagem. A única opção projetada para atender a função de sentar-se é um grande banco de pedra no centro da praça, de difícil acesso e invisível das esquinas.

O uso não reflete a diversidade de pessoas que podem ter acesso à praça e a dinâmica do entorno. Foram observados quatro focos de contato social na esplanada junto da estação e da Sala São Paulo e apenas dois na praça, um no banco de pedra e outro na calçada da esquina com a rua Dino Bueno. Dentro dos canteiros, havia três pontos de concentração de "moradores de rua".

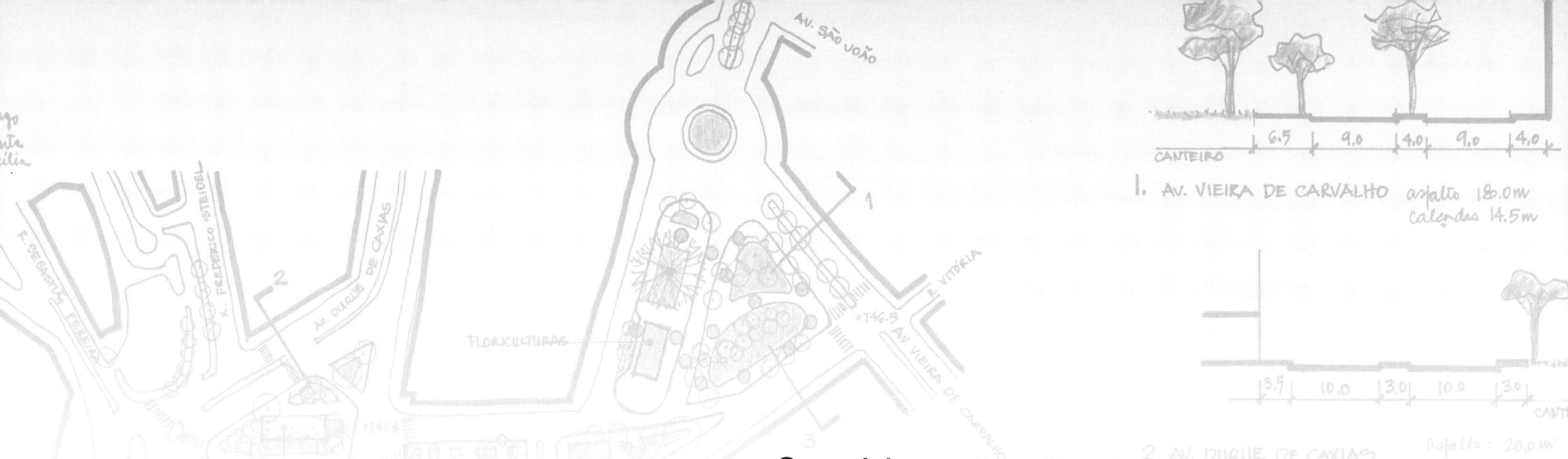

Considerações finais

Com base nos grandes parques românticos urbanos e nas ideias higienistas, a disciplina de paisagismo, desenvolvida predominantemente nos Estados Unidos a partir da segunda metade do século XIX, enfatizou ao longo do século XX o uso do espaço livre público para recreação, esportes, melhoria do ambiente urbano e preservação de recursos naturais. Com a intensa suburbanização e o abandono dos centros urbanos dos anos 1950, novas formas de vida pública proliferaram em espaços privados e semipúblicos – *shopping centers* regionais, *plazas* sobre garagens, calçadões, *pocket parks*, *festival markets* e centros empresariais. A praça, espaço público articulado à rua e à arquitetura, usada para encontros casuais ou atividades múltiplas, praticamente desapareceu do cotidiano americano. Se a multiplicidade de espaços sugere a persistência de vida pública na América, também revela uma sociedade altamente estratificada, com espaços demarcados segundo as necessidades e os anseios dos diferentes grupos sociais.

Concebidos como um antídoto para a vida densa e diversificada da cidade, os parques urbanos americanos, reproduzindo paisagens pastoris, com grandes extensões territoriais e distantes do centro, são a antítese da praça, urbana por definição. Praça é o espaço público da prática da vida pública. Tem papel predominante no desenho e na vida das cidades do mundo mediterrâneo, especialmente em países como Itália,

Espanha e França. Sem o rigor de ordenação das *plazas* da América hispânica, as praças brasileiras compartilham a mesma intenção original de ser foco de convergência de edifícios públicos e ruas, de fluxos de pessoas e atividades sociais.

A bibliografia sobre paisagismo, abundante na área da história de parques e jardins, é escassa quando se trata de praças, cuja presença é insignificante na formação cultural anglo-saxã. Na década de 1960, as publicações pautavam-se pela experiência profissional americana, exaltando o conforto individual ou privativo, como é o caso de *Urban Landscape Design* e *The Art of Home Landscaping*, de Garrett Eckbo;[1] *Cities* e *Freeways*, de Lawrence Halprin;[2] e *Landscape Architecture: a Manual of Site Planning and Design*, de John Ormsbee Simonds.[3] Uma profusão de fotografias, croquis e desenhos técnicos dava forma às ideias e soluções para projetos paisagísticos de várias escalas. A preocupação com a fundamentação teórica do projeto era tema recorrente dos livros de história do paisagismo da década de 1970, destacando-se entre eles *Design on the Land: the Development of Landscape Architecture*, de Norman Newton;[4] *Introduction to Landscape Architecture*, de Michael Laurie;[5] e "The Landscape of Man: Shaping the Environment from Prehistory to the Present Day", de Geoffrey e Susan Jellicoe.[6] Dentro de uma visão abrangente da paisagem, Newton foi o primeiro a sintetizar a experiência do paisagismo e o desenvolvimento da *landscape architecture* e do planejamento urbano nos Estados Unidos. Embora enfatizasse a história tradicional dos jardins como principal referência, ele dedicou um capítulo à *piazza* italiana e chamou a atenção para o sistema de parques, *squares* e *promenades* articulados a avenidas e bulevares de Paris. Quanto a Laurie e os Jellicoe, apesar de oferecerem uma abordagem ampla da paisagem no tempo e no espaço, ignoraram as *piazzas* ou *plazas* em seus livros.

A inserção dos espaços de convívio social no contexto urbano e a emergência de uma atitude positiva em relação à cidade foram abordados em dois trabalhos de não paisagistas na década de 1980: *The Social Life of Small Urban Spaces*, de William Whyte,[7] e *The Politics of Park Design*, de Galen Cranz.[8]

Com base nas observações de *plazas* no *midtown* de Nova York, o sociólogo Whyte concluiu que acesso e opção para sentar-se, mais do que forma, tamanho ou *design*, eram fatores essenciais que determinavam o sucesso de um espaço. Para ele, uma boa *plaza* começa na esquina, como a extensão da rua, e o movimento de pessoas é um de seus maiores espetáculos.

Cranz, também socióloga, classificou a evolução dos parques urbanos americanos em quatro períodos: *pleasure ground* (1859-1900), caracterizado por grandes parques pastoris e por atitudes antiurbanas; *reform parks* (1900-1930), parques menores, próximos aos moradores, com preocupações socioeducacionais; *recreation facility* (1930-1965), equipamentos recreacionais sem propósitos urbanos ou sociais claros; e *open space system* (a partir de 1965), *adventure playgrounds* onde equipamentos de recreação seriam substituídos por "ambientes" estimulantes e *pocket parks*, fragmentos de espaços abertos tratados como pequenos oásis no meio de prédios densamente ocupados. Cranz enfa-

---

[1] Garret Eckbo, *Urban Landscape Design* (Nova York: McGraw Hill, 1964); e *The Art of Home Landscaping* (Nova York: McGraw Hill, 1978 [1965]).
[2] Lawrence Halprin, *Cities* (Nova York: Reinhold, 1963); e *Freeways* (Nova York: Reinhold, 1966).
[3] John Ormsbee Simonds, *Landscape Architecture: a Manual of Site Planning and Design* (3ª ed., Nova York: McGraw Hill, 1998 [1961].
[4] Norman Newton, *Design on the Land: the Development of Landscape Architecture* (Cambridge: Belknap, 1971).
[5] Michael Laurie, *Introduction of Landscape Architecture* (2ª ed., Nova York: Elsevier, 1986).
[6] Geoffrey and Susan Jellicoe, "The Landscape of Man: Shaping the Environment from Prehistory to the Present Day", em *The Journal of the Society of Architectural Historians*, 36 (1), março de 1977, pp. 60-61.
[7] William Whyte, *The Social Life of Small Urban Spaces* (Washington, D.C.: The Conservation Foundation, 1980).
[8] Galen Cranz, *The Politics of Park Design: a History of Urban Parks in America* (Cambridge: The Mit Press, 1982).

tiza a mudança de percepção do espaço livre no período do *open space system*, quando designações de recreação e padrões quantitativos de área por habitante foram abandonados em favor da vivência recreacional e da integração de parques, *playgrounds* e *plazas* em um sistema articulado de espaços abertos.

A partir dos anos 1970, a demolição de obras de arquitetura e urbanismo modernas, como o conjunto habitacional Pruitt-Igoe e as vias expressas de Portland, marcou a mudança de postura em relação aos projetos urbanos nos Estados Unidos. Essa condenação também abalou o domínio do vocabulário do paisagismo moderno consolidado a partir de projetos de jardins particulares e espaços semiprivados. Em 1983, com apenas catorze anos de uso, o premiado projeto da Copley Square de Boston foi substituído por um novo desenho que restituía a praça ao nível das ruas em volta e recuperava calçadas, passagens internas largas e o espaço livre para usos múltiplos. A praça pública, assim, desempenharia não apenas atividades, mas também se integraria com o entorno e se articularia ao tecido urbano.

O paisagismo atual ainda está dominado pelo "recreacionismo" e pelo "verdismo", desprezando a combinação de uso múltiplo, acesso público e articulação com o tecido urbano como critério básico para o projeto de praças públicas. Em *People Places: Design Guidelines for Urban Open Spaces*, Clare Cooper-Marcus e Carolyn Francis[9] classificaram a Union Square de *urban plaza* e a Portsmouth Square de *neighborhood park*. Localizadas na área central de São Francisco, as duas praças são próximas e inseridas em entornos densos e diversificados. A categorização formulada por Cooper-Marcus e Francis define a *plaza*, "predominantemente pavimentada", na escala mais pública da cidade, e o *park*, "plantado", na escala local da vizinhança. É a óptica paisagística distorcida que distingue *plaza* e *park* com base na quantidade de piso ou grama e agrega valores "suburbanos" na associação com os termos *urban* e *neighborhood* para sugerir usos preconcebidos e induzir avaliações, por exemplo, considerar positiva a existência de área livre central para eventos públicos na Union Square e negativa a carência do "verde característico" do *park* na Portsmouth Square.

Na bibliografia do paisagismo moderno brasileiro, o uso dos termos "praça" ou "parque" suscita não apenas questões conceituais similares às de *plaza* ou *park*, mas também de tradução. Na ausência do termo "praça", as publicações em inglês costumam designar a maioria de suas áreas livres de alguma forma de *park*, como *central park*, *downtown park*, *neighborhood park*, *mini-park* e *vest-pocket park*.

Em *Parques urbanos de São Paulo*, Rosa Kliass[10] considera a praça da República – um jardim público semelhante aos *squares* parisienses projetados por Alphand na segunda metade do século XIX – um parque urbano. Enfatizando o verde e a recreação, a designação "parque" legitimaria a eliminação de funções definidoras da praça, como acesso livre, uso múltiplo, integração com o entorno e articulação com o tecido urbano, isto é, a redução da "publicidade" da praça. Entretanto, a nomenclatura "praça" não impediu que as duas maiores praças modernas de São Paulo, Roosevelt (1970) e Sé-Clóvis (1979), fossem pouco acessíveis e bastante desintegradas das ruas e da arquitetura ao redor.

Considerando o projeto, a conservação, o uso, a diversidade de usuários e a interação social, nossa análise de seis praças representativas de projetos das últimas seis décadas na área central de São Paulo encontrou apenas duas e parte de uma terceira com desempenhos satisfatórios. Inseridos em entornos similares e em um arco temporal significativo da cidade e do paisagismo brasileiro, e apesar da quantidade limitada, os projetos avaliados revelaram o impacto do desenho sobre o uso e evidenciaram a progressiva desvinculação das praças do tecido urbano em redor.

---

[9] Clare Cooper-Marcus e Carolyn Francis (orgs.), *People Places: Design Guidelines for Urban Open Spaces* (Nova York: Vam Nostrand Reinhold, 1990).

[10] Rosa Kliass, *Parques urbanos de São Paulo* (São Paulo: Pini, 1993).

As praças da Liberdade e Dom José Gaspar e o largo do Arouche apresentaram intenso uso social em determinados horários e em dias variados. Nesses locais funcionam pequenos comércios, desde as típicas bancas de jornal até sebos, barracas de venda de objetos e comida e floriculturas. Além de caminhos, canteiros e vegetação, esculturas e bustos, havia grande variedade de lugares de fácil acesso e disponibilidade para descansar, namorar e conversar – o que confirma a universalidade das observações de Whyte a respeito da vida social nos pequenos espaços urbanos.

Outros aspectos comuns às praças bem usadas são o tamanho relativamente pequeno, compatível com o dos quarteirões vizinhos, a delimitação clara por ruas, a definição espacial pela arquitetura e, especialmente, as calçadas largas, integradas ao sistema de circulação contínua de pedestres. Isto é, as praças de convívio, acessíveis e com opções de uso eram também integradas ao entorno e articuladas às ruas ao redor.

As praças de uso social deficitário – Roosevelt, Santa Cecília, Júlio Prestes e parte da Dom José Gaspar e do largo do Arouche –, além do acesso difícil e da falta de opções de uso, eram também pouco integradas ao entorno e desarticuladas do sistema de ruas. Fechamento de praças, bloqueio de caminhos e retirada de bancos foram algumas das estratégias adotadas pela gestão municipal para desencorajar a presença do público. Novas formas de utilização do espaço, como as "praças do metrô", não apenas reduziram o caráter abrangente da praça "da cidade", como também dissimularam a separação entre o público e o privado. Sob o apelativo pretexto da segurança, a recém-inaugurada Júlio Prestes, fechada para o entorno por meio de muretas e canteiros elevados, foi projetada para impedir a população de cruzá-la ou mesmo passear ao seu redor, negando de vez o caráter público da praça.

Invariavelmente, era a transformação do entorno e a deficiência do design que impediam o acesso público e desencorajavam o convívio nessas praças, e não simplesmente a falta de construções, vegetação ou equipamentos. A descaracterização das praças, acentuada a partir dos anos 1950, deve-se não apenas à introdução de inovações funcionais e formais influenciadas pelo paisagismo moderno americano, mas também às transformações do tecido urbano introduzidas por um modelo de planejamento e gestão do espaço da cidade que prioriza o sistema viário e a engenharia de tráfego, induzindo, por exemplo, à transformação da avenida São Luís em uma quase rodovia urbana de sentido único e velocidade permitida de até 60 km por hora.

Os estudos de praças ressaltaram diferenças de abordagem de projeto e de gestão até do mesmo lugar, evidenciando inconsistências da administração pública que acentuam desigualdades ambientais e sociais nos territórios da cidade e, especialmente, a ausência de códigos urbanísticos no espaço público, como dimensionamento das calçadas e acessibilidade universal, que garantam a continuidade e o conforto dos caminhos de pedestres. Não bastassem esses percalços, obras viárias e de engenharia de tráfego desintegraram o largo do Arouche, mutilando-o com ruas largas, produziram barreiras físicas e visuais na praça Roosevelt, desfigurando suas esquinas com acessos ao complexo viário e buracos de ventilação, e criaram espaços incongruentes e fragmentados na Santa Cecília, envolvendo-a com vias elevadas e rampas de saída.

Além de acompanhar e adaptar as preocupações ambientais e estéticas estrangeiras do momento, as mudanças de estilo de projeto evidenciaram a perda de "publicidade" das praças. Isso se nota na transição dos jardins públicos – com passagens internas integradas às calçadas e ruas, remanescentes da influência do urbanismo francês da segunda metade do século XIX, como o largo do Arouche e a praça Dom José Gaspar – para as "praças-destinação", isoladas, programadas, equipadas e subdivididas, influenciadas pelo paisagismo moderno americano, como a Roosevelt, a Liberdade e a Santa Cecília. Sem ser um jardim público tradicional nem uma praça funcional moderna, a praça Júlio Prestes consagra a arbitrariedade no trato do espaço público e o aumento de lugares hierarquizados e apartados na cidade.

O uso do desenho, instrumento de investigação e comunicação, permitiu percorrer e visualizar com rapidez múltiplas escalas dos projetos – levantamento, análise, avaliação e proposição –, e foi fundamental para identificar relações com o tecido urbano e o entorno imediato, localizar os "problemas" de uso e acesso e gerar alternativas de intervenção em diferentes escalas. A sistematização de múltiplas escalas de abordagem e intervenção serviu não apenas para compreender desde o contexto até o detalhe de cada praça, como também para verificar a validade das propostas e seu impacto nas diversas instâncias do espaço urbano. O vaivém das escalas, do geral ao particular e do particular ao geral, comprovou ser instrumental tanto para a análise do existente como para a elaboração de propostas. Os croquis, esboços ágeis e esquemáticos, carregando informações necessárias para cada escala da problemática, demonstram ser eficazes para o estudo e a comparação de projetos e alternativas e, especialmente, para registrar um processo de trabalho e uma trajetória de prancheta.

O percorrer das praças históricas, parques urbanos, projetos modernos americanos do pós-guerra às praças da área central de São Paulo revelou diferenças culturais na formação dos modelos espaciais e identificou influências e riscos de transposição de valores estéticos ao projeto do espaço público.

A partir dos anos 1960, os projetos ostentaram uma crescente preocupação com o design "interno" imbuído de programas funcionais, acessos controlados e desconsideração com o entorno. Acompanhados de discursos técnico-científicos pouco contestados, os projetos valorizaram a estética do paisagismo moderno americano nos primeiros momentos e incorporaram, a partir da década de 1980, um "verdismo" higienista mais contundente que o do século XIX e, recentemente, demandas universalizantes, como permeabilidade do solo e segurança. A cada inserção de novos valores, produziram-se praças mais fechadas ao acesso público e restritas ao uso coletivo, afastando, sob o acúmulo de atribuições, como recreação ou infraestrutura urbana, a praça de suas funções essenciais originais: convívio social e articulação do tecido urbano.

Se o clima político dos anos 1960 favoreceu o surgimento de praças inacessíveis como a Roosevelt, a redemocratização iniciada a partir dos anos 1980 não fez da Santa Cecília uma praça mais convidativa ao uso nem integrada a seu entorno. Ao contrário, a concentração dos "excluídos" pelo sistema econômico e social levaria a seu fechamento no início da década de 1990; assim como a plenitude democrática do final do século XX produziria a Júlio Prestes, a mais fechada das seis praças analisadas, embora esteja localizada em frente a uma estação terminal de trens metropolitanos integrados ao sistema de metrô, com um entorno diversificado e dinâmico que inclui salas de concerto, habitações, centros comerciais, museus e escolas.

Arraigadas na formação de nossas cidades e em nossa cultura popular, as praças, urbanas por definição, são lugares públicos de encontro e convívio de grupos sociais diferentes, isto é, de construção da cidadania e da democracia. Os estudos mostraram que os espaços acessíveis e adaptáveis nas praças são frequentemente usados, e esse uso não apenas satisfaz aspirações individuais, como descanso ou esporte, mas também promove o contato entre estranhos, estimula atividades variadas no entorno e, especialmente, consolida a presença e a permanência do lugar. Em contrapartida, projetos deficientes, manutenção precária e negligência da gestão pública da praça e do espaço da cidade contribuem para a perda de referenciais comuns, a exemplo do significado público e da legibilidade da paisagem urbana. Essa deterioração em nada favorece a solução de conflitos sociais ou a preservação do patrimônio público.

O desuso das praças acarreta a perda de oportunidades de sociabilização e de fortalecimento da cidadania, contribuindo para o aumento da dependência de espaços privados para a prática da vida pública e, consequentemente, das desigualdades sociais e da exclusão. Garantir o acesso público e o uso coletivo – condições essenciais para promover a vida pública nas praças – é um desafio e uma responsabilidade para a cidade e para o paisagismo.

A estreita vinculação do uso com o acesso e a integração com o entorno são os elementos definidores mais fundamentais da praça e a articulação com o tecido urbano um de seus papéis mais relevantes na construção da paisagem da cidade.

Resgatar o significado urbano da praça requer a restituição de certa "neutralidade" do desenho tanto para revelar "ordens urbanas" estabelecidas pela definição e articulação de calçadas, ruas, quarteirões, edificações e espaços abertos, como para promover usos sociais múltiplos e adaptáveis. Não se trata, portanto, de meras intervenções cosméticas, como a troca de espécimes vegetais ou a substituição de estilos, e sim de assegurar a continuidade dos espaços públicos e da vida pública.

Multiescalar por natureza, o projeto de paisagismo (não apenas *landscape architecture*, mas também *landscape urbanism*), integrando design e urbanismo, pode contribuir, sempre, para ampliar o acesso público e o uso coletivo das praças, promover a integração com seu entorno e a articulação do tecido urbano e, com isso, desenvolver desenhos da cidade que propiciem um modo de vida mais democrático, diversificado e justo.

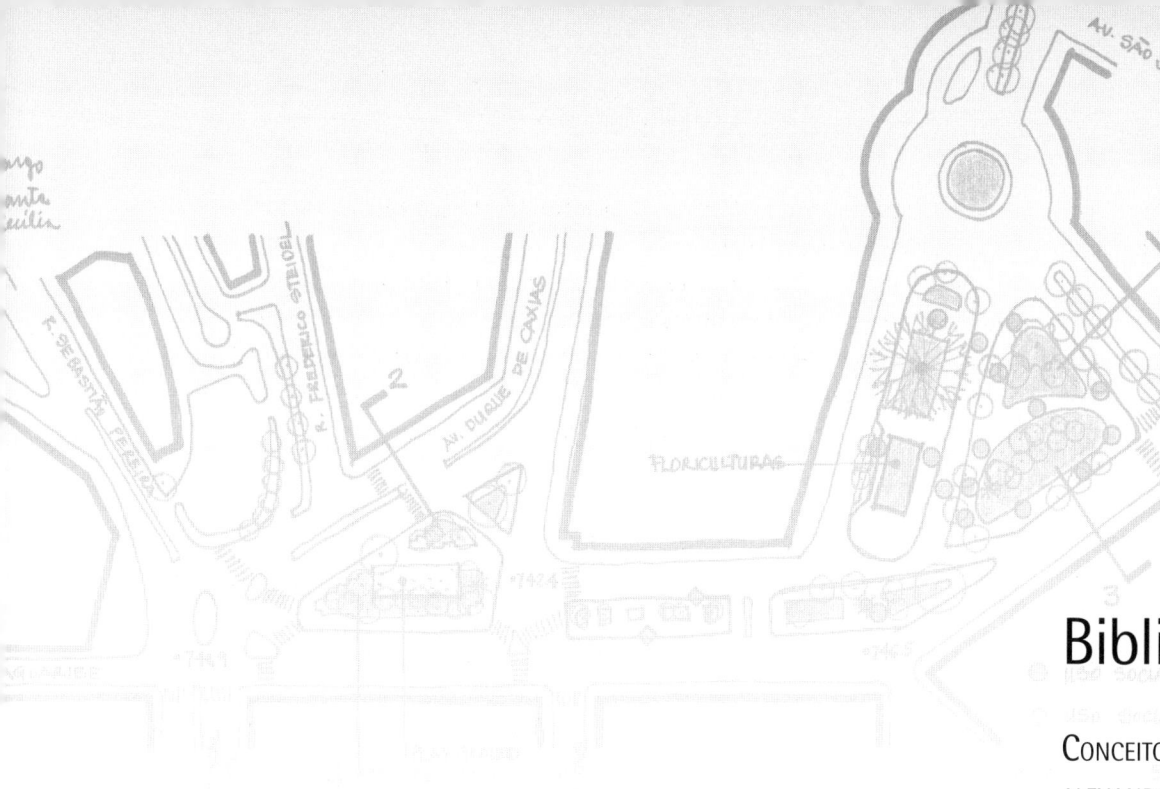

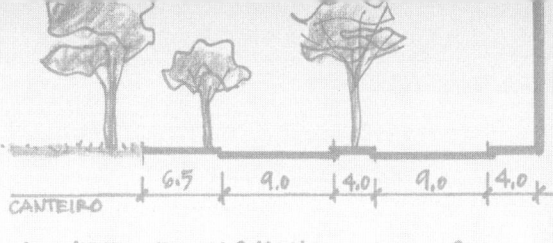

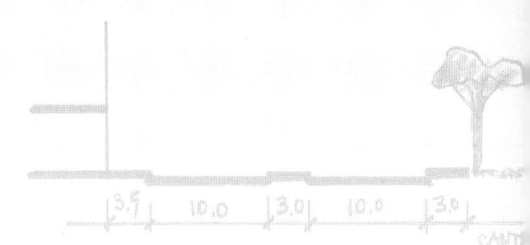

Bibliografia

Conceitos gerais de cidade e projetos de espaços públicos

ALEXANDER, Christopher et al. *A Pattern Language: Towns, Buildings, Constructions.* Nova York: Oxford University Press, 1977.

ALTMAN, Irwin & ZUBE, Ervin H. (orgs.). *Public Places and Spaces.* Nova York: Plenum, 1989.

BANHAM, Reyner. *Los Angeles: the Architecture of Four Ecologies.* Londres: Penguin, 1987 [1971].

BALFOUR, Alan. "What is Public in Landscape?" Em CORNER, James (org.). *Recovering Landscape: Essays in Contemporary Landscape Architecture.* Nova York: Princeton Architectural Press, 1999.

BARNETT, Jonathan. *An Introduction to Urban Design.* Nova York: Harper & Row, 1982

_____. *The Elusive City: Five Centuries of Design, Ambition and Miscalculation.* Nova York: Harper & Row, 1986.

_____. *The Fractured Metropolis: Improving the New City, Restoring the Old City, Reshaping the Region.* Nova York: Icon, 1995.

BENTLEY, Ian et al. *Entornos vitales: hacia un diseño urbano y arquitectónico más humano. Manual práctico.* Barcelona: Gustavo Gili, 1999.

BRILL, Michael. "An Ontology for Exploring Urban Public Life Today". Em *Places,* 6 (1), Nova York, Design History Foundation, outono de 1989.

_____. "Transformation, Nostalgia and Illusion in Public Life and Public Place". Em ALTMAN, Irwin & ZUBE, Ervin H., *Public Places and Spaces*. Nova York: Plenum, 1989.

CARR, Stephen et al. *Public Space*. Nova York: Cambridge University Press, 1995.

CHIDISTER, Mark. "Public Places, Private Lives: Plazas and the Broader Public". Em *Places* 6 (1), Nova York: Design History Foundation, 1989.

COOPER-MARCUS, Claire & FRANCIS, Carolyn (orgs.). *People Places: Design Guidelines for Urban Open Spaces*. Nova York: Van Nostrand Reinhold, 1990 [Wyley, 1997].

CORNER, James (org.). *Recovering Landscape: Essays in Contemporary Landscape Architecture*. Nova York: Princeton Architectural Press, 1999.

CRANZ, Galen. "Four Models of Municipal Park Design in United States". Em WREDE, S. & ADAMS, W. (orgs.). *Denatured Visions: Landscape and Culture in the Twentieth Century*. Nova York: The Museum of Modern Art, outono de 1991.

_____. *The Politics of Park Design: a History of Urban Parks in America*. Cambridge: The Mit Press, 1982.

CROWFORD, Margaret. "The World in a Shopping Mall", em SORKIN, Michael (org.). *Variation on a Theme Park: the New American City and the End of Public Space*. Nova York: Hill and Wang, 1992.

CULLEN, Gordon. *Paisagem urbana*. Lisboa: Edições 70, 1971.

DAVIS, Mark. *City of Quartz: Excavating the Future in Los Angeles*. Nova York: Vintage, 1992 [1990].

DAVIS, Sam (org.). *The Form of Housing*. Nova York: Van Nostrand Reinhold, 1977.

DENNIS, Court. *Garden: from the French Hôtel to the City of Modern Architecture*. Cambridge: The MIT Press, 1988.

DUANY, Andres et al. *Suburban Nation: the Rise and the Decline of the American Dream*. Nova York: North Point, 2000.

ECKBO, Garrett. "Pilgrim's Progress". Em TREIB, Marc (org.). *Modern Landscape Architecture: a Critical Review*. Cambridge: The MIT Press, 1993.

_____. *The Art of Home Landscaping*. Nova York: McGraw Hill, 1978 [1965].

_____. *Urban Landscape Design*. Nova York: McGraw Hill, 1964.

ESCUELA T. S. DE ARQUITECTURA DE MADRID. *La expresión arquitectónica de la Plaza Mayor de Madrid a través del lenguaje gráfico*. Madri: Colegio Oficial de Arquitectos de Madrid, 1982.

FEIN, Albert. "The American City: the Ideal and the Real". Em KAUFFMANN JR., Edgar (org.). *The Rise of an American Architecture*. Nova York: The Metropolitan Museum of Art/Praeger, 1970.

GIROUARD, Mark. *Cities and People: a Social and Architectural History*. New Haven: Yale University Press, 1985.

GOMARIZ, Pancrácio C. *Plazas y plazuelas de Madrid*. Madri: Al y Mar, 1999.

GOODMAN, Robert. *Después de los urbanistas? Qué?* Madri: H. Blume, 1977.

HALL, Lie. *Olmsted's America: an "Unpractical" Man and his Vision of Civilization*. Nova York: Bulfinch, 1995.

HALL, Peter. *Cities of Tomorrow: an Intellectual History of Urban Planning and Design in the Twentieth Century*. Oxford: Blackwell, 1993 [1988].

HALPRIN, Lawrence. *Cities*. Nova York: Reinhold, 1966.

_____. *Freeways*. Nova York: Reinhold, 1966.

HEDMAN, Richard & JASZEWSKI, Andrew. *Fundamentals of Urban Design*. Washington, D.C.: American Planning Association, 1984.

HESTER, Randolph Jr. "Social Values in Open Space Design". Em *Places*, 6 (1), Nova York, Design History Foundation, outono de 1989.

HUGHES, Robert. "American Vision". Em *Time Magazine*, ed. esp. Nova York: Time, primavera de 1997.

JACKSON, J. B. "The American Public Space". Em GLAZER, Nathan & LILLA, Mark (orgs.). *The Public Face of Architecture*. Nova York: Free Press, 1987.

_____. "The Discovery of the Street". Em GLAZER, Nathan & LILLA, Mark (orgs.). *The Public Face of Architecture*. Nova York: Free Press, 1987.

_____. "The Past and Future Park". Em WREDE, Stuart & ADAMS, William Howard (orgs.). *Denatured Visions: Landscape and Culture in the Twentieth Century*. Nova York: The Museum of Modern Art, 1991.

JACOBS, Jane. *The Death and Life of Great American Cities*. Nova York: Vintage Books, 1992 [1961].

JELLICOE, Geoffrey & JELLICOE, Susan. *The Landscape of Man: Shaping the Environments from Prehistory to the Present Day*. Nova York: Thames and Hudson, 1987 (ed. rev.).

JOHNSON, Jory. *Modern Landscape Architecture: Redefining the Garden*. Nova York: Abbeville, 1991.

_____. "Modernism Reconsidered". Em *Landscape Architecture Magazine*, novembro de 1999.

KATO, Akinori. "The Plaza in Italian Culture". Em *Process*, nº 16, "Plazas of Southern Europe". Toquio: Process Architecture, 1980.

KAYDEN, Jerold. The New York City Department of City Planning & The Municipal Art Society of New York. *Privately Owned Public Space: the New York City Experience*. Nova York: John Willey & Sons, 2000.

KOSTOF, Spiro. *The City Assembled: the Elements of Urban through History*. Boston: Bulfinch, 1999 [1992].

_____. *The City Shaped: Urban Patterns and Meaning through History*. Boston: Bulfinch, 1991.

KRIEGER, Alex & GREEN, Lisa. *Past Future: Two Centuries of Imagining Boston*. Cambridge: Harvard University Graduate School of Design, 1985.

KUNSTLER, James H. *The City in Mind: Notes on the Urban Conditions*. Nova York: The Free Press, 2001.

_____. *The Geography of Nowhere: the Rise and Decline of America's Man Made Landscape*. Nova York: Touchstone, 1994.

LAMAS, José M. *Morfologia urbana e desenho da cidade*. Lisboa: Calouste Gulbenkian/Junta Nacional de Investigação Científica e Tecnológica, 1993.

LAURIE, Michael. *An Introduction to Landscape Architecture*. 2ª ed. Nova York: Elsevier, 1986.

_____. "Ecology and Aesthetics". Em *Places*, 6 (1), Nova York, Design History Foundation, outono de 1989.

_____. "Thomas Church, California Gardens, and Public Landscapes". Em TREIB, Marc (org.). *Modern Landscape Architecture: a Critical Review*. Cambridge: The MIT Press, 1993.

LAURIE, Michael & STREATFIELD, David (colab.). *75 Years of Landscape Architecture at Berkeley: a Informal History*. Part II: Recent Years. Berkeley: Department of Landscape Architecture of University of California in Berkeley, 1992.

LE GOFF, Jacques. *Por amor às cidades*. São Paulo: Unesp, 1998.

LEFÈBVRE, Henri. *O direito à cidade*. São Paulo: Documentos, 1969.

LENNARD, Suzanne H. Crowhurst & LENNARD, Henry L. *Public Life in Urban Places*. Southampton: Gondolier Press, 1984.

LOFLAND, Lyn H. "The Morality of Public Life: the Emergence and Continuation of a Debate". Em *Places*, 6 (1), Nova York: Design History Foundation, 1989.

LOW, Setha M. *On the Plaza: the Politics of Public Space and Culture*. Austin: The University of Texas Press, 2000.

LOUKAITOU-SIDERIS, Anastasia & BANERJEE, Tridib. *Urban Design Downtown: Poetics and Politics of Form*. Berkeley: University of California Press, 1998.

LYNCH, Kevin. *Good City Form*. Cambridge: The MIT Press, 1987 [1981].

MARCECA, Maria Luisa. "Reservoir, Circulation, Residue. J. C. A. Alphand, Technological Beauty and the Green City". Em *Lotus International, Revista Trimestrale de Architettura*, nº 30, Milão: Electa, 1981.

MEYER, Elizabeth. "Preservation in the Age of Ecology: Post-World War II Built Landscapes". Em BIRNBAUM, C. (org.). *Preservating Modern Landscape Architecture: Papers from the Wave-Hill-National Park Service. Conference*. Cambridge: Spacemaker Press, 1999.

MUGERAUER, Robert. *Interpreting Environments: Tradition, Deconstruction, Hermeneutics*. Austin: University of Texas Press, 1995.

MUMFORD, Lewis. *A cidade na história: suas origens, transformações e perspectivas*. São Paulo/Brasília: Martins Fontes/UnB, 1982 [1961].

NEWTON, Norman T. *Design on the Land: the Development of Landscape Architecture*. Cambridge: Selknap, 1971.

PREISER, Wolfgang F. E. et al. *Post-Occupancy Evaluation*. Nova York: Van Nostrand Reinhold, 1988.

PROJECT FOR PUBLIC SPACES. *How to Turn a Place Around: a Handbook for Successful Public Spaces*. Nova York: Project for Public Spaces, 2000.

ROWE, Peter. *Making a Middle Landscape*. Cambridge: MIT Press, 2000.

RUDOFSKY, Bernard. *Street for People: a Primer for Americans*. Nova York: Van Nostrand Reinhold, 1982 [1969].

RYBCZYNSKI, Witold. *City Life: Urban Expectations in a New World*. Nova York: Harper Collins, 1995.

SCRUTON, Roger. "Public Space and the Classical Vernacular". Em GLAZER, Nathan & LILLA, Mark (orgs.). *The Public Face of Architecture*. Nova York: Free Press, 1987.

SENNETT, Richard. *The Fall of Public Man*. Nova York: W. W. Norton, 1992 [1974].

SIMONDS, John Ormsbee. *Landscape Architecture: a Manual of Site Planning and Design*. Nova York: McGraw-Hill, 1983 [1961].

STARR, Roger. "The Motive Behind Olmsted's Park". Em GLAZER, Nathan & LILLA, Mark (orgs.). *The Public Face of Architecture*. Nova York: Free Press, 1987.

TAYLOR, Lisa (org.). *Urban Open Spaces*. Nova York: Cooper-Hewitt Museum/Rizzoli, 1981.

THOMPSON. William J. *The Rebirth of New York City's Bryant Park*. Washington, D.C.: Spacemaker, 1997.

TREIB, Marc. "Axioms for a Modern Landscape Architecture". Em TREIB, Marc. *Modern Landscape Architecture: a Critical Review*. Cambridge: The MIT Press, 1993.

TUAN, Yi-Fu. *Space and Place: the Perspective of Experience*. Minneapolis: University of Minnesota Press, 1977.

TUNNARD, Christopher. *The Modern American City*. Nova York: Van Nostrand Reinhold, 1968.

TUNNARD, Christopher & REED, Henry Hope. *American Skyline: the Growth and Form of our Cities and Towns*. Nova York: The New American Library, 1956.

WALKER, Peter. "The Practice of Landscape Architecture in the Post War United States". Em TREIB, Marc (org.). *Modern Landscape Architecture: a Critical Review*. Cambridge: The MIT Press, 1993.

WEBB, Michael. *The City Square: a Historical Evolution*. Nova York: Whitney Library of Design, 1990.

WHYTE, William H. *The Social Life of Small Urban Spaces*. Washington, D.C.: The Conservation Foundation, 1980.

WREDE, Stuart & ADAMS, William Howard (orgs.). *Denatured Visions: Landscape and Culture in the Twentieth Century*. Nova York: The Museum of Modern Art, 1991.

ZAITZEVSKI, Cynthia. *Frederick Law Olmsted and the Boston Park System*. Cambridge: Belknap/Harvard University Press, 1992.

ZEISEL, John. *Inquiry by Design: Tools for Environment-Behavior Research*. Cambridge: Cambridge University Press, 1987 [1981].

Praças e espaços públicos no Brasil e em São Paulo

ARANTES, Antonio A. *Paisagens paulistanas: transformações do espaço público*. Campinas/São Paulo: Unicamp/Imprensa Oficial, 1999.

ARANTES, Otília Fiori. *O lugar da arquitetura depois dos modernos*. São Paulo: Edusp, 1995.

BARTALINI, Vladimir. *Parques públicos municipais de São Paulo*. Tese de doutorado. São Paulo: FAU-USP, 1999.

_____. *Praça do metrô: enredo, produção, cenário, atores*. Dissertação de mestrado. São Paulo: FAU-USP, 1988.

BURKE, Peter. "A falta que uma praça faz. São Paulo precisa de um oásis de sociabilidade". Em *Folha de S.Paulo*, Caderno Mais, São Paulo, 27-4-1977.

CALDEIRA, Teresa Pires do Rio. *Cidade de muros: crime, segregação e cidadania em São Paulo*. São Paulo: Editora 34/Edusp, 2000.

DAMATTA, Roberto. *A casa e a rua: espaço, cidadania, mulher e morte no Brasil*. 6ª ed. Rio de Janeiro: Rocco, 2000.

DIAS, Marcos de Souza. *Espaços públicos de uso múltiplo: subsídios para programação e implantação*. Tese de doutorado. São Paulo: FAU-USP, 1972.

DPH, Departamento de Patrimônio Histórico da Prefeitura de São Paulo: arquivos.

ESCOBAR, Miriam. *A escultura no espaço público em São Paulo*. Dissertação de mestrado. São Paulo: FAU-USP, 1994.

FIGUEROLA, Valentina. "Outros sons, outros trens", em *Arquitetura e Urbanismo*, nº 86. São Paulo: Pini, out.-nov. 1999.

FRÚGOLI JR., Heitor. *São Paulo: espaço público e interação social*. São Paulo: Marco Zero, 1995.

_____. *Centralidade em São Paulo: trajetórias, conflitos e negociações na metrópole*. São Paulo: Cortez/Edusp, 2000.

GOMES, Elaine Cavalcante. *Percepção do ambiente construído: a praça*. Tese de doutorado. São Paulo: FAU-USP, 1997.

GOMES, Paulo Cesar da Costa. *A condição urbana: ensaios de ecopolítica da cidade*. Rio de Janeiro: Bertrand Brasil, 2002.

GRINBERG, Piedade E. (org.). *A paisagem desenhada: o Rio de Janeiro de Pereira Passos*. Rio de Janeiro: Centro Cultural Banco do Brasil, 1994.

HUET, Bernard. "Espaços públicos, espaços residuais" e "Organização e requalificação de espaços públicos de Paris". Em Viva o Centro. *Os centros das metrópoles: reflexões e propostas para a cidade democrática do século XXI*. São Paulo: Terceiro Nome/Viva o Centro/Imprensa Oficial, 2001.

KLIASS, Rosa Grena. *Parques urbanos de São Paulo*. São Paulo: Pini, 1993.

LEFÈVRE, José Eduardo. *Entre o discurso e a realidade: a quem interessa o centro de São Paulo? A Rua São Luís e sua evolução*. Tese de doutorado. São Paulo: FAU-USP, 1999.

LEITE, Maria Angela Pereira. *Destruição ou desconstrução: questões da paisagem e tendências da regionalização*. São Paulo: Hucitec/Fapesp, 1994.

_____. *As tramas da segregação*. Tese de livre-docência. São Paulo: FAU-USP, 1998.

LEME, Maria Cristina da Silva. *Revisão do Plano de Avenidas: um estudo sobre o planejamento urbano em São Paulo, 1930*. Tese de doutorado. São Paulo: FAU-USP, 1990.

LEME, Mônica Bueno & VENTURA, David (orgs.). *O calçadão em questão: 20 anos de experiência do calçadão paulistano*. São Paulo: Faculdade de Belas Artes de São Paulo, 2000.

MAGNOLI, Miranda Martinelli. *Espaços livres e urbanização: uma introdução a aspectos da paisagem metropolitana*. Tese de livre-docência. São Paulo: FAU-USP, 1983.

MARIANA, Wilson Ribeiro. *Áreas transformadas e o espaço público na cidade de São Paulo*. Dissertação de mestrado. São Paulo: FAU-USP, 1989.

MARX, Murilo. *Cidade brasileira*. São Paulo: Edusp, 1980.

_____. *Nosso chão: do sagrado ao profano*. São Paulo: Edusp, 1989.

MEYER, Regina M. Prosperi. "Intervenção corrosiva". Em *Urbs*, nº 29, São Paulo, Associação Viva o Centro, dezembro de 2002/janeiro de 2003.

ORNSTEIN, Sheila & ROMERO, Marcelo (colab.). *Avaliação pós-ocupação do ambiente construído*. São Paulo: Studio Nobel, 1992.

PORTO, Antônio Rodrigues. *História urbanística da cidade de São Paulo (1554 a 1988)*. São Paulo: Carthago & Forte, 1992.

SALDANHA, Nelson. *O jardim e a praça: o privado e o público na vida social e história*. São Paulo: Edusp, 1993.

SANTOS, Carlos Nelson F. (coord.). *Quando a rua vira casa: a apropriação de espaço de uso coletivo em um centro de bairro*. Rio de Janeiro/São Paulo: Ibam/Finep/Projeto, 1981.

SECRETARIA DO MEIO AMBIENTE. SECRETARIA DE PLANEJAMENTO DA PMSP. *Vegetação significativa de São Paulo*. São Paulo: Sempa/Sempla, 1988.

SEGAWA, Hugo. *Ao amor do público: jardins no Brasil*. São Paulo: Fapesp/Studio Nobel, 1996.

_____. *Prelúdio da metrópole: arquitetura e urbanismo em São Paulo na passagem do século XIX ao XX*. São Paulo: Ateliê, 2000.

SEVCENKO, Nicolau. *Orfeu extático na metrópole: São Paulo, sociedade e cultura nos frementes anos 20*. São Paulo: Companhia das Letras, 1992.

_____. *Pindorama revisitada: cultura e sociedade em tempos de virada*. São Paulo: Peirópolis, 2000.

SOLÀ-MORALES, Manuel de. "Espaços públicos e espaços coletivos". Em Viva o Centro. *Os centros das metrópoles: reflexões e propostas para a cidade democrática do século XXI*. São Paulo: Terceiro Nome/Viva o Centro/Imprensa Oficial, 2001.

SOUZA, Marcelo Lopes de. *Mudar a cidade: uma introdução crítica ao planejamento e à gestão urbanos*. Rio de Janeiro: Bertrand Brasil, 2001.

TOLEDO, Benedito Lima de. *São Paulo: três cidades em um século*. São Paulo: Duas Cidades, 1983.

VARGAS, Heliana Comin. *Comércio: localização estratégica ou estratégia na localização?* Tese de doutorado. São Paulo: FAU-USP, 1993.

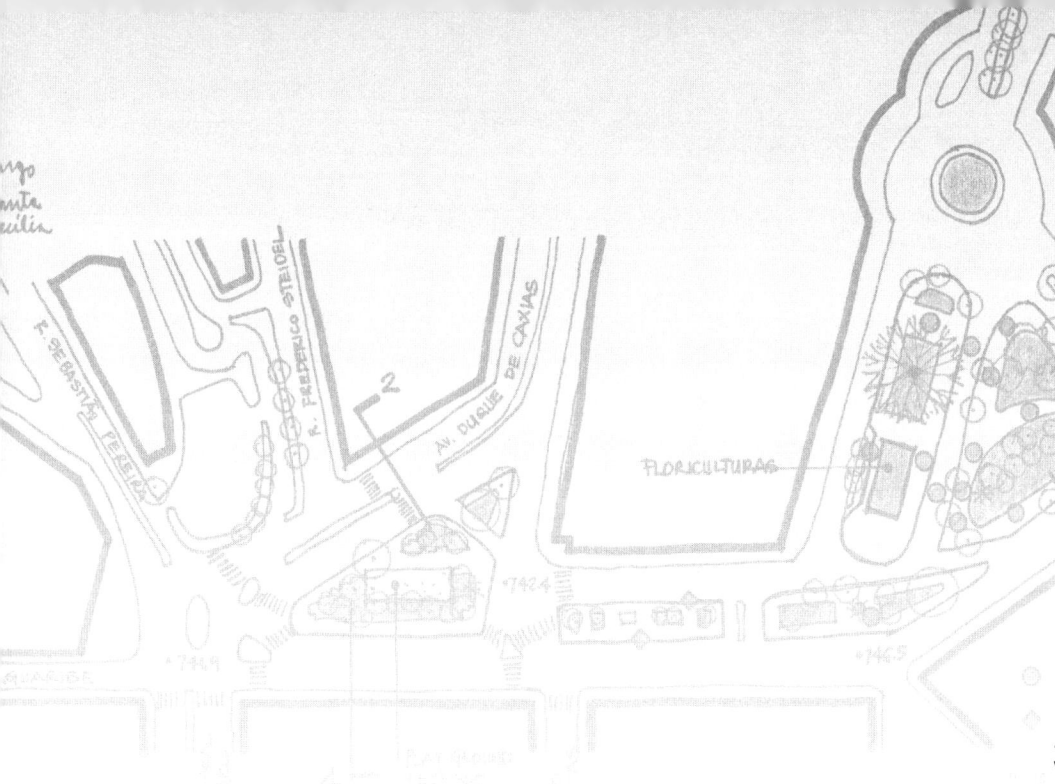

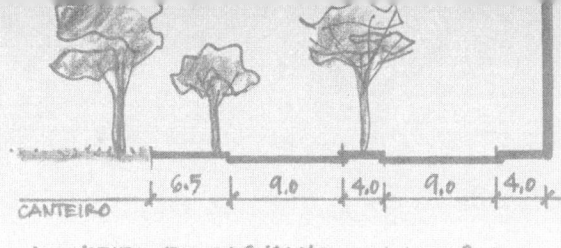

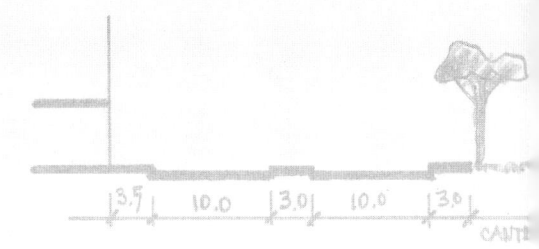

Créditos iconográficos

Agradecimentos. Dois homens em banco de praça. São Paulo, c. 1910. Cartão-postal. Vicenzo Pastore /Instituto Moreira Salles

Figura 1. Largo São Bento, São Paulo
Foto de Sun Alex, 2000

Figura 2. Chase Manhattan Bank, Nova York
Foto de Sun Alex

Figuras 3a e 3b. Bryant Park, Nova York
Foto de © Project for Public Spaces, Inc. www.pps.org

Figura 4. Siena: planta geral (século XIV?)
Desenho de Sun Alex, adaptado de *Process Architecture*, nº 16, *Plazas of Southern Europe*, 1980, p. 46.

Figura 5. Piazza del Campo: implantação
Desenho de Sun Alex, adaptado de Jan Gehl, *Life between Buildings. Using Public Spaces* (Nova York: Van Nostrand Reinhold, 1987), p. 42.

Figura 6. Piazza del Campo: *layout*
Desenho de Sun Alex, adaptado de *Process Architecture*, nº 16, *Plazas of Southern Europe*, 1980, p. 46.

Figura 7. Piazza del Campo: vista
Foto de Suzel M. Maciel

Figuras 8a e 8b. Piazza del Campo: natureza
Fotos de Suzel M. Maciel

Figuras 9a, 9b e 9c. Piazza del Campo: delimitação e definição espacial
Desenhos de Sun Alex, adaptado de *Process Architecture*, nº 16, *Plazas of Southern Europe*, 1980, p. 82.

Figura 10. City Hall Plaza de Boston
Desenhos de Sun Alex, adaptado de *Process Architecture*, nº 16, *Plazas of Southern Europe*, 1980, p. 82.

Figura 11. Centro Georges Pompidou de Paris
Foto de Mônica Bueno Leme

Figura 12. Piazza Ducale, Vigevano: localização
Desenho de Sun Alex, adaptado de *Process Architecture*, nº 16, *Plazas of Southern Europe*, 1980, p. 82.

Figura 13. Piazza Ducale, Vigevano: *layout*
Desenho de Sun Alex, adaptado de *Process Architecture*, nº 16, *Plazas of Southern Europe*, 1980, p. 82.

Figura 14. Piazza Ducale, Vigevano: vista
Desenho de Sun Alex, adaptado de *Process Architecture*, nº 16, *Plazas of Southern Europe*, 1980, p. 83.

Figuras 15a e 15b. Comparação: Piazza Ducale e Piazza del Campo
Desenhos de Sun Alex

Figura 16. Plaza Mayor de Madri: localização
Desenho de Sun Alex, adaptado de Colegio Oficial de Arquitectos de Madrid, *La expresión arquitectónica de la Plaza Mayor de Madrid*, 1982, p. 146.

Figura 17. Plaza Mayor de Madri: implantação
Desenho de Sun Alex, adaptado de Colegio Oficial de Arquitectos de Madrid, *La expresión arquitectónica de la Plaza Mayor de Madrid*, cit., p. 60.

Figura 18. Plaza Mayor: *layout*
Desenho de Sun Alex, adaptado de Colegio Oficial de Arquitectos de Madrid, *La expresión arquitectónica de la Plaza Mayor de Madrid*, cit., p. 70.

Figuras 19. Plaza Mayor: usos
Foto de Suzel M. Maciel

Figuras 20a, 20b e 20c. Comparação: Plaza Mayor, Piazza Ducale e Piazza del Campo
Desenho de Sun Alex

Figuras 21a, 21b e 21c. Comparação: Plaza Mayor, Montpazier e Lei das Índias
Desenhos de Sun Alex

Figura 22. Place des Vosges: implantação
Desenho de Sun Alex, adaptado de Michael Dennis, *Court & Garden: From the French Hôtel to the City of Modern Architecture*, cit., p. 42.

Figura 23. Place des Vosges: *layout*
Desenho de Sun Alex, adaptado de *Process Architecture*, nº 16, *Plazas of Southern Europe*, 1980, p. 138.

Figura 24. Place des Vosges: gravura de C. Chastillon, 1641
Desenho de Sun Alex, adaptado de Michael Dennis, *Court & Garden: From the French Hôtel to the City of Modern Architecture*, cit., p. 45.

Figura 25. Place des Vosges: gravura de Perelle, 1679
Desenho de Sun Alex, adaptado de Michael Dennis, *Court & Garden: From the French Hôtel to the City of Modern Architecture*, cit., p. 46.

Figura 26. Place des Vosges: vista aérea
Adaptado de Michael Dennis, *Court & Garden: from the French Hôtel to the City of Modern Architecture*, cit., p. 48.

Figura 27. Place des Vosges: detalhes
Foto de Suzel M. Maciel

Figuras 28a, 28b e 28c. Comparação: Place des Vosges, Plaza Mayor de Madri e Piazza Ducale de Vigevano
Desenhos de Sun Alex

Figuras 29a, 29b e 29c. Place des Vosges: delimitação e definição, praça e jardim
Desenhos de Sun Alex

Figuras 30a, 30b e 30c. Comparação: Place des Vosges, praça Princesa Isabel e praça Central de São Luís do Paraitinga
Desenhos de Sun Alex

Figura 31a. Covent Garden, Londres
Desenho de Sun Alex, adaptado de Jonathan Barnett, *The Elusive City. Five Centuries of Design, Ambition and Miscalculation*, Nova York: Harper & Row, 1986, p. 46.

Figura 31b. Piazza Grande de Livorno
Desenho de Sun Alex, adaptado de Elbert Peets, 1921, em Jonathan Barnett, *The Elusive City. Five Centuries of Design, Ambition and Miscalculation*, cit., p. 46.

Figura 32. Covent Garden, gravura de Thomas Bowles, 1751
Spiro Kostof, *The City Assembled: the Elements of Urban Form Through History* (1992), cit., p. 163.

Figura 33. Bedford Square, 1775
Spiro Kostof, *The City Assembled: the Elements of Urban Form through History*, cit., p. 164.

Figuras 34a, 34b e 34c. Comparação: Covent Garden, Bedford Square e Place des Vosges
Desenhos de Sun Alex

Figuras 35. Comparação: Piazza del Campo, Piazza Ducale, Plaza Mayor, Place des Vosges, Covent Garden e Bedford Square
Desenhos de Sun Alex

Figura 36. Blenheim, Inglaterra: primeiro momento, 1705
Adaptado de Geoffrey Jellicoe & Susan Jellicoe, *The Landscape of Man: Shaping the Environments from Prehistory to the Present Day*, cit., p. 244.

Figura 37. Blenheim, Inglaterra: segundo momento, 1758-1764
Adaptado de Geoffrey Jellicoe & Susan Jellicoe, *The Landscape of Man: Shaping the Environments from Prehistory to the Present Day*, cit., p. 244.

Figura 38. Bayham Abbey, Kent, Inglaterra
Adaptado de Geoffrey Jellicoe & Susan Jellicoe, *The Landscape of Man: Shaping the Environments from Prehistory to the Present Day*, cit., p. 246.

Figura 39. Birkenhead Park (Birkenhead), Inglaterra, 1843
Adaptado de Geoffrey Jellicoe & Susan Jellicoe, *The Landscape of Man: Shaping the Environments from Prehistory to the Present Day*, cit., p. 270.

Figura 40. Central Park (Nova York), 1858
Adaptado de Geoffrey Jellicoe & Susan Jellicoe, *The Landscape of Man: Shaping the Environments from Prehistory to the Present Day*, cit., p. 280.

Figura 41. Prospect Park, Brooklyn (Nova York), 1865
Adaptado de Geoffrey Jellicoe & Susan Jellicoe, *The Landscape of Man: Shaping the Environments from Prehistory to the Present Day*, cit., p. 280.

Figura 42. Riverside Estate (Chicago), 1869
Adaptado de Geoffrey Jellicoe & Susan Jellicoe, *The Landscape of Man: Shaping the Environments from Prehistory to the Present Day*, cit., p. 281.

Figura 43. Sistema de Parques de Boston, de 1876 a 1890
Adaptado de Cynthia Zaitzevsky, *Frederick Law Olmsted and the Boston Park System*, cit., p. 5.

Figura 44. Franklin Park, Boston, 1890
Adaptado de Cynthia Zaitzevsky, *Frederick Law Olmsted and the Boston Park System*, cit., p. 69.

Figura 45. Franklin Park: localização
Adaptado de Alex Krieger & Lisa Green. *Past Future: Two Centuries of Imagining Boston*, cit., p. 14.

Figura 46. Espaços Abertos Públicos de Boston, 1925
Adaptado de Alex Krieger & Lisa Green, *Past Future: Two Centuries of Imagining Boston*, cit., p. 37.

Figura 47. South Park System, Chicago, 1871
Adaptado de Geoffrey Jellicoe & Susan Jellicoe, *The Landscape of Man: Shaping the Environments from Prehistory to the Present Day*, cit., p. 283.

Figura 48. The World's Columbian Exposition, Chicago, 1893
Desenho de Sun Alex, adaptado de Norman T. Newton, *Design on the Land: the Development of Landscape Architecture*, cit., p. 364.

Figura 49. The World's Columbian Exposition, Chicago, 1893
Norman T. Newton, *Design on the Land. The Development of Landscape Architecture*, cit., p. 366.

Figura 50. *Les promenades* de Paris, Plan Général
Adaptado de *Lotus International*, nº 30, 1981, p. 79.

Figura 51. Place *anglais* des Batignolles
Desenho de Sun Alex, adaptado de *Lotus International*, nº 30, 1981, p. 69.

Figura 52. Central Park em Nova York, croqui
Desenho de Sun Alex

Figura 53. Central Park em Paris, croqui
Desenho de Sun Alex

Figura 54. *Successful Subdivisions,* FHA, 1933
Desenho de Sun Alex, adaptado de Norman T. Newton, *Design on the Land: the Development of Landscape Architecture,* cit., p. 644.

Figura 55. Loteamento recomendado pela cidade de Los Angeles, 1947
Desenho de Sun Alex, adaptado de Rowe, *Making a Middle Landscape,* 1991, p. 204.

Figura 56. Ruas de um loteamento suburbano, Levittown, Pensilvânia, 1950
Desenho de Sun Alex, adaptado de Rowe, *Making a Middle Landscape,* 1971, p. 206.

Figura 57. *Outdoor living,* Eichler Homes, Califórnia, 1947
Desenho de Sun Alex

Figura 58. Northland, Detroit, 1954. Croqui
Desenho de Sun Alex, adaptado de Rowe, *Making a Middle Landscape,* 1991, p. 125.

Figura 59. Southdale, Minneapolis, 1956
Desenho de Sun Alex, adaptado de Rowe, *Making a Middle Landscape,* 1991, pp. 129-130.

Figuras 60a e 60b. Dois jardins (1948-1949) de Thomas Church, *layout*
Desenhos de Sun Alex

Figura 61a e 61b. Dois jardins (1948-1949) de Thomas Church
Desenhos de Sun Alex

Figura 62. Jardim moderno típico (1945) de Garrett Eckbo
Desenho de Sun Alex, adaptado de Michael Laurie, *An Introduction to Landscape Architecture,* cit., p. 57.

Figura 63. *City Plaza Park,* 1947, estudo de Garrett Eckbo
Desenho de Sun Alex

Figura 64. *Park 200' Square,* 1948, estudo de Ted Harpainter
Desenho de Sun Alex, adaptado de Michael Laurie & David Streatfield (colab.), *75 Years of Landscape Architecture at Berkeley, a Informal History. Part I: The First 50 Years,* Berkeley, Department of Landscape Architecture of University of California in Berkeley, 1989, p. 41.

Figura 65. Embarcadero Freeway, São Francisco, anos 1980
Foto de Sun Alex

Figuras 66a e 66b. Embarcadero Plaza, São Francisco, 1966
Fotos de Sun Alex, 1985

Figuras 67a e 67b. Embarcadero Plaza, São Francisco, 2006
Fotos de Sun Alex

Figura 68. *Freeways* na cidade, São Francisco, anos 1960, croqui
Desenho de Sun Alex, adaptado de Lawrence Halprin, *Freeways,* p. 82.

Figura 69. Pershing Square, Los Angeles, anos 1950
Desenho de Sun Alex

Figura 70. Mellon Square, Pittsburgh, 1955-1959
Desenho de Sun Alex

Figuras 71. Kaiser Center Roof Garden, Oakland, 1960
Foto de Sun Alex, 2006 e desenho de Sun Alex

Figura 72. Kaiser Center Roof Garden, Oakland, 1960
Foto de Sun Alex, 2006

Figuras 73. Ghirardelli Square 1962-1965
Foto de Sun Alex, 2006 e desenho de Sun Alex

Figura 74. Constitution Plaza, Hartford, década de 1960
Desenho de Sun Alex

Figura 75. Copley Square, Boston, 1966-1969
Desenho de Sun Alex

Figura 76. Copley Square, Boston. 1983-1989
Foto de Sun Alex

Figura 77. Praça Roosevelt 1967-1970, croqui
Desenho da concepção original. Sobre um sistema viário, garagens e um programa multifuncional
Desenho de Sun Alex

Figura 78. Praça Roosevelt 1967-1970
Foto de Fábio Mattos

Figura 79. Localização das praças analisadas

Figura 80. Praça Dom José Gaspar e praça Roosevelt: localização

Figura 81. Comparação: praça Dom José Gaspar e praça Franklin Roosevelt
Desenho de Sun Alex

Figura 82. Praça da Liberdade e praça Santa Cecília: localização

Figura 83. Comparação: praça da Liberdade e praça Santa Cecília
Desenho de Sun Alex

Figura 84. Largo do Arouche e praça Júlio Prestes: localização

Figura 85. Largo do Arouche: localização em 1930
Detalhe da planta Sara Brasil – Município de São Paulo, 1930

Figura 86. Praça Júlio Prestes: localização em 1930
Detalhe da planta Sara Brasil – Município de São Paulo, 1930

Figura 87. Comparação: Largo do Arouche setor 1 e praça Júlio Prestes
Desenho de Sun Alex